CONCRETE

VONTOBEL-STIFTUNG UND/AND LOTTERIEFONDS DES KANTONS ZÜRICH
HAUPTSPONSOREN VON BUCH UND AUSSTELLUNG/
MAIN SPONSORS OF BOOK AND EXHIBITION

STADT WINTERTHUR UND / AND ARS RHENIA STIFTUNG
CO-SPONSOREN VON BUCH UND AUSSTELLUNG / CO-SPONSORS OF BOOK AND EXHIBITION

CONCRETE FOTOGRAFIE UND ARCHITEKTUR/ PHOTOGRAPHY AND ARCHITECTURE

HERAUSGEGEBEN VON / EDITED BY DANIELA JANSER, THOMAS SEELIG, URS STAHEL
IN ZUSAMMENARBEIT MIT / IN COLLABORATION WITH
EVA KURZ, THERESE SEEHOLZER UND CORINNA UNTERKOFLER

FOTOMUSEUM WINTERTHUR
SCHEIDEGGER & SPIESS, ZÜRICH

4 / 5

VORWORT

Ja, die Architektur ist ein Augenspiel, wir schauen sie an, aber wir erfahren sie ebenso, vielleicht sogar vor allem, mit dem Körper. «In diesem Raum wird mir eng», «Hier kann ich mich entspannen» oder «Der Raum eignet sich für Gespräche»: Diese Urteile fällen wir, nachdem wir einen Raum erfahren haben, nachdem die Rückmeldungen von allen unseren Sinnen ein Gesamtgefühl vermittelt haben. Der «stumpfe» Tastsinn (Goethe) ist dabei genauso wichtig, wenn nicht wichtiger als der Sehsinn. Wir meinen mit dem Auge zu sehen, doch wir «sehen» mit dem Körper, wir streunen durch Räume, Gänge, Häuser, nehmen den Geruch auf, spüren die Ausstrahlung der Materialien und Grössenverhältnisse. Erleben, ob man in einem Raum atmen kann oder förmlich erstickt, ob die Proportionen harmonisch wirken oder «anecken», als würde an unserem Körper gezogen, als würde es uns hier strecken oder dort beugen. Unsere Sinne reagieren wie kommunizierende Röhren direkt und unmittelbar auf das, was gebauter Raum, was Architektur an Atmosphäre aussendet.

In Paul Valérys *Eupalinos* unterhalten sich Phaidros und Sokrates in der Unterwelt über den Architekten Eupalinos, über sein Werk, sein Denken. Und sie ärgern sich darüber, dass sie als Verstorbene an der Einmaligkeit körperlicher Schönheit nicht mehr teilhaben können, spricht doch gerade Eupalinos von der Vollendung von Form und Materie, von der Perfektion architektonischer Gedanken und gestalterisch-stofflicher Realisierung. Von der Last ihres Leibes befreit, müssten Phaidros und Sokrates eigentlich in der optimalen Position für die Anschauung des Schönen sein – hatte doch Platon in seinem Dialog *Phaidros* behauptet, die Menschen seien in ihren Leib «eingekerkert wie ein Schaltier» und könnten daher ihr höchstes Verlangen nicht wirklich erfüllen. Was für eine Enttäuschung für die körperlosen Seelen, denn sie können dem Schönen zwar folgen, es aber nicht mehr körperlich erfahren. So vernehmen sie bloss, dass es gemäss Eupalinos Häuser gebe, die schweigen, solche, die reden, und sogar solche, die singen und klingen. Sie vernehmen, dass erst bei totaler Verschmelzung von Idee und Materie, also auch bei handwerklicher Vollendung, Baukörper zu Klangkörpern werden.

Ja, Architekturen sind selbst Körper, in die wir eintreten, eingehen, die wir für die unterschiedlichsten Zwecke begehen, bewohnen, behausen. Wir denken und arbeiten darin, wir wohnen und schlafen in ihnen. Wir erkunden beim Begehen den Klang der Architekturen, unbewusst oder hellwach. Wir sind Körper, die sich in diese anderen Körper einschmiegen oder sich von ihnen heftig abgestossen fühlen. Wir leben mit ihnen oder gegen sie, einigen begegnen wir auffallend neutral.

Die Geschichte der von Architekten entworfenen Baukörper ging in der westlichen Welt den Weg vom gedrungenen, rauen, dickwandigen Volumen zum hauchdünnen, glatten, lang- oder hochgestreckten, jedenfalls stark ausgedehnten Körper. Alte Häuser im Engadin haben oft Mauern mit der unglaublichen Dicke von ein bis zwei Metern, als müssten sie Erdrutschen, als wollten sie Bergrutschen Widerstand leisten. Stahl-Glasbauten hingegen sind oft so filigran, dass sich Innen und Aussen kaum mehr unterscheiden lassen, dass die Bewohner im Drinnen ein Gefühl vom Draussen haben und die Wohligkeit des Eingebettetseins gegen das Gefühl des Ausgesetztseins eintauschen. Nur noch die Dicke eines Verbundglases trennt die Welten auf.

Die radikalste Ausdünnung der Baukörper geschieht in der Verbildlichung von Architektur. Der voluminösen Körperlichkeit stehen die ultraflachen Bilder dieser Architekturen gegenüber. Architekturen sind gedacht, gezeichnet, fantasiert und seit der Erfindung des Mediums endlos fotografiert worden. Die ersten Fotografien waren allesamt Architekturbilder. Architekturen leben ein zweites, ein paralleles Leben durch Bilder. Vor, während und nach ihrer Existenz sprechen Bilder über sie, überformen sie mit Gedanken, Fantasien und Ideologien. Baukörper wurden über die Jahrhunderte immer filigraner, bis sie hauchdünn, bis sie transparent waren, fast wie ihre Bewohner auch. Doch erst die Bilder entmaterialisieren die Architekturen gänzlich, entziehen ihnen die Stofflichkeit und reduzieren sie auf Form und Zeichen. Oliver Wendell Holmes' euphorische Forderung zu Beginn der Fotogeschichte, die Welt zu fotografieren, damit wir sie materielos erfahren können, und die Welt danach abzubrennen, wird schon schrittweise in der analogen, jedoch besonders in der digitalen, virtuellen, in der medialen Welt zu einer Form von «Realität»: Der lange Weg von der Substanz zur Oberfläche, von der Materie zum Zeichen, ist beschritten – auch ohne die Vernichtung der Materie, die für Holmes als letzte Konsequenz ansteht.

Bilder sprechen eine eigene Sprache, sie regen einen anderen Diskurs an als die körperliche Erfahrung von Architektur. Sie verwandeln Volumen in Fläche, sie destillieren Materie zu Form und Zeichen. Fotografie formt Architektur, verformt sie, vergrössert, verkleinert, erhöht oder erniedrigt sie, akzentuiert sie, aber kaum je wird Architektur von ihr in Ruhe gelassen. Wohl deshalb versuchen viele Architekten, das Bild ihrer Gebäude mitzubestimmen. Der klassische Architekturfotograf ist ihr Werkzeug, der ihren Anweisungen zu folgen hat, der in der Stunde Null – sobald das Gebäude fertiggestellt, gereinigt und bereitgestellt ist – fotografiert, bevor Gebrauchsspuren auftauchen, bevor das Gebäude in Besitz genommen und verwandelt wird. Der Idealzustand in der Stunde Null ist der Augenblick der klassischen Architekturfotografie. Diese Stunde Null gehört ihr. In dieser kurzen Zeitspanne stellt sich die Architektur genau so dar, wie die Architekten es sich vorgestellt, wie sie das Gebäude, das Ensemble geplant haben. Je nach Fotograf wird die Luzidität des Gebäudes herausgearbeitet, die Transparenz, der Bezug der Räume zueinander. Oder es wird als neue Ikone inszeniert, die sich in den Architekturzeitschriften behaupten soll. Ein Augenblick der Entrückung, bevor die Architektur in «Gebrauch» genommen wird, bevor sie, wie Roland Barthes es zum Thema der Hose formuliert hat, durch den Gebrauch erst zur eigentlichen Architektur, zum funktionierenden Gebäude wird.

Architekturen folgen einer Vielzahl von Zwecken, von Haupt- und Nebenzwecken. Ein Teil davon besteht ausschliesslich im Fotografiertwerden. Bilder demonstrieren zum Beispiel ihr Prestige, den damit verbundenen Statusanspruch, Bilder verwandeln Architekturen in *brands*, verschaffen ihnen eine ungeahnte Lebenszeit, die weit über ihre ursprüngliche Bestimmung hinausreicht, die auch ihre absichtliche oder unabsichtliche Zerstörung überdauert. Sie rufen Gebäude und Städte auch nach ihrer Vernichtung noch in Erinnerung. Diese Ausstellung und das Buch wollen sich diesem eigentümlichen, vielfältigen Verhältnis von Architektur und Fotografie auf verspielte, erzählerische und dialektische Weise annähern. Wir fragen nach Historie und Ideologie, aber auch ganz konkret nach Form und Materie im fotografierten Bild. Die visuelle Anziehungskraft von zerstörten oder verfallenen Gebäuden wird ebenso thematisiert wie monumentale Macht- und Abgrenzungsdemonstrationen, aber auch die Fragilität und Schönheit einer Architektur auf Zeit. Inwiefern beeinflusst die Fotografie nicht nur die Wahrnehmung, sondern auch die Gestaltung von

Architektur? Wie wird Architektur im Bild lebendig, wann wird sie unheimlich? Wie wachsen Siedlungen zu Städten zusammen? Oder soziologischer gefragt: Wieso verschränken sich Arbeit und Leben in Zürich und Winterthur anders als in Kalkutta oder Chandigarh? Und wie lassen sich Wolkenkratzer und Wohnräume in die flache Welt der Fotografie übertragen?

Die Architektur ist seit jeher ein grossartiger und heftig debattierter Schauplatz von Zeitgeist, Weltanschauung, Alltag und Ästhetik. Sie ist gewagte Materialisierung von privaten und öffentlichen Visionen, Gebrauchskunst und Avantgarde zugleich, und sie ist auch, wie Slavoj Žižek schreibt, Stein gewordene Ideologie. Fotografie und Architektur sind beide aber auch ganz selbstverständlich in unserem Alltag verankert, sie begegnen uns täglich – oft unbewusst – auf Schritt und Tritt und beeinflussen unser Denken, Handeln und Sein auf untergründige, nachhaltige Art und Weise. *Concrete – Fotografie und Architektur* gibt visuelle Antworten auf die Frage, was das innige und doch so komplexe Verhältnis zwischen Architektur und Fotografie, zwischen Architekt und Fotograf auszeichnet.

Urs Stahel

8 / 9

FOREWORD

Architecture is indeed a game for the eye to play; but as we look, as we take it all in, we probably do so primarily physically. We might say, "I feel boxed in here", or "I don't feel comfortable here", or "this is a good place to talk". These are the kinds of snap judgments we make about rooms and spaces once the feedback from our senses has given us an overall impression. In doing so, what Goethe described as our "blunt" tactile senses play a role just as important, perhaps even more so, than that of our visual senses. We may think we see with the eyes alone, but we also "see" with the body; we wander through rooms and corridors and buildings noting a certain smell or a feeling that the materials and dimensions give us. We get a sense of whether we can breathe freely in a space, or feel suffocated by it, whether the proportions seem harmonious or distracting, as though they were tugging at us, stretching us, oppressing us. Our feelings and perceptions respond directly and immediately to whatever atmosphere the architecture may exude.

In Paul Valéry's *Eupalinos*, Phaedrus and Socrates have a discussion in Hades about the architect Eupalinos, his work and his thinking. They express their discontent at the fact that they, as dead people, can no longer fully participate in the uniqueness of physical and material beauty, which Eupalinos describes in terms of the perfection of form, matter, architectural ideas and their realisation. Freed from the burden of their mortal bodies, Phaedrus and Socrates should really be in an ideal position to appreciate beauty. After all, in his *Phaedrus* dialogue, Plato maintained that "we are imprisoned in the body, like an oyster in his shell" and therefore incapable of truly accomplishing our loftiest desires. What a disappointment then for the soul without a body to be capable of recognising beauty but unable to experience it physically. And so, according to Eupalinos, some buildings are mute, others speak, and others actually sing: but it is only when ideas and materials are melded through perfect craftsmanship that buildings become resonating bodies of musicality and lyricism.

Buildings are indeed bodies that we enter, walking into them for all manner of reasons; they are dwellings and shelters. We think and work in them, live and sleep in them. We explore them, study them, feel them, sense them as we move through them. And, on entering them, we notice the tonality of the architecture either subconsciously or as though on high alert. Our bodies combine with these other bodies or feel repulsed by them. We live with them, or in spite of them, and sometimes we find them remarkably neutral.

The history of Western architecture charts a path from squat, rough, thick-walled volumes to slender, smooth, elongated forms. Many traditional houses in the Engadine region of Switzerland have walls as thick as one or two metres – as though built to withstand landslides and rock falls. Steel and glass buildings, on the other hand, are often so delicate that the people inside have a sense of being outside, as though the comfort of enclosure had been replaced by a sense of exposure. Two worlds divided only by the thickness of a pane of composite glass.

The most radical thinning of architectural bodies occurs in the way that architecture is portrayed. The mass, the materiality, stands in contrast to their (ultra-flat) images. Buildings are imagined, invented, drawn, and – since the advent of the medium – endlessly photographed. The very first photographs were, without exception, images of architecture. Buildings take on a second, parallel existence in images; images that tell of their existence before, during and after, and which embellish them with thoughts, fantasies and ideologies. In the course of the centuries, buildings have become increasingly delicate and ever more slender, to the point of transparency, rather like the people who live in them. Yet it was images that first dematerialised architecture, reducing it to forms and signs. Oliver Wendell Holmes's euphoric vision, in the early days of photography, of a world that could be experienced through form alone, entirely divorced from matter, and even burned down, gradually came to fruition, first in analogue photography and then especially in the digital age of virtual "reality": the long path from substance to surface; from matter to sign. Even though, in the end, there has been no destruction of matter itself.

Pictures speak a language of their own. They offer a discourse that is unlike the physical experience of architecture. They transform volume into surface; distil matter into forms and signs. Photography shapes architecture, enlarging and reducing it, heightening and shortening it, accentuating it, yet rarely leaving it to its own devices. That is probably why so many architects try to get involved in determining the image of their buildings. The classic architectural photographer is their instrument, following their instructions, photographing the building at the zero hour as soon as it has been completed, cleaned and prepared – before any signs of use emerge, and before the building is occupied and transformed through use. That zero hour is the crucial moment of classic architectural photography. That zero hour is a building's own. Within this brief space of time, architecture shows its ideal side, just as the architect intended the building or ensemble of buildings to look. Depending on the photographer, the building's lucidity, transparency or spatial context is highlighted. Or it is presented as a new icon, to be featured in architectural journals. A moment of rapture, of detachment from reality, before the architecture actually becomes "used", before it becomes a functional and functioning building, as in Roland Barthes' famous example of trousers.

Buildings have a number of functions, primary and secondary. Some exist only in photographic form. Images may convey a building's status or prestige, transforming architecture into *brands*, lending buildings a permanence far beyond their original intent, and even beyond their deliberate or accidental destruction, thereby retaining buildings and entire cities in the collective memory as a part of history once they no longer exist. This exhibition and book seek to approach the singular and complex relationship between architecture and photography in light-hearted, narrative and dialectical ways. We explore issues of history and ideology, as well as the specifics of form and material, in the photographic image. The visual appeal of destroyed or decayed buildings is also addressed, as are their lasting demonstrations of power and exclusivity, fragility and beauty. To what extent does photography influence not only the way architecture is perceived, but also the way it is designed? How does an image bring architecture to life, and at what point does it become uncanny *[unheimlich]*? How do settlements develop into cities? Or, in sociological terms: how do work and life interconnect differently in, say, Zürich and Winterthur, as opposed to, say, Calcutta or Chandigarh? And how do skyscrapers and living spaces translate into the flat, two-dimensional world of photography?

Architecture has always been an important platform for the frequently heated discussion of ideas and views, *zeitgeist* and *weltanschauung*, everyday life and aesthetics. Architecture is the bold materialisation of private and public visions, both functional and avant-garde art alike. It is, as Slavoj Žižek puts it, ideology in stone. Photography and architecture both play an undisputed role in our everyday lives. They confront us on a daily basis, often without our even noticing, and they influence how we think, act and live in subliminal and lasting ways. *Concrete – Photography and Architecture* provides visual answers to the question of what it is that makes up the intimate yet complex relationship between architecture and photography, architect and photographer.

Urs Stahel

INHALT/CONTENT

TOUR D'HORIZON: VON TALBOT BIS KOOLHAAS
/
GRAND TOUR: FROM TALBOT TO KOOLHAAS

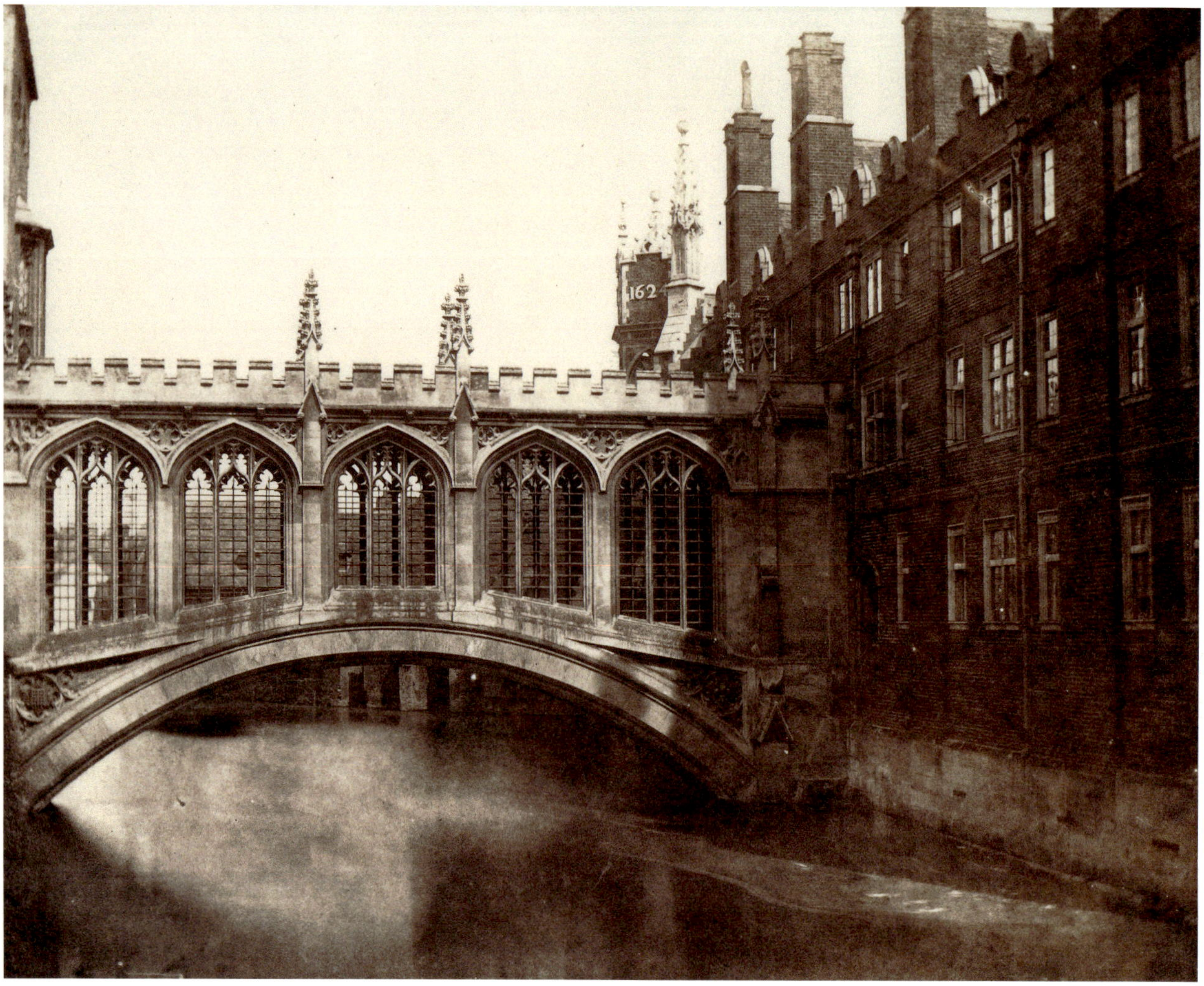

WILLIAM HENRY FOX TALBOT
THE BRIDGE OF SIGHS, ST. JOHN'S COLLEGE, CAMBRIDGE, 1845

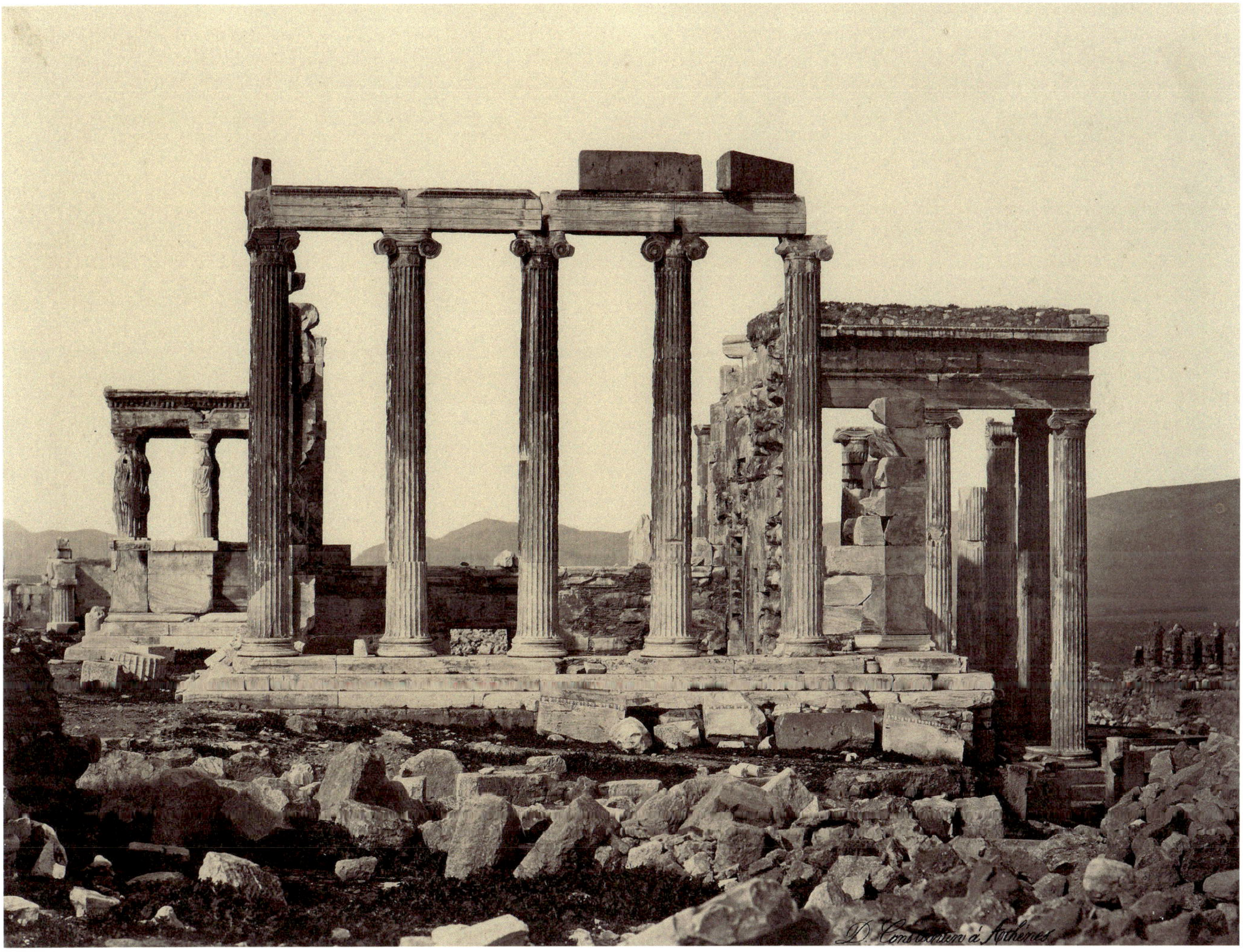

DIMITRIOS CONSTANTINE
DAS ERECHTHEION, AKROPOLIS, ATHEN, CA. 1868

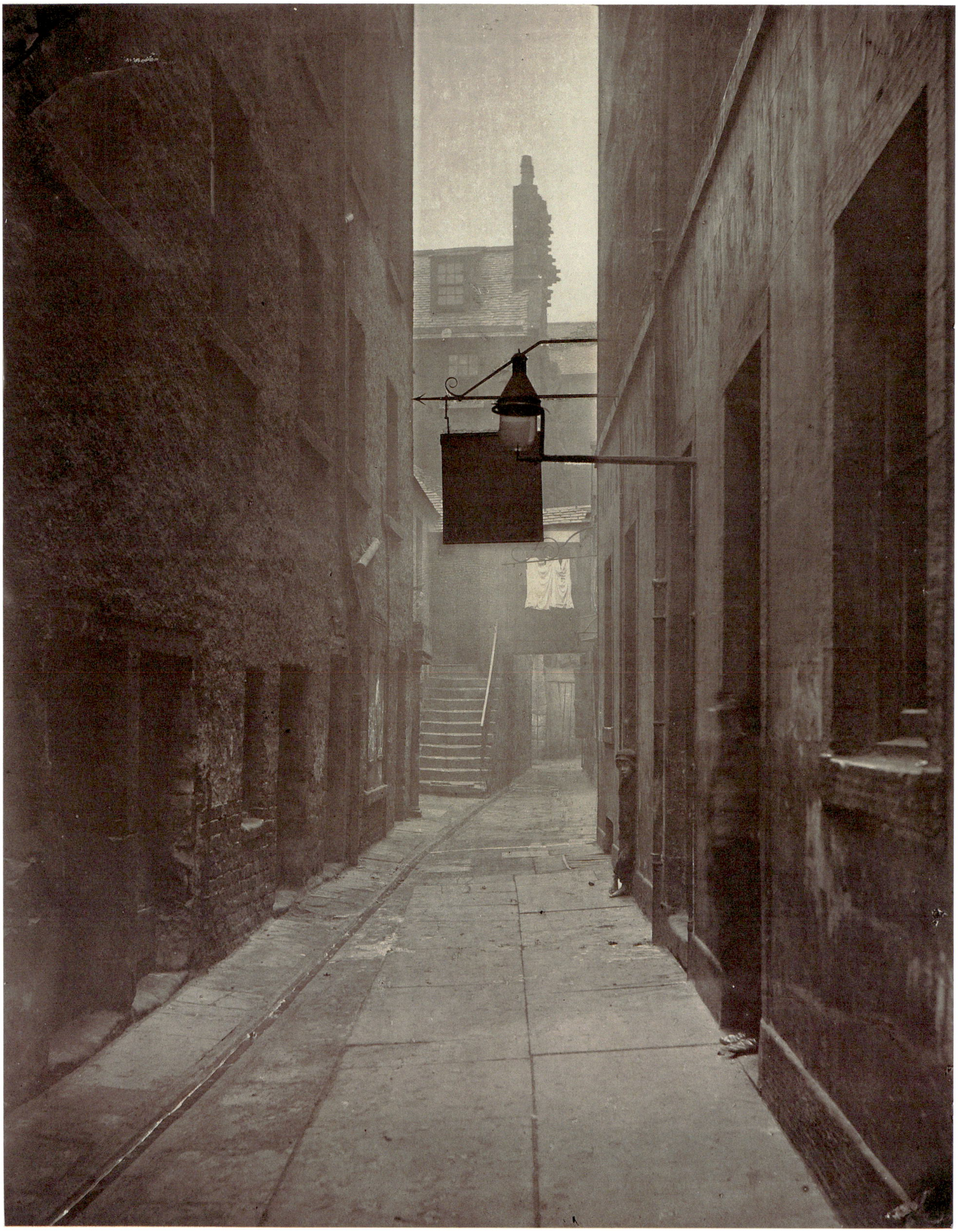

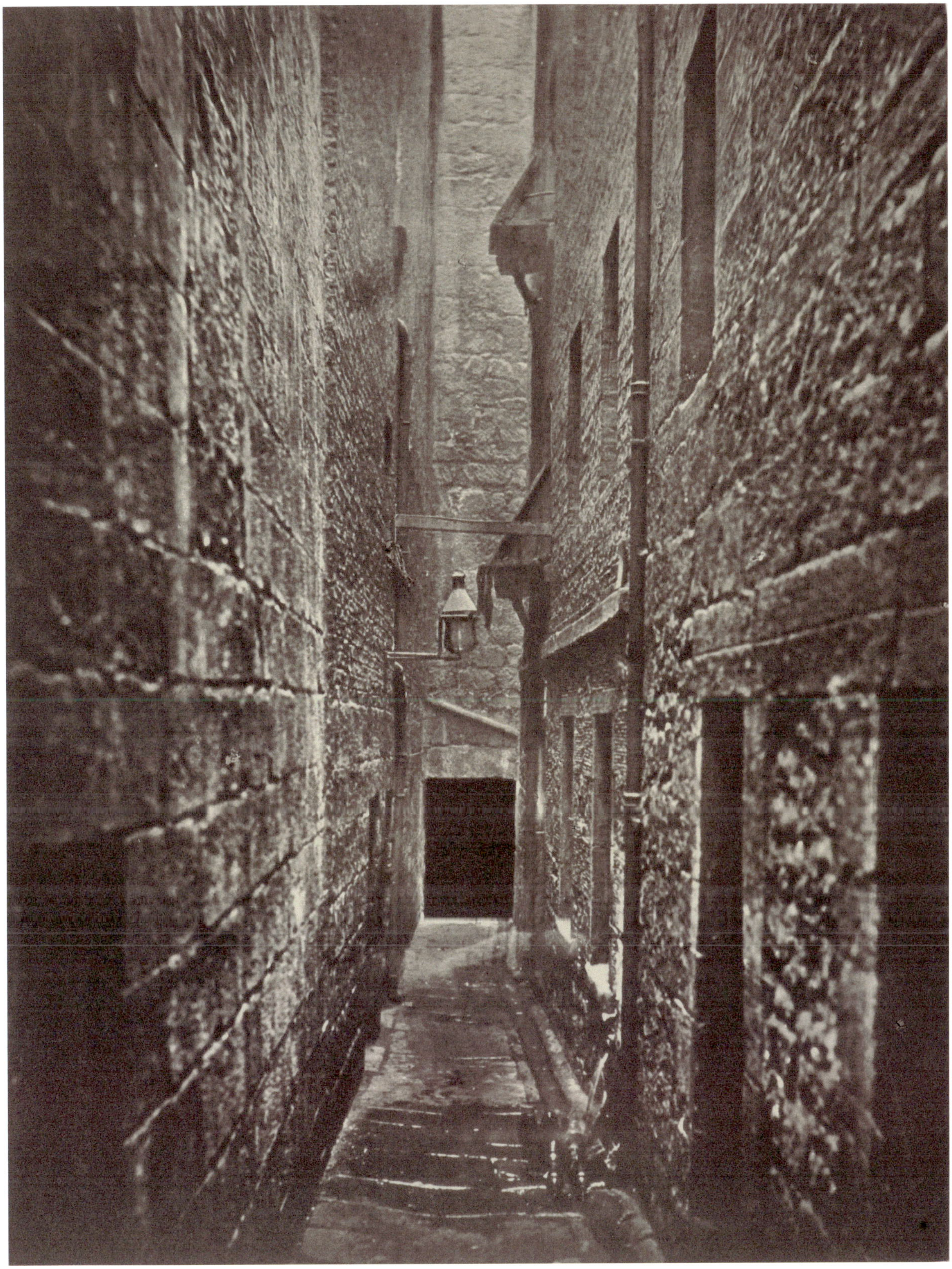

THOMAS ANNAN
CLOSE NO. 18 SALTMARKET, GLASGOW, 1868–1871
CLOSE NO. 61 SALTMARKET, GLASGOW, 1868–1871

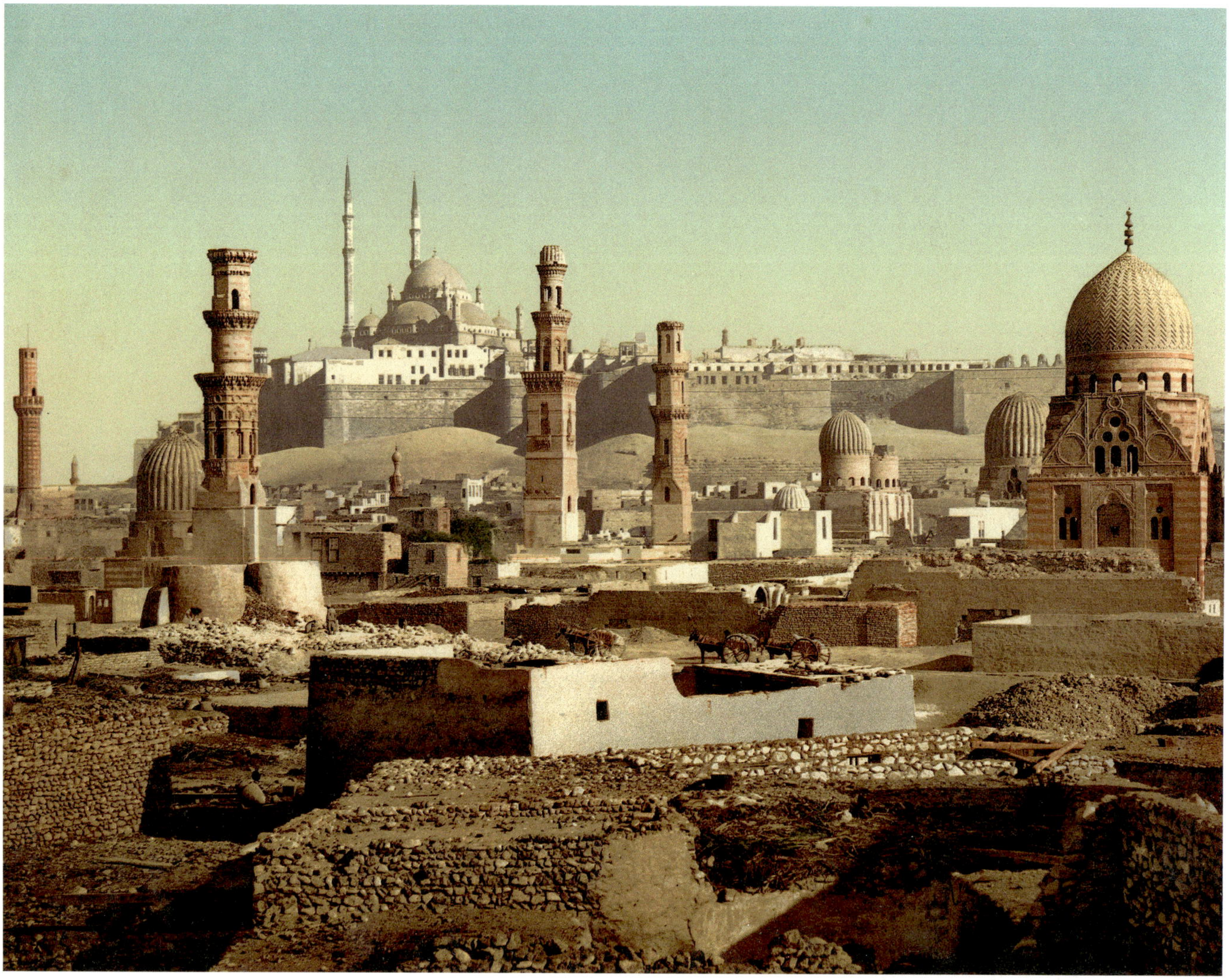

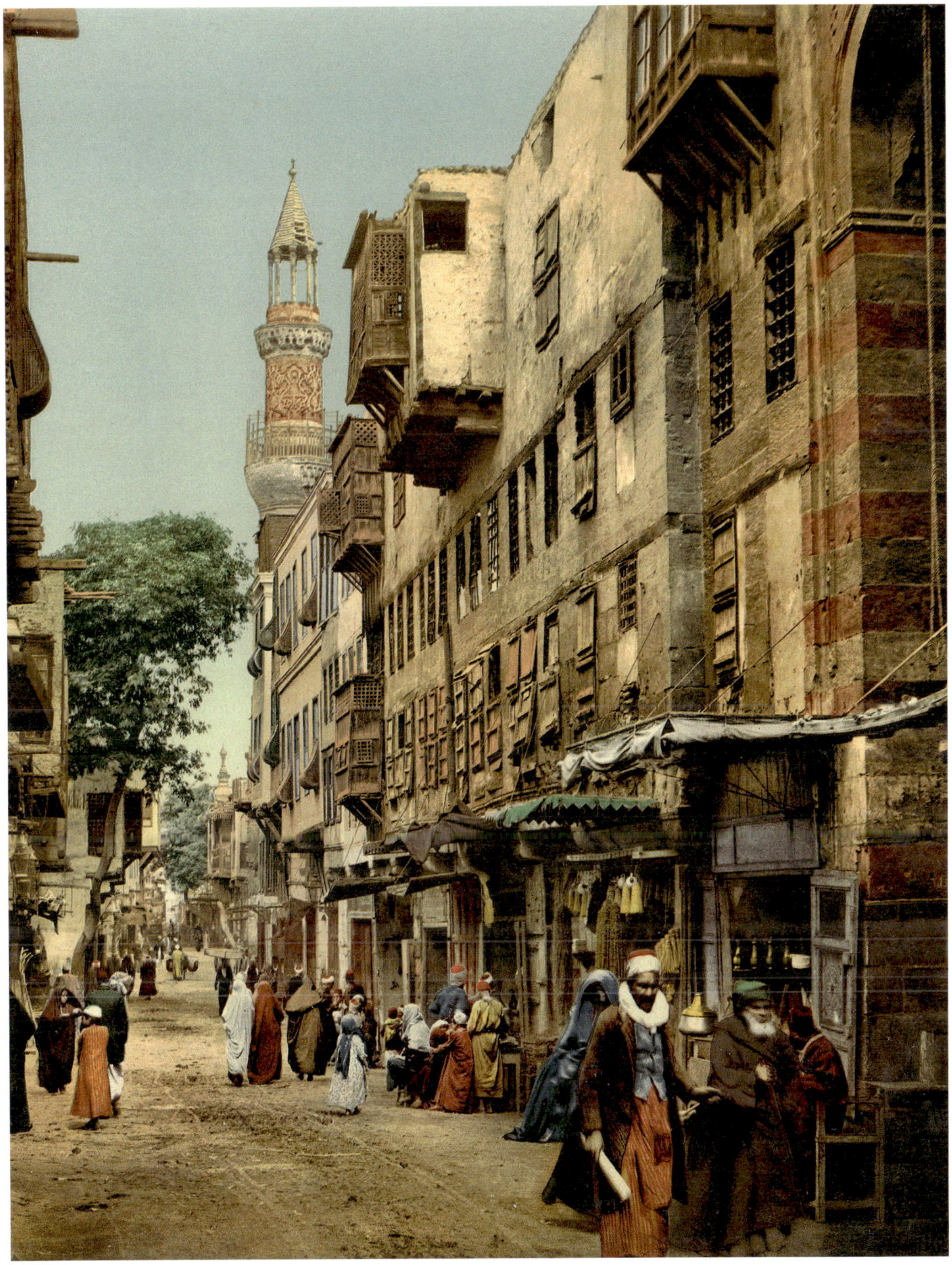

PHOTOGLOB ZÜRICH
LE CAIRE. LES TOMBEAUX DES MAMELUKS (KAIRO. MAMELUKENGRÄBER/CAIRO. MAMLUK TOMBS), 1895
LE CAIRE. RUE DU QUARTIER ARABE (KAIRO. STRASSE IM ARABISCHEN QUARTIER/
CAIRO. STREET IN THE ARAB QUARTER), 1895

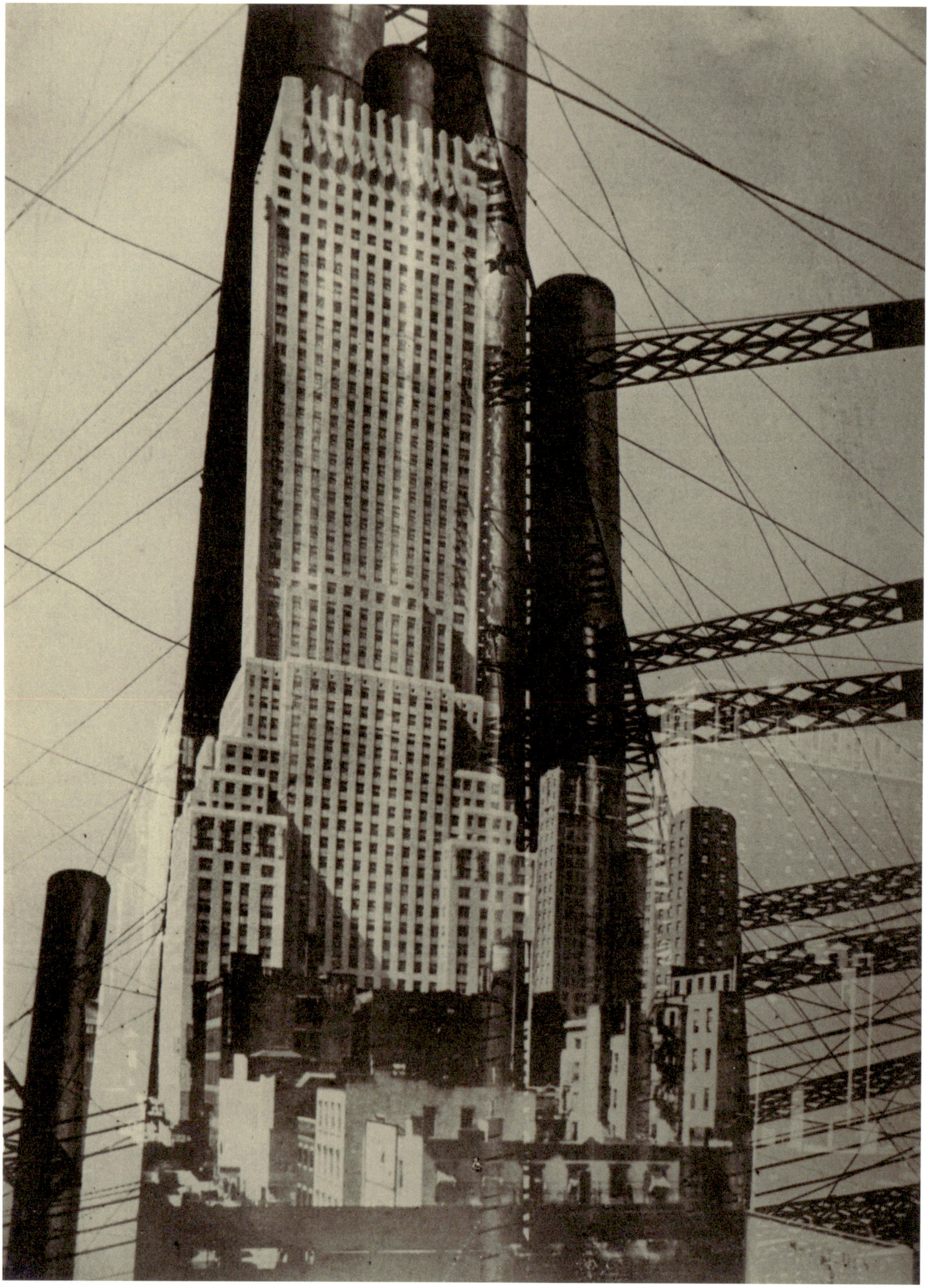

EL LISSITZKY
TITELENTWURF *AMERIKA. NEUES BAUEN IN DER WELT 2* VON RICHARD J. NEUTRA
(DRAFT FOR A COVER *USA. NEW BUILDING IN THE WORLD 2* BY RICHARD J. NEUTRA), 1929–1930

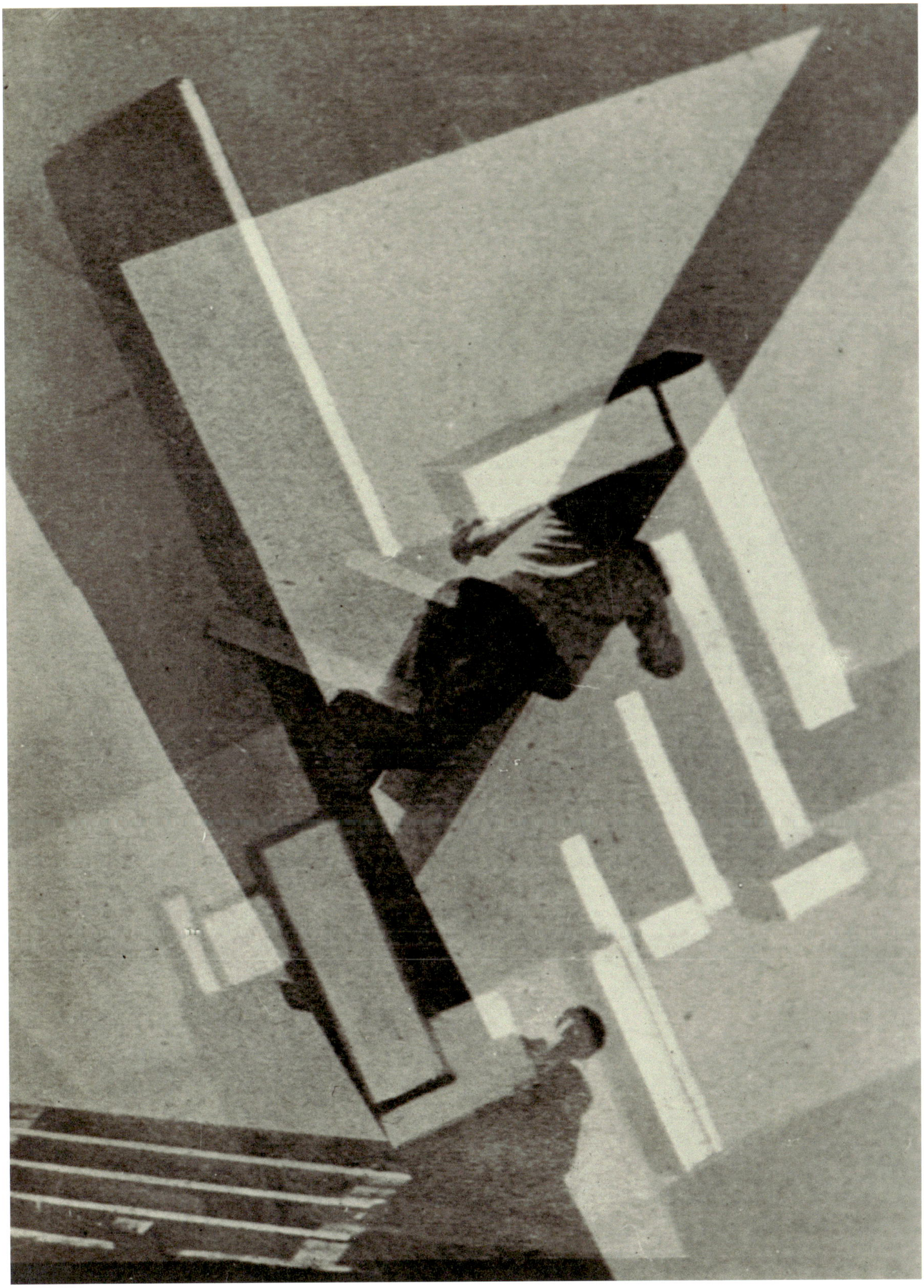

TITELENTWURF *RUSSLAND. NEUES BAUEN IN DER WELT 1* VON EL LISSITZKY
(DRAFT FOR A COVER *RUSSIA. NEW BUILDING IN THE WORLD 1* BY EL LISSITZKY), 1929–1930

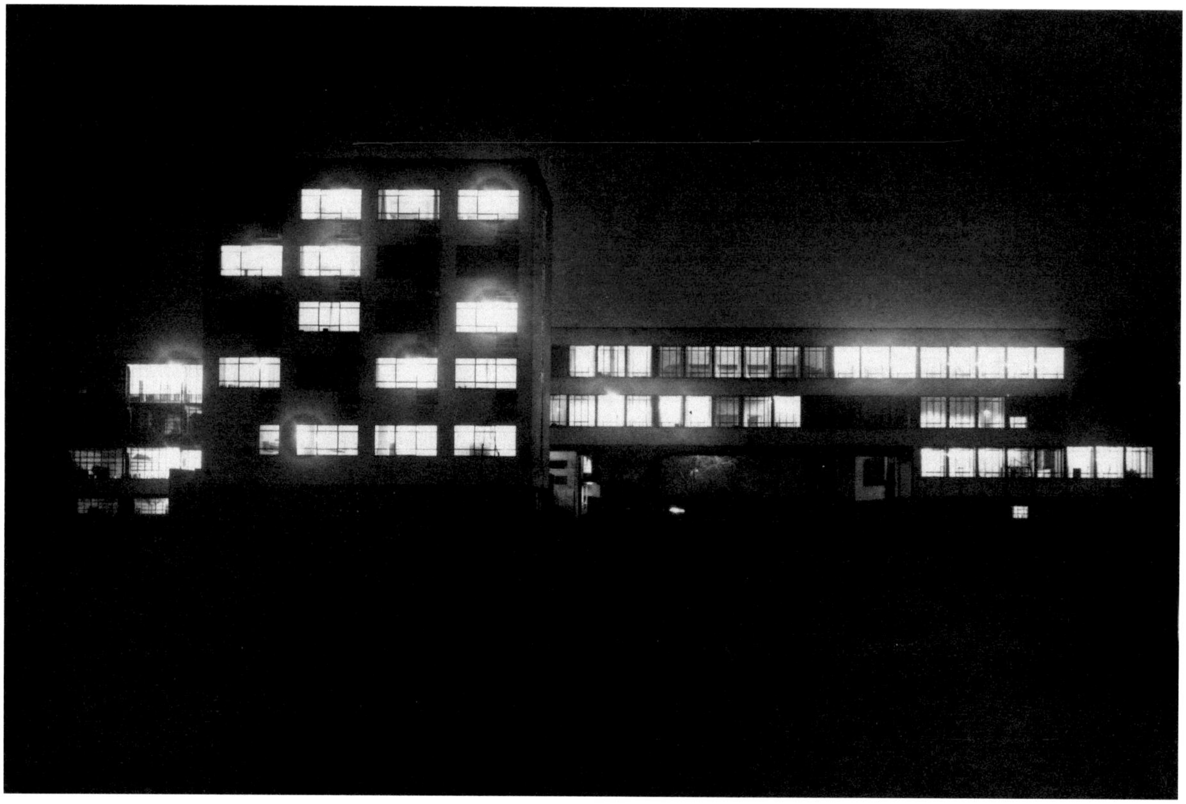

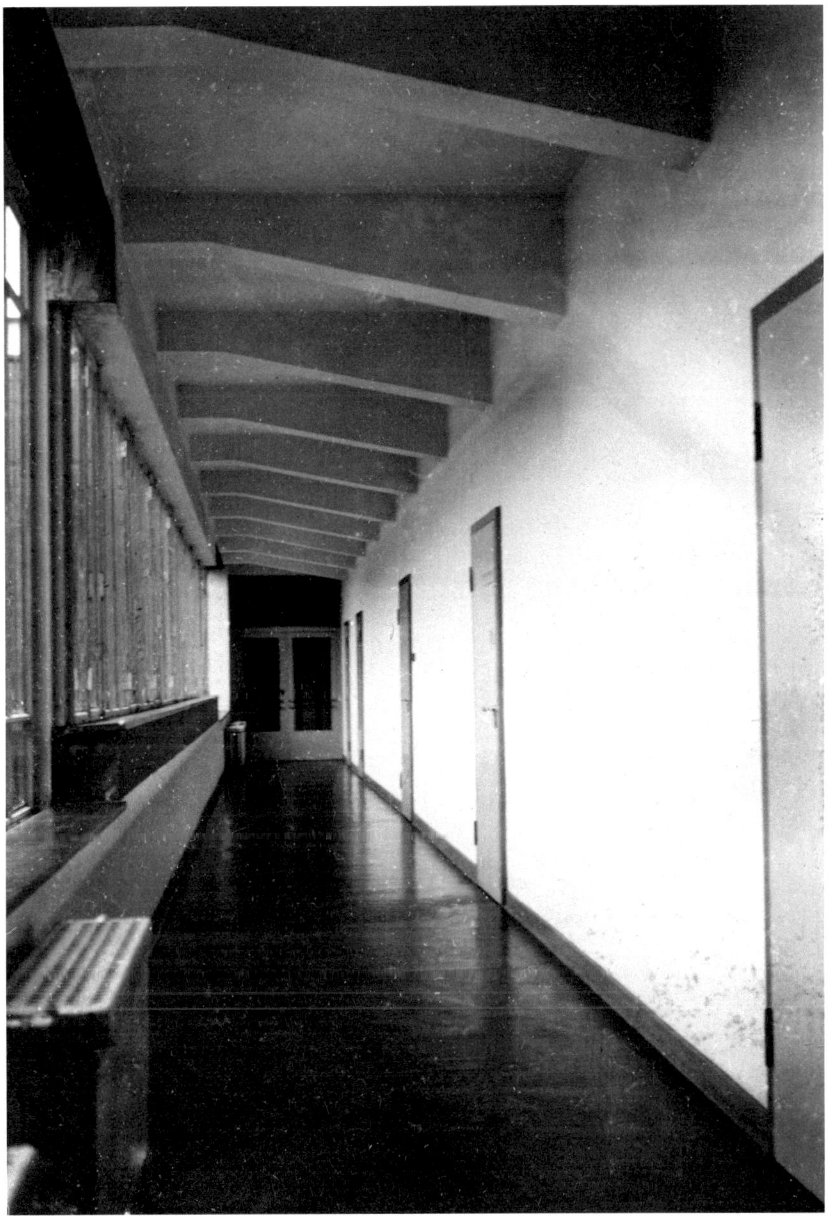

LUCIA MOHOLY
BAUHAUS VON OSTEN, DESSAU (BAUHAUS FROM THE EAST), 1926
WERKSTATTFLÜGEL, DESSAU (WORKSHOP WING), 1926

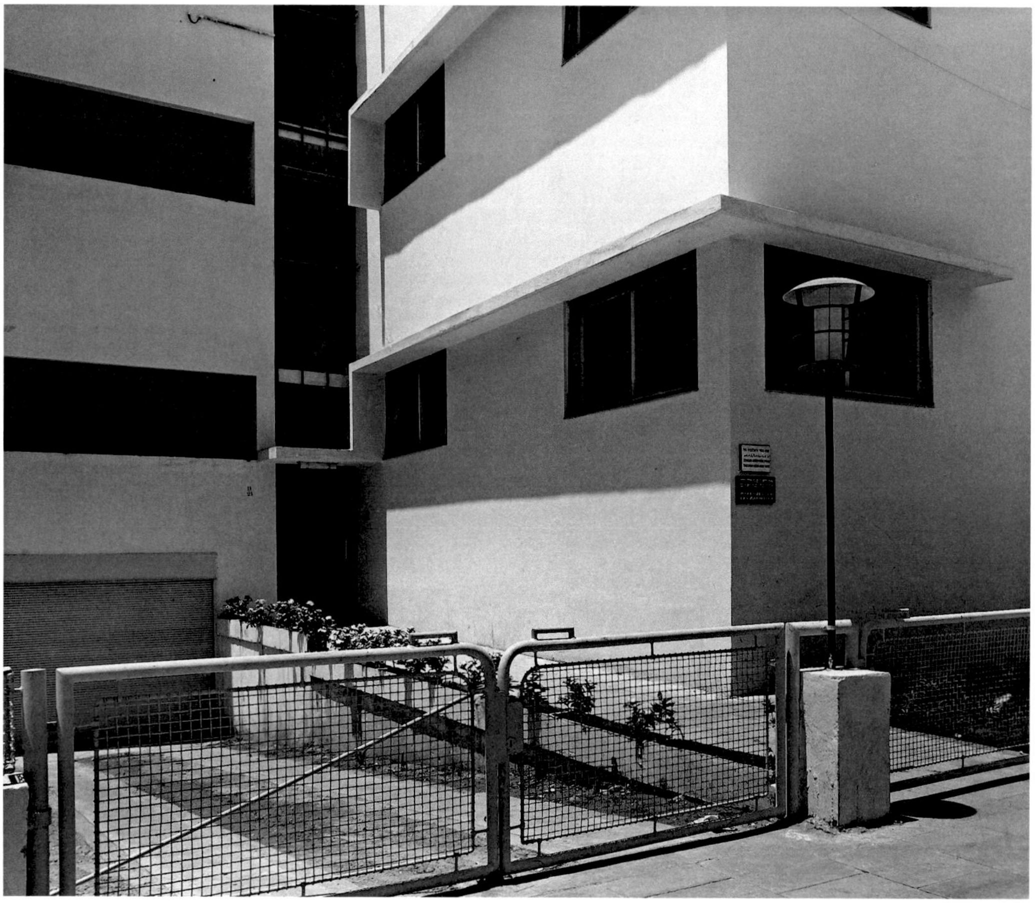

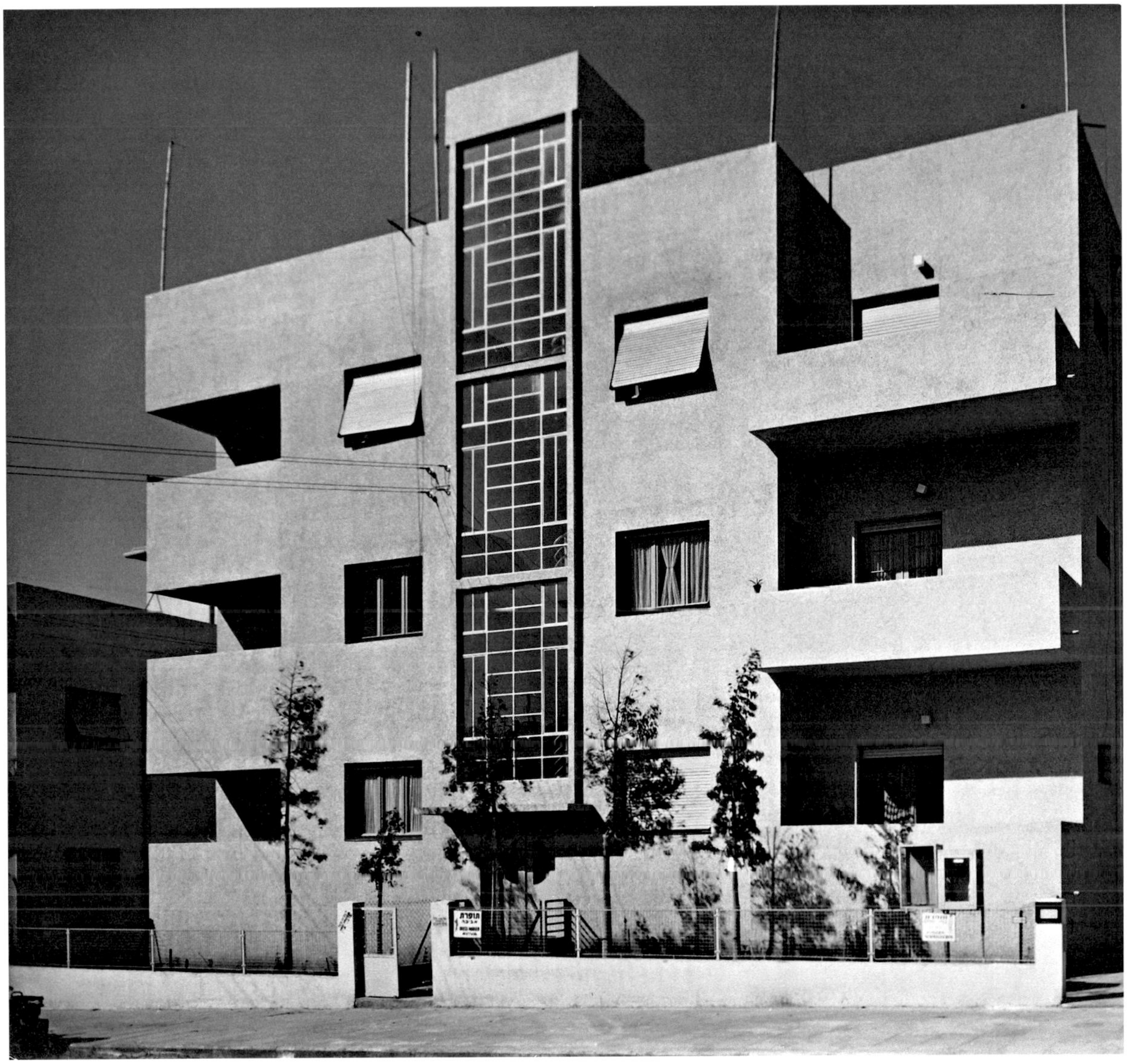

YITZHAK KALTER
THE APPENZELLER BUILDING, 96 ALLENBY STREET, TEL AVIV (DAS APPENZELLER GEBÄUDE), 1934
MODERN COMMERCIAL BUILDING, TEL AVIV (MODERNES GESCHÄFTSHAUS), 1935

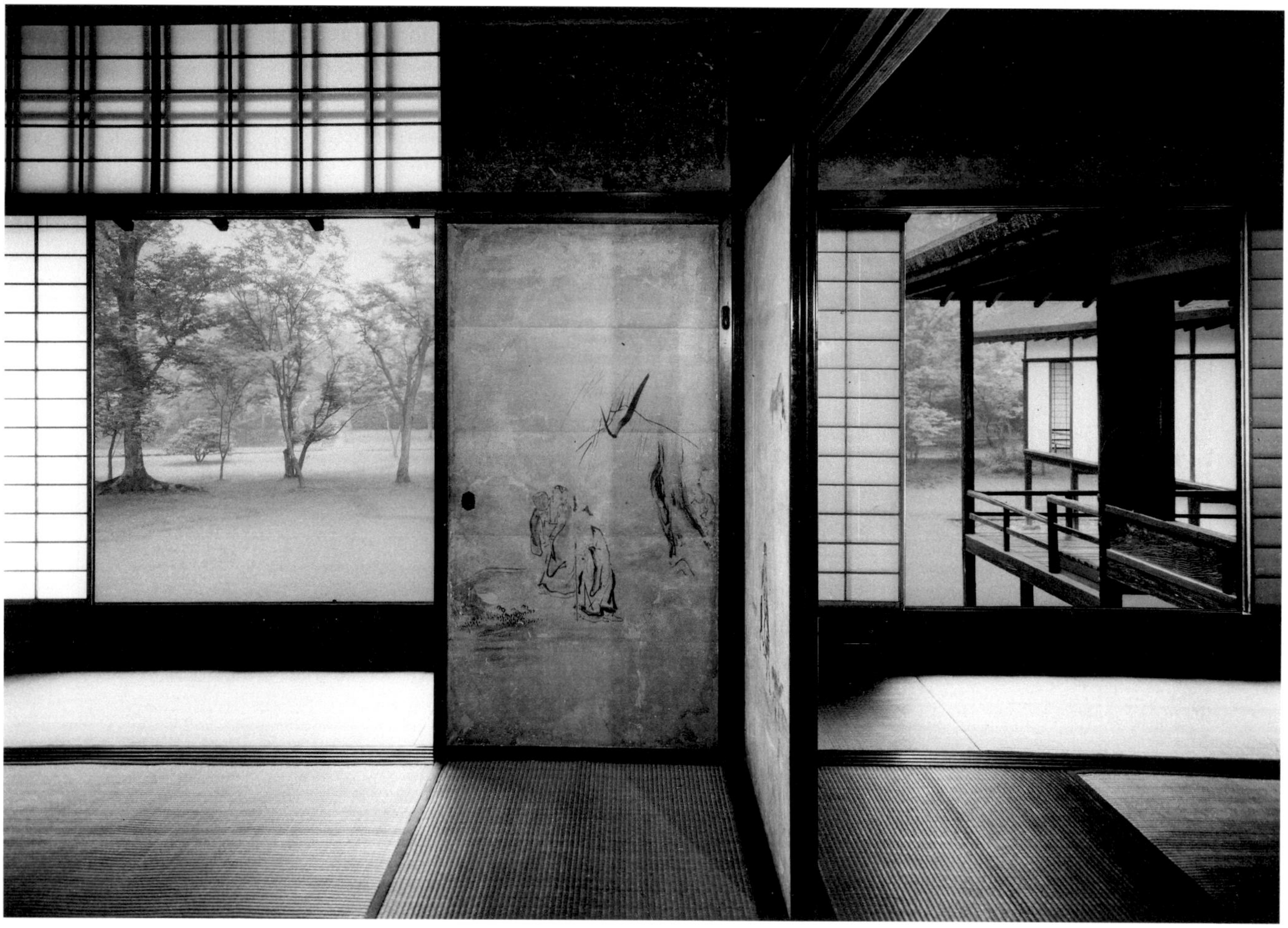

YASUHIRO ISHIMOTO
THE NEW PALACE AND LAWN SEEN FROM THE MIDDLE SHOIN,
KATSURA PALACE, JAPAN (DER NEUE PALAST MIT WIESE
VOM MITTLEREN SHOIN IM KATSURA PALAST AUS GESEHEN), 1953

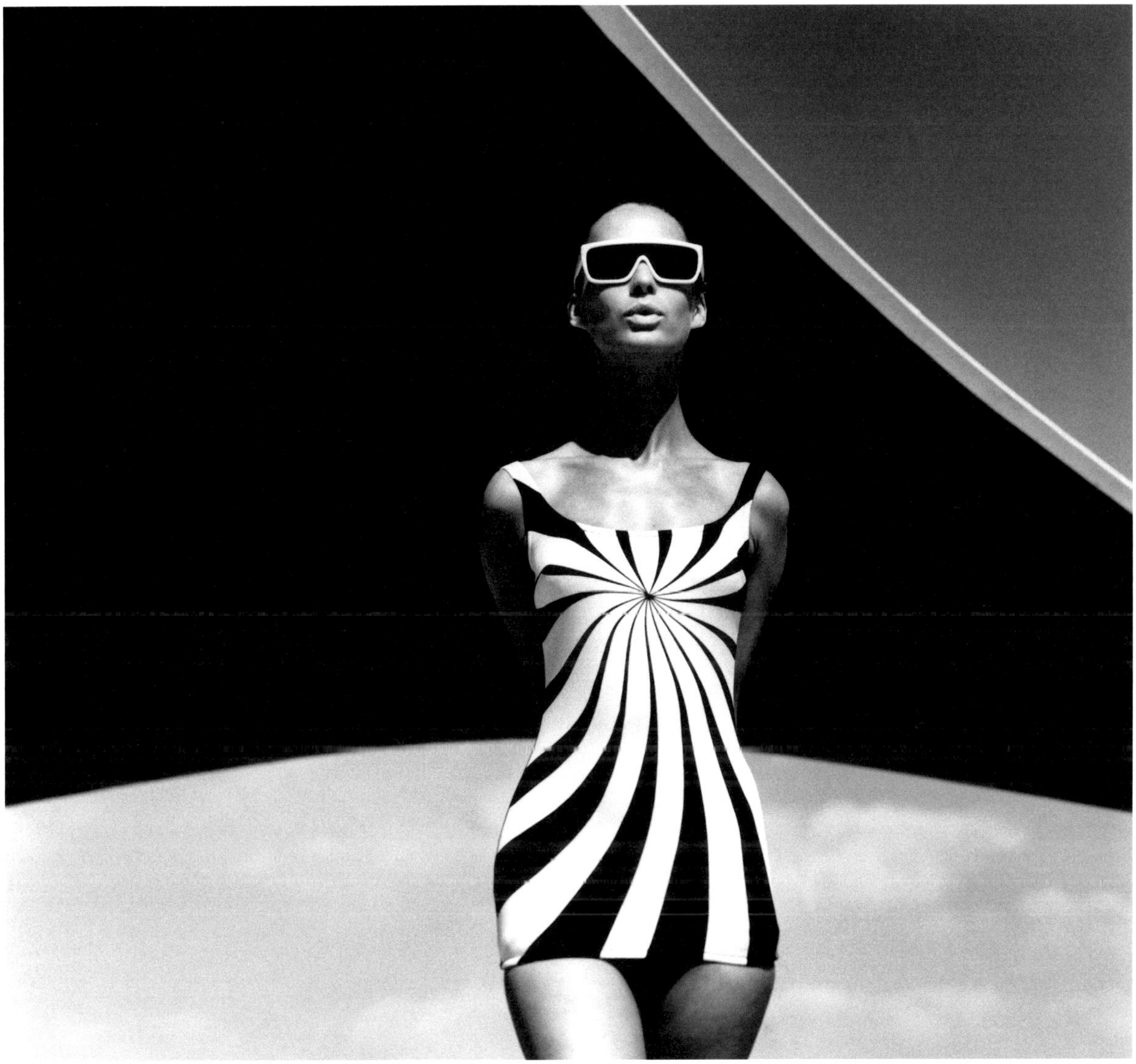

F.C. GUNDLACH
OP ART-BADEANZUG VON SINZ, VOULIAGMENI/GRIECHENLAND
(OP ART BATHING SUIT BY SINZ), 1966

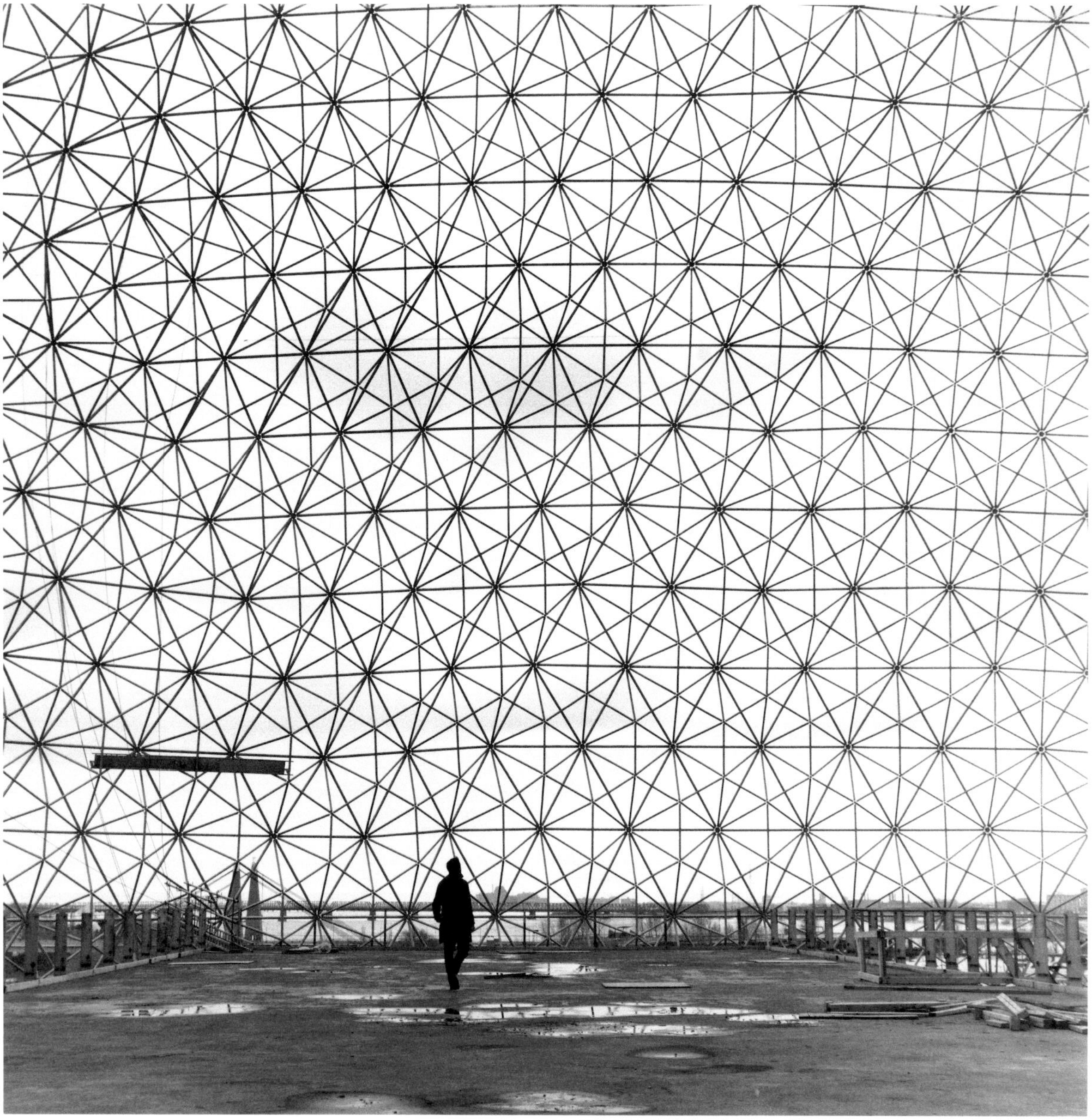

ROBERT DUCHESNAY
BUCKMINSTER FULLER'S GEODESIC DOME, EXPO '67, MONTRÉAL
(BUCKMINSTER FULLERS GEODÄTISCHER DOM), 1967

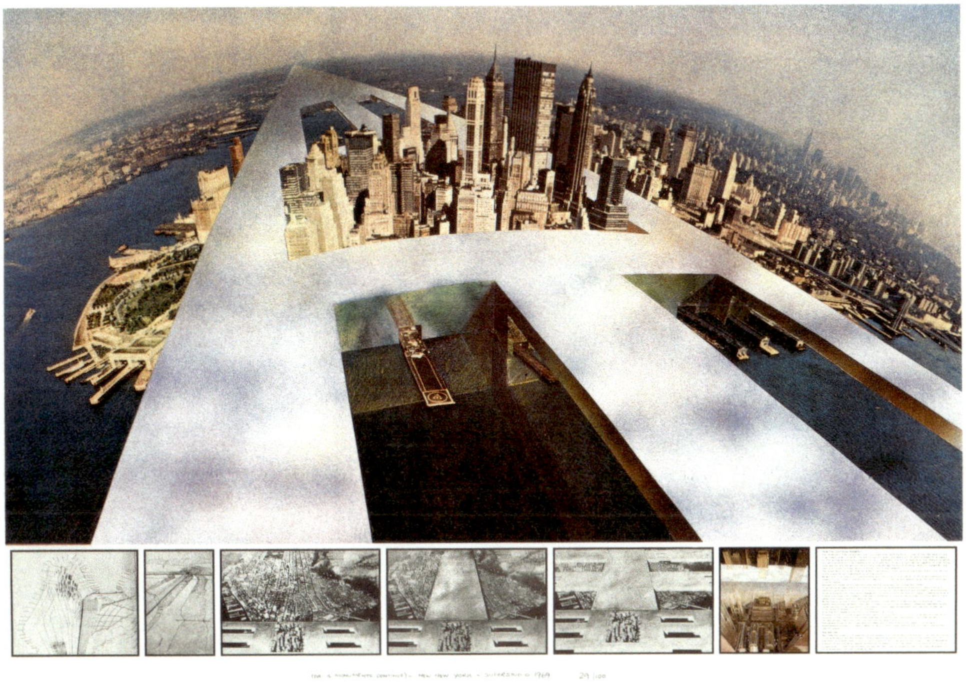

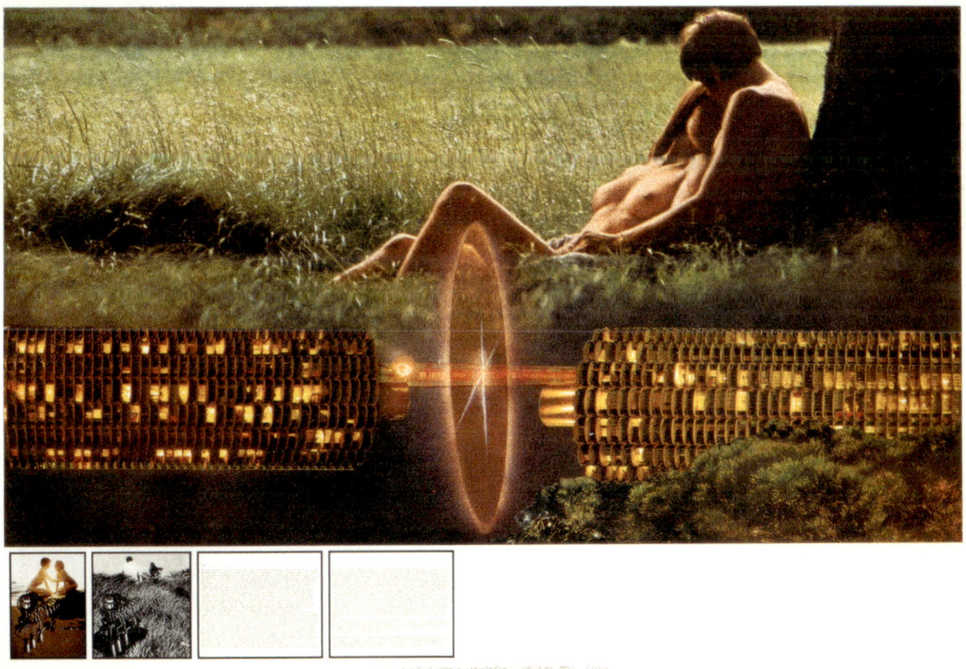

SUPERSTUDIO
NEW NEW YORK (NEUES NEW YORK), 1969, AUS/FROM: *THE CONTINUOUS MONUMENT* (DAS FORTLAUFENDE MONUMENT)
LOVE (LIEBE), 1972, AUS/FROM: *THE FUNDAMENTAL ACTS* (DIE FUNDAMENTALEN TATEN)

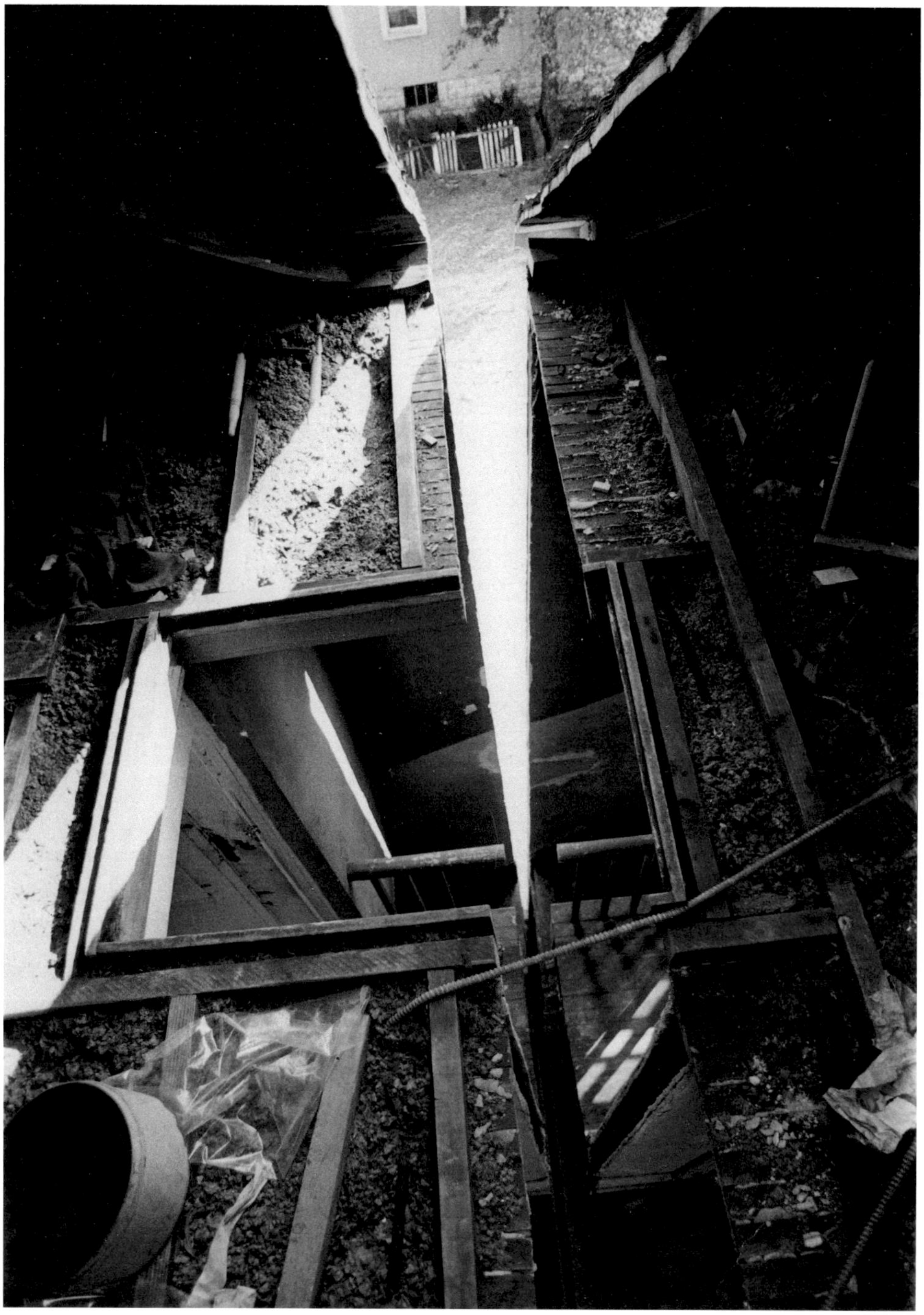

GORDON MATTA-CLARK
HUMPHREY STREET SPLITTING (SPALTUNG AN DER HUMPHREY STREET), 1974

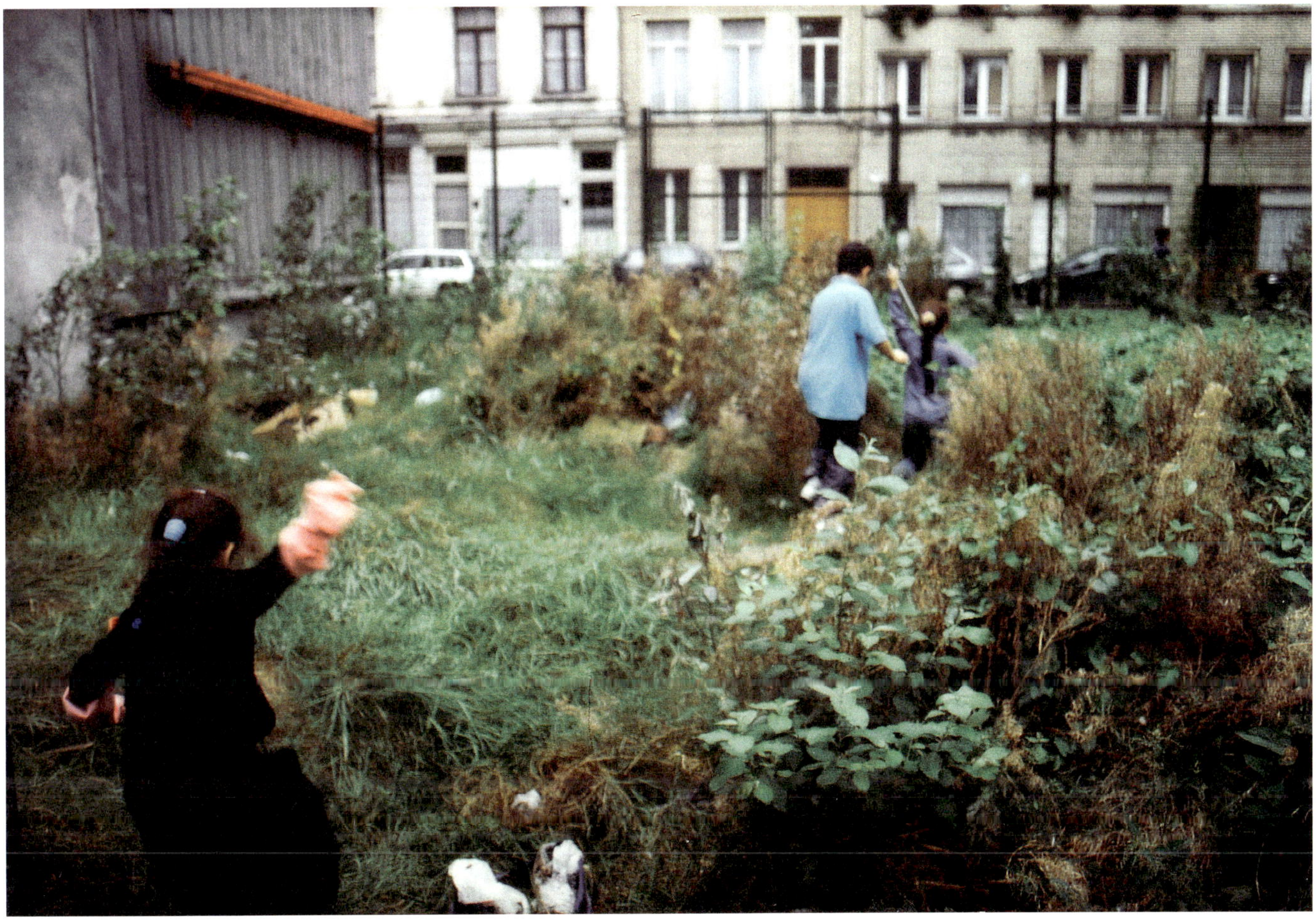

LARA ALMARCEGUI
OPENING AN EMPTY LOT TO THE PUBLIC, BRUSSELS
(EINE BRACHE DER ÖFFENTLICHKEIT ZUGÄNGLICH MACHEN), 2000

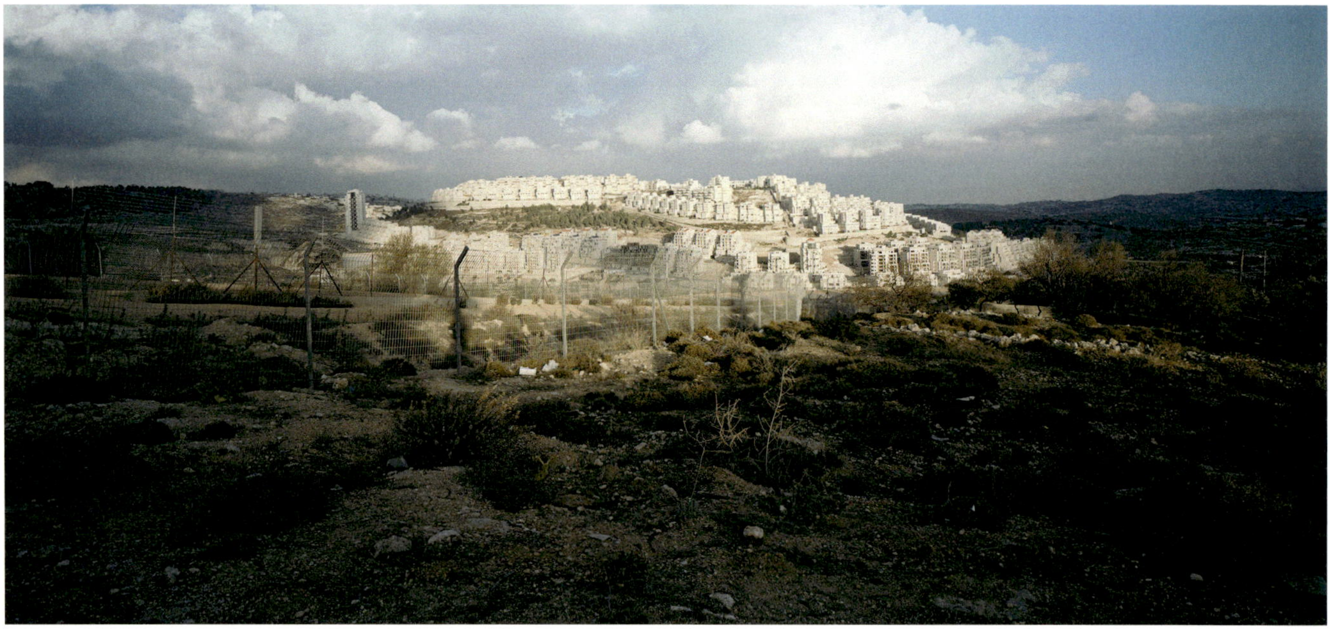

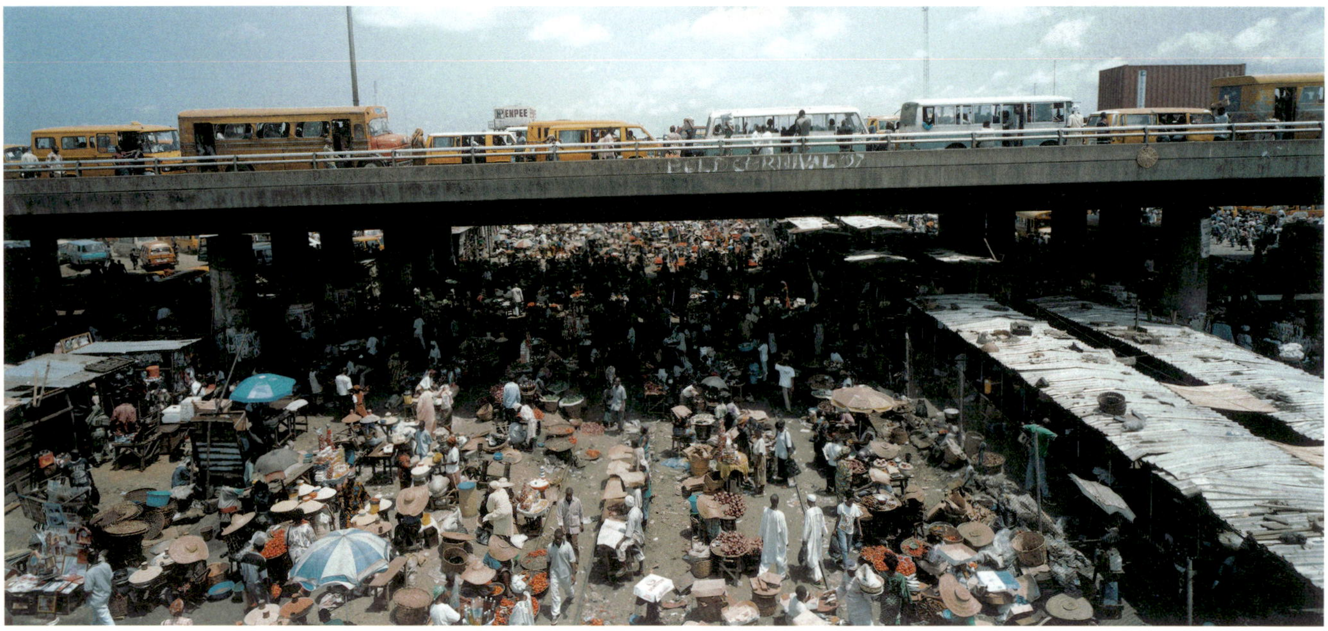

ARMIN LINKE
HOMAT SHEMU'EL, HAR HOMA SETTLEMENT, BETHLEHEM, WEST BANK (HAR HOMA SIEDLUNG), 2007
OSHODI MARKET, LAGOS, NIGERIA (OSHODI-MARKT), 2000

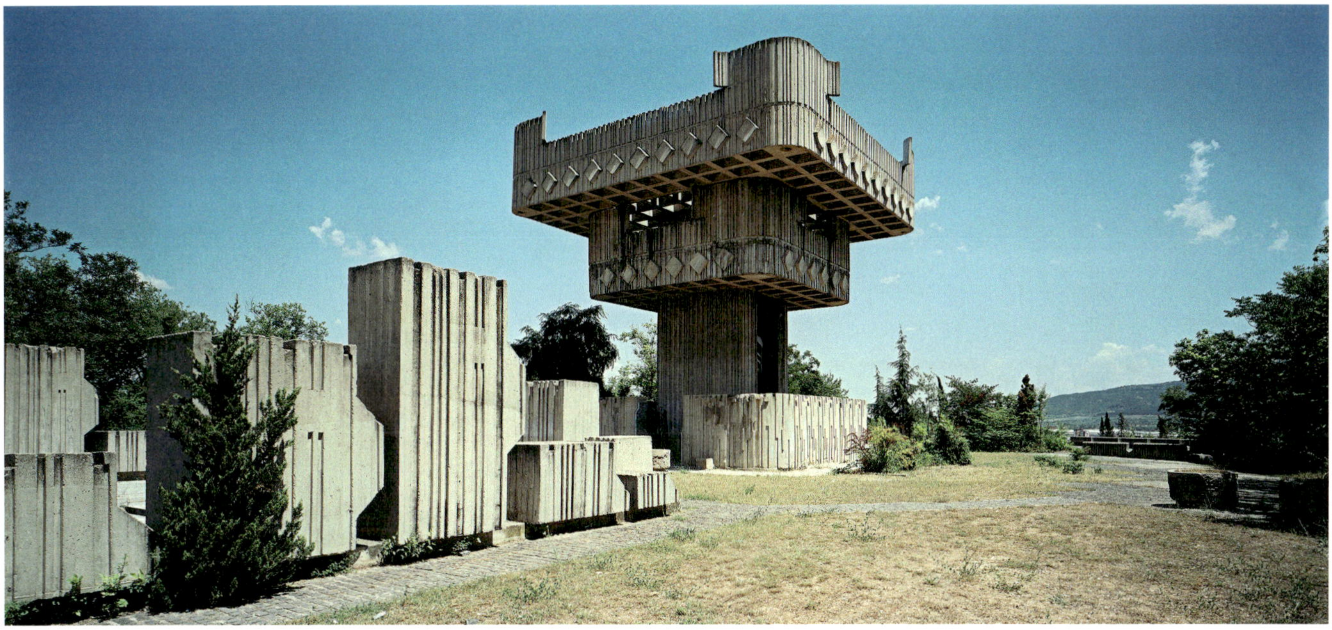

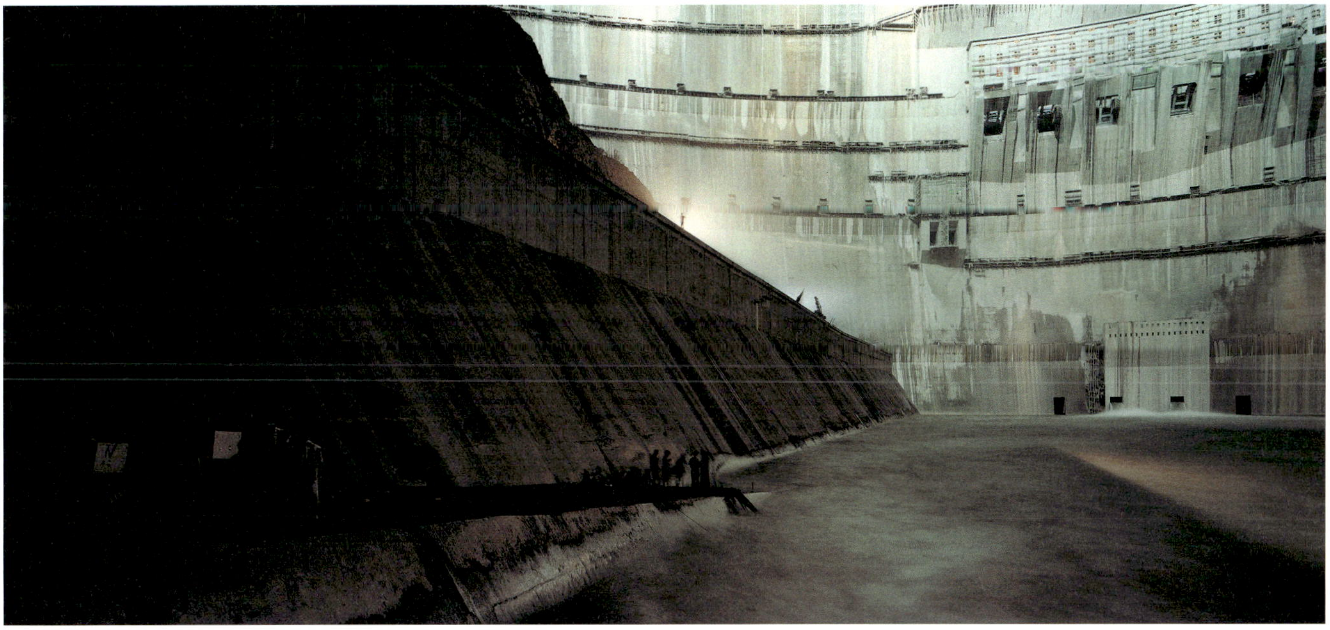

KOSTURNICA MEMORIAL, MONUMENT TO LOCAL VICTIMS OF WWII, PRILEP, REPUBLIC OF MACEDONIA (KOSTURNICA-GEDENKSTÄTTE, DENKMAL FÜR DIE ORTSANSÄSSIGEN OPFER DES 2. WELTKRIEGS), 2009
ERTAN DAM, DOWNSTREAM SIDE, PANZIHUA (SICHUAN), CHINA (ERTAN DAMM, STROMABWÄRTS GELEGEN), 1998

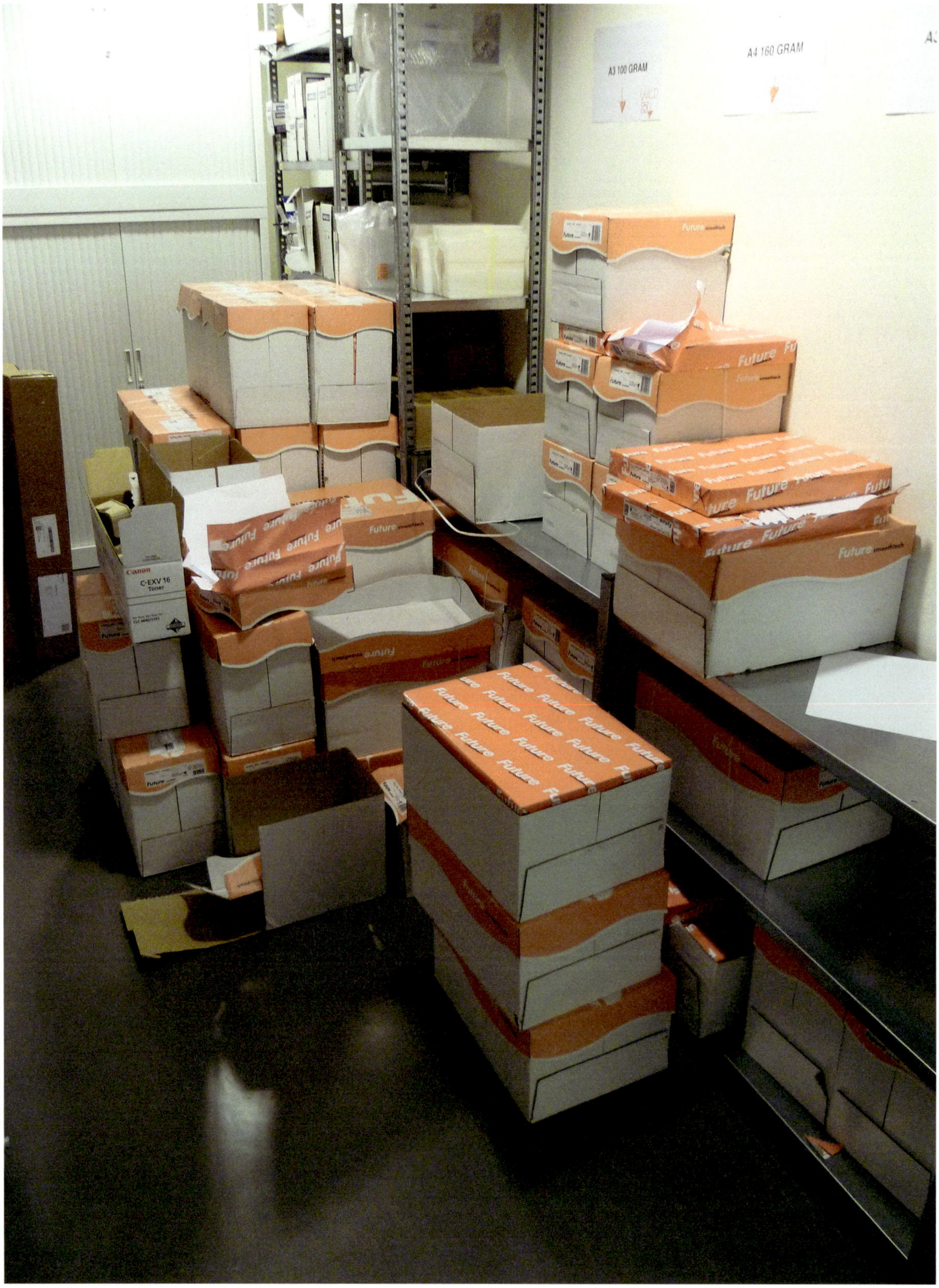
A3 100 GRAM
A4 160 GRAM
Canon
C-EXV 16
Toner
Future

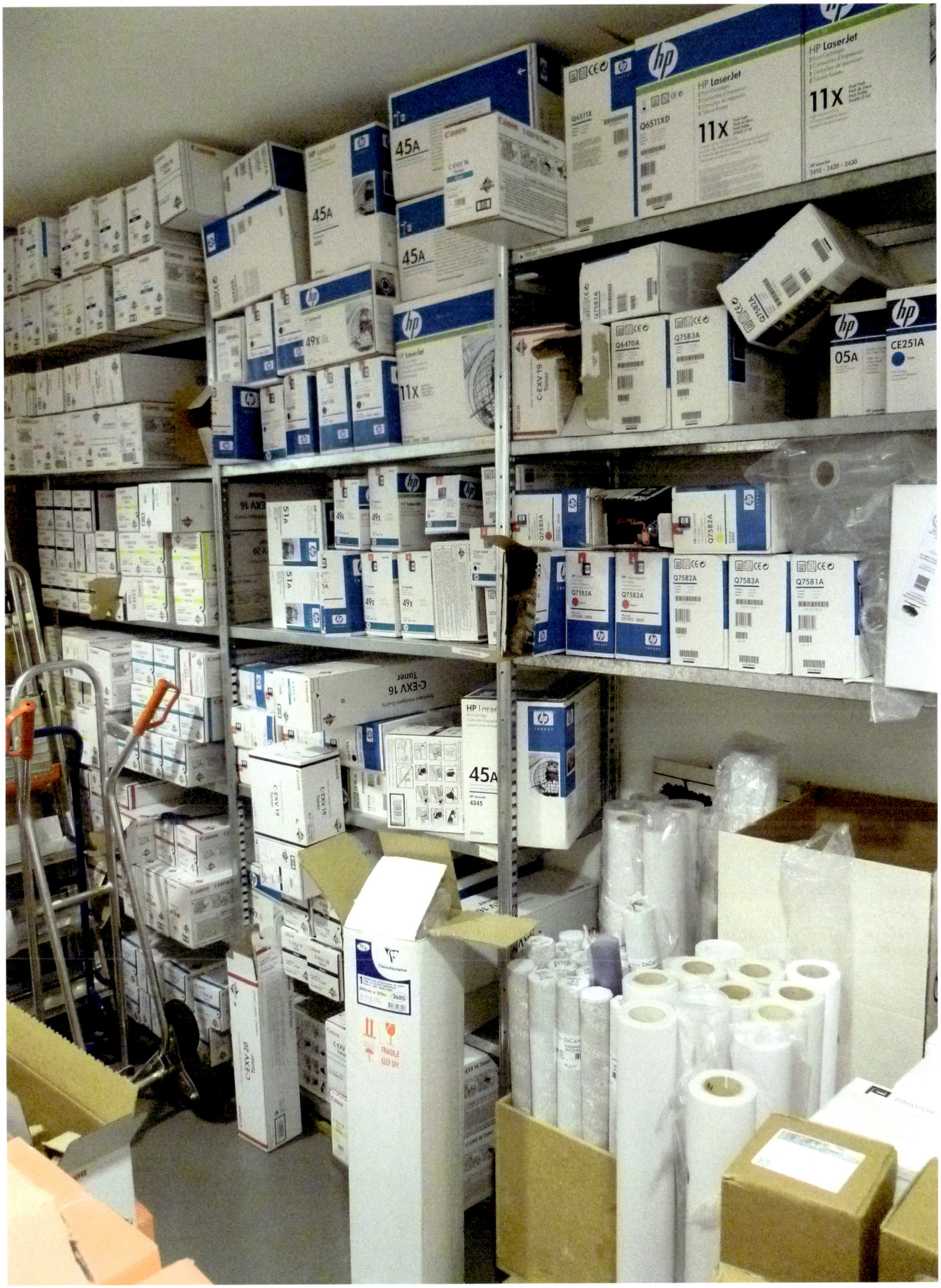

ROTOR
OFFICE FOR METROPOLITAN ARCHITECTURE,
PAPIER- UND DRUCKKARTUSCHEN-LAGER, ROTTERDAM
(PAPER AND PRINT CARTRIDGE STOREROOM), 2012

FOTOGRAFIE UND MODERNE ARCHITEKTUR / PHOTOGRAPHY AND MODERN ARCHITECTURE

Die Zusammenhänge zwischen Fotografie und Architektur, besonders moderner Architektur, sind schon oft diskutiert worden. Die zwei Künste gelten seit der Erfindung der Fotografie als untrennbar miteinander verflochten. Und schon bevor die erste fotografische Aufnahme gemacht wurde, war die Architektur eng mit ihren Bildern und visuellen Darstellungen verzahnt, mit Zeichnungen und Stichen sowie mit Veröffentlichungen, besonders in den Illustrierten, die seit dem Beginn des 19. Jahrhunderts in Umlauf waren. Man könnte

Architekturbilder bauen: Fotografie und moderne Architektur

Lorenzo Rocha

also behaupten, dass Architektur und Fotografie, wie Dichtung und Malerei, Schwesterkünste sind. Vergessen wir auch nicht, dass Nicéphore Niépces erste erfolgreiche Fotografie, *Point de vue pris d'une fenêtre du Gras* aus dem Jahr 1826, das Bild eines Gebäudes ist. Wahrscheinlich aus technischen Gründen war die Architektur der bevorzugte Gegenstand fast aller frühen Fotografen von Louis Daguerre bis Eugène Atget, und Paris wurde zur am ausgiebigsten fotografierten Stadt des 19. Jahrhunderts. In der Anfangsphase der neuen Kunstform war die erforderliche Belichtungszeit noch so lang, dass der fotografierte Gegenstand für längere Zeit unbewegt bleiben musste. Städte und Naturlandschaften waren daher die ersten Dinge, die diese neuartige Erfindung einfangen konnte. Die technischen Faktoren, die der Architektur vor anderen Sujets den Vorzug gaben, änderten sich aber rasch und das Hauptinteresse der Fotografie galt nun dem menschlichen Porträt. Gleichzeitig führte diese Entwicklung aber nicht dazu, dass die Architekturfotografie aus dem Repertoire verschwand. Sie nimmt auch heute noch eine zentrale Stellung ein.

Folgen wir einer eher überholten und hauptsächlich in der Kunsttheorie der Romantik verwendeten Systematik, welche die Kunst in Gattungen unterteilt, dann liesse sich die Fotografie, wie schon die Malerei, nach Themen auffächern: Porträt, Landschaft, Architektur, Natur und Abstraktion. Doch gerade die Porträt- und die Architekturfotografie haben auch eine Qualität gemeinsam, die sie untrennbar mit ihrem Gegenstand verbindet: die Immanenz. Dies bedeutet, dass das Bild eines bestimmten Bauwerks tatsächlich Teil von dessen Architektur ist, denn die meisten Menschen, die das Gebäude sehen, sehen es lediglich als Fotografie. So wie ein Porträt zum festen Bestandteil des Erscheinungsbildes einer Person wird. Wer könnte an das Gesicht von Ernesto Che Guevara denken, ohne das berühmte Porträt von Alberto Korda vor Augen zu haben?

Obwohl der Sehsinn nur einen kleinen Abschnitt im breiten Spektrum unserer räumlichen Wahrnehmung und in der Gesamtheit unserer Sinneswahrnehmungen ausmacht, besitzt die Architekturfotografie eine so starke symbolische Kraft, dass sie unsere Erfahrung eines Bauwerks vorwegnehmen, ja sogar verwandeln kann. Architekturfotografien schaffen eine Erwartungshaltung und wir lassen uns leicht von ihnen überzeugen. Sie können uns motivieren, das gezeigte Bauwerk zu besuchen; wobei ein Besuch befriedigend oder enttäuschend sein kann, denn Gebäude sehen fotografiert meist grösser aus als in Wirklichkeit. Die Optik von Kameraobjektiven ist ganz anders als die des menschlichen Auges, ausserdem legen viele Fotografen erhebliches Geschick an den Tag und schaffen spektakuläre Ansichten, die das blosse Auge kaum jemals einfangen kann. Weitwinkelaufnahmen lassen Architekturen eher bedrohlich erscheinen, ein Eindruck, den man selten hat, wenn man direkt vor einem Gebäude steht. Andere Techniken wie Wetter- oder Super-Makroaufnahmen sind lediglich mit Foto-Objektiven und Kameras möglich, deren Bauweise kaum noch etwas mit dem Aufbau des menschlichen Auges zu tun haben. Dennoch wird der Betrachter solcher Bilder auch ohne die direkte räumliche Erfahrung in den meisten Fällen das gleiche lebendige Interesse an der Architektur davontragen. Architekturfotografie verhält sich zu Architektur etwa so wie Porträts zu Menschen.

Halten wir fest: Die Architektur kann als ein kulturelles Artefakt betrachtet werden, das genau am Schnittpunkt seiner physischen Präsenz und der Gesamtheit seiner visuellen Darstellungen steht. Diese Visualisierungen reichen von den Plänen des noch ungebauten Projekts über perspektivische Zeichnungen und Modelle bis hin zur Verbreitung des fertigen Baus durch Fotografien. Daraus ergeben sich folgende Fragen: Was kennzeichnet die Architektur als fotografisches Sujet? Und in welcher Beziehung stehen Architekten und Fotografen zueinander?

Schon Walter Benjamin stellte fest: «Jeder wird die Beobachtung haben machen können, wieviel leichter ein Bild, vor allem aber eine Plastik, und nun gar Architektur, im Photo sich erfassen lassen als in der Wirklichkeit.»[1] Tatsächlich sind es die Fotografie und der Film, über welche die Architektur als Kunstwerk ihre technische Reproduzierbarkeit erlangt, auch wenn heute viele Prozesse und Elemente der Bautechnologie selbst schon industrialisiert sind und nicht mehr als einzigartig gelten können. Die Bauindustrie ist jedoch nicht der Ort, an dem die Architektur als Kunst ihr eigentliches Zuhause hat, denn sie erzeugt materielle Produkte, die kaum Bezug zum symbolischen Wert der Architekturfotografie haben. Man könnte sagen, dass der hauptsächliche Wert von Bauwerken im zukünftigen Erbe besteht, das bereits in ihnen angelegt ist, während sie als zeitgenössische Kulturgüter für bestimmte Vorstellungen und Institutionen stehen. Dieser kulturelle Wert aber lässt sich besser bildhaft über die Massenmedien darstellen, im Gegensatz zur physischen Präsenz der Bauwerke in ihrem urbanen Umfeld. Paradoxerweise geht die grösste Wirkung von öffentlichen Bauwerken nicht von den Architekturen selbst aus, sondern von ihren Fotografien. Selbst wenn sie schon abgerissen worden sind, bleiben sie in der kollektiven Erinnerung wie auch für die Architekturgeschichte lebendig und spielen in der Architekturtheorie und -kritik weiterhin eine wichtige Rolle. Diese verschwundenen Bauwerke – Beispiele gibt es zu viele, um sie hier anzuführen –, die einmal zum konkreten Reich der Architektur gehörten, bestehen nur als Bilder fort und verbuchen als solche einen fast unheimlichen Machtgewinn; wie Ruinen, die uns anziehen, gerade weil sie zerfallen. Mit der Architekturfotografie ist es ähnlich: Ein Bauwerk, das zu seiner Zeit eher bedeutungslos war, kann später durch seine Abbildungen sehr einflussreich werden.

Um die zentrale Bedeutung der Fotografie für die Beständigkeit von Architektur zu verdeutlichen, will ich einige Aspekte der Arbeit von drei herausragenden Architekten der Moderne genauer betrachten: Der Mexikaner Luis Barragán, der Deutsch-Amerikaner Ludwig Mies van der Rohe und der Österreicher Richard Neutra arbeiteten jeweils mit einem Fotografen zusammen, mit Armando Salas Portugal, Bill Engdahl und Julius Shulman. Jedes dieser «Paare» wirft ein anderes Licht auf die Beziehung zwischen Architektur und Fotografie, weil jeder Architekt und jeder Fotograf den jeweiligen Umständen entsprechend anders an seine Arbeit heranging und doch jeder von ihnen einige interessante Merkmale und Absichten mit den anderen teilte.

In einem Interview von 1989 mit dem Architekturkritiker Keith L. Eggener sagte der deutsche Bildhauer und Architekt Mathias Goeritz, die Architektur seines verstorbenen Kollegen Luis Barragán sei «fotografisch, nicht fotogen [...]. Seine Bauwerke waren vergänglich. Er wusste, dass sie auseinanderfallen würden, aber das hat ihn nicht gestört, weil die Fotos sie so bewahrten, wie er sie haben wollte.»[2] Im selben Interview äusserte sich Goeritz weiter über das grosse Interesse des Architekten an der Fotografie: «[Barragán] hat viel Aufwand für die fotografische Darstellung seiner Arbeit betrieben, er hat seine Fotografen sorgfältig ausgewählt und eng mit ihnen zusammengearbeitet, um eine bestimmte Art und Qualität von Bild zu erreichen, und er hat versucht, genau zu bestimmen, wie diese Bilder verwendet und interpretiert wurden.»[3]

Luis Barragán arbeitete ungefähr dreissig Jahre lang mit Armando Salas Portugal zusammen, der erst kurz bevor sie sich kennenlernten mit seiner fotografischen Arbeit an Naturlandschaften begonnen hatte. Tatsächlich war es der Architekt, der in den frühen 1940er Jahren an ihn herantrat, mit der Bitte, eine felsige Gegend, El Pedregal, südlich von Mexico City zu dokumentieren. Weil das Land mit dem Lavageröll des Vulkans Xitle bedeckt ist, wurde es Barragán und seinen Partnern zu einem sehr niedrigen Preis angeboten. Einige Jahre bevor sie mit dem Bau einer Wohnsiedlung anfingen, besuchte der Architekt das Grundstück zusammen mit einigen Künstlern, unter ihnen auch der berühmte Landschaftsmaler Gerardo Murillo. Barragán arbeitete mit bildenden Künstlern, hauptsächlich Malern und Fotografen – nicht nur zur Dokumentation seiner fertigen Bauten, sondern auch, um mit ihnen Entwürfe zu analysieren und gemeinsame Projekte zu gestalten. Als Bauunternehmer und gleichzeitig stark nach innen gekehrter Architekt verwendete Barragán die Fotografie sehr vielfältig. Die Auftragsfotografien kamen vor allem in den folgenden drei Bereichen zum Einsatz: Zum Einen gab es privat verwendete Fotografien, die er vor und während der Entwurfs- und Bauphase im Atelier mit Farbstiften und anderen Zeichentechniken überschrieb. Zweitens entstanden sorgfältig inszenierte Schwarz-Weiss-Aufnahmen, die bei zahlreichen Architekturpublikationen eingereicht und später auch in Monografien aufgenommen wurden. Schliesslich liess Barragán auch Werbebilder erstellen – schwarzweiss und in Farbe –, die in Werbebroschüren und in Zeitschriften abgedruckt wurden und sich an die potenziellen Käufer seiner Häuser und Grundstücke richteten. Barragáns Architektur stand also in einer engen Beziehung zur Fotografie. Und in gewisser Weise war sie auf die Darstellung ihrer Dreidimensionalität, ihrer Räumlichkeit, und damit auf ihre Verwandlung in Bilder angewiesen. Sie spielten sowohl im Entstehungsprozess als auch für die Bewerbung und Interpretation der Bauwerke eine zentrale Rolle [Abb. A].

Ludwig Mies van der Rohe kontrollierte nicht nur alles fotografische Material, das von seinen Bauwerken entstand, er war sich auch seines eigenen Auftretens sehr bewusst. Bereits zu Lebzeiten war der deutsch-amerikanische Architekt eine prominente Persönlichkeit, Fotografien zeigen ihn stets im schwarzen massgeschneiderten Zweireiher mit sauber gefaltetem weissem Taschentuch in der linken Jackett-Tasche und Zigarre in der Hand. In Veröffentlichungen mit Schwerpunkt Architektur und in diversen anderen Publikationen finden sich fast so viele Fotografien seiner selbst wie seiner Gebäude. Er gilt als einer der am stärksten medienorientierten Architekten des 20. Jahrhunderts. Während der Recherche für sein erstes Buch über Mies van der Rohe betrachtete der Architekt Ricardo Daza eine Fotografie des Kollegen genauer. Sie zeigt ihn in einer Ecke der Crown Hall, ein Gebäude, das Mies van der Rohe 1950 für die Architekturschule des Illinois Institute of Technology in Chicago entworfen hatte. Das 1956 entstandene Bild stammt von Bill Engdahl, der für das 1929 gegründete und noch heute auf Werbe- sowie Architekturfotografie spezialisierte Studio Hedrich Blessing arbeitete. Engdahl zeichnete für die Bilder vieler Gebäude von Mies van der Rohe verantwortlich und machte auch zahlreiche Aufnahmen von ihm selbst. In welchem Verhältnis aber stehen die Porträts des Architekten zu den Fotografien seiner Bauten? Ein Brief von Jack Hedrich an Ricardo Daza aus dem Jahr 1999 gibt Auskunft: «Bill machte Innenaufnahmen von der gerade fertig gestellten Crown Hall [...]. Weil es in Sachen Gestaltung und für ihn persönlich eines der wichtigsten Projekte war, beaufsichtigte Mies persönlich den Fototermin. Als Engdahl gerade von der Kamera aus Anweisungen für den aufwendigen Beleuchtungsprozess gab, bemerkte er, wie Mies, scheinbar tagträumend, auf einem Hocker in der Nähe der Fenster sass [...]. Später schlug Bill Engdahl Mies vor, ihn in der Crown Hall zu fotografieren.»[4] Diese Anekdote zeigt nicht nur, wie wichtig es für Mies van der Rohe war, alle Fotografien seiner Gebäude zu kontrollieren, sondern auch seine Bereitschaft, sich in seinen Gebäuden porträtieren zu lassen [Abb. B].

Für diesen Architekten gilt, dass die Medienpräsenz seiner Bauten proportional zu seiner eigenen Berühmtheit zunahm. Als brillante Kunstwerke bestechen seine Gebäude durch ihre Proportionen, ihren Rhythmus und ihre kunstfertige Ausführung, aber diese Merkmale lassen sich als Ganzes nur am Bauwerk selbst beobachten, in Fotografien treten sie weniger deutlich hervor. Im Fall von Mies van der Rohe trifft nicht zu, was Walter Benjamin versichert: «Das reproduzierte Kunstwerk wird in immer steigendem Masse die Reproduktion eines auf Reproduzierbarkeit angelegten Kunstwerks.»[5] Paradoxerweise wirken die Fotografien von den Bauwerken dieses Architekten nicht so überzeugend wie seine dreidimensionalen Objekte; sie selbst sind nicht sehr fotogen und mussten erst wirkungsvoll inszeniert werden. Dass der Architekt eine bekannte öffentliche Figur war, erhöhte die Wahrnehmung seiner Gebäude in Fachzeitschriften und in der Presse und verlieh ihnen zusätzlichen öffentlichen Glanz.

Die besonderen Umstände der Zwischenkriegszeit und der Nachkriegsjahre in den USA waren die Grundlage für die parallel verlaufende Entwicklung zweier weiterer Künstler, des Architekten Richard Neutra und des Fotografen Julius Shulman. Ihre Wege kreuzten sich mehrfach. Neutra beauftragte Shulman, seine Werke zu fotografieren, hauptsächlich seine südkalifornischen Häuser aus den Jahren 1935 bis 1946. Richard Neutra war 1923 aus Österreich emigriert und schon 1929 wurde eines seiner bedeutendsten Häuser fertiggestellt, das Health House für den Arzt Philip Lovell in Los Angeles [vgl. S. 60]. 1935 beauftragte er Shulman, sein gerade fertig gebautes Sternberg House in San Fernando Valley zu fotografieren. Das Ergebnis war eine fotografische Serie, die viel diskutiert wurde, weil eines der Fassadenbilder zu den ersten bekannten Bildern gehörte, die nachbearbeitet worden waren. Als Neutra nämlich von der Zeitschrift *House & Home* um Anschauungsmaterial für das gerade abgeschlossene Projekt gebeten wurde, liess er das Fensterdesign, das er nach Fertigstellung des Hauses nochmals überarbeitet hatte, im Bild retuschieren. Den neuen amerikanischen Lifestyle zweifelsfrei am besten zeigt aber Shulmans Fotografie des Kaufmann House im kalifornischen Palm Springs von 1947. Mit seinem leuchtenden Schwimmbecken im Vordergrund und der Wüstenlandschaft im Hintergrund wurde es zu einer Ikone des «guten Lebens», widrigsten äusseren Umständen zum Trotz [Abb. C]. Neutras formale, aus ineinandergreifenden geometrischen Mustern bestehende Architektursprache, die Verwendung von klarem Glas und die Wände, die sich aus dem Inneren der Gebäude bis in die umliegende Landschaft erstrecken, beeinflussen Architekten noch heute. Aber würde sich seine Sprache auch ohne Shulmans Fotografien erschliessen? Beide Künstler haben ikonische Werke geschaffen. Neutras Werke stehen stellvertretend für eine moderne, auf europäischen Werten basierende Architektur, Shulmans Arbeiten für die amerikanische Lebensart, entstanden in den Häusern, die er im Los Angeles jener Zeit dokumentierte. Begegnen wir damit zum ersten Mal einer völligen Verschmelzung von Architektur und Fotografie? Zumindest sehen wir hier eine perfekte Balance zwischen Bildern und Objekten. Neutras Architektur lieferte Shulmans Fotografie den Stoff und gleichzeitig wirkte die Überzeugungskraft der Fotografien auf den Architekten und seine gestalterische Arbeit zurück. Um Eggeners Ausdruck zu verwenden, ist dies tatsächlich die authentische «fotografische Architektur».

Neutras Häuser sind heute dem Verfall preisgegeben – mit Ausnahme derjenigen, die zu Sehenswürdigkeiten erklärt wurden und deshalb aufwendig restauriert und laufend instand gehalten werden. Doch auch sie stehen in einer Umgebung, die sich irreversibel verändert hat, so dass man heute unmöglich nachvollziehen kann, was Shulmans Fotografien abbilden. Diese Bilder sind Ikonen einer «Zukunftsnostalgie», sie stehen für eine Zeit, in der man davon überzeugt war, dass die Zukunft Verbesserungen bringen würde. Auf eine Art und Weise ist die Zusammenarbeit von Neutra und Shulman ein schlüssiges

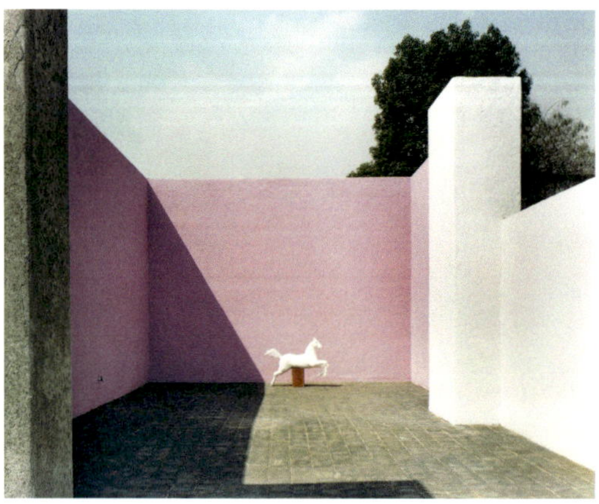

A ARMANDO SALAS PORTUGAL
BARRAGÁN HOUSE, MEXICO CITY,
GEBAUT 1947–48

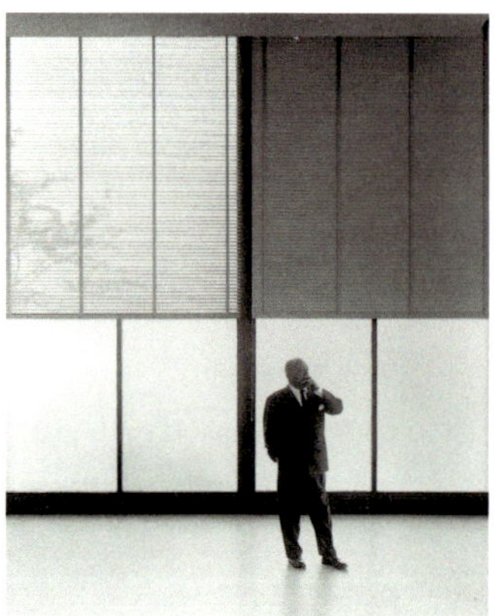

B BILL ENGDAHL
MIES VAN DER ROHE
IN S.R. CROWN HALL, 1956

Beispiel dafür, wie sich im Laufe des 20. Jahrhunderts die Grenze zwischen gebauter Architektur und ihrer Darstellung im Bild verwischt hat. Die anderen zwei Beispiele beschreiben ein ähnliches Phänomen – auch die Wahrnehmung von Barragáns und Mies van der Rohes Werken hat sich mit ihren Kontexten unumkehrbar verändert. Im Unterschied zu Neutra steuerten die beiden Architekten aber die Arbeit ihrer Fotografen ganz entscheidend, während Shulman in seiner Arbeit mit Neutra sein Potenzial voll entwickeln konnte. Er wurde ein unabhängiger Künstler, der von der Architekturdokumentation profitierte und gleichzeitig erheblich zur Wertschätzung seines Gegenstands beitrug.

Moderne Architektur und Fotografie greifen seit dem Ende des 19. Jahrhunderts ideologisch ineinander und sind noch heute eng miteinander verbunden. Die Art dieser gegenseitigen Abhängigkeit variiert aber je nach Architekt oder Fotograf. Manche zeitgenössische Bauwerke wurden von mehr als einem professionellen Fotografen porträtiert, was interessante Vergleiche der verschiedenen Sichtweisen auf ein Werk ermöglicht. Zum Beispiel sieht das Haus van Middelem-Dupont im belgischen Oudenburg, entworfen vom portugiesischen Architekten Álvaro Siza, in der Fotoserie von Roland Halbe ganz anders aus als auf den Fotografien von Duccio Malagamba, dessen Bilder eine stärker verkürzte Perspektive zeigen. Dadurch tritt die Geometrie der Architektur spektakulär hervor, während Halbes Bilder meist Frontalaufnahmen sind, die den Schwerpunkt auf die Oberflächenstruktur der verwendeten Materialien setzen. Ein weiteres herausragendes Beispiel einer fruchtbaren Zusammenarbeit finden wir in Hans Danusers Bildern von den Werken Peter Zumthors. Auch wenn die Verhältnisse, in denen die zwei Kunstformen bestehen und sich entwickeln, sich stark verändert haben – die Art und Weise, wie Danuser die natürlichen Lichteffekte von Zumthors Bauwerken einfängt [vgl. S. 68 f.] ist Beleg dafür, dass sich die Partnerschaft von Architektur und Fotografie auch in den letzten Jahrzehnten weiter gegenseitig bereichert hat.

1 Walter Benjamin, Kleine Geschichte der Fotografie, in: Ders., *Das Kunstwerk im Zeitalter seiner technischen Reproduzierbarkeit*, Frankfurt a. M. 1994 (1936), S. 60/61.
2 Keith L. Eggener, Barragán's «Photographic Architecture»: Image, Advertising and Memory, in: Federica Zanco, *The Quiet Revolution*, Milan 2001, S. 180.
3 Ebd.
4 Ricardo Daza, *Buscando a Mies*, Barcelona 2000, S. 179.
5 Walter Benjamin, *Das Kunstwerk im Zeitalter seiner technischen Reproduzierbarkeit*, Frankfurt a. M. 1994 (1936), S. 17.

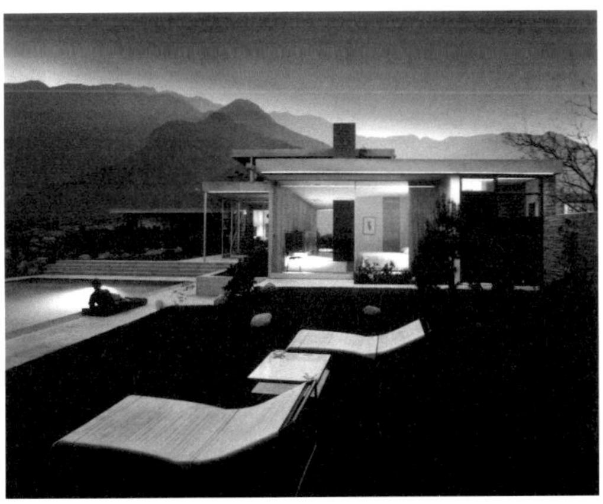

C JULIUS SHULMAN
RICHARD NEUTRA: KAUFMANN HOUSE,
PALM SPRINGS, CALIFORNIA, 1947

There have been many discussions addressing the links between photography and architecture, particularly modern architecture. The two arts have been connected since photography was invented in the 1830s. And even before that, architecture was deeply involved with images and visual representation: drawings, engravings and publicity – for example the illustrated reviews that began to circulate in the early 19th century. One might consider architecture and photography as sister arts, like poetry and painting. It is important to

Building Architectural Images: On Photography and Modern Architecture

Lorenzo Rocha

remember that the first photograph successfully fixed by Nicéphore Niépce in 1826, *Point de vue pris d'une fenêtre du Gras* (view from the window at le Gras), is an image of a building. Architecture was the preferred subject for almost all the early photographers, from Louis Daguerre to Eugène Atget, and Paris was the most photographed city. The choice was partly due to technical reasons: early cameras needed such long exposure times that a subject had to remain motionless for a prolonged period. Cities and the natural landscape were therefore the most rewarding subjects for the new invention. Once the technical problems were solved, many photographers turned to portraiture, but this did not mean the demise of architecture as a subject, and it remains of central interest to photographers today.

Using the by now rather obsolete division of the arts into genres, photography, like painting, can be classified by subject matter: Portrait, Landscape, Architecture, Nature and even Abstract. But architectural and portrait photography share a quality that makes them inseparable from their subject matter, it creates some sort of immanence between them. An image of a certain building is, in fact, *part* of its architecture, since most people who learn about a building may have only seen it in a photograph. Portraits of people also become inseparable from their personae; who can think about Che Guevara without thinking of Korda's celebrated portrait of him?

Vision is only one segment of the wide spectrum of spatial perception – and in fact of all sensory perception – but the photography of architecture has such a symbolic power that it predetermines, and sometimes even transforms people's approach to a built work. Photography creates expectation, and it is highly persuasive when it comes to architecture: a photograph might encourage us to visit the building portrayed. The result might be deceptive or satisfying, buildings normally look bigger in a photograph because camera lenses have very different optical characteristics than those of the human eye and also because, in many cases, photographers use their skills to produce spectacular shots that are almost impossible to recreate in plain human vision. Low-angle shots, for example, present architecture as somehow ominous, a sensation that does not occur in the same way when we stand close to a building. Other techniques such as weather shots or extreme close-ups can only be achieved with lenses and cameras whose formats have very little relation to the configuration of the human eye. However, in the majority of cases a person will retain the same vivid interest in architecture based on photographs, regardless of whether they have direct experience of a physical building or not. The photography of architecture is architecture as much as portraits are people.

For the present argument, architecture is assumed to be a cultural product that exists at the intersection of its physical presence and all its visual representations, ranging from the unbuilt project that resides in the plans, perspective drawings and architectural models that precede the built object, to its dissemination in the photographic images that succeed it. A number of questions derive from the initial assumption: how does architecture perform as photographic subject matter? What is the actual relation between architects and photographers?

Walter Benjamin stated that: "Everyone will have noticed how much easier it is to get hold of a painting, more particularly a sculpture, and especially architecture, in a photograph than in reality."[1] Indeed it is through photography and film that architecture attains its technological reproducibility as a work of art, even as many processes and elements of contemporary construction technology have been industrialised and can no longer be considered unique. But the construction industry is not where the artistic part of architecture rightfully resides, since to distinguish it as a material product has almost no relation to the symbolic value of its imagery. One could say that the architectural objects' main value is patrimonial, while their cultural assets are the concepts they symbolise or the institutions they stand for. These cultural assets are better represented by publicity in the mass media rather than by a building's actual presence in its urban context. Paradoxically, most of the power of public buildings resides in their photographs rather than in the buildings themselves. Even those that have been demolished – and one might assume they no longer exist – are still alive in the memory of the general public or in architectural history and still play an important role in architectural theory and criticism. These "disappeared" buildings – the examples are too numerous to cite here – that used to pertain to the concrete realm of architecture, now exist only in their imagery, having gained an almost uncanny empowerment: like ruins, they appeal to us because of their decay. If a building isn't beautiful, maybe as a ruin it will be. A similar case happens with architectural photographs: if a building wasn't particularly important in its own time, maybe its photographs will be more influential in the future.

In order to illustrate the importance of photography for the permanence of architecture, it is useful to attempt to study some aspects of the work of three prominent modern architects: the Mexican Luis Barragán, the German-American Ludwig Mies van der Rohe and the Austrian Richard Neutra, who worked with three photographers respectively: Armando Salas Portugal, Bill Engdahl and Julius Shulman. Each case sheds a different light on the subject of the relationship between architecture and photography, since each architect and photographer approaches his work in a different way, according to his particular circumstances, and yet, simultaneously, each shares with the others some interesting features and ambitions.

In 1989 during an interview with the architecture critic Keith L. Eggener, the German sculptor and public artist Mathias Goeritz stated that the architecture of his former colleague, Luis Barragán was: "Photographic – not photogenic... His buildings were fragile. He knew they would fall apart, but he didn't care, because the photos preserved them as he wanted them to look."[2] Goeritz also discussed in the same interview the architect's deep interest in photography. Barragán, he said, had "lavished great care on the photographic representation of his work, choosing his photographers carefully, working closely with them to achieve certain image types and qualities, doing what he could to control the use and interpretation of those images."[3]

Luis Barragán chose to work with Armando Salas Portugal for approximately 30 years. Salas Portugal had begun as a landscape photographer shortly before he met Barragán. The architect approached him in the early 1940s with a proposal to document a land extension located south of Mexico City called "El Pedregal" (the stony place). This land was considered useless for agriculture because it had been flooded by lava from the nearby Xitle volcano. It was therefore offered to Barragán and his partners at a very low price. Before they started to develop their plans for a residential district, the architect brought several artists to the site, such as the famous landscape painter Gerardo Murillo. Barragán was involved with visual artists – mainly painters and photographers – not only commissioning them to document his built works, but also collaborating with them in the conceptual analyses and during the design process of his projects. Being a land developer as well as a greatly introspective architect, Barragán used photographs over a very wide spectrum of his work. There were mainly three identifiable uses of the photographs commissioned by the Mexican architect: private photographs taken before and during the design and construction processes, used at the studio to be annotated with coloured pencils and other drawing techniques. Secondly, carefully staged black-and-white photographs submitted to numerous architectural publications and eventually used in monographic books. And lastly, advertising photographs, both black-and-white and colour, used for commercial brochures and magazine advertisements directed at potential buyers of the houses and lots for sale at his residential estates. Barragán's architecture had a close relationship with photography and the representation of three-dimensional, spatial works and their transformation into images played a decisive role during the process, promotion and interpretation of his buildings [fig. A].

Ludwig Mies van der Rohe not only supervised personally all the photographic material derived from his built work, he was also very much aware of his own personal appearance. The German architect was a prominent public figure. He always appeared in photographs wearing a dark two-piece suit with a neat white handkerchief in the breast pocket of his impeccable jacket and holding a cigar in his hand. Both in specialist architectural and other publications there are almost as many photographs of him as there are of his buildings; he was, we might say, one of the most media-savvy architects of the 20th century. During the research for his book on Mies van der Rohe, Ricardo Daza studied a specific photograph of the architect, taken in a corner of Crown Hall, the architecture school building Mies van der Rohe designed in 1950 for the Illinois Institute of Technology in Chicago. The photograph was taken in 1956 by Bill Engdahl, who worked for the Chicago-based photographic firm Hedrich Blessing, founded in 1929, dedicated to advertising and architectural photography, which still exists today. Engdahl photographed many of Mies van der Rohe's buildings and he also produced many portraits of him. So how do the two relate to one another? A letter from Jack Hedrich to Ricardo Daza in 1999 sheds some light on the subject: "Bill was making photographs of the interior of the newly completed Crown Hall ... Being one of his most important projects both in design and personal involvement, Mies came to the photo session to supervise. At one time, when Engdahl was directing from the camera the lengthy process of setting up lighting, he noticed Mies sitting on a stool near the windows, seemingly lost in reverie ... Later in the same session Bill suggested to Mies that a photograph be made of him at Crown Hall."[4] The situation in which Mies van der Rohe's portrait was made, confirms his interest in controlling the results of every photographic session, as well as his willingness to be portrayed inside his buildings [fig. B].

Mies van der Rohe's buildings are indeed magnificent works of art in which proportion, rhythm and craftsmanship are outstanding, but these features can only be fully perceived in person, in small details that do not appear as clearly in photographs. Mies van der Rohe's case certainly does not match with Walter Benjamin's assertion that: "The work of art reproduced becomes the work of art designed for reproduction."[5] Mies van der Rohe's buildings paradoxically do not perform as well in photographs as they do as physical objects, so they required a powerful mise-en-scène to make them more photogenic, certainly the lengthy photographic sessions with the complex artificial lighting and extended exposure times provided it. The architect's notoriety as a public figure enhanced the buildings' perception in reviews and periodicals, providing an additional interest to his already outstanding architecture.

In the United States, the periods between and after WW2 provided the grounds for the parallel development of two brilliant artists: the architect Richard Neutra and the photographer Julius Shulman. Their paths crossed on numerous occasions, when the former commissioned the latter to photograph his built work, mainly his Southern California houses between 1935 and 1946. Neutra, who was born in Vienna, emigrated to the United States in 1923. By 1929 he had already built one of his most important houses, the "Health House", for the doctor Philip Lovell in Los Angeles [cf. p. 60]. In 1935 he commissioned Shulman to photograph his recently completed Sternberg House in the San Fernando Valley. The result was a series of photographs that have been extensively discussed because a particular image of the façade is one of the first widely published images to have undergone a "post-production" process. When Neutra was asked to submit visual material on the recently completed project for *House & Home* magazine, he ordered some retouching that modified the appearance of the fenestration design, which he had reconsidered after the house was already completed. But the most representative image of the novel American lifestyle is Shulman's photograph of the Kaufmann Desert House in Palm Springs, California, from 1947, with its radiant pool in the foreground and desert landscape in the background, an icon of comfortable living even in the most adverse circumstances [fig. C]. Neutra's formal language of interlocking geometric planes, his insistence on the use of pure glass and walls that extend from the interior of his buildings into the landscape, are still influential for architects today. But would his language be available to us without Shulman's photographs? Both artists are responsible for iconic work, regardless of their particular standpoint. Neutra created an iconic architectural style derived from fundamental European values; Shulman created an iconic ideal of American life that sprung from the houses he documented during this period. Is it possible that for the first time we find a total fusion between architecture and photography? At least we can assert that there is a perfect balance between images and objects. Neutra's architecture feeds Shulman's photography, but at the same time, the powerful photographs seduce the architect and somehow influence his designs. This is indeed – to borrow Eggener's term – the most authentic "photographic architecture".

Today many of Neutra's houses are in a state of decay. There are a few exceptions, those that are classified as landmarks and have undergone complex preservation work and are constantly supervised and maintained. But their context has changed irreversibly, so it is impossible to experience anything similar to the images presented by Shulman. These photographs are the icons of a "future nostalgia", made at a time when almost everyone was convinced that the future reliably promised that better was yet to come. The Neutra-Shulman collaboration (or symbiosis) is then a conclusive example of how the limits between built architecture and its representative imagery became blurred during the 20th century. A similar phenomenon occurred with the two other examples, Barragan's and Mies van der Rohe's buildings and their contexts have also irreversibly changed. But the main difference with Neutra is that the other two architects directed and controlled the photographer's work to a decisive extent, while Neutra's circumstances allowed Shulman to fully develop his own potential and become an independent artist who benefited from the architecture

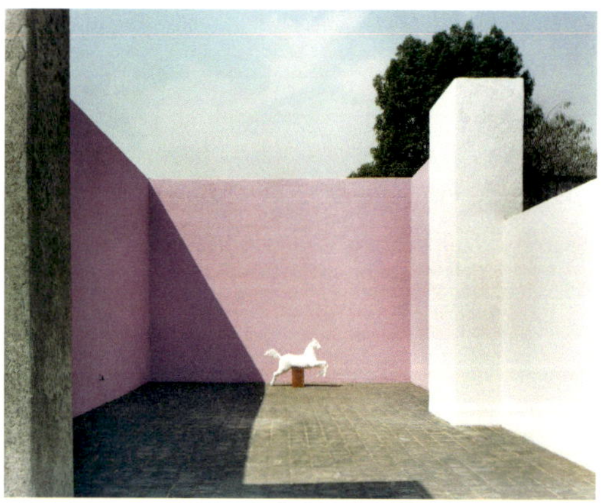

A ARMANDO SALAS PORTUGAL
BARRAGÁN HOUSE, MEXICO CITY,
BUILT IN 1947–48

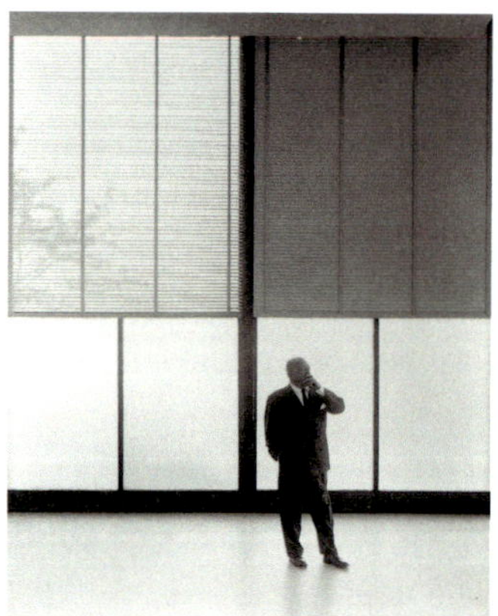

B BILL ENGDAHL
MIES VAN DER ROHE
IN S.R. CROWN HALL, 1956

he documented and at the same time also contributed to the great appreciation of his subject matter.

Modernist architecture and photography have been ideologically interconnected for the last twelve decades and are still inseparably bonded today, but the nature of their interdependency has varied considerably from one architect to another and one photographer to the next. Some contemporary buildings have been portrayed by more than one professional photographer, so interesting comparisons can be made between different visions of the same work. For example, the Van Middelem-Dupont House in Oudenburg, Belgium, designed by Portuguese architect Álvaro Siza appears very differently in Roland Halbe's photographs, compared to those taken by Duccio Malagamba, whose shots are much more foreshortened, so they show the geometry of the house more spectacularly, while Halbe's images are mostly frontal and focus on the texture of the materials used for the buildings. Another productive collaboration is seen in the images of Peter Zumthor's architecture, photographed by Hans Danuser [cf. p. 68 f.]. The way in which Danuser captures the effects of natural light in Zumthor's buildings shows us that the partnership between architecture and photography continues to enrich each other, regardless of the great changes these two art forms have gone through in both creation and development.

1 Walter Benjamin, "Little History of Photography", in Walter Benjamin, *Selected Writings, Volume 2 (1927–1934)*, Michael W. Jennings (ed.), Cambridge: The Belknap Press of Harvard UP, 1999, p. 523.

2 Keith L. Eggener, "Barragán's 'Photographic Architecture': Image, Advertising and Memory", in *Luis Barragán, the Quiet Revolution*, Federica Zanco (ed.), Milan: Skira Editore, 2001, p. 180.

3 Idem.

4 Ricardo Daza, *Buscando a Mies*, Barcelona: Actar, 2000, p. 179.

5 Walter Benjamin, "The Work of Art in the Age of Mechanical Reproduction", transl. by Harry Zohn, in *Illuminations*, Hannah Arendt (ed.), New York: Schocken Books, 1969, p. 226.

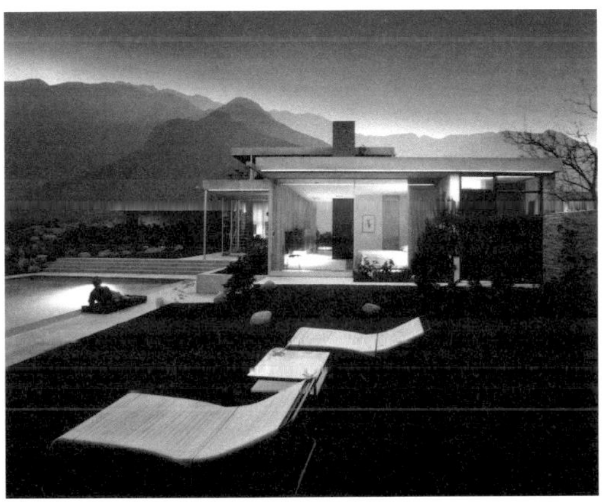

C JULIUS SHULMAN
RICHARD NEUTRA: KAUFMANN HOUSE,
PALM SPRINGS, CALIFORNIA, 1947

52 / 53

STEIN
STAHL
GLAS
/
STONE
STEEL
GLASS

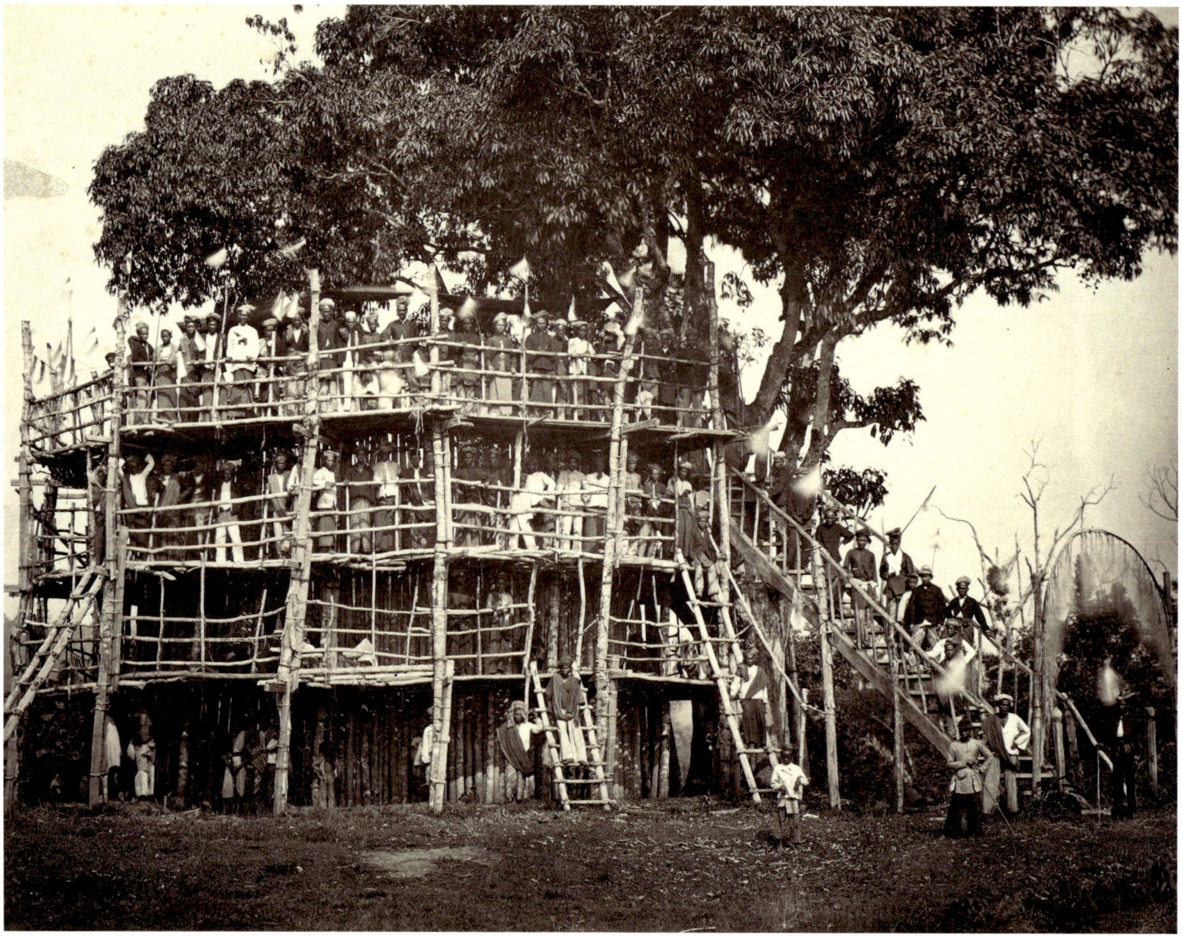

ANONYM (ANONYMOUS)
MENSCHENGRUPPE AUF EINER TRIBÜNE DER ARENA DES FORTS
VAN DER CAPELLE AN SUMATRAS WESTKÜSTE
(GROUP OF PEOPLE ON A TRIBUNE, ARENA OF FORT VAN DER CAPELLE
ON SUMATRA'S WEST COAST), 1895

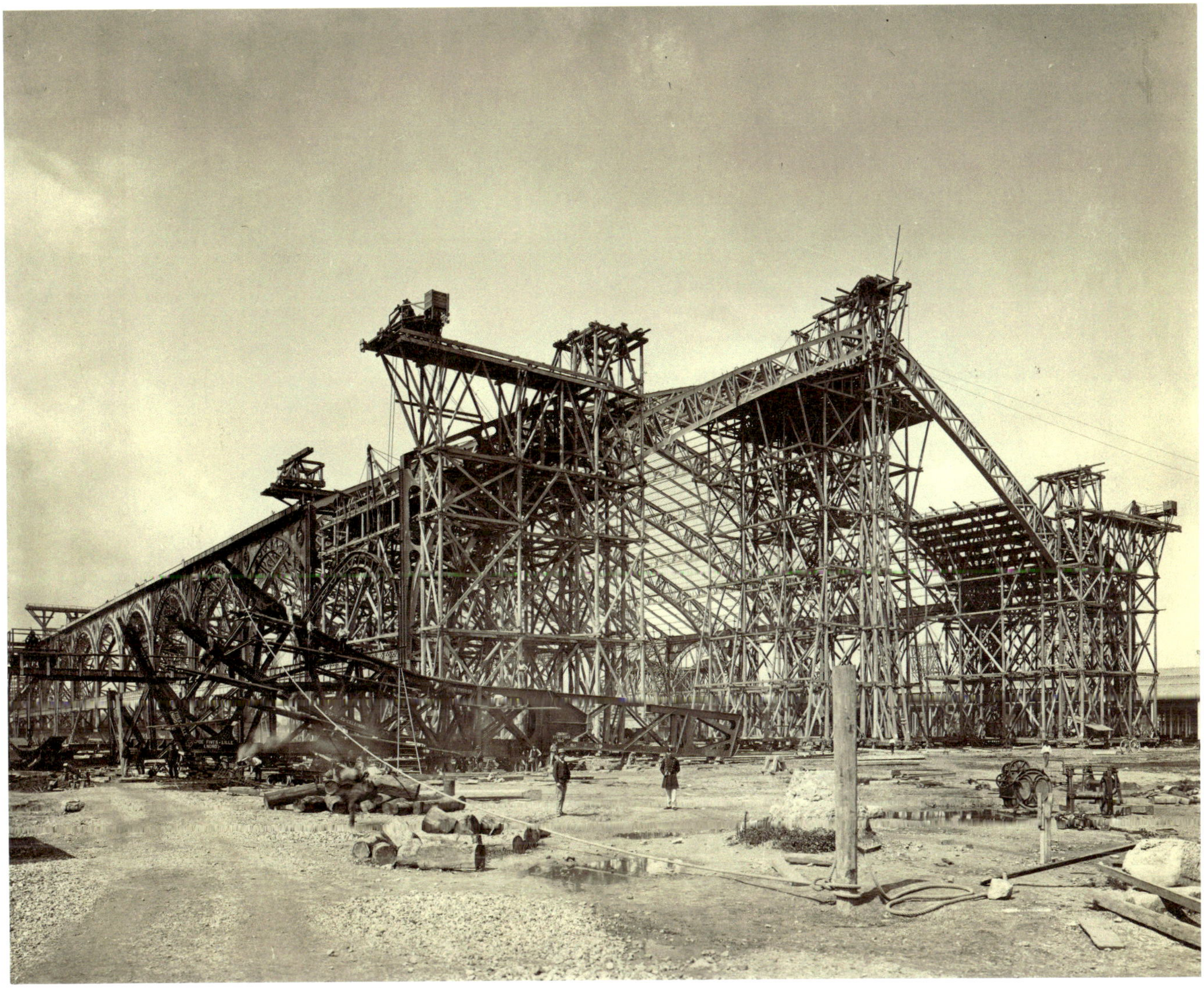

STUDIO CHEVOJON
PALAIS DE MACHINES, EXPOSITION UNIVERSELLE, PARIS
(MASCHINENHALLE, WELTAUSSTELLUNG/
MACHINE HALL, PARIS INTERNATIONAL EXHIBITION), 1889

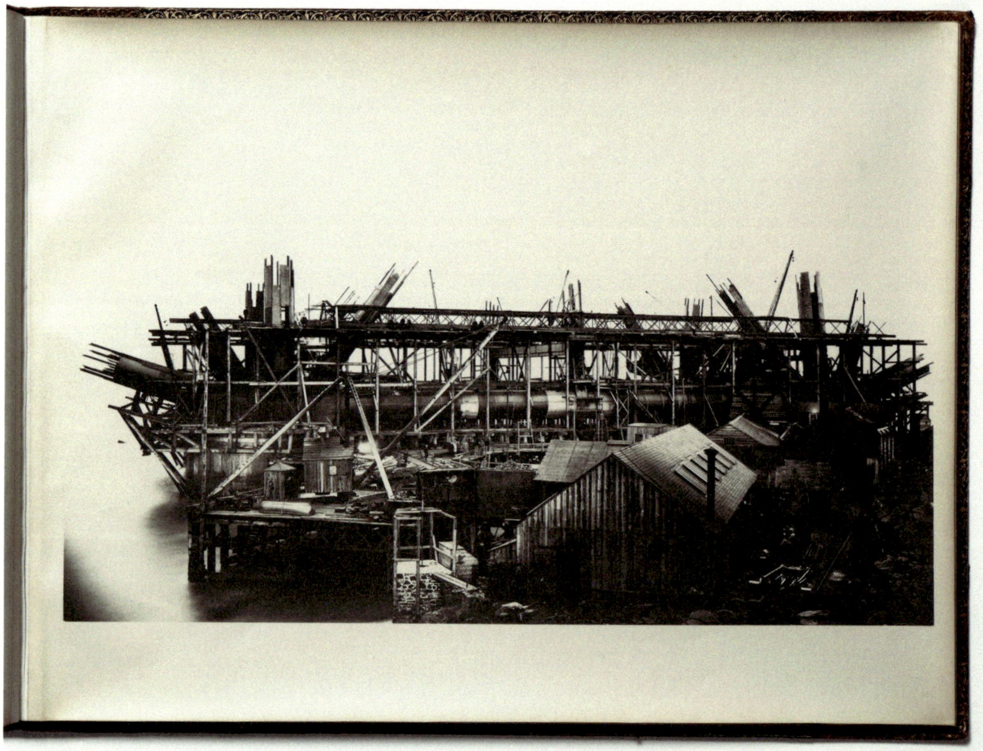

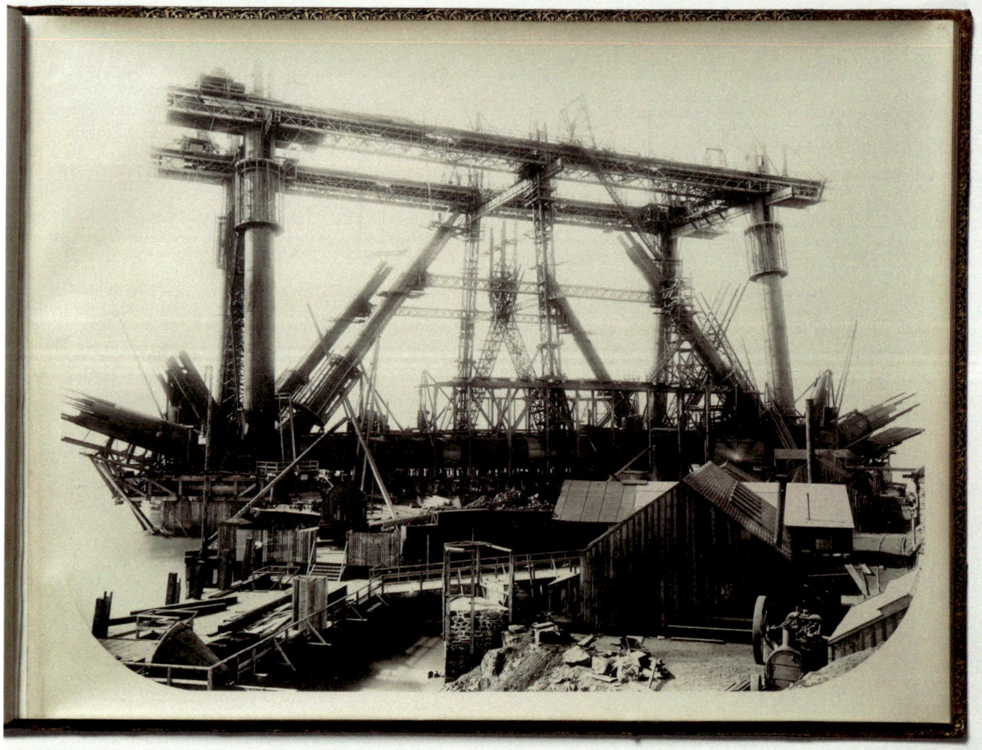

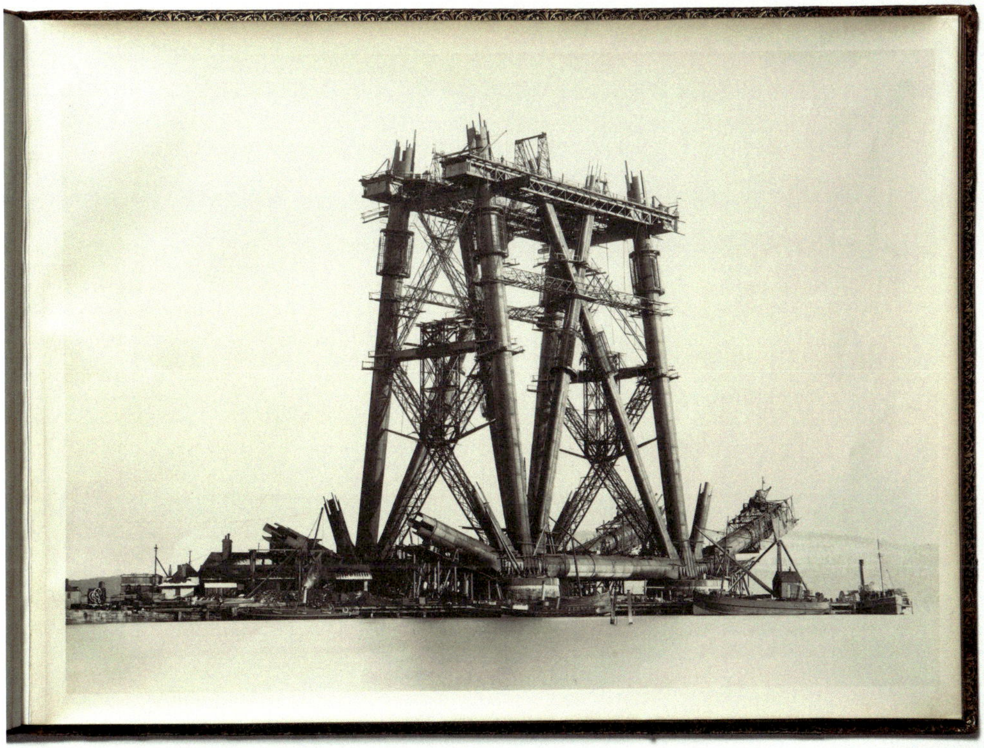

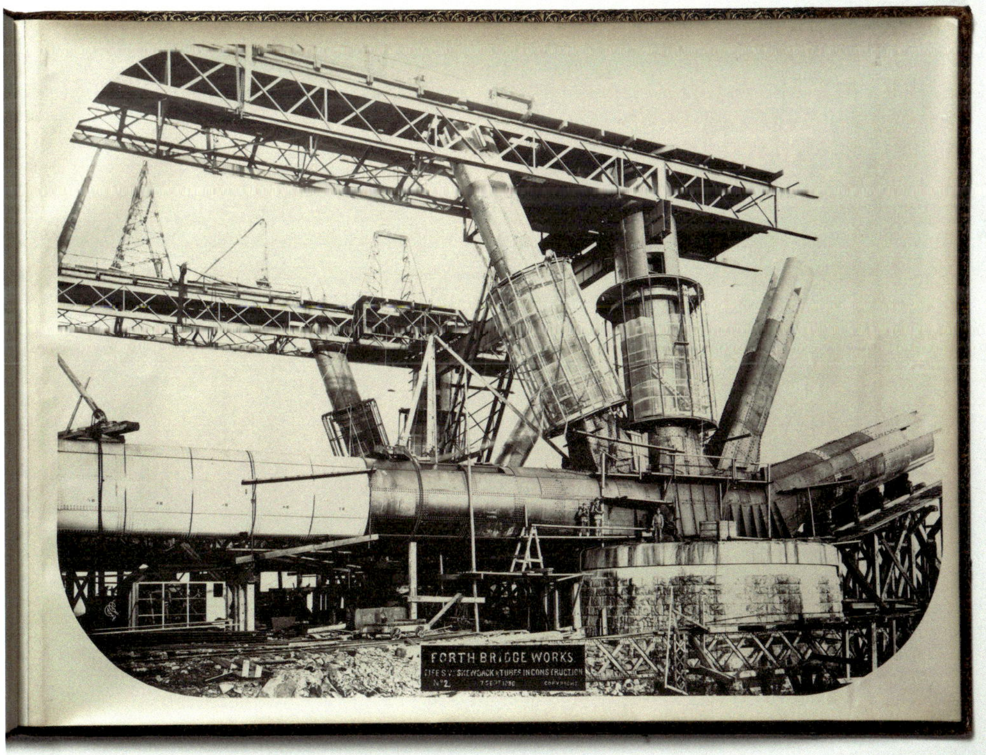

PHILIP PHILLIPS
THE FORTH BRIDGE ILLUSTRATED (DIE FORTH BRIDGE ILLUSTRIERT), 1890

«Der Eiffelturm [ist] auch der ganzen Welt gegenwärtig. Zunächst findet er sich als universales Symbol für Paris überall da, wo Paris als Bild ausgesprochen werden soll. [...] Mehr noch: über seine spezifische Paris-Aussage hinaus berührt er die allgemeine Vorstellungswelt der Menschen, seine einfache, als Matrize wirkende Form verleiht ihm die Fähigkeit zur unendlichen Chiffre: nacheinander, je nach den Appellen unserer Vorstellungskraft, Symbol für Paris, für die Modernität, für Kommunikation, für Wissenschaft oder für das XIX. Jahrhundert, Rakete, Stengel, Bohrturm, Phallus, Blitzableiter oder Insekt, ist er auf den grossen Wegen des Traumes das unvermeidliche Zeichen.»

"The Tower is also present to the entire world. First of all as a universal symbol of Paris, it is everywhere on the globe where Paris is to be stated as an image;.... Further: beyond its strictly Parisian statement, it touches the most general human image-repertoire: its simple primary shape confers upon it the vocation of an infinite cipher: in turn and according to the appeals of our imagination, the symbol of Paris, of modernity, of communication, of science or of the nineteenth century, rocket, stem, derrick, phallus, lightning rod or insect, confronting the great itineraries of our dreams, it is the inevitable sign."

ROLAND BARTHES
DER EIFFELTURM/THE EIFFEL TOWER
1964

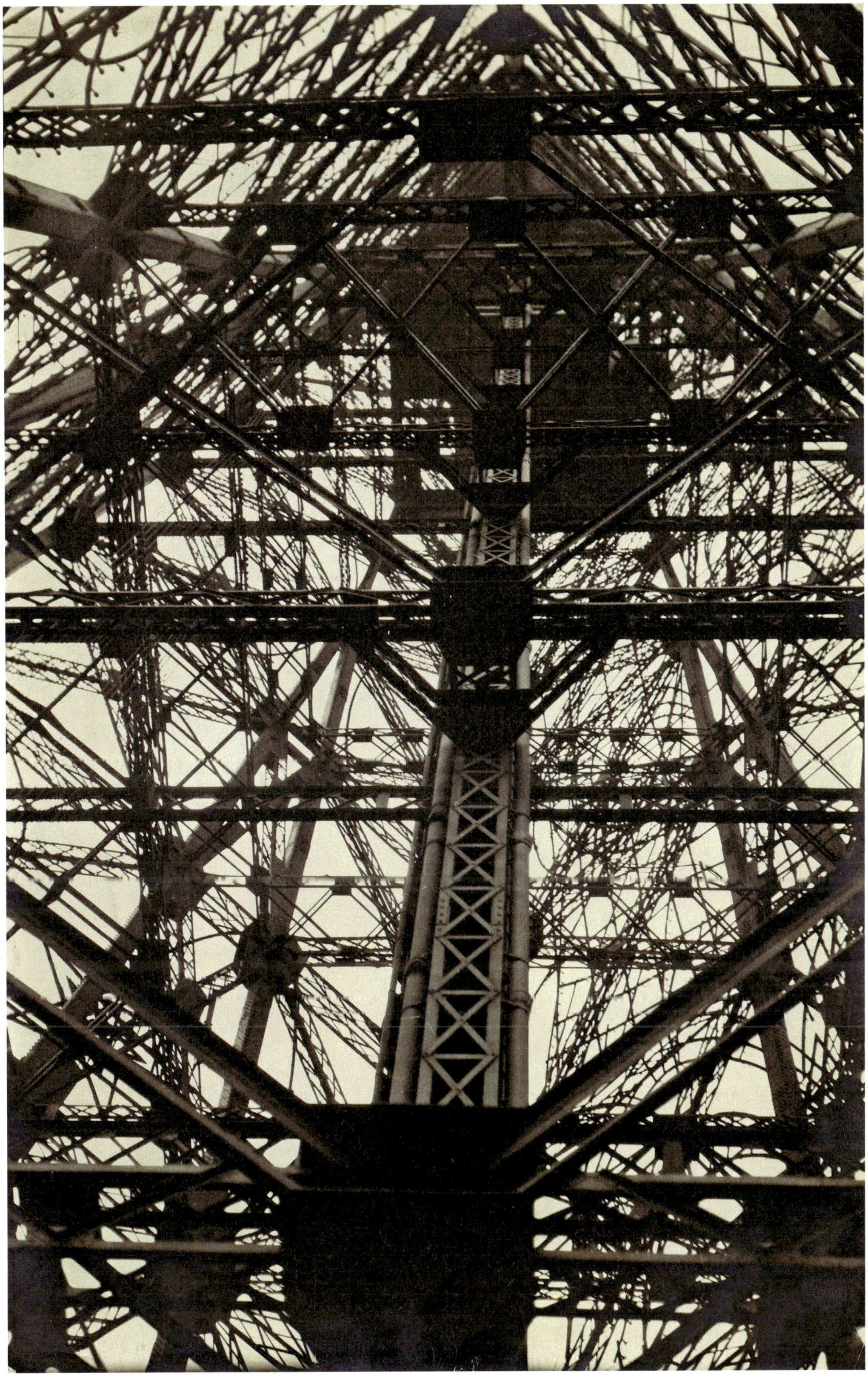

SIGFRIED GIEDION
EIFFELTURM, 3. ETAGE (EIFFEL TOWER, 3RD FLOOR), 1925–28

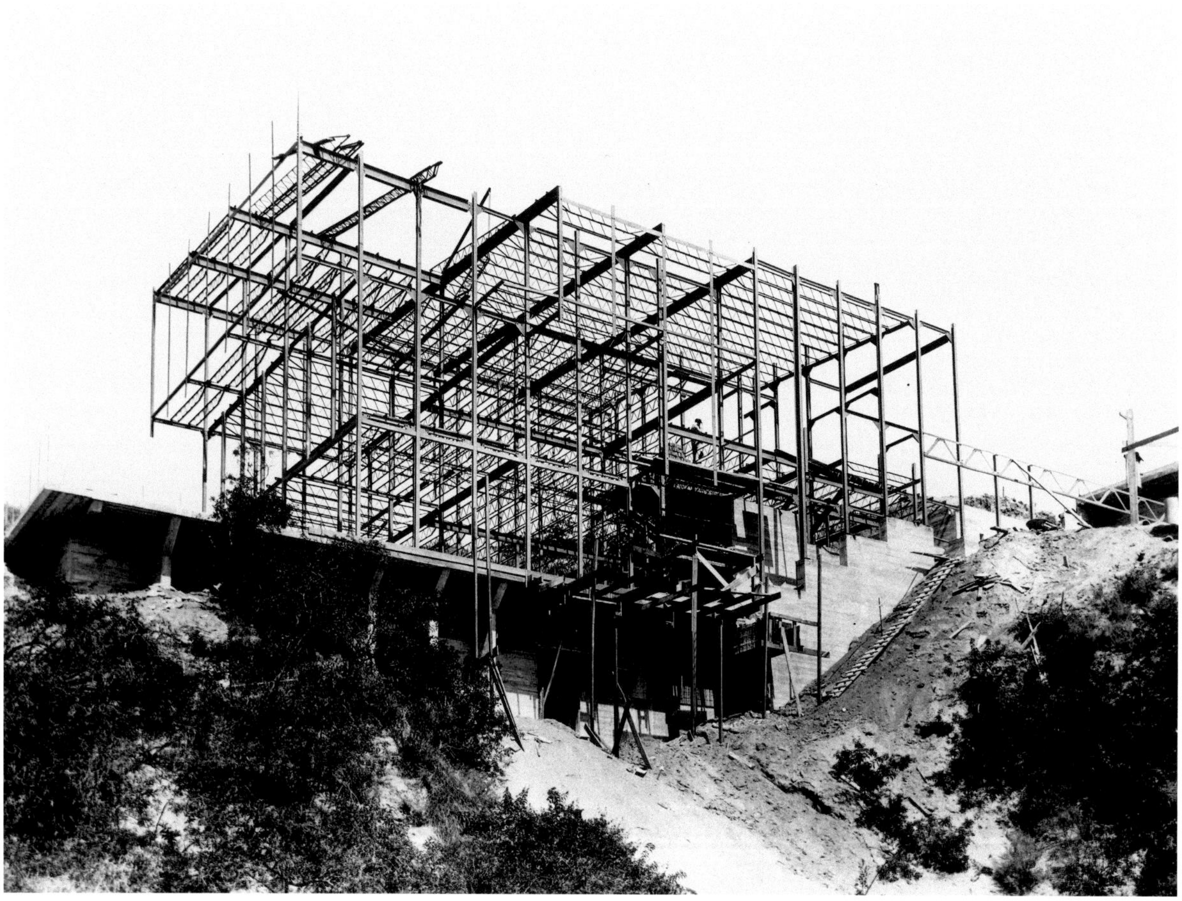

ANONYM (ANONYMOUS)
LOVELL HEALTH HOUSE VON RICHARD J. NEUTRA, LOS ANGELES
DETAIL STAHLKONSTRUKTION (STEEL CONSTRUCTION, DETAIL), 1927–1929
BAUPHASE MIT GERÜST, (CONSTRUCTION PHASE WITH SCAFFOLDING), 1927–1929

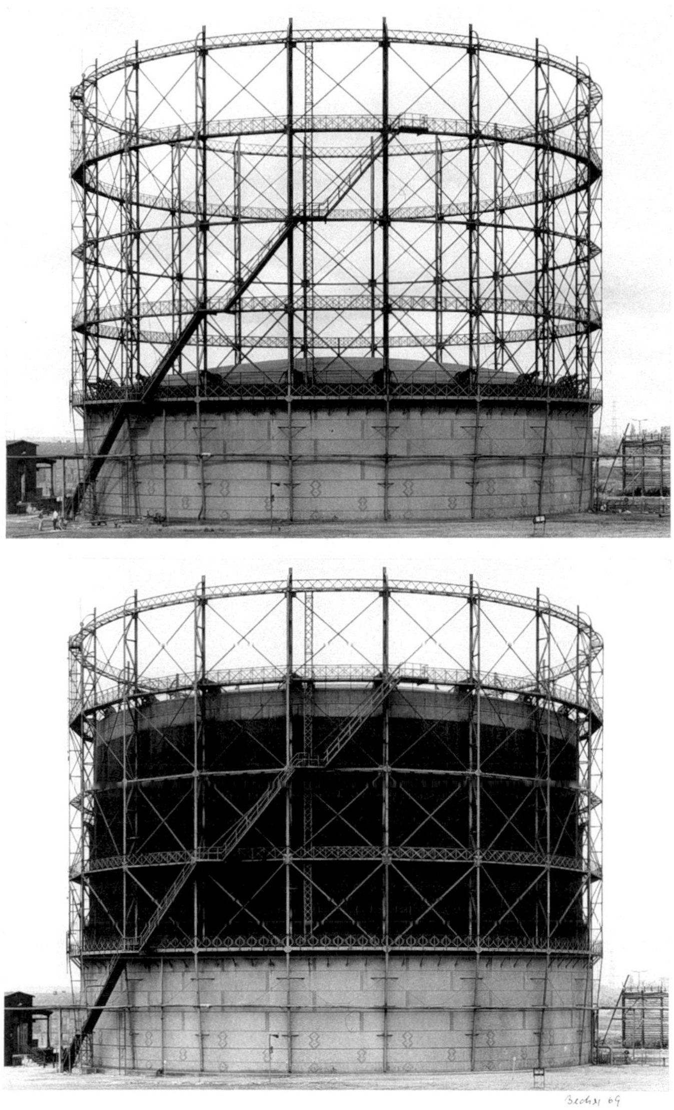

BERND & HILLA BECHER
GASBEHÄLTER ZECHE CONCORDIA, OBERHAUSEN
(GAS CONTAINER), 1969

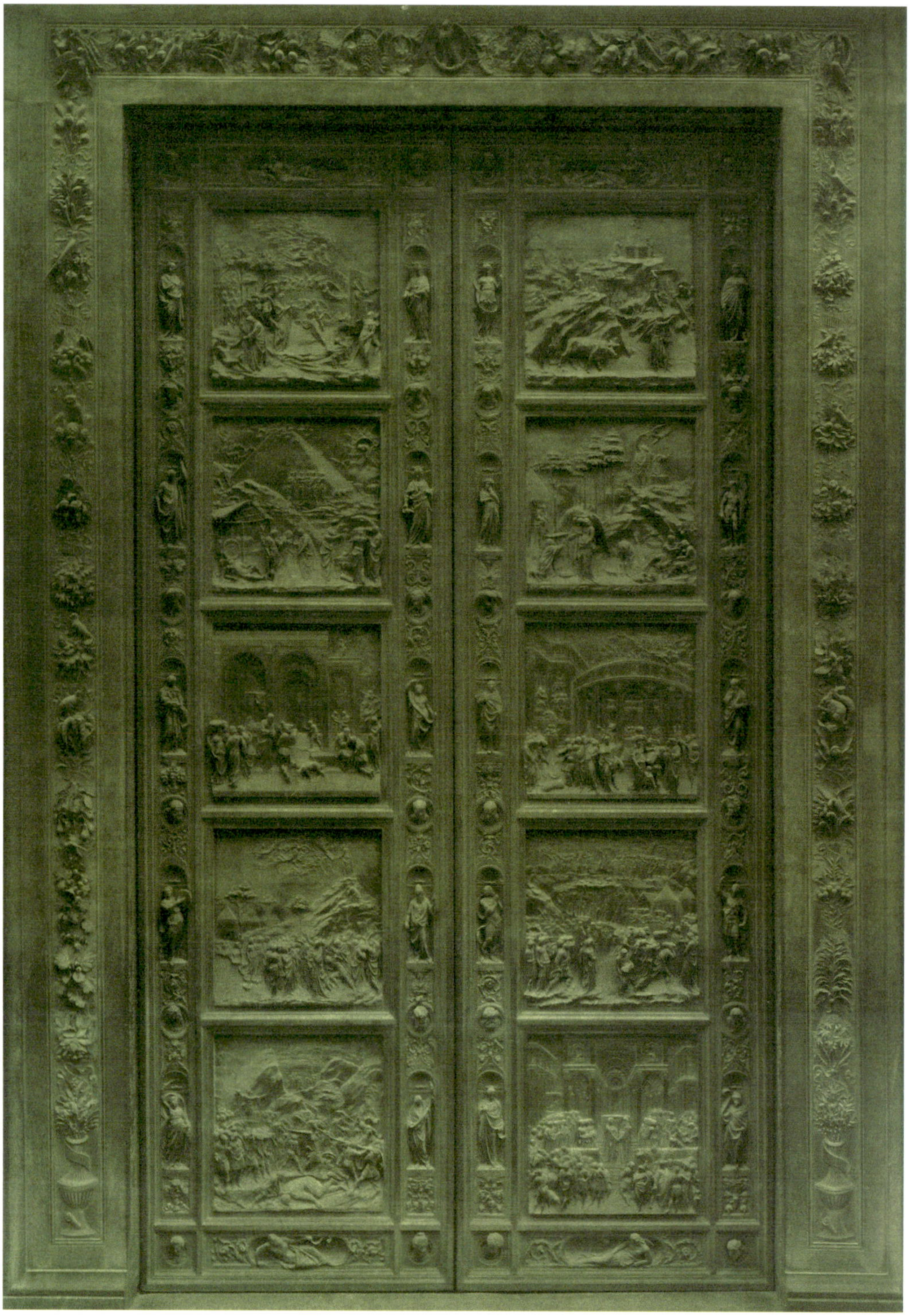

FRATELLI ALINARI
DIE PARADIESTÜR AM BAPTISTERIUM IN FLORENZ VON LORENZO GHIBERTI
(GATES OF PARADISE, FLORENCE BAPTISTERY), VOR 1902

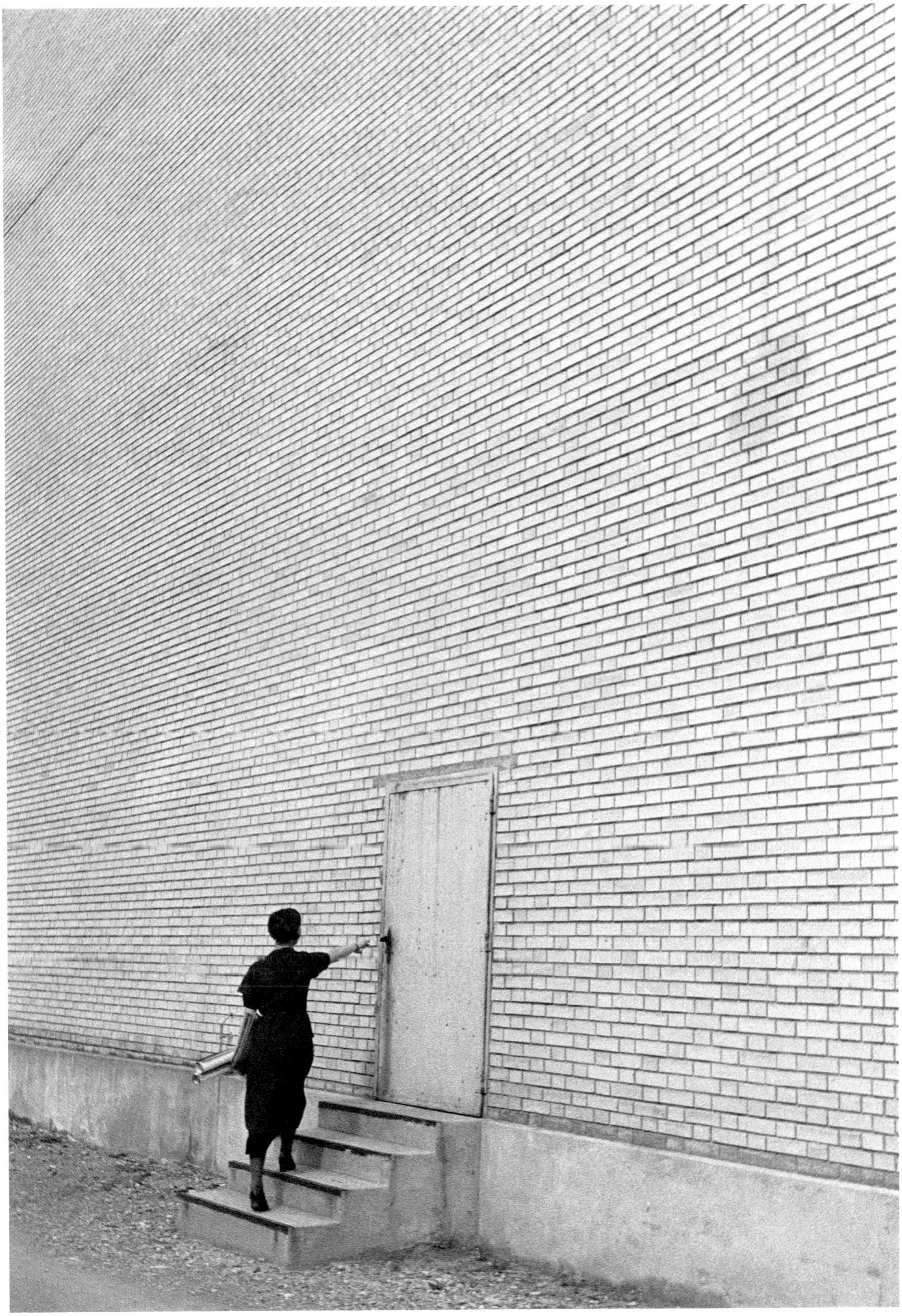

JAKOB TUGGENER
FASSADE, MASCHINENFABRIK OERLIKON
(FAÇADE, ENGINEERING WORKS), 1936

In kulturgeschichtlicher Hinsicht birgt das Material über lange Zeiträume hinweg einen interessanten Widerspruch in sich: Obwohl es einem überall und ständig begegnet, wird es fast nie sichtbar. Der Stoff dient, doch indem er dies tut, verschwindet er aus der Wahrnehmung des Betrachters. Nur in Perioden, wo das Verhältnis von Materie und Form nicht mehr selbstverständlich ist, wo neues Material die gängigen Paradigmen stört, werden diese Unsichtbarkeit und Zweitrangigkeit in Frage gestellt. Ende des 19. beziehungsweise

Zur Poetik des Materials: Der fotografische Blick in die Geheimnisse der Materie

Michael Jakob

Anfang des 20. Jahrhunderts ist eine solche Epoche, die im Zeichen der expliziten Materialdiskussion steht. Es geht dabei nicht nur um das fraglich gewordene Primat der Form und die Nobilitierung des Materials, sondern um Grundsatzfragen der Architektur und der Ästhetik.

Drei Positionen stehen dabei zur Diskussion: Die erste, traditionelle Ansicht unterstreicht die Rolle des Materials als «Diener», das sich der «formschaffenden Künstleridee» (Wilhelm Michel, 1905) unterzuordnen habe. Der Stoff soll der «schöpferischen Offenbarung des menschlichen Geistes» dienen (Franz Geiger, 1902). «An sich ist kein Material schön» (Henry van de Velde, 1910), heisst es, und die Kunstgeschichte überhaupt sei nichts anderes als «ein fortgesetztes Ringen mit der Materie» (Alois Riegl, 1893). In der Rede von diesem «Ringen» zeichnet sich freilich schon eine zweite Haltung ab. Obgleich das Material der Form und dem Geist hörig zu sein hat, gilt es, ihm Respekt zu zollen. Besonders angesichts des Siegeszugs neuer Materialien wie Gusseisen, Rohbeton oder Plastik geht es nun darum, «materialgemäss» (Wilhelm Michel, 1905) zu gestalten und überhaupt, Material «als Grundlage der Architektur» (William Morris, 1892) ernst zu nehmen. Dies führt zu Theorien der «Materialstimmung», zur «Materialstilkunde» (Heinrich Seipp, 1902) und zur Berücksichtigung der Tatsache, dass in jeder Epoche «ein bestimmtes Material die Führung übernimmt» (Karl Ernst Osthaus, 1910).

Die dritte Position schliesslich steht im Zeichen der Emphase des Materials. Dies zeigt sich im Laufe des 20. Jahrhunderts an nostalgischen und anthropologischen Liebeserklärungen von Vertretern verschiedenster Kunstgattungen: «In unserer heutigen Zeit gibt es leider keine solche Liebe zum Material mehr, die Freude an ihm und seiner Faktur», so 1914 der Künstler und Theoretiker der Russischen Avantgarde Wladimir Markow. Der russische Konstruktivist und Bildhauer Naum Gabo vertritt 1937 die These: «Wir lieben die Materialien, weil wir uns selbst lieben.» Nach Henry van de Velde, Architekt und Designer des Art Nouveau, hat jeder Stoff die Eigenschaft, «auf unsere Sinne erregend zu wirken» (1910).

Der Medienkünstler und -theoretiker Peter Weibel schliesslich postuliert 1966 das «Materialdenken» als «Befreiung des Menschen von den Dingen».

Ein weiteres Gebiet, auf dem über solche Fragen reflektiert wird, und zwar im unmittelbaren Wortsinn, ist die Fotografie. Erstaunlich ist dabei, dass die Geburt der Fotografie mit Architektur nicht nur in Zusammenhang steht, sondern deren Materialität geradezu in den Vordergrund rückt. Die erste Aufnahme der Geschichte überhaupt, der berühmte Blick aus dem Arbeitszimmer von Joseph Nicéphore Niépce mit dem Titel *Point de vue pris d'une fenêtre du Gras* von 1826, bringt zahlreiche Bauelemente des Anwesens wie Scheune oder Taubenschlag zusammen. Die ausgeprägte Materialität dieser ohnehin heute rekonstruierten Bildoberfläche mag noch mit der rudimentären Fixierung zusammenhängen. Das Stoffliche, Plastische und Lebendige der architektonischen Zeichen im Bild wird indes bald darauf in den ersten Werken von Daguerre und Talbot zum Thema.

Die vielleicht berühmteste Daguerrotypie von Daguerre, sein *Boulevard du Temple* (1838–39), gilt bekanntlich als das älteste Foto, auf dem Menschen zu sehen sind. Wie Niépces Blick aus seinem Landhaus wurde das Bild von einem Fenster aus aufgenommen und zeigt nicht nur einen Schuhputzer und seinen Kunden, sondern auch eine imposante Brandmauer. Architektur ist in dieser Strassenszene im Marais nicht allein Form: Sie ist auch Materie, ein Gemisch von Materialien. Die Mauer nimmt die Mitte der Bildkonstruktion ein und erscheint so als eine grossformatige Leinwand, die im Gegensatz zur spontanen Fixierung menschlicher Bewegung ihre eigene Geschichte zu erkennen gibt. Mit dieser und anderen Mauern als Teil der frühen «paysages urbains» in der Fotografie dringt demnach bereits etwas Informelles in die Komposition ein [Abb. A].

Die Mauer des *Boulevard du Temple* hat indes noch sehr viel mehr zu erzählen. Erinnert sei zunächst an William Morris' Essay über den *Einfluss der Baumaterialien auf die Architektur* von 1892, in dem wir lesen können: «Man kann tatsächlich das Leben des Gebäudes erkennen, wenn man seine Mauern studiert. Dieses organische Leben des Gebäudes ist so interessant, ja, so schön, dass es ein deutliches und ausnehmendes Vergnügen bereitet, eine grosse blanke Gebäudewand anzusehen.» Le Corbusier wird später (1952) diese Freude am «Lesen» der Materialität auf den Beton übertragen: «Auf dem rohen Beton sieht man die kleinsten Zufälligkeiten der Schalung: die Fugen der Bretter, die Holzfibern, die Astansätze usw. Nun gut, diese Dinge sind herrlich anzusehen. Sie sind interessant zu beobachten und bereichern die, die ein wenig Phantasie haben.»

Sehr viel wichtiger ist allerdings, von Daguerres Fotografie aus betrachtet, der Blick zurück in die Vergangenheit und in ein anderes Medium, die Malerei. Dies zeigt das Werk eines weiteren Pioniers der Kunstgeschichte, des englischen Malers Thomas Jones (1742–1803). Jones, dessen Werk bis 1954 der Vergessenheit anheimgefallen war, unternahm anlässlich seiner *Grand Tour*, seiner italienischen Bildungsreise, eine radikale Umkehr: Indem er sich im Sommer 1782 weder den arkadischen Szenerien noch den sublimen Vesuv-Eruptionen noch den pittoresken Topoi Kampaniens zuwandte, sondern einer Reihe von scheinbar banalen Mauern, ersetzte er die ideale durch eine reale Landschaft. Der melancholische Maler leitet in seinen kleinformatigen Aquarellen die Krise der Landschaft ein (sind diese Mauern noch Landschaften?) und konzentriert sich auf die Materialität jener neapolitanischen Mauern, die alle Aufmerksamkeit – seine, doch auch jene des Zuschauers – auf sich ziehen. Wovon diese Bilder sprechen, ist nicht leicht auszumachen. Sie stellen, um mit Marc Augé zu sprechen, Nicht-Orte dar, die nicht mehr referenziell *von* etwas sprechen, sondern die Mauer selbst erzählen lassen, beziehungsweise all das, was sich auf ihnen zeigt. Mit anderen Worten: Auf der Leinwand des gemalten Bildes erscheint die Mauer selbst wiederum als Leinwand.

Bereits Piero di Cosimo (1462–1521) soll ausgiebig schmutzige Mauern studiert haben, um seine Fantasie in Gang zu setzen, und auch Leonardo da Vinci notierte: «Wenn du manches Gemäuer mit verschiedenen Flecken oder mit einem Gemisch aus verschiedenartigen Steinen anschaust; wenn du dir gerade eine Landschaft ausdenken sollst, so kannst du dort Bilder verschiedener Landschaften mit Bergen, Flüssen, Felsen, Bäumen, grossen Ebenen, Tälern und Hügeln verschiedener Arten sehen; ebenso kannst du dort verschiedene Schlachten und Gestalten mit lebhaften Gebärden, seltsame Gesichter und Gewänder und unendlich viele Dinge sehen, die du dann in vollendeter Form und guter Gestalt wiedergeben kannst.»

Die Urszenen der Fotografie bei Niépce, Daguerre und Talbot – führen uns mithin zurück in eine gebaute Landschaft, wo Mauern, Materialien (zunächst vor allem der Stein), materielle Spuren und Schmutz noch von Anfang an zusammengehören. Das erste Bild, das *incipit* des ersten fotografischen Buches der Geschichte, Talbots *The Pencil of Nature*, zeigt eine Teilansicht des Queen's College in Oxford [Abb. B]. Der kommentierende Text Talbots erläutert: «Dieses Gebäude zeigt an seiner Oberfläche deutliche Spuren der Zeit und des Wetters; womöglich hatten aber die abgeschliffenen Steine von Beginn weg eine schlechte Qualität.» *Plate I* zeigt demnach nicht das Motiv (das unmittelbar Erkannte), sondern die Oberfläche («surface») als das eigentlich zu Entziffernde. Der Künstler-Tüftler Talbot, der sich zuvor jahrelang mit materiellen, chemisch-physikalischen Problemen herumgeschlagen hat, beginnt seinen Spaziergang in Lichtbildern, indem er in der Materie selbst die Zeichen der Zeit und des Wetters ausmacht.

Architekturfotografie in stofflicher Hinsicht muss nicht nur von der Fotografie aus bedacht werden, sondern auch umgekehrt von der Architektur aus. Der Wille, den Stoff zu bezwingen, ist quer durch die Stilepochen an den Konstruktionen selbst, aber auch an den Aufnahmen von Architektur ablesbar. Der Architektur-Diskurs fordert generell den Ausschluss (oder Einschluss, was auf das Gleiche hinausläuft) der Materialien, aller Spuren des Davor und des Danach. Entsprechend erscheint die dominante Form der Repräsentation von Architektur als materialfeindlich, gilt es doch, sämtliche Spuren des Gebrauchs und

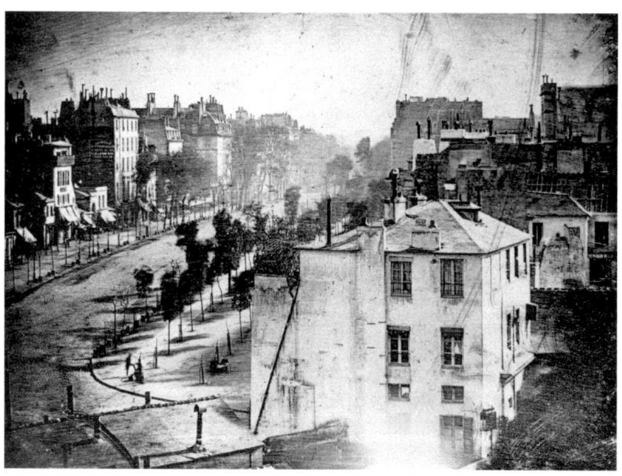

A LOUIS DAGUERRE
BOULEVARD DU TEMPLE, PARIS, 1838–39

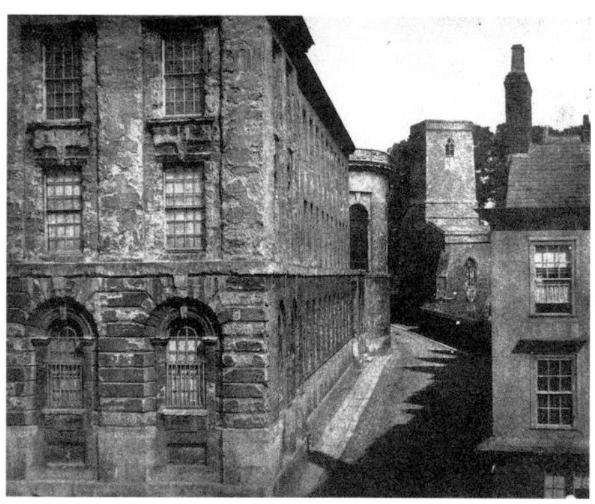

B WILLIAM HENRY FOX TALBOT
PLATE I (TAFEL), AUS: *THE PENCIL OF NATURE*
(DER ZEICHENSTIFT DER NATUR), 1844

der Verschmutzung zu entfernen. Man versteht so gesehen Le Corbusiers Faible für eine Form der Schwarz-Weiss-Fotografie, die den perfekten, doch flüchtigen Augenblick des gerade noch absolut weissen Baus festzuhalten hat [vgl. S. 100]. Leben ist bei Le Corbusier allein als Stilleben, mithin als tote Materie gestattet, wie die berühmte Aufnahme der Villa Stein de Monzie von 1929 zeigt [Abb. C].

In Wirklichkeit ist die Semiose, die vom Gebäude zur Fotografie führt, das Resultat einer komplexen Übersetzung. Diese beruht auf Sehgewohnheiten, die den Stoff nicht als Stoff an sich, sondern erst in seiner geformten Gestalt wahrnehmen; das Material als solches wird nur in Ausnahmefällen erkannt und die fotografische Repräsentation folgt in der Regel dieser Tendenz, ja, sie zelebriert geradezu das optische Verschwinden der Materialien. Die verzweigte Geschichte der Architekturfotografie zeigt indes, dass es, und zwar von Anfang an, auch einen gegenläufigen Strang gibt, der im Werk so unterschiedlicher Künstler wie Lewis Baltz und Sol Lewitt, Hans Danuser, Paul Virilio oder Walter Niedermayr sichtbar wird. Gemeint ist damit keine blosse thematische Gemeinsamkeit, sprich die Präsenz von mehr oder weniger auffälligen Mauern, Mauerstrukturen, Mauerfragmenten. Vielmehr besitzt die Materialität der fotografierten Motive, die häufig das ganze Feld des Sichtbaren beherrschen, fast immer eine poetische Sprengkraft [vgl. S. 70]. Die überraschende Präsenz des Materials bzw. der Architektur in ihrer Materialität ist poetisch, weil sie die Einbildungs- und Urteilskraft in Gang setzt und grundsätzliche Fragen aufwirft, die die Materialität betreffen, sei es in unmittelbarer Hinsicht, sei es qua Repräsentation. Das Eindringen des architektonischen Materials ins fotografische Material bringt mehrere konstruktive Prozesse gleichzeitig zum Ausdruck: jene der Architektur, jene der Fotografie, doch auch die Konstruktion von Realität, die Lektüre der Welt, die gleichfalls ans Stoffliche gebunden ist.

Guido Guidis Aufnahmen der berühmten *Tomba Brion* im Veneto [vgl. S. 82 f.] sind in diesem Zusammenhang besonders interessant: Ihr Gegenstand – die von Carlo Scarpa errichteten Friedhofsmauern – ist architektonisch so ausgelegt, dass die Zeit und das Wetter Spuren hinterlassen. Architektur erscheint in diesem Falle selbst schon als eine *Foto-grafie*, als das Spiel des Lichts mit der Materialität einer lebendigen Wand. Die *mise en abîme* oder Reflexivität der Aufnahmen steigert diese Poetik des Materials noch, und vielleicht inspirieren diese Bilder einen Architekten dazu, dem Material noch mehr Platz einzuräumen.

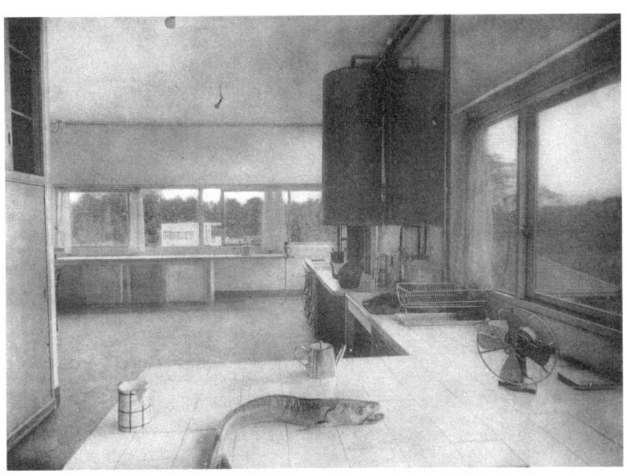

C G. THIRIER
LE CORBUSIER: VILLA STEIN DE MONZIE, GARCHES, 1926

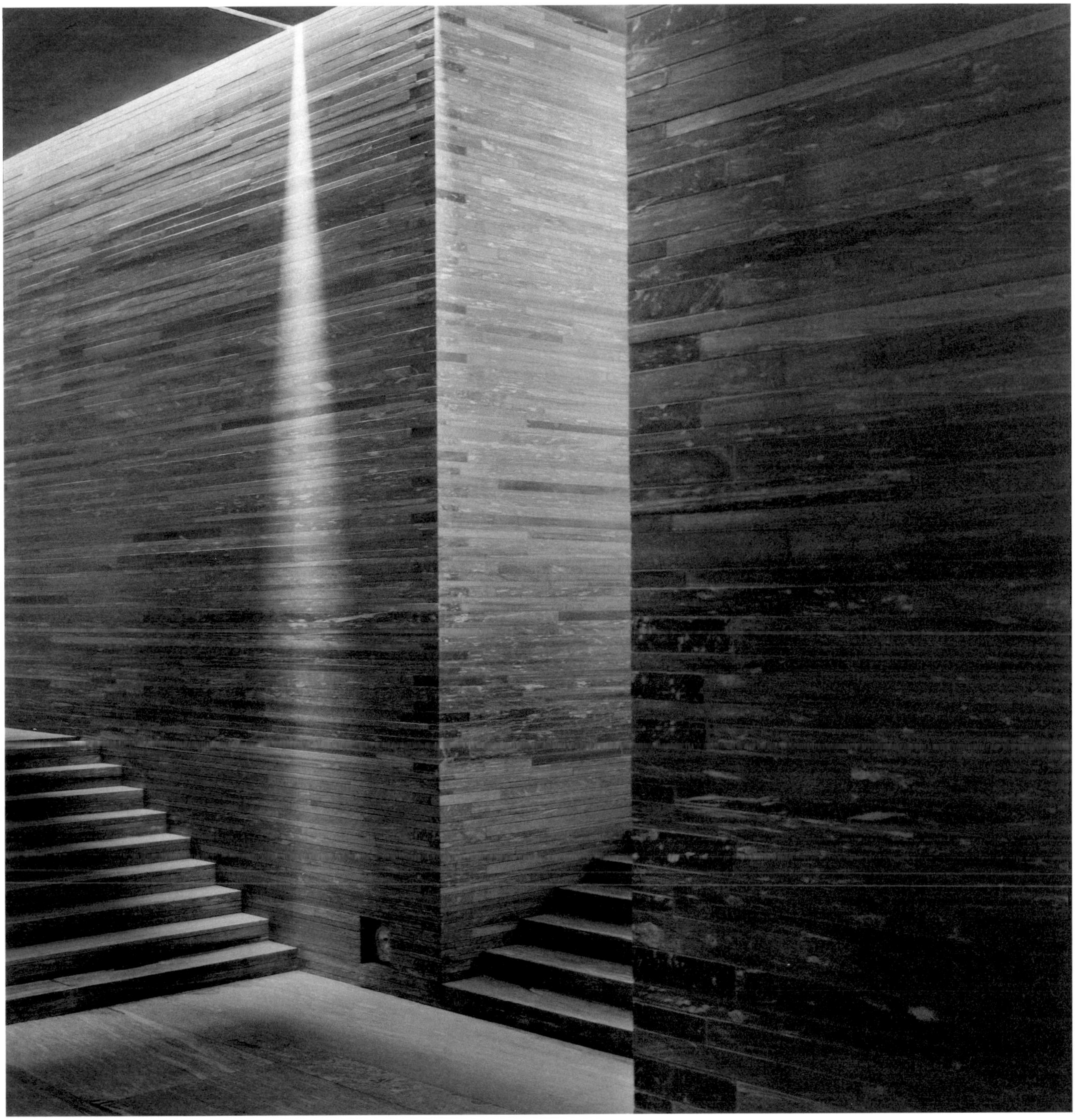

HANS DANUSER
IV 4, 1998
IV 5, 1998
AUS/FROM: *PETER ZUMTHOR – THERME VALS*

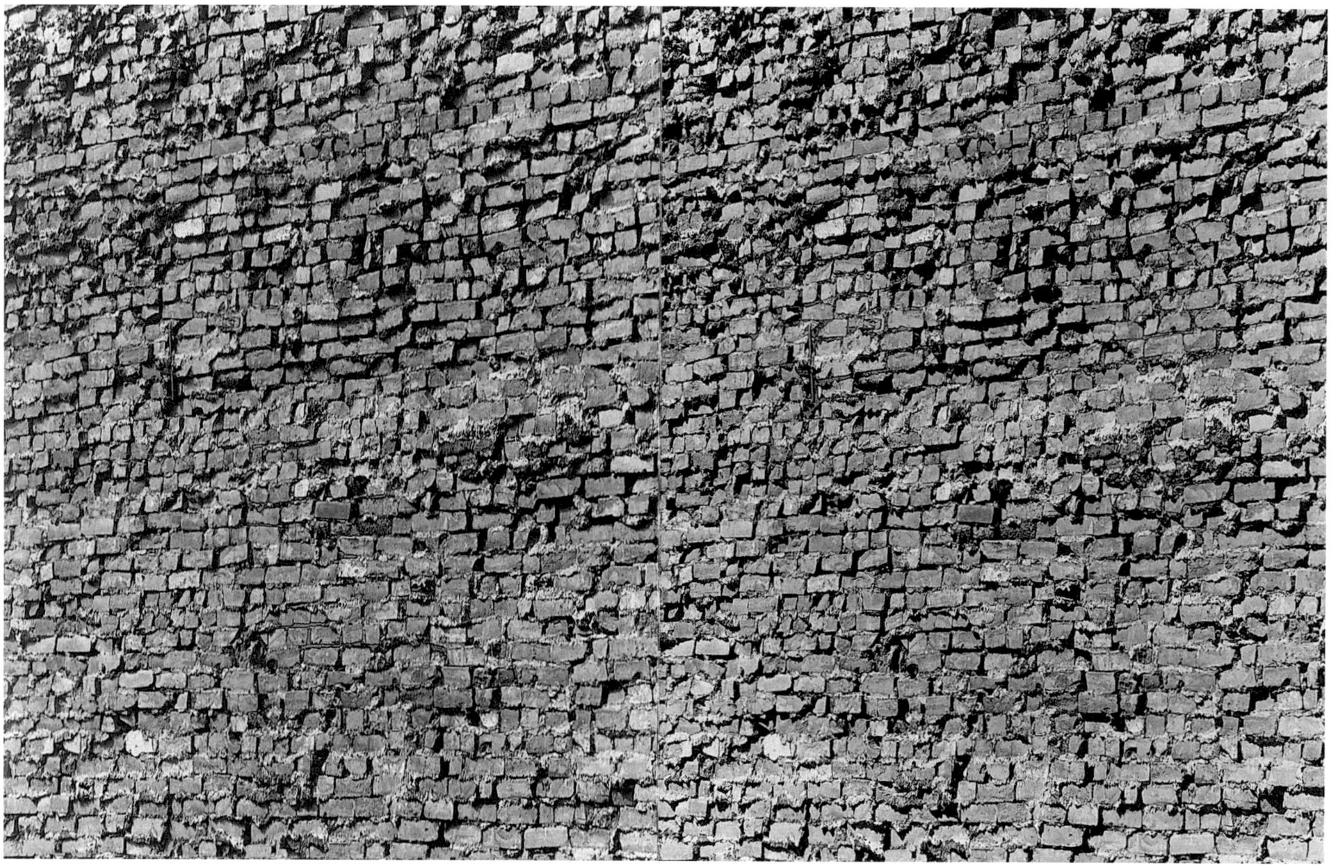

SOL LEWITT
BRICK WALL (BACKSTEINWAND), 1977

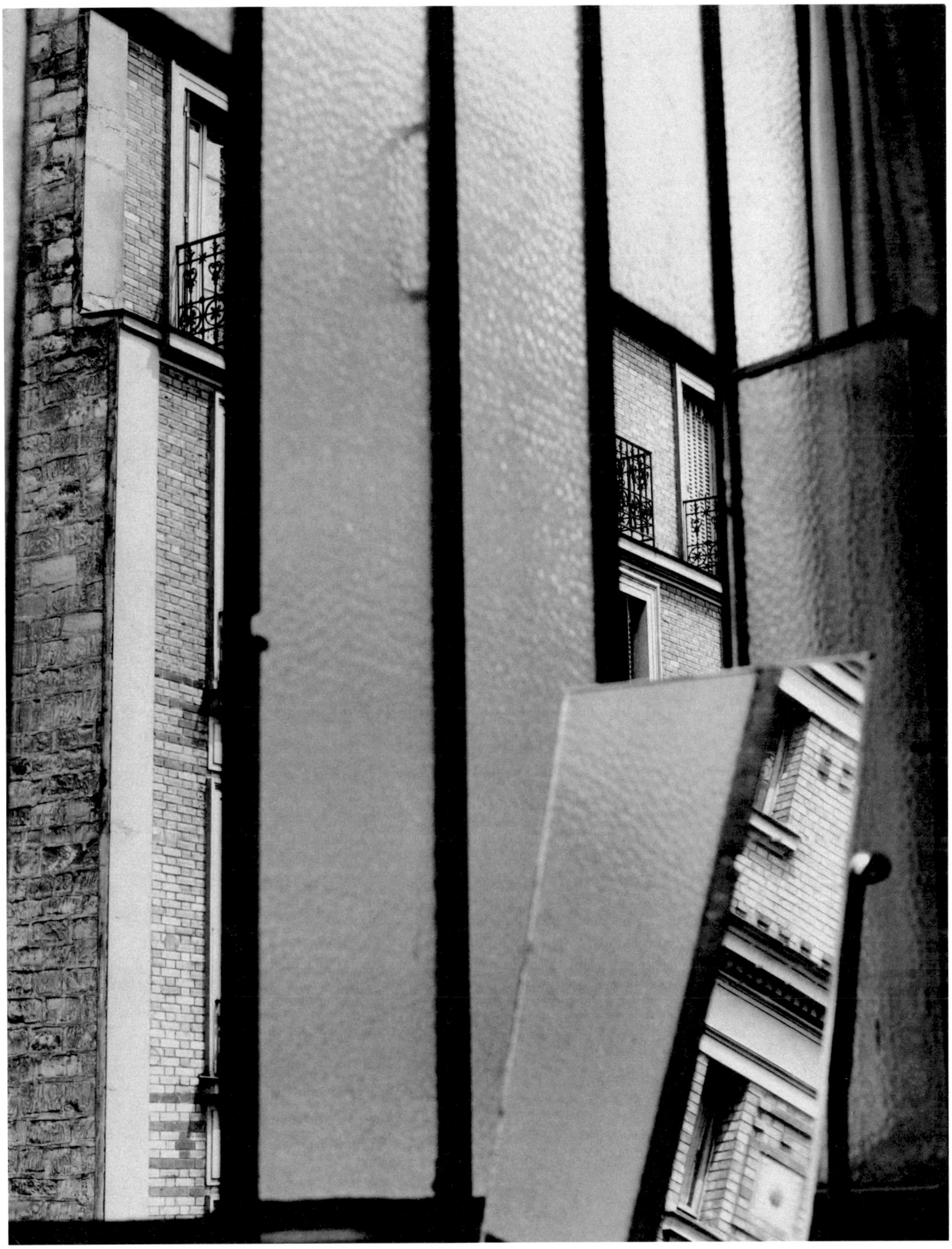

FLORENCE HENRI
FENÊTRE (FENSTER/WINDOW), 1928/29

«Unsere Kultur ist gewissermassen ein Produkt unserer Architektur. Wollen wir unsere Kultur auf ein höheres Niveau bringen, so sind wir wohl oder übel gezwungen, unsere Architektur umzuwandeln. Und dieses wird uns nur dann möglich sein, wenn wir den Räumen, in denen wir leben, das Geschlossene nehmen. Das aber können wir nur über die Einführung der Glasarchitektur, die das Sonnenlicht und das Licht des Mondes und der Sterne nicht nur durch ein paar Fenster in die Räume lässt – sondern gleich durch möglichst viele Wände, die ganz aus Glas sind – aus farbigen Gläsern.»

"To a certain extent, our culture is a product of our architecture. If we wish to elevate our culture, we will be compelled, for better or worse, to transform our architecture. This will only be possible if we free the spaces in which we live from their enclosures. We must introduce a glass architecture that allows sunlight and the light of the moon and the stars to shine into the rooms not only through a few windows, but through as many walls as possible – walls that are made of glass – of coloured panes."

PAUL SCHEERBART
GLASARCHITEKTUR/GLASS ARCHITECTURE
1914

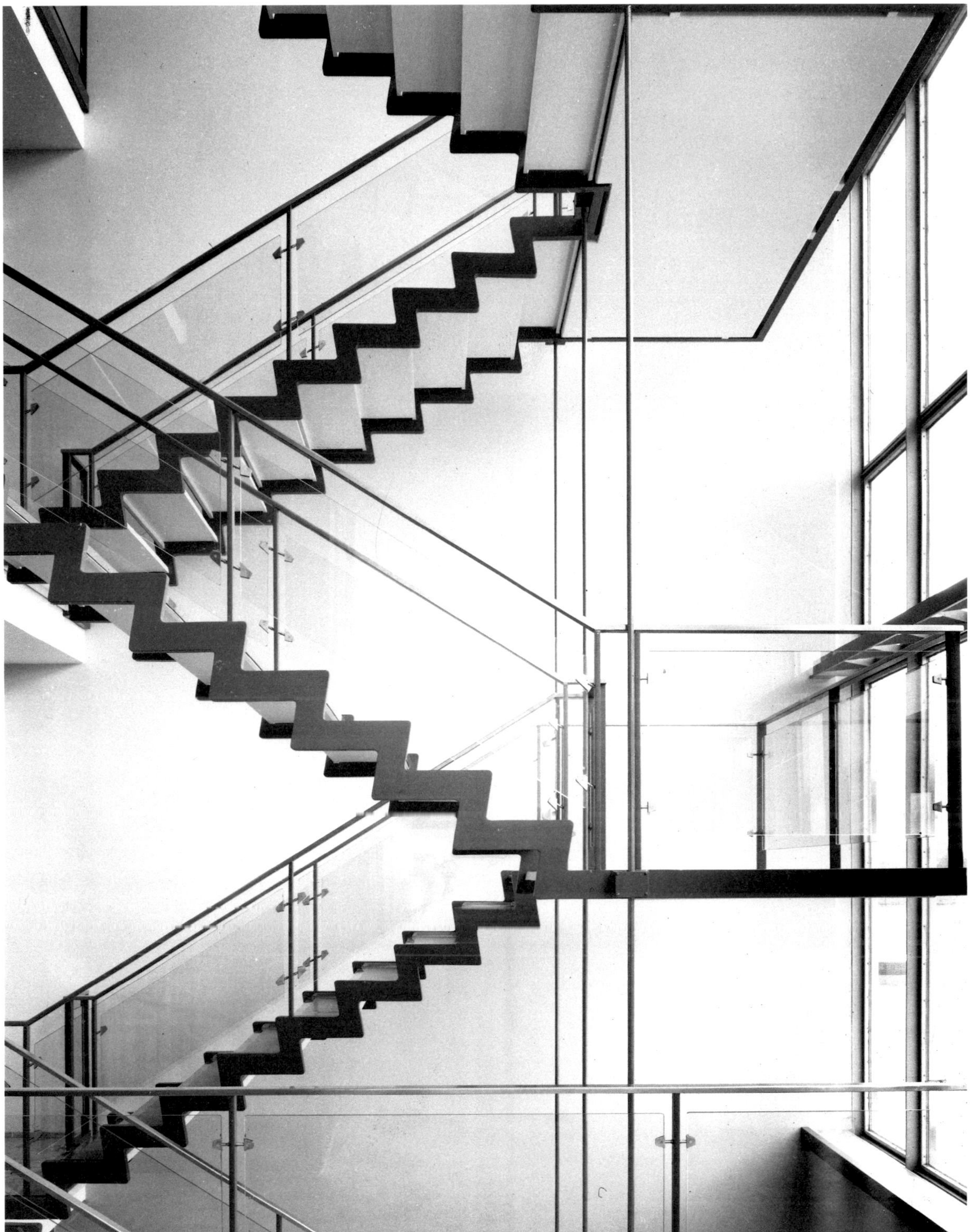

AAGE STRÜWING
RØDOVRE RÅDHUS VON ARNE JACOBSEN, 1955

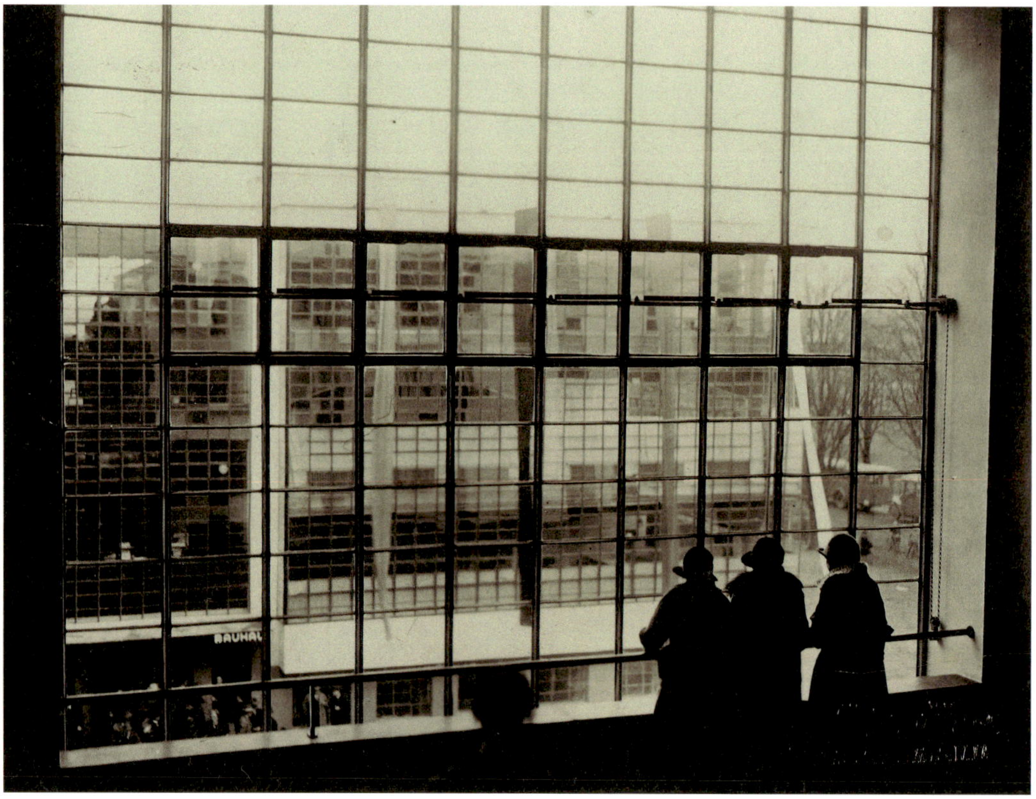

ATLANTIC PHOTO-CO. BERLIN
BAUHAUS DESSAU, BLICK AUF DAS WERKSTATTGEBÄUDE
(VIEW OF WORKSHOP BUILDING), 1925

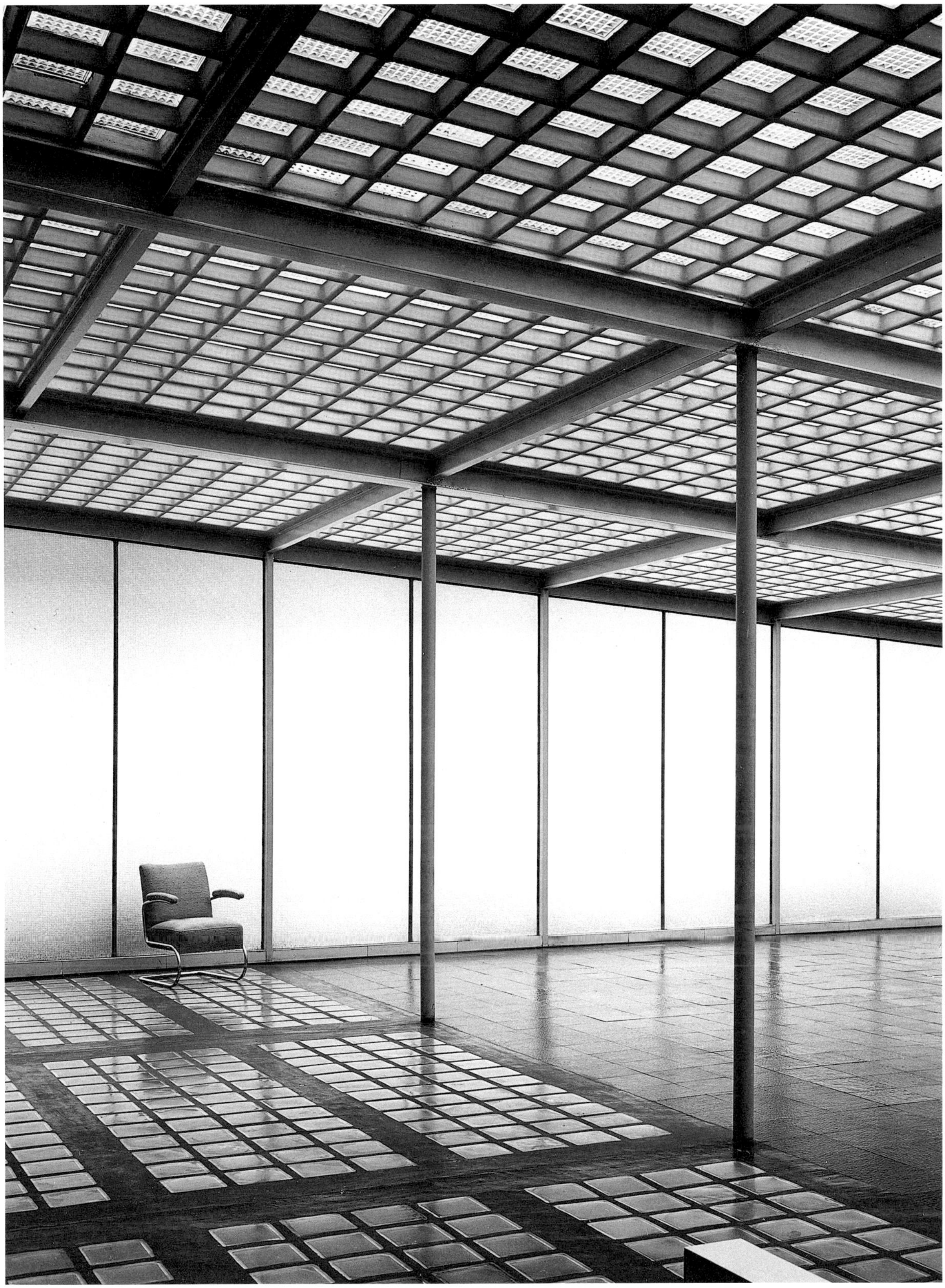

KARL HUGO SCHMÖLZ
HAUS DER GLASINDUSTRIE, AUSSTELLUNGSRAUM, DÜSSELDORF
(HOUSE OF THE GLASS INDUSTRY, EXHIBITION ROOM), 1951

Material, in terms of cultural history, presents an interesting conundrum. Ubiquitous yet rarely visible, it serves its purpose and, in doing so, disappears. It is only when the relationship between material and form is no longer assumed, when some new material upsets accepted paradigms, that the invisibility, or subordinate role of the material itself is called into question. One such period when material became the focus of discussion was during the late 19th and early 20th centuries. This was not just a question of the pri-

On the Poetics of Materials: The Photographic Gaze into the Secrets of Matter

Michael Jakob

macy of form or the ennobling of materials, but a fundamental question of architecture and aesthetics.

Three positions were open for discussion. The first, more traditional view underlined the function of material in its subordinate role of "serving" the "form-giving idea of the artist" (Wilhelm Michel, 1905). Material was supposed to serve the "creative revelation of the human spirit" (Franz Geiger, 1902). "No material is beautiful in itself" (Henry van de Velde, 1910), and "the whole history of art assumes the form of a constant struggle with material" (Alois Riegl, 1893).

In the discussion of this "struggle" a second position could be discerned. Although material was subordinate to form and spirit it should be shown respect. With the advent of new materials such as cast iron, raw concrete and plastic, it was felt that designs should be "in keeping with the material" (Wilhelm Michel, 1905) and that, on the whole, the material was "the foundation of architecture" (William Morris, 1892). This led to the concept of "truth to materials" (Heinrich Seipp, 1902) and consideration of the fact that, in each era, "one particular material takes precedence" (Karl Ernst Osthaus, 1910).

The third position placed emphasis on the material. This resulted not only in nostalgia ("In our day, there is unfortunately no longer any such love of material, nor joy in its inherent qualities" (Vladimir Markov, 1914)), but also in anthropological declarations of love ("We love the materials because we love ourselves" (Naum Gabo, 1937)), and spawned theories that each material possessed a quality which could "stimulate our senses" (Henry van de Velde, 1910), as well as the notion of "material thought" and the "liberation of the individual from the object" (Peter Weibel, 1966).

Another field in which such issues were reflected upon, quite literally, is photography. What is surprising is that the birth of photography was not only connected with architecture, but pushed the materiality of buildings to the fore. In the very first photograph in history, the famous *Point de vue pris d'une fenêtre du Gras* (view from the window at le Gras) by

Niépce (1826), in which several structural elements (barn, dovecote, etc.) are combined, the materiality of the reproduced image may have something to do with its rudimentary fixing. In the first works by Daguerre and Talbot, the sculptural vitality of the architecture is already established within the image.

Arguably the most famous daguerrotype by Daguerre, his *Boulevard du temple* (1838–39), is thought to be the oldest photograph portraying the human figure. Taken from a window, just like Niépce's view from his country house, it shows not only a shoeshine boy and his customer but an imposing firewall. In this street scene in the Marais district of Paris, architecture is not only form, but also material, or rather, a mix of materials. Occupying a central place in the composition, the wall appears like a vast canvas on which, in contrast to the fleeting action of the human figures, an entirely different temporality holds sway – that of historical materialisation, of "having-become" *[Gewordensein]*. With this and other walls in this early paysage urbain, an aspect of the informal permeates the composition [fig. A].

The walls in *Boulevard du temple* have much to tell. William Morris's essay "The Influence of Building Materials on Architecture" (1892) immediately springs to mind, in which he states that "you can see, in point of fact, the life of it by studying the actual walls. This organic life of a building is so interesting, so beautiful even, that it is a distinct and definite pleasure to see a large blank wall..."

Le Corbusier would later, 1952, apply this reading of materiality to concrete: "Exposed concrete shows the least incidents of the shuttering, the joints of the planks, the fibres and knots of the wood, etc. But these are magnificent to look at, they are interesting to observe, to those who have a little imagination they add a certain richness."

More important by far, however, in terms of Daguerre's photograph, is the view back into the past and into another medium – that of painting. This can be seen in the works of another pioneer of art history, the Welsh painter Thomas Jones (1742–1803). Jones, whose work was all but forgotten until 1954, underwent a radical conversion during his grand tour of Italy: instead of focusing on the Arcadian scenery, the sublime sight of Vesuvius erupting or the picturesque *topoi* of Campania, he produced a series of seemingly ordinary walls and replaced the ideal landscape with real landscape. In his small-format watercolours, this melancholy painter introduced the crisis of landscape (are these walls even landscapes at all?) and concentrated on the material quality of the Neapolitan masonry that captivated his attention and that of his viewers. It is not easy to determine what these images of *non-places* (to use the term coined by Marc Augé) actually tell us. They no longer speak (referentially) *of* something, but let the walls, or rather, all that they show, speak for themselves. In other words, the wall appears as a canvas on the canvas of the painted image.

Piero di Cosimo (1462–1521) is said to have studied walls soiled with a variety of stains to inspire his imagination. And Leonardo da Vinci wrote that:

"If you cast your glance on any walls dirty with such stains or walls made up of rock formations of different types. If you have to invent some scenes, you will be able to discover them there in diverse forms, in diverse landscapes, adorned with mountains, rivers, rocks, trees, extensive plains, valleys, and hills. You can even see different battle scenes and movements made up of unusual figures, faces with strange expressions, and myriad things which you can transform into a complete and proper form."

The earliest photographic scenes – Niépce, Daguerre, Talbot – lead us back to a built landscape where masonry, materials (at first predominantly stone), material traces and stains all belong together right from the start. The first image – the *incipit* – in the first ever book of photography, Talbot's *The Pencil of Nature*, shows a partial view of Queen's College, Oxford [fig. B]. Talbot's commentary explains that: "This building presents on its surface the most evident marks of the injuries of time and weather, in the abraded state of the stone, which probably was of a bad quality originally."

Plate I thus does not present (immediately recognisable) form, but *surface* as the thing to be decoded. The artist and polymath Talbot, who spent years exploring material, chemical and physical issues, thus sets out on his photographic journey by first looking at the material, the traces of time and the signs of the weather.

Architectural photography, in terms of material, must be approached not only on the basis of the photograph but also on the basis of the architecture. The will to master the material is evident not only in the buildings themselves, no matter what the architectural style, but also in the *photographs* of architecture. Architectural discourse generally demands the exclusion (or inclusion, for that matter, which amounts to the same thing) of the materials, and all traces of before and after. Accordingly, the representation of architecture is predominantly anti-material, for it seeks to remove all traces of use or staining. Seen in this way, Le Corbusier's penchant for a form of black and white photography that captures the fleeting perfect moment of the still pristine white building [cf. p. 100] is understandable. Life, for Le Corbusier, is entirely a still life, made up of inanimate material, as the famous photograph of the Villa Stein de Monzie (1929) shows [fig. C].

In reality, the semiosis that leads from the building to the photograph is the result of a complex process of translation. It is based on habitual ways of seeing that perceive material,

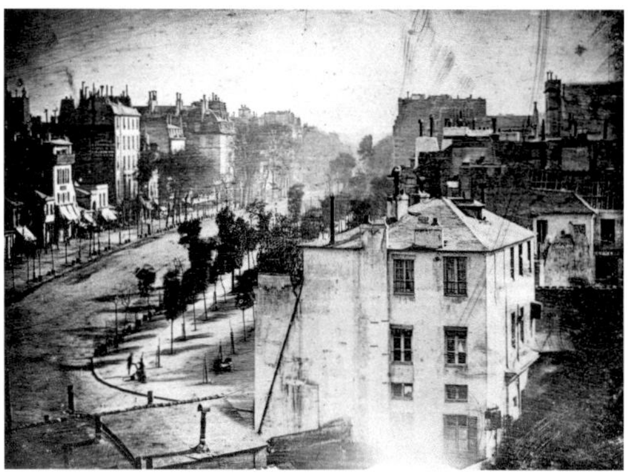

A LOUIS DAGUERRE
BOULEVARD DU TEMPLE, PARIS, 1838–39

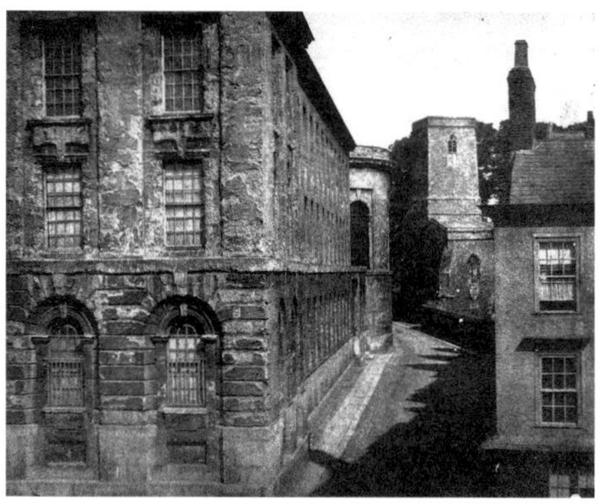

B WILLIAM HENRY FOX TALBOT
PLATE I, FROM: *THE PENCIL OF NATURE*, 1844

not as it is, but as an entity already formed. The ability to perceive material *per se* is the exception, and photographic representations tend to follow this rule, sometimes even celebrating our obliviousness to the materials.

The chequered history of architectural photography shows that, right from the start, there has always been a counter-current evident in works by artists as diverse as Lewis Baltz, Sol Lewitt, Hans Danuser, Paul Virilio and Walter Niedermayr. This has nothing to do with a mere thematic concurrence, as in the presence of more or less obvious walls, masonry structures or wall fragments. Rather, it has to do with the fact that the materiality of these elements, which often dominate the entire field of vision, almost invariably possess a poetic dynamism [cf. p. 70]. The remarkable presence of the material and/or the architecture in all its materiality is poetic because it triggers a sense of imagination and judgement and poses fundamental questions that relate to materiality itself, either directly or through representation. At the same time, its intrusion into the photographic material lends expression to several structural processes: that of architecture, that of photography, and that of the construction of reality, and even the way we read the world, which is also linked to materiality (albeit without assurance).

Guido Guidi's photographs of the famous *Tomba Brion* in Veneto [cf. p. 82 f.] are particularly interesting in this context. The cemetery walls built by Carlo Scarpa are architecturally designed to allow time and weather to make their mark. In this instance, architecture itself appears to be a kind of *photo-graphy*: the play of light on the materiality of a living wall. The *mise en abyme* or reflexivity of the photographs heightens the poetry of the material still further, and perhaps these images will prompt some architect to grant more leeway to the materials themselves.

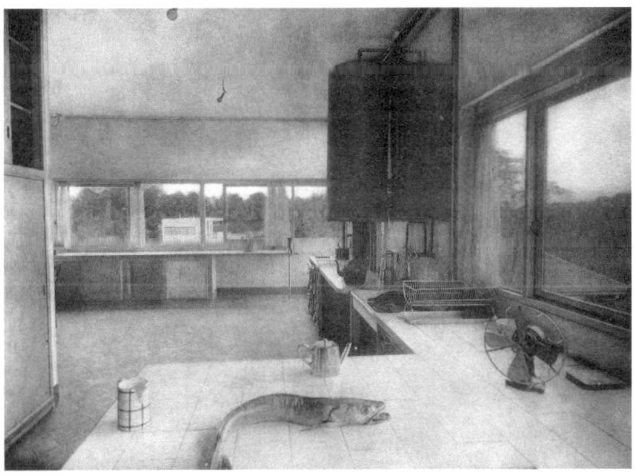

C G. THIRIER
LE CORBUSIER: VILLA STEIN DE MONZIE, GARCHES, 1926

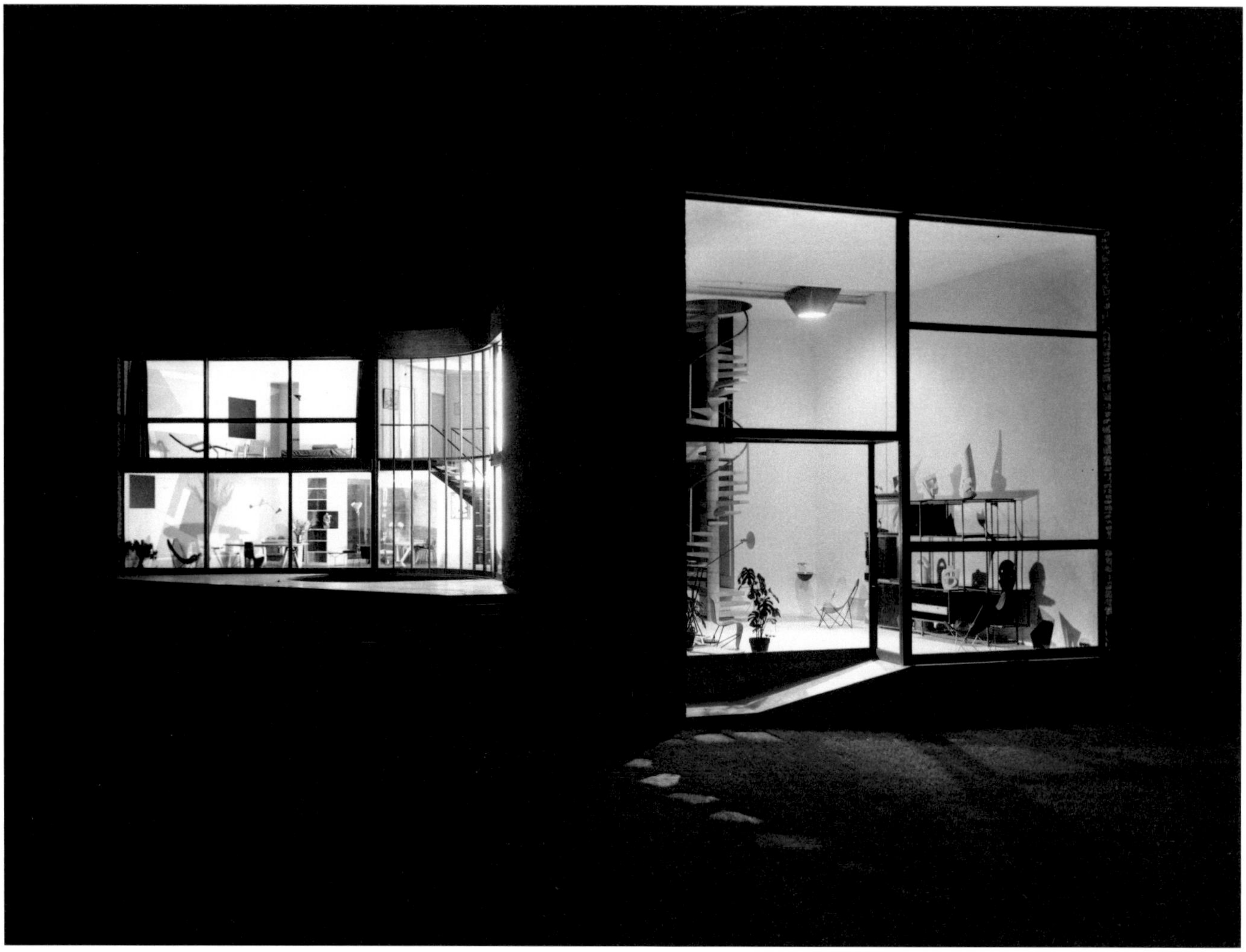

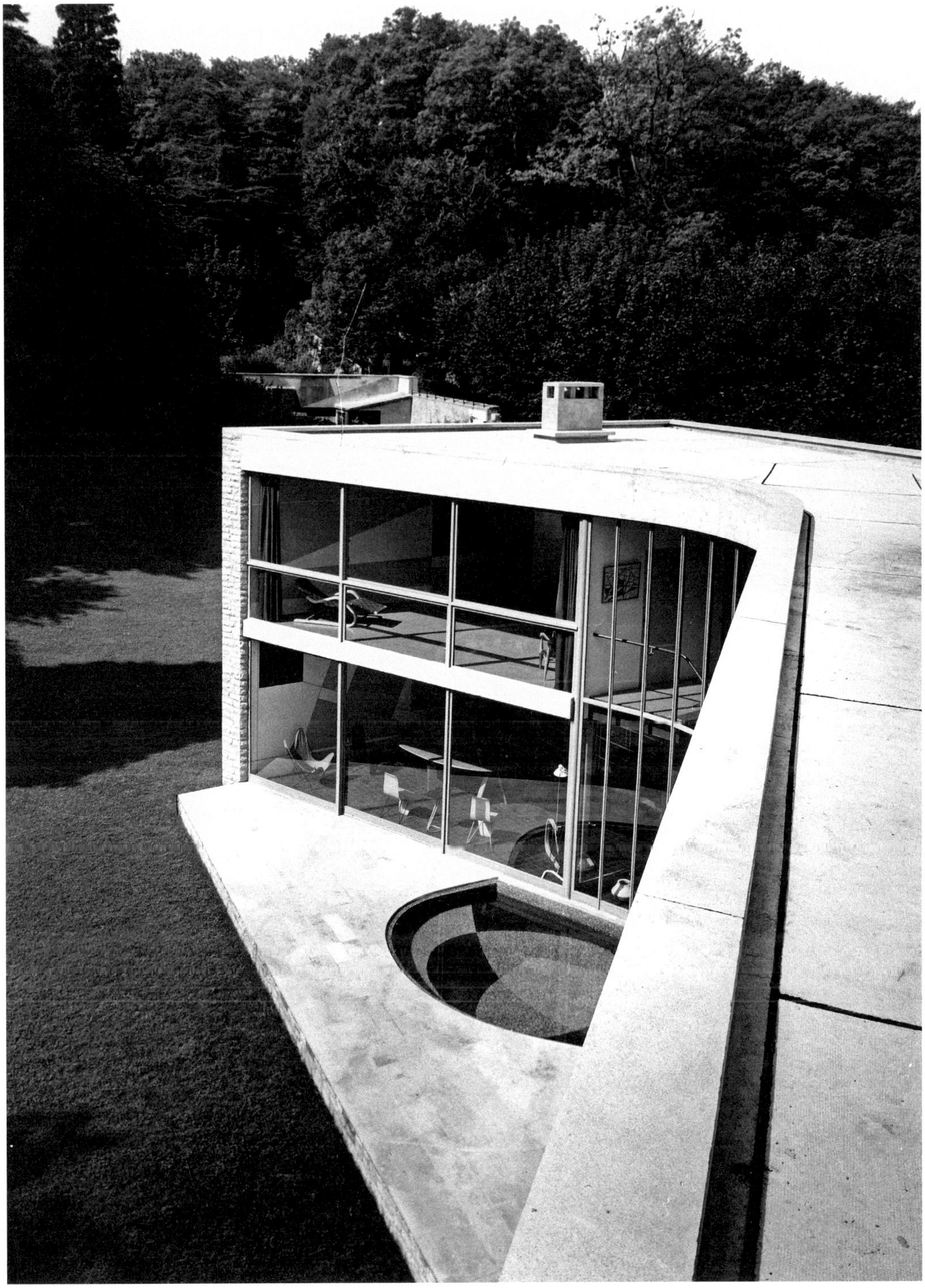

ETIENNE BERTRAND WEILL
WOHNHAUS VON ANDRÉ BLOC (RESIDENCE OF ANDRÉ BLOC), MEUDON
FASSADENANSICHT BEI NACHT (VIEW OF FAÇADE BY NIGHT), 1949
AUSSENANSICHT (EXTERIOR VIEW), 1949

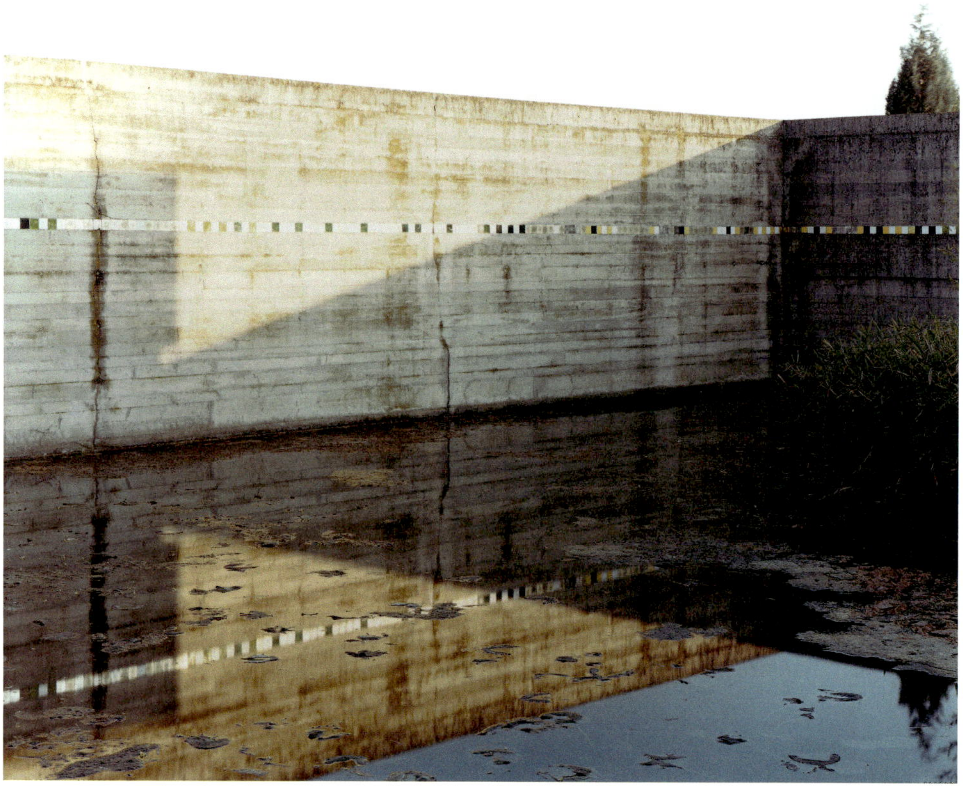

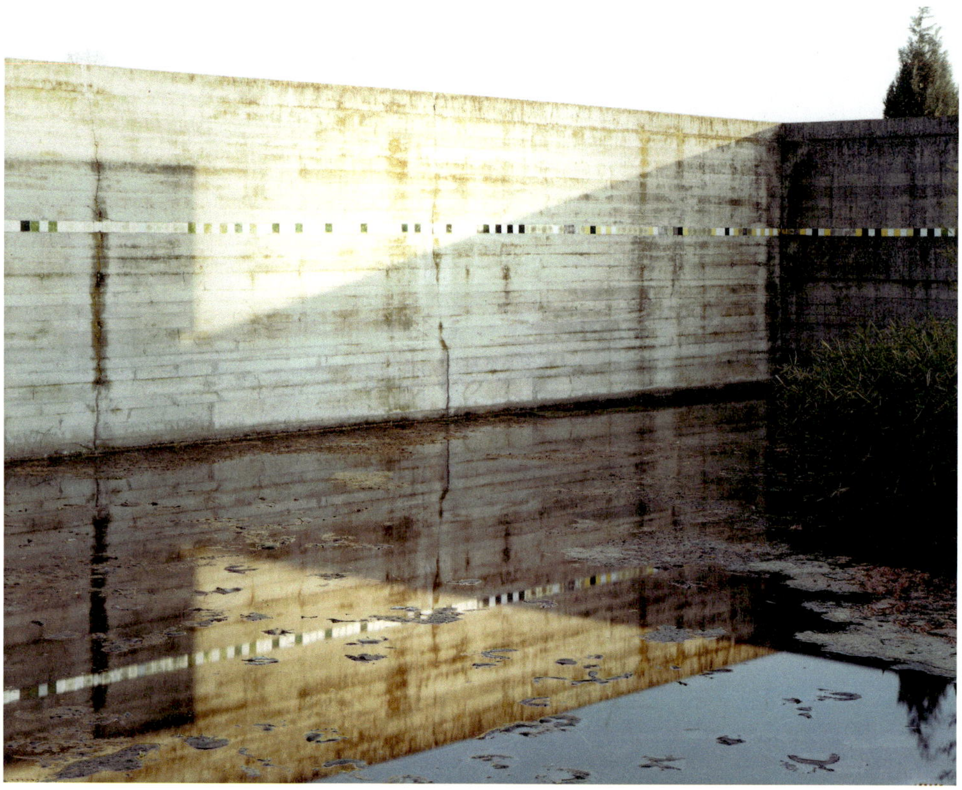

GUIDO GUIDI
#1176 01 29 1997 3:30PM LOOKING SOUTHEAST (RICHTUNG SÜDOSTEN), 1997
#1175 01 29 1997 3:35PM LOOKING SOUTHEAST (RICHTUNG SÜDOSTEN), 1997

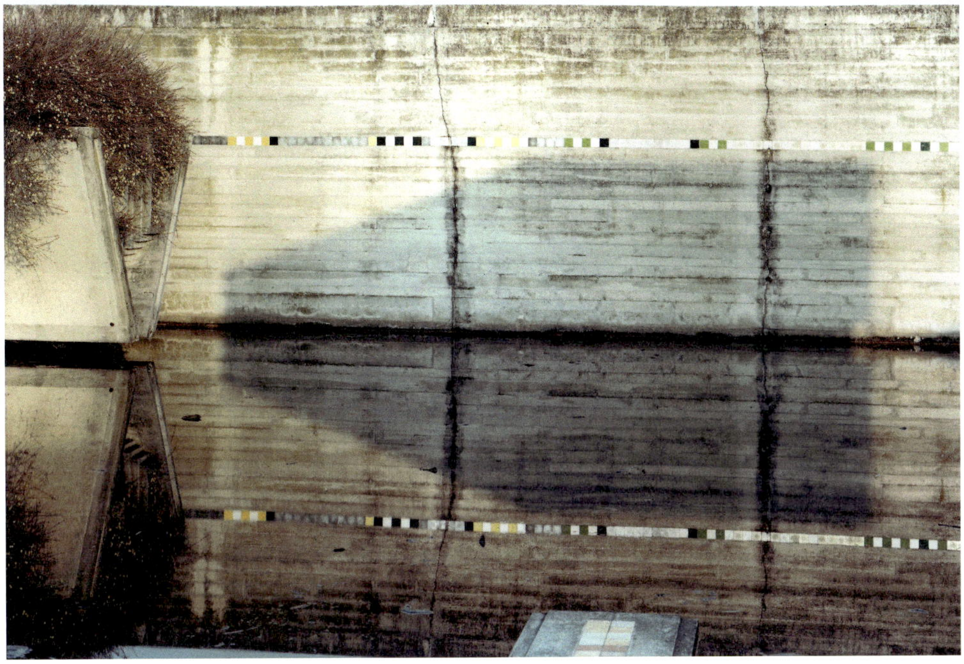

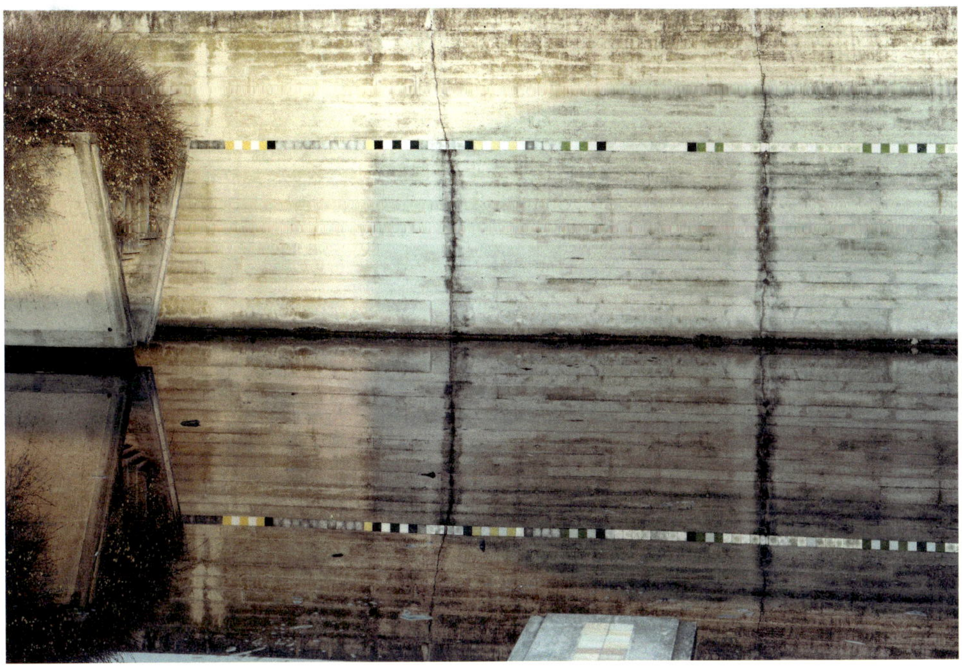

#15851 02 07 2006 LOOKING EAST (RICHTUNG OSTEN), 2006
#15860 02 07 2006 LOOKING EAST (RICHTUNG OSTEN), 2006
AUS/FROM: *CARLO SCARPA'S TOMBA BRION*

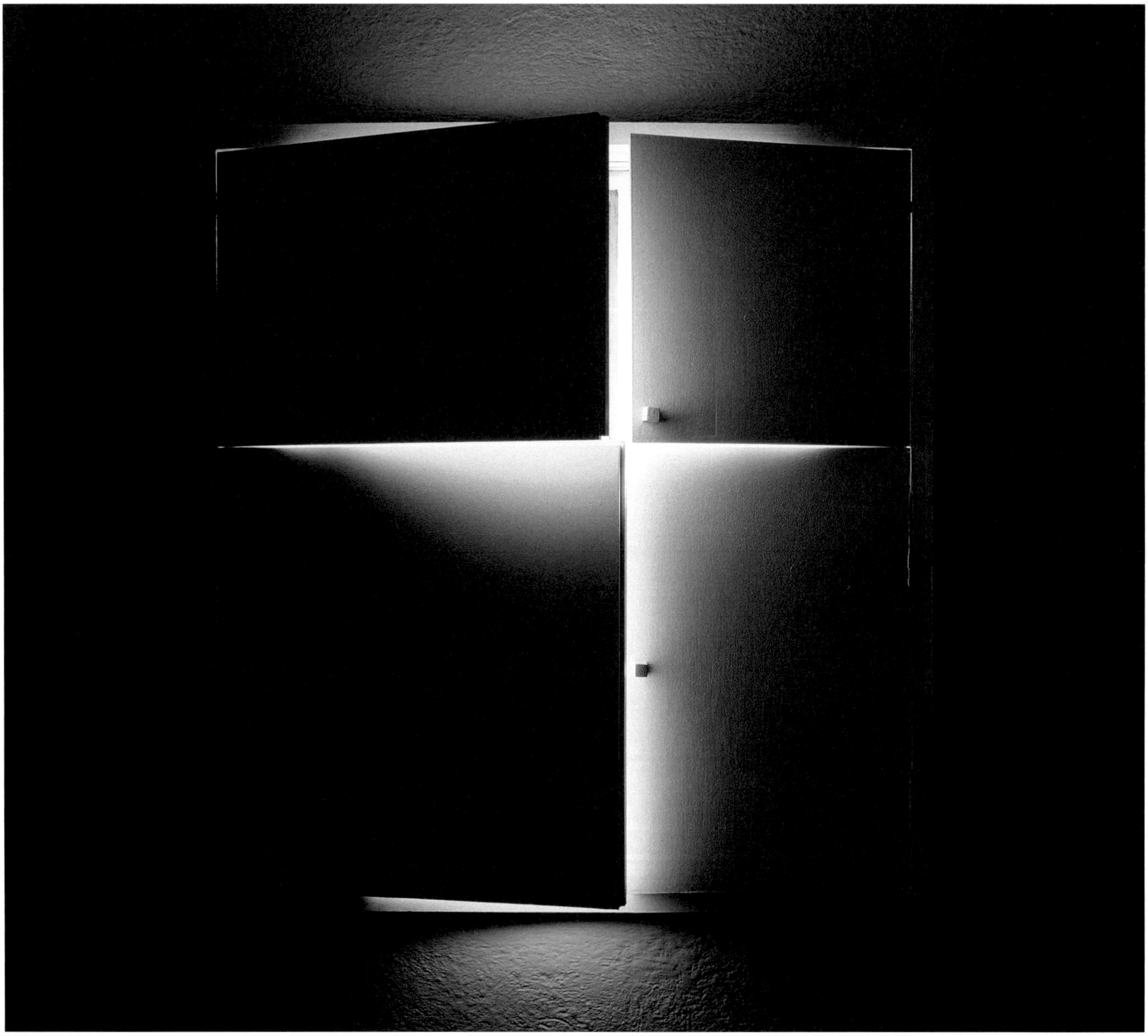

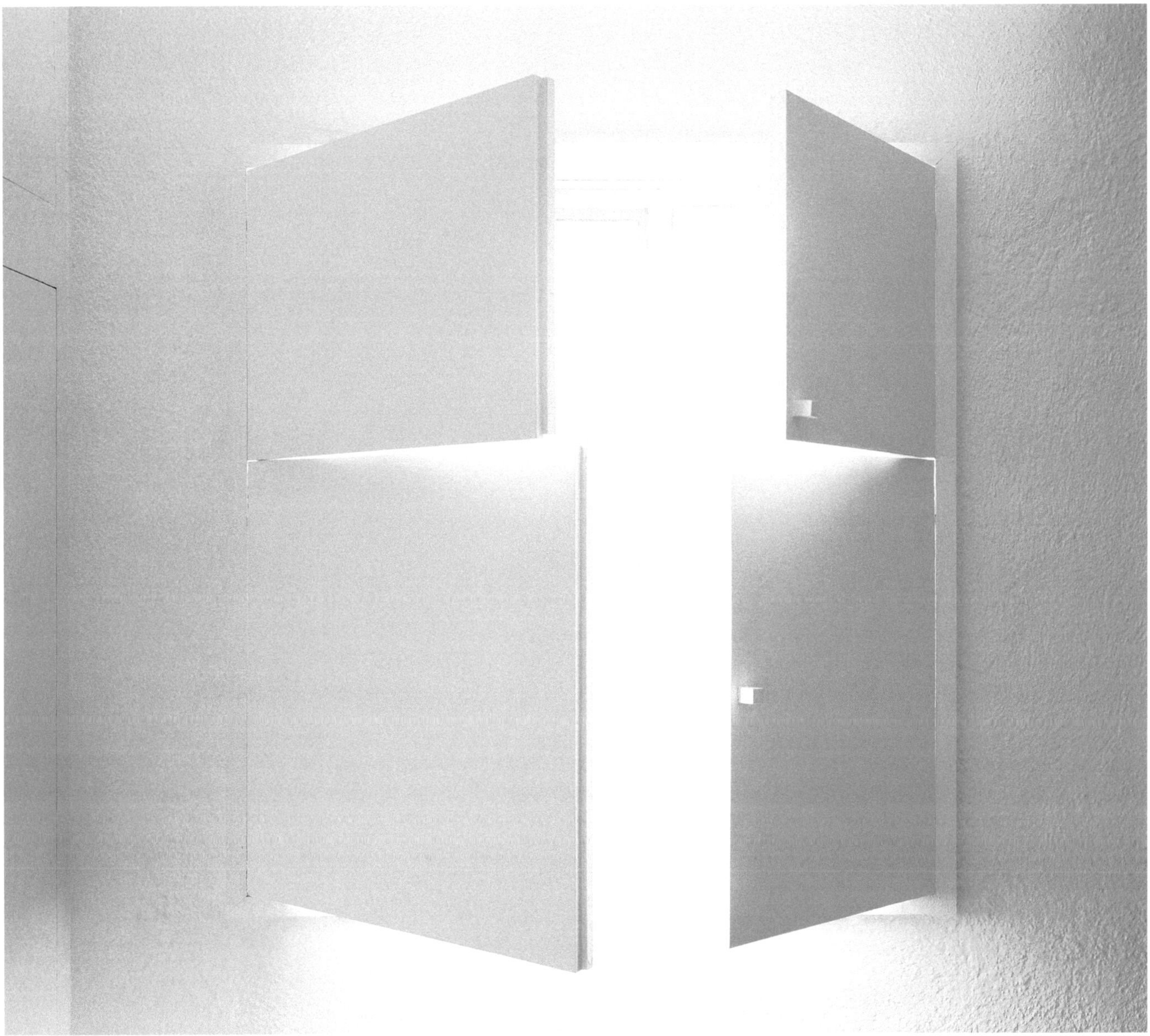

LUISA LAMBRI
UNTITLED (BARRAGAN HOUSE, #04)(OHNE TITEL), 2005
UNTITLED (BARRAGAN HOUSE, #20)(OHNE TITEL), 2005

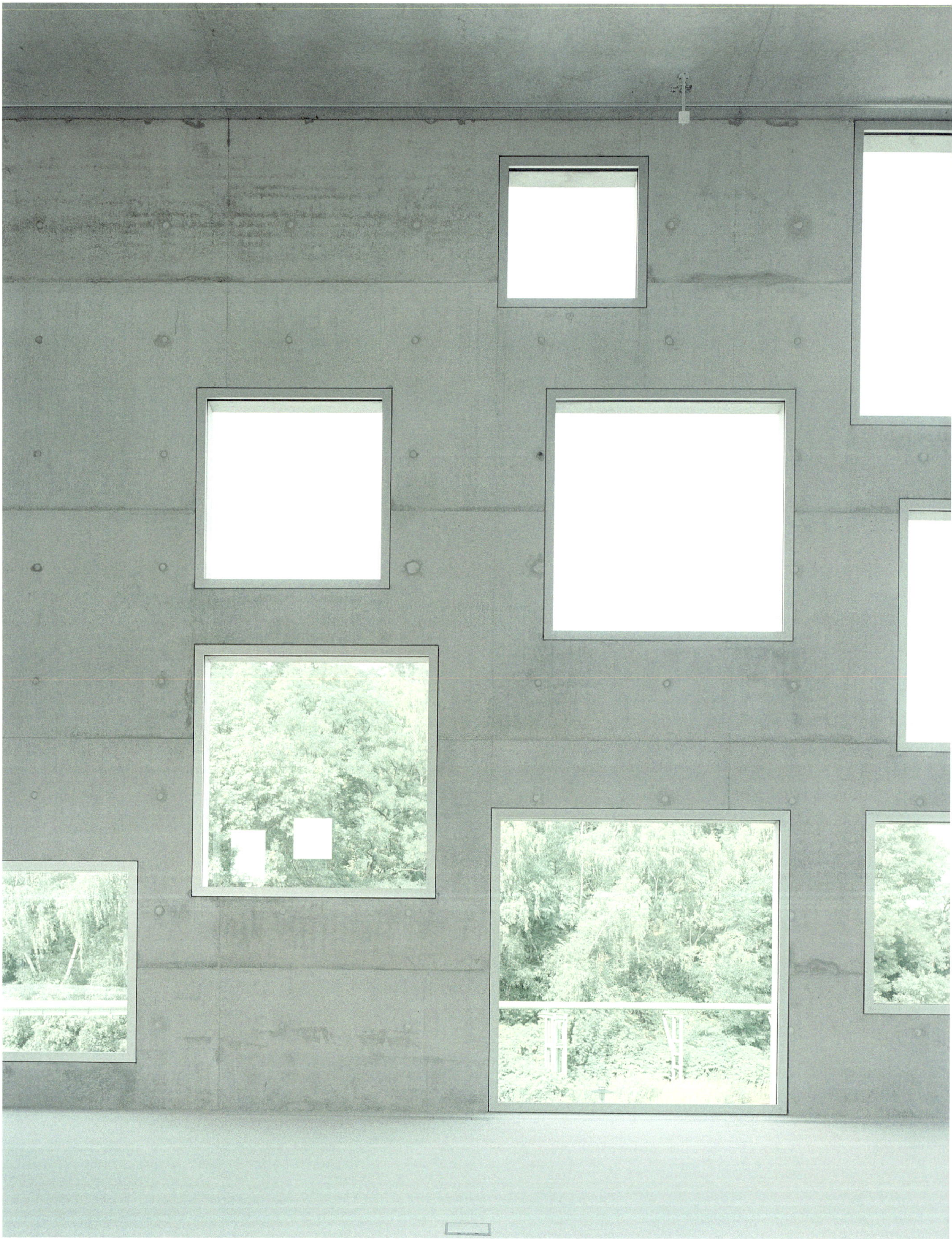

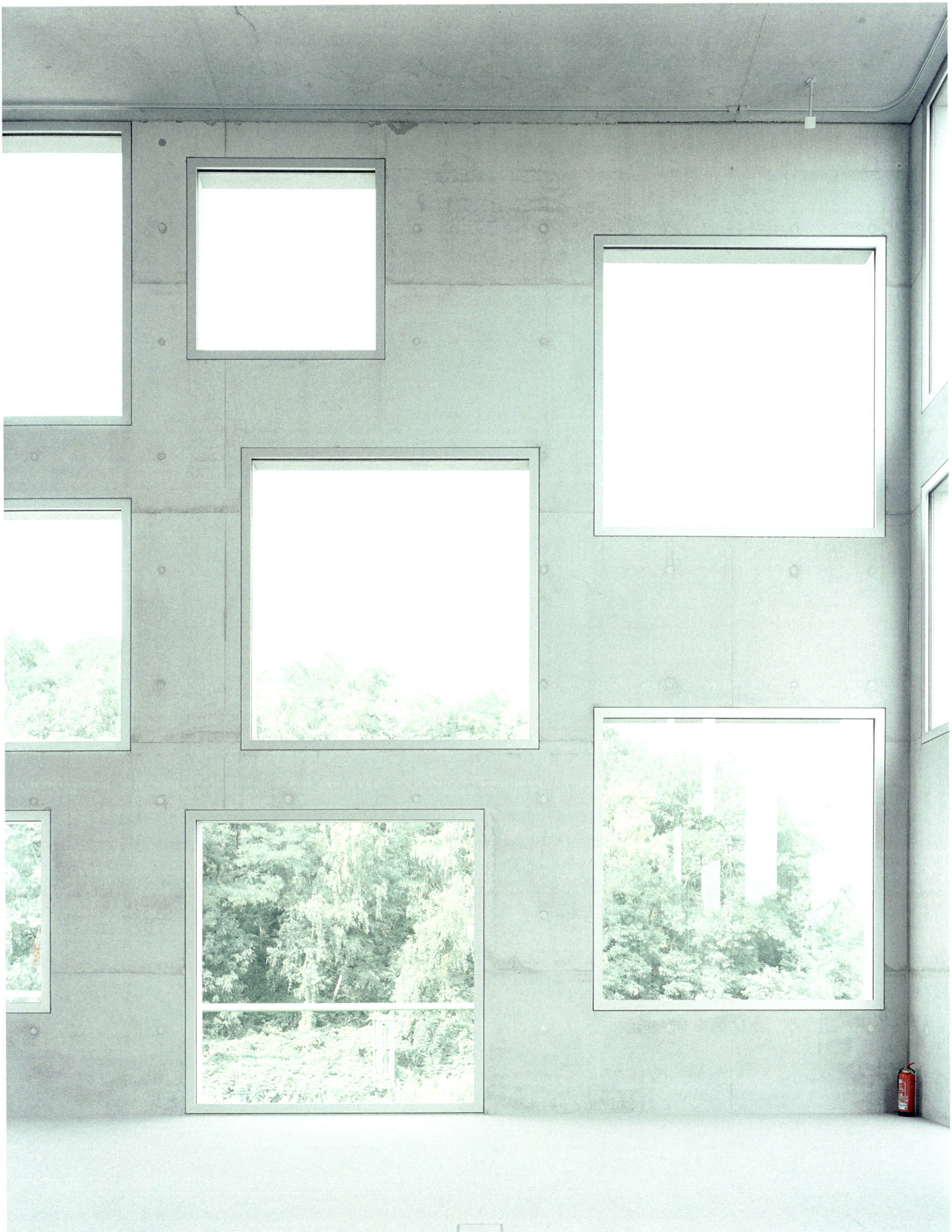

WALTER NIEDERMAYR
BILDRAUM S 131 (IMAGE SPACE), 2006

88 / 89

AUFBAU
VERFALL
ZERSTÖRUNG
/
CONSTRUCTION
DECAY
DESTRUCTION

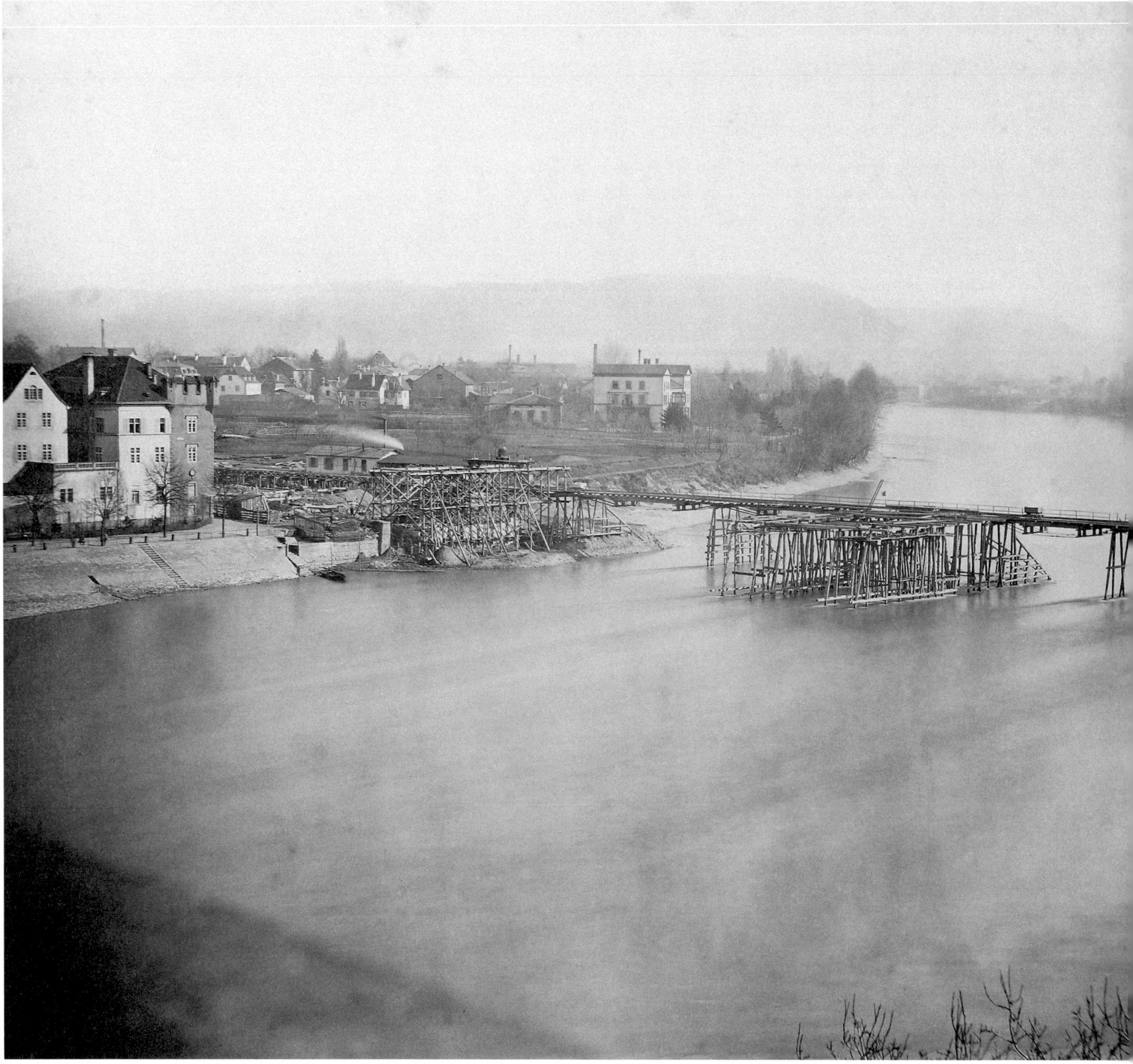

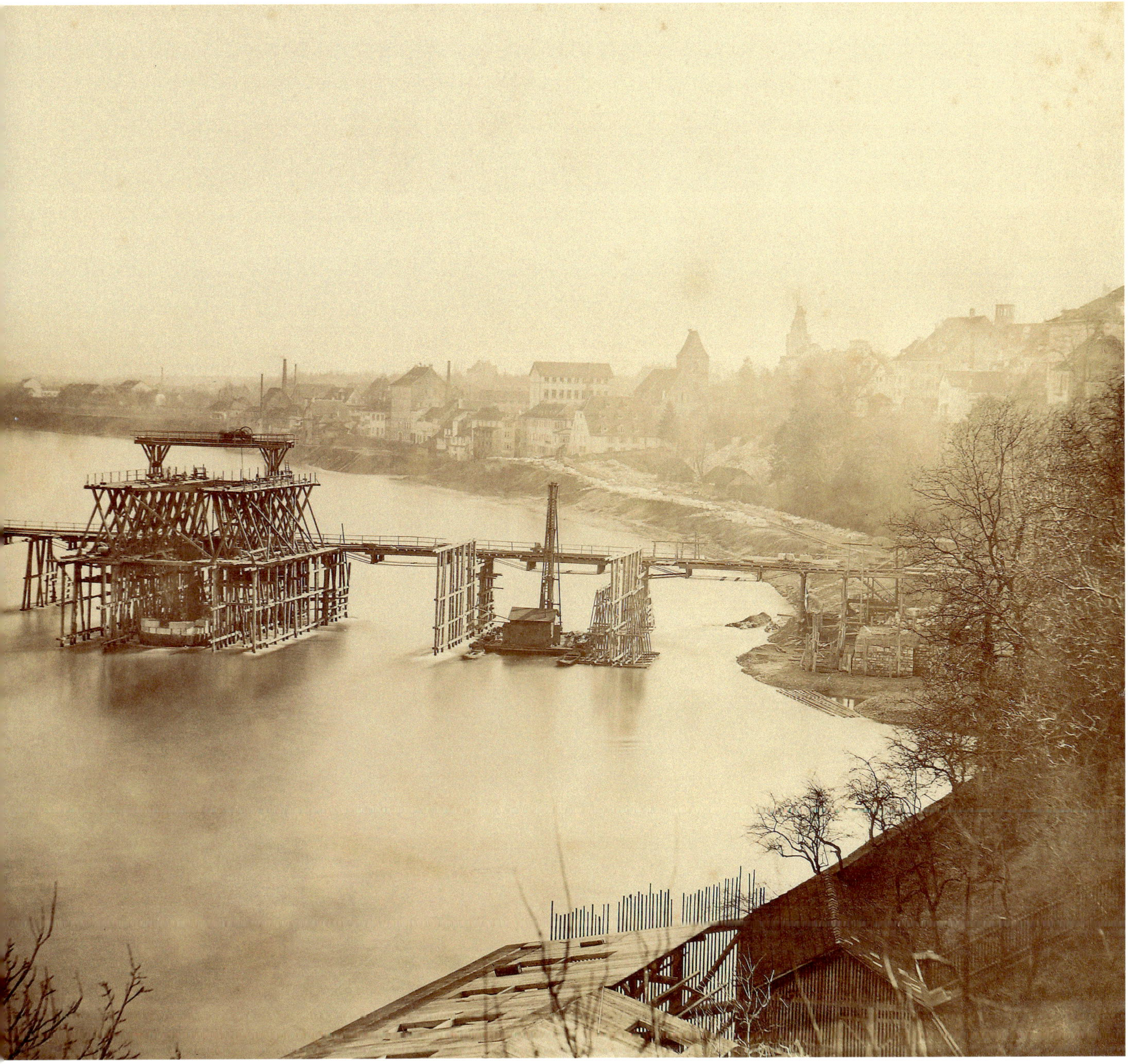

ANONYM (ANONYMOUS)
BAU DER WETTSTEINBRÜCKE, BASEL
(CONSTRUCTING WETTSTEINBRÜCKE), 1878

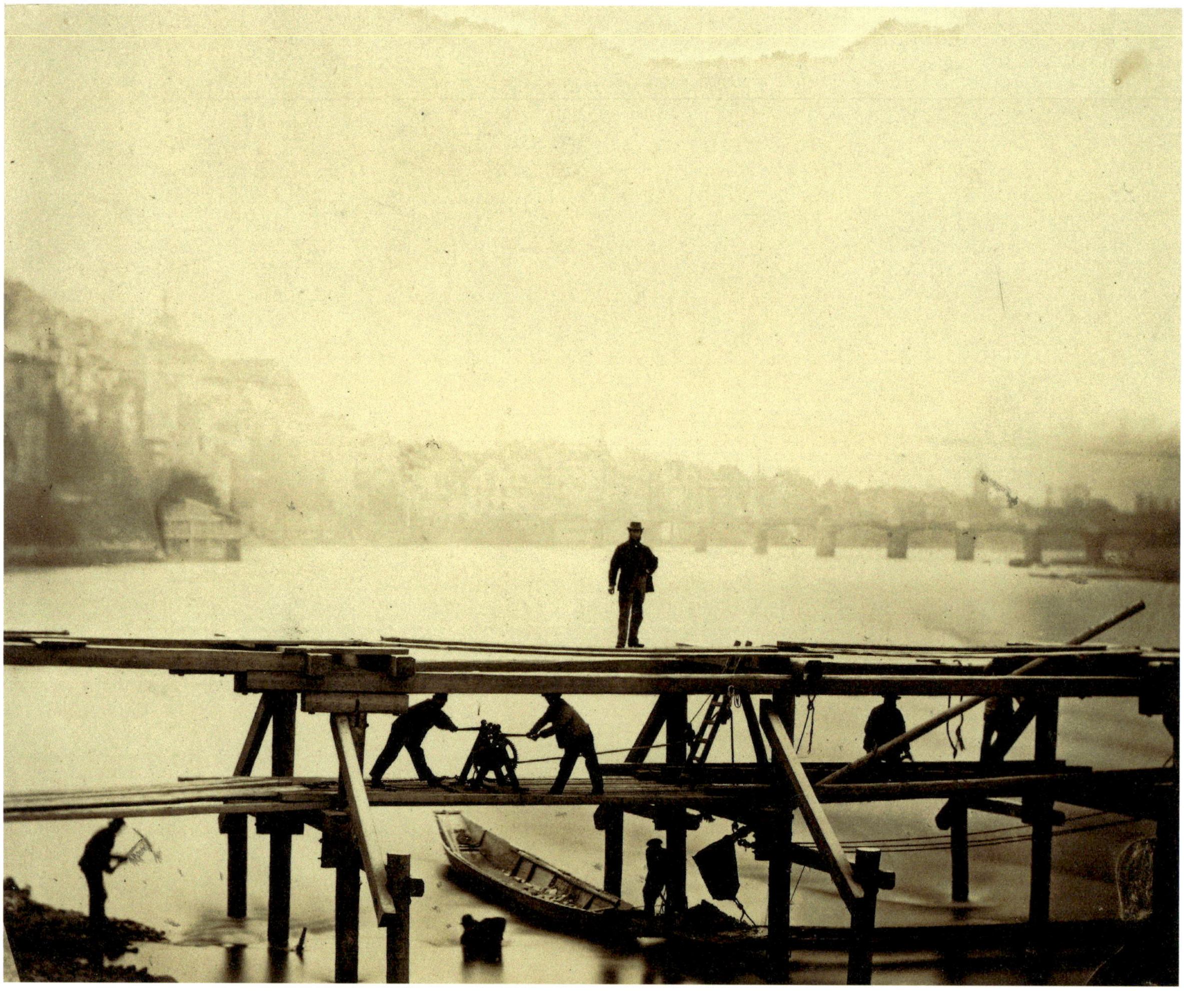

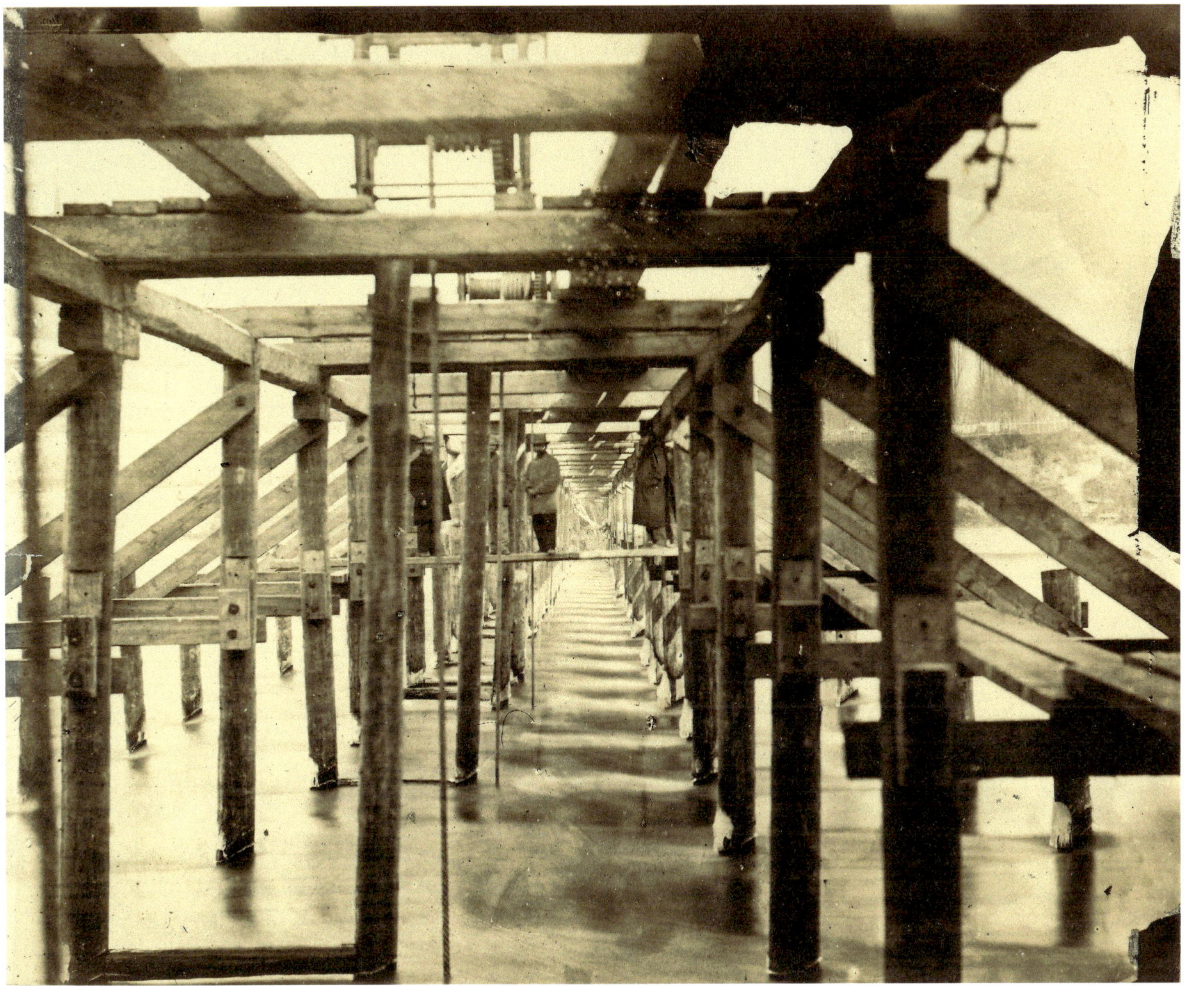

F. A. BOSSARD
ARBEITER BEIM BAU DER WETTSTEINBRÜCKE IN BASEL (WORKERS AT THE CONSTRUCTION SITE OF WETTSTEINBRÜCKE), CA. 1877

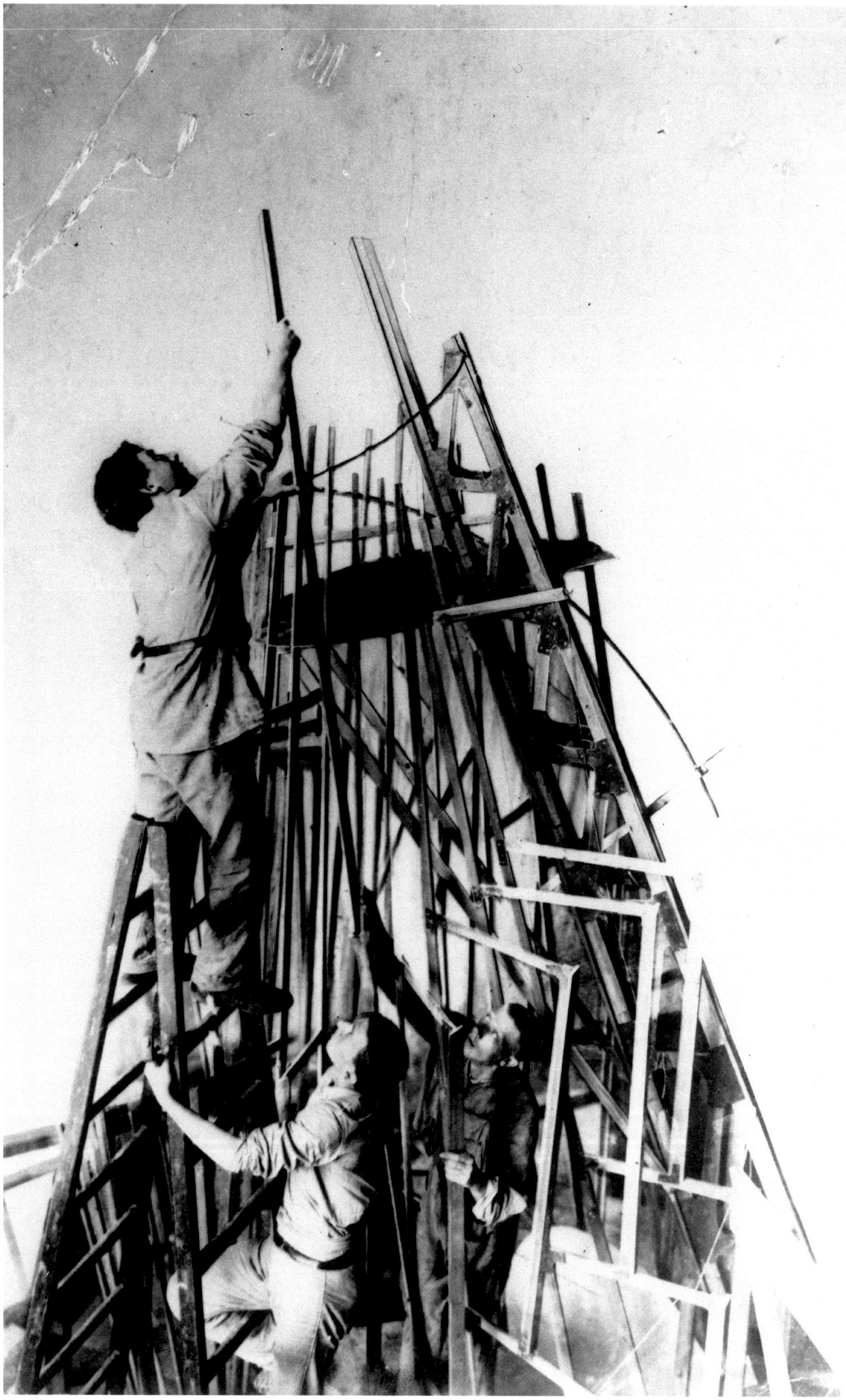

ANONYM (ANONYMOUS)
WLADIMIR TATLIN UND SEINE ASSISTENTEN I.A. MEERZON UND T.M. SHAPIRO BAUEN DAS 1. MODELL FÜR DAS DENKMAL DER 3. INTERNATIONALEN, PETROGRAD, UDSSR (HEUTE SANKT PETERSBURG, RUSSLAND) (VLADIMIR TATLIN AND HIS ASSISTANTS I.A. MEERZON AND T.M. SHAPIRO CONSTRUCTING THE FIRST MODEL FOR THE MONUMENT TO THE THIRD INTERNATIONAL, PETROGRAD, SOVIET UNION (NOW SAINT PETERSBURG, RUSSIA)), 1920

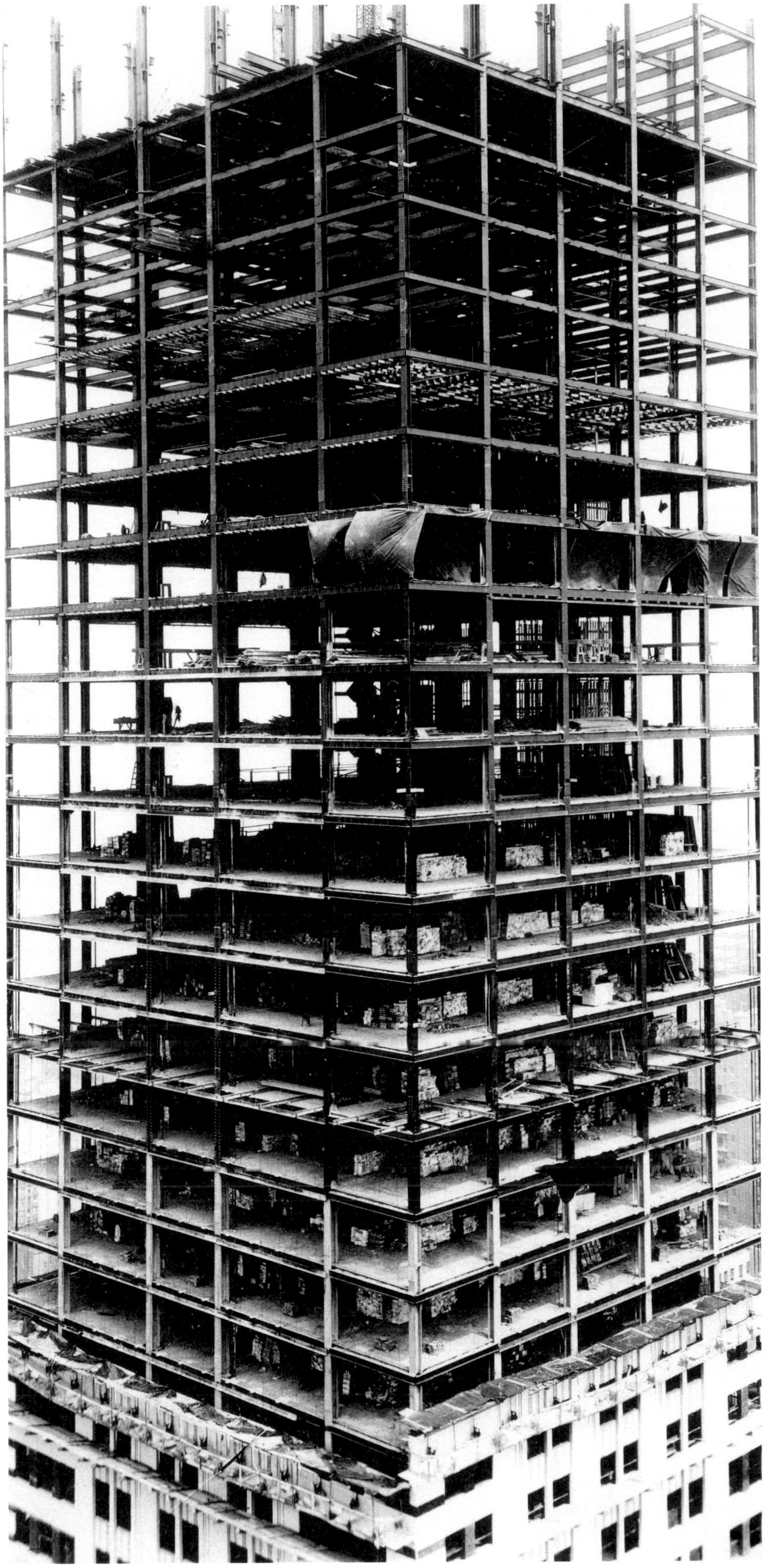

WALKER EVANS
CHRYSLER BUILDING UNDER CONSTRUCTION, NEW YORK
(CHRYSLER BUILDING IM BAU), 1929

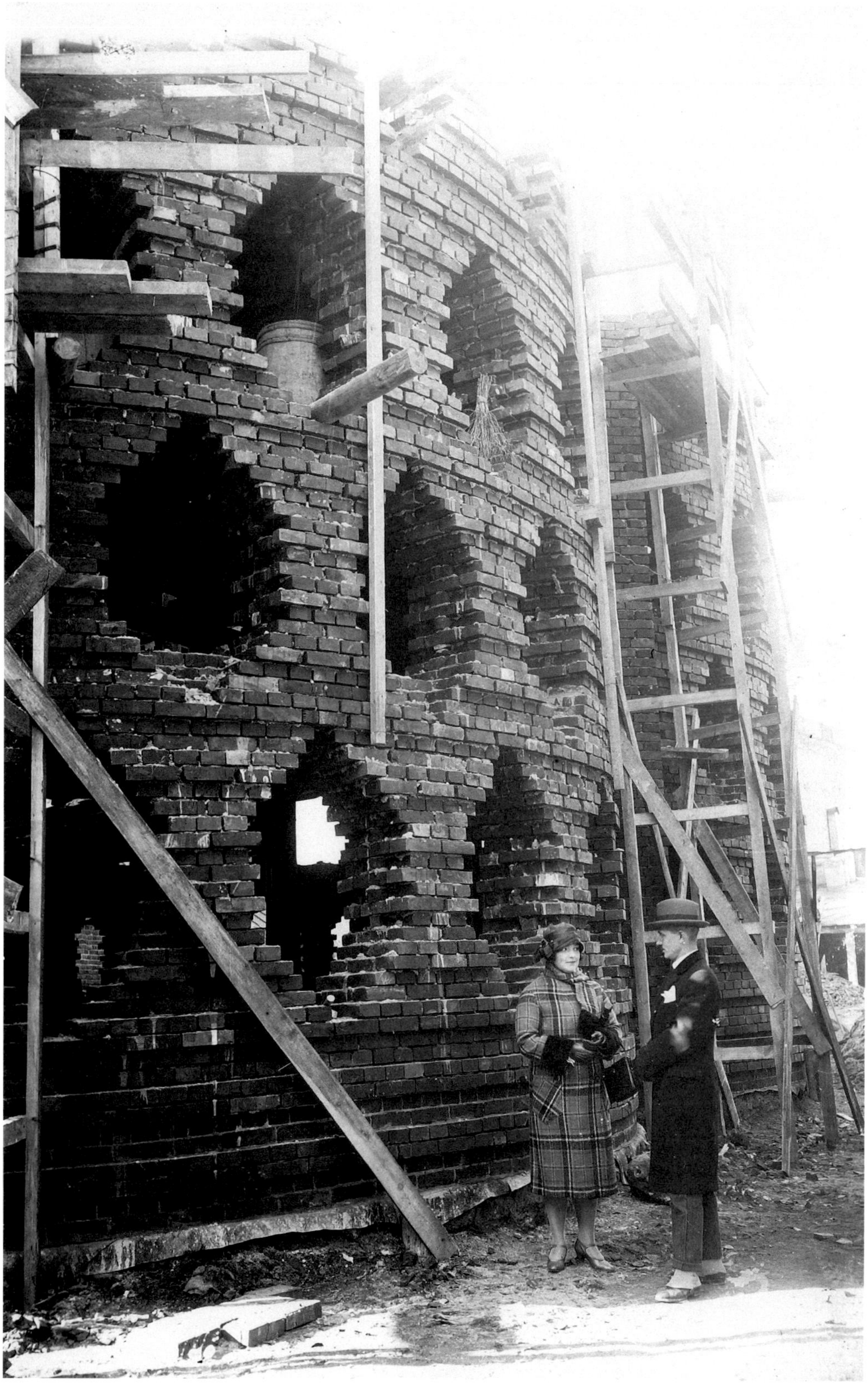

ANONYM (ANONYMOUS)
DAS MELNIKOV-HAUS IM BAU, MIT ARCHITEKT KONSTANTIN MELNIKOV UND SEINER FRAU, MOSKAU (MELNIKOV RESIDENCE UNDER CONSTRUCTION SHOWING THE ARCHITECT KONSTANTIN MELNIKOV AND HIS WIFE), 1927–1929

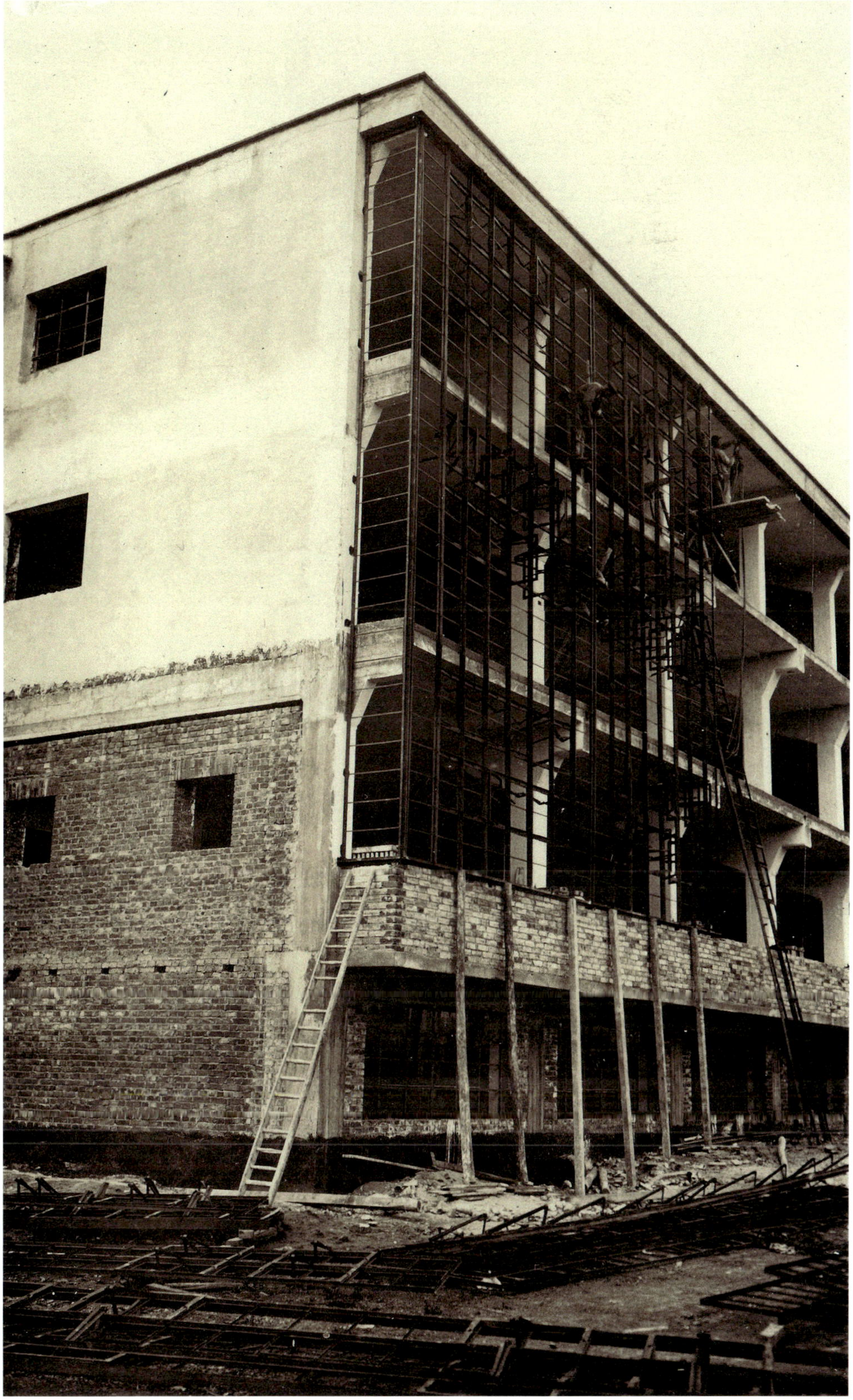

SIGFRIED GIEDION
BAUHAUS DESSAU IM BAU
(BAUHAUS DESSAU UNDER CONSTRUCTION), 1926

«Der vor dem Kunstwerk sich Sammelnde versenkt sich darein; er geht in dieses Werk ein, [...] Dagegen versenkt die zerstreute Masse ihrerseits das Kunstwerk in sich. Am sinnfälligsten die Bauten. Die Architektur bot von jeher den Prototyp eines Kunstwerks, dessen Rezeption in der Zerstreuung und durch das Kollektivum erfolgt. Die Gesetze ihrer Rezeption sind die lehrreichsten.»

“A man who concentrates before a work of art is absorbed by it. He enters into this work of art…. In contrast, the distracted mass absorbs the work of art. This is most obvious with regard to buildings. Architecture has always represented the prototype of a work of art the reception of which is consummated by a collectivity in a state of distraction. The laws of its reception are most instructive.”

WALTER BENJAMIN
DAS KUNSTWERK IM ZEITALTER SEINER TECHNISCHEN REPRODUZIERBARKEIT/
THE WORK OF ART IN THE AGE OF MECHANICAL REPRODUCTION
1936

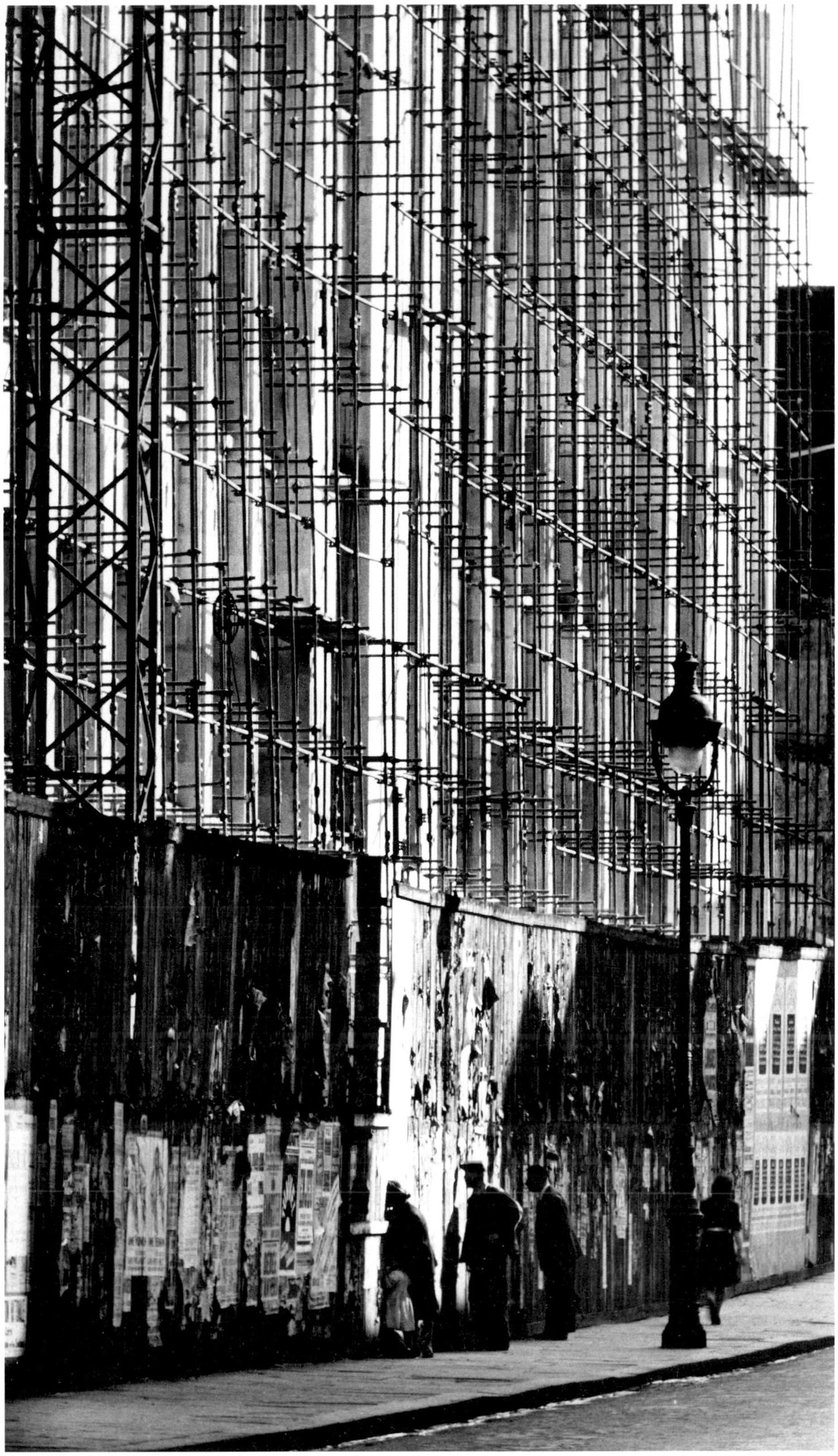

OTTO STEINERT
SKIZZEN AUS PARIS 1 (SKETCHES FROM PARIS), 1948/49

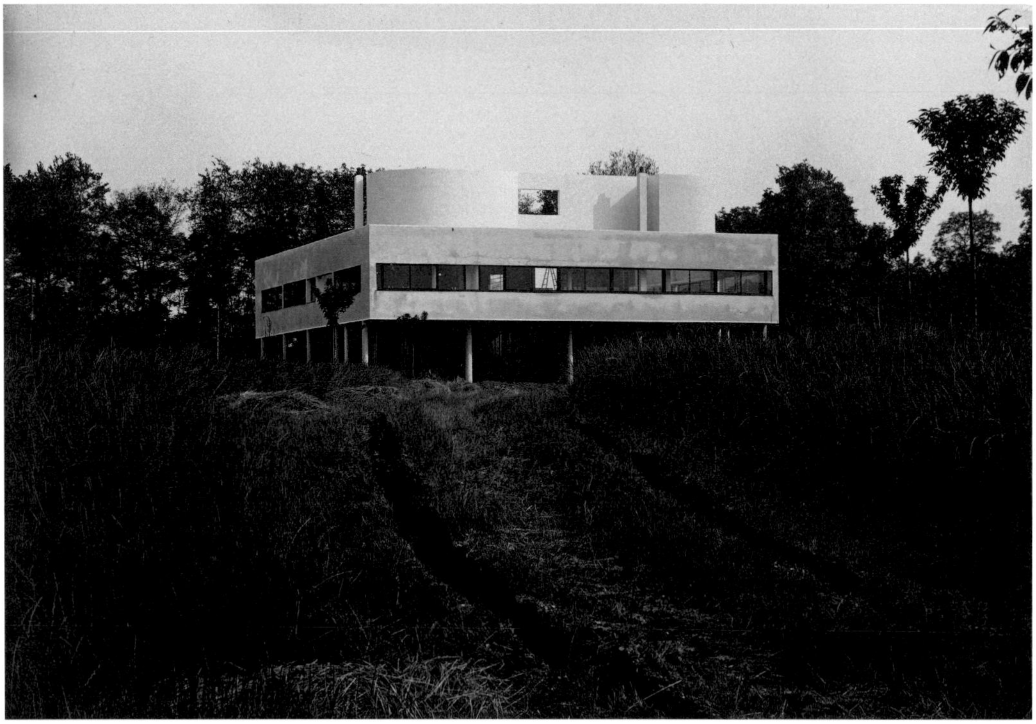

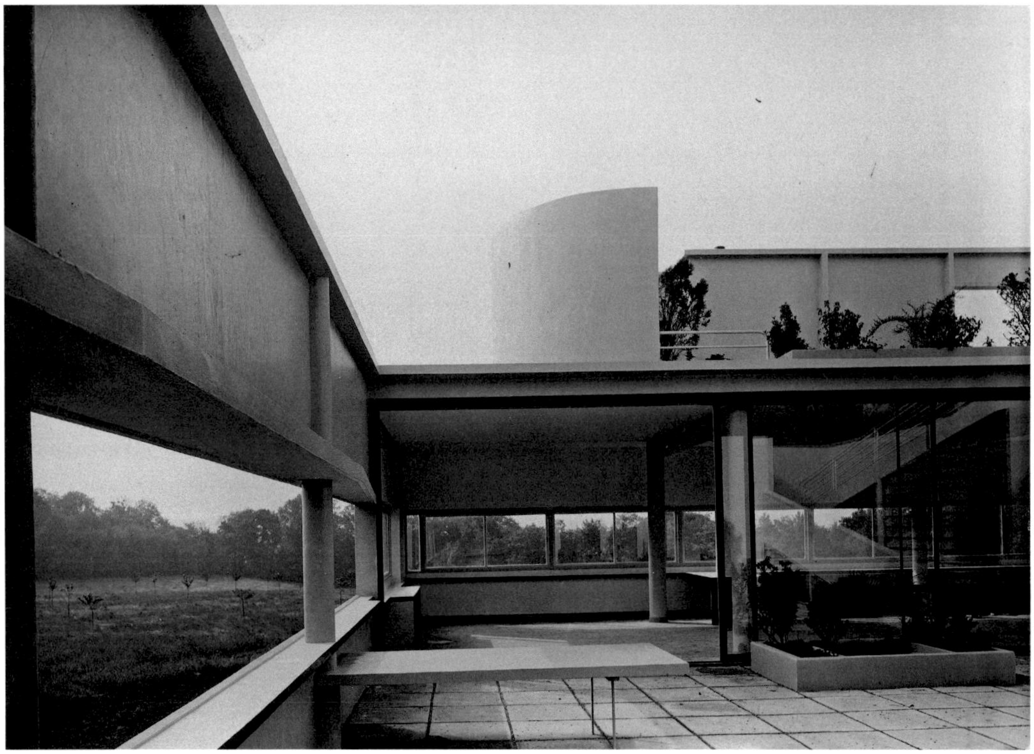

MARIUS GRAVOT
VILLA SAVOYE KURZ VOR DER FERTIGSTELLUNG
(VILLA SAVOYE NEARING COMPLETION), 1930

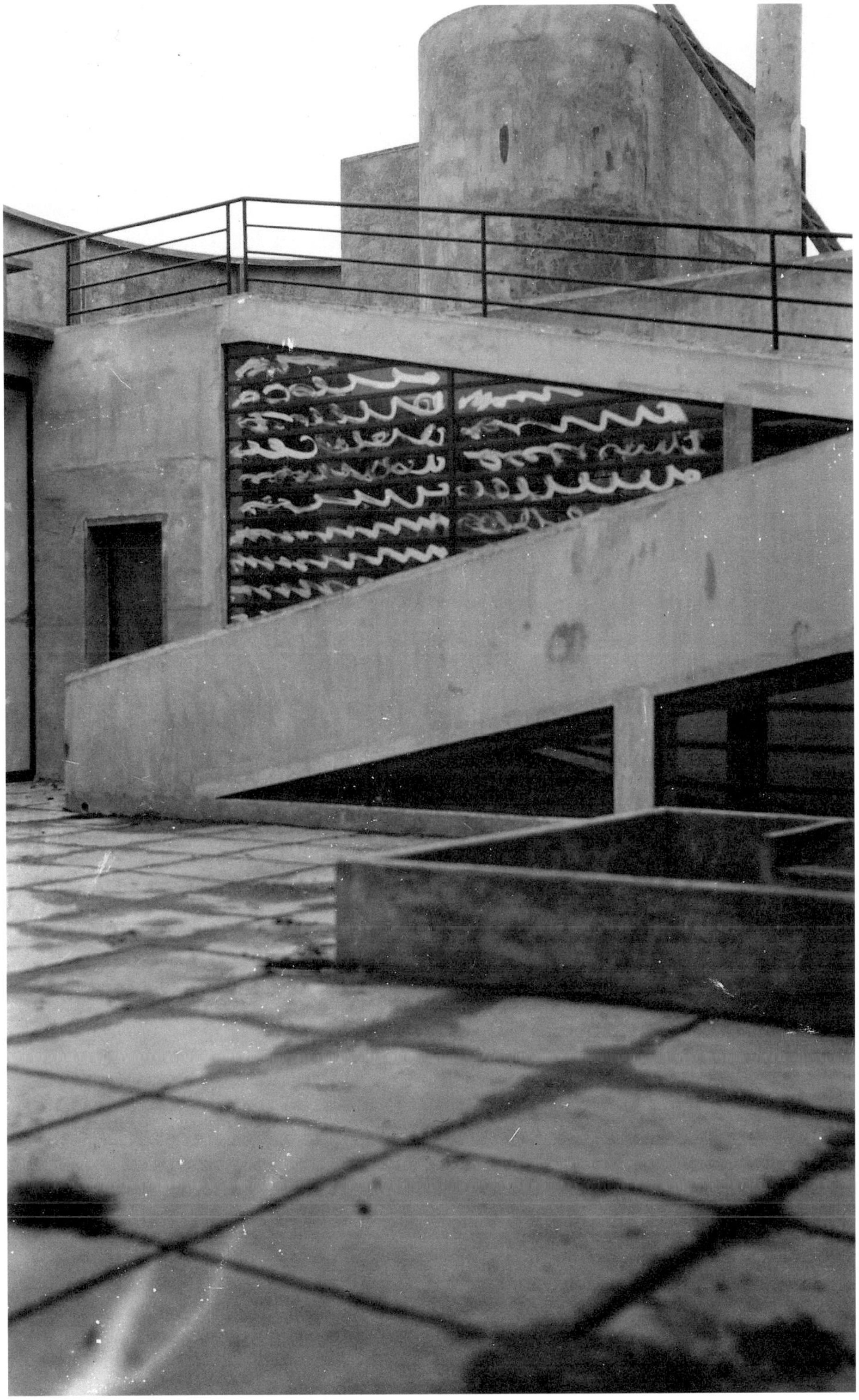

SIGFRIED GIEDION
VILLA SAVOYE, HAUPTTERRASSE UND RAMPE
(MAIN PATIO AND RAMP), 1930

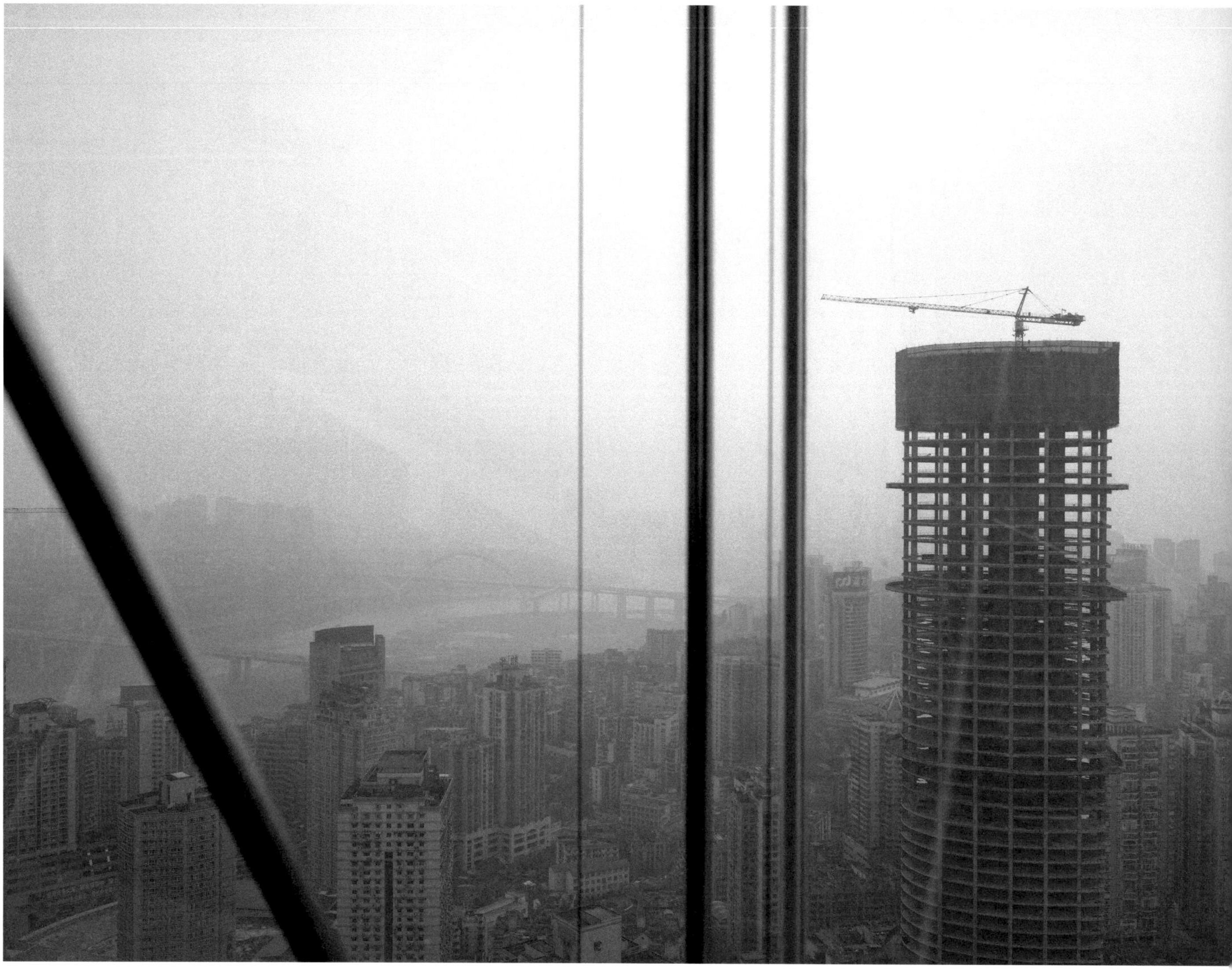

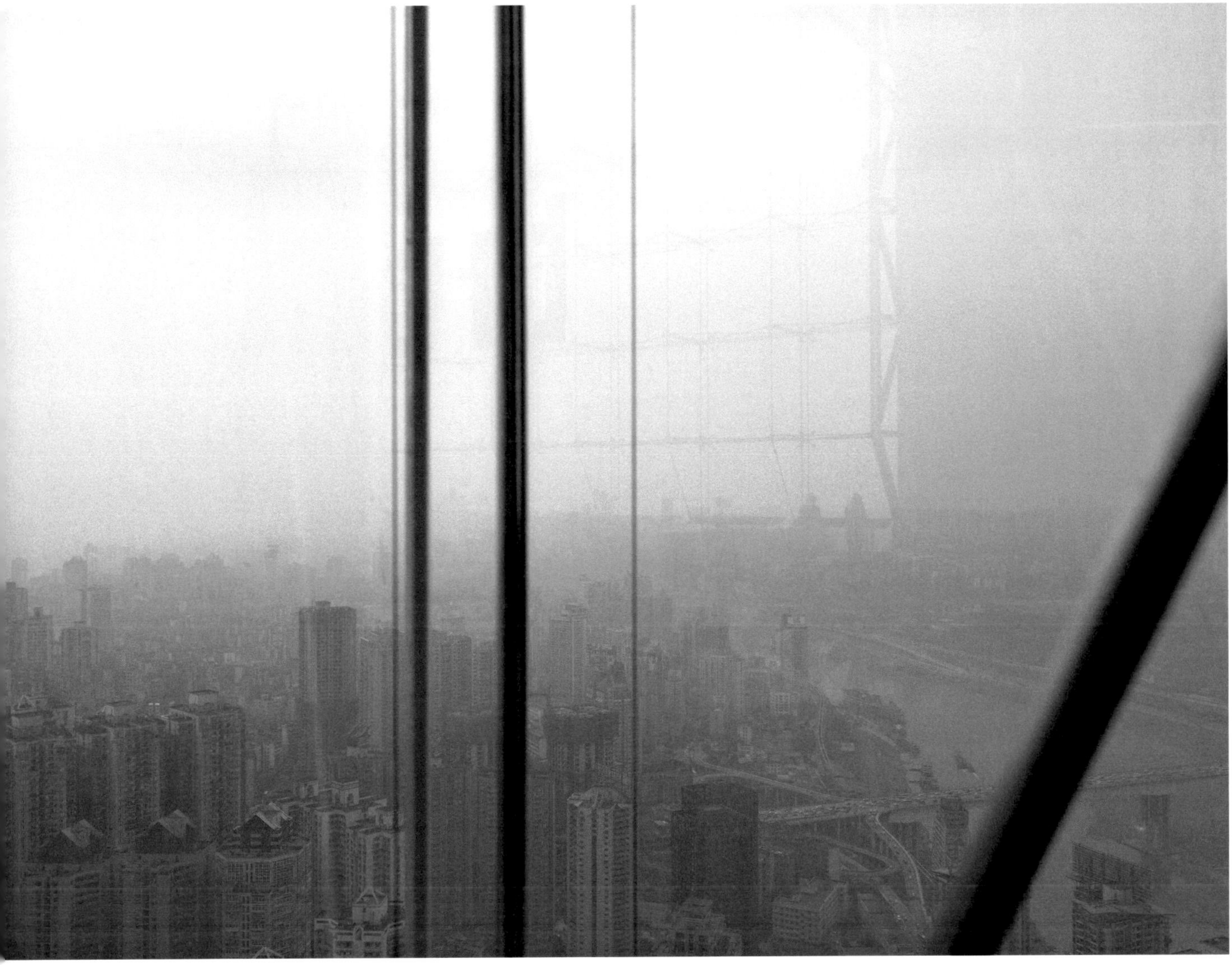

PETER GRANSER
THE CITY CENTER (DAS STADTZENTRUM), 2010
AUS/FROM: *HEAVEN IN CLOUDS* (HIMMEL IN WOLKEN)

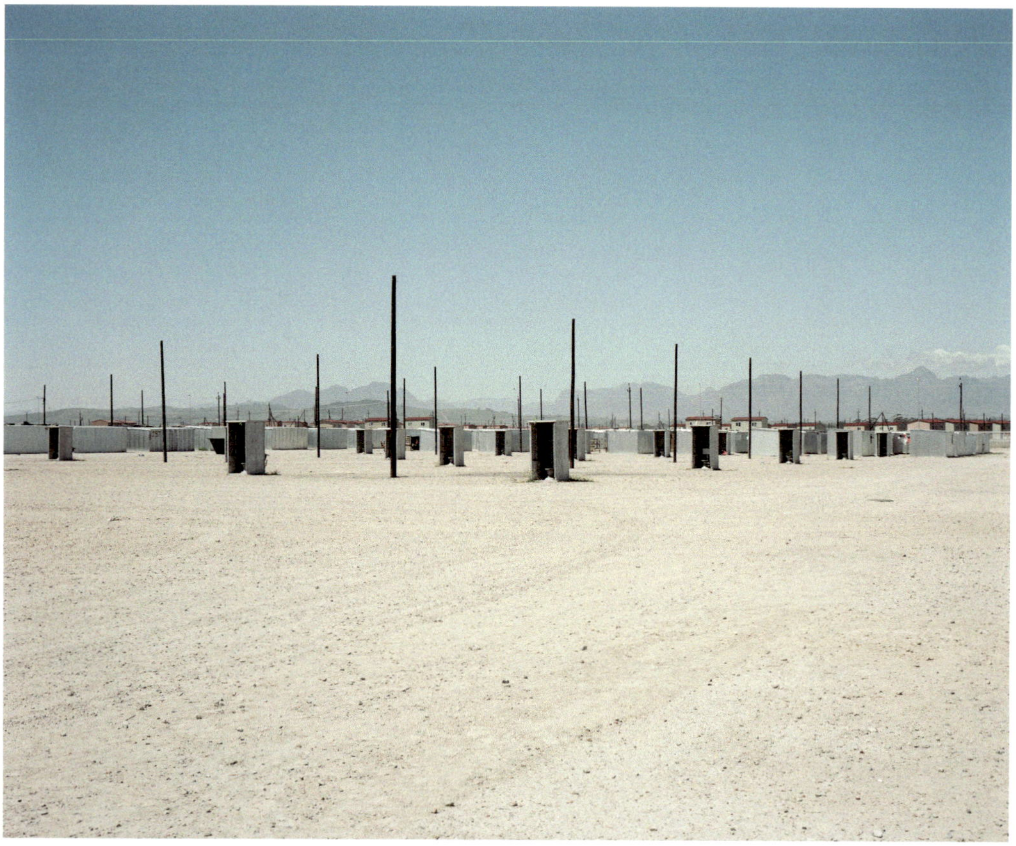

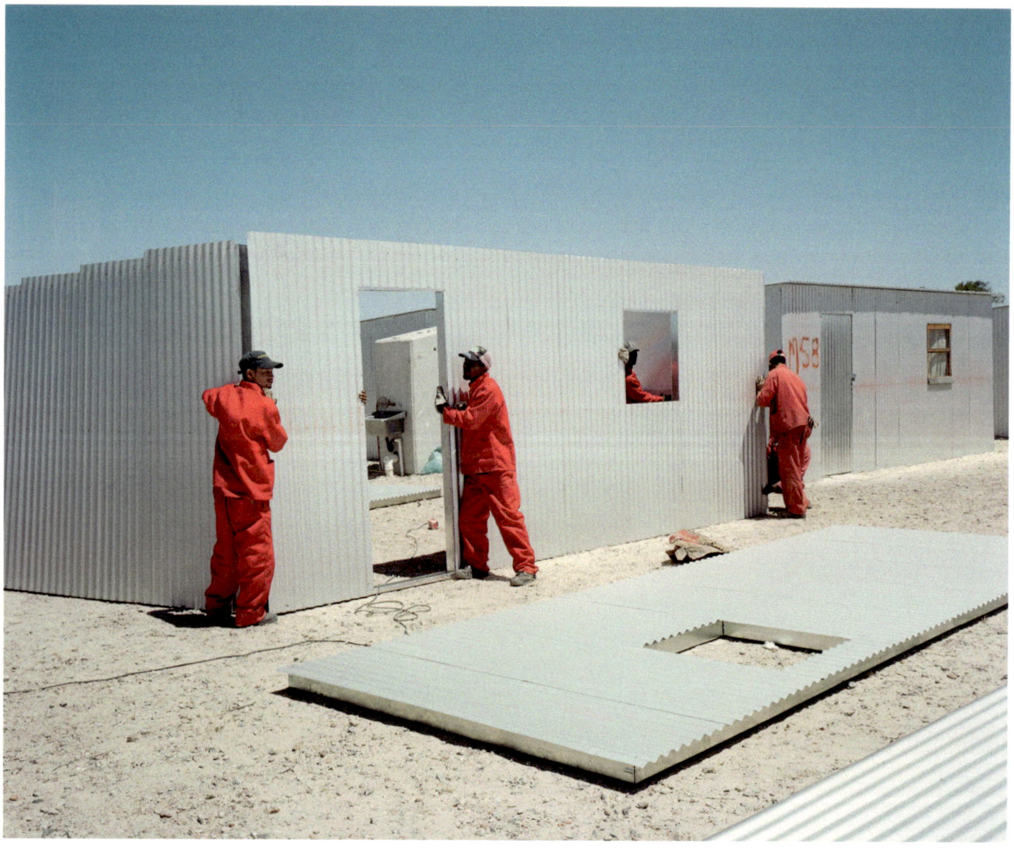

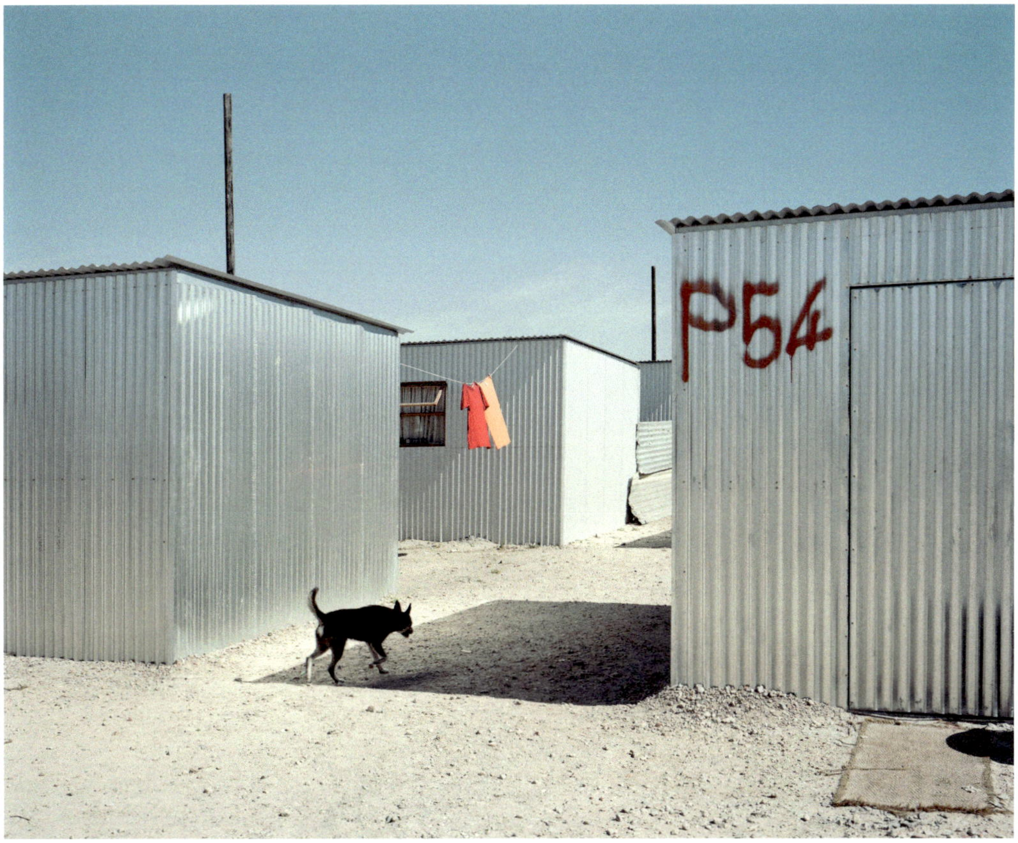

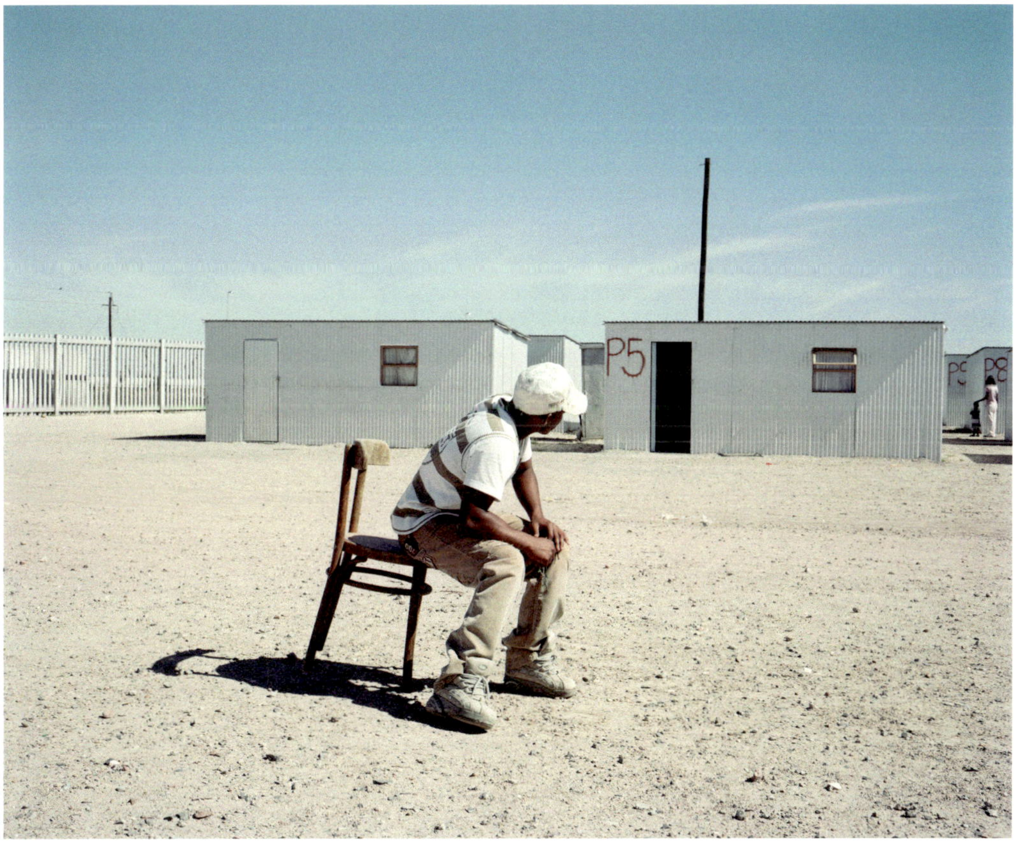

LAURENCE BONVIN
BLIKKIESDORP, CAPE TOWN, SOUTH AFRICA, 2009

> MICHAEL WESELY
KANADISCHE BOTSCHAFT, LEIPZIGER PLATZ, BERLIN
(CANADIAN EMBASSY), (5.2.2003- 28.4.2005)

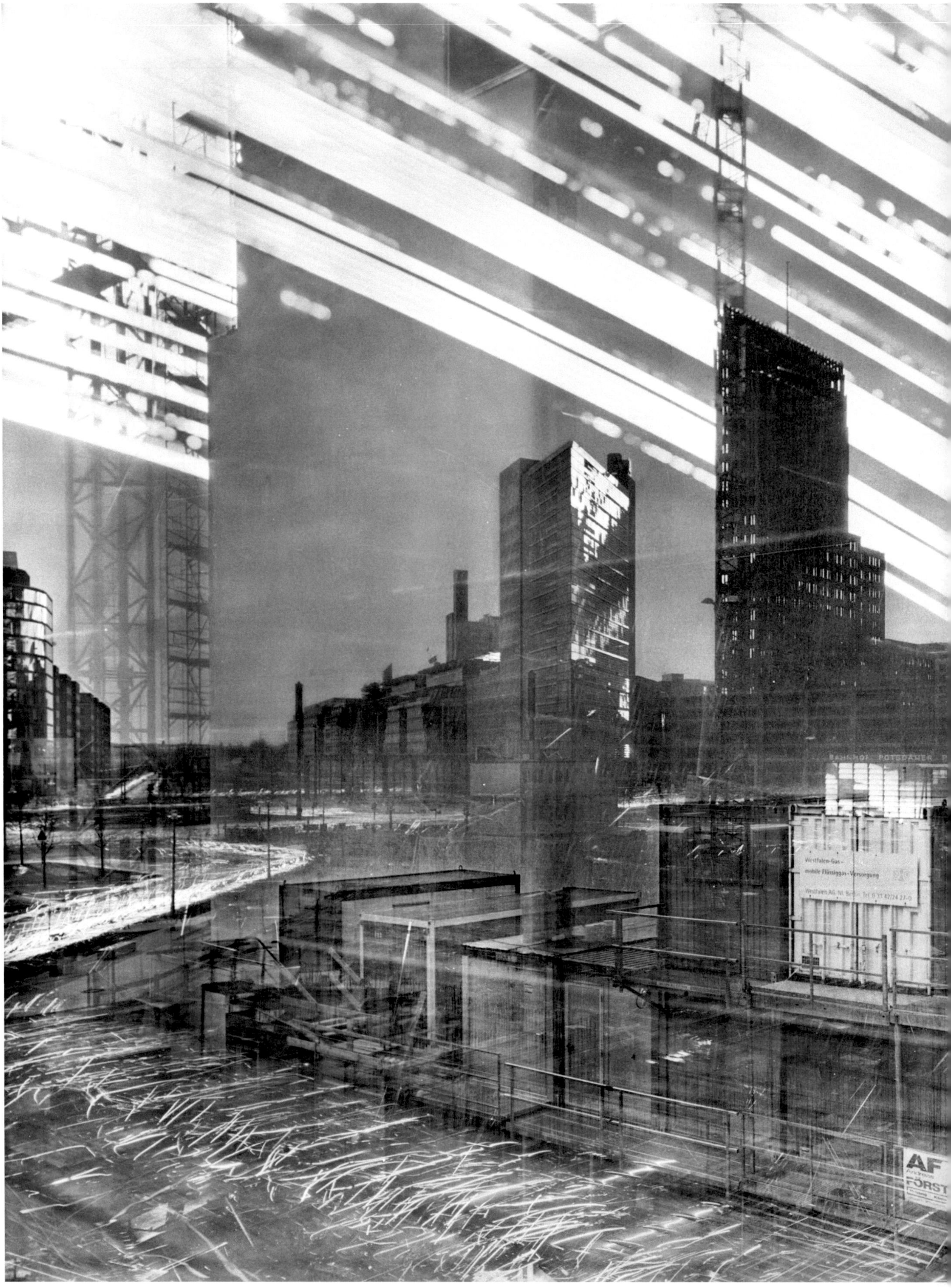
Westfalen-Gas –
mobile Flüssiggas-Versorgung
AF

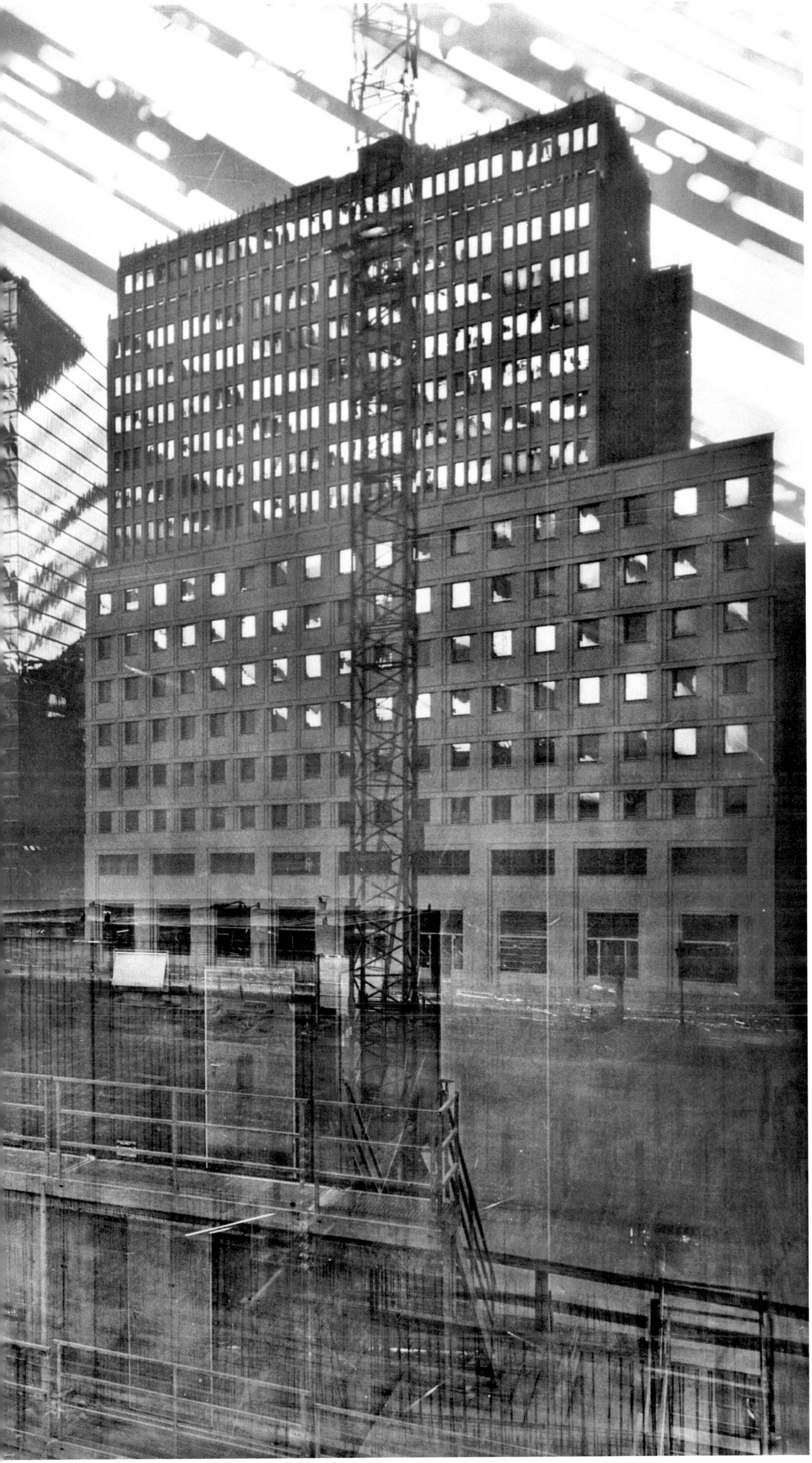

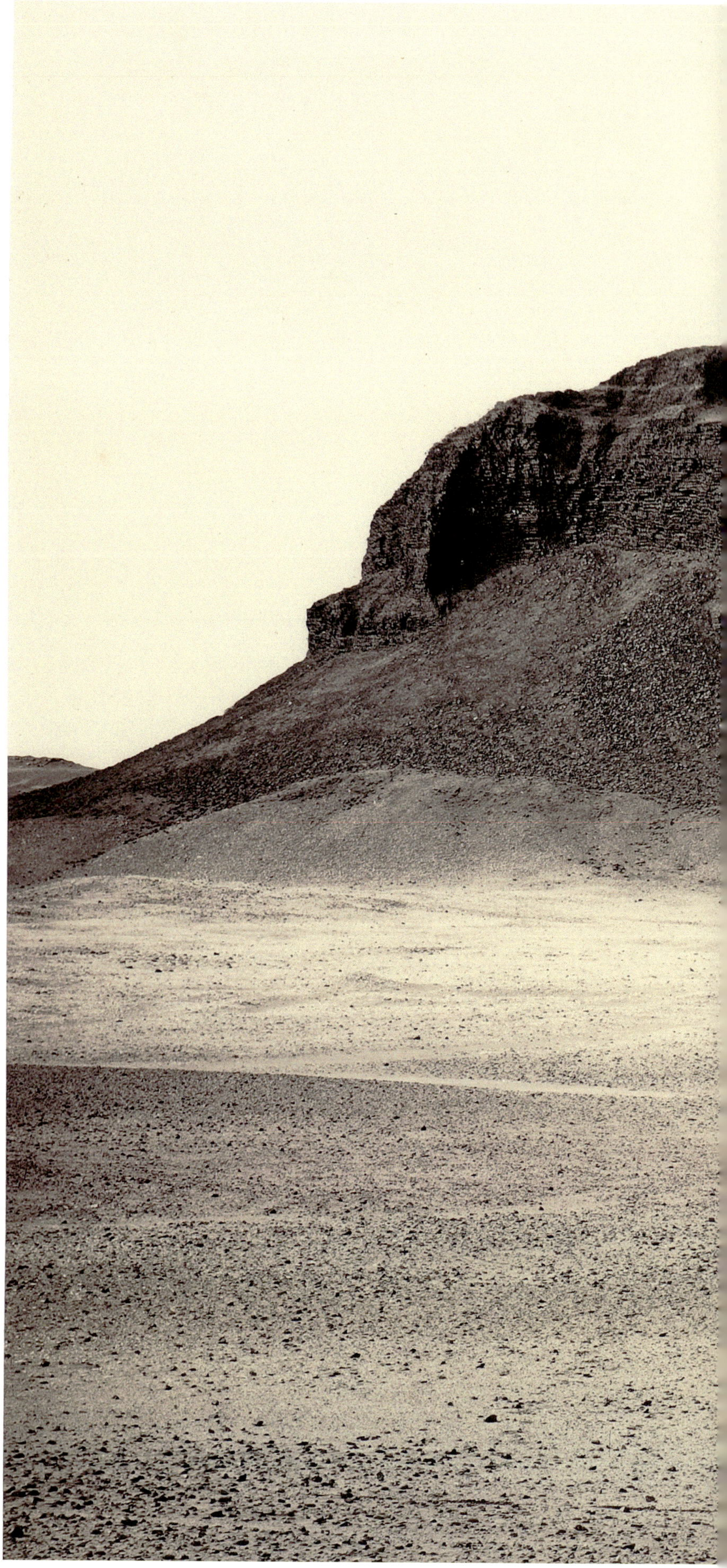

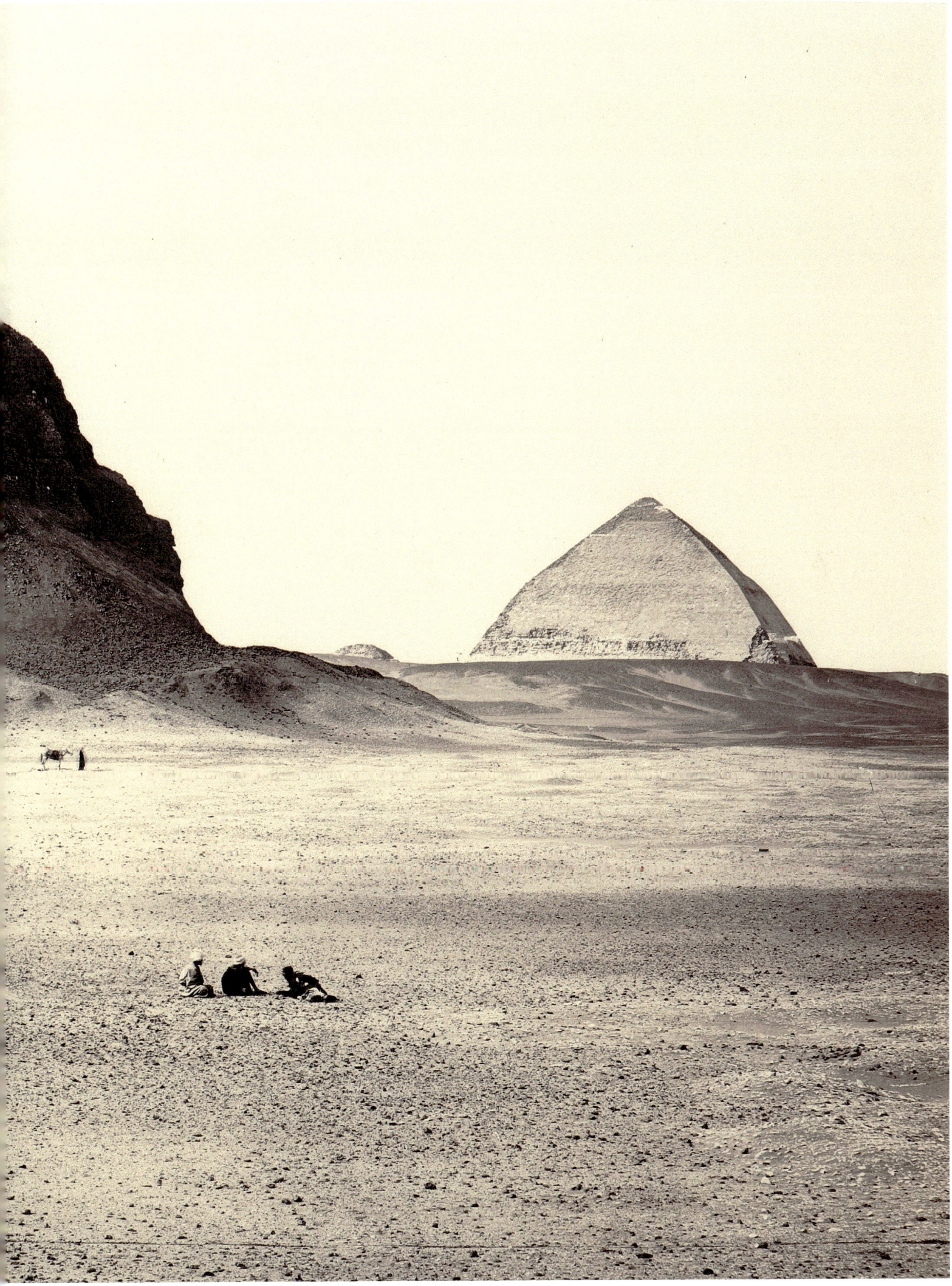

«Ich lief einige Stunden durch die zerstörten Aussenquartiere Neu-Berns, durch Breitenrain und Lorraine, dann linker Hand über den Behelfsponton wieder hoch in Richtung der recht gut erhalten gebliebenen Altstadt. Die Träger der von den Deutschen gesprengten Lorrainebrücke ragten wie graue Gräten aus den eisigen Wassern der Aare. [...] Durch die Löcher der Fenster sah man auf das, was dahinter lag, man sah wie durch eine Kastenkamera in das weissbestäubte Grünbraun, dort auch in das schneebedeckte Stoppelfeld, dahinter der blaue Himmel. Es war erneut, als seien diese ruinierten Häuser Theaterkulissen, die jemand dort hingeschoben oder -gezogen hatte, neben den von deutschen Granaten aufgeworfenen Erdhügeln und den zerborstenen Holzbalken, deren Enden schwarz verkohlt und schartig aufwärts ragten.»

"I wandered for some hours through the devastated outer quarters of New-Berne, through Breitenrain and Lorraine, then to the left across the pontoon bridge, up again to the fairly well preserved old town. The supports of the Lorraine Bridge that the Germans had detonated protruded out of the icy waters of the Aar river like grey bones.... Through the holes in the windows one could see what lay behind. It was like looking through a box camera into the green and the brown, dusted with white, or there, into the snow-covered stubble field, and then beyond, the blue sky. Once again, it was as if these ruins were elements of the scenery that someone had shoved or pulled in among the mounds of earth raised by German grenades, and the shattered wooden beams, whose jagged, charred ends jutted skyward."

CHRISTIAN KRACHT
ICH WERDE HIER SEIN IM SONNENSCHEIN UND IM SCHATTEN/
I WILL BE HERE IN SUNSHINE AND IN SHADOW
2008

< FRANCIS FRITH
THE PYRAMIDS OF DAHSHOOR. EAST
(DIE PYRAMIDEN VON DAHSCHUR. OSTEN), 1858

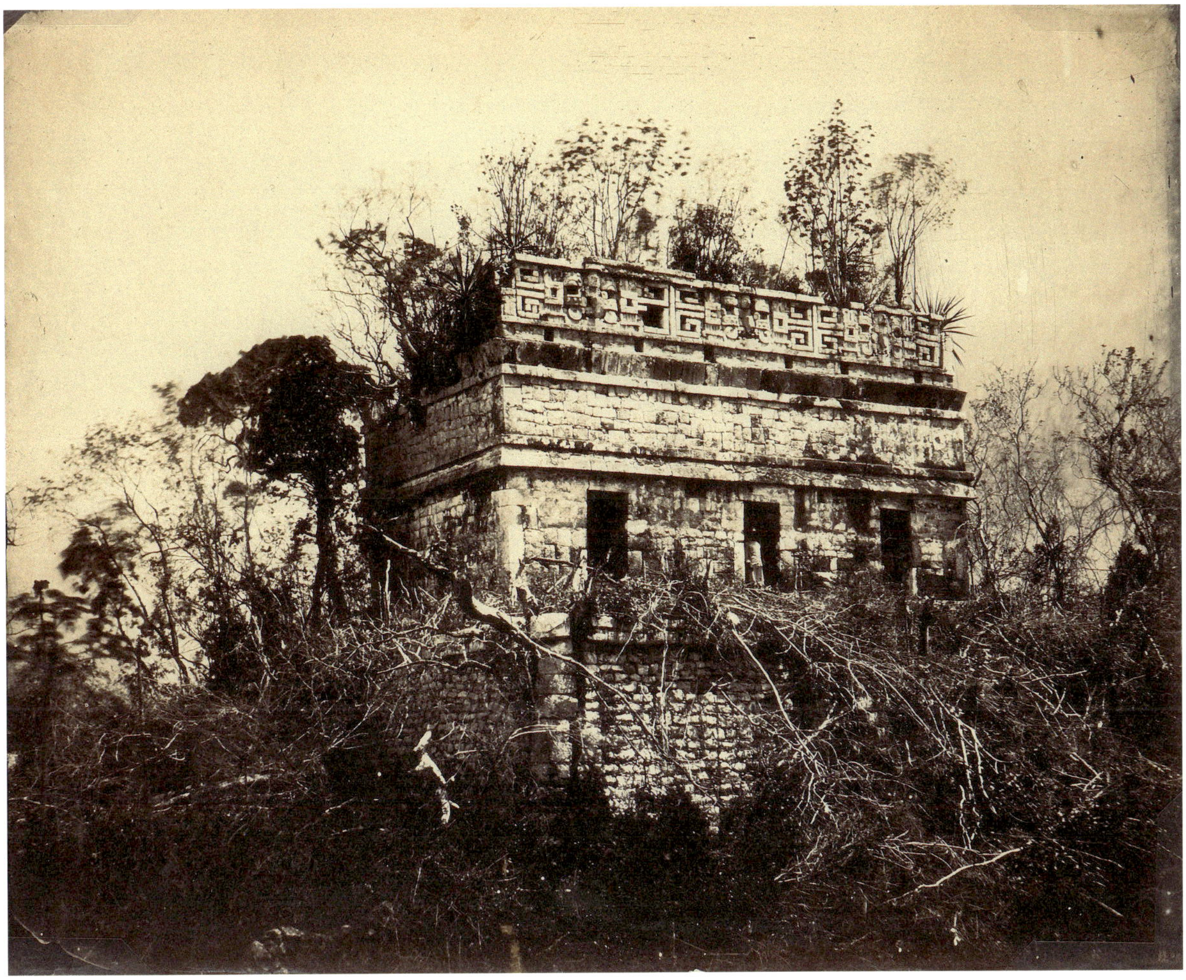

CLAUDE-JOSEPH CHARNAY
CHICHÉN ITZÁ, MEXIKO, 1857–1863

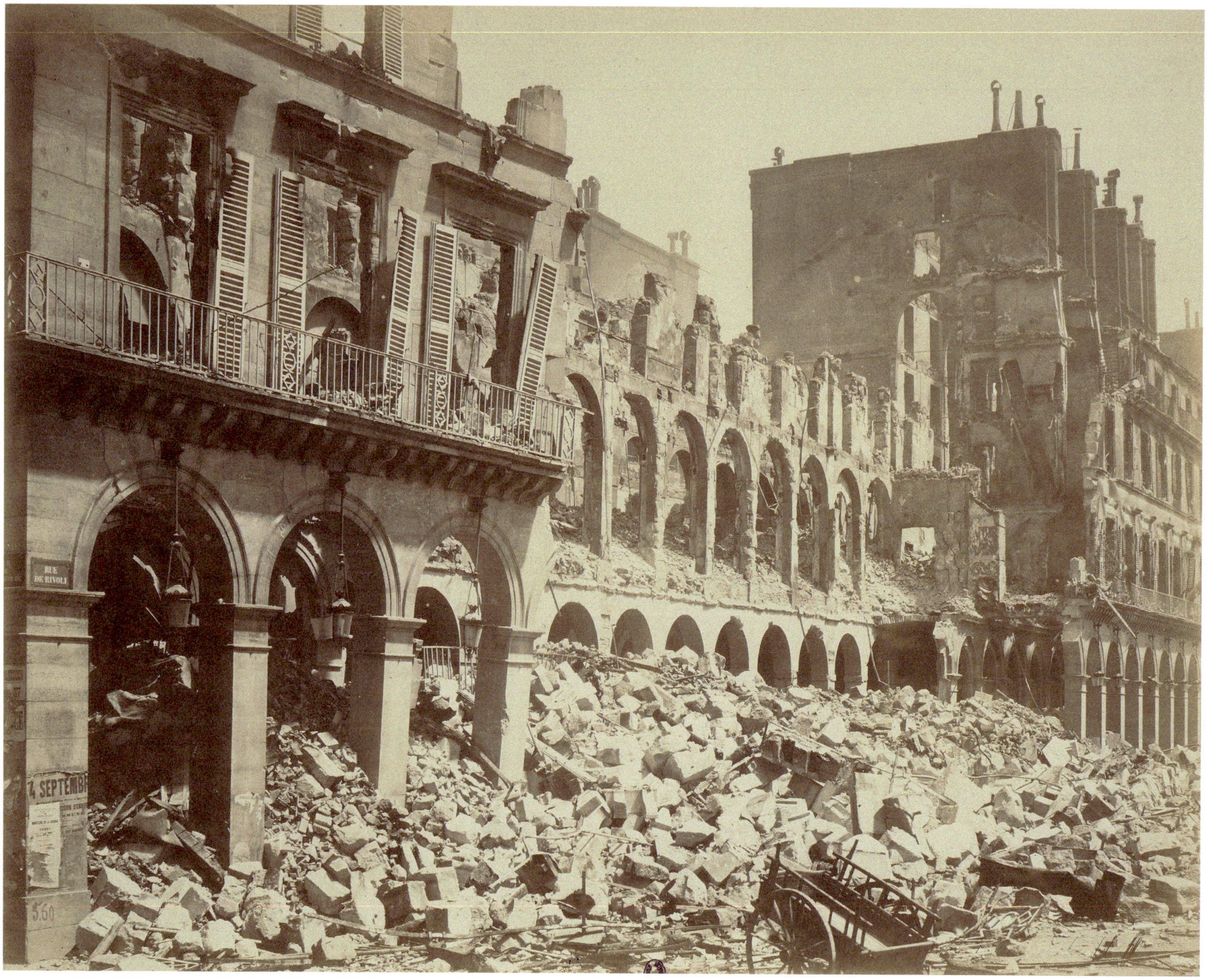
RUE
DE RIVOLI
4 SEPTEMB

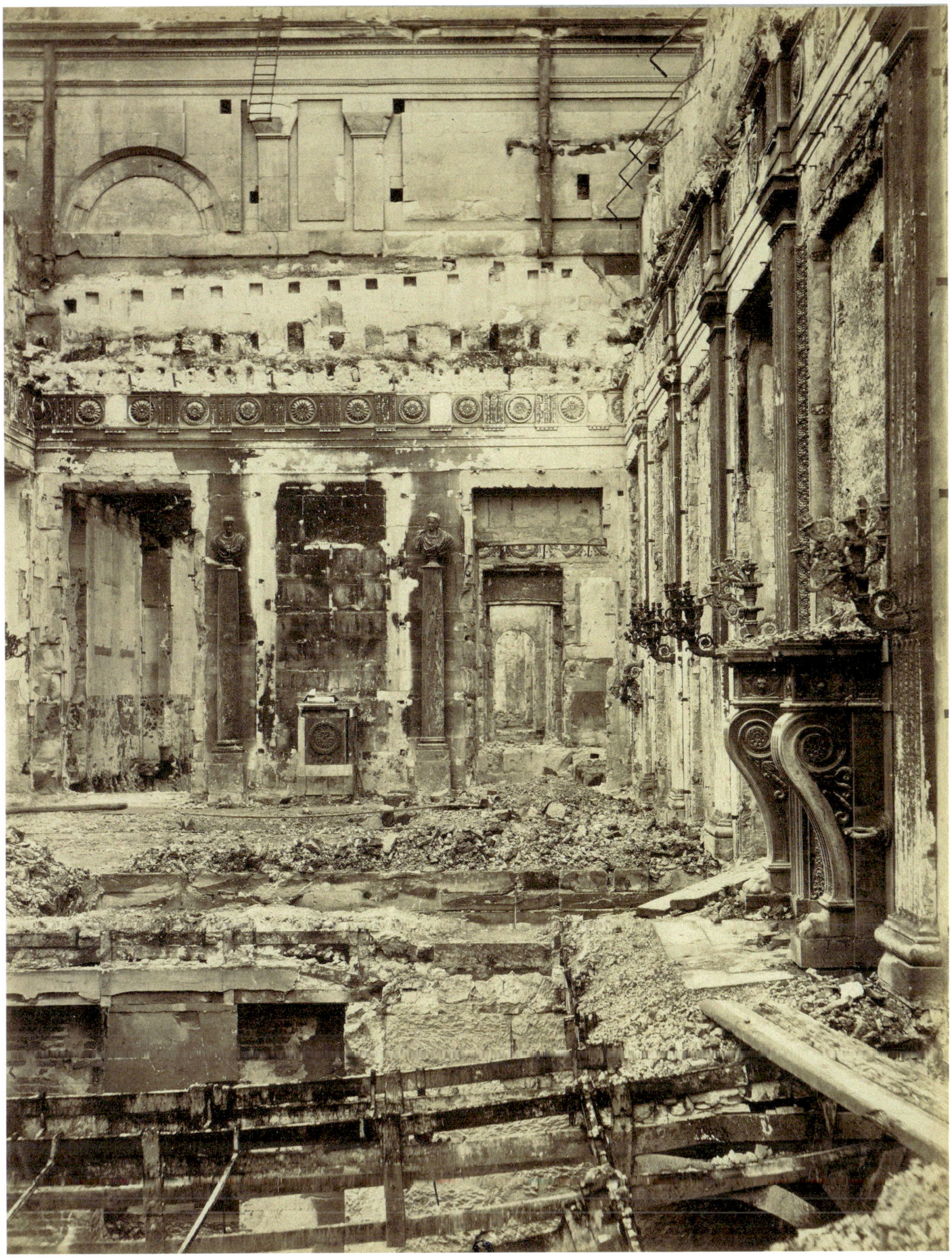

JULES ANDRIEU
RUINES DE LA COMMUNE DE PARIS
(RUINEN DER PARISER KOMMUNE/RUINS OF THE PARIS COMMUNE)
HÔTEL DES FINANCES DU MONT-THABOR (FINANZVERWALTUNG/FINANCIAL ADMINISTRATION), 1871
PALAIS DES TUILERIES (TUILERIEN-PALAST/PALACE OF THE TUILERIES), 1871

«40 Jahre nach *La Sociéte du Spectacle* ist es offensichtlich, dass das Bild die Oberhand gewonnen hat: Unser Zeitalter zieht das Bild der Sache, das Abbild der Wirklichkeit vor. Das Bild hat den Charakter der Wirklichkeit angenommen.»

"Forty years after *La Société du Spectacle*, it is now obvious that the image has gained the upper hand: our age prefers the image to the thing, representation to reality: the image has acquired the character of reality."

EMILIANO GANDOLFI
DAS BILD UND SEIN DOPPELGÄNGER/
THE IMAGE AND ITS DOUBLE
2006

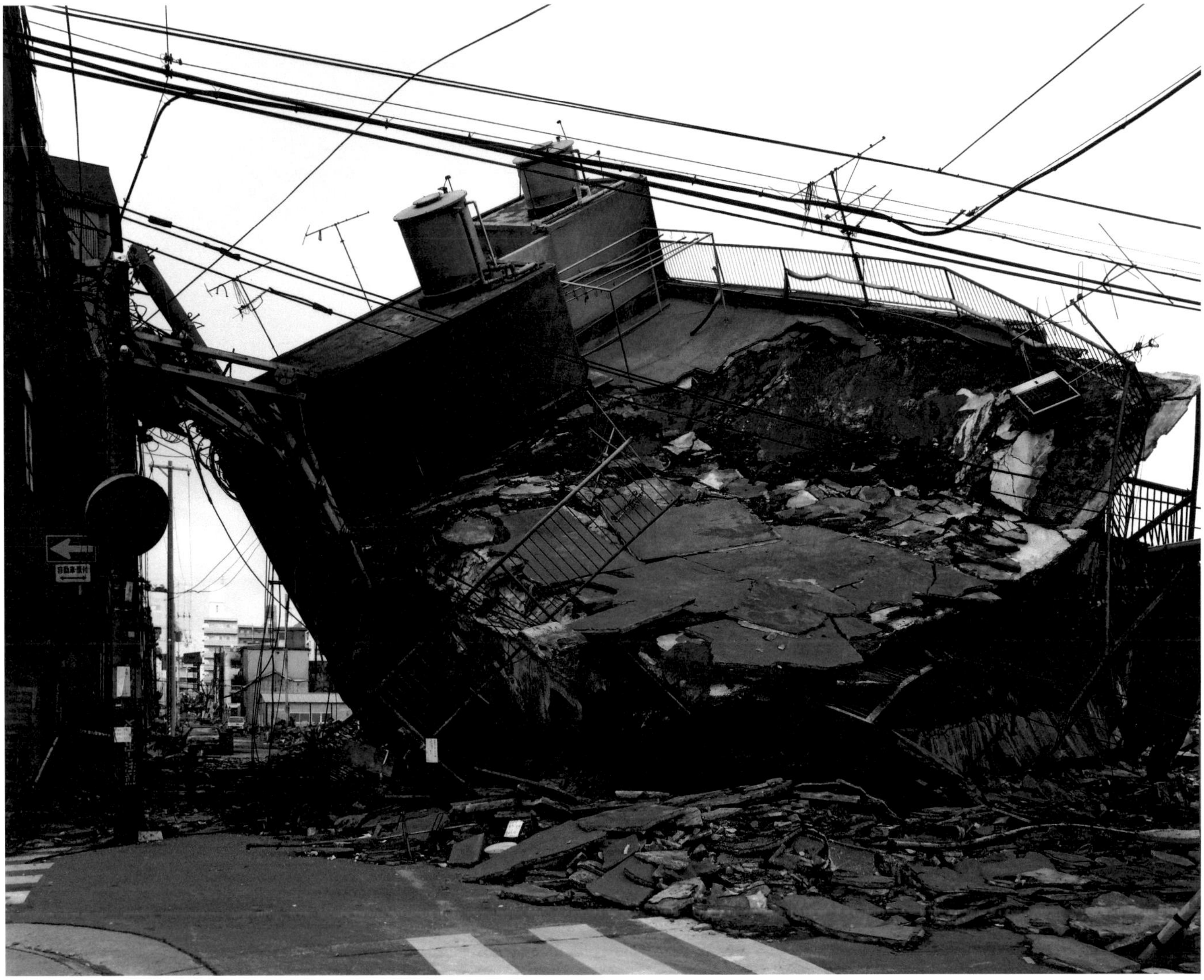

RYUJI MIYAMOTO
KOBE, AFTER THE EARTHQUAKE: NAGATA-KU
(NACH DEM ERDBEBEN), 1995

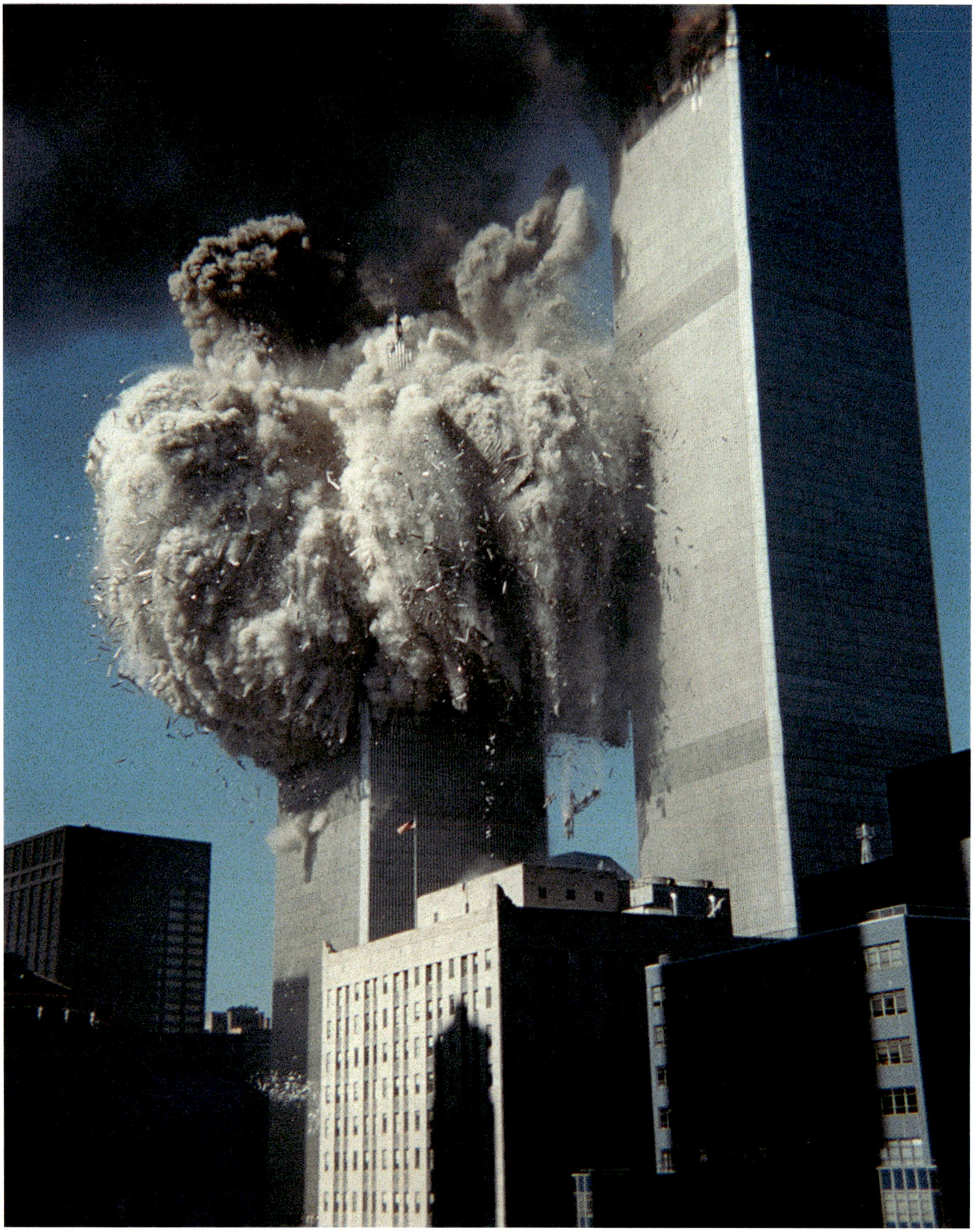

JERRY TORRENS
ANSCHLAG AUF DAS WORLD TRADE CENTER
(ATTACK ON THE WORLD TRADE CENTER), 11. SEPTEMBER 2001

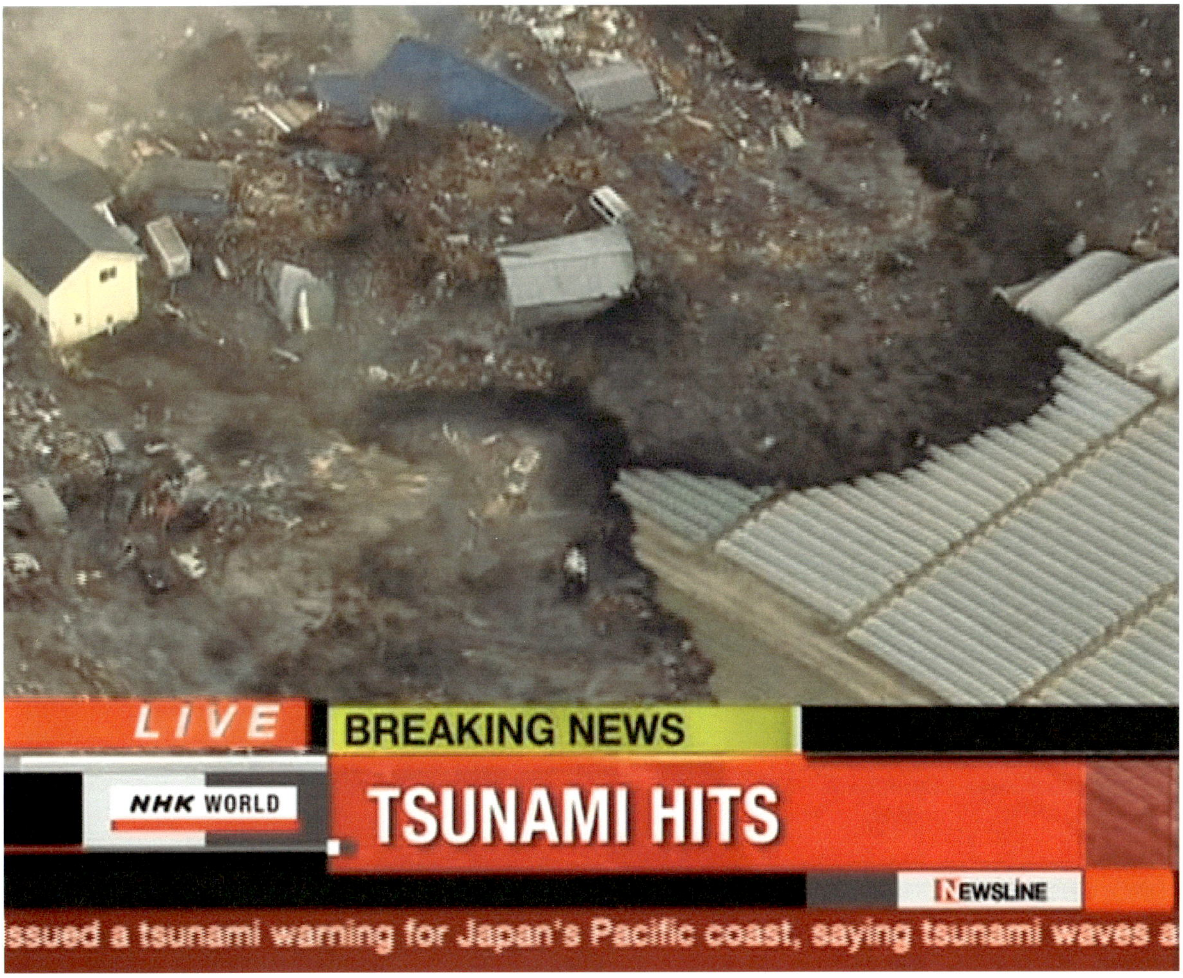

XINHUA
NHK WORLD: TSUNAMI CAUSED BY THE EARTHQUAKE IN SENDAI, JAPAN
(VOM ERDBEBEN IN SENDAI AUSGELÖSTER TSUNAMI), MARCH 11, 2011

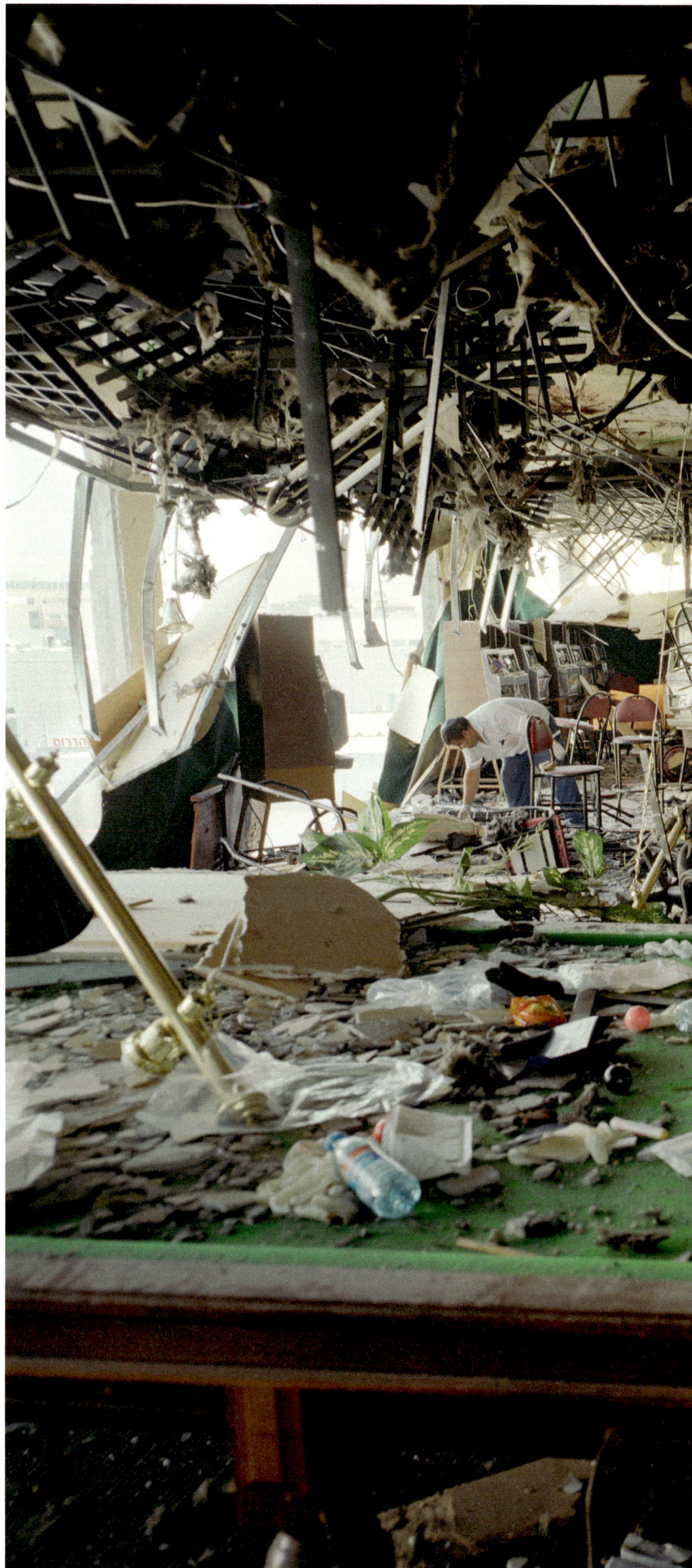

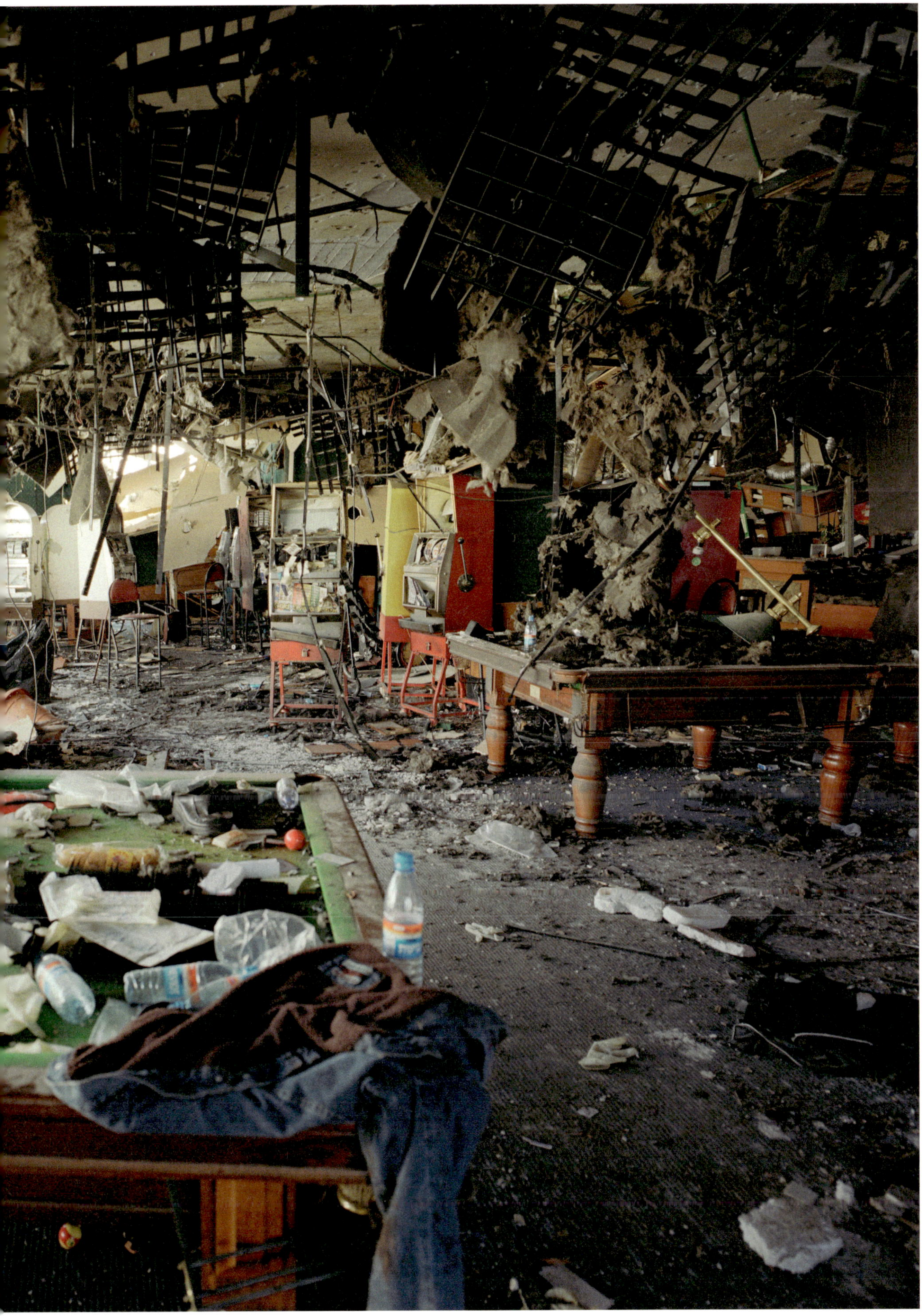

120 / 121

< AD VAN DENDEREN
NACH DEM ANSCHLAG EINES SELBSTMORDATTENTÄTERS
DER HAMAS AUF EINE SPIELHALLE, RISHON LEZION, ISRAEL
(THE AFTERMATH OF A HAMAS SUICIDE BOMB ATTACK
ON A GAMBLING-HALL), 2002

MACHT
ABGRENZUNG
SICHERHEIT
/
POWER
BOUNDARIES
SECURITY

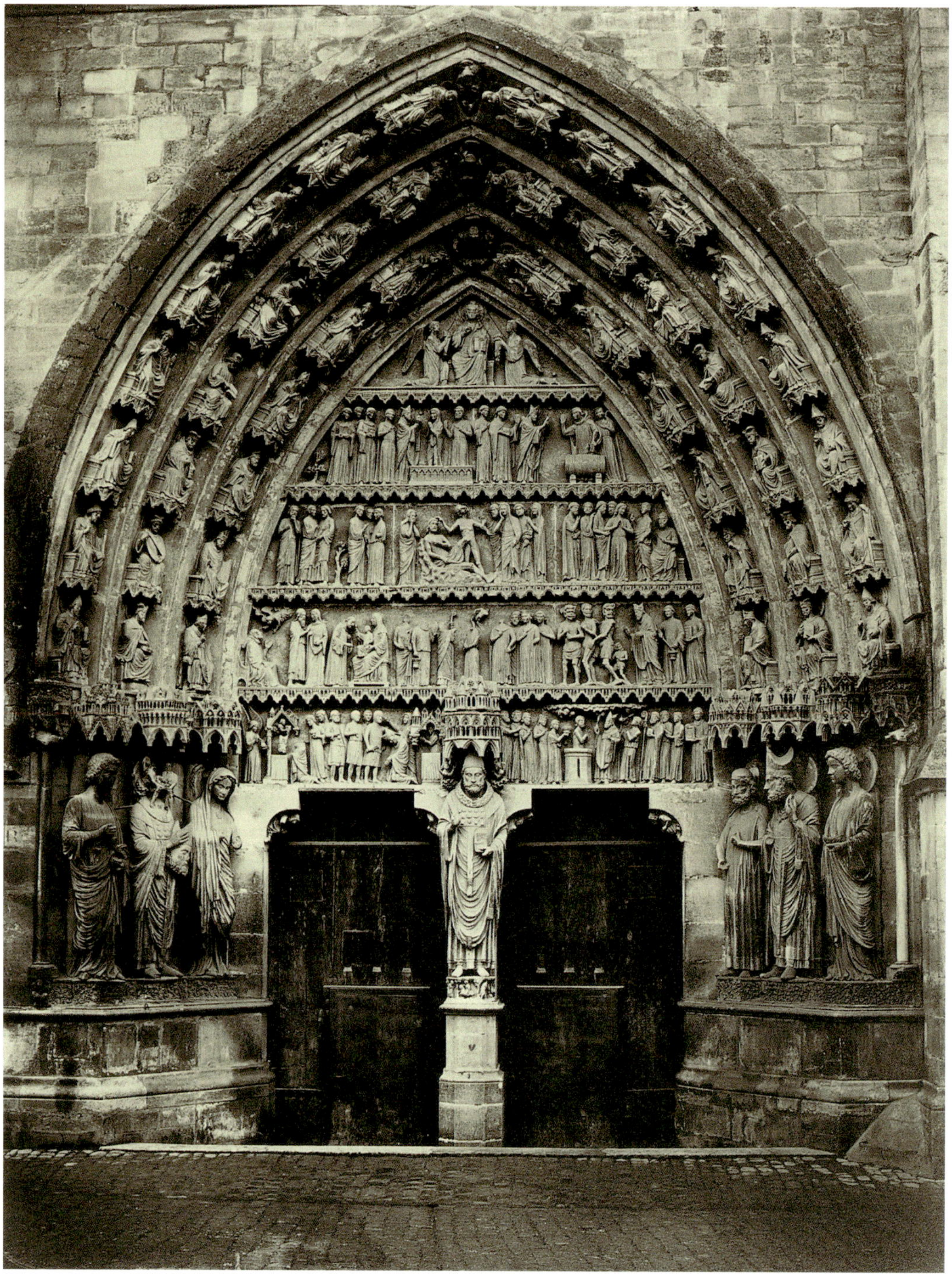

BISSON FRÈRES
KATHEDRALE, PORTAL DER HEILIGEN, NORDFRANKREICH, RHEIMS
(CATHEDRAL, PORTAL OF THE SAINTS), 1857

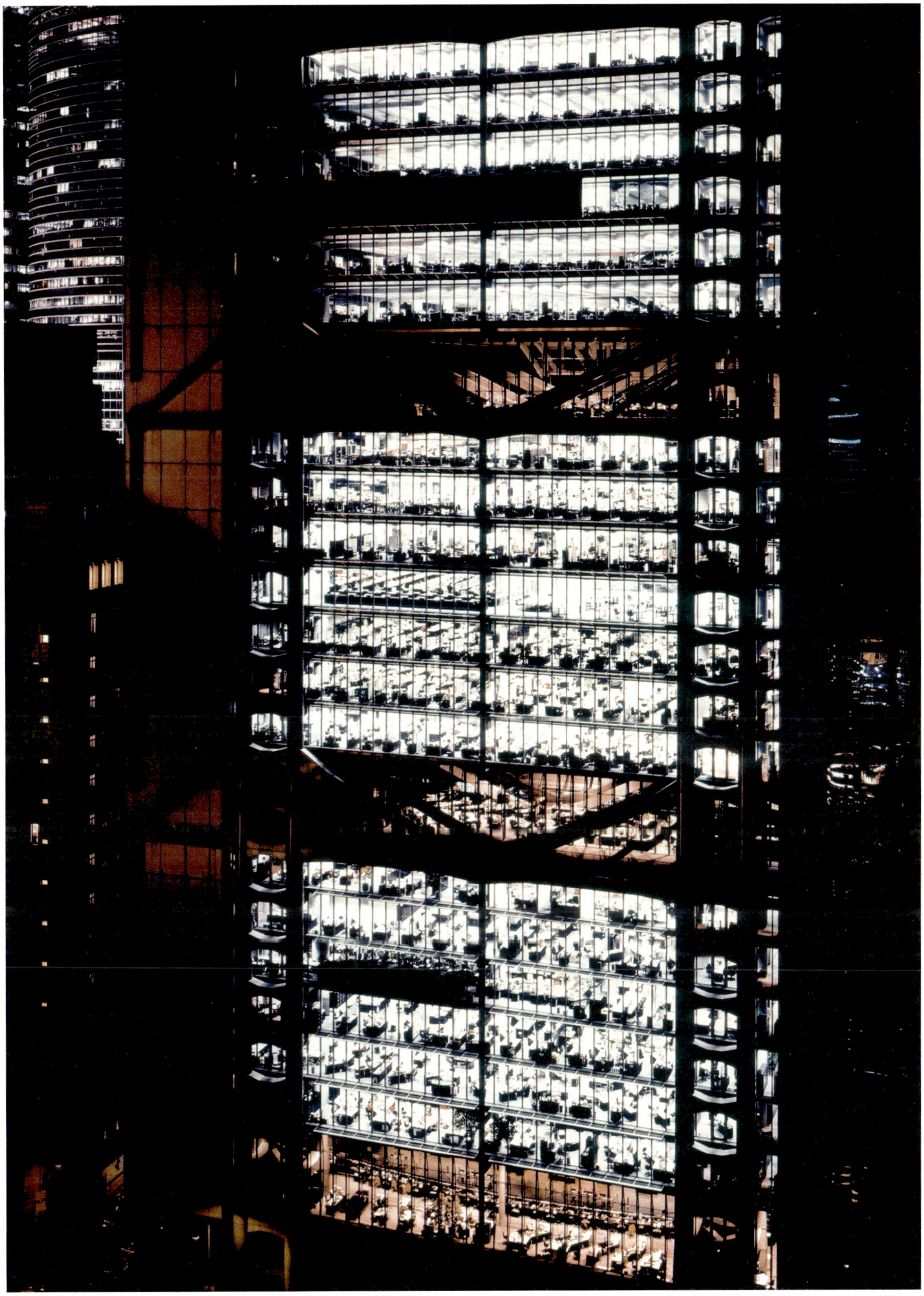

ANDREAS GURSKY
HONG KONG SHANGHAI BANK, 1994

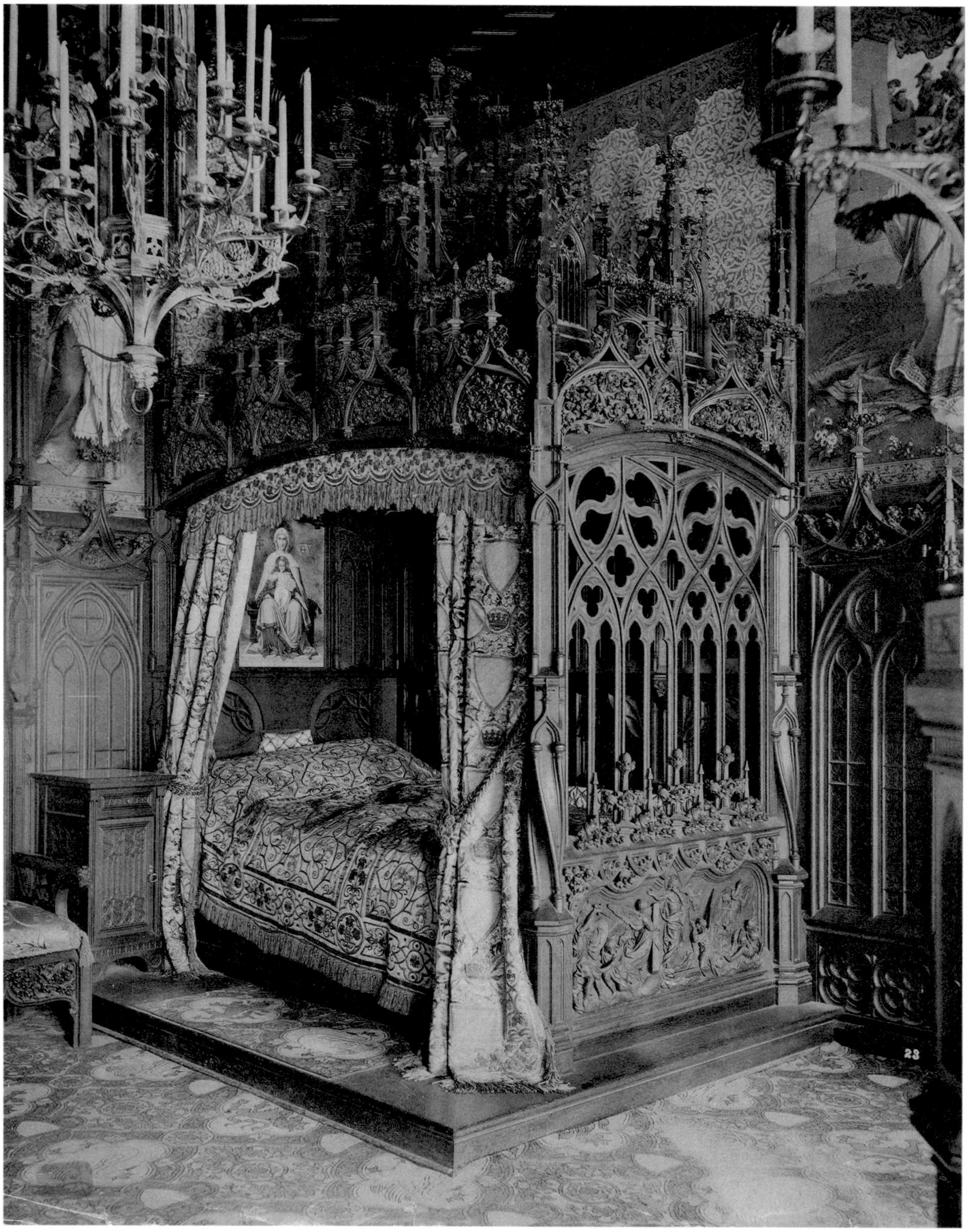
23

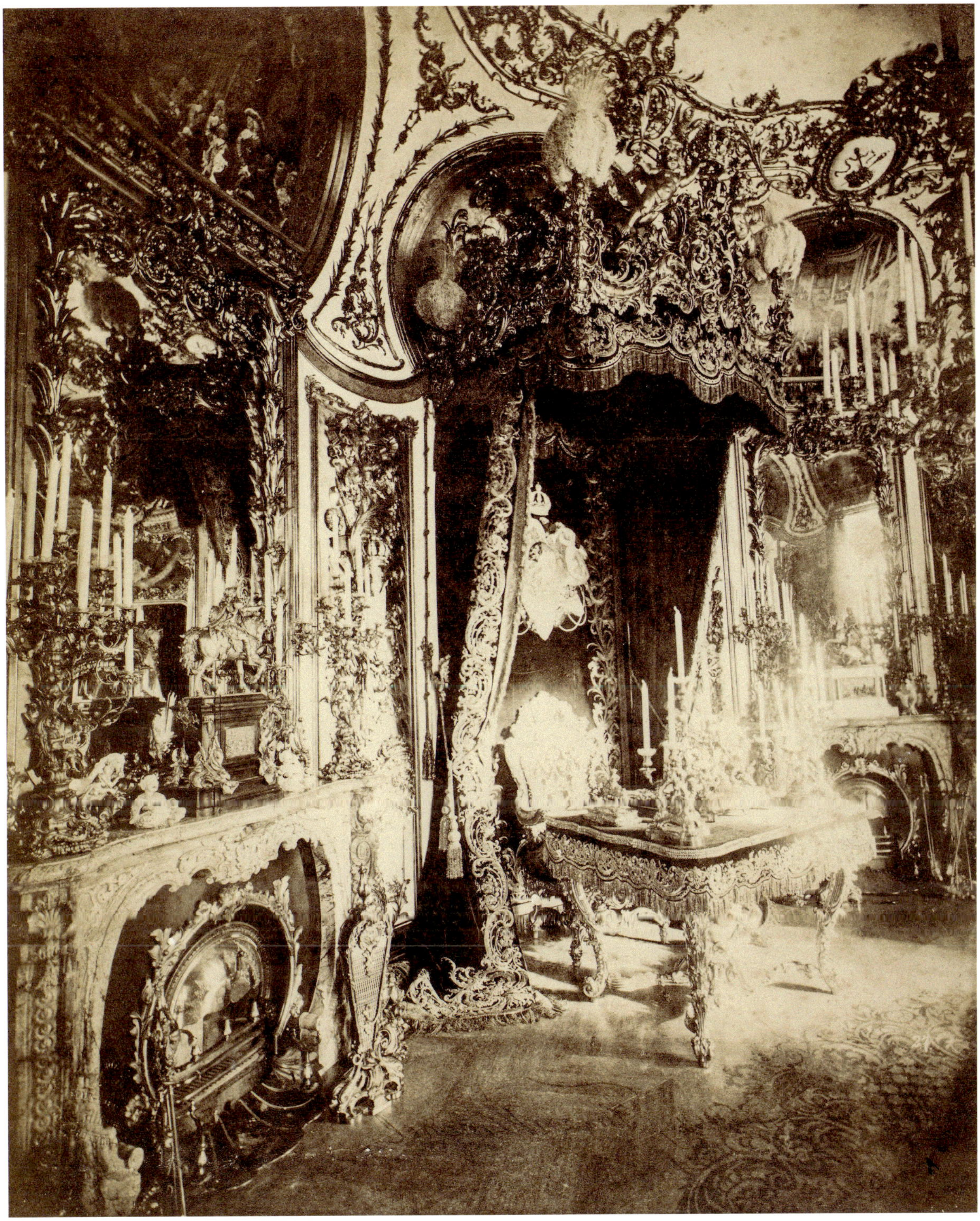

JOSEPH ALBERT
SCHLAFZIMMER SCHLOSS NEUSCHWANSTEIN (BED-CHAMBER, NEUSCHWANSTEIN CASTLE), 1898
ARBEITSZIMMER IM SCHLOSS LINDERHOF (STUDY AT LINDERHOF CASTLE), 1898

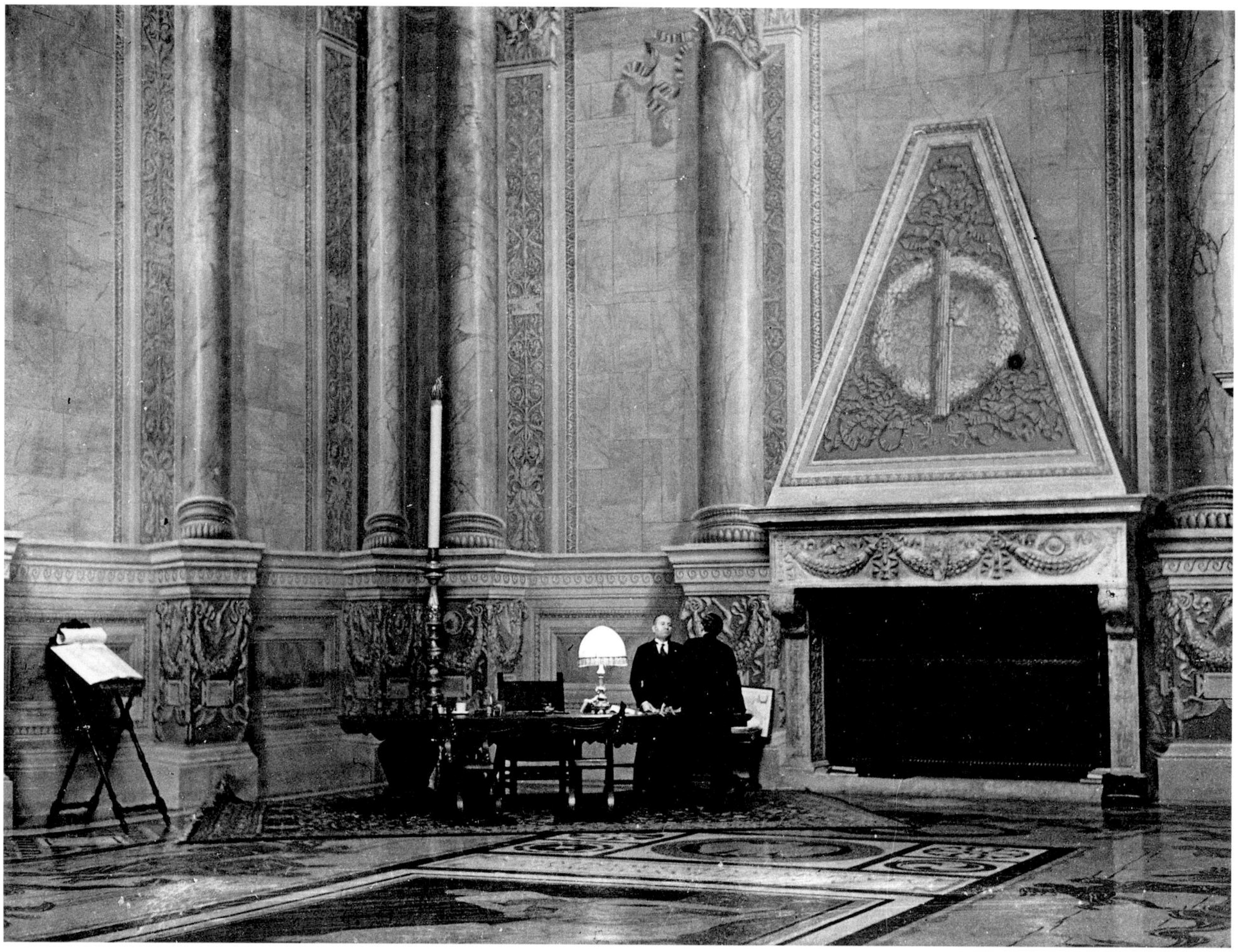

FELIX H. MAN
MUSSOLINI IN SEINEM ARBEITSZIMMER, PALAZZO VENEZIA, ROM
(MUSSOLINI IN HIS STUDY), 1931

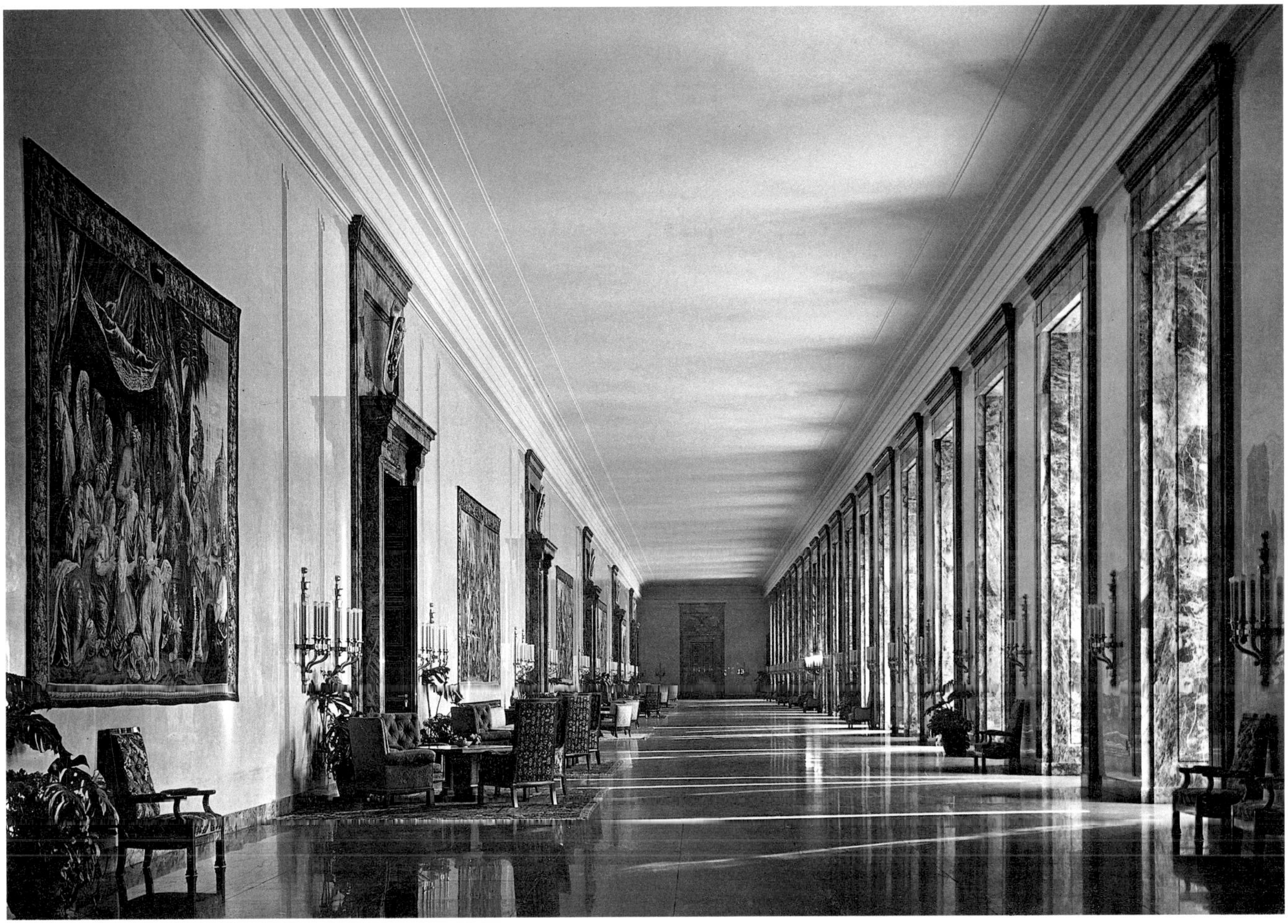

MAX BAUR
REICHSKANZLEI, BERLIN (REICH CHANCELLERY), 1939

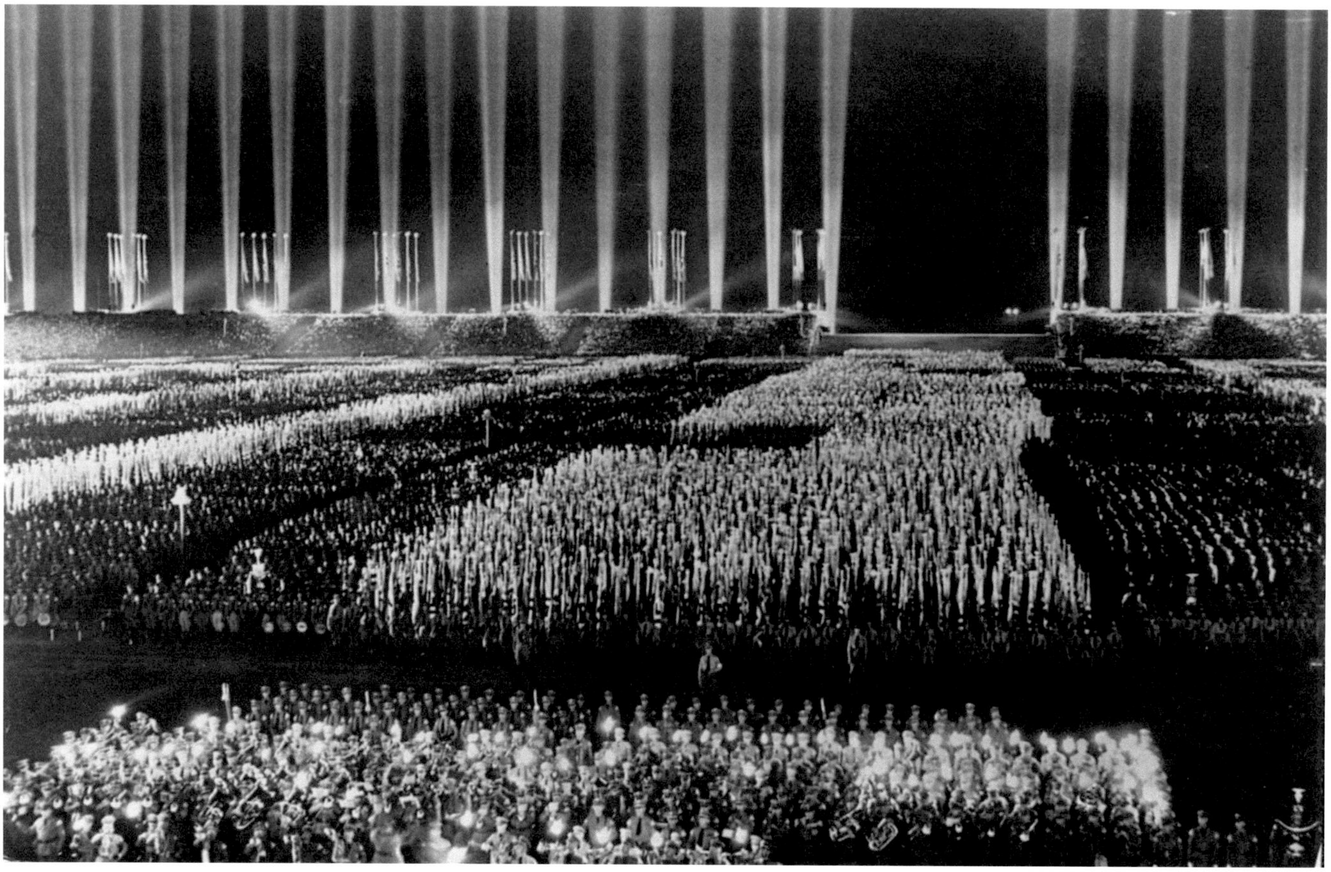

ANONYM (ANONYMOUS)
APPELL DER POLITISCHEN LEITER AUF DEM ZEPPELINFELD
(ROLE CALL OF POLITICAL LEADERS ON THE ZEPPELIN FIELD), 1936

LALA AUFSBERG
LICHTDOM (LIGHT DOME), 1937

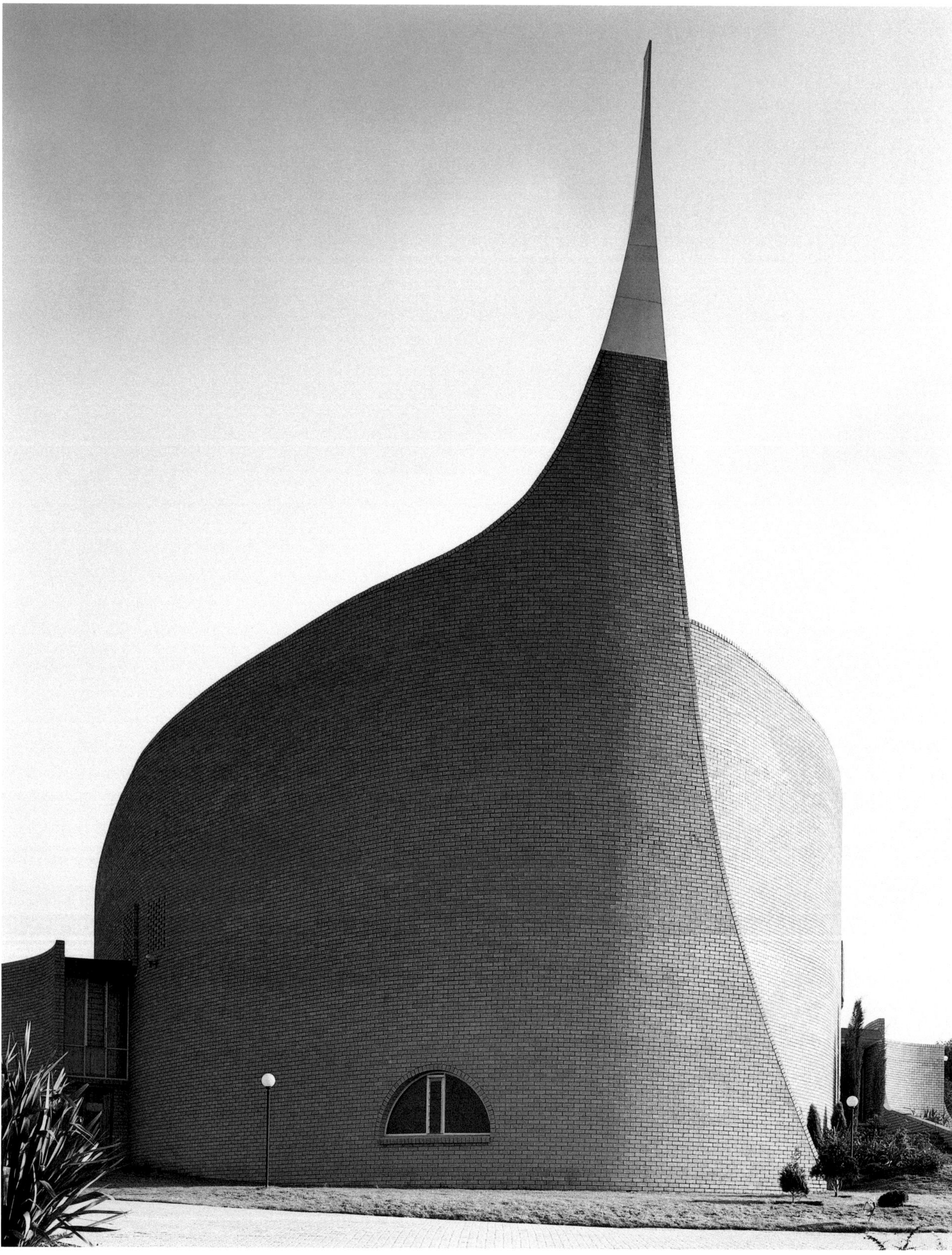

DAVID GOLDBLATT
DUTCH REFORMED CHURCH, COMPLETED IN 1984, QUELERINA, JOHANNESBURG, TRANSVAAL
(DÄNISCHE REFORMIERTE KIRCHE, FERTIGGESTELLT 1984), 3 NOVEMBER 1986

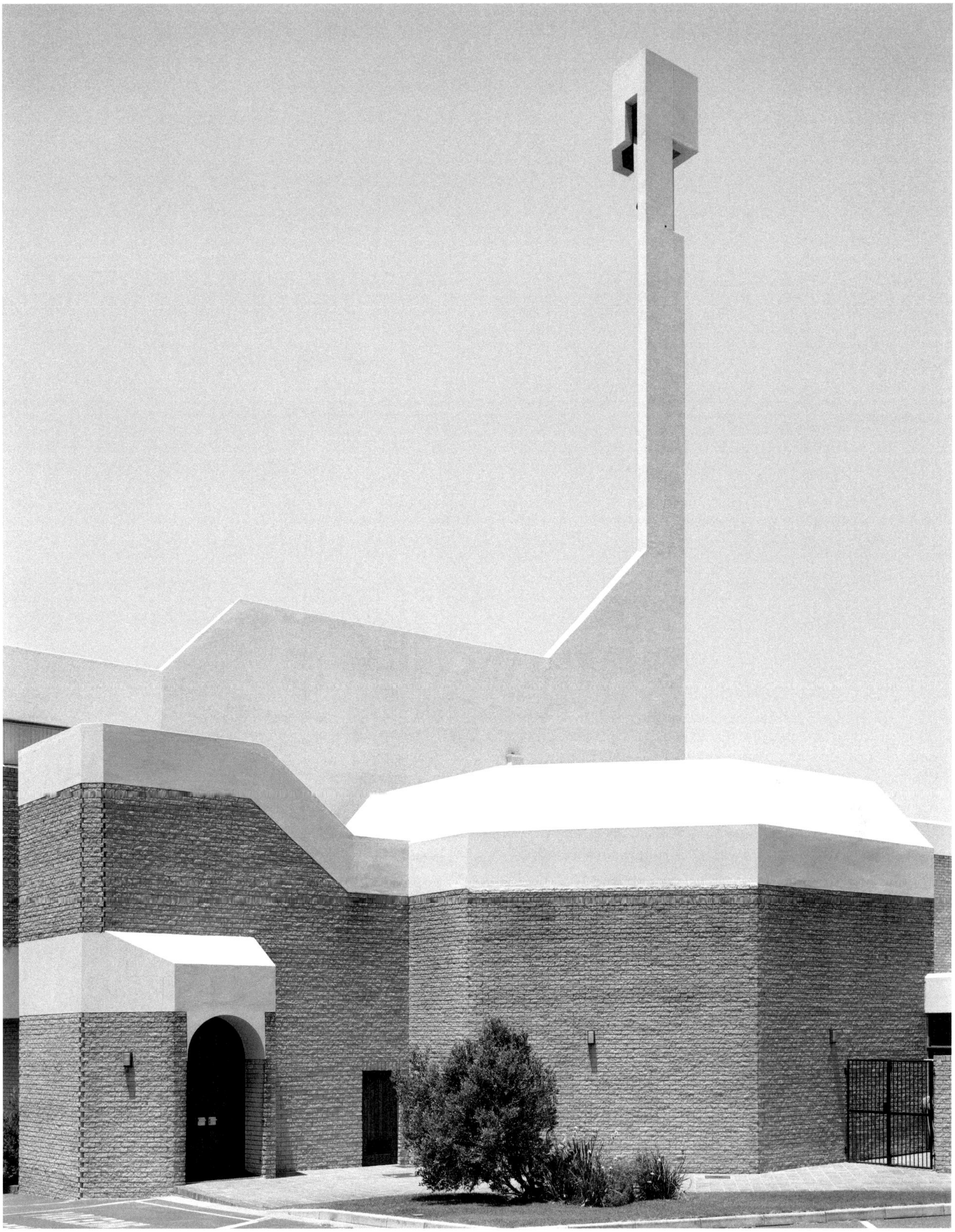

DUTCH REFORMED CHURCH, COMPLETED IN 1976, STELLENBERG, DURBANVILLE, CAPE
(DÄNISCHE REFORMIERTE KIRCHE, FERTIGGESTELLT 1976), 11 JANURAY 1992
AUS/FROM: *THE STRUCTURE OF THINGS THEN* (DIE STRUKTUR DER DINGE DAMALS)

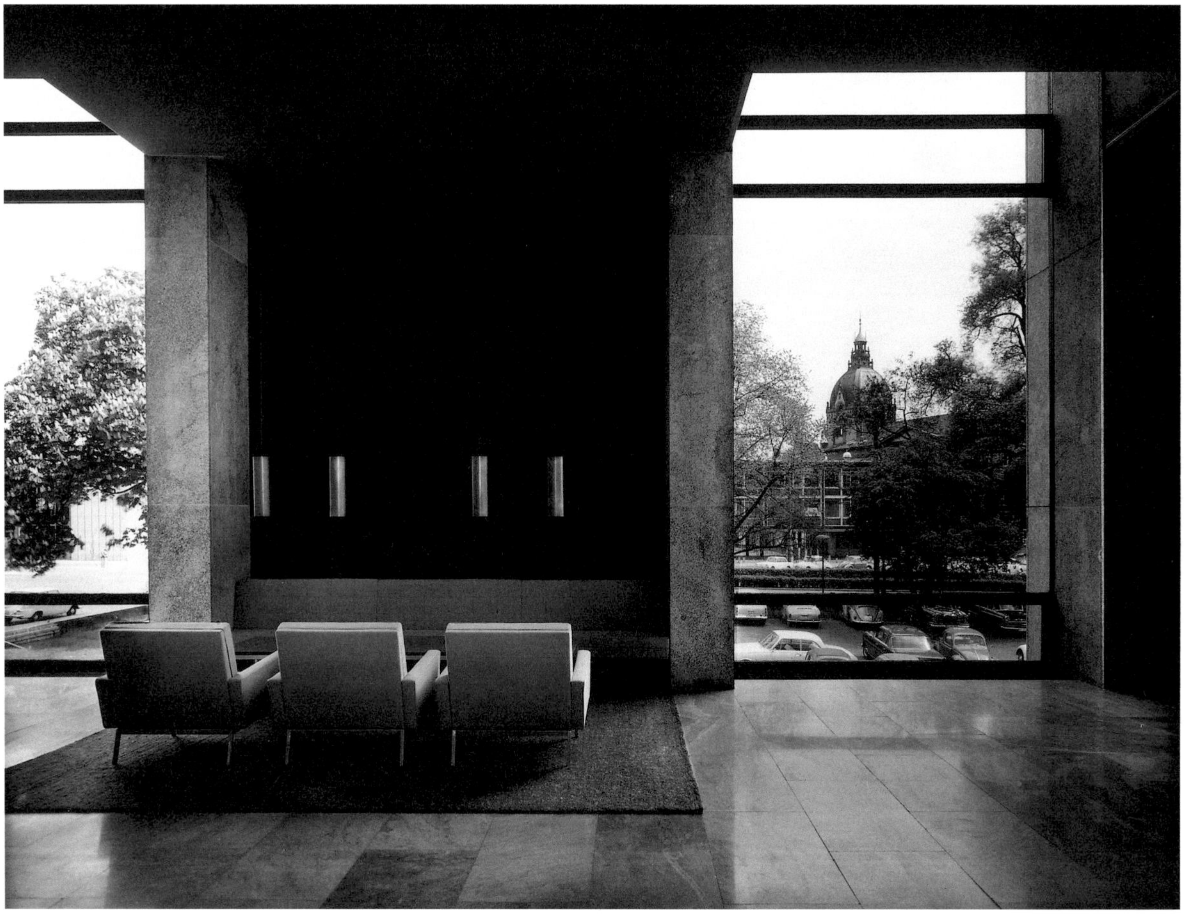

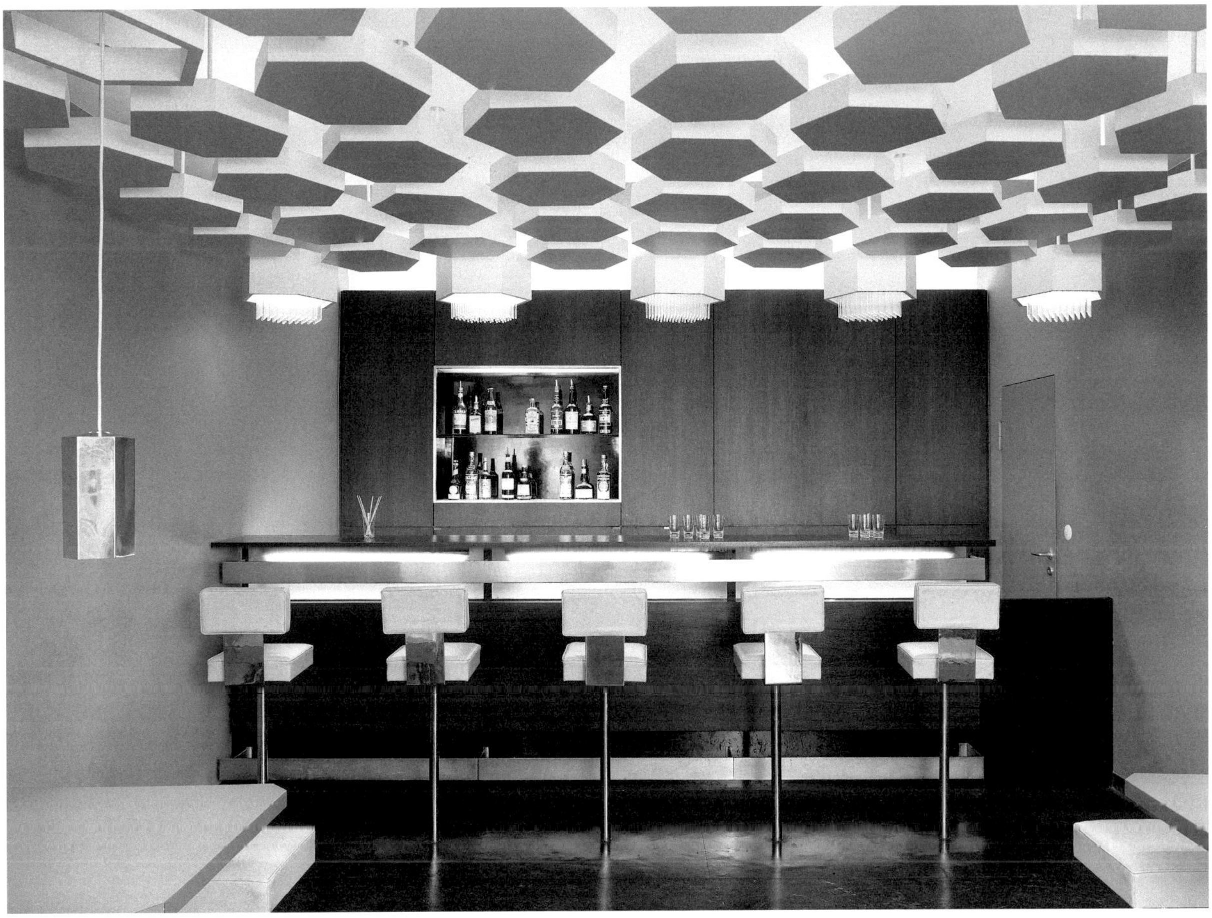

HEINRICH HEIDERSBERGER
LANDTAG HANNOVER (STATE PARLIAMENT HANOVER)
FOYER (LOBBY), 1962
BAR, 1962

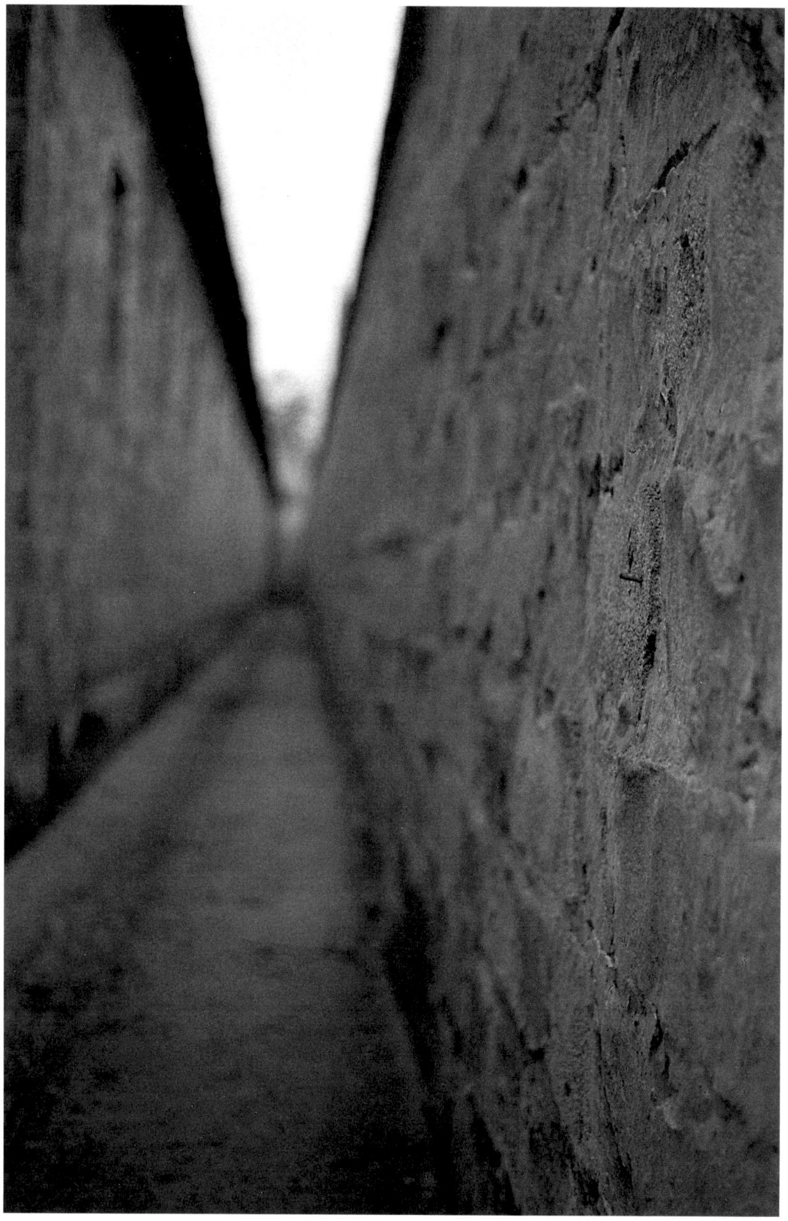

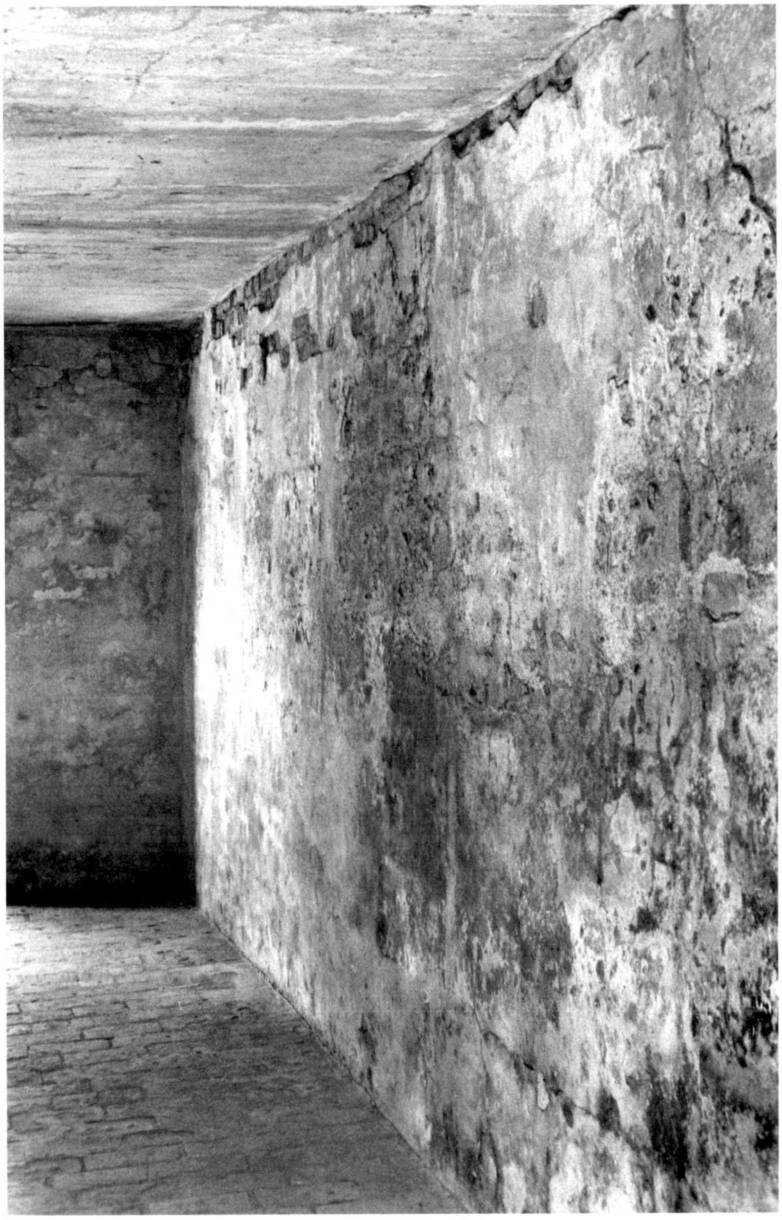

DIRK REINARTZ
RAVENSBRÜCK, ERSCHIESSUNGSGANG (EXECUTION AISLE), 1993
STUTTHOF, GASKAMMER (GAS CHAMBER), 1993
AUS/FROM: *TOTENSTILL* 1987-1993 (DEATHLY STILL)

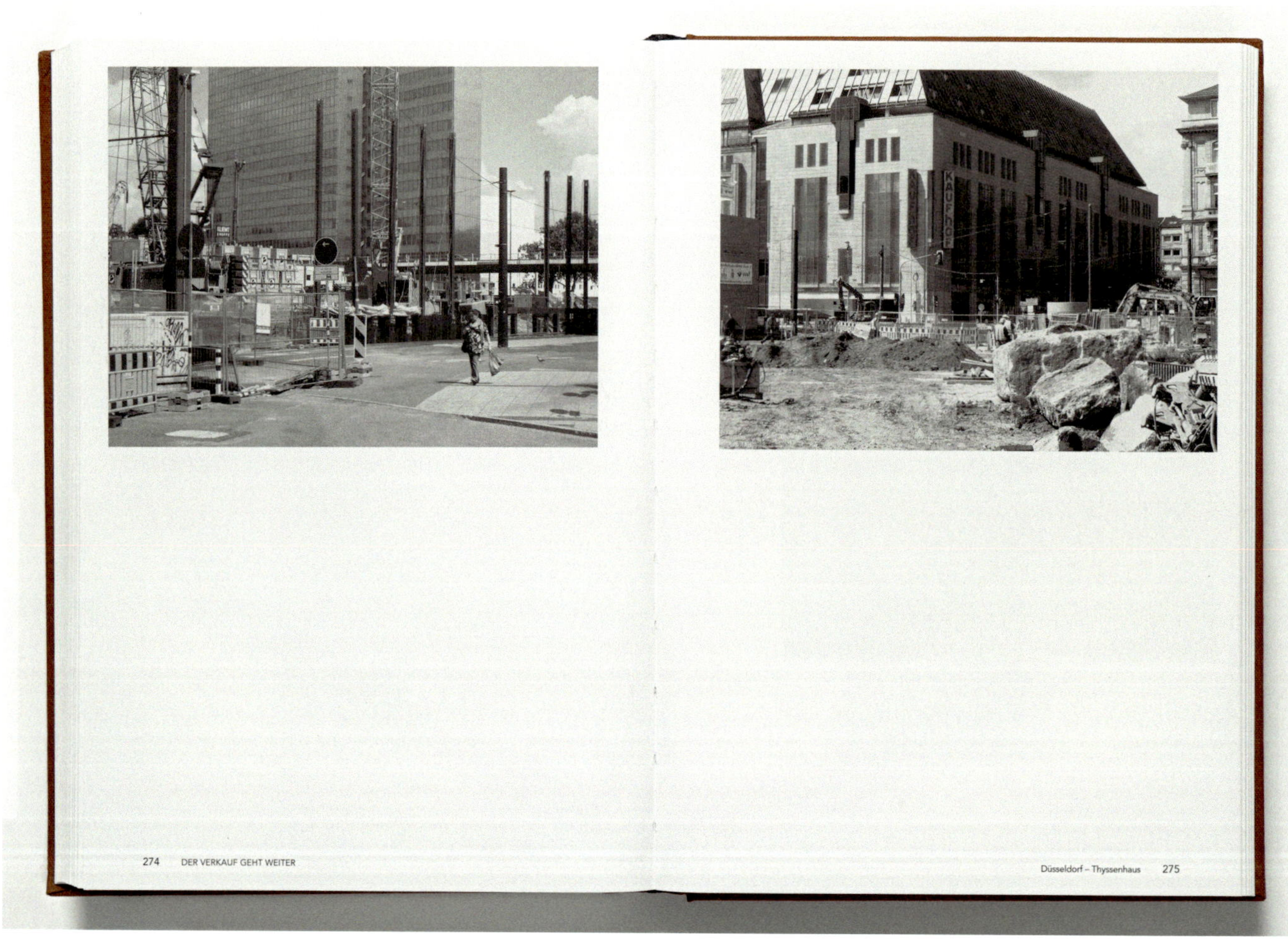

ARNE SCHMITT
DER VERKAUF GEHT WEITER. DÜSSELDORF, THYSSENHAUS (THE SALE CONTINUES), 2011

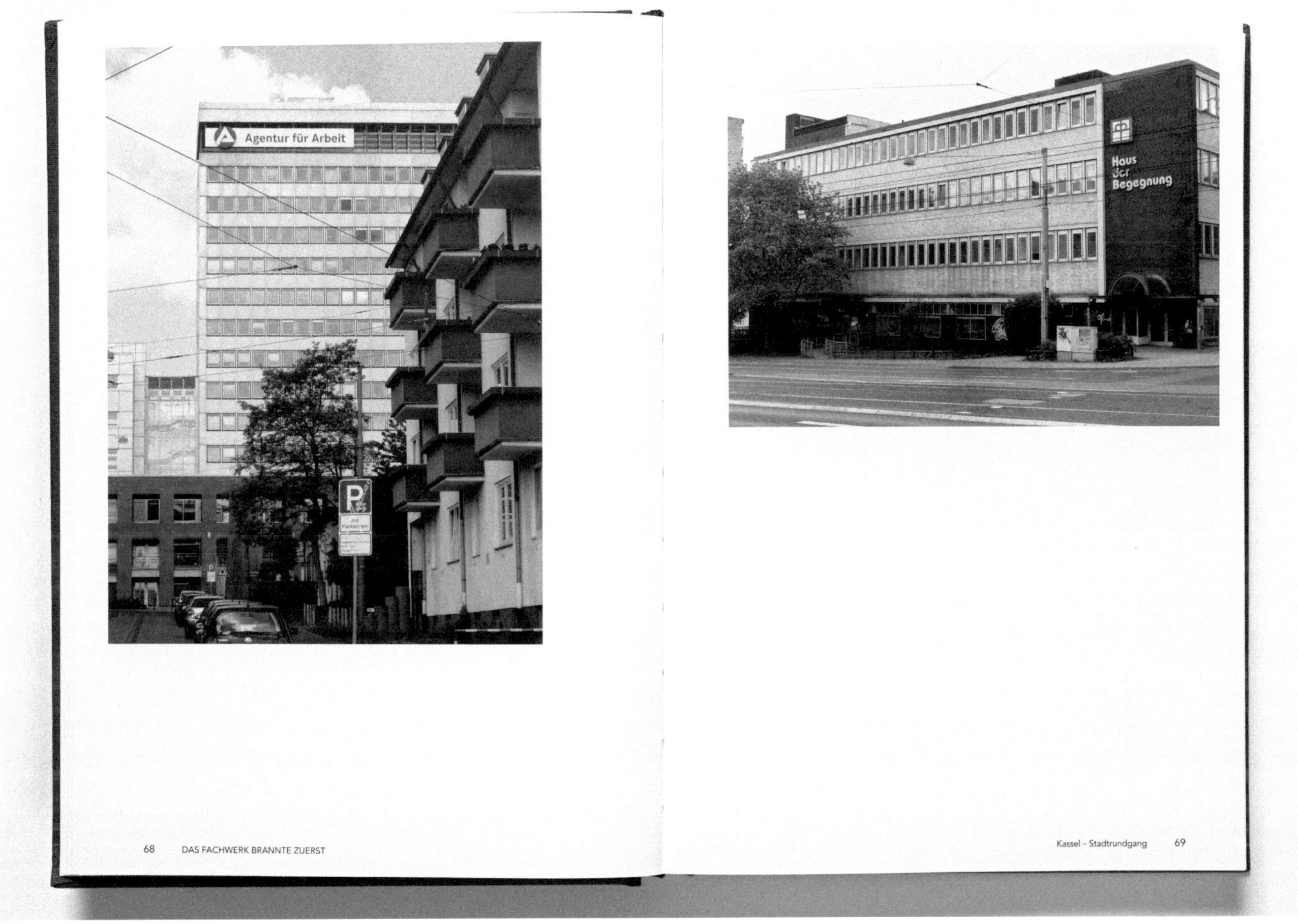

DAS FACHWERK BRANNTE ZUERST. KASSEL STADTRUNDGANG
(THE TIMBER FRAMEWORK CAUGHT FIRE FIRST. KASSEL SIGHTSEEING WALK), 2011
AUS/FROM: *WENN GESINNUNG FORM WIRD* (WHEN ATTITUDE BECOMES FORM)

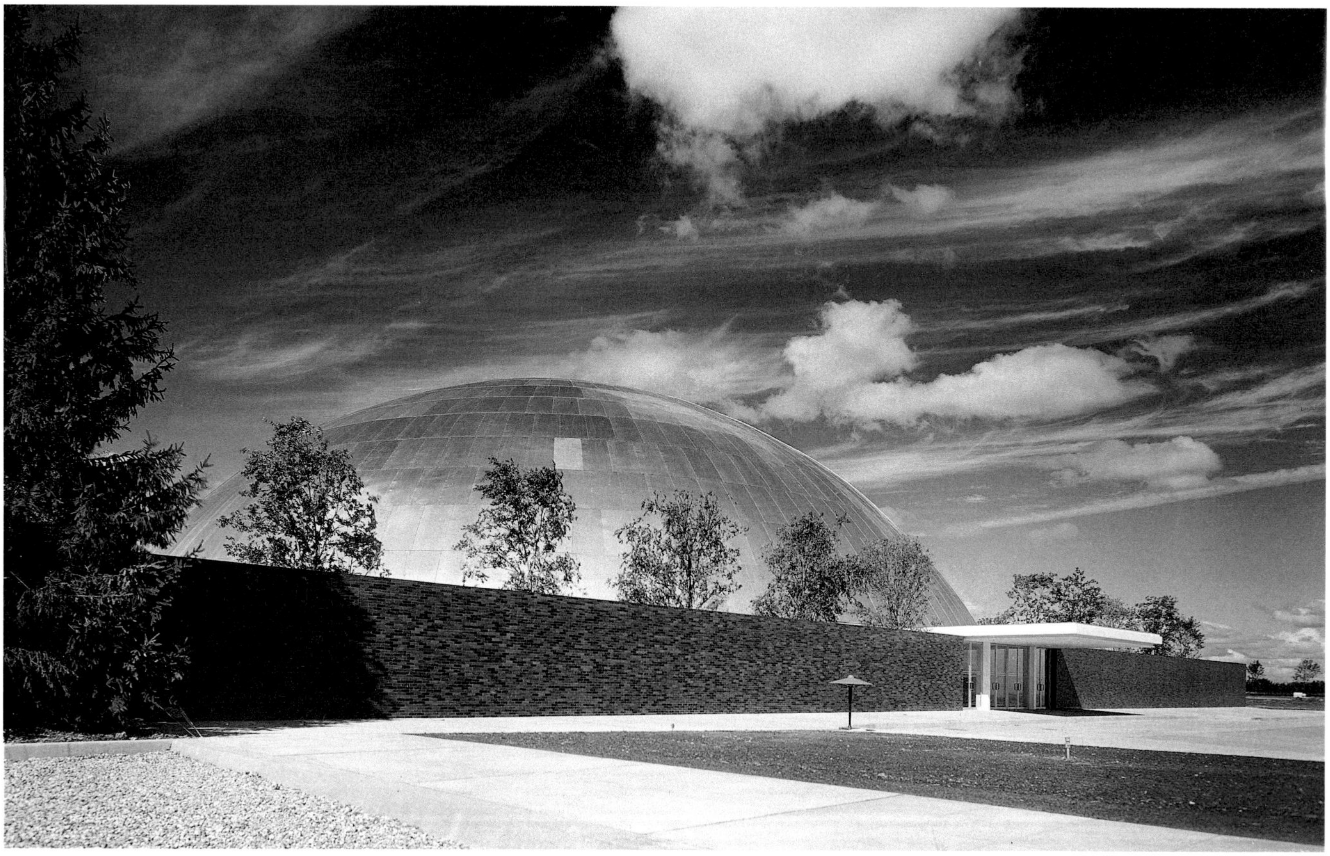

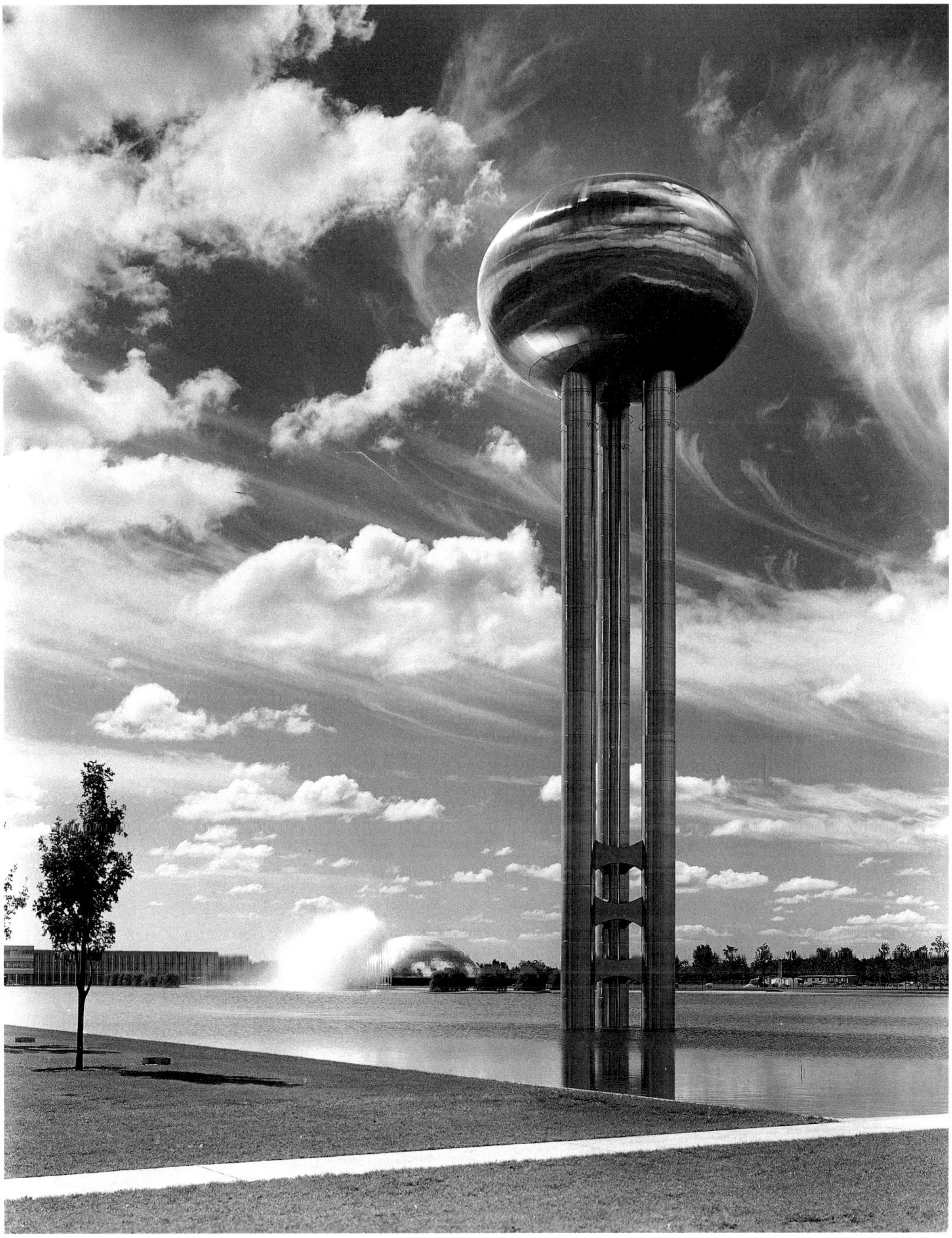

EZRA STOLLER
GENERAL MOTORS TECHNICAL CENTER, WARREN, MICHIGAN, USA
STYLING AUDITORIUM, 1956
WATER TOWER (WASSERTURM), 1956

«Die Konstatierwut der Menschen ist unersättlich, und auch ich unterliege ihr an einem Tag, den mein Hotelportier schön nennt. Warum, ist mir unklar, denn heisser könnte es nicht gut sein, und wir fahren noch dazu über lauter baumlose Alleen. Endlich kommt es [der Mont-Saint-Michel] zu Gesicht, was ich in und ohne Rahmen schon so oft zum Überdruss vor Augen gehabt habe. Das Objekt macht natürlich nicht den erwarteten Eindruck, wirkt überhaupt nicht wie ein Urbild, sondern eher wie eine nach den Vervielfältigungen hergestellte Rekonstruktion. Das ist die Rache an der Photographie: dass das Original durch seine Echtheit verliert.»

"Man's urge to affirm is insatiable, and so too did I succumb to this on a day that my hotel porter described as beautiful. Why, I do not know, for it could not have been hotter, and we were driving on roads that were devoid of trees. Finally it [Mont-Saint-Michel] appeared, that which I had so often seen ad nauseam, both framed and unframed. Naturally, the place did not have the expected impact. Not at all did it seem like an archetype, but rather like a reconstruction produced through replication. Such is the vengeance taken upon photography: that the original is diminished by its authenticity."

SIEGFRIED KRACAUER
SEHENSWÜRDIGKEITEN/ATTRACTIONS
1930–1933

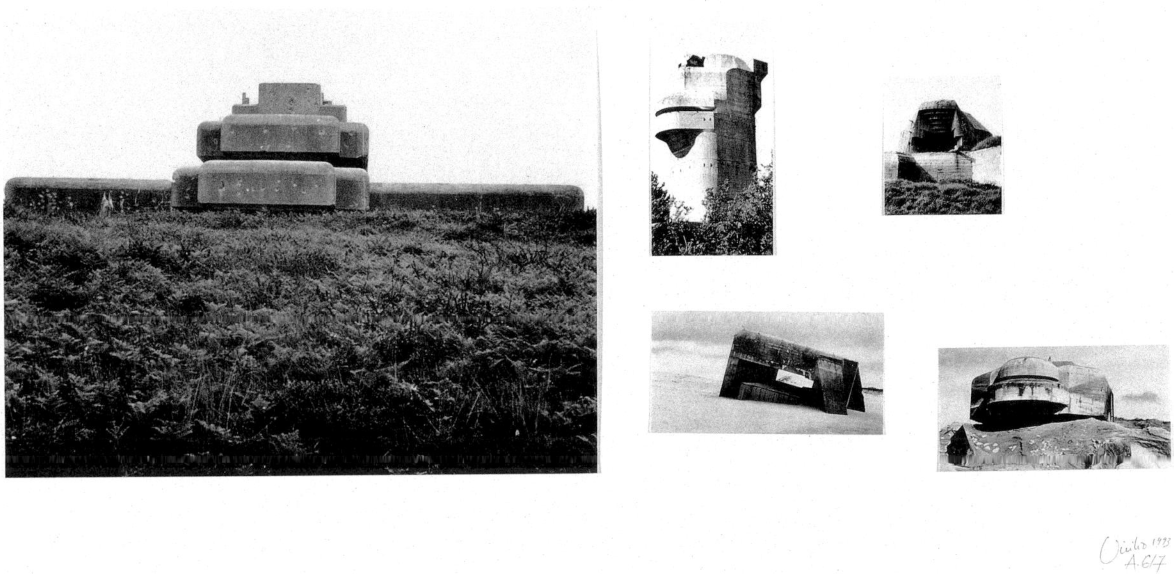

PAUL VIRILIO
KAROLA, 1993, AUS/FROM: *BUNKERARCHÄOLOGIE* (BUNKER ARCHEOLOGY)

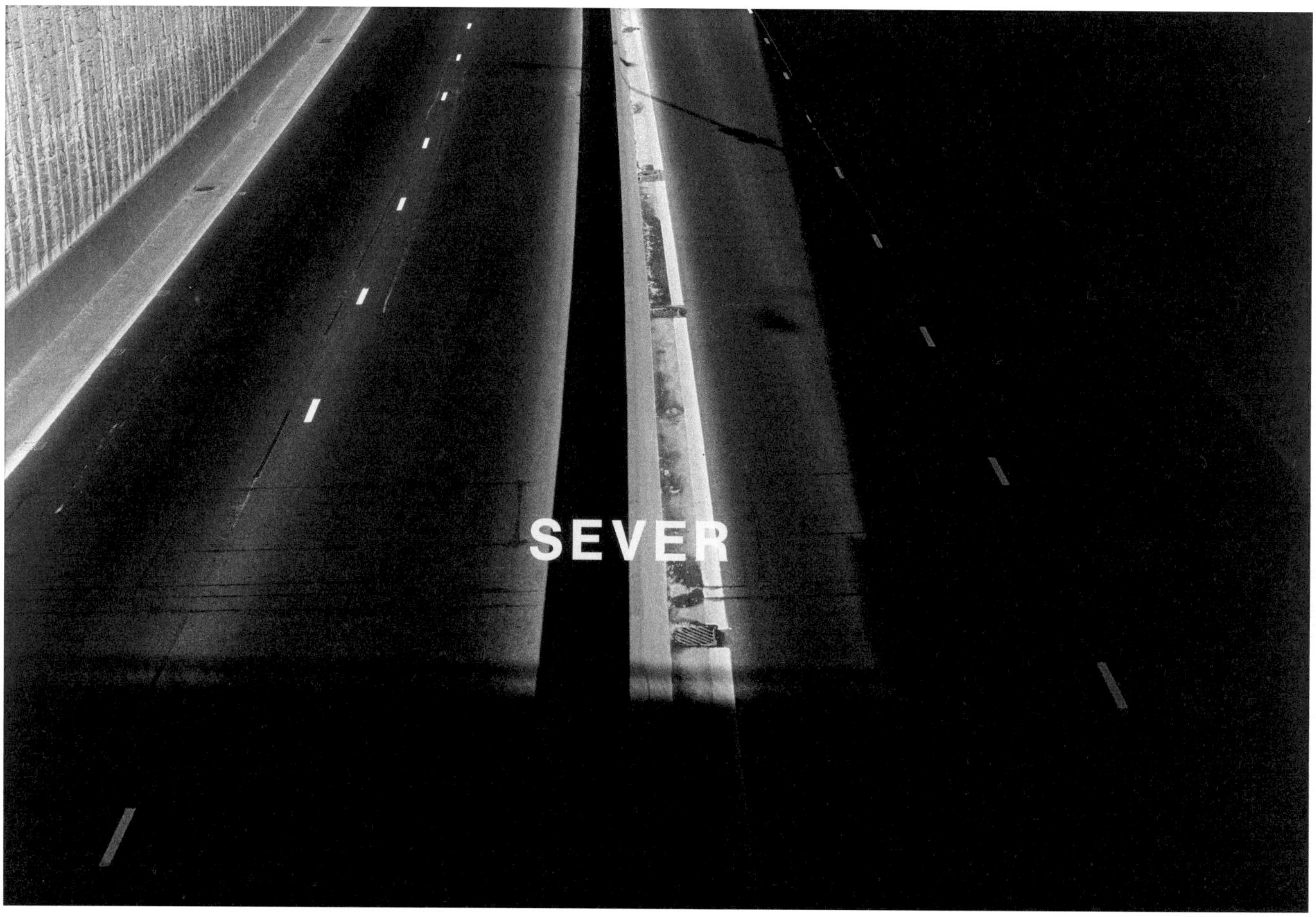
SEVER

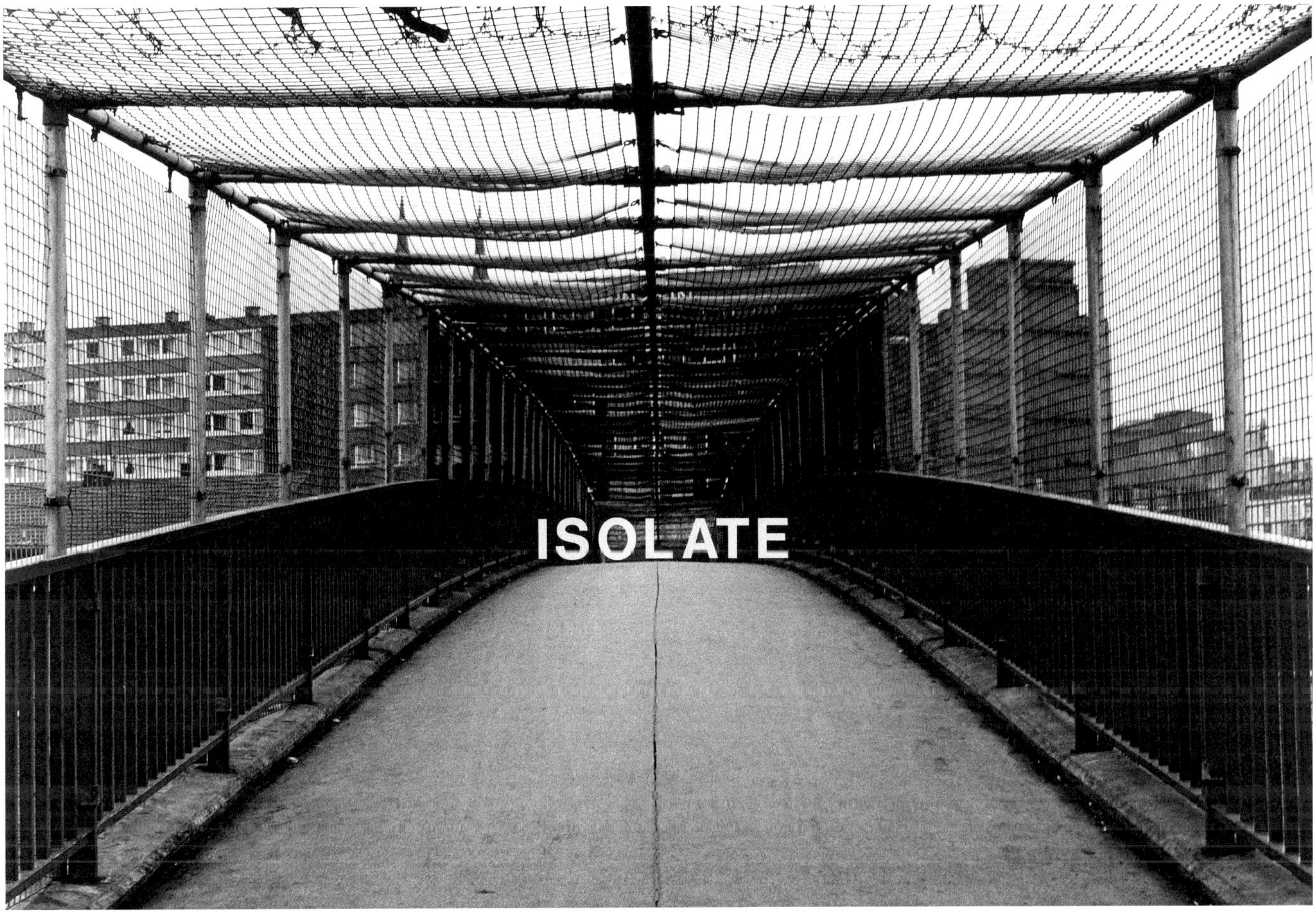

WILLIE DOHERTY
STRATEGY: SEVER/ISOLATE (STRATEGIE: ABTRENNEN/ISOLIEREN), 1989

**«Als die Winter noch lang und schneereich und die Sommer heiss und trocken waren –
Da stand der schwarzgläserne Büromonolith sinnlos riesig in der Nacht, am Ortsrand von Krölpa, Krölpa an der Unstrut, dahinter die Wälder, die Krölpa nördlich zur Warthe hin abgrenzten, da leuchtete einsam, böse und rot das glutrote Firmenlogo von Arrow PC oben am Dach über dem düsteren Riesen, aus schwarzem Stahl und schwarzem Glas gemacht, die rote Schrift darüber, ein Neubau, so kaputt wie Deutschland in diesen Jahren, so hysterisch kalt und verblödet konzeptioniert wie die Macher, die hier ihre Schreibtische hatten, sich die Welt vorstellten, weil sie selber so waren, gesteuert von Gier, der Gier, sich dauernd irgendeinen Vorteil für sich zu verschaffen, am liebsten natürlich in Form von Geld, genau darin aber, in ihrem Kalkül auf Eigennutz, umgekehrt selber kalkulierbar, ausrechenbar und ausbeutbar zuletzt, das war die Basis der abstrakten Geldmaschine, die hier residierte: das Phantasma der totalen Herrschaft des KAPITALS über den Menschen. So falsch, so lächerlich, so blind gedacht, so infantil grössenwahnsinnig wie, wie, wie, –»**

"As the winters were still long and thick with snow and the summers were hot and dry –
The monolithic, black glass office building stood aimlessly like a giant in the night, at the edge of Krölpa, Krölpa on the Unstrut, and beyond it the forest separating Krölpa in the north from Warthe. Lonely, malevolent and red, the fire-red company logo of Arrow PC glowed from the roof over the dismal giant. Black steel and black glass, above that the red lettering: a new building, as broken as Germany was in these years, so hysterically cold and ill-conceived as the movers and shakers inside at their desks, who saw the world as they were – driven by the constant greed to carve out some sort of personal advantage, preferably of course in the form of money. Yet here in this calculating self-interest, they themselves were ultimately calculable, predictable and exploitable – this was the basis of the abstract money machine residing here: the phantasm of the total control of CAPITAL over the people. So false, so absurd, so ignorant, so childishly megalomaniacal, like, like, like, –"

RAINALD GOETZ
JOHANN HOLTROP / JOHANN HOLTROP
2012

HIROSHI SUGIMOTO
SEAGRAM BUILDING, NEW YORK CITY, 1997

146 / 147

MODELL, SIMULATION, ARCHITEKTUR AUF ZEIT
/
MODEL, SIMULATION, TEMPORARY ARCHITECTURE

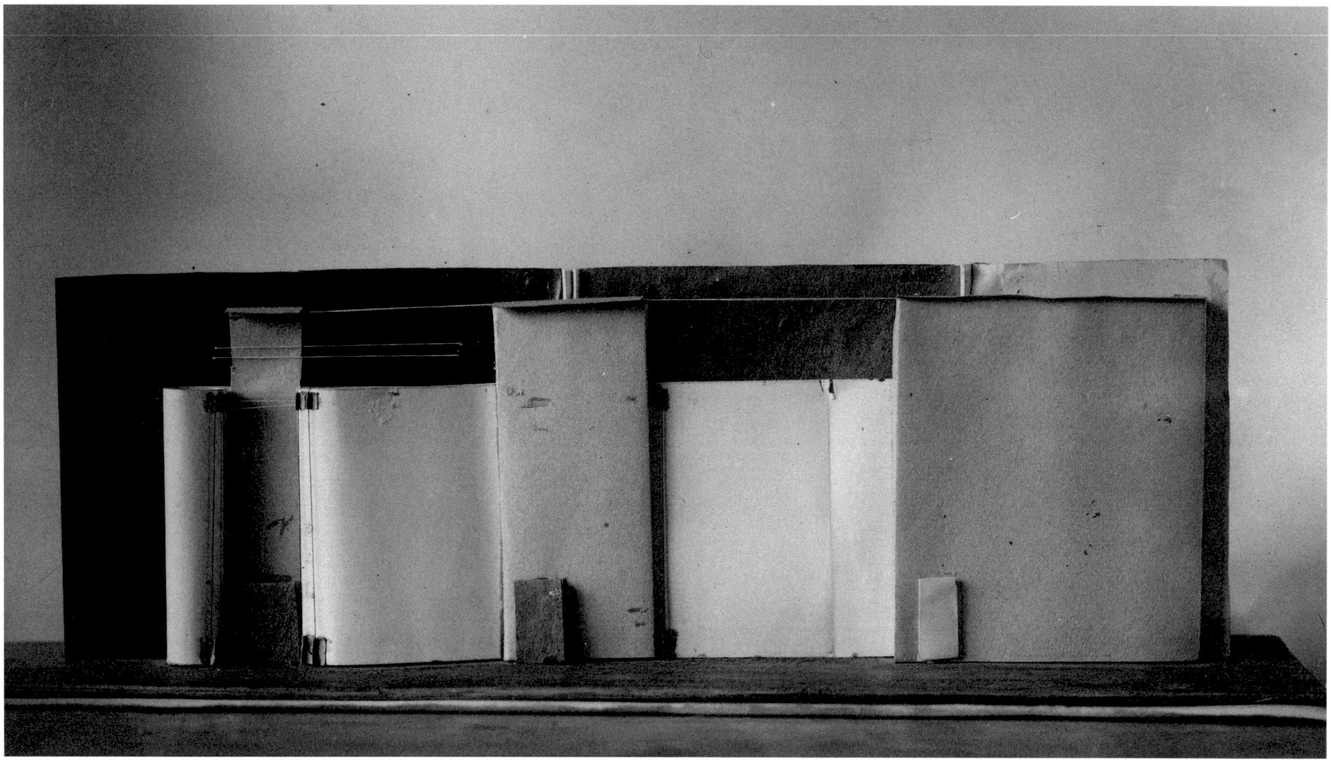

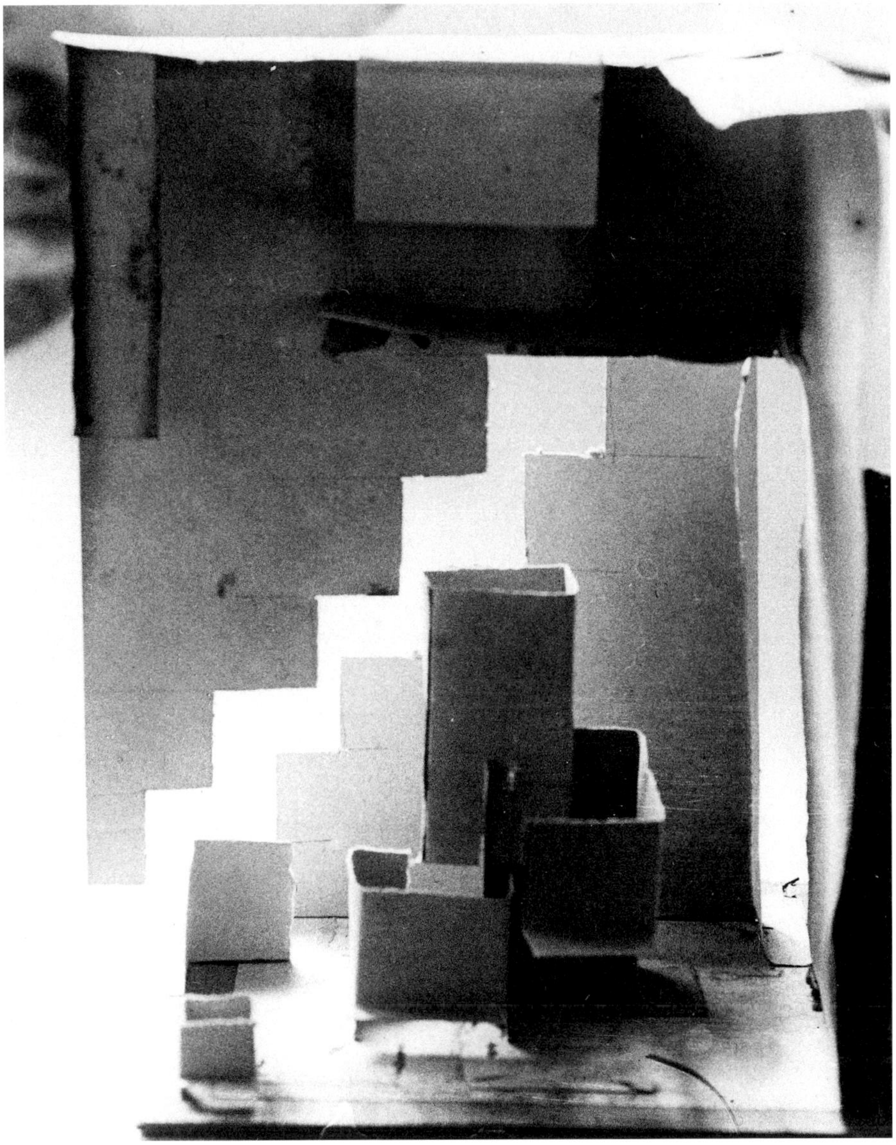

VKHUTEMAS SCHOOL
CONSTRUCTION OF FRONTAL SURFACE BASED ON VERTICAL, HORIZONTAL AND INCLINED COMBINATION OF TWO OR MORE RHYTHMICAL ROWS
(KONSTRUKTION EINER FASSADE BASIEREND AUF EINER VERTIKALEN, HORIZONTALEN UND SCHRÄGEN KOMBINATION VON ZWEI ODER MEHREREN RHYTHMISCHEN REIHEN), 1920–1926
ORGANIZATION OF INNER SPACE (EINRICHTUNG DES INNENRAUMS), 1920–1926

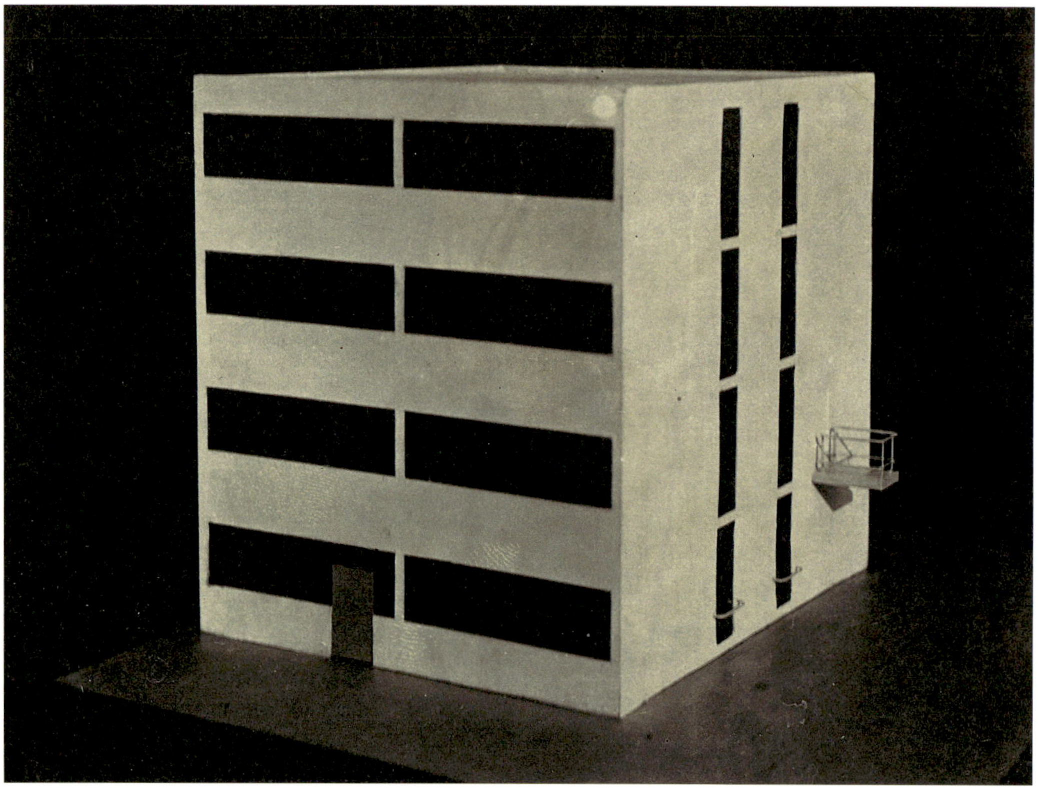

ANONYM (ANONYMOUS)
MODELL EINES FABRIKGEBÄUDES VON ALFRED ROTH, WANGEN AN DER AARE
(MODEL OF A FACTORY BUILDING), 1928

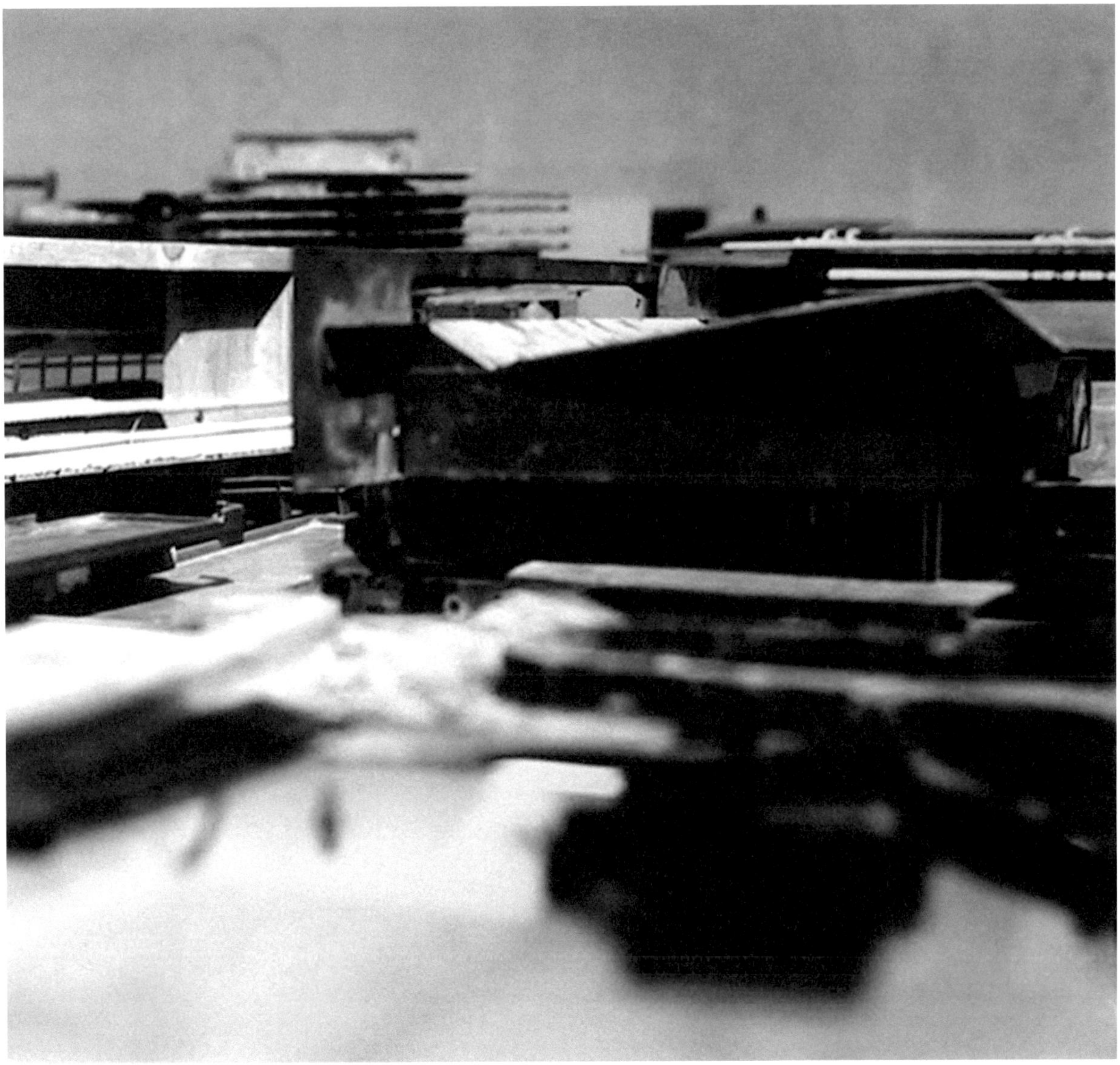

BERNARD VOÏTA
OHNE TITEL (UNTITLED), 1994

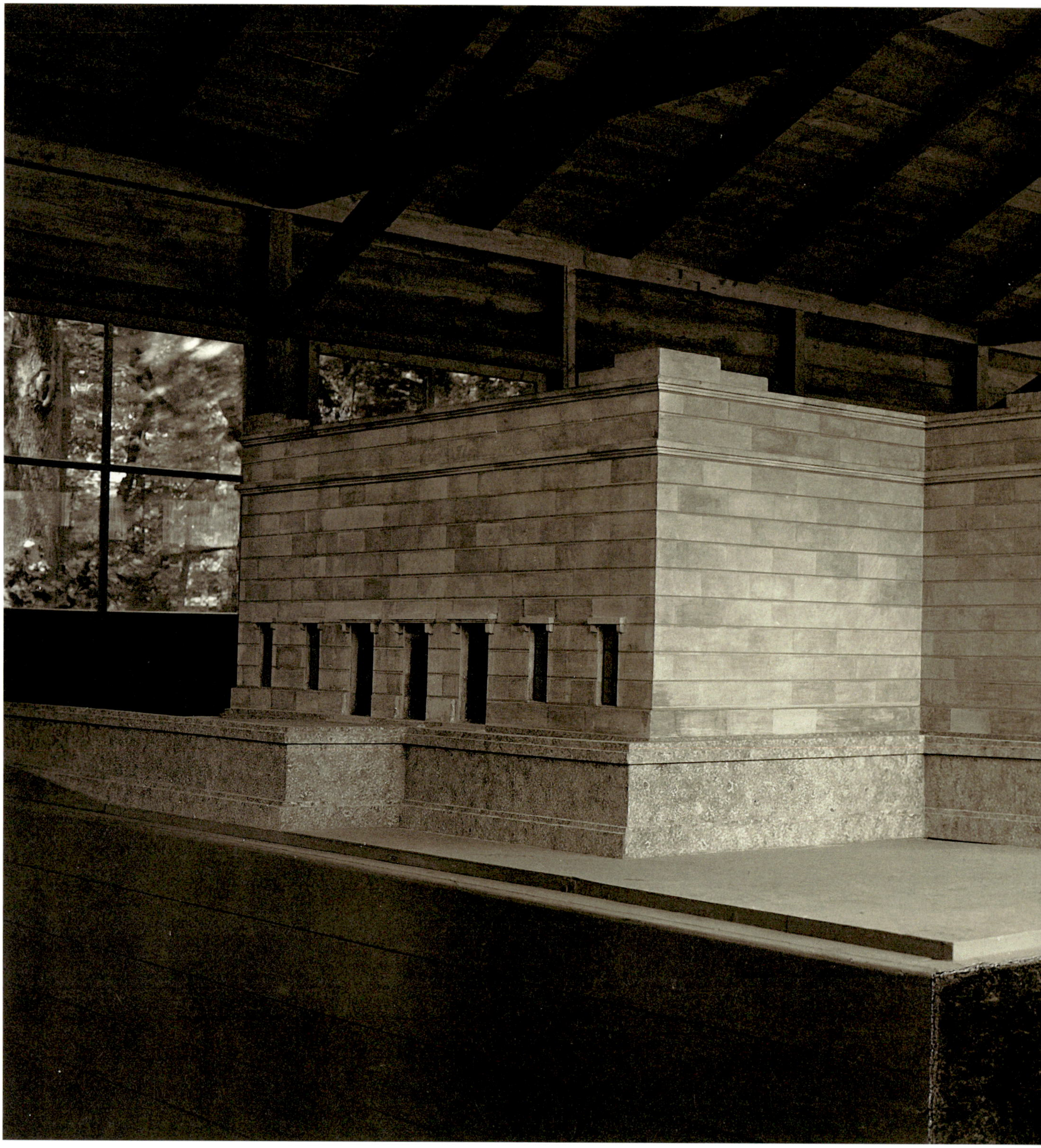

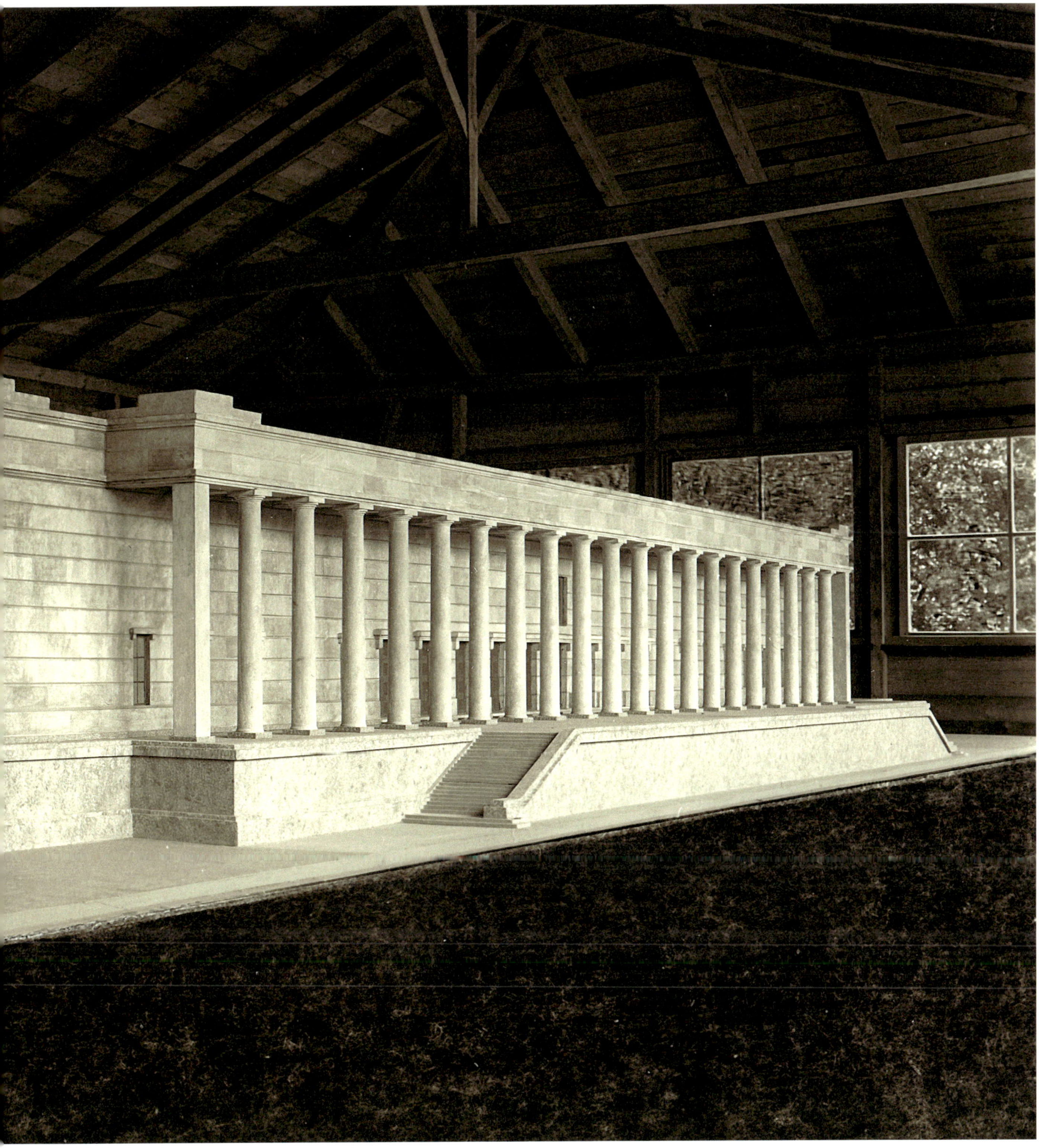

HEINRICH HOFFMANN
MODELL VOM HAUS DER DEUTSCHEN KUNST, MÜNCHEN
(MODEL OF THE HAUS DER DEUTSCHEN KUNST), 1933

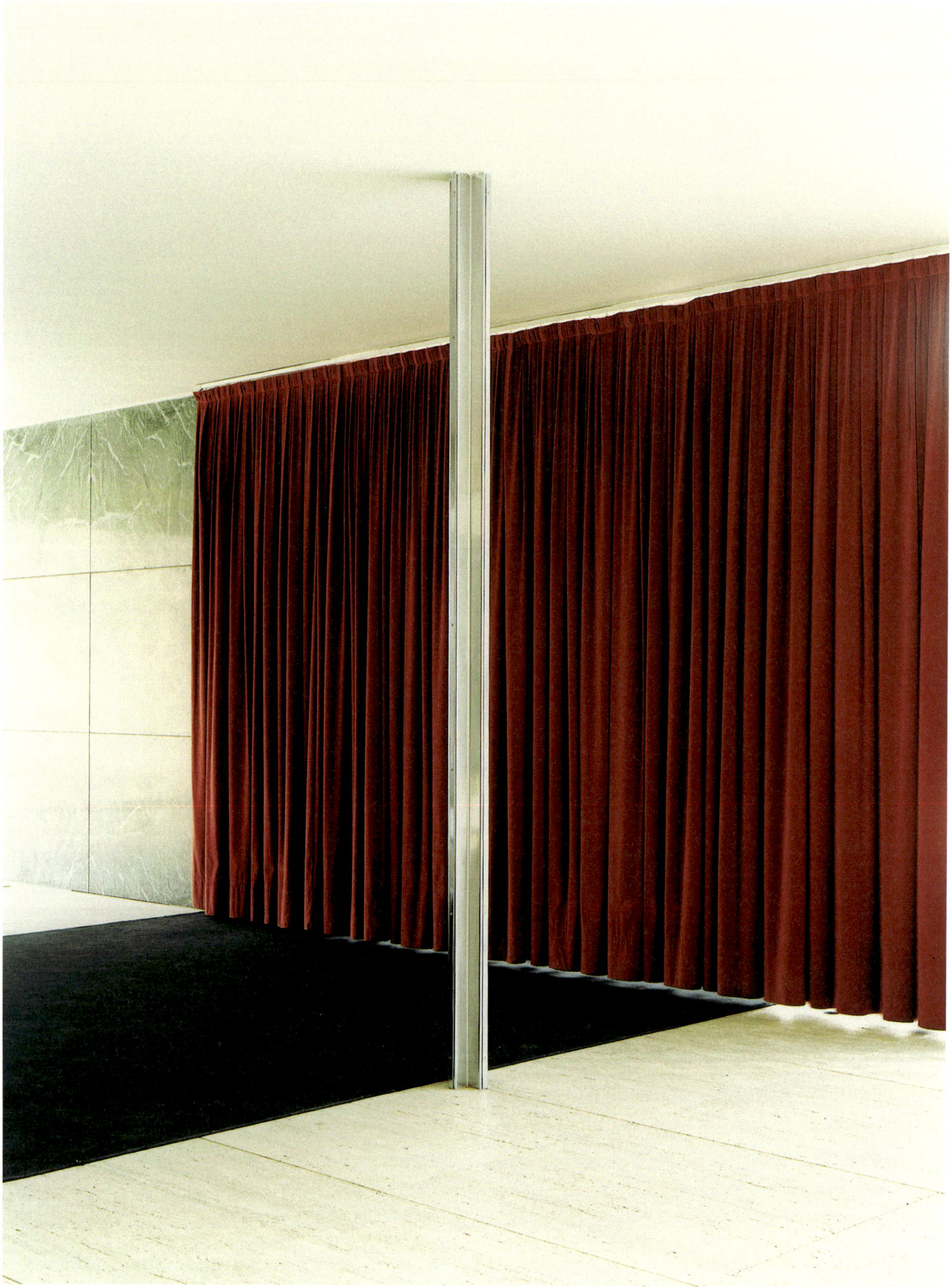

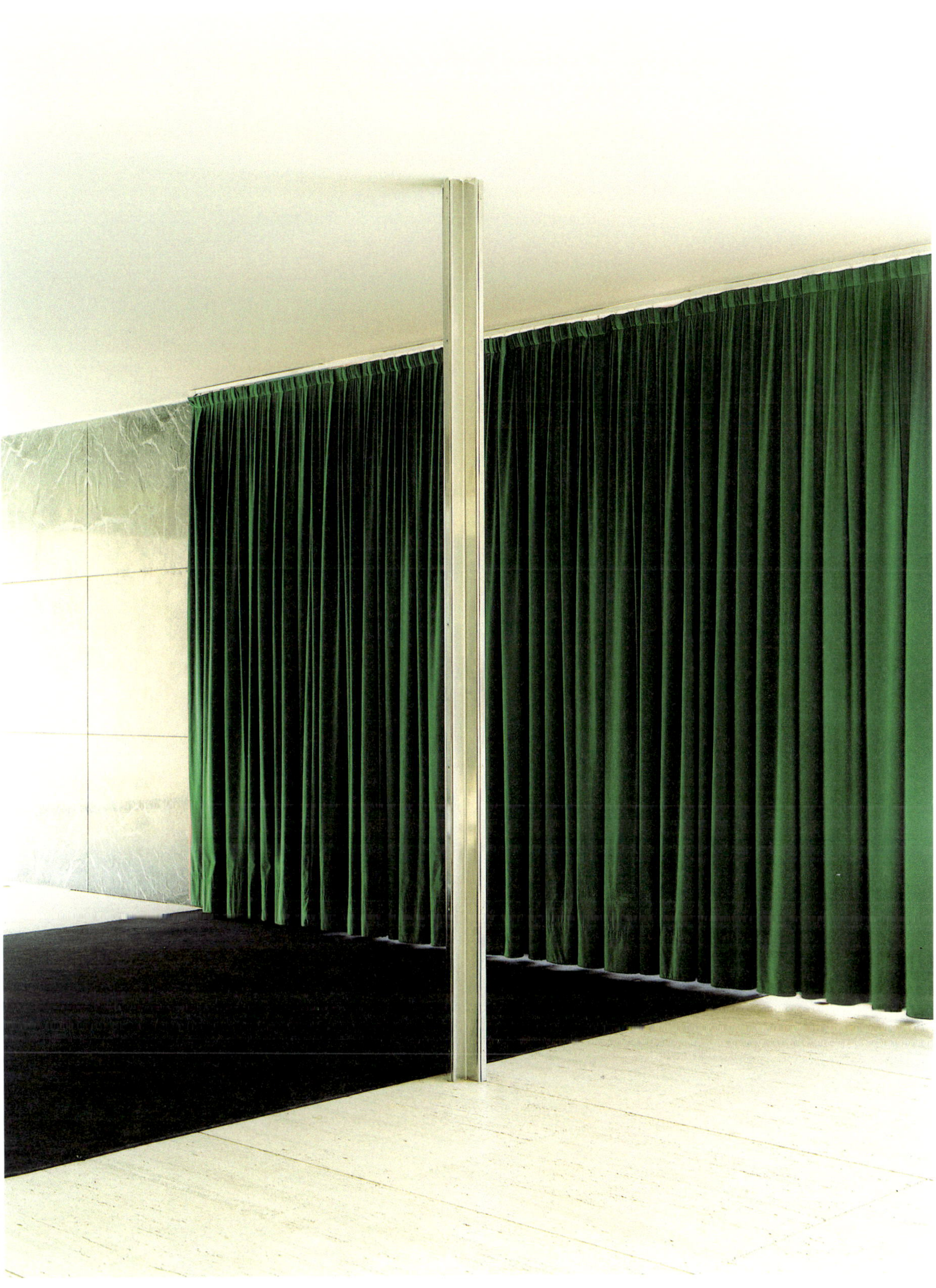

THOMAS RUFF
D.P.B. 03, 1999
D.P.B. 04, 1999

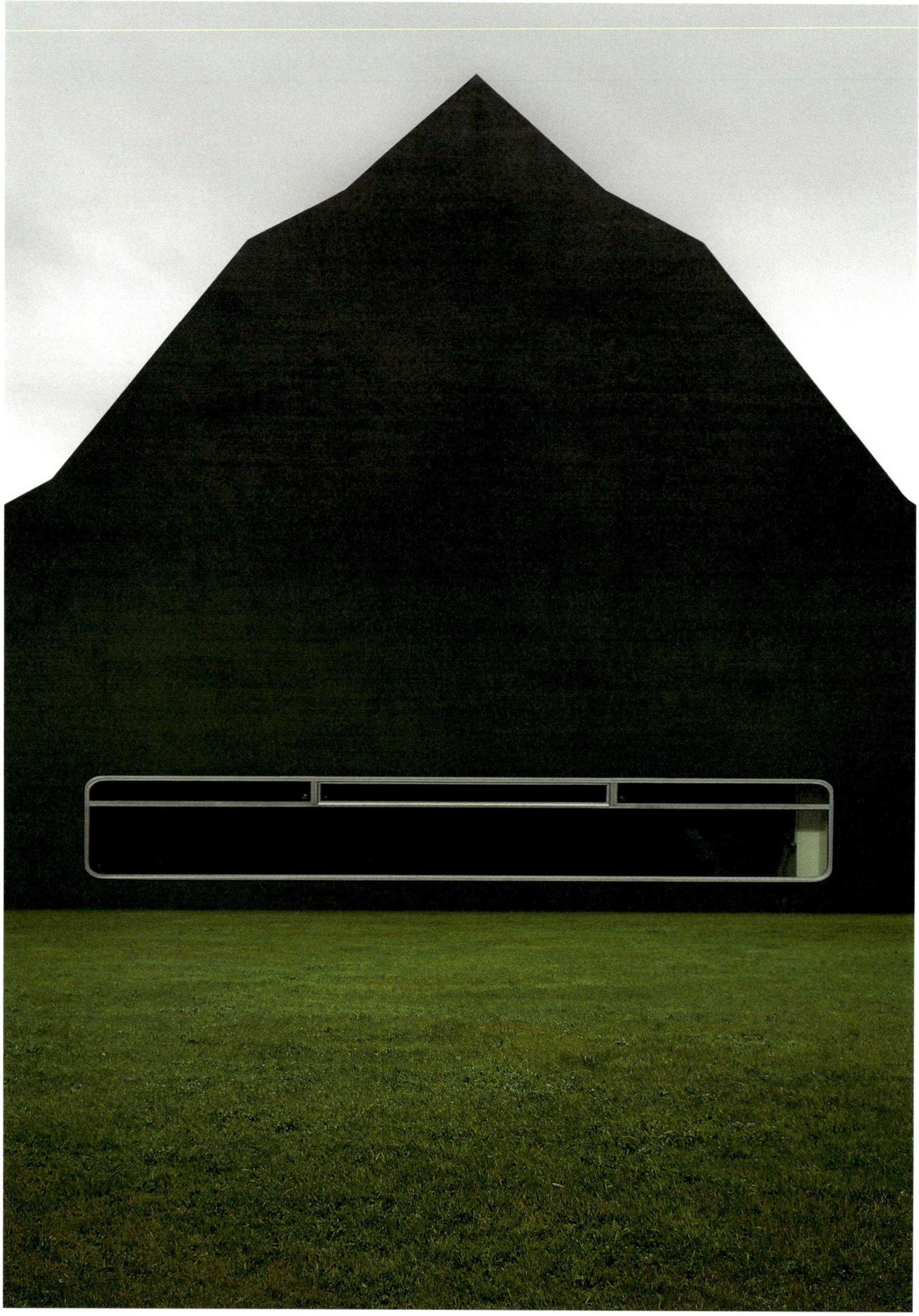

PHILIPP SCHÄRER
BILDBAU #1 (IMAGE BUILDING), 2007

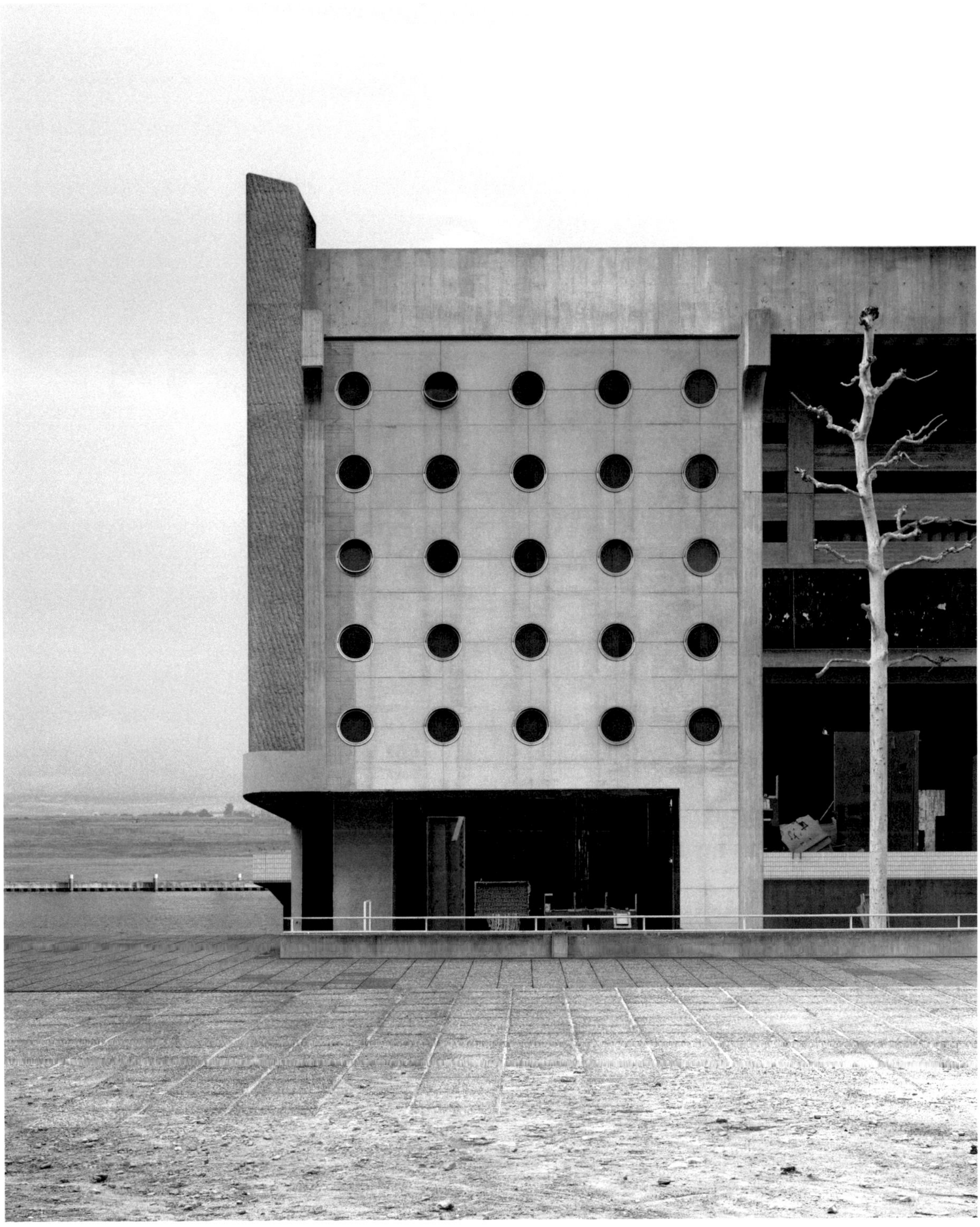

BEATE GÜTSCHOW
S#31, 2009

«Wer heute ein Gebäude besichtigt, hat es gesehen, bevor er es betritt: Jeder Neubau wird visuell medialisiert, vorzugsweise durch Fotografie und Film samt deren Derivaten in TV und Internet. Digitales Rendering und Raytracing haben Qualitäten erreicht, die einem ebenso digital aufgenommenen Foto mit HDRI-Bearbeitung ebenbürtig sind – mit blossem Auge ist da kein Unterschied mehr festzustellen, und es wird immer schwieriger darüber zu urteilen, ob das Gebäude bei dieser Bildwerdung bestanden hat oder nicht. Demnach macht es bald gar keinen Sinn mehr, um eines neuen Gebäudes willen fotografisch zu arbeiten; Bilder entstehen per se, sind vorhanden und werden auf allen Kanälen verteilt. Für diejenigen, die Architektur fotografieren, ergibt sich dadurch eine neue Situation: Es geht nicht mehr darum, die Form eines Gebäudes als Bild zu vermitteln, sondern es geht vor allem darum, mit dem Bild eines Baus eine Mitteilung anderer Art zu machen. Das kann die Stimmung sein, die man vermitteln möchte; das kann der Anlass zu kritischen Stellungnahmen über Baumaterialien, Baukunst oder Bauformen sein; das kann aber auch der Kontext einer Geschichte sein, die als Reihung vieler Geschichten jene Verdichtung erfährt, die als Historie überlebt.»

"These days, if you visit a building, you have likely already seen it before even having entered it: all new buildings are visualized, preferably by means of photography and its derivatives on television and the Internet. Digital rendering and ray tracing have achieved qualities that are on par with likewise digitally created HDRI processed photographs. The difference is impossible to detect with the naked eye alone, and it has become increasingly difficult to discern whether or not the building was created during this visual process. Thus it hardly makes sense anymore to work photographically for the sake of a new building: its images will be produced per se, are available and distributed throughout all channels. For those who photograph architecture, this poses a new situation. It is no longer necessary to use photography to communicate a building's form, but rather a different kind of message altogether. This could be the building's atmosphere, or a critical confrontation with the building materials, building methods or building forms; it could also be the context of a story, which is condensed from a series of many stories, and survives as history."

ROLF SACHSSE
WENN RAUMBILDER ZU BILDRÄUMEN WERDEN/
WHEN SPACE IMAGES BECOME IMAGE SPACES
2009

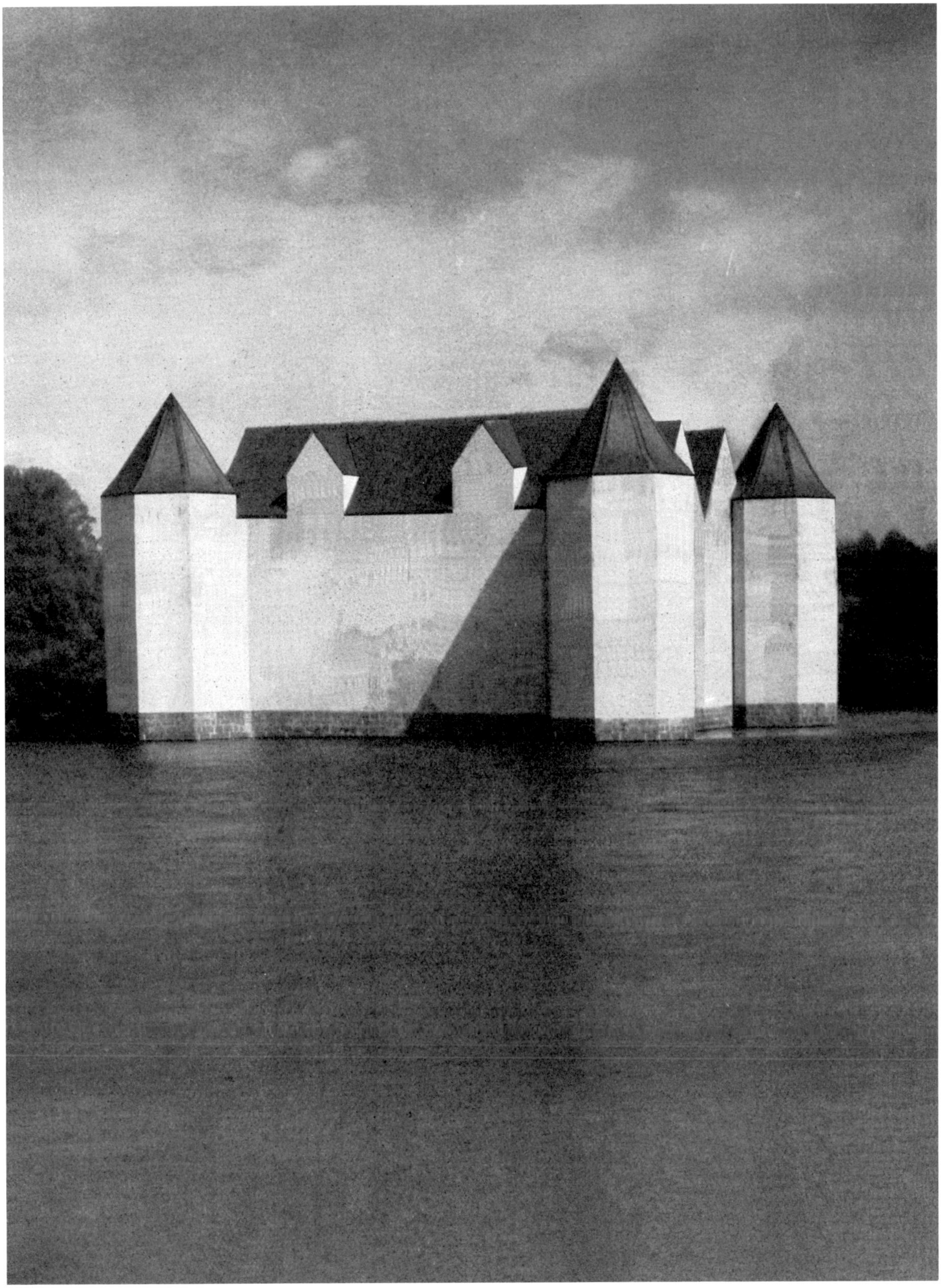

BENI BISCHOF
CASTLES – ADDED NEW PROTECTION V
(SCHLÖSSER – ZUSÄTZLICHER NEUER SCHUTZ), 2009

> RANDA MIRZA
DESIGNING A NEW ART OF LIVING
(EINE NEUE LEBENSKUNST GESTALTEN), 2011
AUS/FROM: *BEIRUTOPIA*

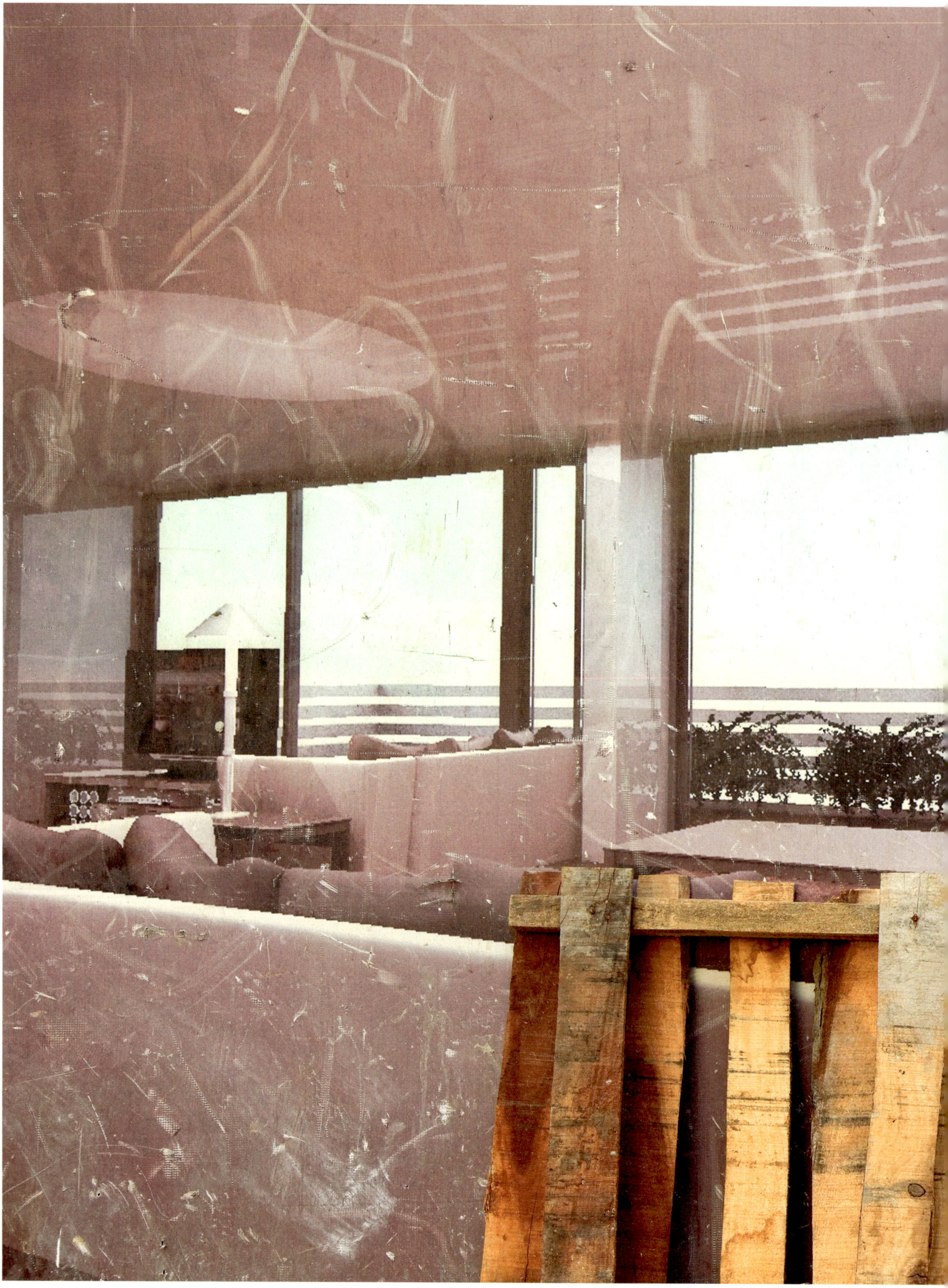

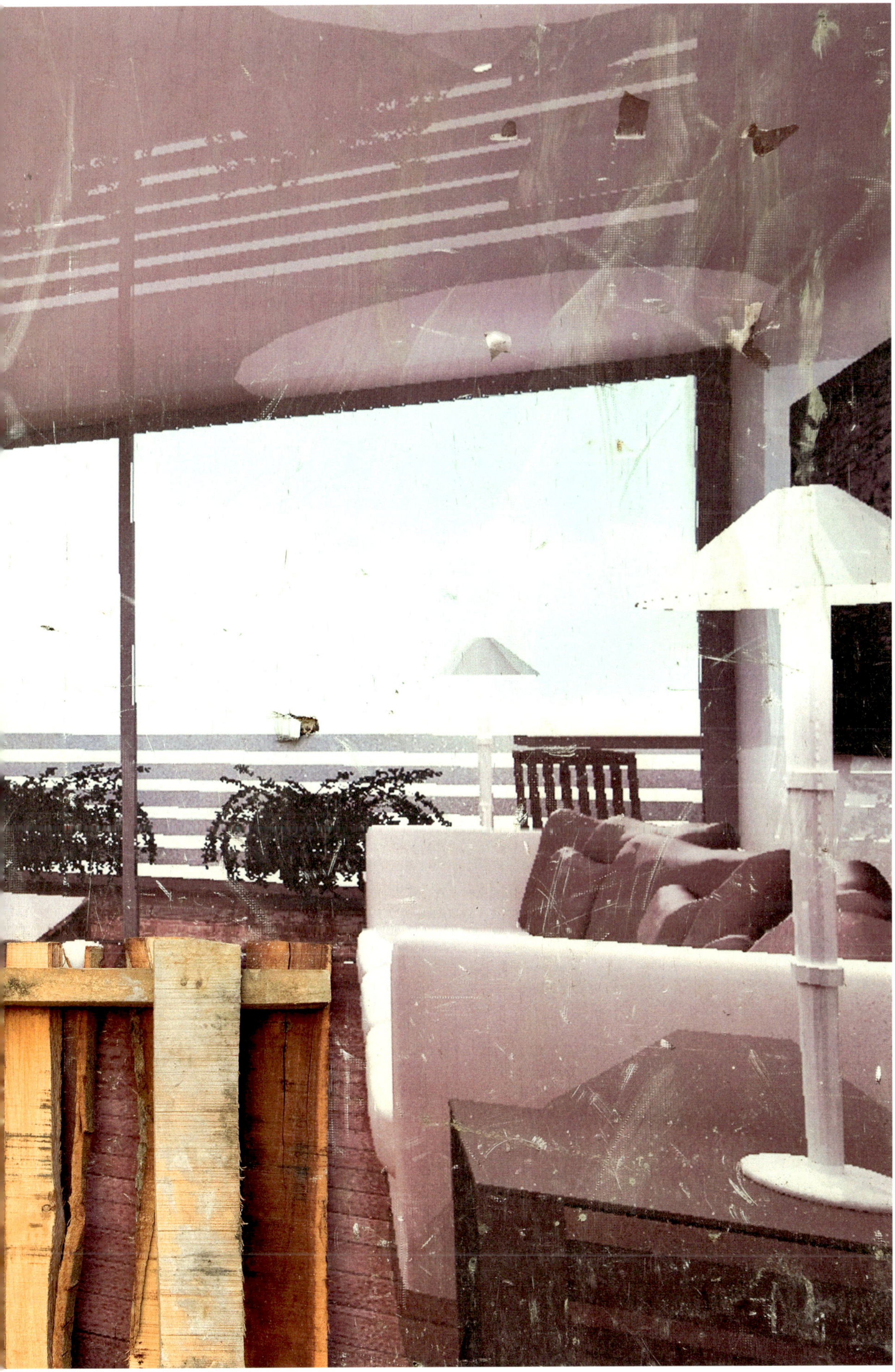

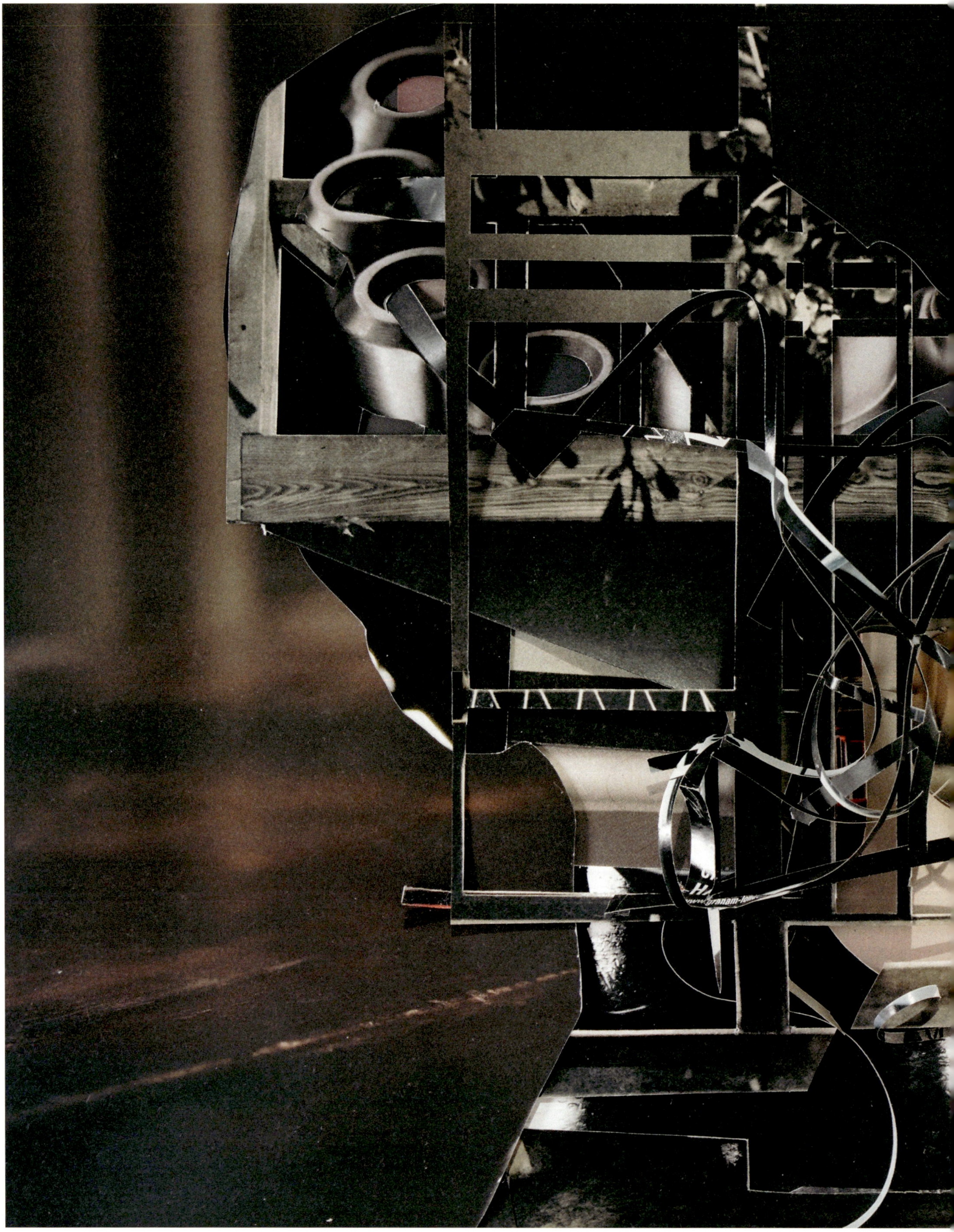

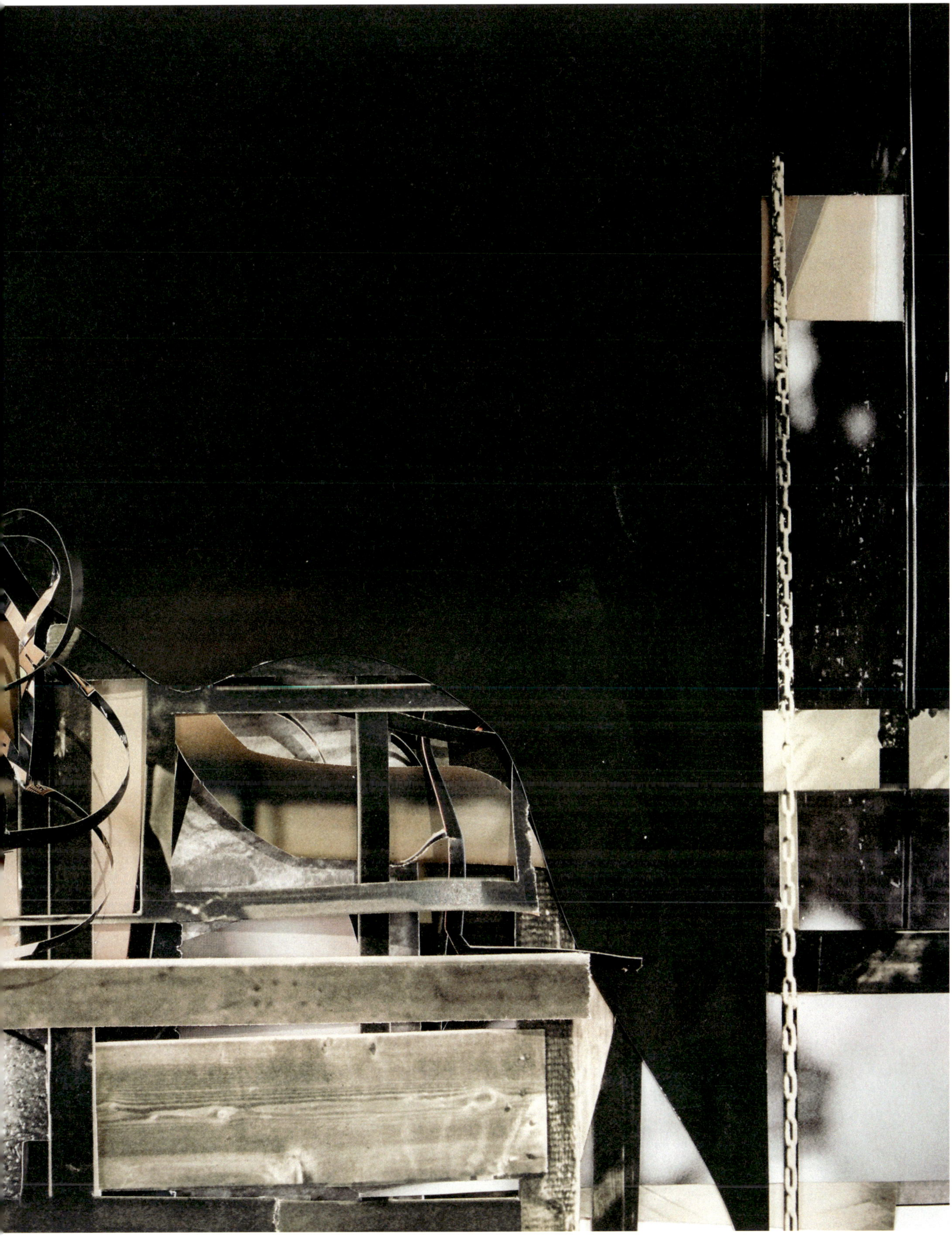

«Ich sehe das Ende der Architektur – indem man das Konzept bis an die Grenzen führt und eher von der Photographie ausgeht – in der Idee, dass eine grosse Mehrheit der Bilder weder Ausdruck eines Subjektes, noch einer Realität eines Objektes sind, sondern fast nur noch die technische Erfüllung aller dieser eigentlichen Möglichkeiten. Es ist das photographische Medium, das eine Rolle spielt. Die Leute glauben, dass sie eine Szene photographieren, während sie nur die technischen Ausführer dieser unendlichen Virtualität des Apparates sind. Das Virtuelle, das ist der Apparat, der nur danach fragt zu funktionieren, der verlangt zu funktionieren.»

"I saw it as the end of architecture... by pushing the concept to its limit and primarily by using the photograph as a point of departure. This is reflected in the idea that the great majority of images are no longer the expression of a subject, or the reality of an object, but almost exclusively the technical fulfilment of all its intrinsic possibilities. It's the photographic medium that does all the work. People think they're photographing a scene, but they're only technical operators of the device's infinite virtuality. The virtual is the device that wants nothing more than to function, that demands to function."

JEAN BAUDRILLARD
EINZIGARTIGE OBJEKTE. ARCHITEKTUR UND PHILOSOPHIE/
THE SINGULAR OBJECTS OF ARCHITECTURE AND PHILOSOPHY
2000

< ANITA WITEK
OHNE TITEL (UNTITLED), 2012
AUS/FROM: *BEST OF ... 3006*

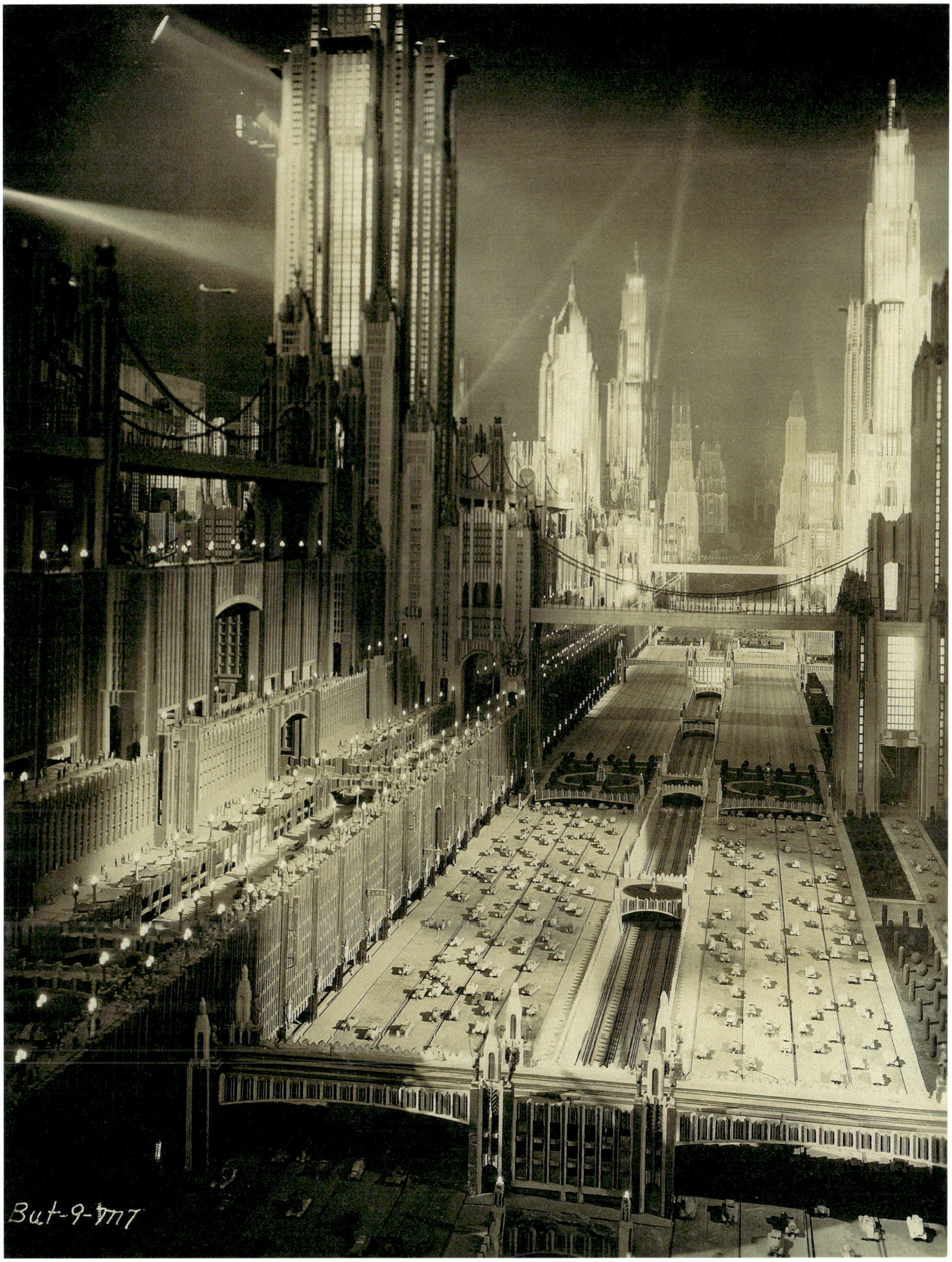

ERNEST PALMER
DAVID BUTLER: JUST IMAGINE
(STELL DIR MAL VOR), 1930

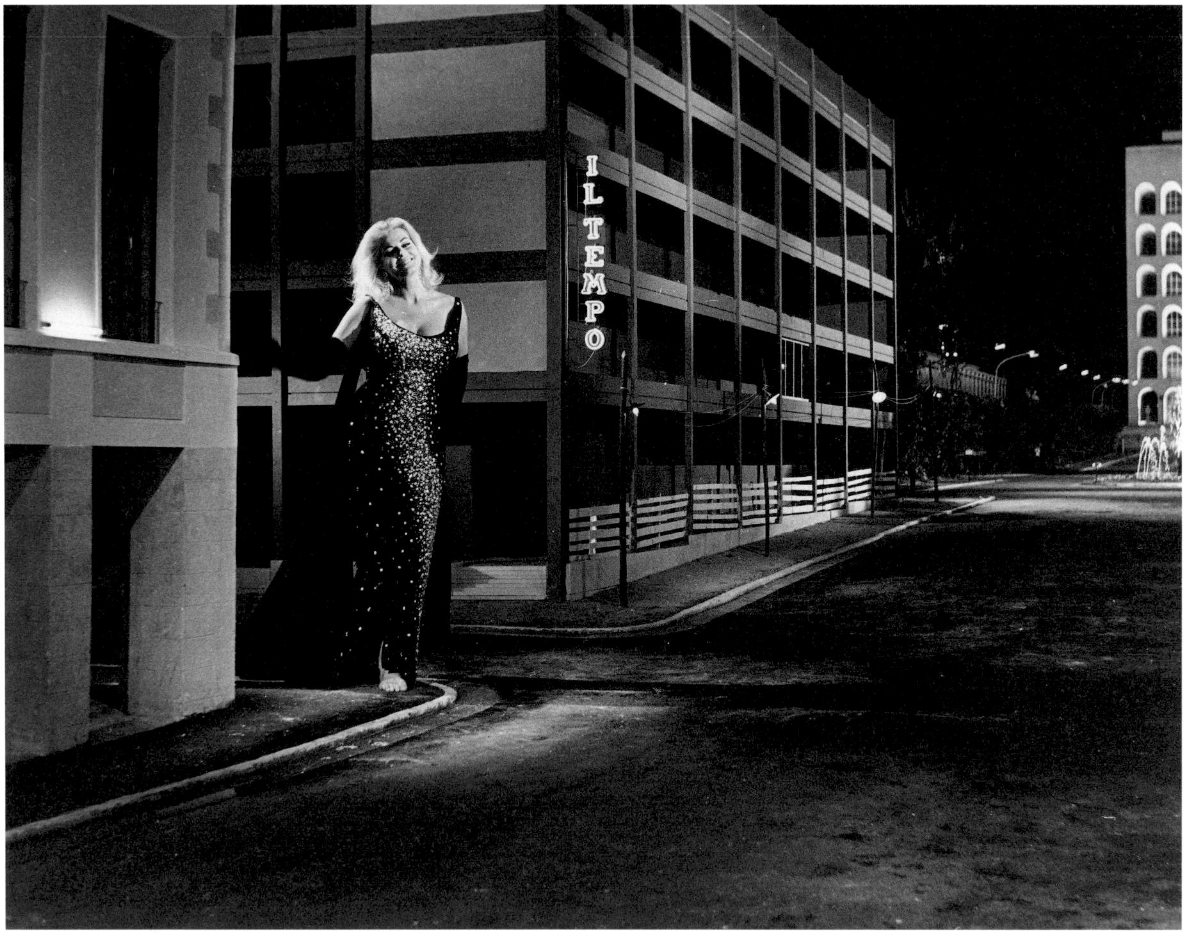

PAUL RONALD
FEDERICO FELLINI: *LE TENTAZIONI DEL DOTTOR ANTONIO*
(DIE VERSUCHUNGEN DES DOKTOR ANTONIO/
THE TEMPTATIONS OF DOCTOR ANTONIO), 1962
AUS/FROM: *BOCCACCIO '70*

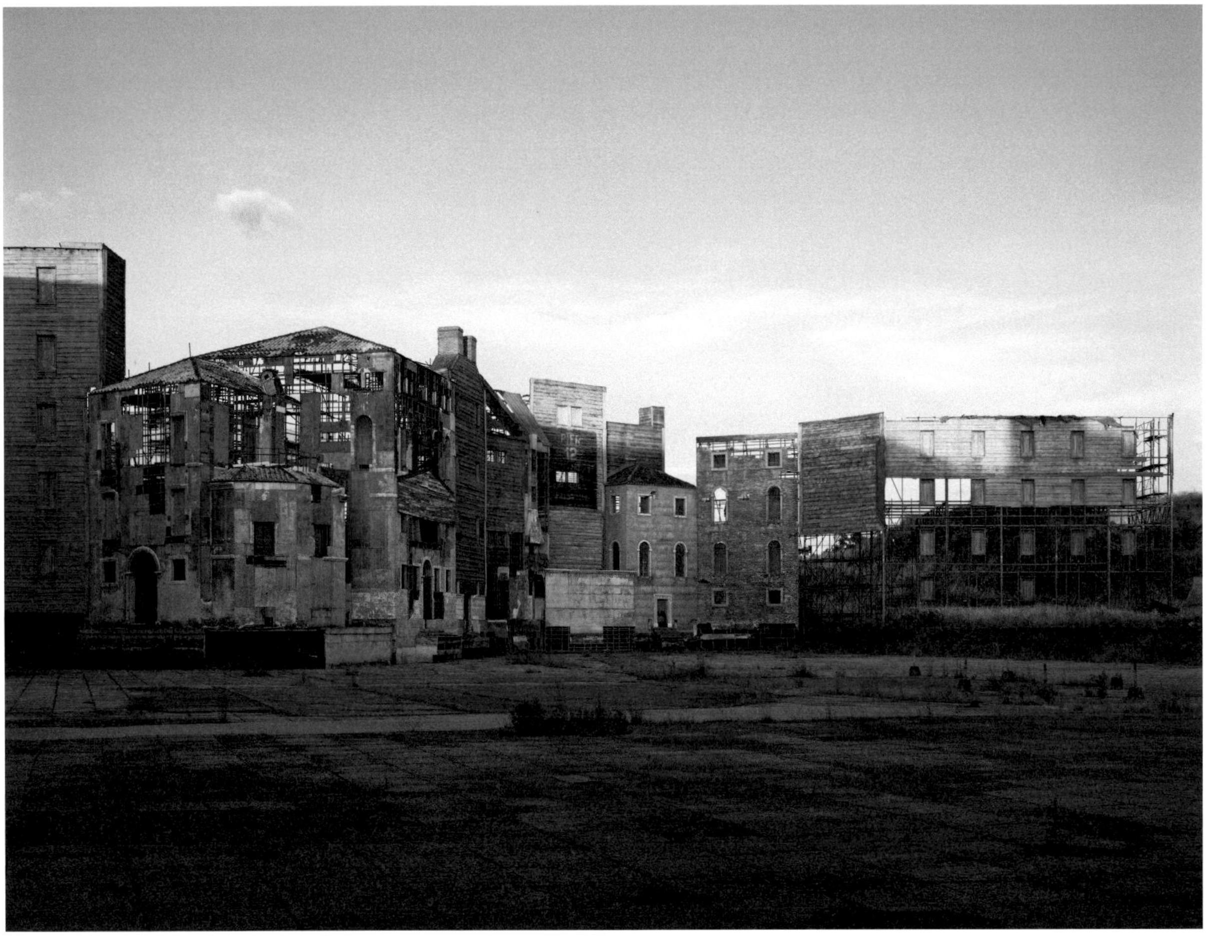

GREGORY CREWDSON
UNTITLED (26) (OHNE TITEL), 2009
AUS/FROM: *SANCTUARY* (HEILIGTUM)

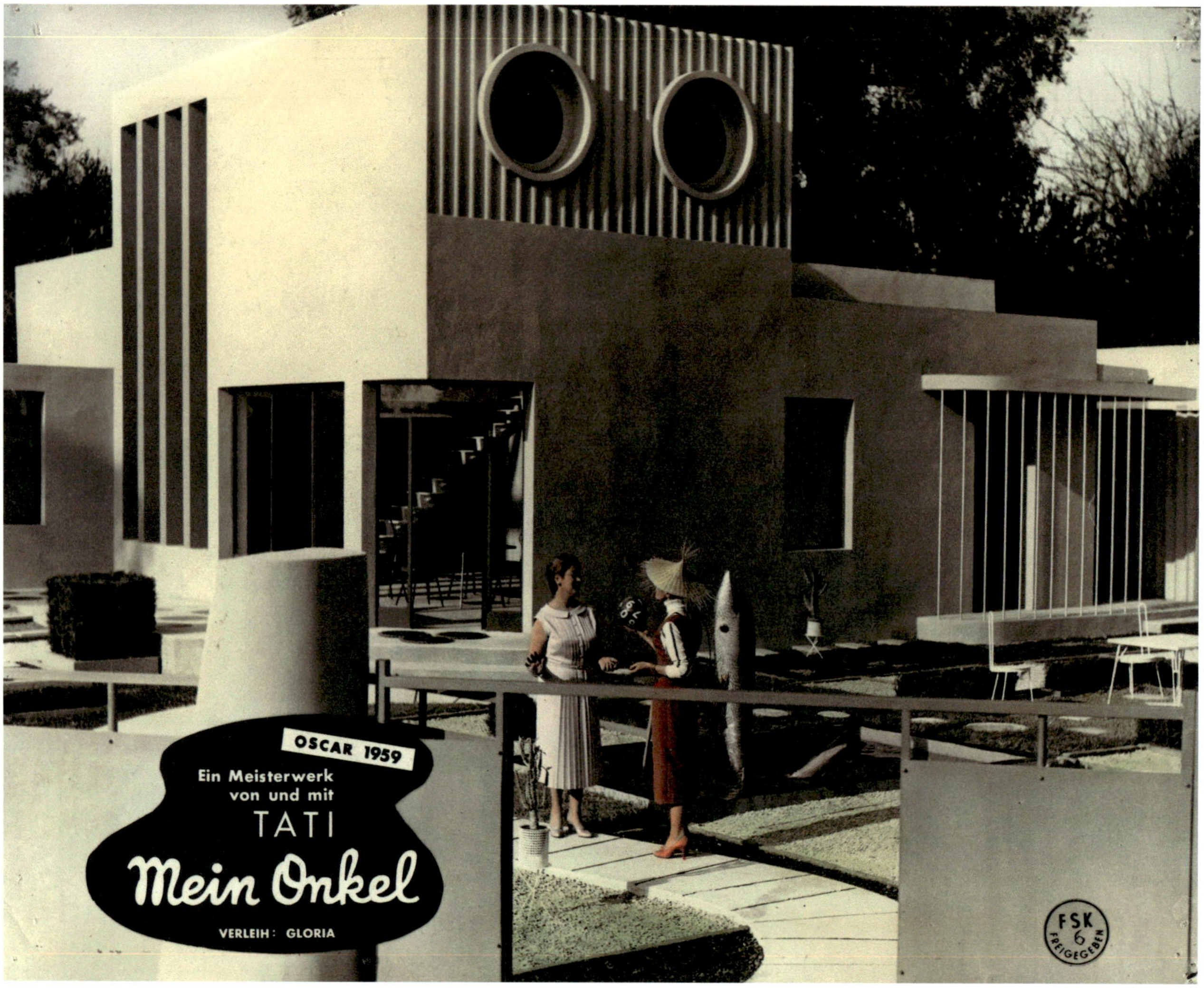
OSCAR 1959
Ein Meisterwerk
von und mit
TATI
Mein Onkel
VERLEIH: GLORIA
FSK
6
FREIGEGEBEN

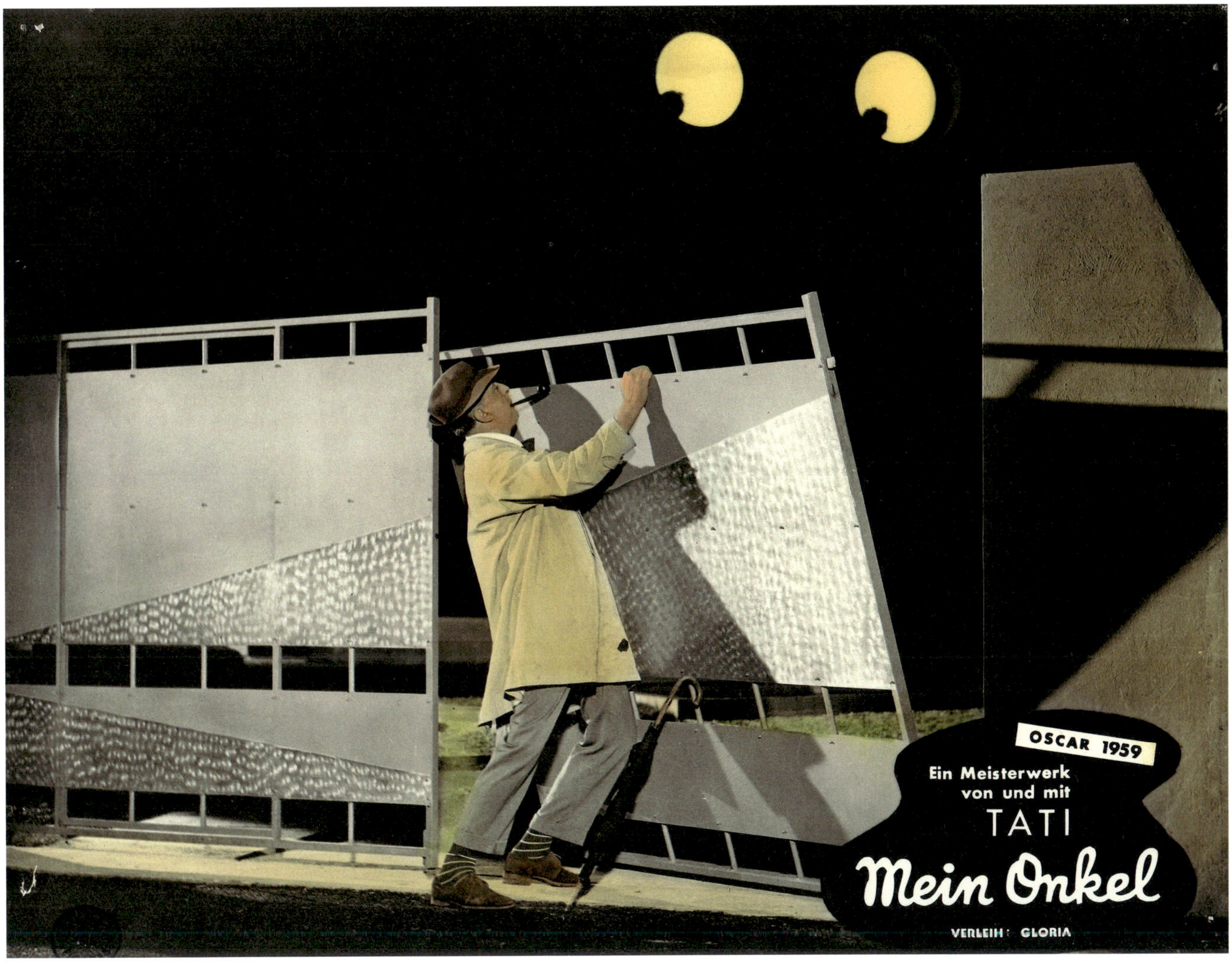

ANDRÉ DINO
JACQUES TATI: *MON ONCLE* (MEIN ONKEL/MY UNCLE), 1958

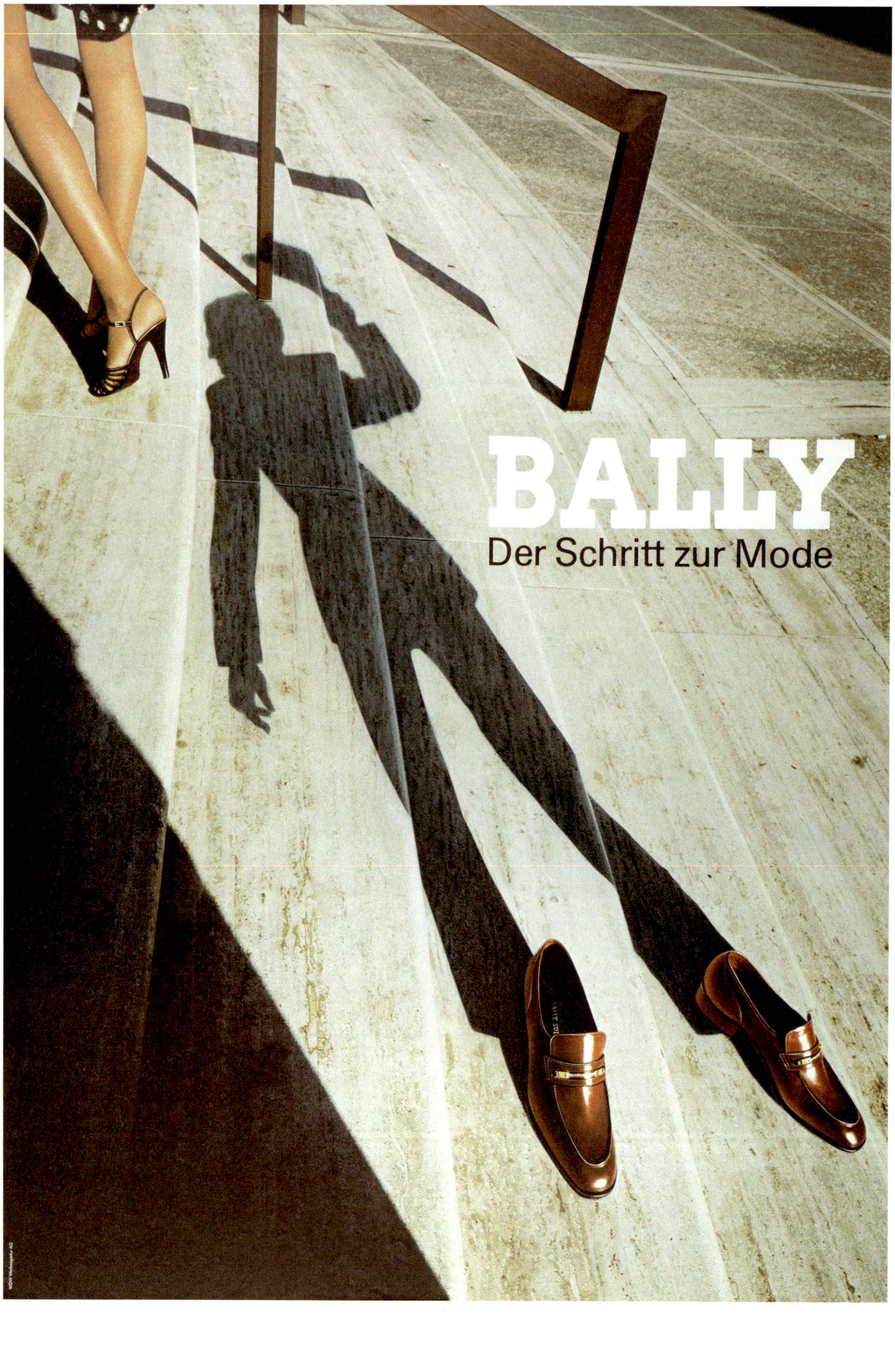
BALLY
Der Schritt zur Mode

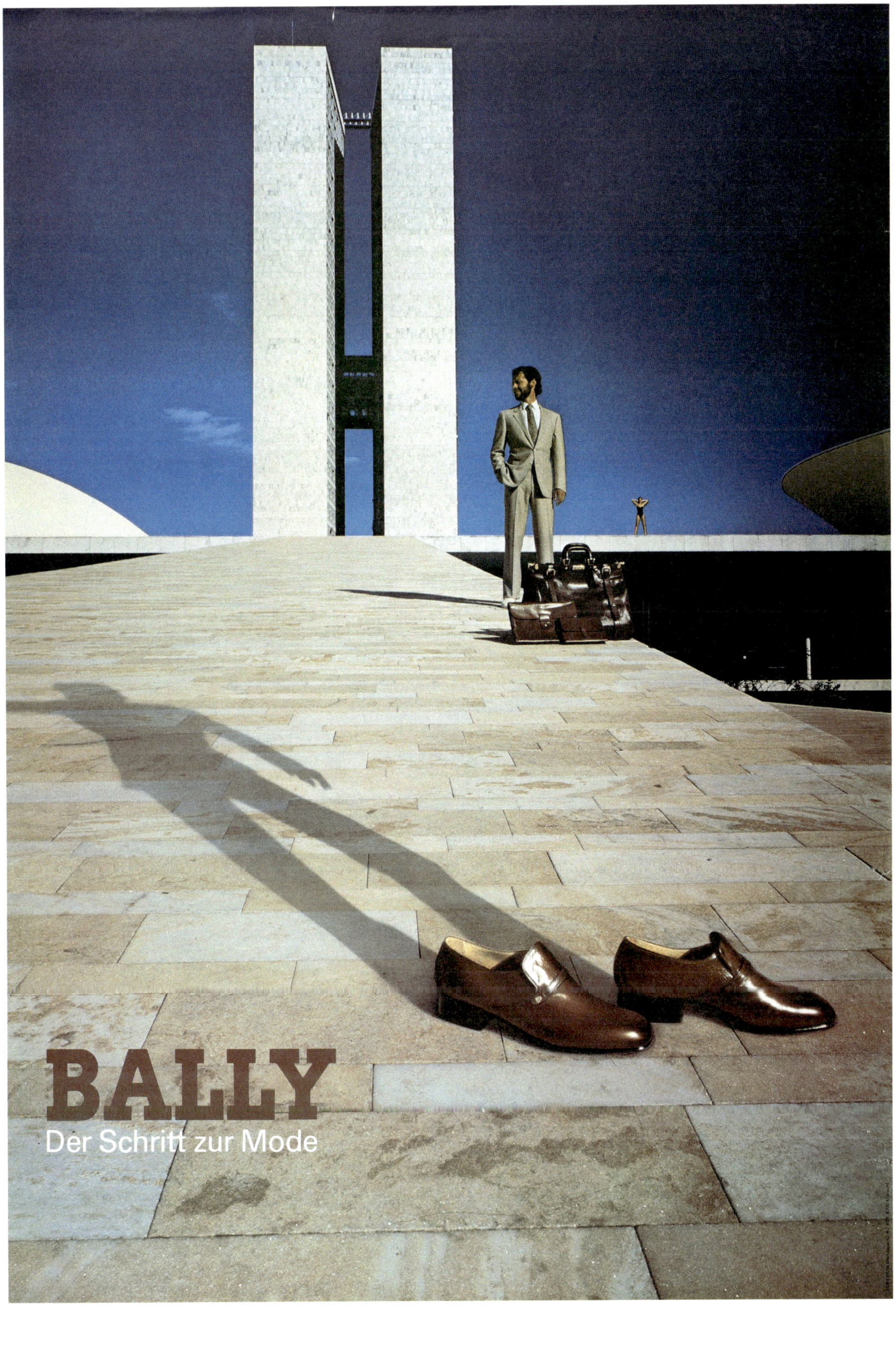

JOST WILDBOLZ
BALLY: DER SCHRITT ZUR MODE (THE STEP TOWARDS FASHION), 1978

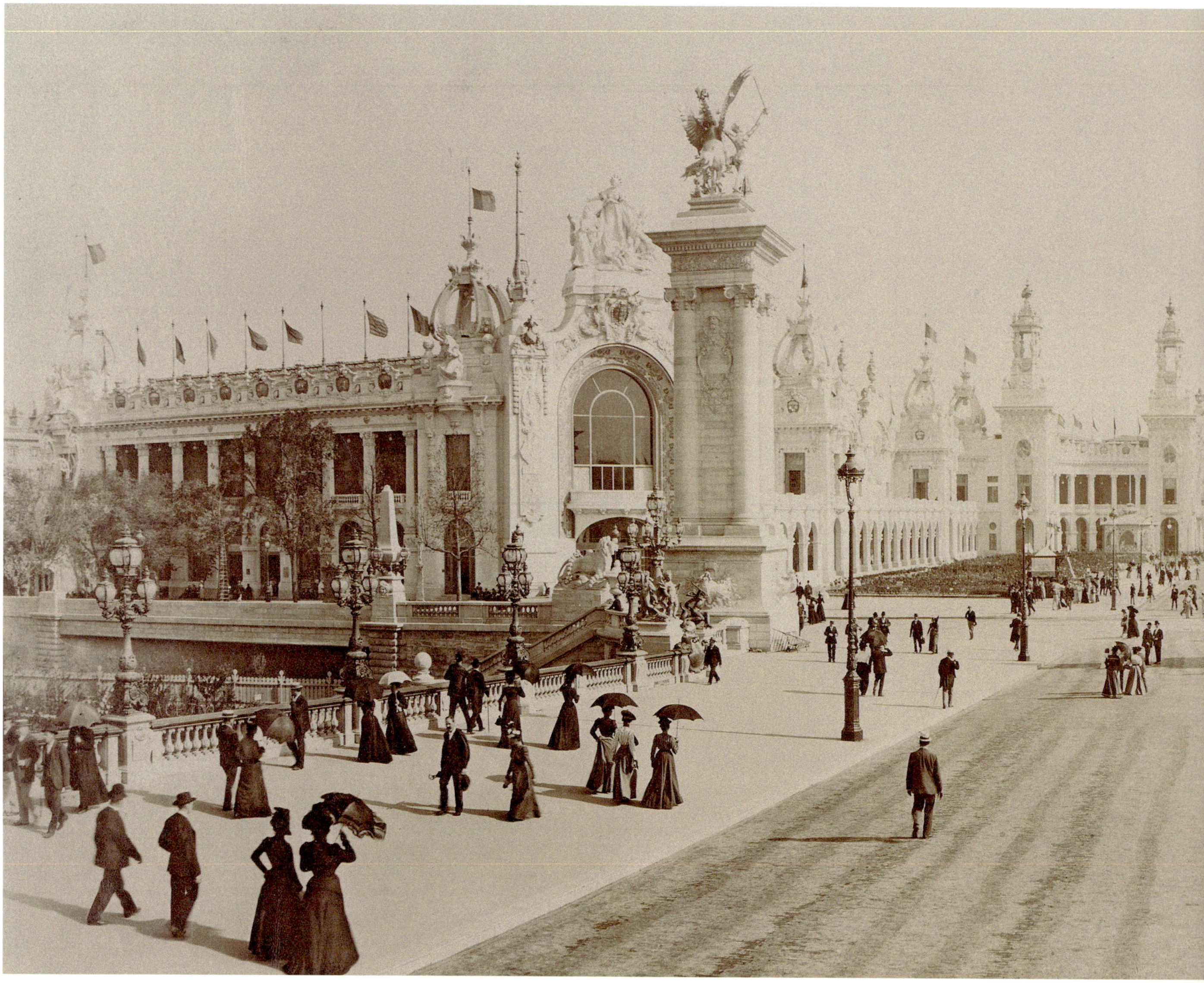

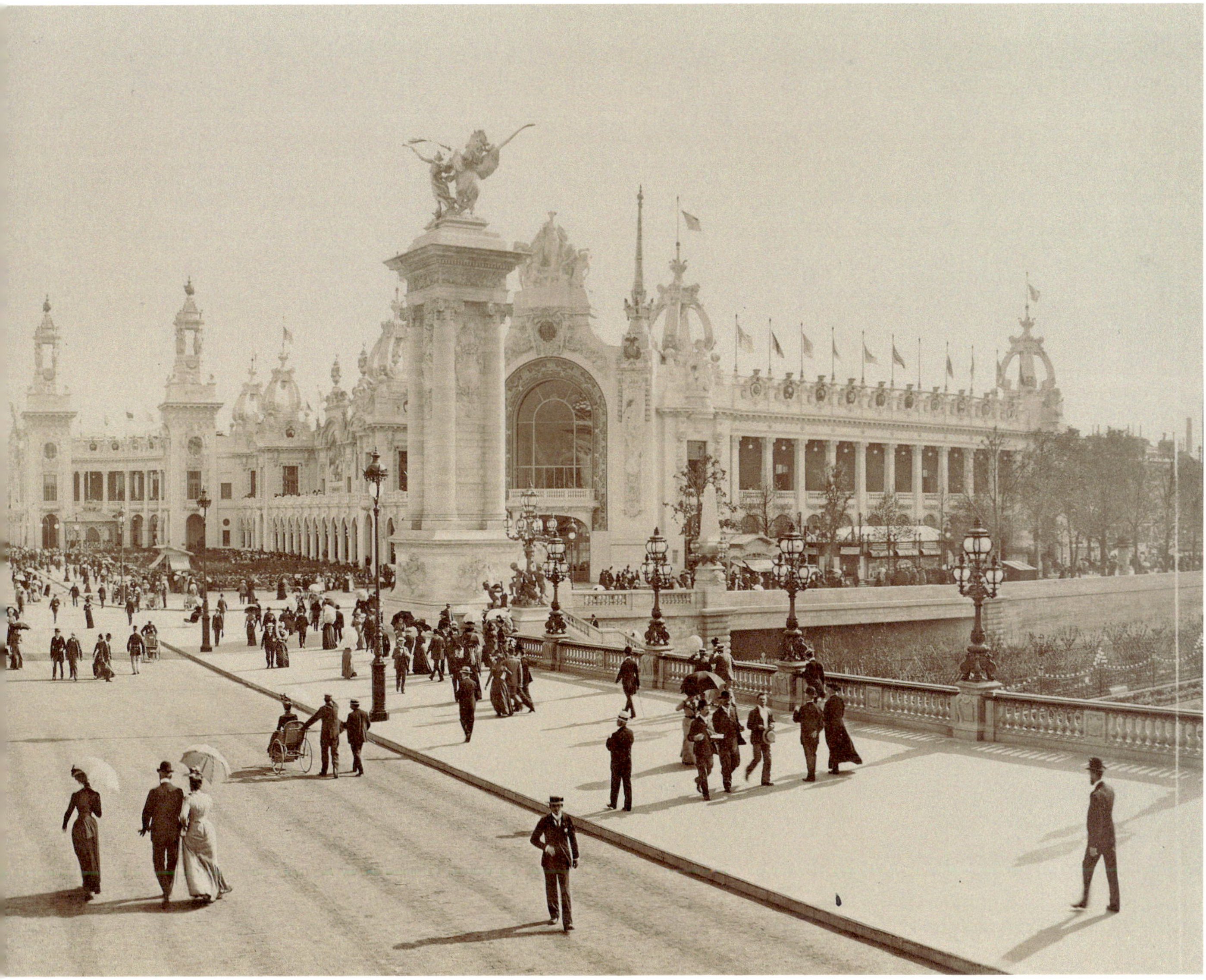

NEURDEIN FRÈRES
PANORAMA DER PALASTBAUTEN AM INVALIDENPLATZ, PARIS
(PANORAMA OF THE PALACES AT PLACE DES INVALIDES), 1900

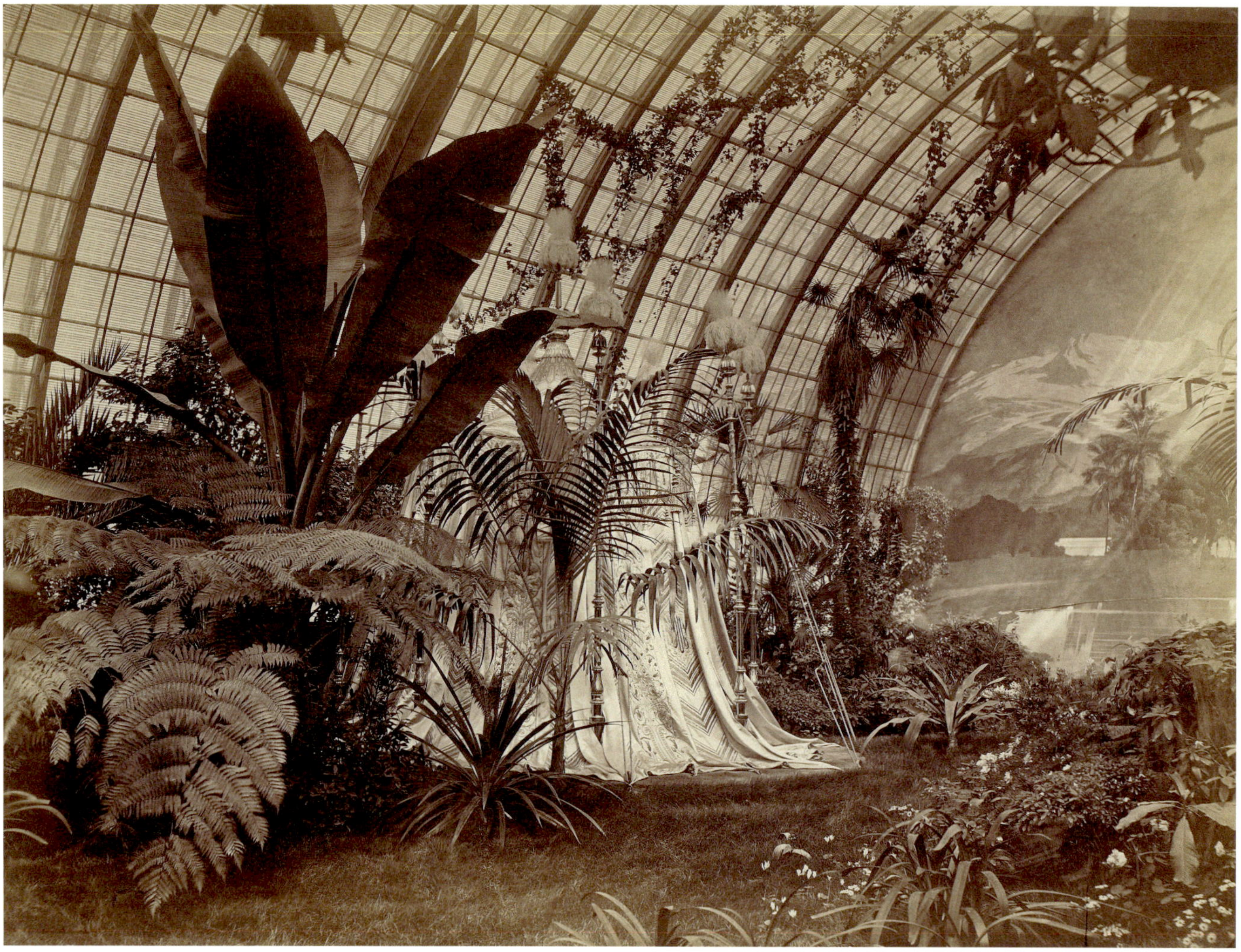

JOSEPH ALBERT
WINTERGARTEN MIT INDISCHEM ZELT, MÜNCHNER RESIDENZ DES KÖNIG LUDWIG II
(WINTER GARDEN WITH INDIAN TENT, RESIDENCE OF KING LUDWIG II IN MUNICH), CA. 1870

PRIVATE 'PUBLIC' SPACE: THE CORPORATE ATRIUM GARDEN

By Dan Graham and Robin Hurst

Nineteenth Century Wintergarden

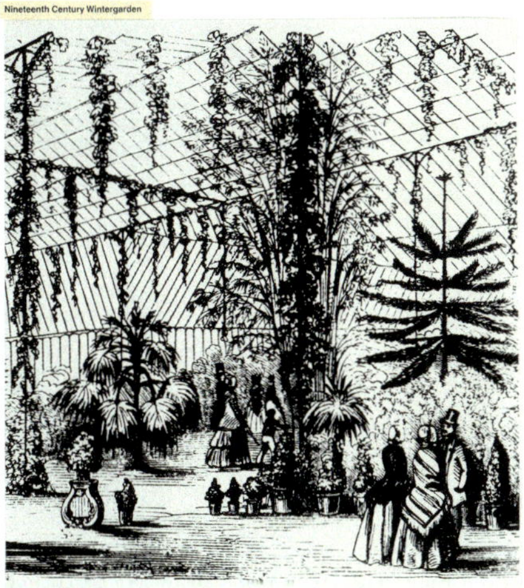

Nineteenth Century Wintergarden

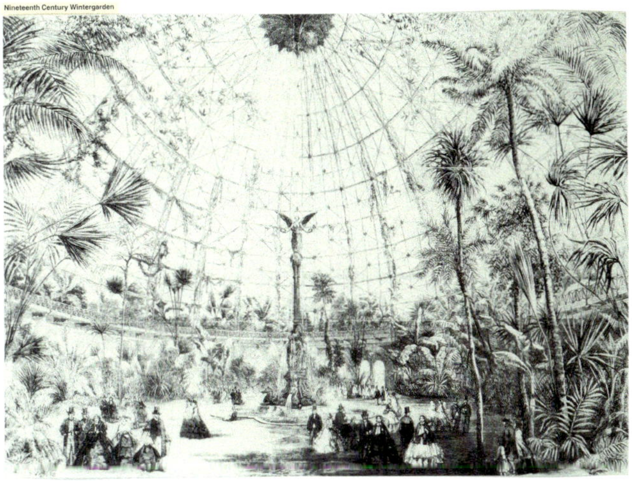

NINETEENTH CENTURY WINTERGARDENS

The glass covered arcades built in Paris in the 1830's made interior streets which were devoted to shopping and the display of goods, creating a 'dreamland' of shoppers' 'paradises.' The arcades, the new department stores and the trade fair culminated in the Paris Universal Expositions. These glass architecture's inner world suggested, for Walter Benjamin,

> *residues of a dream world . . . in which individual consciousness sinks into ever-deeper sleep . . . just as the sleeping person sets out on a macrocosmic journey through his body, and the sounds and feelings of his own insides . . . generate hallucinations or dream-images which . . . explain [these sensations], so it is with the dreaming collective which, in the arcades, sinks into its own innards.*

In the Universal Expositions the wintergarden for plant displays was related to, but took on a separate identity from the commercial shopping arcade and Crystal Palace. Both were replicas of a world within a world. The wintergarden would remain after the expositions culminated. It developed into a natural, temporary refuge or respite from everyday life, taking on the symbolism of a critique of existing society and the corruption of the present world. In the Wintergarden the mediative, private garden of the past was now replaced by the botanical museum display as mass entertainment and mass education.

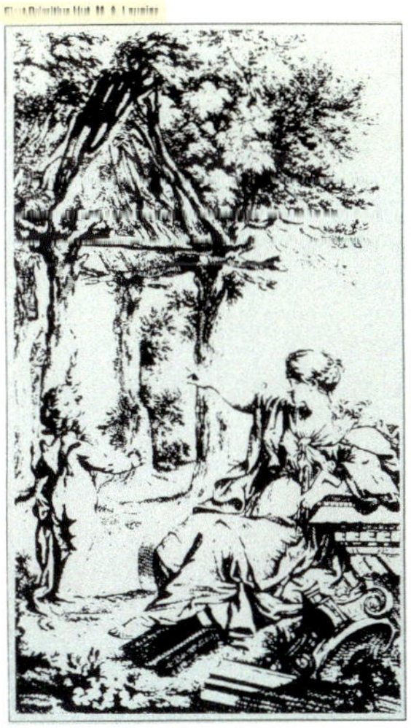

The arcades and botanical wintergardens are

> *residues of dream-worlds . . . in which individual consciousness sinks into ever-deeper sleep . . . The city is now a landscape, now a room.*
>
> **—Walter Benjamin**

The modern city is positioned between its urban reality and 'the natural,' which is the utopian, Edenic or arcadian possibility contained within, outside, or in an unrealized zone of the city. This dialectic began in the early Enlightenment with Abbe Laugier, who, influenced by Jean-Jacques Rousseau's opposition of uncorrupted 'Natural Man' to the despoilments of urban civilization, proposed, for architecture, a similar 'first principle' in the original 'rustic hut.' The notion of the rustic hut evoked the early Enlightenment myth where Man and Nature returned to their 'origins'—original nature—and evoked an ideal state in which there was no oppression of men by men. The elementary hut was a critique of the despoilations of contemporary urban architecture—the new, disordered bourgeois city.

The elementary scaffold of the hut was derived from simplest necessity. It was seen that Greek architecture derived its geometrical form directly from nature, just as housing in its primitive, archetypal form and simple necessity derived from tree trunks and branches:

> *The pieces of wood raised vertically give us the idea of columns. The horizontal pieces that surmount them give us an idea of pediment.*
>
> **—Abbe Laugier**

Laugier was the first city planner. Recommending that the city become like Nature, he proposed that its streets be laid out in a picturesque fashion, analogous to the new meandering forms of the English Garden.

DAN GRAHAM & ROBIN HURST
PRIVATE "PUBLIC" SPACE: THE CORPORATE ATRIUM GARDEN
(PRIVATER «ÖFFENTLICHER» RAUM: DER FIRMEN-ATRIUMGARTEN), 1987

Street View, ChemCourt

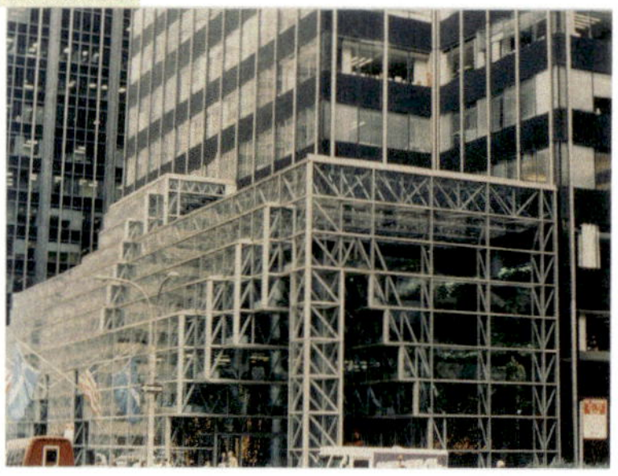

ChemCourt Interior

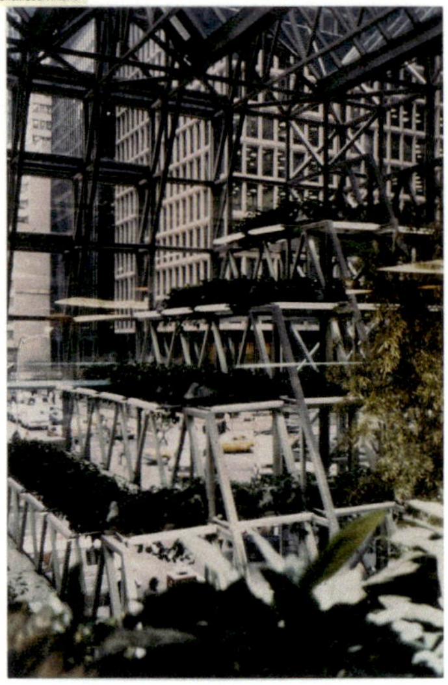

Above the doorway, lobby interior:
The overhead glass steppes rise and narrow back to a pyramidal point. At several points each run of the framed shelves is intersected by the vertical openwork diagonals of steel trusses, which meet at angles along the pyramid's edge. Each setbacked run contains a long grey planter filled with the green hanging kangaroo vines of *cissis antarctica*. Lit from above by an exposed and extended bank of horizontal fluorescents, the cool, clinical light reflects in white stripes on the grey tinted glass of the risers, creating the impression of a high-tech Babylonian garden.

Pyramidal Superstructure with Hanging *Cassis Antarica*, ChemCourt

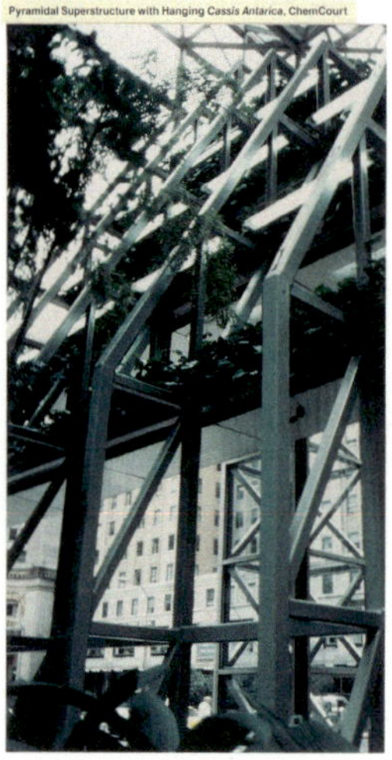

High-Tech Babylonian, ChemCourt

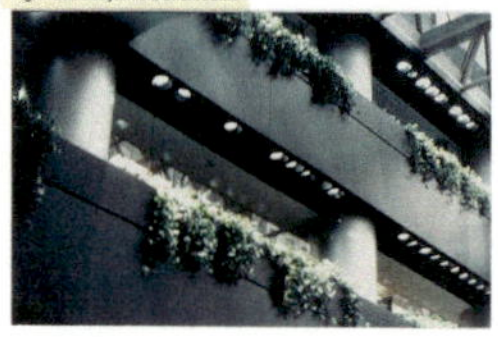

Less than three feet from the front facade glass and to the left lies a low stone channel filled with gently rippling water. The water's surface reflects and then dissolves the rigid geometry of the metal frame supporting the glass curtain wall. The hard lines of the stone channel are softened by hanging foliage and overhead branches extending over the water.

Canal, ChemCourt

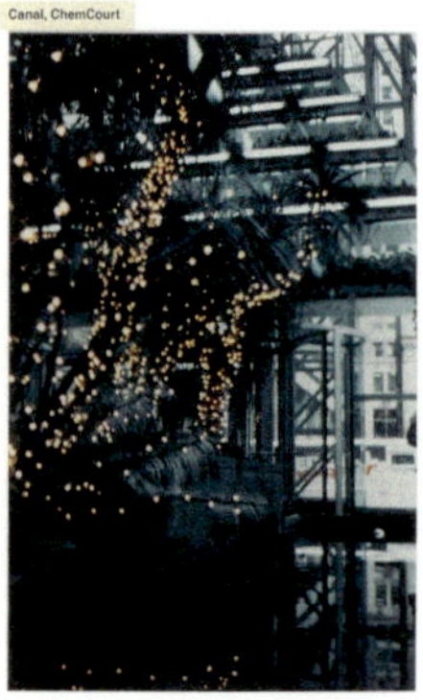

ChemCourt, in its entertainment and education aspects is similar to the John Hancock and Phillip Morris branches of the Whitney Museum, and to the atrium of the nearby IBM building. Major museum exhibitions today rely on large corporate funding; now the corporation and the museum become synonymous, providing public amenity space (profitable for the corporation as tax write-off as well as in the trade-off of greater legally rentable commercial floorspace) housed in corporate headquarters.

View from Employee Dining Room, ChemCourt

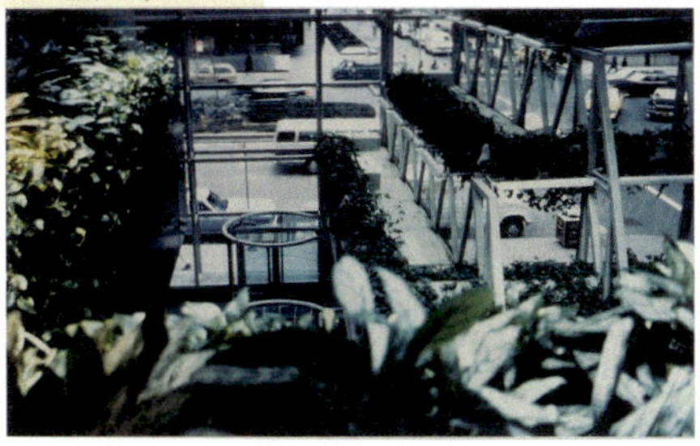

ChemCourt employees from the overhead cafeteria, glassed in on three sides, have an aerial view of the atrium garden below. From the tops of the tropical tree fronds they can look down the pyramidal superstructure to observe visitors walking through the atrium level.

Employee Dining Room, ChemCourt

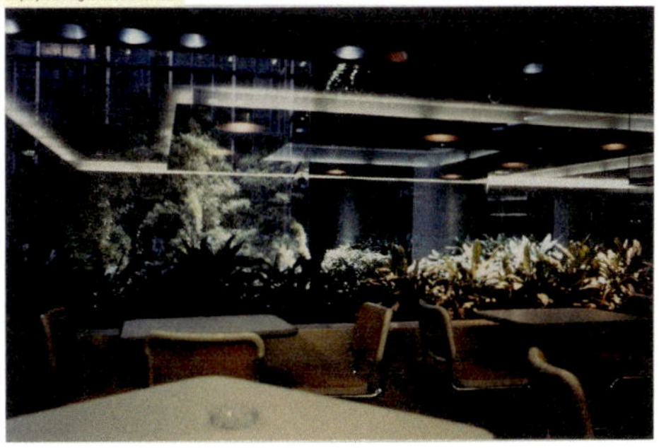

Christmas Display, ChemCourt

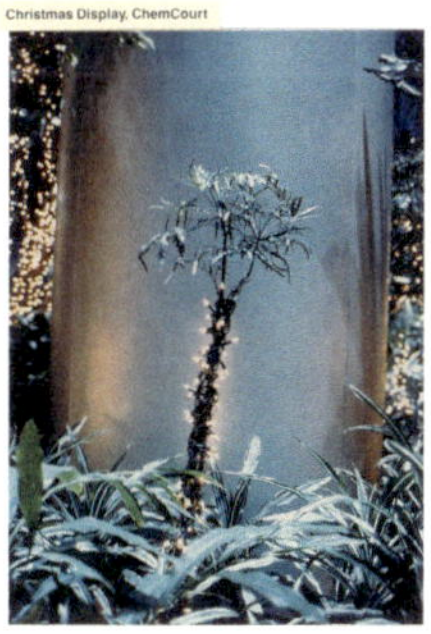

Seasonal Display, ChemCourt

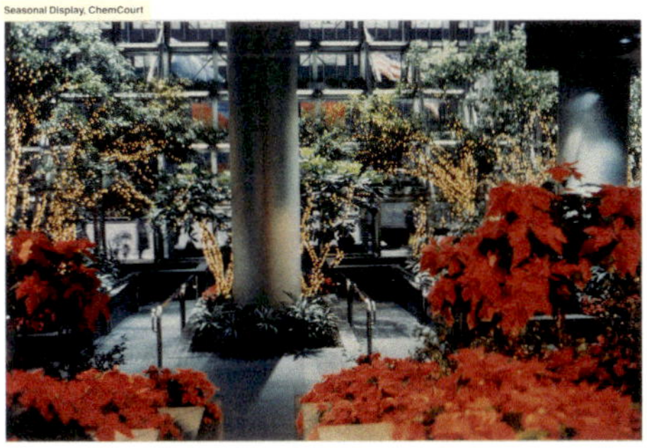

The landscape architect for the ChemCourt project, Mark Morrison, worked to create

> *an urban botanical garden . . . not so much scientific in nature . . . (but one in which) everybody can learn by having the common everyday houseplants . . . in ChemCourt there's an 18' margineta, with an overall diameter of probably 10-12.' People go in and they think 'that plant in my living room, it's only 3' tall, is that really the same plant?' And that's as important I think, as valuable as having some thing flown in from Madagascar.*

It was Morrison's idea as well to use labeling to educate the curious, combining pleasure with information in a civic-minded botanical garden. The New York Botanical Garden originally planted the seasonal displays, thereby parelleling the changing shows of the nearby Whitney Museum extension.

To the east, in front of the waterwall, is a stack of three planters, split by a central water channel and splashing fountain, and bordered on either side by two sets of white marble basins of cascading water, housing poinsettias in winter, purple and yellow mums in the fall, and orchids in the spring. The seasonal veracity reverses the artifice of the 19th century wintergarden, in its denial of both the natural cycle and indigenous vegetation. Wintergardens displayed troplical foliage and exotic fruits and blossoms in the cold of winter, turning the garden into a spectacle or entertainment.

Plant Labels, ChemCourt

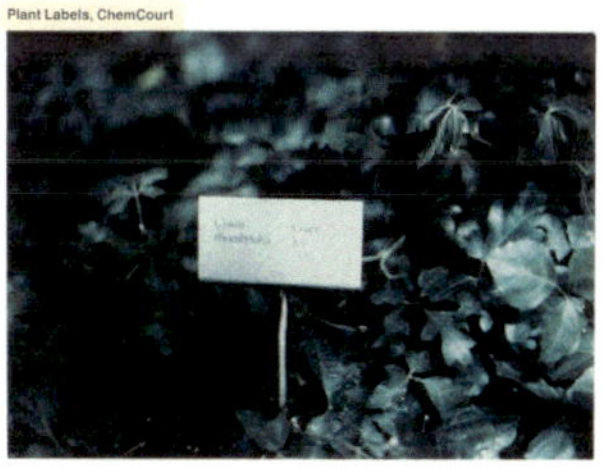

The stepped planter bordering the channel contains ponytail palms (*beaucarnea recurvata*), their collective boles wreathed by thousands of green cords and the firefly illumination of Christmas tree fairy lights. All of the tree trunks are wired. The long green tassles of the ponytail fronds hang down from a height of eight or nine feet, their slender trunks bottoming into a fat thickness at the ground. The ponytails are surrounded by a variety of herbaceous plants, here a healthy mass of golden pothos, their broad green tear shaped leaves irregularly splashed with light yellow markings. Up one level is grape ivy, *cissus rhombifolia*, the waxy sheen of tiny young leaves dulling to a mottled varnish in the older leaves, as their cutin is worn away. The trefoil leaves have the curve and hook of a thousandth-millimeter thick holly leaf, without the sharpness of the holly barb.

> *[Entering] one of those crystal museums in which their somewhat funereal riches are displayed under the harmonius veil of the days of November. We at once grasp the dominant idea, the obtrusive beauty, the unexpected effort of the year in this special world, strange and privileged even in the midst of the strange and privileged world of flowers, and we ask ourselves if this new idea is a profound and really necessary idea on the part of the sun, the earth or man . . . They are there, under the immense transparent dome, the noble flowers of the month of fogs; they are there, at the royal meeting-place, grave little autumn fairies, whose dances and attitudes seem to have been struck motionless with a single word.*
>
> **—Maurice Maeterlink**

DAN GRAHAM & ROBIN HURST
PRIVATE "PUBLIC" SPACE: THE CORPORATE ATRIUM GARDEN
(PRIVATER «ÖFFENTLICHER» RAUM: DER FIRMEN-ATRIUMGARTEN), 1987

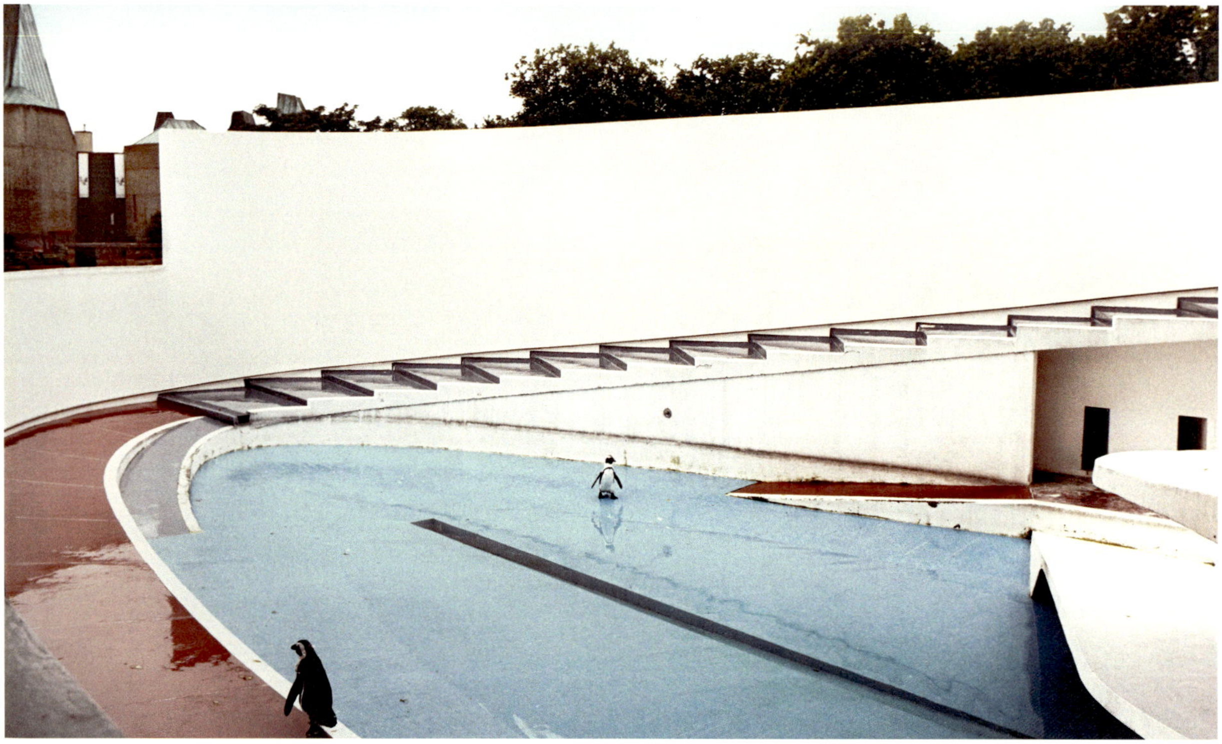

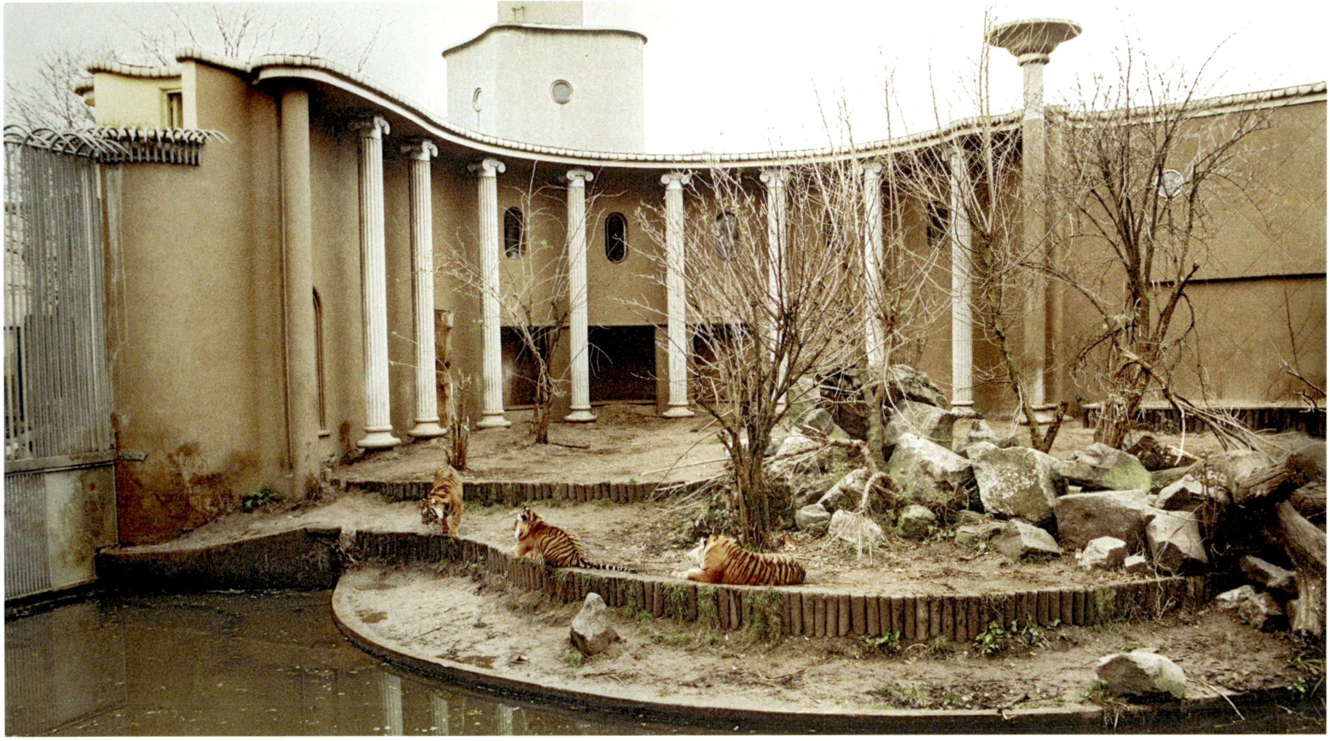

CANDIDA HÖFER
ZOOLOGISCHER GARTEN LONDON III (ZOOLOGICAL GARDENS), 1994
ZOOLOGISCHER GARTEN ROTTERDAM II (ZOOLOGICAL GARDENS), 1994

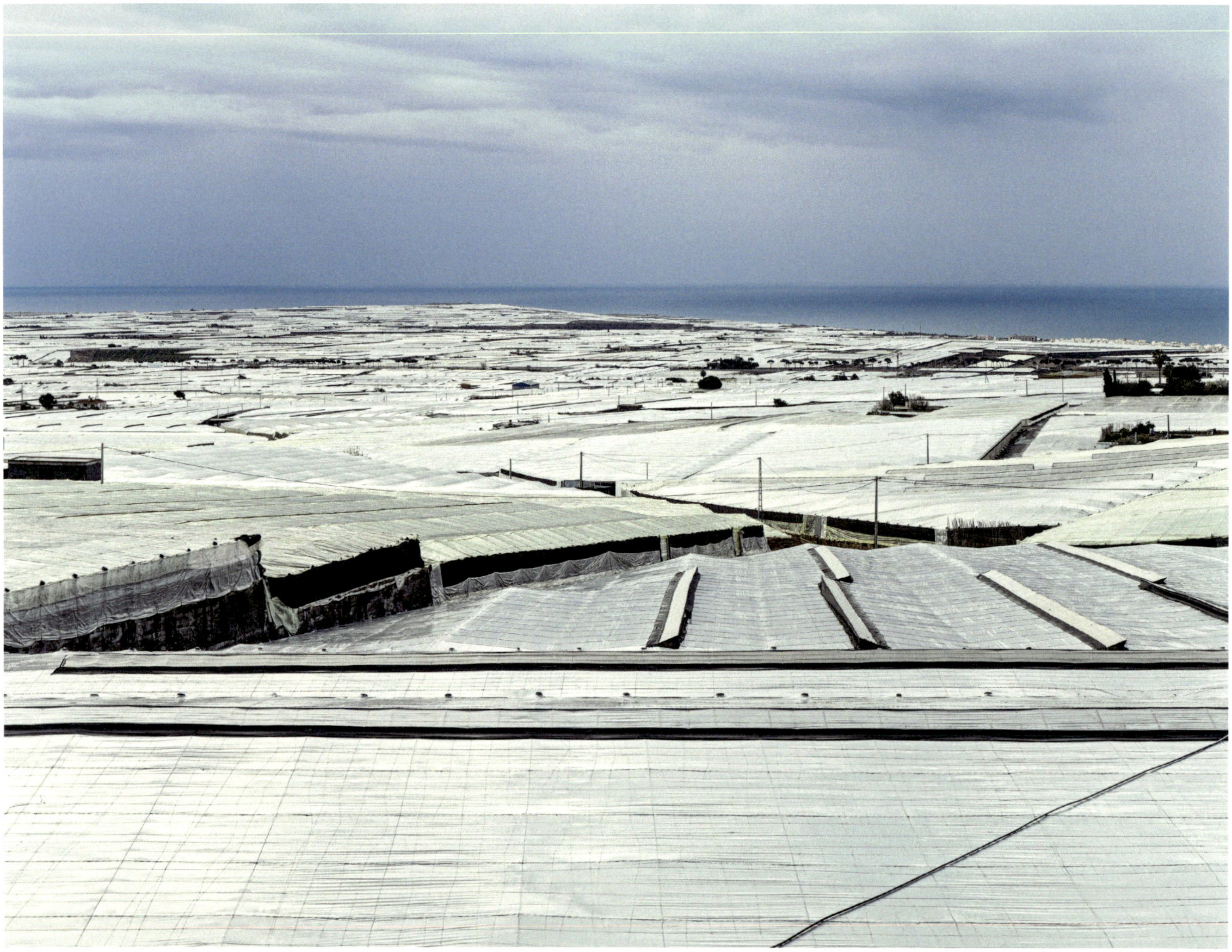

GEORG AERNI
LLANOS DE BALANEGRA I & II
(DIE EBENEN VON BALANEGRA/THE PLAINS OF BALANEGRA), 2012
AUS/FROM: *EL JARDÍN DE LOS CÍCLOPES*
(DER GARTEN DER ZYKLOPEN/THE GARDEN OF THE CYCLOPS)

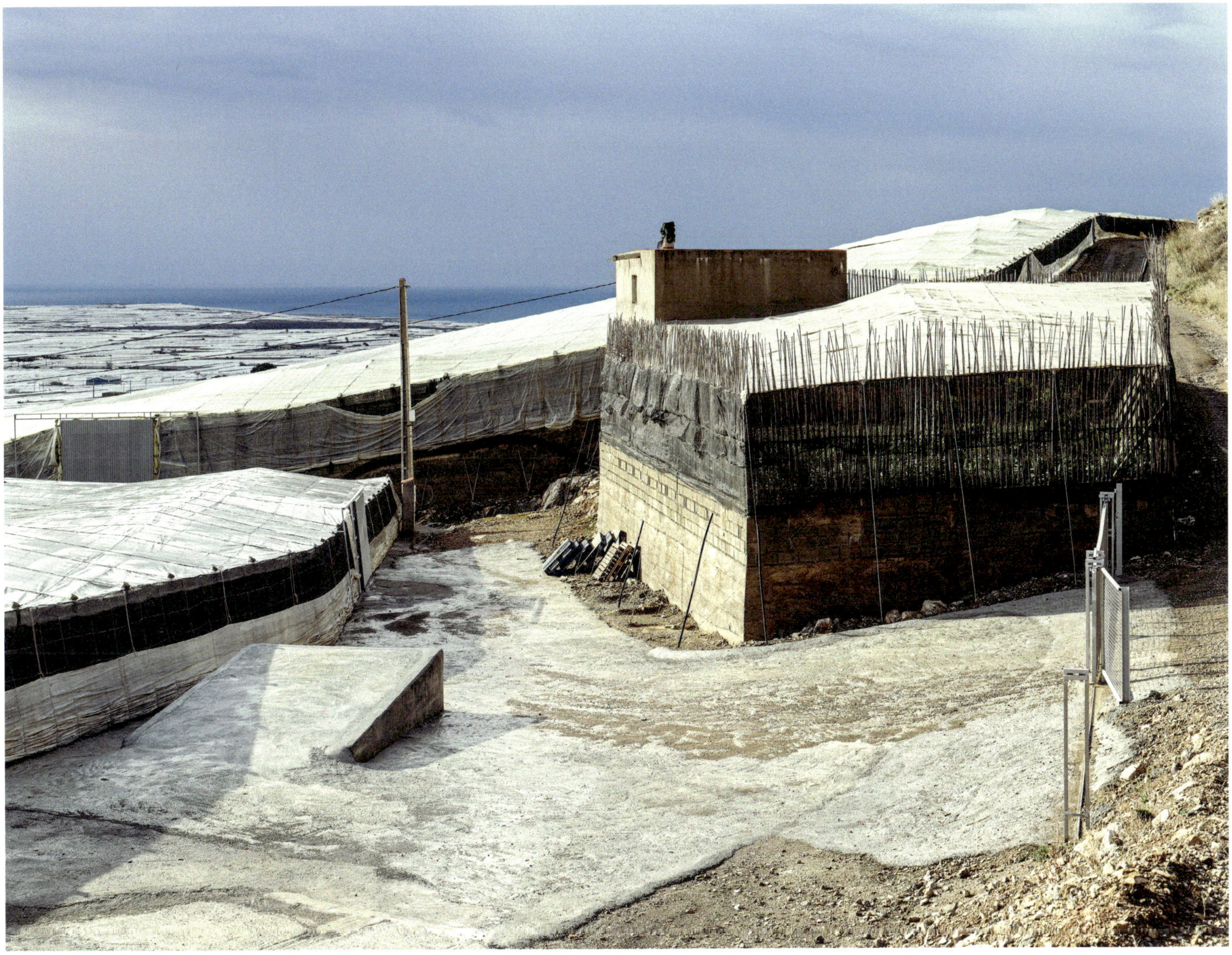

> BEAT WIDMER
BLUR BUILDING VON DILLER & SCOFIDIO
AN DER EXPO.02, SCHWEIZ
(BLUR BUILDING BY DILLER & SCOFIDIO
AT EXPO.02), 2002

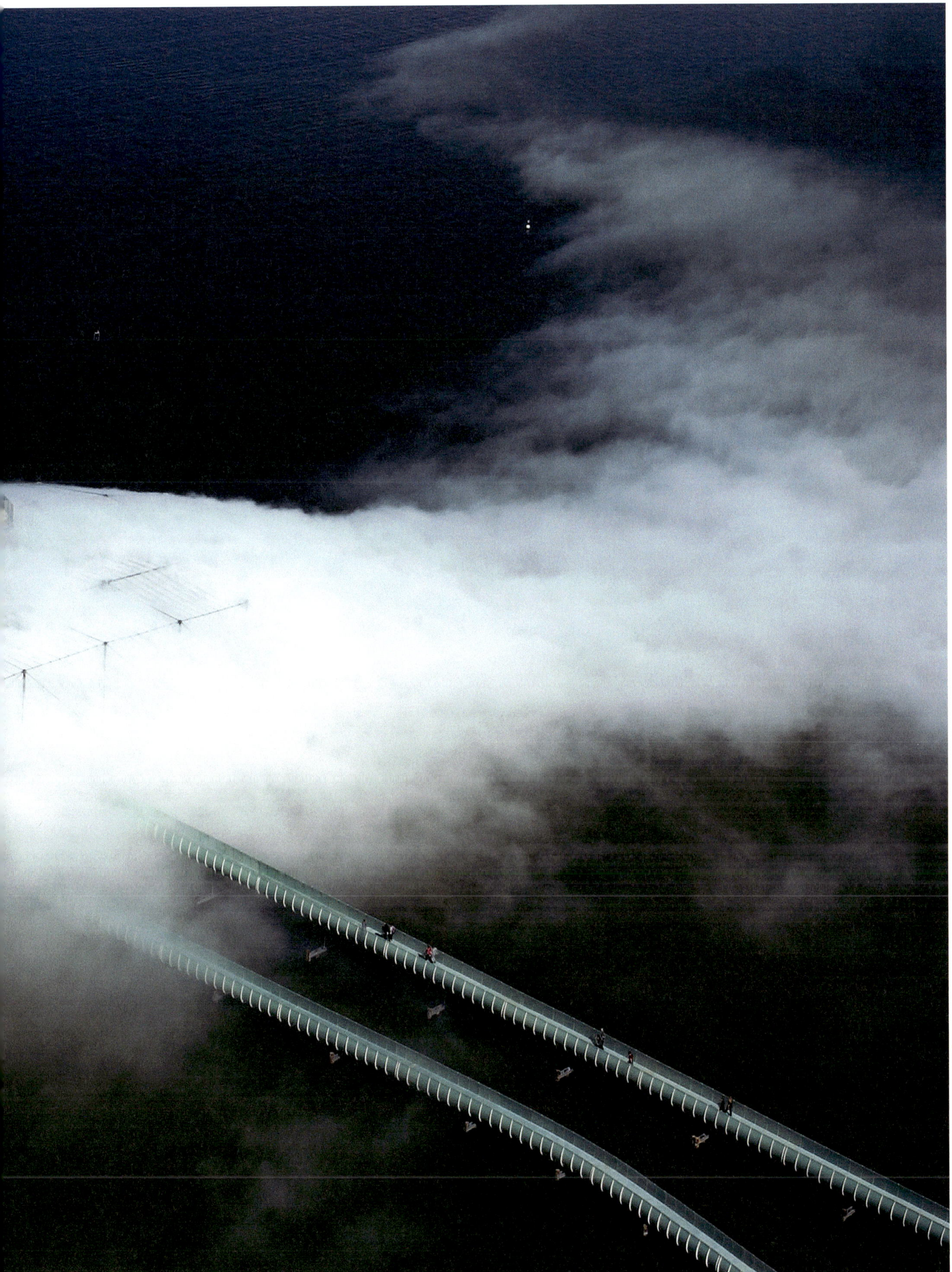

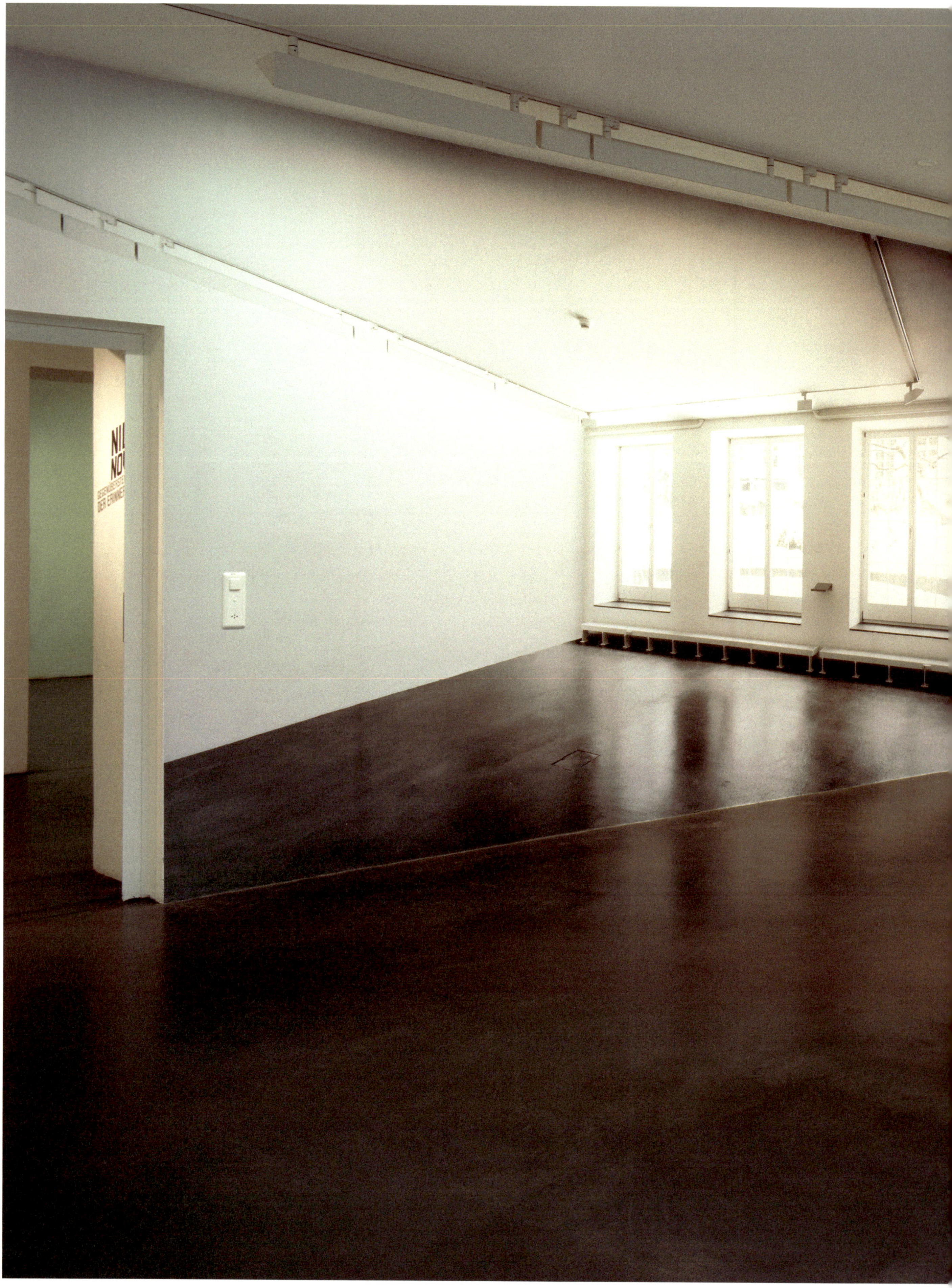

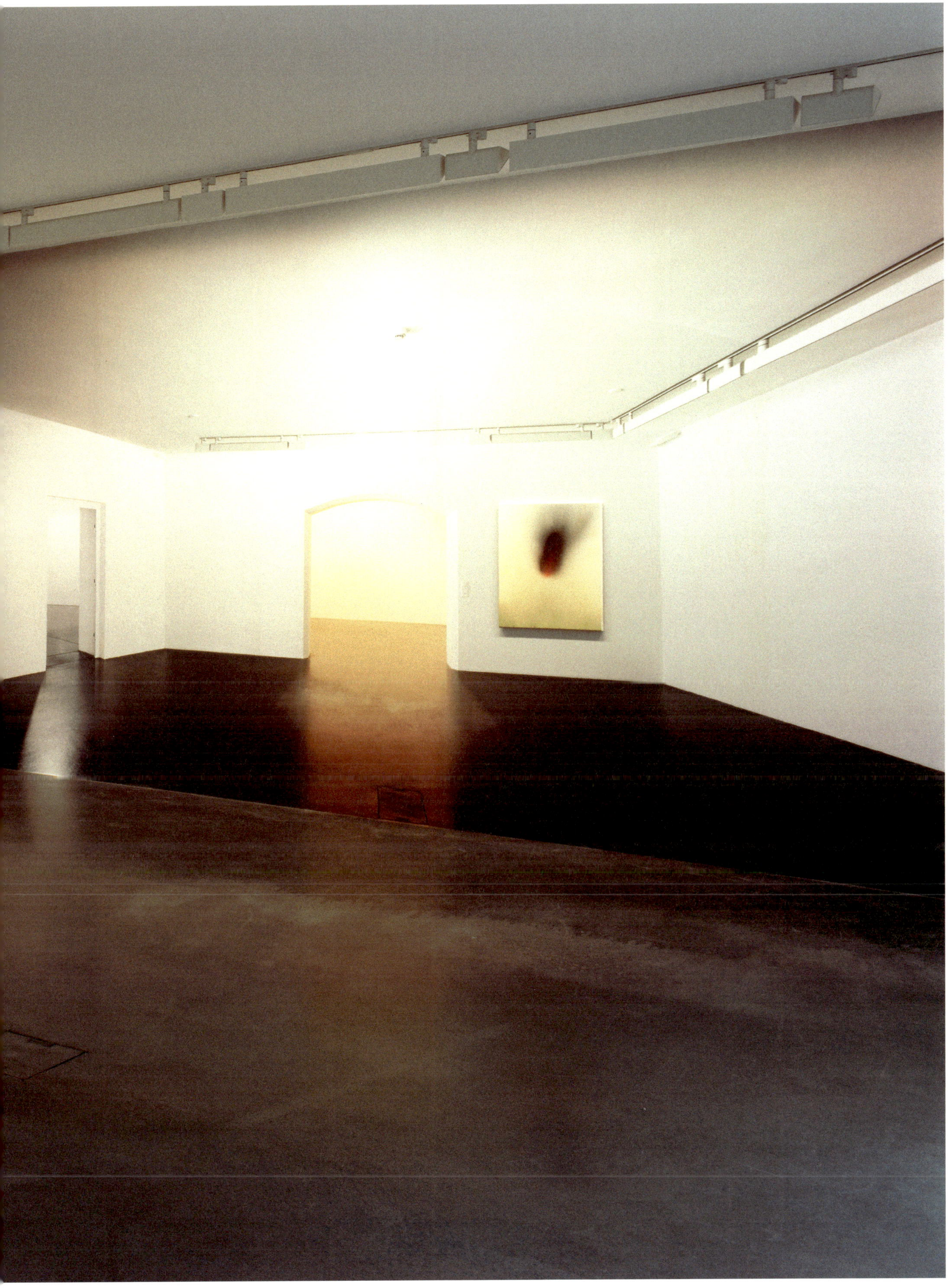

< NILS NOVA
GEGENÜBERSTELLUNG DER ERINNERUNG
(OPPOSITION OF MEMORY), 2006

GESPRÄCH ZU FOTOGRAFIE UND ARCHITEKTUR
/
A CONVERSATION ON PHOTOGRAPHY AND ARCHITECTURE

Gespräch zu Fotografie und
Architektur mit der Redakteurin Meret Ernst, der Architektin
Annette Gigon und dem Künstler Armin Linke.
Moderation: Thomas Seelig und Daniela Janser

«Die Fotografen entdecken die Schönheiten oder Schwächen selber»

Was ist eine gute Architekturfotografie?

ARMIN LINKE: Ein gutes Bild sollte auch in zwanzig, dreissig Jahren noch funktionieren. Es sollte unterschiedliche «Schichten» haben, die je für sich stimmig sind. Und es sollte auch funktionieren, wenn man gar nicht weiss, wer der Architekt ist und wo und wann es fotografiert wurde. Eigentlich ist eine gute Architekturfotografie eine Fotografie, die viele Fragen stellt, wobei die Frage nach dem Architekten erst ganz am Schluss kommt. Und wenn die Architektur gut ist, dann stellt auch sie viele Fragen. So dass jeder seine eigenen Antworten geben kann und muss.

MERET ERNST: Architekturfotografie als Genre erfüllt eine doppelte Funktion. Einerseits muss mich eine gute Architekturaufnahme als Bild interessieren. Das öffnet das Genre zur Kunst hin. Zugleich gehört es zur Gebrauchsfotografie. Deshalb verlange ich, dass mich das Bild auf die Architektur zurückverweist, dass es mich dazu animiert, den konkreten fotografierten Raum, dieses Gebäude oder jene Stadtlandschaft, mit eigenen Augen anzusehen.

ARMIN LINKE: Gute Fotografie ist auch ein anthropologisches Dokument. Und sie zeigt den Prozess und das Konzept des Architekten oder des Architektenkollektivs. So geht sie selber in die Geschichtsschreibung der Architektur ein und trägt zu ihrer Wahrnehmung und Kritik bei. Gute Architekturfotografie erzählt nicht nur «die Architektur», sondern vermittelt auch die dazugehörige Propaganda und alles, was sonst noch mitspielt: was die Auftraggeber umtreibt, welche Geschichten und Machtstrukturen hinter jeder Architektur stecken. Das ist nicht immer ganz einfach darzustellen.

ANNETTE GIGON: Zu Beginn unserer Laufbahn, vor etwa zwanzig Jahren, da ging es in der Architekturfotografie hauptsächlich darum, die Gebäude zu dokumentieren. Und zwar gemäss den klassischen Richtlinien: keine fallenden Linien, der Ausschnitt sollte spannend, aber doch erklärend sein bezüglich der Konstruktion des Gebäudes und seiner Nutzung, Menschen fehlten auf den Bildern, Möbel auch, und fotografiert wurde immer zwischen Fertigstellung und Bezug. Heinrich Helfenstein machte damals für uns mit seiner grossen Fachkamera Ektachrome-Farbaufnahmen und parallel immer Schwarz-Weiss-Aufnahmen. Wir baten ihn, zusätzliche «schnelle» Stimmungsbilder von Details und Materialien mit seiner Kleinbild-Spiegelreflexkamera einzufangen. Heute stelle ich dagegen eine sehr willkommene Öffnung fest hin zu einer Architekturfotografie, die Kontext, Subtext und Alltag miterzählt – Verkehr, Menschen davor, das Gebäude im Gebrauch. Sie hat diese sehr auf das Bauwerk bezogene, klare, reine, auch heroische Architekturfotografie wenn nicht abgelöst, so zumindest ergänzt. Interessant ist ja, dass es bereits im *Œuvre complète* von Le Corbusier neben den kargen, menschenleeren auch einige «bevölkerte» Fotografien gibt.

Geben Sie als Auftraggeberin genaue Anweisungen? Sagen Sie, ob eher dokumentarisch oder künstlerisch fotografiert werden soll?

ANNETTE GIGON: Es ist tatsächlich so, dass wir beides wünschen, die «reine» Dokumentation ist aber nach wie vor unverzichtbar ist für uns. Wenn im Vordergrund zu viel Betrieb und Leben sichtbar wird, dann «verbrauchen» sich diese Bilder oft stärker, weil der Blick naturgemäss zuerst auf das spielende Kind oder den Passanten fällt und diese das Bild dann auch «besetzen». Die dokumentarischen «Passfotos» der Gebäude sind neutraler, vielseitiger und länger einsetzbar. Trotzdem haben wir diesen weiteren Blick der künstlerischen Fotografie immer wieder gesucht, die spielerischer, eigenständiger, freier mit dem architektonischen Objekt umgeht und es sich aneignet. In diesem Sinn suchen wir eine Art Mehrspurigkeit der Darstellung. Deshalb haben wir auch angefangen, mit Film zu arbeiten.

ARMIN LINKE: Als ich heute in der S-Bahn vom Flughafen nach Zürich sass, sind wir auch sehr nahe am Prime Tower [gebaut von Gigon/Guyer] vorbeigefahren. Das war ein sehr schöner, quasi cinematografischer Blick. Durch die bewegte Perspektive erwachte das Gebäude auf einmal. Etwas pointierter ausgedrückt: Fotografie formalisiert und blockiert oft, der Film dagegen legt dieses Spielen der Partitur, die Choreografie der Architektur frei. Eure Gebäude sind ideal zum «passieren», so kann man sie gleichzeitig als Raum und als Zeit wahrnehmen.

ANNETTE GIGON: Ein schönes Kompliment. Die Bemerkung mancher Kollegen, dass sie unsere Gebäude in Realität besser finden als auf den Fotos, würde diese Beobachtung von Armin Linke unterstützen – obwohl oder gerade weil wir stets mit sehr guten und unterschiedlichen Fotografen zusammengearbeitet haben. Wobei die meisten von ihnen eine eher kritische Haltung zu ikonenhafter Inszenierung haben. Vielleicht sind unsere Gebäude in diesem Sinne zu wenig fotogen.

Historisch gesehen standen sich Architektur und Fotografie sehr nahe, beides war statisch. Heute sagen Sie, dass Gebäude oft viel adäquater durch Videos dargestellt werden können; wobei sicherlich auch die Verbreitung von Filmen, zum Beispiel via Youtube, zugenommen hat.

MERET ERNST: Auch das Medium Video oder Film setzt einen gerichteten Blick voraus. Es stimmt, die Fotografie formalisiert, aber sie kann in dieser Abstraktion auch auf

Strukturen aufmerksam machen, die mir in der filmischen Wahrnehmung entgehen. Sei es, weil ich im Vorbeifahren einen zu zerstreuten Blick habe, sei es, weil die Konzentration des Einzelbildes fehlt. Die Technik, die inzwischen jede Foto- zur Filmkamera macht, mag uns dazu verleiten, Architektur filmisch wahrzunehmen und zu verbreiten. Trotzdem bleibt jede Kamera ein Instrument, das bewusst eingesetzt werden muss, damit die Aufnahme «gut» wird. Das ist gelungen, wenn Bilder mich dazu verführen, meine eigene Wahrnehmung im Raum zu suchen und mit dem abzugleichen, was ich in der Aufnahme gesehen habe – egal ob das fotografisch oder filmisch passiert.

Wie gestaltet sich die Zusammenarbeit zwischen Fotograf und Architekt?

ANNETTE GIGON: Wenn wir eine Fotodokumentation für ein Gebäude nachfragen, dann sagen wir – oder die Bauherren – wie viele und welche Bilder wir gerne hätten oder bezahlen können. Wir besprechen die Standpunkte, weil wir den Bau und die spezifischen Lichtverhältnisse nach all den Baustellenbesuchen sehr gut kennen. Manchmal haben wir im Vorfeld bereits laienhaft selbst ein wenig fotografiert. Aber die Fotografen entdecken die Schönheiten oder Schwächen trotzdem selber. Und ab und zu gibt es auch freie Projekte, bei denen die Fotografen ein Gebäude von sich aus fotografieren, mit ihrem ganz eigenen Blick.

MERET ERNST: In der *Hochparterre*-Redaktion greifen wir oft auf bestehendes Bildmaterial zurück. Denn im Normalfall werden die Gebäude im Auftrag der Bauherren oder Architekten fotografiert, sobald der Bau fertig ist. Bei grösseren Berichten ist es uns aber ein Anliegen, Bildmaterial zu zeigen, das auf der Höhe der formulierten Kritik ist. Es gibt heute nicht mehr allzu viele Zeitschriften, die bereits fotografierte Gebäude nochmals neu fotografieren lassen.

Mich irritiert, dass der Vorwurf, dass ein Grossteil der Architekturaufnahmen Werbebilder sind, fast nie formuliert wird. Verwende ich dagegen für Designobjekte Bilder der Hersteller, handle ich mir unweigerlich den PR-Vorwurf ein. Dabei gibt es kaum ein Bild, das derart stark vom Urheber des Bildmotivs kontrolliert wird wie die Architekturaufnahme.

ARMIN LINKE: Man macht keine Werbung für Gebäude. Man macht Werbung für massentaugliche Produkte, aber die Architektur ist kein Massenprodukt. Gleichzeitig hat jeder seine Absichten, gerade Architekten müssen sehr kompetitiv arbeiten. Auch ich als Fotograf spiele auf verschiedenen Feldern, weil ich sowohl für Zeitschriften als auch künstlerisch arbeite. Es geht darum, die verschiedenen Regelwerke zu beherrschen, dabei aber auch andauernd an ihre Grenzen zu gehen und mit den herrschenden Codes zu spielen und diese zu brechen.

ANNETTE GIGON: Tatsächlich erhalten wir unsere Aufträge völlig unabhängig von der Existenz guter Fotos, zumeist erst nach einem gewonnenen Wettbewerb und nur ganz selten direkt. Wenn ein Haus von uns in einer Fachzeitschrift publiziert wird, selbst wenn gute Berichte in Tageszeitungen erscheinen, dann erhalten wir deswegen keinen einzigen neuen Auftrag. Auch die Monografien, die entstanden sind, verbessern höchstens die Chancen, zu prominenten Wettbewerben eingeladen zu werden, gegen immer hochkarätigere Konkurrenten – die zu gewinnen immer schwieriger wird.

Wurden Ihre Bilder schon einmal zurückgewiesen, Herr Linke?

ARMIN LINKE: Eigentlich arbeite ich nicht per Auftrag. Ich habe eine Wunschliste mit Themen, die mich interessieren. Und wenn eine Zeitschrift zufällig etwas von dieser Wunschliste produziert, dann mache ich das. Aber natürlich versuche ich oft, die Grenzen auszutesten. Vor einigen Jahren haben das Guggenheim und eine italienische Bank in der Nähe von Vicenza eine Villa von Palladio neu in Stand gesetzt. Ich und ein paar «klassische» italienische Fotografen – Gabriele Basilico, Olivo Barbieri – wurden angefragt, die Gegend zu fotografieren. Mein Ansatz war aber, nicht selber zu fotografieren. Stattdessen bin ich zum Bauamt dieses kleinen Dorfes gegangen. In Italien gab es in den 1990er Jahren den «Condono Edilizio», ein von Berlusconi lanciertes Gesetz zur «autonomen Architektur», also von den Bürgern selbst entworfene und gebaute Architektur, die sich natürlich nicht an architektonische Gesetzmässigkeiten hält. Die Bürger haben ihre baulichen Veränderungen in diesem Rahmen auch fotografiert, nicht zuletzt um zu beweisen, dass sich ihre «Ungesetzlichkeiten» trotzdem an gewisse Parameter hielten, und sie so durch das Bezahlen einer Extra-Steuer von einer Strafe entbunden werden konnten. Aus diesen technischen Amateurbildern habe ich eine Edition gestaltet, die allerdings bei den Auftraggebern gar nicht gut angekommen ist. Doch diese Zurückweisung schien mir ein gutes Zeichen! Denn das Verrückte war ja, dass diese Bürgerfotos sehr «becherig» wirkten und dass sogar Typologien sichtbar wurden. An diesem Beispiel lässt sich auch gut hinterfragen, worin genau der ganze künstlerische Prozess eigentlich besteht.

Haben Sie schon einmal ein Bild eines Ihrer Gebäude abgelehnt, Frau Gigon?

ANNETTE GIGON: Als ganz junge Architekten versuchten wir uns noch gegen die Verbreitung von Bildern, die die Bauten verzerrt, missverständlich oder «gut gemeint» unvorteilhaft darstellten, zu wehren – allerdings immer vergeblich! Nur die Auswahl der Fotos, die wir selbst in Auftrag gegeben haben, können wir bestimmen. Heute sind wir diesbezüglich offener und gelassener – im Zeitalter der digitalen Fotografie und des Internets wäre der Versuch der Kontrolle über das mediale Bild eines Gebäudes sowieso ein Kampf gegen Windmühlen. Wir können auch nichts dagegen tun, wenn wir in Zeitschriften schlechtgemacht werden. Leider! (lacht)

Armin Linke, wenn Sie im eigenen Auftrag fotografieren, geht es Ihnen da um die Architektur oder um Ihren künstlerischen Blick?

ARMIN LINKE: Es geht in meiner Fotografie nicht um Architektur, sondern generell um Raumnutzung und -gestaltung, Architektur ist nur ein Teil davon. Um Frei Otto zu zitieren, ist die Geschichte des Konstruierens wichtiger als die Architekturgeschichte, weil sie auch den ganzen Prozess und die Produktionsbedingungen mitdenkt. Bei vielen Projekten, die ich fotografiert habe und die sich im weiteren Sinn um Landschaftsnutzung drehen, gehört vor allem auch das Scheitern dazu. Denn gerade im Scheitern ist das gewollt Utopische mit inbegriffen, was mich sehr interessiert. Ein anderer Punkt ist, dass man nicht einfach die Architektur, sondern den gesamten Raum sieht. Dass man Architektur als ein Skript betrachtet, als etwas Theatralisches, als Raum, Skulptur,

Material, Handwerk. All diese Aspekte sollte man im Bild sehen. Manchmal muss man dafür nur ein einziges Bild machen, das man dann wie auf einer Bühne als Theaterkulisse benutzen kann, um im Vordergrund ein anderes Stück spielen zu lassen.

Manche Bilder funktionieren dagegen nur als Sequenz oder brauchen eine Geschichte, ein Storyboard. Dann ist auch entscheidend, was nach der Fotografie passiert, die Zusammenarbeit mit dem Grafiker des Buches, der Edition, der Zeitschrift oder mit demjenigen, der einen Text dazu verfasst, wird sehr wichtig. Auch die künstlerische oder skulpturale Präsentation der Bilder im Raum, zum Beispiel im Rahmen einer Ausstellung – wobei auch die Zuschauer aktiv involviert werden sollten, um die Bilder nicht einfach passiv zu «benutzen» –, ist wichtig. Dazu gehört auch das Hinterfragen der Rolle der Ausstellungsinstitution.

ANNETTE GIGON: Das Thema des Ausstellens von Architekturfotografie und damit von Architektur ist ebenso spannend wie schwierig. Bei der Abbildung von Architekturen in Büchern stellt sich die Frage nicht, aber bei der Setzung, Hängung, Positionierung, Projektion von Architekturfotos im Raum, insbesondere ab einer gewissen Grösse der Abbildungen, drängt sie sich zwangsläufig auf: Wie kann man Häuser in anderen Häusern ausstellen? Es geht um die Übersetzung in den Raum hinein. Zumeist hätte man am liebsten nichts zwischen dem Bild und dem Auge des Betrachters, aber im Ausstellungsraum braucht es oftmals das Medium des Rahmens, eines Bilderrahmens, einer Ausstellungsinstallation oder auch einer Verdunkelung, um zwischen Ausstellungsraum und Bild zu trennen oder zu vermitteln.

Zudem kämpft die Architekturausstellung immer auch mit der Frage nach der Notwendigkeit und der Authentizität. Wenn Häuser gebaut sind, könnte man sie ja theoretisch 1:1 erfahren. Trotzdem entstehen bei Architekturausstellungen immer wieder wunderbare Erfindungen und intelligente «Verräumlichungen». Im schlechtesten Fall wirkt es angestrengt und langweilig.

MERET ERNST: Ich stelle fest, dass es für mich überhaupt kein Problem ist, ein gebautes Haus in Form einer wie auch immer gearteten Abstraktion zu zeigen. Für mich ist das deshalb unproblematisch, weil ich an das Bild glaube. In meinem Arbeitsalltag habe ich es primär mit Bildern zu tun. Der Anspruch, dass ich eine totale Wahrnehmung des Gebäudes simulieren muss, wenn ich lediglich sein Abbild in einem Raum inszeniere oder im Heft zeige, ist mir fremd. Ich sehe immer das Bild der Architektur und nicht die Architektur selbst. Und es ist immer das Bild, das meine Lust weckt, das abgebildete Objekt mit eigenen Augen sehen zu wollen – oder eben nicht.

Das bedeutet, dass der «Fluchtpunkt» der Architekturfotografie nicht automatisch das Gebäude selber ist?

MERET ERNST: Das ist der Unterschied zwischen einer guten Architekturfotografie, die diesen Anspruch erfüllen muss, und einem guten Bild. Sehe ich das Ricola Lagergebäude im Bild von Thomas Ruff in einer Galerie hängen, löst das in mir nicht den Drang aus, mir das Gebäude auch real anzuschauen: Das Bild allein reisst mich genug mit. Und jede erfolgte Manipulation an der Aufnahme – die ich erkenne, weil ich sie mit dem realen Gebäude oder mit dokumentierenden Aufnahmen abgleichen kann – schreit mir zu:

«Ich bin ein Bild.» Gerade deshalb ist dieses Beispiel auch ein typischer Grenzfall zwischen Architektur- und Kunstfotografie.

ANNETTE GIGON: Für mich ist das Gebäude ein Endprodukt. Das gute, auch das künstlerische Bild kann es nicht ersetzen – es ist eine Dokumentation oder eigene Kreation. Ich sage dies, obwohl wir Architekten ja selber nie direkt am Bauobjekt arbeiten. Stattdessen tasten wir uns mit Plänen, Materialmustern und Modellen an die Wirklichkeit eines Gebäudes heran. In diesem Sinne sind wir es gewissermassen gewohnt, mit «Hilfsmitteln», mit «Repräsentationen» zu arbeiten. Aber gerade deshalb ist es für uns vielleicht noch wichtiger, dass man diese Räumlichkeit und Materialität irgendwann auch konkret physisch erfährt.

Nun hat ja gerade die Fotografie als Repräsentation oft auch etwas «Bewahrendes» …

ARMIN LINKE: Genau. Fotografien können auch einer «Rettung» dienen, zum Beispiel eines Architekten, den keiner kennt, obwohl er absolut zentral ist. Wenn die Architektur in Vergessenheit gerät, kann die Fotografie ein Anlass sein, um sie wieder zu thematisieren, um Lücken in der Architektur-Geschichtsschreibung nachträglich zu schliessen. Ausserdem kann Fotografie eben nicht nur dokumentieren, sondern die Wahrnehmung auch steuern und vielleicht sogar verändern.

ANNETTE GIGON: Häuser werden auch zerstört oder durch ungeschlachte Umbauten verunstaltet. Dann sind die Fotografien oder die Pläne alles, was vom ursprünglichen Gedanken des Architekten bleibt. Trotzdem: Für mich als Architektin spielt sich fast alles in dieser Balance zwischen der Idee, der Vision eines Gebäudes und ihrer Umsetzung bzw. Materiewerdung ab. Und am Schluss zählt das, was gebaut ist, mehr als das, was man geplant und gerne verwirklicht hätte. Konkret: Wir haben bislang nie Renderings [computergestützte, realistisch wirkende Visualisierungen] von gebauten Projekten veröffentlicht, auch wenn wir mit unseren Vorstellungen nicht immer durchgedrungen sind. Aber wir publizieren die Fotos des originalen Bauzustands, wenn ein Gebäude später weniger glückliche Umbauten durchlaufen muss.

MERET ERNST: Im Unterschied zu Architekten ist für mich dieser Abgleich zwischen Bild und gebauter Realität schmerzfrei, weil ich das Gebäude ja nicht entworfen habe. Die Diskrepanz zwischen Darstellung und Wirklichkeit existiert zwar für mich auch – als Ent-Täuschung, die mich lehrt, wie ein Bild funktioniert –, aber sie ist nicht existenziell. Sie bringt mich vielmehr dazu, meine Wahrnehmung mit derjenigen einer Fotografin, eines Fotografen abzugleichen.

Die Technik des Renderings wurde bereits erwähnt. Höhlt dieses digitale «Morphing» die Fotografie und was sie verspricht nicht gleichsam aus?

MERET ERNST: Renderings stehen in einer medienhistorischen Kontinuität: Architekturdarstellungen bemühten sich immer schon um Realitätsnähe; das computergenerierte Rendering versucht sich nun am Hyperrealismus. Damit wird das Verhältnis zwischen Fotografie und Rendering kritisch. Wir haben zum Teil Schwierigkeiten, die Herkunft eines Bildes zu bestimmen: Ist es errechnet oder handelt es sich um eine fotografische Aufnahme? Renderings haben eine Stufe erreicht, die ihren Realitätsbezug kritisch werden lässt. Damit verknüpft ist der Verwertungszusammenhang. Halten wir zum Beispiel in einer Abstimmungspropaganda ein gerendertes Bild für «wahr», kann das sehr konkrete politische Konsequenzen haben. Das Ganze ist faszinierend und abschreckend zugleich.

ARMIN LINKE: Oder, um es wieder etwas ins Positive zu wenden: Im Feld der Videogames, die ja auch eine Art Rendering sind, entsteht plötzlich eine sehr interessante Architektur, die in bestimmten Fällen fast schon diese fantastische Piranesi-Qualität hat. Das sind künstliche Bilder, die unsere Vorstellungswelt von Architektur und Raumkonzepten ebenfalls beeinflussen.

Es fragt sich, ob aus diesem Hyperrealismus nicht auch wieder eine Gegenbewegung entsteht und man plötzlich wieder einen Künstler wie Erik Steinbrecher fotografieren lässt, der möglichst unverbraucht, «authentisch» und womöglich noch analog arbeitet?

ANNETTE GIGON: Absolut. Diese künstlerischen Fotos sind eine optische Bewusstseinserweiterung, die Renderings dagegen sind im besten Fall eine möglichst unverfälschte Vorwegnahme der künftigen Realität. Aber ich habe nichts gegen Renderings, bei aller Gefahr, die sie bei Architekturwettbewerben darstellen, weil sie so verführerisch sind und manchmal doch nichts mit der späteren Realität zu tun haben. Heute setzen wir Renderings auch in der Entwurfs- und Planungsphase als Arbeitswerkzeug ein, zur Überprüfung, ob etwa eine feine Glastönung oder die Halbtransparenz eines Fensters optisch so wirken wie erhofft oder nicht.

Hat das Rendering die Fotografie verändert?

MERET ERNST: Davon gehe ich aus. Das lässt sich etwa an Hochkontrastbildern zeigen: Dabei fügt eine Spezialkamera eine Unmenge von Daten zu einer Aufnahme zusammen, die auch in Gegenlichtsituationen bis ins letzte Detail scharf bleibt. Das ergibt eine seltsame, künstlich wirkende Schärfe, die wir aus der Geschichte der analogen Fotografie bis dahin nicht kannten. Ich bin überzeugt, dass diese Art der – digitalen – Fotografie nicht nur technisch gesehen eine Nähe zum computergenerierten Rendering hat, sondern dass auch die Vorliebe für solche Bilder davon beeinflusst wurde. Schrittweise haben wir uns daran gewöhnt, dass Bilder wirken, als wären sie von A bis Z im Rechner entstanden, selbst wenn sie im Realraum fotografiert wurden. Diese Künstlichkeit hätte vor zehn Jahren vermutlich völlig abstrus gewirkt.

ARMIN LINKE: Das ist eben auch wieder so ein Kodex. Ich bin überzeugt: Auch wenn diese Renderings heute ästhetisch uninteressant sind oder absurd auf uns wirken, werden sie in zwanzig, dreissig Jahren über die Produktionstechniken unseres Jahrzehnts, über die ästhetischen und sozialen Codes unserer Zeit einiges zu erzählen haben.

MERET ERNST: Genau das meine ich. Renderings gewöhnen mich an eine höhere Stufe der Hyperrealität. Und Sehgewohnheiten ändern sich in Abhängigkeit von technologischen Entwicklungen.

Könnte man andererseits sagen, dass die Fotografie die Architektur beeinflusst hat?

MERET ERNST: Historisch gesehen hat die Fotografie nach ihrer Erfindung im 19. Jahrhundert einen Aufschwung erlebt, weil sie die architektonischen Monumente plötzlich verfügbar machte: Für die Bildungsbürger und für die Architekten, die die Denkmäler damals nicht so einfach touristisch besuchen konnten. Was wiederum Einfluss hatte auf die verschiedenen Historismen in der Architektur.

ANNETTE GIGON: Oder im Sinne dessen, was Armin Linke gesagt hat: dass man mit Fotografien vergessene oder wenig beachtete Architekturen wieder in die Wahrnehmung rückt. So ermöglichte zum Beispiel Ed Ruschas *Every Building on the Sunset Strip* eine andere Wahrnehmung dieser Häuser. Venturi und Scott Brown haben diese Sicht und das Interesse für die profanen Bauten Anfang der 1970er Jahre in *Learning from Las Vegas* aufgenommen und weitergetragen. Etwas Ähnliches geschah bei den Bechers, die anfingen Industriebauten zu fotografieren, als sich die Industrie aus ihnen langsam zurückzog. Mit den Fotografien von Bernd und Hilla Becher haben diese Gebäude plötzlich an Akzeptanz gewonnen, ja, wurden überhaupt erst als schön wahrgenommen, weil man sie im Museum sah und sie damit eine Art Nobilitierung erfuhren. Die Fotografie hat eine wichtige Rolle im Vorformulieren des Vorbildhaften. Überhaupt ist das Bild etwas grundsätzlich Affirmatives, es sagt «ja». Sogar wenn es etwas Hässliches zeigt, hat es etwas Beeinflussendes, Prägendes. Mit einem Bild kann man fast nicht «nein» sagen.

A conversation on photography and architecture between editor Meret Ernst, architect Annette Gigon and artist Armin Linke.
Moderation: Thomas Seelig and Daniela Janser

"But Photographers Still Discover the Beauty or the Weaknesses on their Own"

What defines a good architectural photograph?

ARMIN LINKE: A good photograph should still function 20 to 30 years after it was taken. It should have different coherent "layers". And it should also function even when the architect, the place and the time it was taken are completely unknown. Essentially, a good architectural photograph poses many questions, the last of which concerns the identity of the architect. If the architecture is good, then that also asks a lot of questions, so everyone can and must provide their own answers.

MERET ERNST: Architectural photography as a genre has a twofold function. On the one hand, a good architectural photograph must be interesting as a picture; this points it more in the direction of art. Simultaneously, it belongs to applied photography. This is why I demand that the image bring me back to the architecture, that it animates me to see with my own eyes the concrete space – the building or urban landscape that was photographed.

ARMIN LINKE: Good photography is also an anthropological document. It shows the process and the concept of the architect or the architectural collective. Thus it also writes the history of architecture, playing its part in the perception and criticism of photography as a whole. Good architectural photography not only narrates "the architecture" per se, it also communicates the propaganda and everything else that plays a role: the concerns of the client, the stories and power structures that lie behind every architectural work. This is not always so easy to show.

ANNETTE GIGON: When we started out some 20 years ago, architectural photography was mainly about documenting the buildings, and according to classical specifications: no converging lines, the framing should be interesting but still say something about the construction of the building and its use. There were no people, no furniture, and the pictures were always taken after the building was completed but before it was inhabited. At the time, Heinrich Helfenstein would take Ektachrome colour photographs with his large view camera, as well as black-and-white-images in parallel. We also asked him to take additional "fast" atmospheric images of details and materials with his 35mm SLR during the same session. Today, by contrast, I sense a very open, welcoming attitude toward architectural photography, which also describes the context, subtext and daily life – traffic, people in front of the buildings, the building in use. If it hasn't replaced altogether the clear, pure and almost heroic architectural photography that focused on the building alone, then at least it complements it. And it is interesting to note that, even in Le Corbusier's *Oeuvre complète*, in addition to the cooler photographs devoid of human life, there are some "inhabited" photographs, too.

As an architect, do you issue a specific brief to the photographer? Do you indicate whether or not the photograph should be more documentary or artistic?

ANNETTE GIGON: Actually, while we wish for both, a "pure" documentation remains indispensable for us. If there is too much activity in front of the building, then the images "wear out" more quickly, since the eye is naturally drawn to the playing child or to passers-by who "occupy" the image. The documentary "passport photos" of the building are more neutral, multifaceted and long lasting. Still, we have always sought the deeper gaze of artistic photography, which has a more playful, independent approach, taking possession of the architectural object. In this sense, we look for a kind of multilevel representation. This is also one reason why we have started working with film.

ARMIN LINKE: When I travelled into Zürich from the airport on the elevated train today, we passed quite close to the Prime Tower [built by Gigon/Guyer]. The view was beautiful, almost cinematic. Through this moving perspective, the building suddenly "became alive". To put it bluntly, photography formalises and often obstructs, while film liberates the building's performative element, its choreography. Your buildings are ideal for "passing by": it allows one to experience them simultaneously as a space and as time.

ANNETTE GIGON: That's a nice compliment. This observation supports what many of our colleagues say: that our buildings look better in real life than in photographs – even though we always work with a variety of excellent photographers. But it is true that most of them are rather critical of iconic representations. Perhaps our buildings are simply not photogenic enough.

Historically, there used to be a certain affinity between architecture and photography, since both were static. But now you say that often videos can represent buildings much better. Certainly dissemination through channels such as YouTube also plays a role.

MERET ERNST: Video or film as a medium also requires a focused gaze. It is true that photography has a formalising effect, but in its abstraction it can also draw attention to structures that are lost in a more filmic perception, either because one's attention is too diffused as one passes by, or simply because the concentration of the single image is missing. The technology that turns every still camera into a movie camera may lead us to perceive and share architecture more cinematically. Even so, every camera is a recording instrument that must be properly directed in order for the results to be "good".

This succeeds when I am inspired to seek my own perspective in the space and to compare it with what I have seen in the image – it doesn't matter whether it's with still or moving pictures.

How does the collaboration between photographer and architect function?

ANNETTE GIGON: When we commission the photographic documentation of a building, then we – or the client – specify how many and which images we would like to have or can pay for. We discuss the points of view, because after visiting it so often we know the building and its specific lighting conditions very well. Sometimes we have already taken a few informal photographs of our own prior to this. But the photographers still discover the beauty or the weaknesses on their own. And, yes, occasionally there are projects where the photographers have complete freedom to choose what they photograph, from their very own perspective.

MERET ERNST: On the editorial team of *Hochparterre* magazine we often rely on preexisting visual material. It is usually the case that the clients or architects have the buildings photographed as soon they are completed. For larger features, however, we prefer to commission new pictures that complement the writer's views. There aren't so many magazines which photograph buildings that have already been photographed. It irritates me that it is rarely an issue that most of the architectural photographs are meant for advertising, whereas with design objects, if I use images from the manufacturer I am accused of pandering to PR. But in architectural photography, the pictures are more strongly controlled by the architects than in most other fields.

ARMIN LINKE: Buildings aren't advertised. Products for the masses are. Architecture, however, is not a product for the masses. Yet of course, everybody has their own motives. Architects in particular have to be very competitive. As a photographer I cover several areas, working for magazines as well as artistically. It's important to master the different rules of the game, but also constantly to push the envelope, playing with and even breaking the dominant codes.

ANNETTE GIGON: In fact, we receive our commissions completely independently from the existence of good photographs, usually only after we have won a competition, very seldom directly. Even when one of our buildings is featured in an architectural journal, or receives positive reviews in the papers, we never receive a commission that way. And all our monographs do at the very most is improve our chances of being invited to enter the more prominent competitions against high-calibre competitors – which makes them even more difficult to win.

Were any of your photographs ever rejected, Armin Linke?

ARMIN LINKE: Actually, I don't work on commission. I have a wish list of topics that interest me. And if a magazine happens to want something from this wish list, then I do it. But of course, I often try to test the limits. A few years ago the Guggenheim and an Italian bank near Vicenza renovated a villa by Palladio. I, and a few "classic" Italian photographers – Gabriele Basilico, Olivo Barbieri – were invited to photograph the site. My intention was, however, not to take pictures myself. Instead, I went to the planning authorities in this small village. In Italy in the 1990s, Berlusconi had granted a *condono edilizio* – a building amnesty – to what was referred to as "autonomous architecture", that is, architecture made by private citizens who naturally didn't stick to the planning regulations. The owners photographed their structural changes to prove, if nothing else, that their "illegality" nevertheless adhered to certain rules, and this meant they could avoid punishment by paying a supplementary tax. I compiled these amateur technical photographs into a portfolio – which was not at all well received by my clients. For me, however, this rejection was a good sign! The crazy thing is that these "citizen" photographs have something "Becher-like" about them, and reveal certain architectural typologies. It was also a good way of investigating the nature of the artistic process in general.

Have you ever rejected a photograph taken of one of your buildings, Annette Gigon?

ANNETTE GIGON: As very young architects we tried now and then to halt the dissemination of photographs that skewed our buildings – which mistakenly or "in good faith" presented them unfavourably – but to no avail. We could only determine the selection of photographs that we had commissioned ourselves. Today we are more open and relaxed about this – in the age of digital photography and the Internet, trying to control a building's image in the media is like tilting against windmills. We can't do anything about negative criticism in the press, either. Unfortunately! (Laughs)

Armin Linke, when you photograph on your own initiative, are you more interested in the architecture or in our own artistic gaze?

ARMIN LINKE: My photography is not about architecture but about the use and design of space in general; architecture is only a part of this. To paraphrase Frei Otto, the history of structures is more important than the history of architecture, as it takes into consideration the entire process and production conditions. In many of my projects where I have taken photographs, which in a broader sense have to do with the use of the landscape, failure is a main component. For inherent in failure is the desire for utopia, which interests me a lot. Another point is that one does not just see architecture, but the entire space. One sees architecture like a script, as something theatrical, like space, sculpture, material, craftsmanship. One should be able to see all these aspects in a photograph. Sometimes you only need to take a single picture, which can then be used like scenery on a stage, against which something different performs in the foreground.

On the other hand, certain images only function in a sequence or need a history, a storyboard. In that case one must consider what happens *after* the photograph: the collaboration with the graphic designer of the publication or magazine, or with whomever writes the accompanying text. The artistic or sculptural presentation of the images in the space, for example in the context of an exhibition, is also important – whereby the viewer should be actively involved, so that the images are not just passively "used". This includes questioning the role of the exhibition institution itself.

ANNETTE GIGON: Exhibiting architectural photography and thus exhibiting architecture is a subject that is as interesting as it is difficult. The representation of architecture in books is not such an issue, but with the placement, hanging, positioning and projection of architectural photographs in a space, especially images above a certain size, the question becomes critical: how can you exhibit buildings inside of other buildings? It is about the translation into the space. Normally, one would prefer to have nothing between the image and the eye of the beholder, but in an exhibition space, an intermediary frame is often needed: a picture frame or an installation or a darkening of the space, which divides or communicates between the exhibition space and the image. In addition, the architecture exhibition must also deal with issues of necessity and authenticity: if buildings are built, then theoretically they can be experienced one-to-one. Despite this, architecture exhibitions repeatedly offer wonderful discoveries and intelligent "spatialisations". At worst, they are strenuous and boring.

MERET ERNST: I realise it is absolutely not a problem for me to show a building in some other form of abstraction. This is because I believe in the image. In my daily work I deal primarily with images. It is foreign to me to think that I must foster the entire perception of a building, if all I am doing is placing its representation in a room or a magazine. I always see the image of architecture and not the architecture itself. And it is always the image that awakens my desire to see – or not see – the depicted building with my own eyes.

That means that the final purpose of the picture is not automatically the building itself?

MERET ERNST: That is exactly the difference between a good image and a good architectural photograph that has to fulfil its brief. When I see the Ricola factory building in a photo by Thomas Ruff hanging in a gallery, it doesn't give me the urge to see the building in real life: the image alone moves me enough. And every "manipulation" of the image – which I recognise, because I can compare it to the real building or to documentary images – screams to me: "I am a picture". This is exactly why this example is also typical of the fine line between architectural photography and art photography.

ANNETTE GIGON: For me, the building is a final product. The good picture or even the artistic image cannot replace it: it is either a document or an individual creation. Even though as architects we never work directly on a building's actual construction. Instead we approach the reality of a building with plans, material samples and a host of models. In this sense, we are accustomed to working with substitutes, with representations. But this is also why it is perhaps even more important for us that one physically experiences this spatiality and materiality at some point.

And yet photography, as a form of representation, often has a "preserving" aspect…

ARMIN LINKE: Exactly. Photographs can "rescue", for example, an architect whom no one knows, although he is absolutely central. When architecture has been forgotten, photography can be an excuse to address it again, in order to fill gaps in the history of architecture retroactively. Photography can do more than document; it can also drive perception and perhaps even transform it.

ANNETTE GIGON: Buildings can also be destroyed or defaced through crude modifications. At that point, photography or architectural plans are the only things that remain of the architect's original idea. Still, for me as an architect, nearly everything happens in this balance between the idea, the vision of a building, and its implementation and materialisation. Ultimately, what is built counts more than what was planned and hoped to be realised. To be concrete: until now we have never shown renderings [i.e. digital visualisations] of projects that have been built, even when we were not completely successful in realising our vision. But we do publish the photographs of a building's original state if it has had to undergo unfavourable modifications later.

MERET ERNST: Unlike architects, I find this comparison between image and built reality painless, because I didn't design the building. The discrepancy between representation and reality exists for me as well – as a kind of demystification that teaches me how an image functions – but it is not existential. It helps me compare my own perception with that of a photographer.

Rendering technology was just mentioned. Is this digital "morphing" gradually overtaking photography and its claims?

MERET ERNST: Renderings are part of the continuum of the history of media: architectural images have always aimed to be realistic; computer-generated rendering is now aiming for hyperrealism. As a result, the relationship between photography and rendering becomes critical. Sometimes it is hard to determine the origin of an image. Was it computer-generated or is it a photographic image? Renderings have achieved a level that makes the correspondence to reality critical. But the context of its evaluation also plays a role. In election propaganda, if we were to hold a rendered image as "true", it might have very definite political consequences. The whole thing is fascinating and disconcerting at the same time.

ARMIN LINKE: Or, to put it in a more positive light: in the realm of video games, which are also a kind of rendering, one can suddenly find very interesting architecture, some of which has a fantastic Piranesi-like quality. These are also artistic images that influence our notion of architecture and spatial concepts.

One wonders whether this hyperrealism might spark a counter movement, and we will suddenly find ourselves very open to having artists take photographs like Erik Steinbrecher, who works in a manner that is as unadulterated, authentic and analogue as possible?

ANNETTE GIGON: Absolutely. Such artistic photographs visually expand our consciousness. The renderings are, at best, an accurate anticipation of the future reality. I have nothing against renderings; despite the challenge that they present at architectural competitions these days, because they are so alluring and sometimes indeed have nothing to do with the future reality. Today we also use renderings in the development and planning phases, as a tool, to verify whether or not a fine glass tint or the partial transparency of a window looks as was hoped.

Has rendering changed photography?

MERET ERNST: I assume so. One can see this in high-contrast images: a special camera synthesises a huge amount of data into an image that remains focused down to the last detail, even in a backlit situation. The result is a strange, artificial focus unknown in the history of analogue photography. I am convinced that this kind of – digital – photography has a certain affinity with computer-generated rendering, not only technically, but also in the way that it may have influenced the preference for such images. Gradually we have become used to images that, even when they have been photographed, look as if they were created in the computer from start to finish. Ten years ago, this artificiality would probably have seemed ludicrous.

ARMIN LINKE: But that is just another codex. I am convinced that even if these renderings seem aesthetically uninteresting or absurd today, in 20 to 30 years' time they will have plenty to say about the production technologies of our decade, about the aesthetic and social codes of our times.

MERET ERNST: That's what I mean. Renderings acclimatise me to a higher level of hyperreality. But viewing habits change and depend on technological developments.

To put it differently: Can one say that photography has influenced architecture?

MERET ERNST: Looked at historically, photography experienced an upswing following its invention in the 19th century because it made architectural monuments accessible:

for the bourgeoisie and for architects, who were not able to visit them as easily as tourists do today. This in turn influenced the various historicisms in architecture.

ANNETTE GIGON: Or similar to what Armin Linke said: that with photographs one can bring forgotten architecture back into awareness. Especially photographs by artists: for example, Ed Ruscha's *Every Building on the Sunset Strip*. Artists' photographs made a different perception of these buildings possible. Venturi and Scott Brown took up this perspective with their interest in "profane" buildings in *Learning from Las Vegas*, and developed it further. The Bechers did something similar when they started photographing industrial buildings – just as industry was slowly winding down. With Bernd and Hilla Becher's photographs these buildings suddenly won acceptance – indeed, they were perceived as beautiful for the first time – because one saw them in museums, which elevated them. Photography has an important role in pre-formulating the exemplary. Overall, the image is fundamentally something affirmative: it says "yes". Even if it depicts something ugly, there is something about it that is influencing, formative. With an image one can almost never say "no".

204 / 205

HAUS
HEIM
UNHEIMLICH
/
HOUSE
HOME
UNHEIMLICH

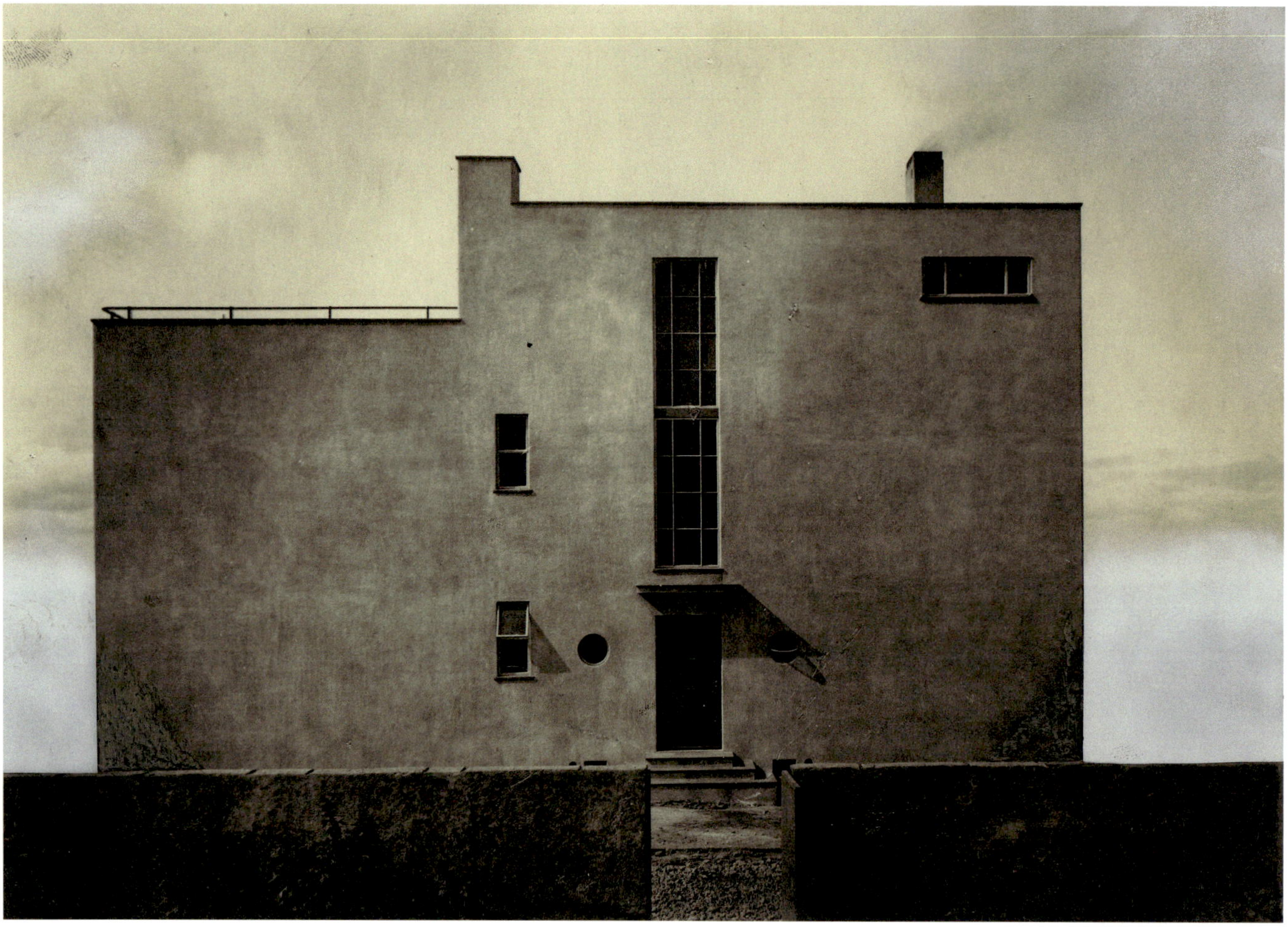

JÓN KALDAL
WOHNHAUS VON HAUKUR THORS, REYKJAVÍK
(RESIDENCE OF HAUKUR THORS), 1935

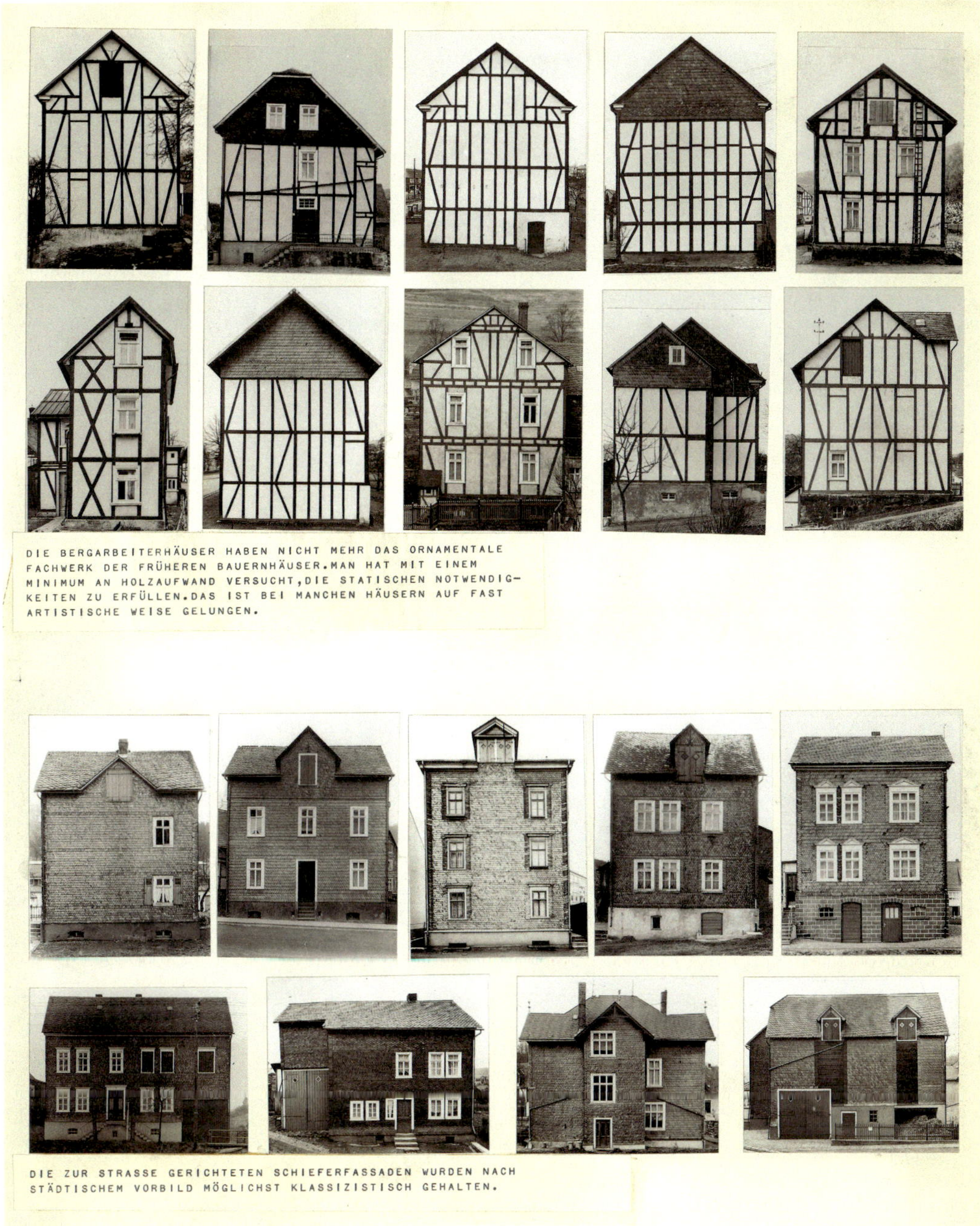

BERND & HILLA BECHER
BERGARBEITERHÄUSER (MINERS' HOMES), CA. 1962

«Aber die beiden Aufklärungen, dass das Triebleben der Sexualität in uns nicht voll zu bändigen ist, und dass die seelischen Vorgänge an sich unbewusst sind und nur durch eine unvollständige und unzuverlässige Wahrnehmung dem Ich zugänglich und ihm unterworfen werden, kommen der Behauptung gleich, dass das *Ich nicht Herr sei in seinem eigenen Haus*.»

"But these two discoveries – that the life of our sexual instincts cannot be wholly tamed, and that mental processes are in themselves unconscious and only reach the ego and come under its control through incomplete and untrustworthy perceptions – these two discoveries amount to a statement that *the ego is not master in its own house*."

SIGMUND FREUD, *EINE SCHWIERIGKEIT DER PSYCHOANALYSE/*
A DIFFICULTY IN THE PATH OF PSYCHO-ANALYSIS
1917

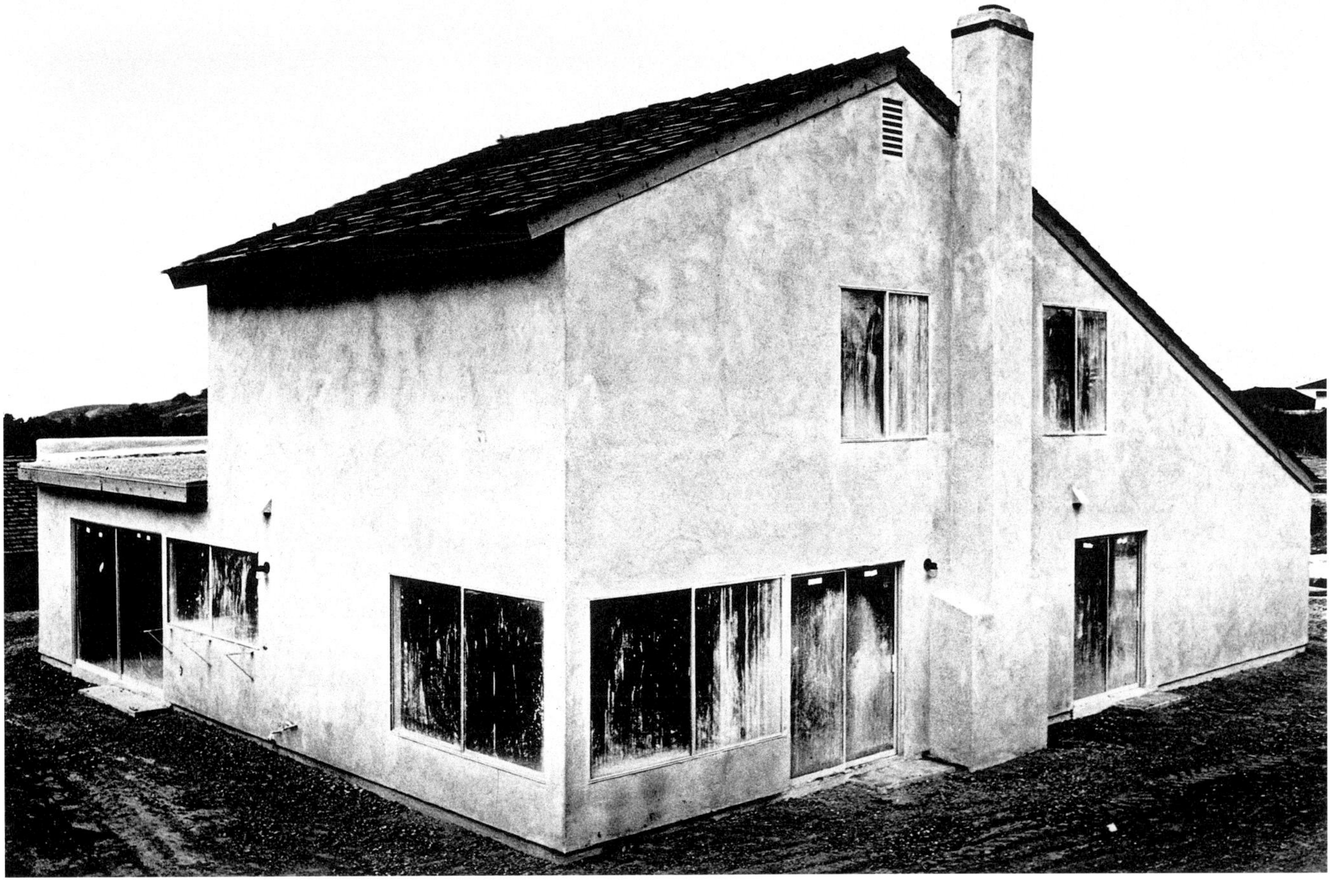

LEWIS BALTZ
#4, 1971
AUS/FROM: *THE TRACT HOUSES* (DIE REIHENHÄUSER)

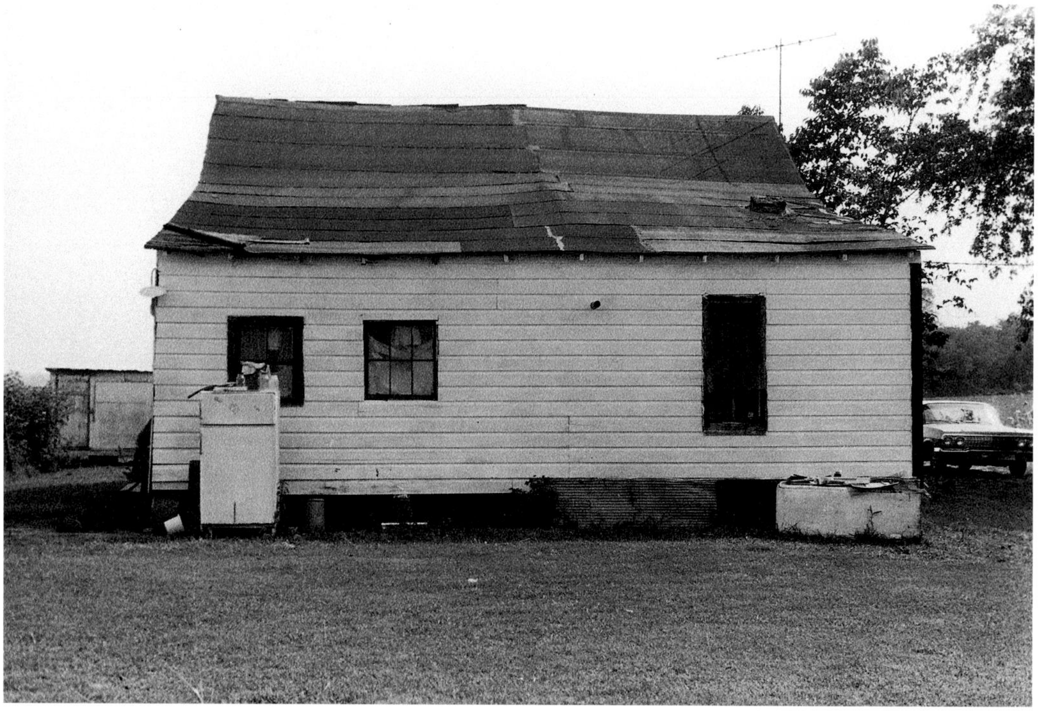

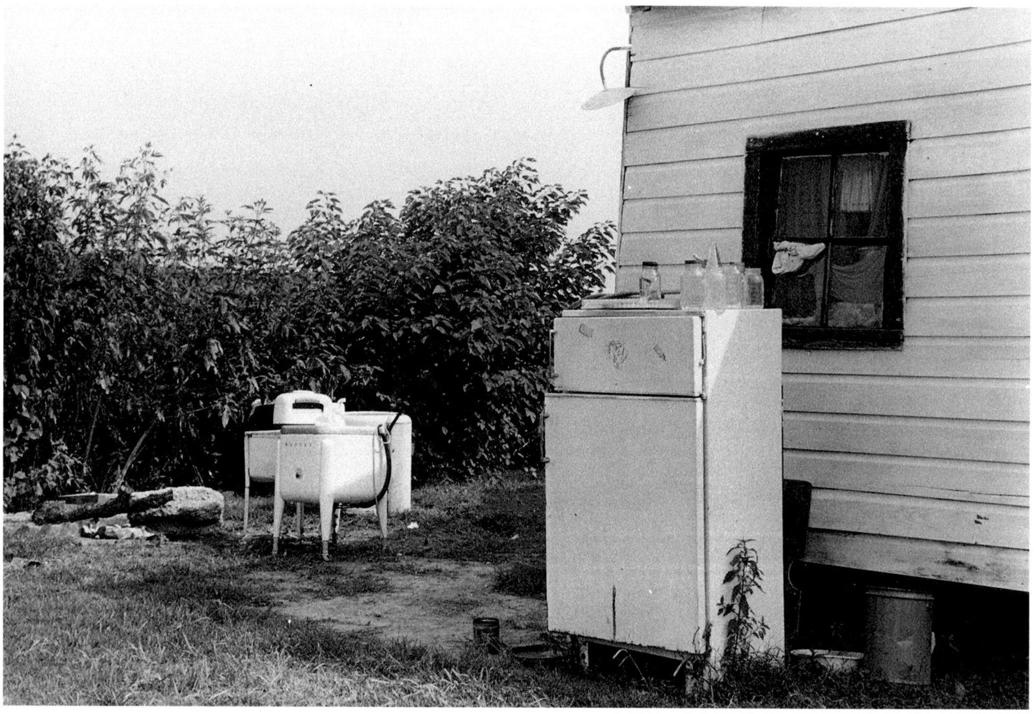

VINCENZO CASTELLA
BROWNSVILLE, TENNESSEE, 1976

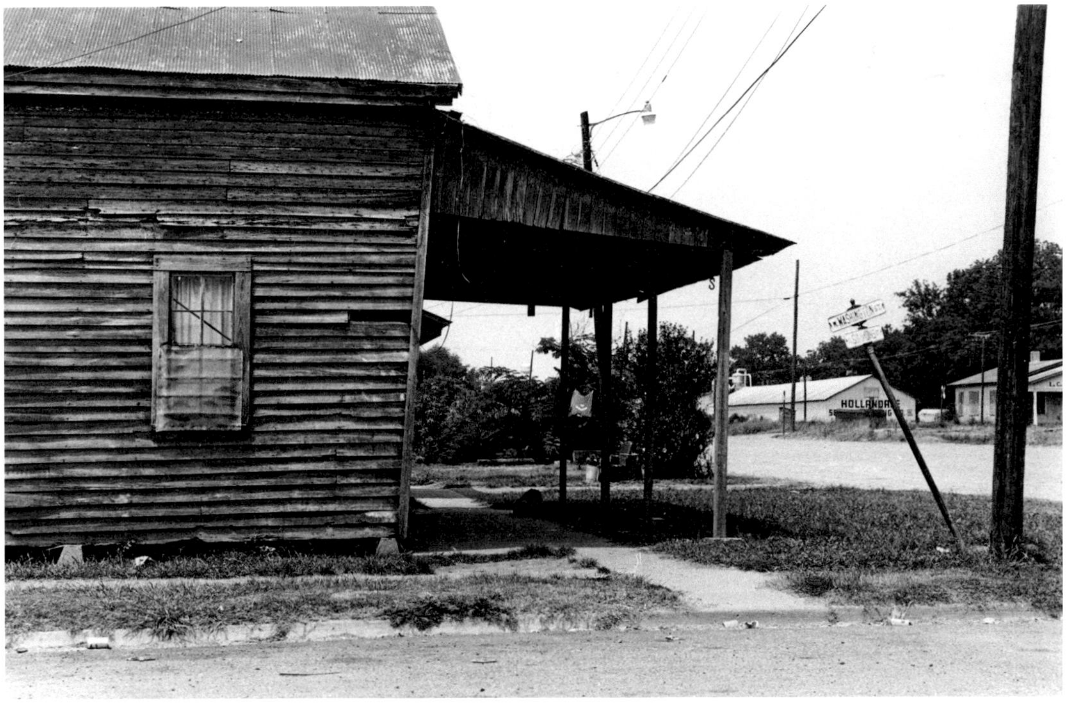

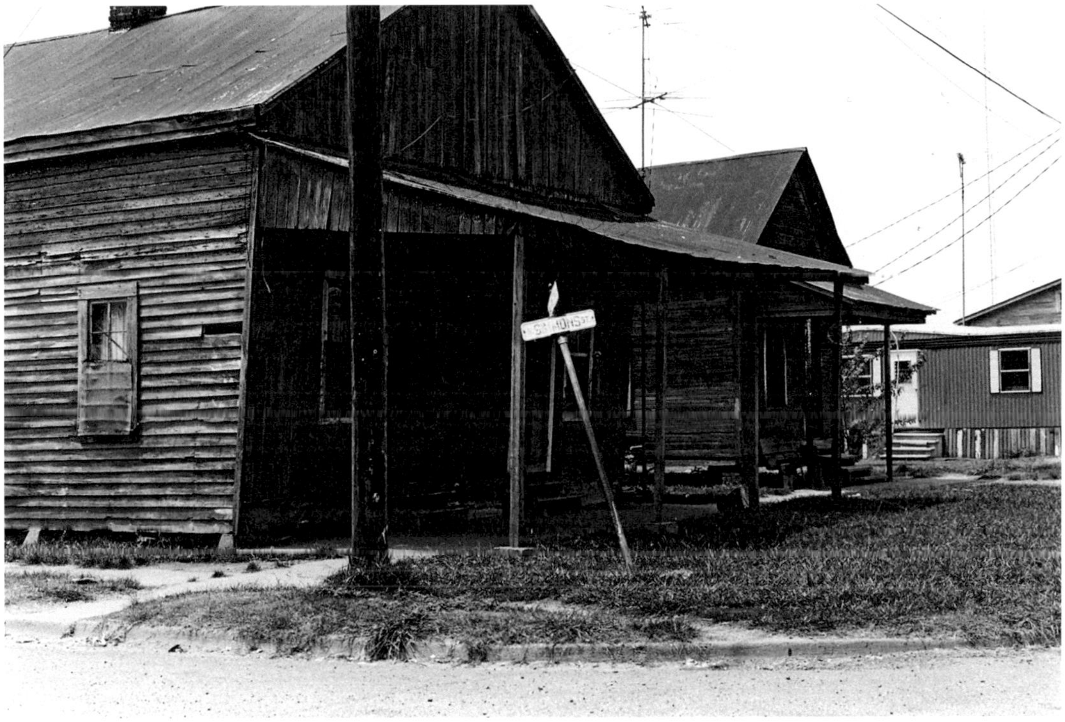

HOLLANDALE, MISSISSIPPI, 1976

18

CASE STUDY HOUSE NO. 21

BY PIERRE KOENIG, ARCHITECT WILLIAM PORUSH, CONSULTING ENGINEE PAT HAMILTON, GENERAL CONTRACTOR

INTERIORS BY VIKI STONE FOR S M FURNITURE COMPANY

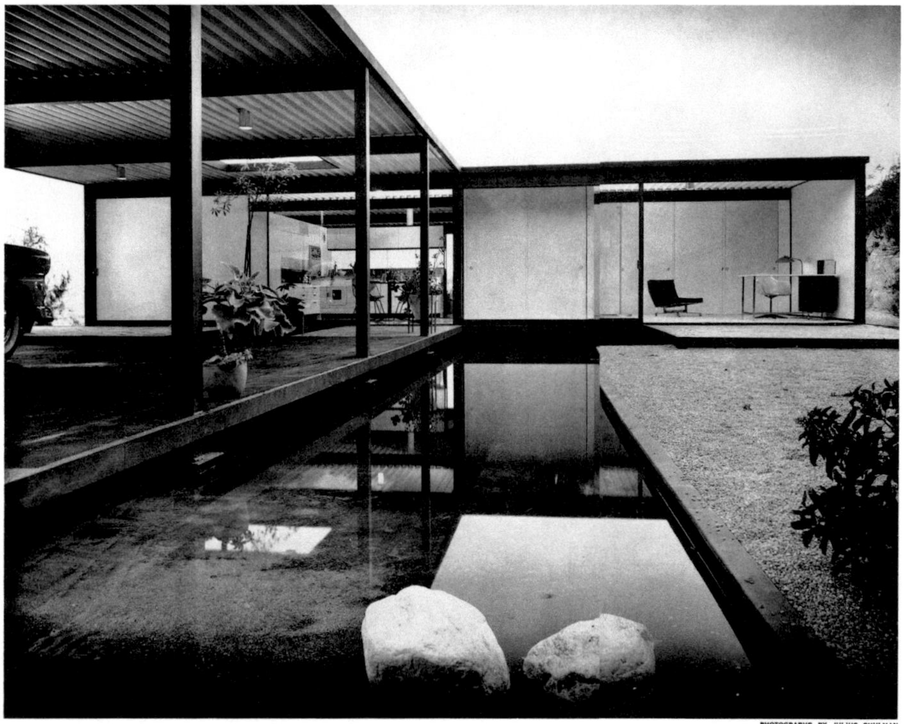

PHOTOGRAPHS BY JULIUS SHULMAN

19

This twenty-first project in the magazine's Case Study House Program is now on exhibition to the general public. Located at 9038 Wonderland Park Avenue, the house is open on Saturdays and Sundays, from 1 to 5 p.m. through February 22, 1959.
The design is beautifully articulated in steel and represents some of the cleanest and most immaculate thinking in the development of the small contemporary house. The magazine is particularly happy to be able to present this project to its readers.

Case Study House 21 represents a form of culmination of development of the steel house, as it represents the epitome of architectural refinements, in planning and execution, in a material heretofore considered experimental. By utilizing readily available steel shapes and products in a carefully conceived manner, a finished product comparable to any other luxury home is achieved minus the excessive cost usually associated with quality and originality.

The house, surrounded completely by water, introduces a new concept in the use of water as an integral structure and landscape element. There is no dichotomy involved; rather an architectural whole is achieved as the water reflects and amplifies the linear quality of the structure while adding serenity and esthetic beauty.

Spanning the pool, brick terraces provide access to the living areas. In addition, they add another plane and texture to the interplay between water and structure. The mirror-like quality of the water is subject to continual changes of mood and character. The sound of falling water, from the scuppers on the fascia into the pool, contributes aural pleasure and cooling atmosphere during the heat of the day.

At specified times, through the use of a time clock, the water is pumped up from the pool to the gutter where it falls by gravity through the scuppers, circulating and aerating the water. The hydraulic pump for the system was supplied by the Peerless Pump Company.

A pool is located in the central court of the house, further establishing continuity of theme. Here water is sprayed against a mosaic tile wall, and falls back into a planted reflecting pool at the base of the wall.

A simple and exciting plan is achieved by utilizing the interior court and two baths together as one element, completely disengaged from the exterior walls of the house. This central core acts as the barrier between living and sleeping areas. The interior court and pool acts as the nucleus of the house and allows light to penetrate the living area and kitchen at a point furthest from the exterior. Bellevue steel frame sliding glass doors admit access to the court from the living area and the two baths.

With 8" steel I beams, 22' long and spaced 10' apart, the living portion of the house resolves to an area 30' x 44' with only two columns in the interior. Exposed steel roof deck spans across the beams and is used to maximum efficiency. Between the columns spaced 10' apart, job assembled "curtain" walls fill the spaces between the columns. These economical panels consist of steel decking on the exterior. There is space between the outer skin and the interior surface for wiring, pipes, and insulation. The Kaiser gypsum board

20

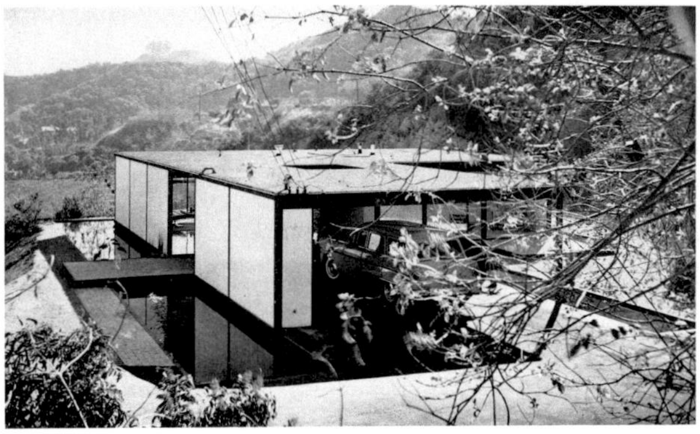

LOOKING TOWARD CARPORT WITH ENTRANCE TERRACE TO THE LEFT

VIEW SHOWING INTER-RELATIONSHIP OF TERRACES AND POOLS. THE TERRACES ARE PAVED WITH THE NEW DAVIDSON PAVING BRICK.

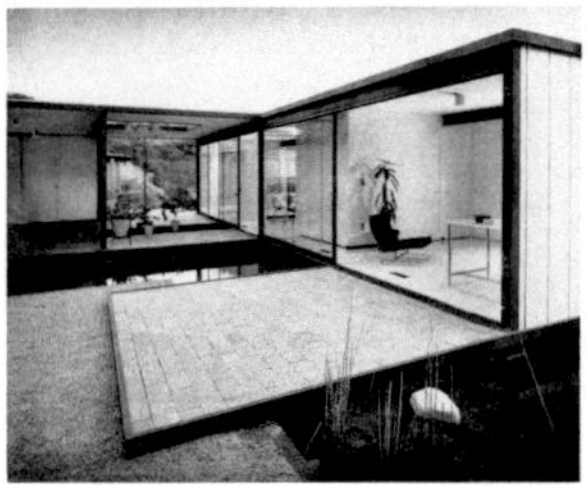

DIRECT ENTRY FROM CARPORT TO KITCHEN IS SHOWN ON THE LEFT. STUDY IS AT THE RIGHT. TABLE BY KNOLL ASSOCIATES

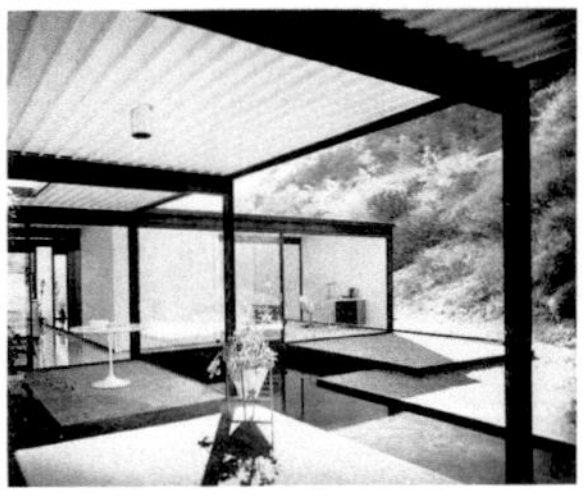

21

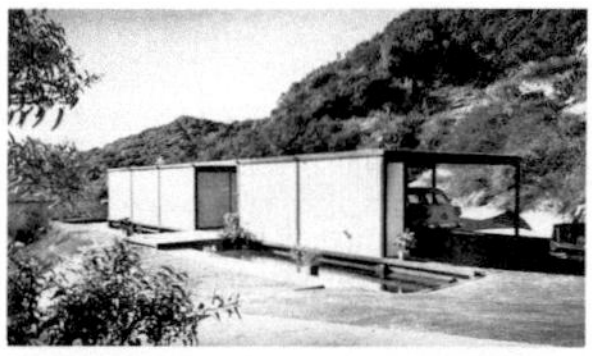

STREET ELEVATION

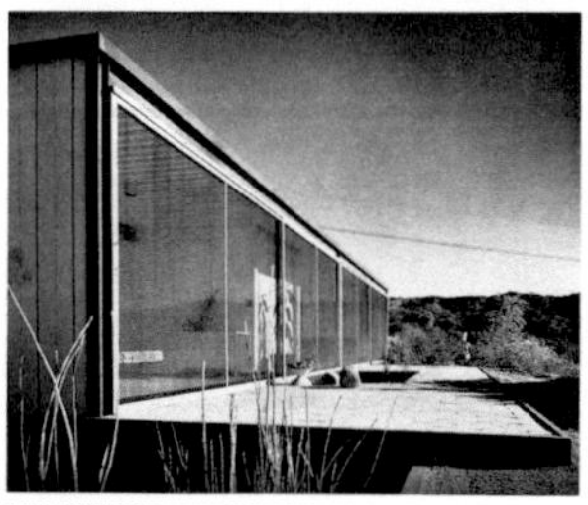

SLIDING KOOLSHADE SCREENS PROTECT SOUTH ELEVATION FROM SUN AND GLARE

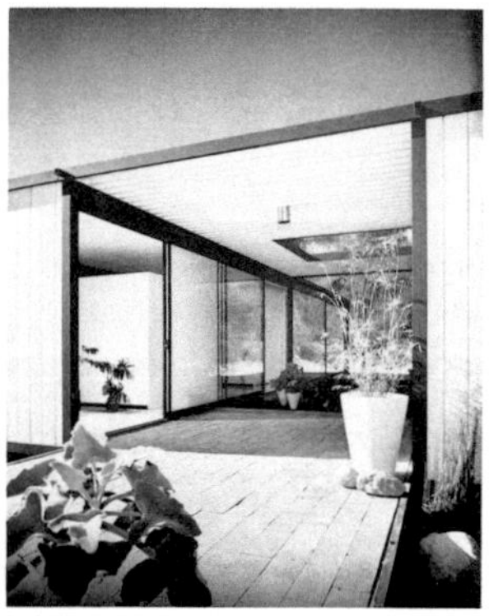

SAND-BLASTED GLASS SET IN STEEL SLIDING DOOR IS MAIN ENTRANCE ON THE LEFT. GARDEN POTS BY ARCHTECTURAL POTTERY

TRANQUIL EFFECT OF WATER IS EVIDENT AT THE ENTRANCE WALK

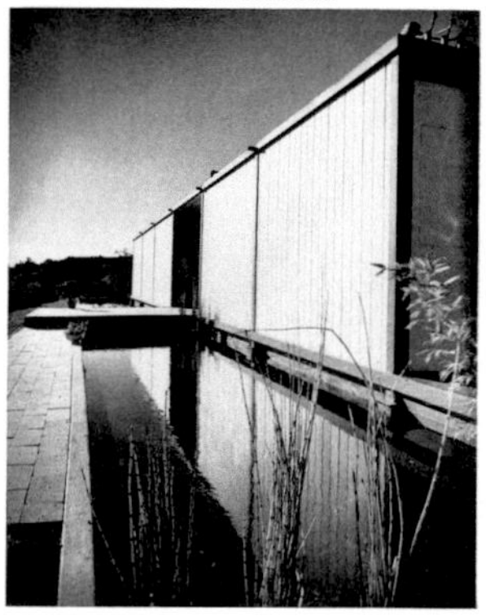

22

is fastened to three girts on the inside of exterior walls as explained in earlier issues. Interior partitions are 2" solid laminated gypsum. The wall insulation is 1" thick glass fiber board. Steel-framed glass sliding doors by Bellevue Metal Products are welded between the columns spaced 22′ apart.

For a precise elevation and maximum sun control, Koolshade screens are used on the south elevation without the necessity of an overhang. The same screens are used over the opening above the central court for sun protection and a feeling of enclosure.

For general long term protection, and to protect the steel that is adjacent to water, Perma Bar Waterproof Coating was used as a prime coat throughout with a super vinyl sprayed over, by the same company, where a different color was desired. By using the primer as the trim color, no additional finish painting was necessitated. The basic overall color of the structure is flat white with the trim flat charcoal in order to define and delineate the crispness of steel and its inherent advantages of size to length ratio. The pool system is asphaltic concrete and concrete curbs and is also sealed with Perma Bar.

All the furnishings shown are by S M Furniture Company with the exception of the Knoll table shown on the terrace, and the dining chairs by Herman Miller. The black naugahyde sofa is an extension of the chair in the study. The hi-fi cabinet in the entry-living area is 10′ long and has the speaker located at the living room end with equipment and storage taking the remaining space. The blue and white striped spread as well as other appointments are by Viki Stone who also collaborated with the S M Furniture Company and the architect in the planning of the furnishings.

All kitchen appliances and fixtures are from General Electric with the exception of the stainless steel counter under the wall-hung refrigerator and the broom closet at the far left, both of which are job built. The kitchen center is complete with sink, range, oven, dish washer, clothes washer-dryer, disposer and stainless steel top and splash. The General Electric cabinets above the center, supported on a steel frame, also contain the Pryne fan and a fluorescent light. There is another oven with a rotisserie on the storage wall.

The brick terraces are paved with the new Davidson Bel Air Flats, framed in steel channels and raised above the ground and over the water. These new wide, over-size paving bricks add a warm color and texture contrast for the house.

Traffic areas are defined with pure white Robbins vinyl floor tile. The furniture is arranged on white wool carpeting. The white vinyl flooring is used throughout the kitchen. The kitchen is large enough to accommodate a dining table and serves as a combination family room and dining area. There is direct access from the kitchen to the carport. Traffic circulation plays an important part in the overall design of the project. There is complete circulation through the central core unit which is an island within the house. Access to baths is possible through either bedroom and the interior patio; access to the patio is possible directly from the bedrooms or

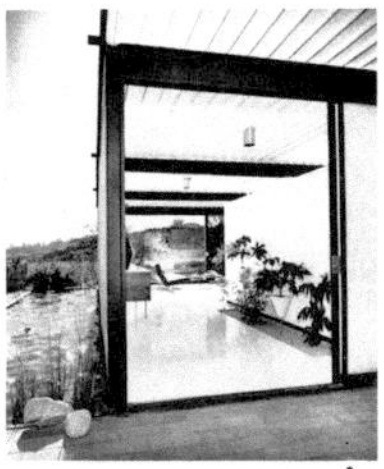
1

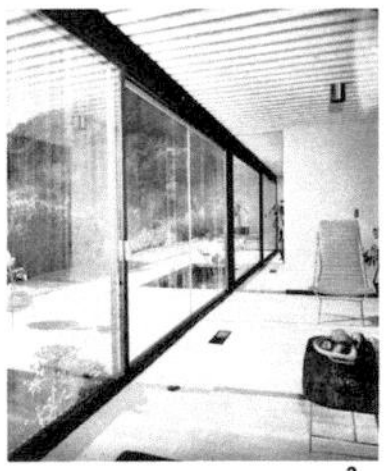
2

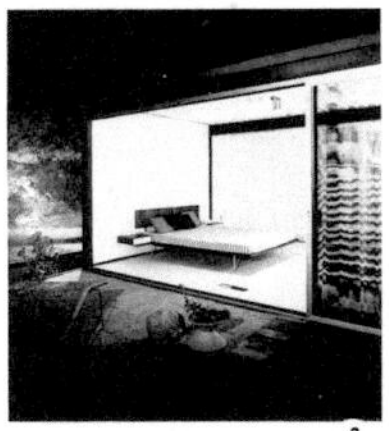
3

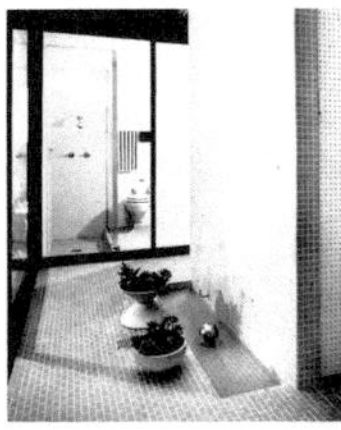
4

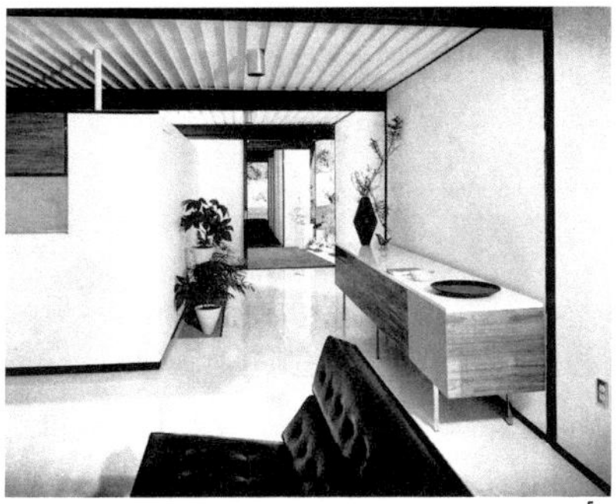

23

1. ENTRY WITH LIVING AREA BEYOND. RAIN WATER FLOWS FROM SCUPPERS INTO POOL AT THE LEFT

2. WALL OF BELLEVUE STEEL FRAME SLIDING GLASS DOORS FLOWS UNINTERRUPTED FROM LIVING AREA TO MASTER BEDROOM

3. BEDROOM AT NIGHT WITH SLIDING DOOR AND SCREEN OPEN.

4. CENTRAL COURT WITH POOL AND SPRAY. FLOORS AND WALLS ARE MOSAIC TILE UNGLAZED CERAMIC TILE.

5. ENTRANCE LOOKING TOWARD FRONT DOOR. A TEN-FOOT HI-FI CABINET CONTAINS A COMPLETE STEREOPHONIC HI-FIDELITY SYSTEM USING A HARMON-KARDON TUNER, AMPLIFIER AND PRE-AMPLIFIER; A VIKING TAPE DECK; A GARRARD RECORD CHANGER; AND ELECTRO-VOICE LOUDSPEAKERS

6. CONVERSATION AREA IS ARRANGED ON WHITE CARPET FROM AETNA FLOOR COVERINGS. WITH TRAFFIC AREAS OF PURE WHITE ROBBINS VINYL TILE

7. LIVING AREA. THE FURNITURE IS BY S M FURNITURE COMPANY

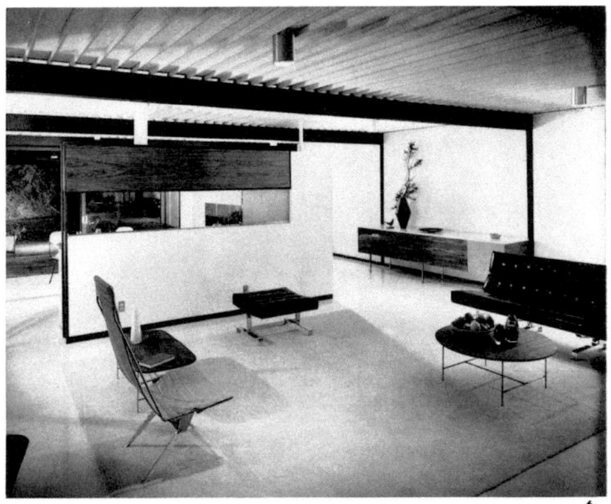
6

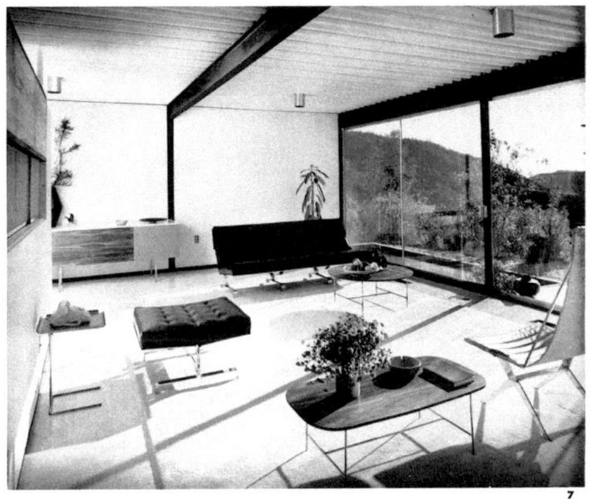
7

24

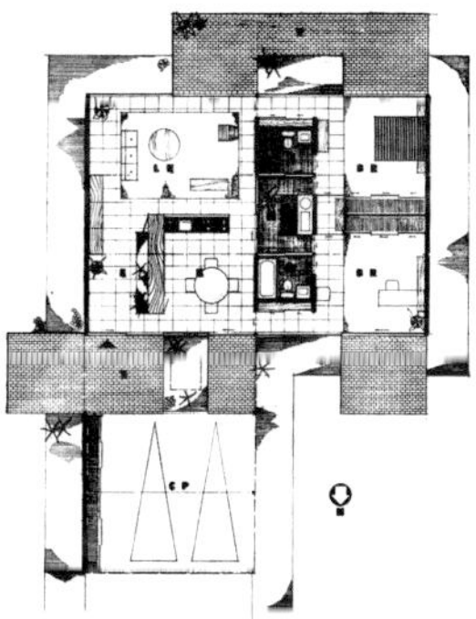

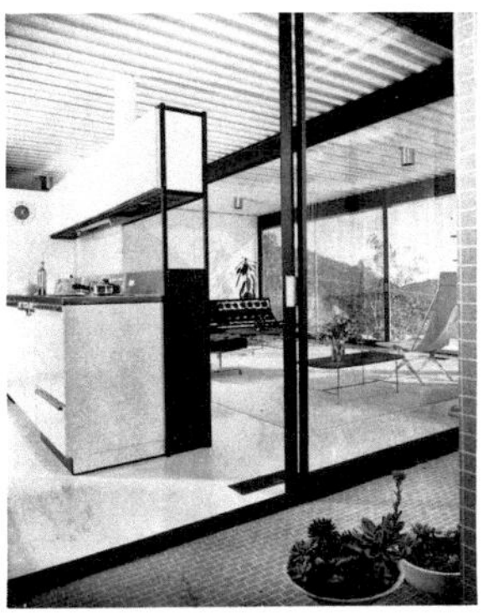

the living room, with the two bedrooms being accessible to each other by a passage adjacent to the storage wall. One of the Glide-all doors in each bedroom closes this passage so that an unbroken plane of sliding doors is all that is visible from the bedrooms.

The water heater and forced air furnace are located in a cabinet in the central court for ventilation and sound control. As this court is open to the sky, sounds are not trapped within the house. Heating ducts radiate out from the centrally located furnace to registers set at the base of all glass walls. Seismic forces and wind loads are resisted by rigid bents formed with 4" channels welded to the top and near the base of the columns. These channels run continuously around the building to tie it together physically and visually. The sheet metal gutter is hidden behind the fascia channel, and the bottom edge of the steel wall deck is behind the base channel. Because the base plates are exposed, the anchor bolts are welded to the under side of the plates which in turn are bearing on concrete piers rising out of the water.

Electrical arc welding is used throughout for rigid and clean detailing. Wherever possible welds are ground smooth. To achieve maximum temperature control 1½" of Owens-Corning high-efficiency glass fiber board is used over the roof deck with three layers of composition roofing and slag on top. With the roof and walls insulated with glass fiber board and sunscreens over the central court and over the south elevation, only a small amount of solar penetration is possible except during the winter months when the Koolshade screens allow a little filtered sunlight through. The sliding sunscreens can be opened or removed entirely if maximum penetration is desired in the winter.

← PORTION OF THE KITCHEN AND LIVING ROOM FROM THE CENTRAL COURT

KITCHEN—STAINLESS STEEL TOP OF GENERAL ELECTRIC KITCHEN CENTER AND PASS-THROUGH TO THE LIVING AREA →

25

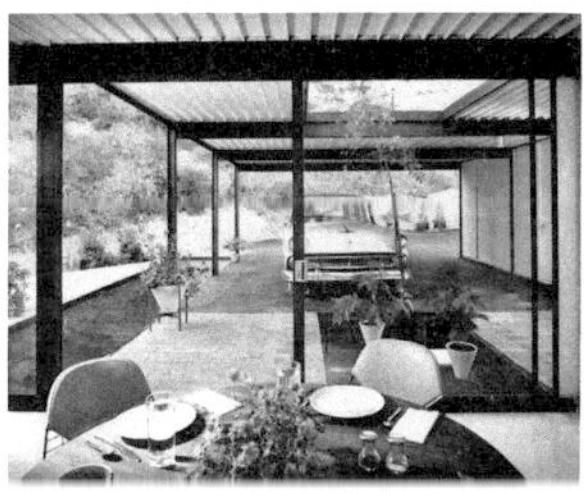
KITCHEN PATIO AND POOL WITH CARPORT BEYOND

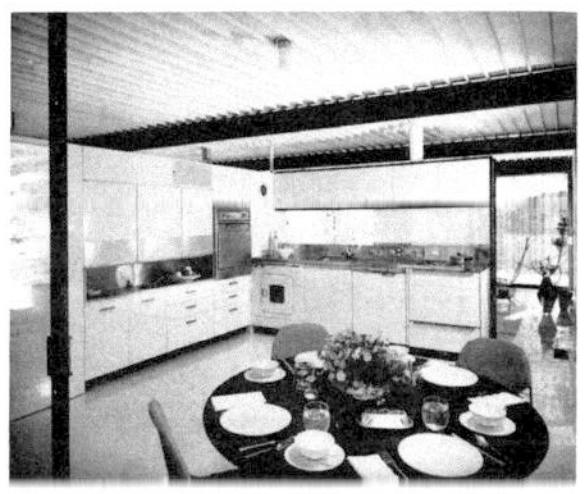
VIEW TOWARDS THE KITCHEN WITH WALNUT AND ALUMINUM TABLE BY S M FURNITURE COMPANY. DINING CHAIRS FROM THE HERMAN MILLER FURNITURE COMPANY

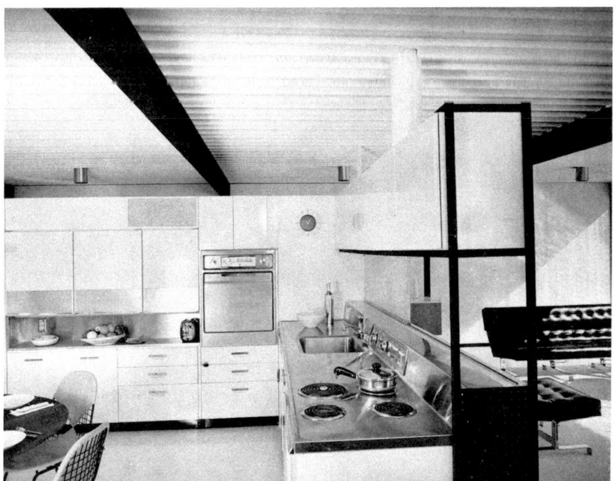

JULIUS SHULMAN
CASE STUDY HOUSE 21 VON PIERRE KOENIG, 1959
AUS/FROM: *ARTS & ARCHITECTURE*, VOL. 76 NO. 2, FEBRUARY 1959

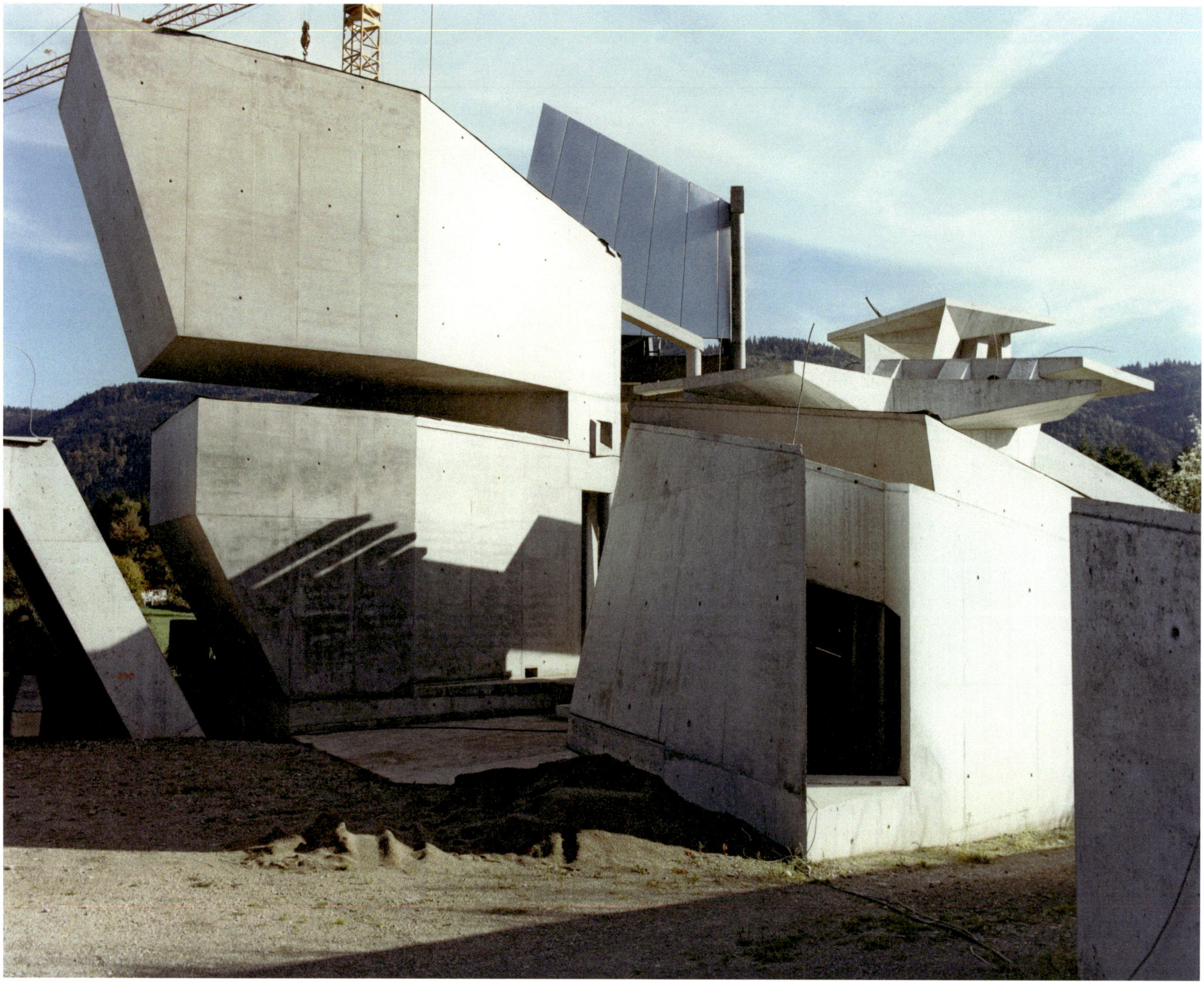

JOACHIM BROHM
STEINHAUS VON GÜNTHER DOMENIG IN STEINDORF, ÖSTERREICH
(STONE HOUSE), 1991

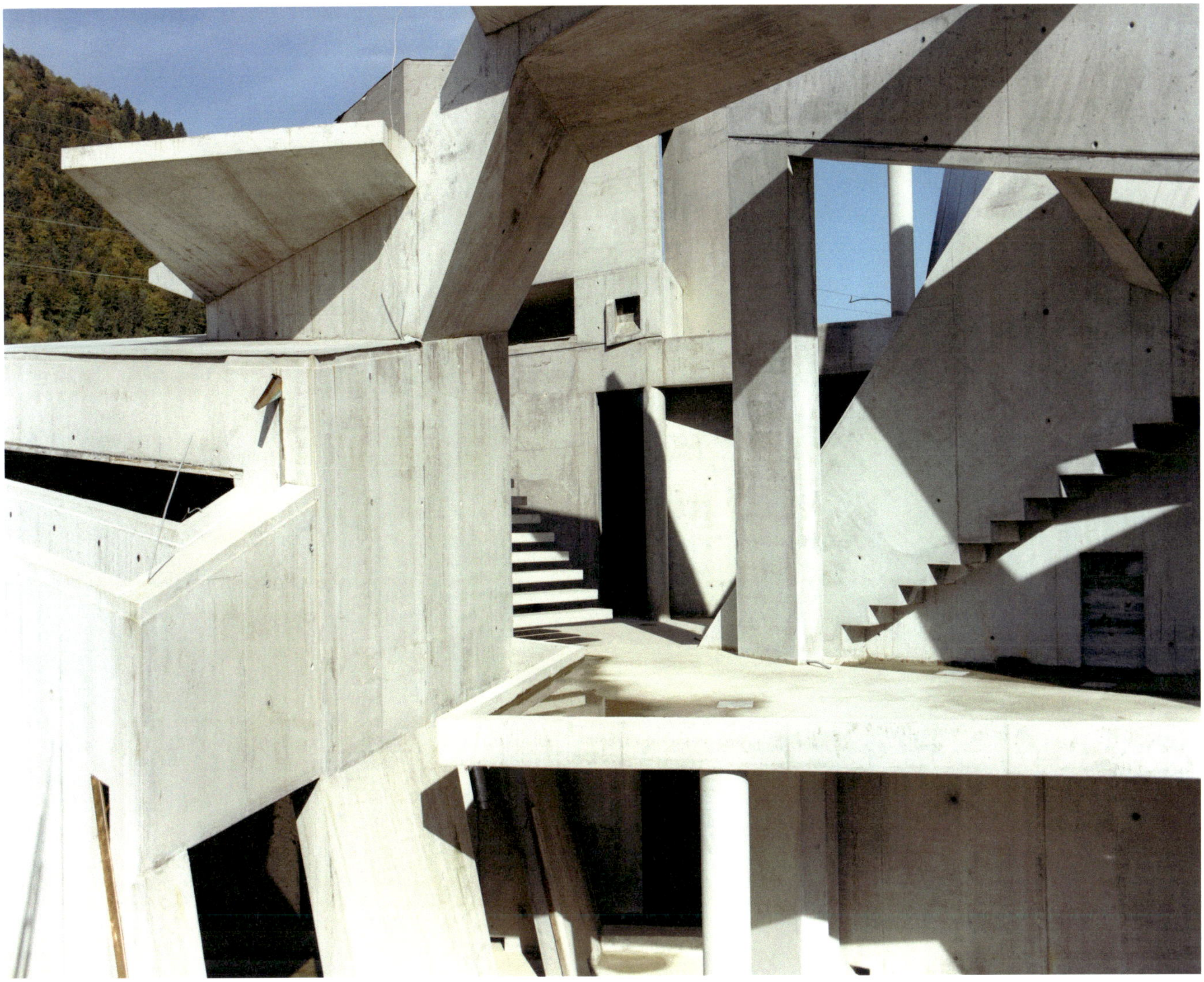

> BRUNO SERRALONGUE
ABRI #2, CALAIS, DÉCEMBRE 2006
(NOTDÜRFTIGE UNTERKUNFT/SHELTER), 2006

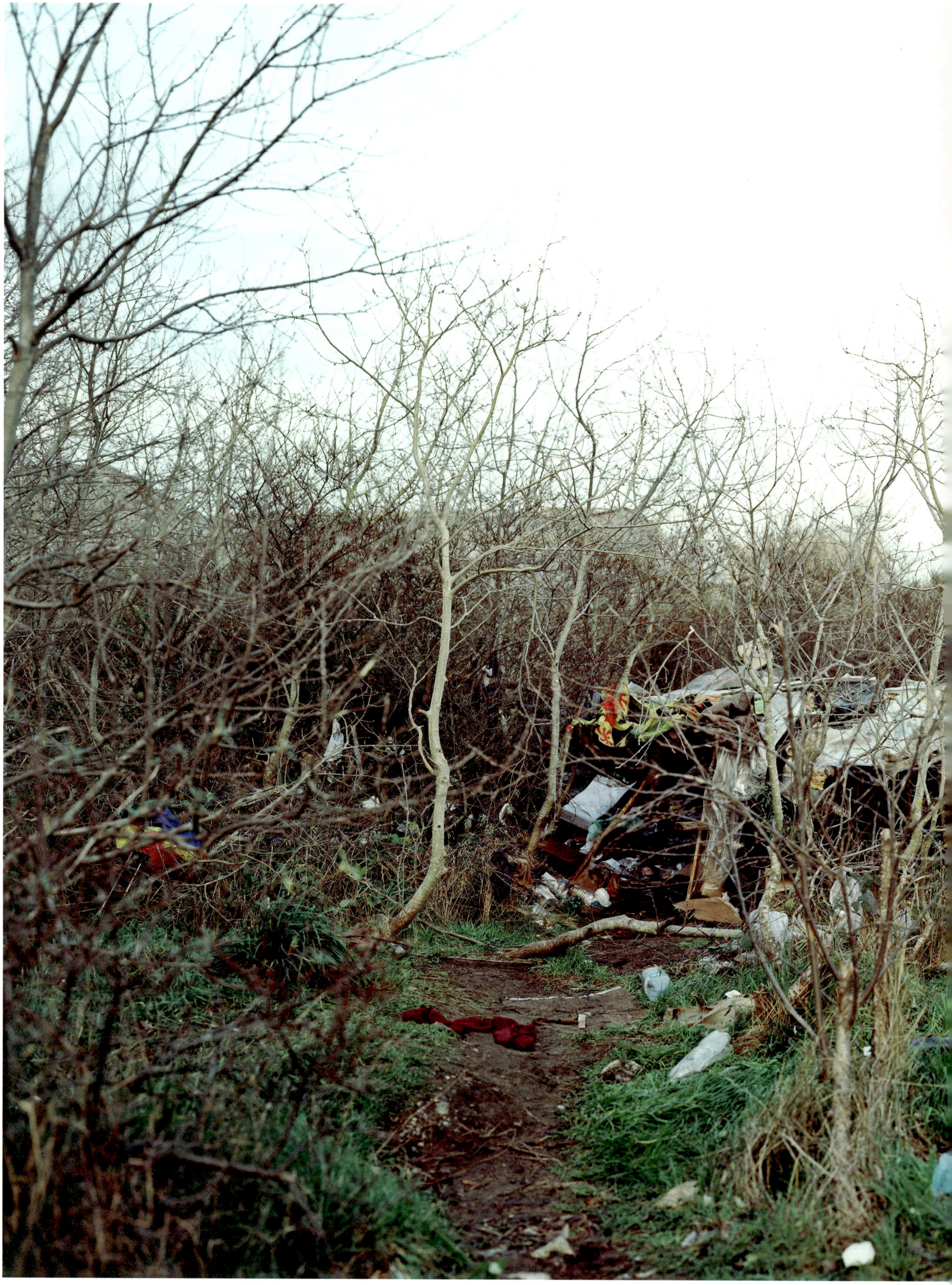

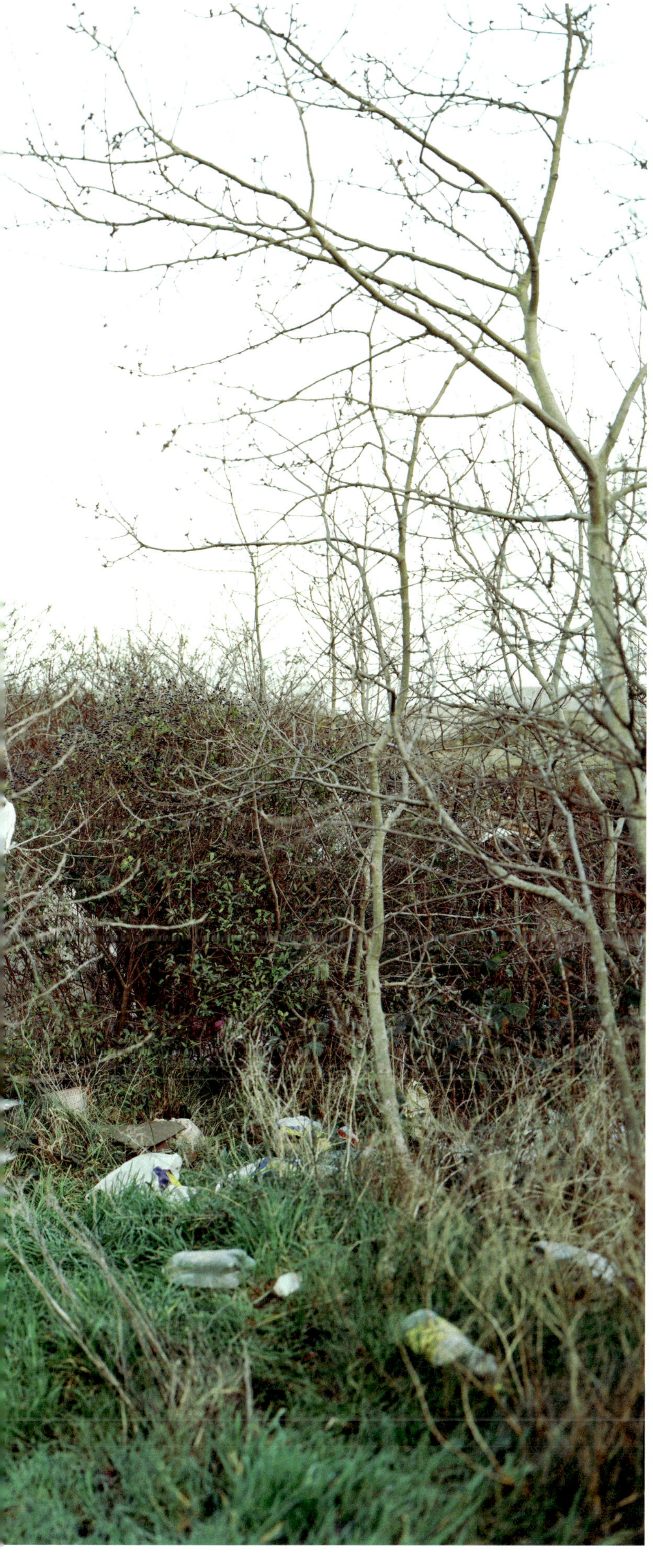

Am Anfang von Edgar Allan Poes Kurzgeschichte «The Fall of the House of Usher» reitet der namenlose Erzähler auf jenes Anwesen zu, welches schon bald zum Schauplatz einer grausigen Tragödie werden wird. Das Schreckliche, das im Innern lauert, kündigt sich bereits in der äusseren Erscheinung des Gebäudes an. «Ich weiss nicht, wie es geschah – aber beim ersten flüchtigen Anblick des Baues beschlich ein Gefühl unleidlicher Düsternis meinen Geist. [...] Ich blickte auf die Szene vor mir – das Gebäude selbst [...] – auf die

Der andere Schauplatz: Zur unheimlichen Architektur der Fotografie

Johannes Binotto

unwirtlichen Mauern – die blicklosen Fensteraugen [...] – und eine solche Verödung der Seele überkam mich, dass ich kein irdisches Gefühl passender damit vergleichen kann, als den Traumrückstand des Opiumsüchtigen – das bittere Abgleiten in Nüchternheit & Alltag – die scheulich-schlimme Entschleierung», so heisst es in der Übersetzung von Arno Schmidt.[1] Das Grauen verbirgt sich nicht im Haus, es steckt buchstäblich im Gemäuer selbst.

Auch Sigmund Freud wird in seiner berühmten Abhandlung über «Das Unheimliche» eben diesen Zusammenhang zwischen Angst und Bauwerk betonen, wenn er darauf insistiert, dass im Begriff «unheimlich» nicht umsonst das Wort «Heim» stecke.[2] Das Unheimliche, so Freud, ist nicht einfach das schiere Gegenteil des vertrauten Heims als vielmehr jener Moment, da sich das scheinbar Vertraute als unbekannt entpuppt, während umgekehrt das angeblich Fremde unversehens eigenartig familiär scheint: «Unheimlich ist irgendwie eine Art von heimlich.» Zu dieser beunruhigenden Ambivalenz des Unheimlichen passt die irritierende Widersprüchlichkeit von Poes Beschreibungen. Da werden aus den Fenstern des «House of Usher» Augen, doch sind sie ohne Blick, und wenn der Geist abgleitet, dann nicht in den Alptraum, sondern vielmehr umgekehrt in die Nüchternheit und den Alltag. Und auch die Analogie, welche Freud in seinem Aufsatz herstellt zwischen unheimlichem Haus und Mutterleib, jener «Örtlichkeit, in der jeder einmal und zuerst geweilt hat», findet sich bereits präfiguriert bei Poe, da nämlich im Englischen die Bezeichnung «House of Usher» nicht nur für das Gebäude, sondern auch für die Familie, für das Geschlecht der Ushers steht. So meint der im Titel angekündigte Untergang beides, den psychischen Zerfall der Bewohner ebenso wie das Auseinanderbrechen des Gebäudes. Im Unheimlichen fliessen Körper und Raum, Leib und Gebäude zusammen. Psychisches Ausser-sich-Sein wird wörtlich genommen und zu einem räumlichen Phänomen – «Psyche ist ausgedehnt, weiss nichts davon», wird Freud kurz vor seinem Tod notieren.[3] Doch nicht nur, dass sich Architektur und Psyche rätselhaft vermischen, die Architektur selbst ist bei Poe bereits widersprüchlich angelegt: mit scheinbar undurchdringlichen Kerkermauern, die doch jeden Laut hindurchlassen, und schweren Türen, die von selbst aufgehen.

Dabei ist es mithin kein Zufall, dass dieses unheimliche Gebäude nur ein Textgebilde, eine *Architextur* ist. Denn so wie die bloss erschriebenen Bauten wahnhafter sein können als jegliche durch die physikalischen Gesetze eingeschränkte reale Architektur, so entfaltet sich der unheimliche Raum erst wirklich in seiner Vermittlung durch ein Medium – das Medium der Schrift; gewiss aber auch durch das der Lichtschrift, der Fotografie. Nicht nur, dass Poe als Zeitzeuge der Erfindung der Fotografie Essays über die neue Kunstform verfasste und sich selbst mehrmals fotografieren liess, auch in seiner Erzählung scheint die Fotografie bereits impliziert. Wenn der Erzähler beschreibt, wie erst bei genauerem Hinsehen offenbar wird, dass die scheinbar festen und lückenlosen Mauern des grausigen Anwesens in Wahrheit aus lauter bröckligen Einzelsteinen bestehen, so entspricht dies einer fotografischen Grossaufnahme. Wie im heranzoomenden Blick von Poes Erzähler, so vermag auch das Objektiv des Fotoapparats ein unheimliches Potenzial der Architektur hervorzukehren, welches dem gewöhnlichen Auge bislang verborgen war. Und wenn der Erzähler das Haus gespiegelt sieht auf der Oberfläche jenes tiefschwarzen Teichs, der das Haus umgibt, erweist sich das Unheimliche endgültig als Effekt bildgebender Verfahren: Der Teich wird zum optischen Medium, in dem man das Schreckliche erst erblickt, sein brackiges Wasser ist das Entwicklerbad, aus dem das Grauen entsteht.

1922 schreibt der russische Theoretiker Ossip Brik im Zusammenhang mit Alexander Rodtschenkos Fotografien eines Moskauer Hauses über diese Fähigkeit der Fotografie, gerade das sichtbar zu machen, was dem blossen Auge verborgen bleibt: «Das vertraute Objekt (das Haus) verwandelt sich plötzlich in eine nie zuvor gesehene Struktur, eine Feuerleiter wird zu einer monströsen Sache, Balkone transformieren sich in die Türme einer exotischen Architektur».[4] Der Fotoapparat selbst verwandelt das vertraute Heim in ein monströses Un-Heim. Um derartige Effekte zu erzielen, so Brik weiter, brauche es weder Kulissen noch ausgefallene Requisiten. Und auch die Möglichkeiten der Nachbearbeitung, die sich im Zeitalter der digitalen Fotografie exponentiell vervielfacht haben, sind nicht vonnöten. Um der Fotografie das Grauen beizubringen, braucht es solche technische Aufrüstung gar nicht. Aufs Unheimliche verstand sie sich schon immer. Bereits indem es aus dem vertrauten Blickradius des menschlichen Auges ausbricht, lässt das Objektiv das Grauen hervortreten, welches sich in den Mauern der Häuser verborgen hält.

Wie liesse sich das besser zeigen als etwa anhand jenes scheinbar so simplen Bildes von Hans Danuser aus seinem Zyklus «In Vivo». Im Ausschnitt sehen wir ein Stück gepflasterten Boden mit einem Abflussgitter. Doch wegen des eigenartigen Blickwinkels und durch die Wahl des Bildauschnittes könnte der Boden auch eine Wand, könnte gar die Decke eines Raumes sein. Und der Titel *Schutzwand* tut sein Übriges, um die Irritation noch zu verstärken. Was fotografiert wurde, war reale Architektur, vertraut und verstehbar in ihrer Dreidimensionalität. Auf Danusers Bild aber ist daraus ein unheimlicher Raum geworden – verformt und verquer – in dem der Boden zugleich Wand und die Wand zugleich Decke sein kann. In der unheimlichen *Architextur* des Bildes steigt man nach unten und fällt nach oben. Die Wand schützt nicht, wie es der Titel des Bildes verspricht, sondern wird zur Bedrohung. Der euklidische Raum mit seinen klaren Koordinaten ist auf dem

Fotopapier zum topologischen Raum geworden, ein Raum von der Art des Möbiusbandes, wo ein gewöhnlicher Papierstreifen so verklebt wird, dass man fortan nicht mehr bestimmen kann, was auf dem Band oben und unten, was rechts und was links ist. Auch die Bodenkacheln in der Leichenhalle, die Danuser ebenfalls für «In Vivo» fotografierte, werden zu rätselhaften Flächen, die sich ins Unendliche zu erstrecken scheinen, die sich falten und verdrehen und aus denen es kein Entrinnen geben kann [Abb. A]. Denn wie soll man auch einem endlosen Raum entkommen, der keine Orientierung mehr zulässt, wo sich hier und dort nicht mehr unterscheiden lassen? Die Leichenhalle wird zum toten Raum – in jeder Hinsicht.

Mag sein, dass es dies ist, was die Architekten an der Fotografie so fasziniert und zugleich so skeptisch macht: Die Fotografie begnügt sich nicht damit zu dokumentieren, was da ist. Sie bildet Architektur nicht ab, sondern verformt sie, ja sie schafft im Akt des Fotografierens erst eine neue Räumlichkeit. Was die Architekturfotografie zeigt, ist demnach ein Schauplatz im buchstäblichsten Sinne: nicht nur ein Platz, der angeschaut wird, sondern einer, der im Akt des Schauens, der durch den Blick der Kamera erst geschaffen wird. Aus der Fotografie der Architektur wird eine Architektur der Fotografie.

Die unheimliche Verzauberung der Architektur durch die Fotografie vollendet damit eine Entwicklung, die ihren Anfang in anderen Medien nahm. Der italienische Kupferstecher und Architekt Giovanni Battista Piranesi beispielsweise hatte Mitte des 18. Jahrhunderts in seinen Architekturstudien von Rom reale Bauten ebenfalls so abgebildet, dass sie auf seinen Blättern zu Denkmälern des Unheimlichen wurden [Abb. B]. In diesen Stichen, die ob ihrer Detailgenauigkeit aus heutiger Sicht fast wie Vorläufer der Fotografie wirken, scheint der tote Stein gleichsam zu untotem Leben erweckt und vertraute Schauplätze zu Ansichten verwandelt, wie man sie nur aus Alpträumen kennt. Als Goethe auf seiner Reise durch Italien schliesslich jene Ruinen besuchte, die er von Piranesis Stichen bereits kannte, war der Dichter denn auch erstaunt, wie wenig die Realität den Bildern standhielt, und das trotz ihrer ins Auge springenden Akribie.[5] Tatsächlich bringt aber die Verquickung dieser Gegensätze, die paradoxe Verschränkung von fotografischer Genauigkeit und traumartiger

Imagination etwas anderes hervor, und zwar deren unheimliche Wirkung. Die Fotografie hat diese Paradoxie nur noch verschärft. Und so wird auch, wer heute die berühmten Paradiestüren am Baptisterium in Florenz besucht, nicht dasselbe vorfinden wie auf den alten Fotografien, welche die Gebrüder Alinari von diesem Portal anfertigen liessen [vgl. S. 62]. So wie in den Studien Piranesis die Architektur zum geisterhaften Phänomen wird, so verwandelt sich der edle Prunk dieser reich mit Reliefs verzierten Tür auf den monochromen Bildern der Alinaris in eine Aura des Morbiden. Die vermeintliche Pforte zur Glückseligkeit wird auf dem Foto zu einem unheimlichen Widerspruch in sich: Wir sehen eine Tür, aber man wird sie nie öffnen können; die plastischen Reliefs sind nur flaches Bild und vom leuchtenden Gold bleibt nur ein matter Schein im Silbersalz der Fotoplatte. Die Fotografie gleicht einem verkehrten Exorzismus: die Einschreibung der Angst in die sakrale Architektur.

Am Ende von Poes «The Fall of the House of Usher» versinkt das unheimliche Anwesen in jenem schwarzen Wasser, aus dem es zu Beginn der Erzählung als Spiegelung hervortrat. Das Gebäude geht restlos auf in jenem optischen Medium, das ihm erst zu seiner verstörenden Wirkung verholfen hat. Versunken in der Dunkelheit des Mediums ist das Grauen freilich nicht gebannt. In der schwarzen Kammer des Fotoapparats lauert es noch immer, um durch einen kurzen Druck auf den Auslöser reale Räume in unmögliche Topologien zu verwandeln und das wohlige Heim ins unerträglich Unheimliche.

1 Edgar Allan Poe, Der Fall des Hauses Ascher, übers. v. Arno Schmidt, in: *Werke/1. Erste Erzählungen, Grotesken, Arabesken, Detektivgeschichten*, Hrsg. Kuno Schuhmann, Hans Dieter Müller, Olten/Freiburg i. Breisgau 1966, S. 635–664; hier: S. 635.

2 Sigmund Freud, Das Unheimliche, in: *Gesammelte Werke*. Bd. 12. *Werke aus den Jahren 1917–1920*, Hrsg. Anna Freud, Frankfurt a. M. 1966, S. 227–268.

3 Sigmund Freud, *Gesammelte Werke*. Bd. 17. *Schriften aus dem Nachlass 1892–1938*, Hrsg. Anna Freud, London 1941, S. 152.

4 Ossip Brik, What the Eye Does Not See, in: *Photography in the Modern Era. European Documents and Critical Writings, 1913–1940*, Ausst.-Kat., Metropolitan Museum of Art, New York, 1989, S. 219–220.

5 Johann Wolfgang von Goethe, Italiänische Reise. III. Zweiter Römischer Aufenthalt vom Juni 1787 bis April 1788, in: *Goethes Werke*. I. Abtheilung: 32. Bd, Hrsg. Grossherzogin Sophie von Sachsen, Weimar 1906, S. 170.

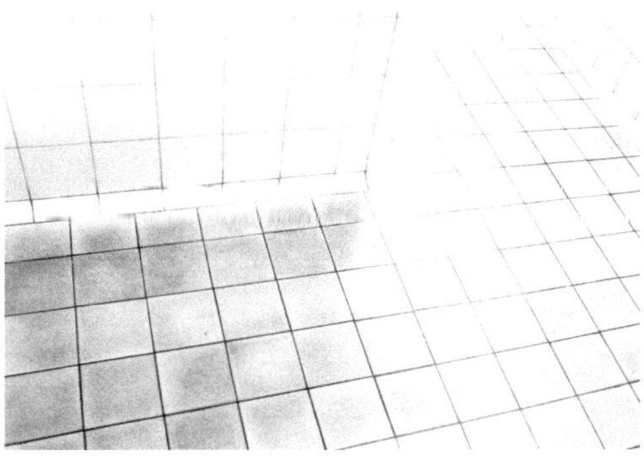

A HANS DANUSER
PASSAGE, 1984
AUS: *IN VIVO*

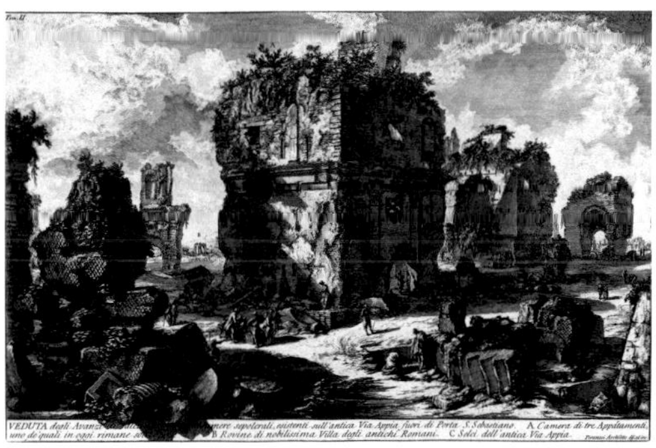

B GIOVANNI BATTISTA PIRANESI
LE ANTICHITÀ ROMANE, T. 2, TAV. XLVII
(DIE RÖMISCHE ANTIKE), 1756

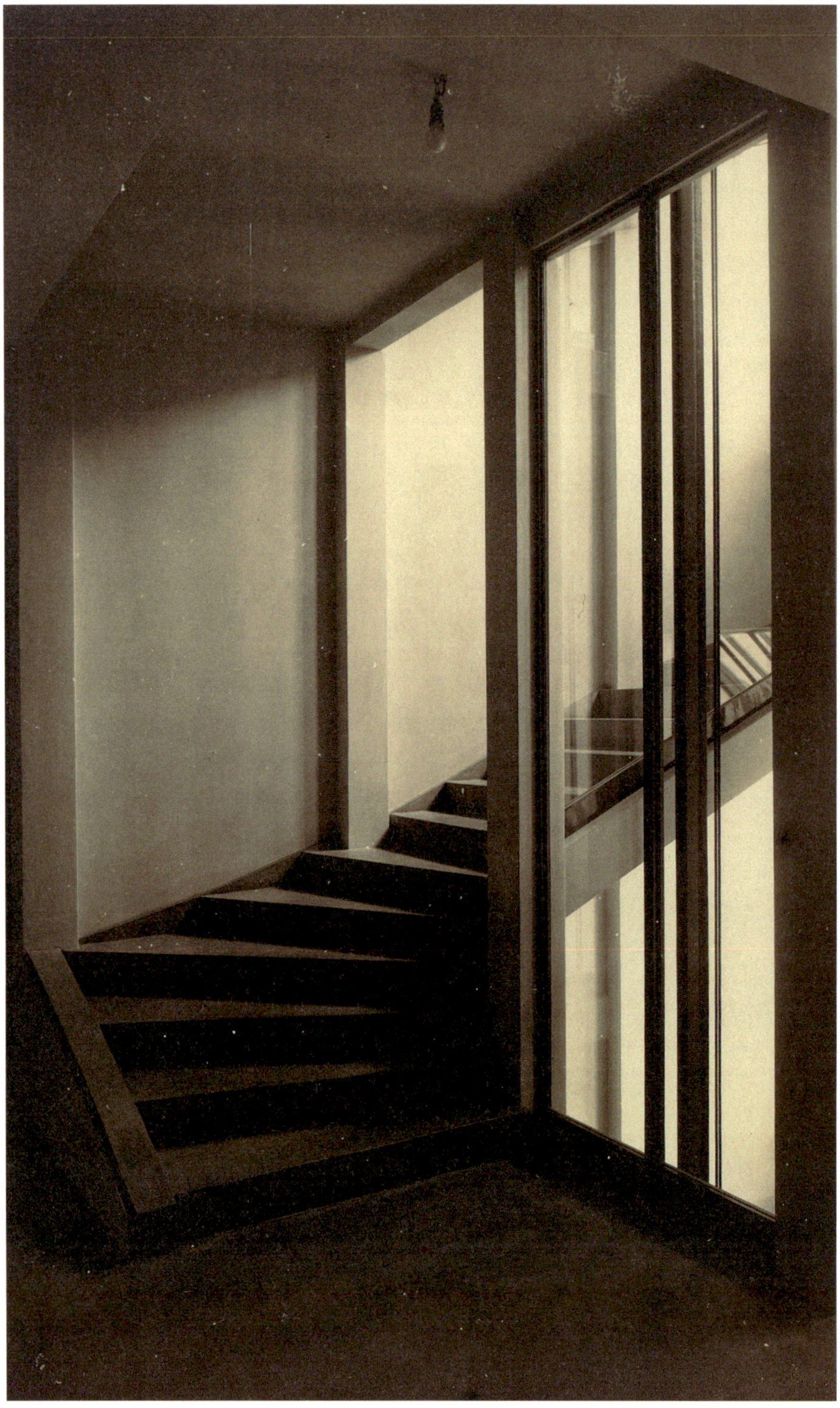

MORIZ NÄHR
STIEGENHAUS IM HAUS STONBOROUGH-WITTGENSTEIN
(STAIRCASE), 1928

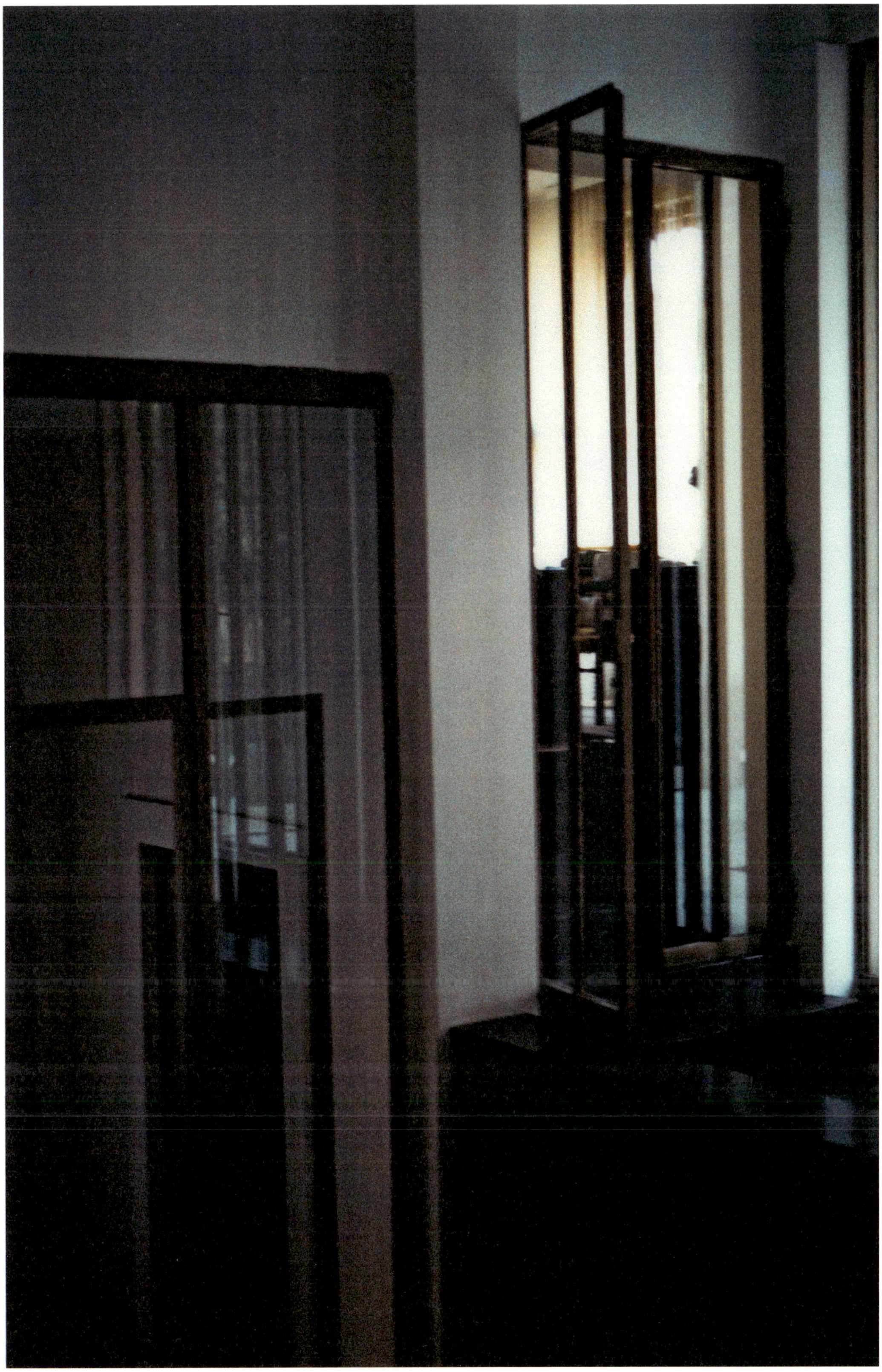

GÜNTHER FÖRG
VILLA WITTGENSTEIN V, 1987

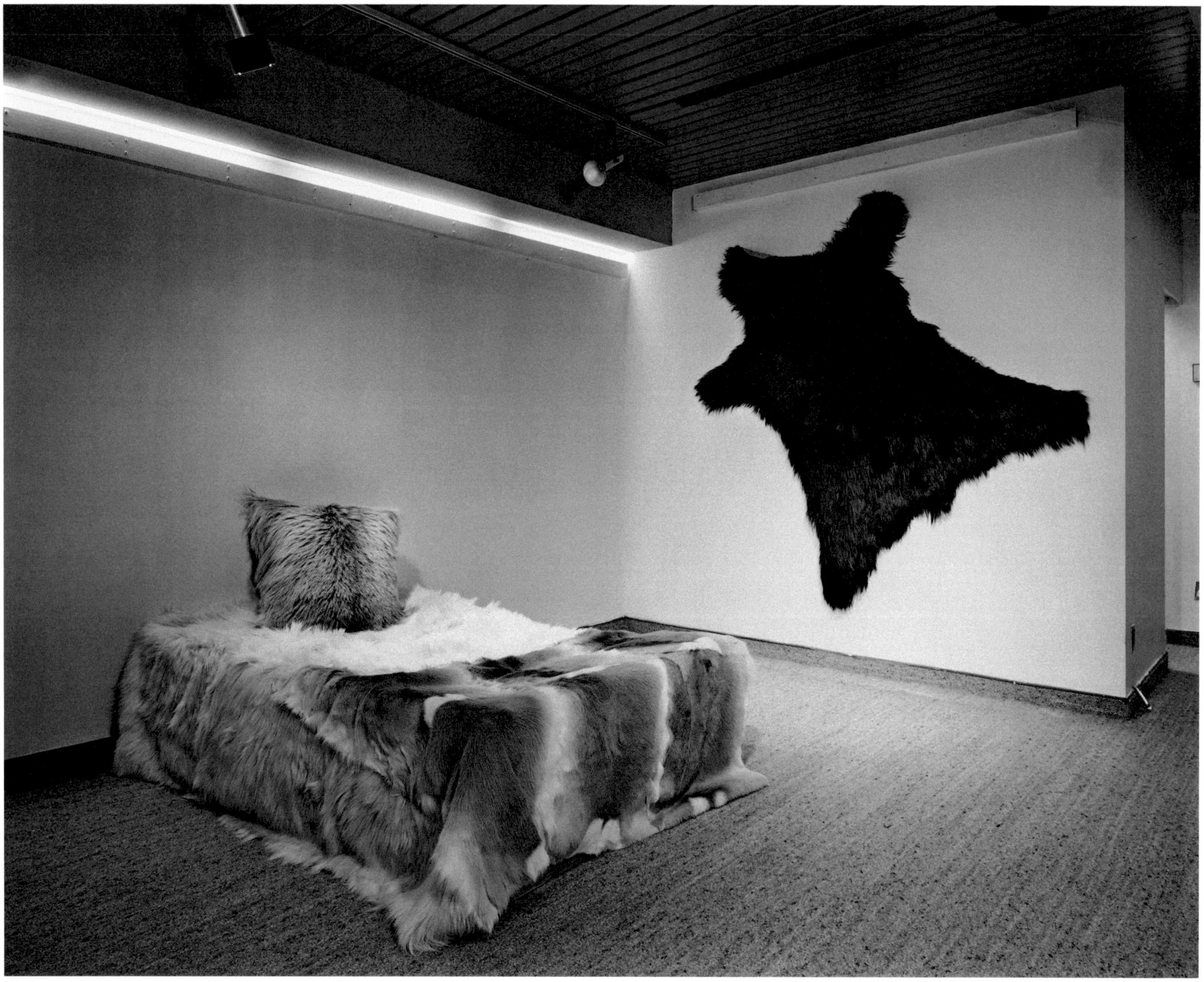

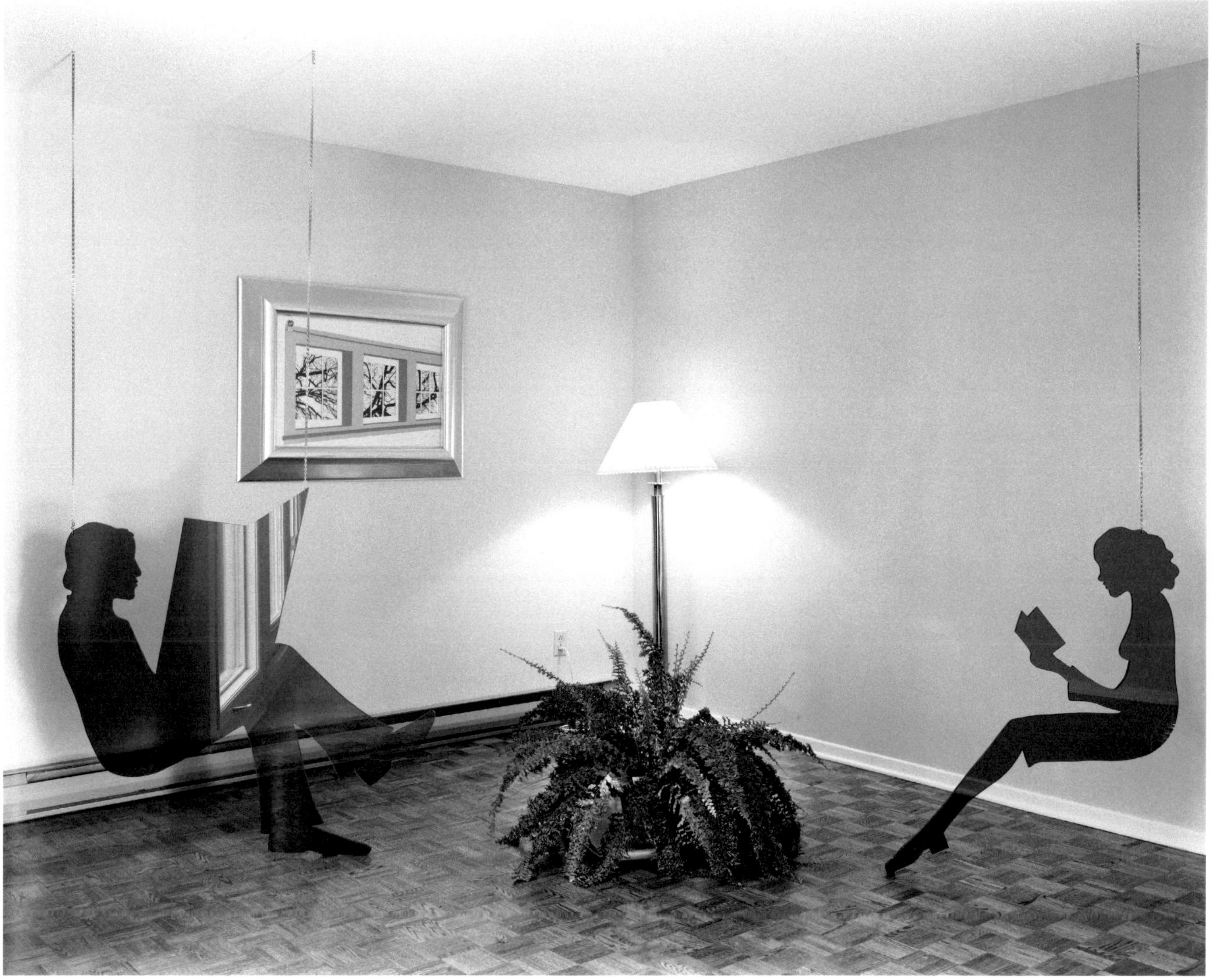

LYNNE COHEN
SHOWROOM, 1985
MODEL LIVING ROOM (MUSTERWOHNZIMMER), 1978
AUS/FROM: *OCCUPIED TERRITORY* (BESETZTES GEBIET)

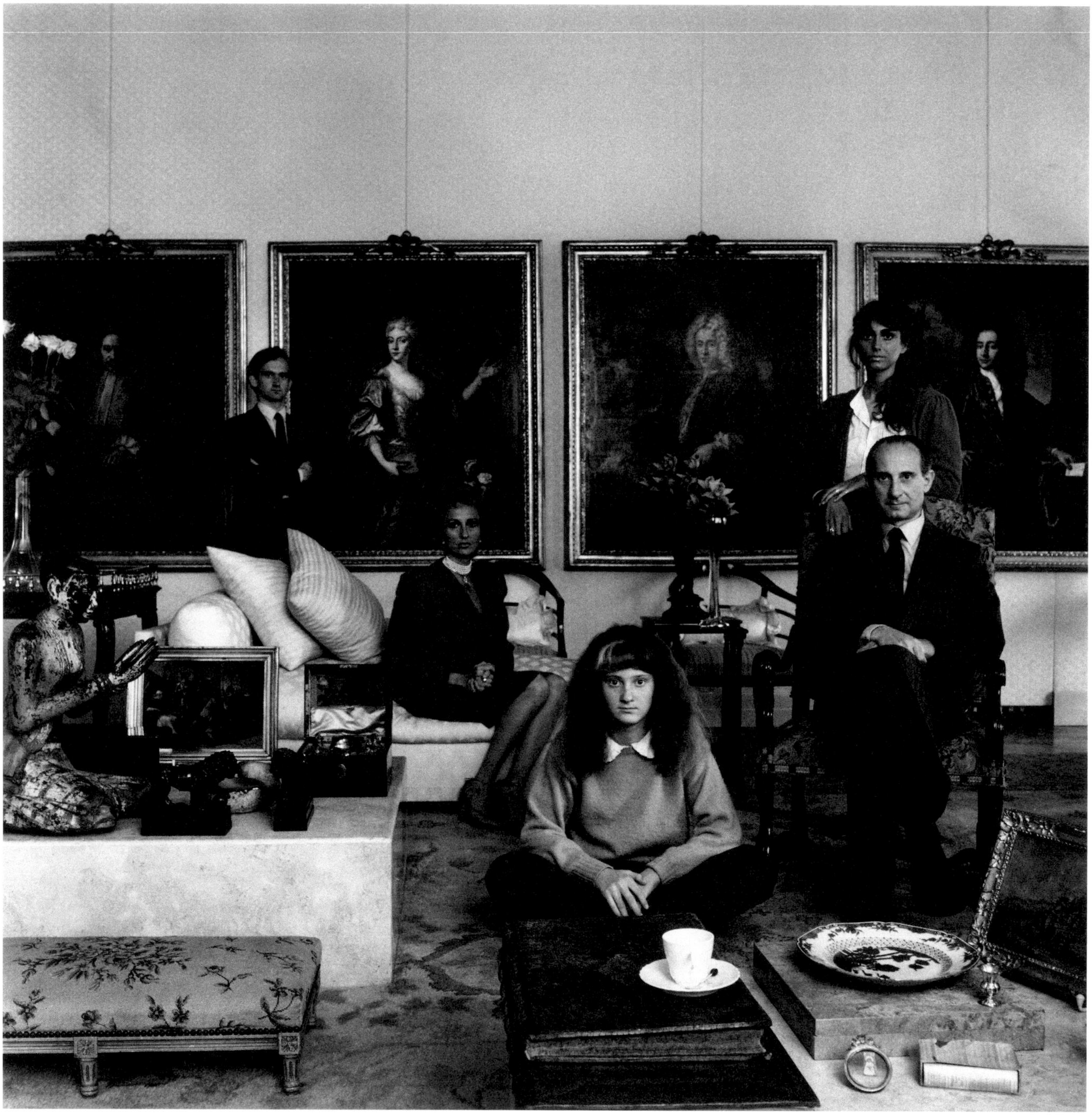

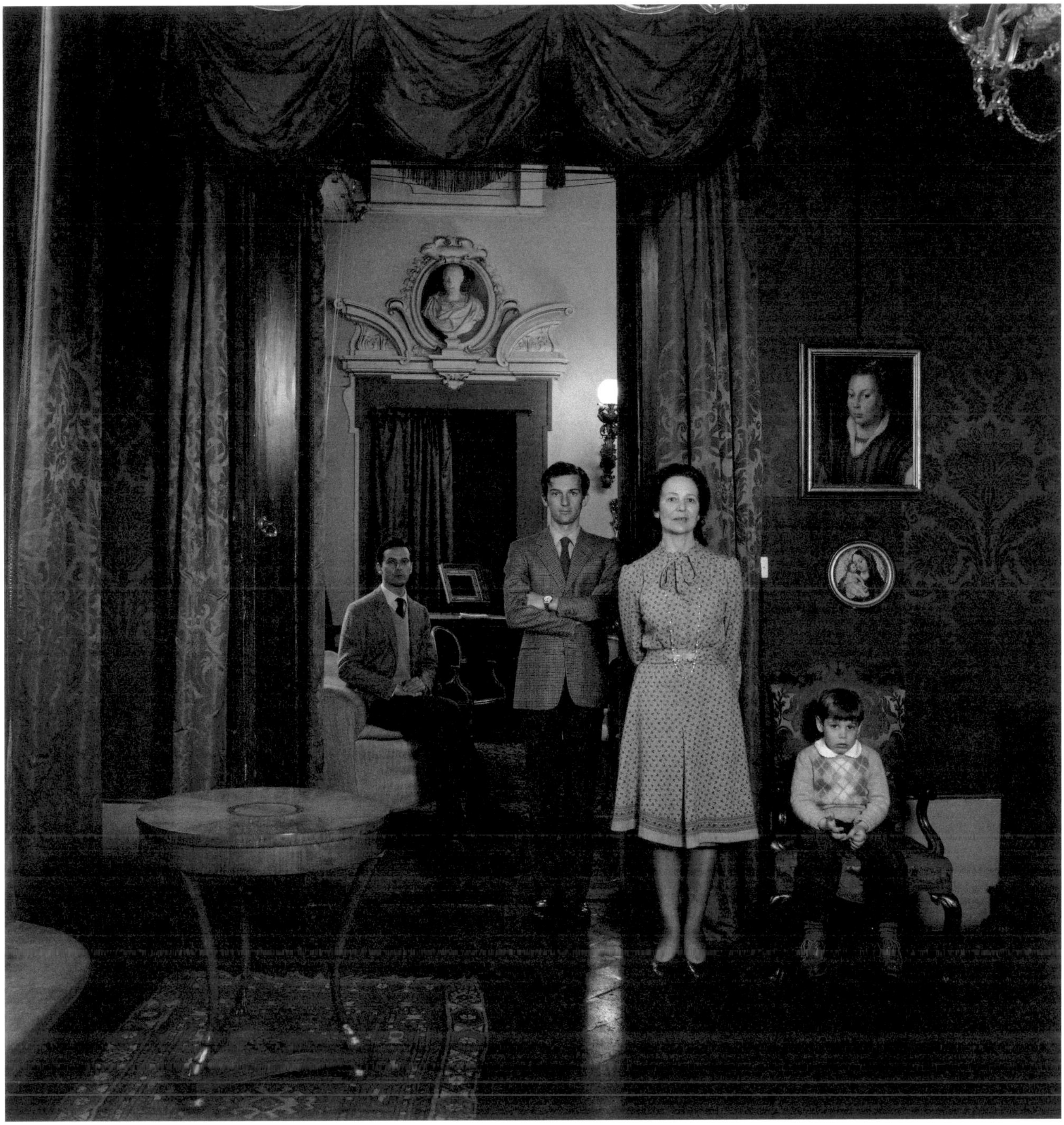

PATRICK FAIGENBAUM
FAMILIE FRESCOBALDI, FLORENZ, (FRESCOBALDI FAMILY) 1985
FAMILIE NICCOLINI, FLORENZ, (NICCOLINI FAMILY) 1985

Edgar Allan Poe's short story "The Fall of the House of Usher" opens with the unnamed narrator riding towards the house that will soon be the scene of a grisly tragedy. Yet the terrors within are already foreshadowed by the outward appearance of the building:

"I know not how it was – but, with the first glimpse of the building, a sense of insufferable gloom pervaded my spirit.... I looked upon the scene before me – upon the mere house... upon the vacant eye-like windows... with an utter depression of soul which I can compare

The Other Scene: On the Uncanny Architecture of Photography

Johannes Binotto

to no earthly sensation more properly than to the after-dream of the reveller upon opium – the bitter lapse into everyday life – the hideous dropping off of the veil."[1]

The horror is not hidden within the house, but is built into its very walls; the building itself is uncanny *(unheimlich)*.

In his famous essay "The Uncanny" *(Das Unheimliche)*, Sigmund Freud also makes this connection between fear and architecture by pointing out that the term *unheimlich* contains the word heim (home).[2] The uncanny, according to Freud, is not simply the opposite of the familiarity of feeling "at home", but is the moment at which the seemingly familiar turns out to be unfamiliar, while, conversely, the seemingly unfamiliar unexpectedly appears familiar: "The uncanny (*das Unheimliche*, 'the unhomely') is in some ways a species of the familiar (*das Heimliche*, 'the homely')." This unsettling ambiguity of the uncanny echoes the equally unsettling contradiction in Poe's description. The windows of the House of Usher become eyes, but they are unseeing, and the sense of gloom that overcomes him is not in the spirit of a nightmare, but of sobriety and everyday life. The analogy that Freud makes in his essay between the uncanny and the womb, as "the place where everyone once lived", is also prefigured in Poe's story, in which the House of Usher is the name not only of the building but of the family itself. And so the fall alluded to in the title applies as much to the psychological breakdown of the family as it does to the breaking apart of the building. In the uncanny, body and space, individual and building converge. Being psychologically "beside oneself" is taken literally; it becomes a spatial phenomenon – as Freud noted shortly before his death: "Psyche is extended, knows nothing of it."[3] Not only do architecture and psyche mysteriously merge in Poe's story – the architecture itself is contradictory, with its seemingly impenetrable walls that nevertheless allow every sound to permeate, and heavy doors that open by themselves.

Yet it is no coincidence that this uncanny building is merely a textual construct: an *architexture*. For just as buildings constructed in mere words can be more fantastical than any real architecture limited by the laws of physics, so too does the uncanny really only evolve in and through the interim of a medium – the medium of writing, but also the medium of writing with light, which is photography. Not only did Poe, as a contemporary of the birth of photography, write essays about this new art form and have his photo taken on several occasions, he also appears to conjure with photography in his story. When the narrator describes how on closer inspection the seemingly solid perfection of the gloomy mansion turns out to be made up of crumbling individual stones, it is like looking at a photographic enlargement. Just as the view of Poe's narrator zooms in, so the lens of the camera can reveal some uncanny potential of architecture unnoticed by the casual gaze. And when the narrator sees the house reflected on the surface of the dark waters around it, the uncanny is unequivocally betrayed as the effect of visual processes: the tarn becomes the visual medium in which the horror is first glimpsed, and its leaden-hued liquidity becomes the developer fluid from which the horror rises.

In 1922, the Russian theoretician Ossip Brik, writing of Alexander Rodchenko's photographs of a Moscow house, also described this capacity of photography to reveal what is hidden to the eye: "... that familiar object (the house) suddenly turned into a never-before-seen structure, a fire escape became a monstrous object, balconies were transformed into a tower of exotic architecture."[4] The camera itself transforms the familiar into the monstrously unfamiliar. Such an effect, according to Brik, can be achieved without any staged backdrops or exotic props. There is not even any need for subsequent manipulation – a technique that has multiplied exponentially in the age of digital photography. Photography can conjure a sense of dread without the slightest technical embellishment. It has always been an instrument of the uncanny, which the camera eye alone suffices to reveal. Simply by breaking out of the familiar radius of the human eye's gaze, the lens brings to the fore the horrors that the walls have always harboured.

Nowhere is this better illustrated than by an apparently simple image found in Hans Danuser's *In Vivo* cycle. It shows a detail of an area of paving with a drain cover. Yet because of the strange angle of the photograph and the way it is cropped, the area of ground could just as easily be a wall, or perhaps even the ceiling of a room. The title *Schutzwand* (protective wall) increases the sense of confusion. What the photograph shows is real architecture, familiar and comprehensible in three dimensions – yet in Danuser's take it is transformed into an uncanny space, deformed and distorted, in which the floor potentially becomes the wall and the wall potentially becomes the ceiling. In the uncanny architexture of the image, there is a sense of climbing downwards and falling upwards. There is nothing protective, as the title suggests, about this wall; it has a menacing air. The Euclidean space with its clear-cut co-ordinates becomes a topological space, in the manner of a Moebius strip, in which a length of paper is twisted so that it becomes impossible to tell what is up and what is down, what is right and what is left. Similarly, the mortuary floor tiles in another of Danuser's pictures become mysterious planes that seem to stretch into infinity, folding and turning, from which there is no escape [fig. A]. How, after all, is it possible to escape a space that thwarts all sense of orientation, where there is no way of distinguishing between here and there? The mortuary becomes, in every sense, a dead space.

Perhaps this is precisely what both fascinates and perplexes architects about photography. Photography, after all, does not stop at simply documenting what is there. It does not merely reproduce an image of architecture, it distorts it: in the very act of photographing, a new spatial entity is created. What architectural photography shows is, quite literally, a scene: not just a place to be looked at but a place that is created by the act of looking, by the gaze of the camera lens. Photography becomes architecture – an architecture of photography.

The uncanny enchantment of architecture by photography thus perfects what had already been begun in other media. In the mid-18th century, for instance, the Italian engraver and architect Giovanni Battista Piranesi created architectural studies of Rome in which real buildings were portrayed in a way that rendered them monuments of the uncanny [fig. B]. In his engravings, so precisely detailed that they now look almost like precursors of photography, the inanimate stonework appears to come to undead life and familiar settings appear like those seen only in nightmares. When Goethe eventually visited the ruins he had known only from Piranesi's engravings, he was astonished at how little in reality they resembled the images, despite their painstaking precision.[5] In fact, though, their uncanny effect lies in this very convergence of opposites – in the paradoxical dovetailing of photographic exactitude and dreamlike imagination. Photography has only heightened this paradox further. In the same vein, anyone visiting the famous Gates of Paradise bronze doors of the Baptistry in Florence will not find what they saw in the 19th-century photographs of the doors by the Alinari brothers [cf. p. 62]. Just as Piranesi's studies transformed architecture into a spectral phenomenon, so too does the magnificent opulence of these richly ornamented doors take on an aura of morbidity in the Alinari photos. The supposed gateway to paradise seems unsettlingly contradictory: we see a door that cannot be opened, sculptural reliefs that are but a two-dimensional image, and glistening gold that appears only as a matt sheen in the silver salts of the photograph. It is like an inverse exorcism that inscribes fear into the sacred architecture.

At the end of "The Fall of the House of Usher", the uncanny edifice sinks into the same dark waters in which it was mirrored at the beginning of the story. The building merges completely into the visual medium that brought about its disturbing effect in the first place. Though immersed in the darkness, the horror is by no means banished. It still lurks within the dark chamber of the camera, to be released by a single click of the shutter, turning real sites into impossible topographies and turning the cosily familiar into the unbearably unfamiliar.

1 Edgar Allan Poe, "The Fall of the House of Usher" (1839), in *Edgar Allan Poe, The Fall of the House of Usher and Other Writings*, David Galloway (ed.), London: Penguin Classics 2003, pp. 90–109; this quote p. 90.
2 Cf. Sigmund Freud, *The Uncanny* (1919), transl. by David McLintock, Hugh Haughton (ed.), London: Penguin Modern Classics 2003, p. 134.
3 Sigmund Freud, *Findings, Ideas, Problems: Standard Edition*, vol. XXIII (1941 [1938]), James Strachey and Anna Freud (eds.), London: The Hogarth Press, 1964, p. 299.
4 Ossip Brik, "What the Eye Does Not See" (1926), transl. by John E. Bowlt, in, *Photography in the Modern Era. European Documents and Critical Writings*, 1913–1940, Christopher Phillips (ed.), New York: Metropolitan Museum of Art and Aperture 1989, pp. 219–220.
5 Johann Wolfgang von Goethe, *Italian Journey 1786–1788*, translated by W.H. Auden and Elizabeth Mayer, London: Penguin Classics 1970, p. 492.

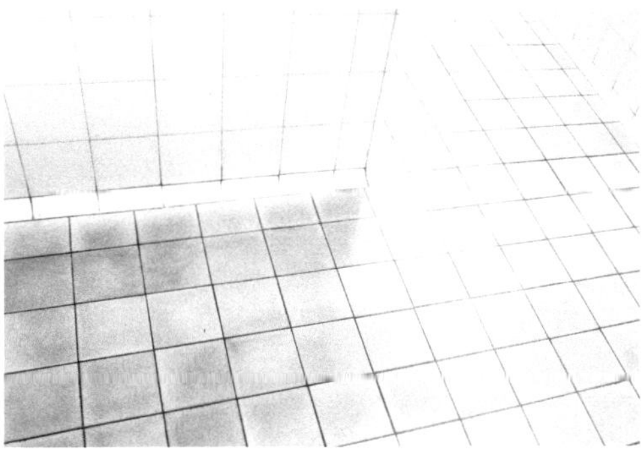

A HANS DANUSER
PASSAGE, 1984
FROM: *IN VIVO*

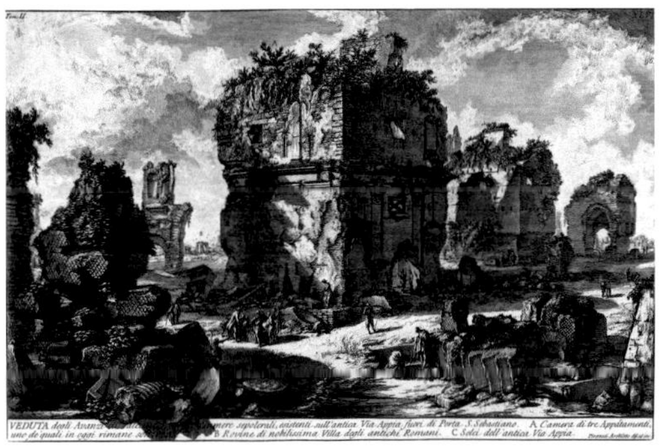

B GIOVANNI BATTISTA PIRANESI
LE ANTICHITÀ ROMANE, T. 2, TAV. XLVII
(THE ROMAN ANTIQUITIES), 1756

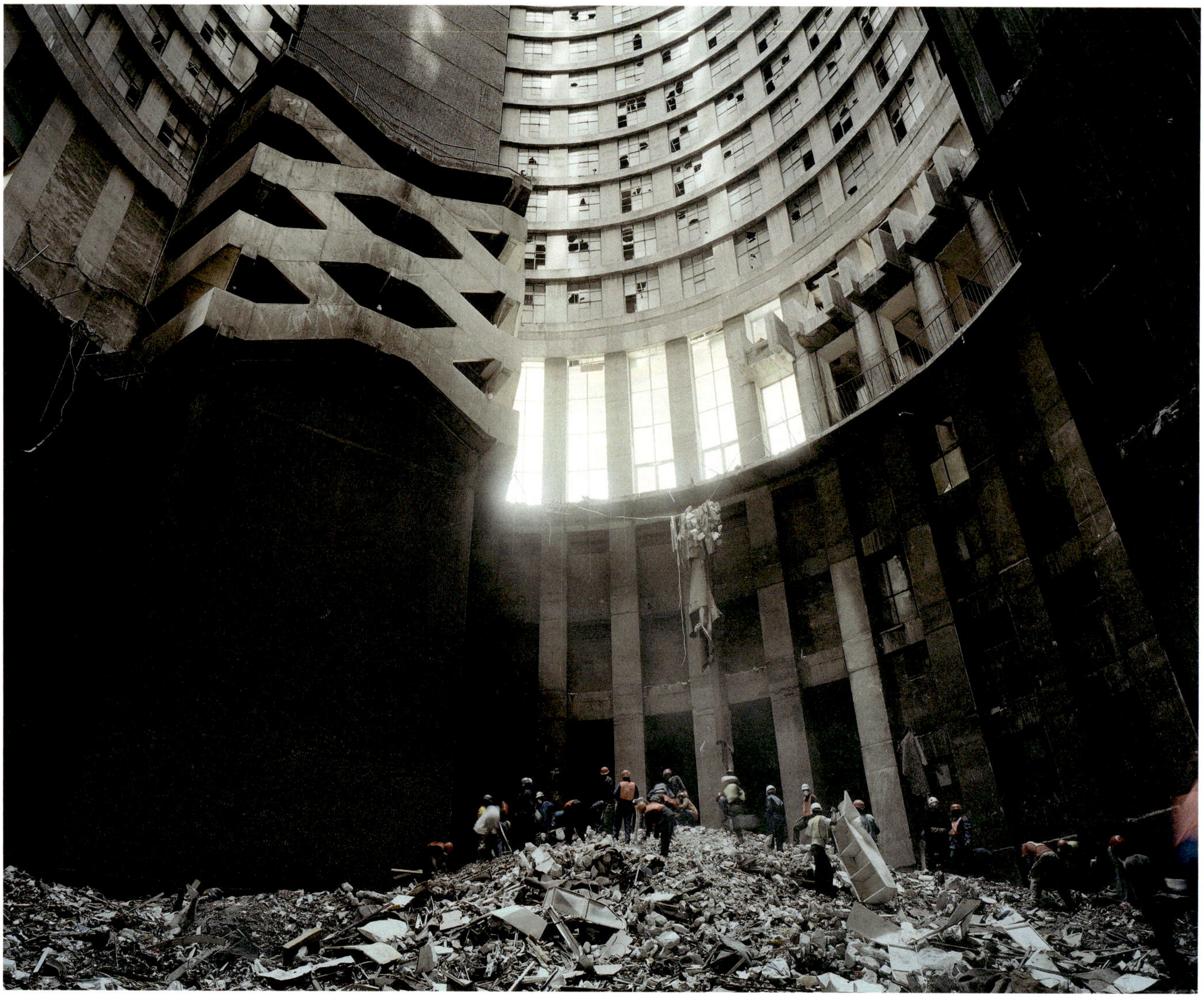

< ANDERS PETERSEN
THE PRISON WALL, ÖSTERÅKER
(DIE GEFÄNGNISMAUER), 1982

MICHAEL SUBOTZKY & PATRICK WATERHOUSE
CLEANING THE CORE (KERNREINIGUNG), 2008
AUS/FROM: *PONTE CITY, JOHANNESBURG*

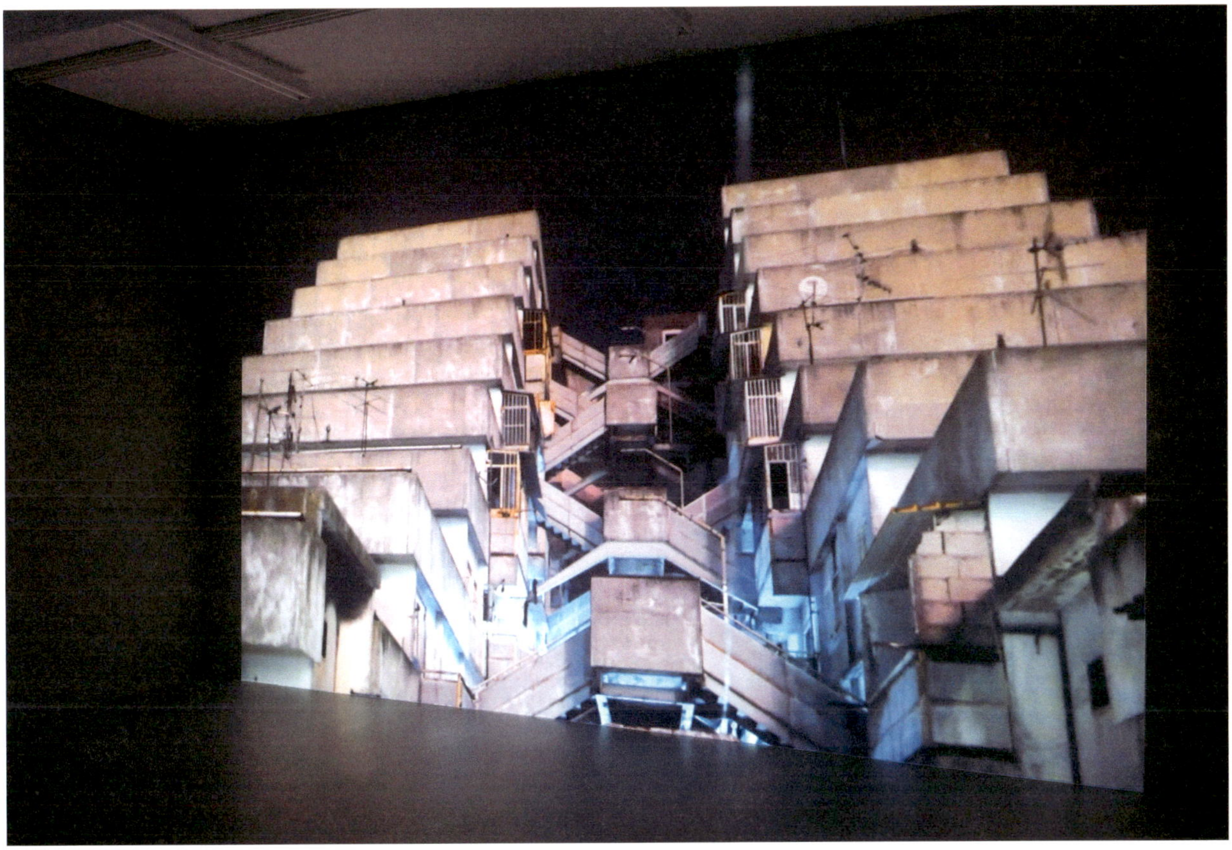

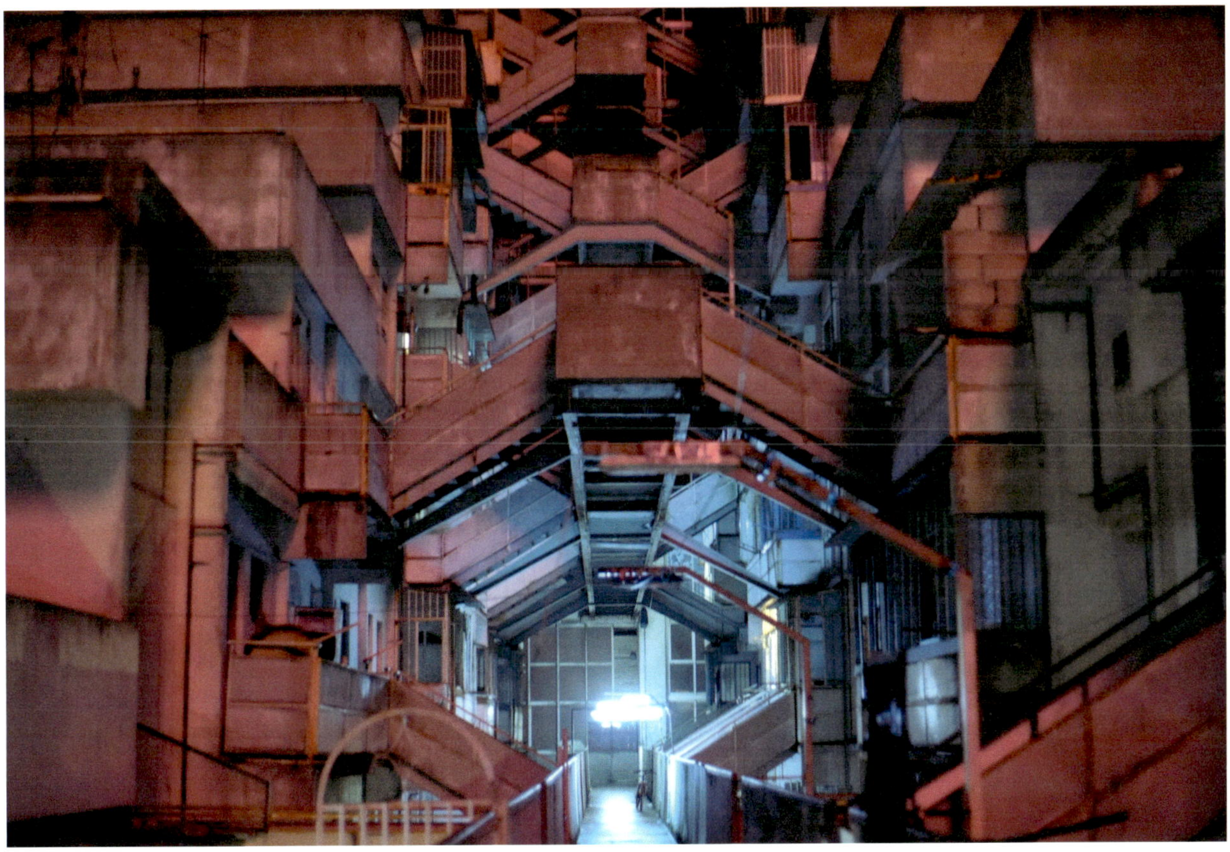

TOBIAS ZIELONY
INSTALLATIONSANSICHT *LE VELE DI SCAMPIA* (INSTALLATION VIEW), 2009
DIGITALER FILMSTILL *LE VELE DI SCAMPIA* (DIGITAL FILM STILL), 2009

SIEDLUNGEN TRANSITRÄUME METROPOLEN
/
SETTLEMENTS TRANSIT SPACES METROPOLISES

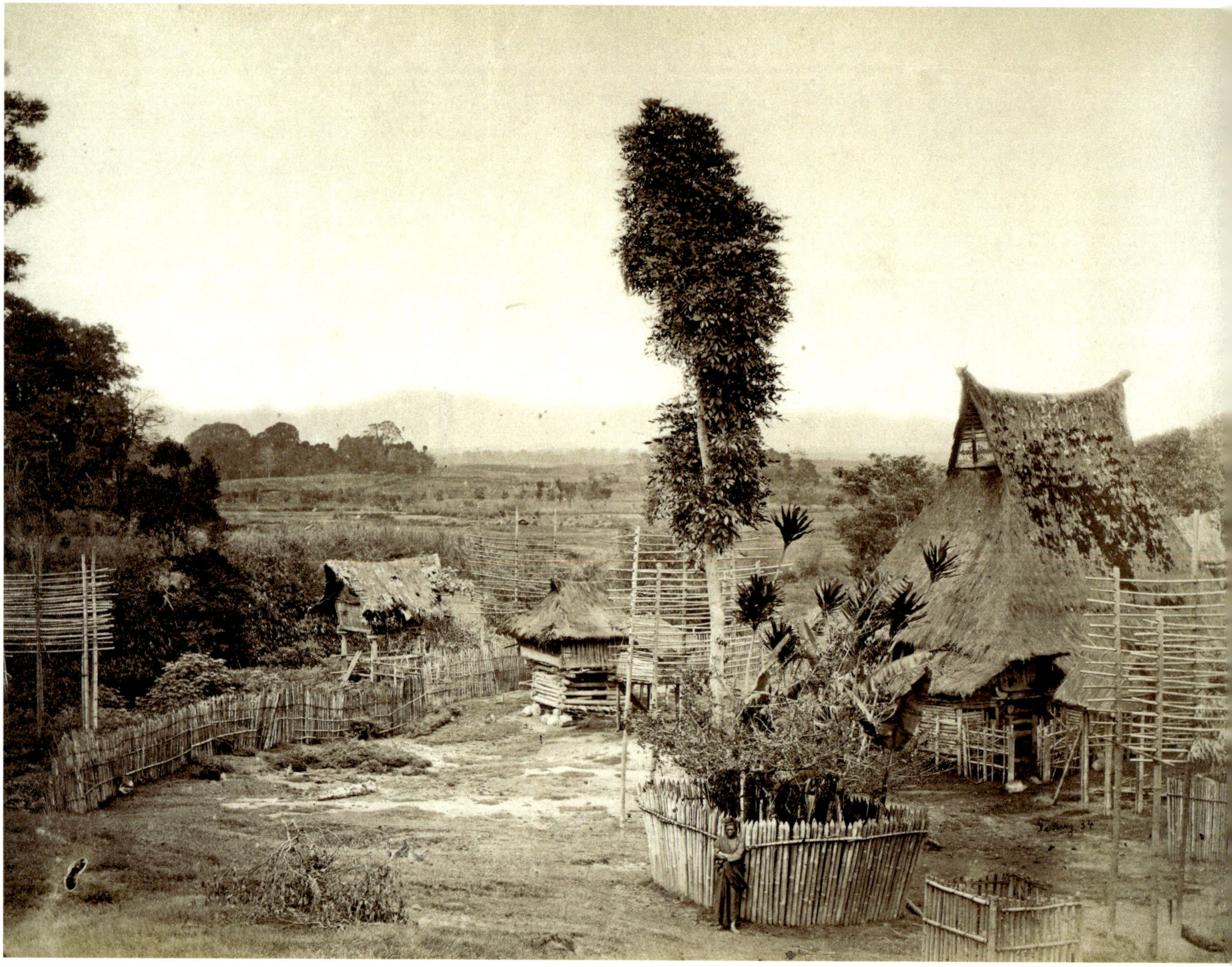

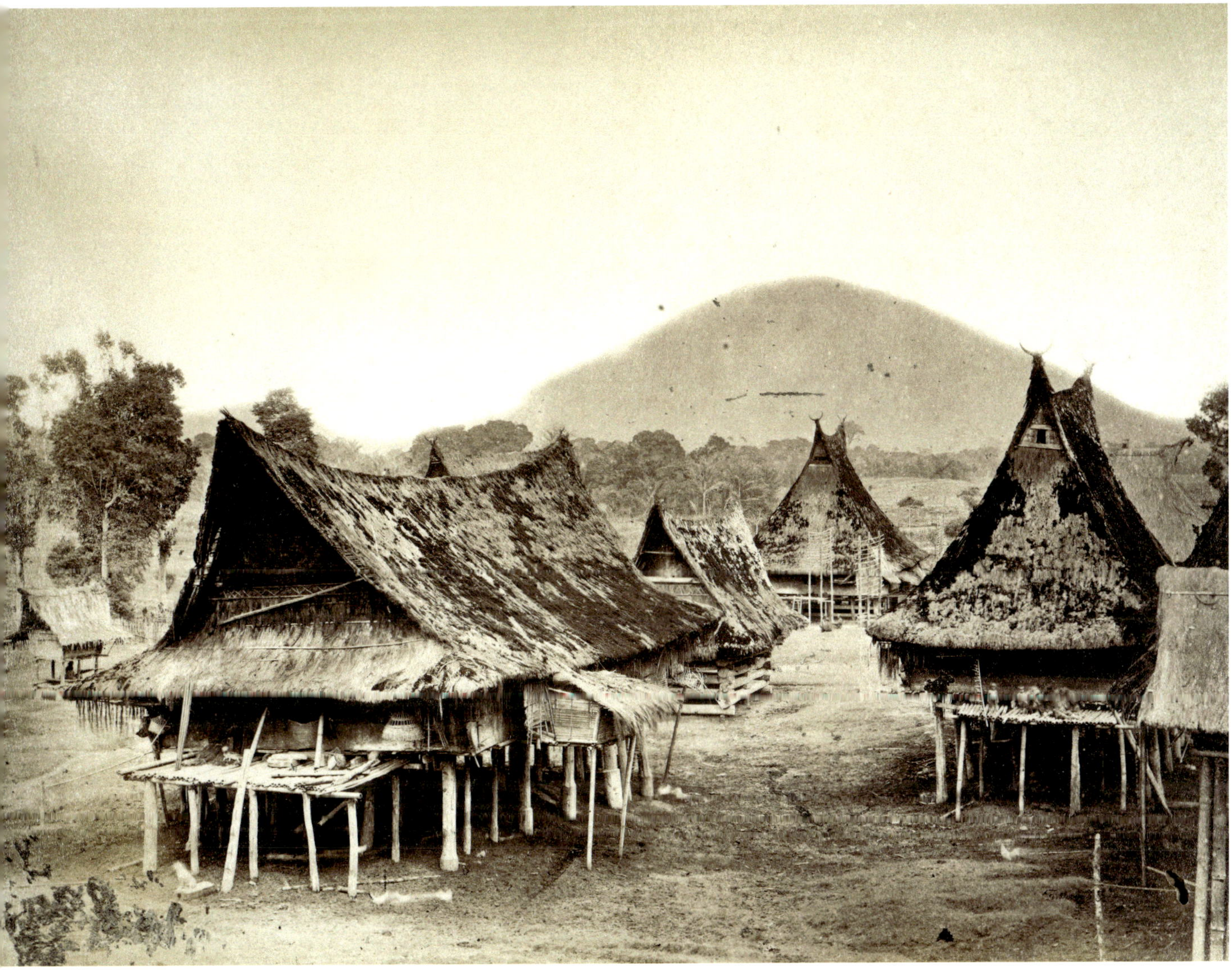

KRISTEN SCHJELLERUP FEILBERG
BATTAK VILLAGE NEAR LAKE TOBAH
(DAS DORF BATTAK BEIM TOBAH-SEE), CA. 1870
AUS/FROM: *VIEWS FROM DELI AND THE BATTAK COUNTRY*
(ANSICHTEN VON DELI UND DER BATTACK-REGION)

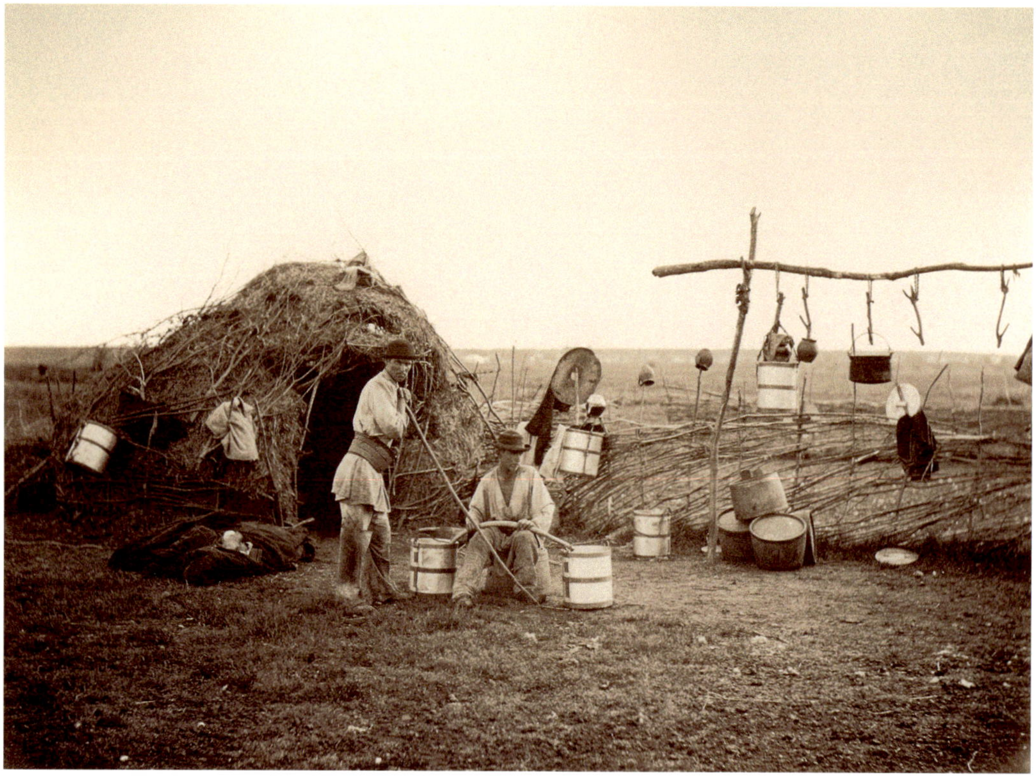

FRANZ DUSCHEK
MÄNNER MIT WASSERKÜBELN VOR EINER NOTDÜRFTIG ERBAUTEN HÜTTE, RUMÄNIEN
(MEN WITH BUCKETS OF WATER IN FRONT OF A MAKESHIFT HUT), CA. 1878

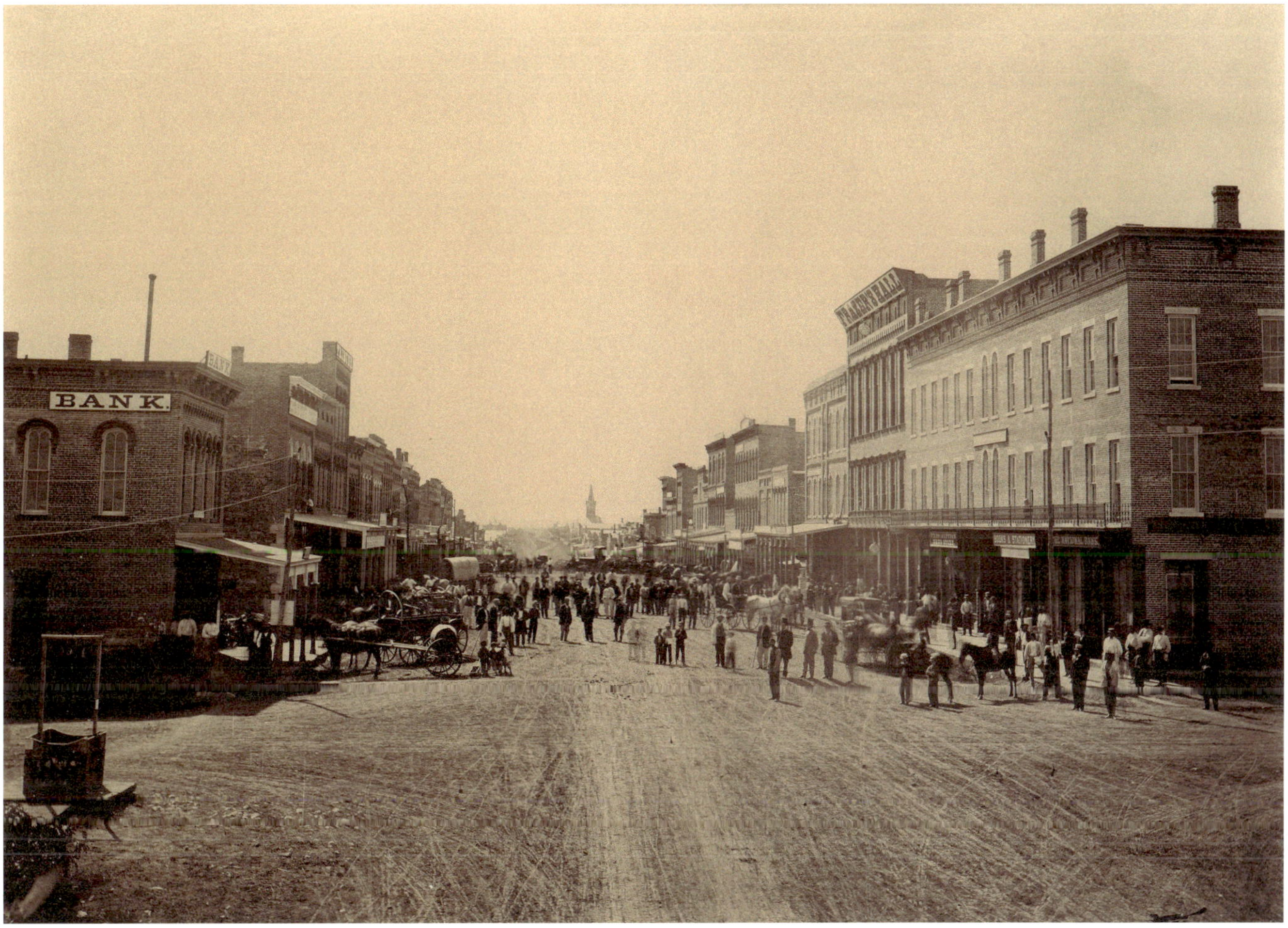

ALEXANDER GARDNER
MASSACHUSETTS STREET OF LAWRENCE, KANSAS, CA. 1860

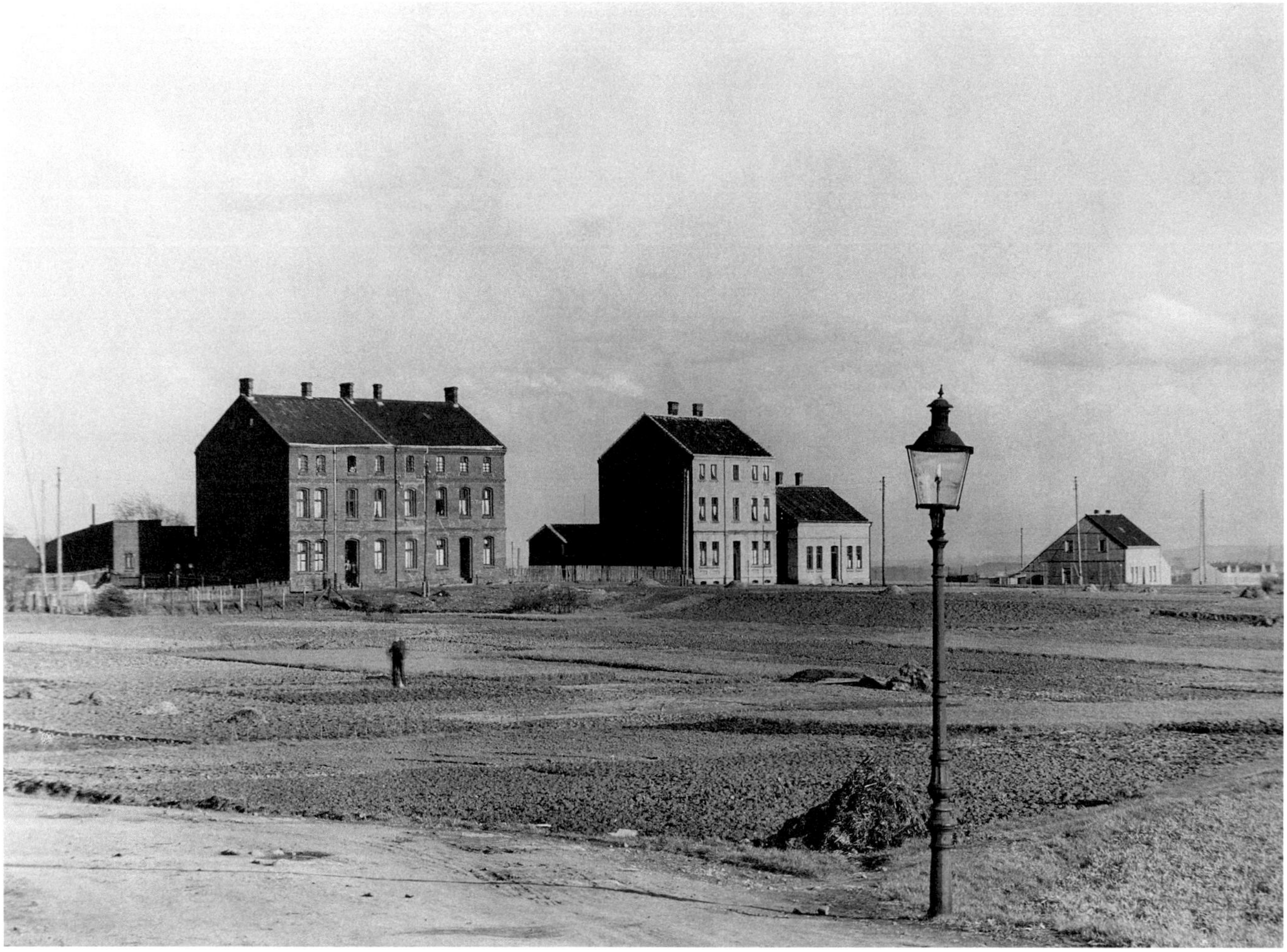

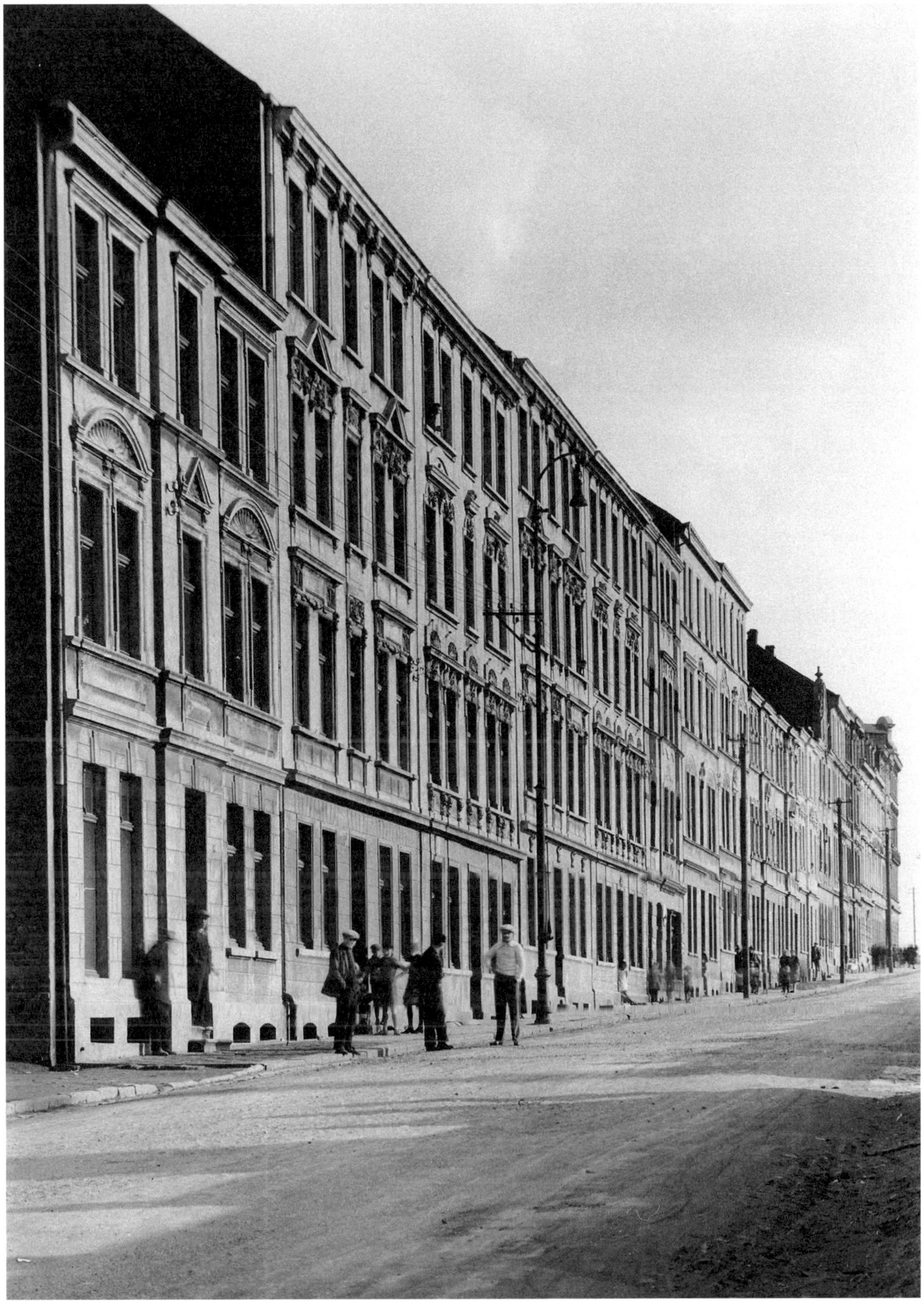

ALBERT RENGER-PATZSCH
BERGMANNSHÄUSER IN ESSEN, STOPPENBERG (MINERS' HOMES), 1929
HÄUSER IN ESSEN-SEEGEROTH (HOUSES), CA. 1929
AUS/FROM: *RUHRGEBIET – LANDSCHAFTEN* (RUHR AREA – LANDSCAPES)

Den Begriffen von Entgrenzung und Verdichtung in der zeitgenössischen Architektur und Stadtplanung entsprechen zwei unterschiedliche Modelle der Stadtentwicklung: Suburbanisierung oder Zersiedelung *(urban sprawl)* und die kompakte Stadt *(compact city)*.[1] Zersiedelung ist die ungeplante, also nicht fremdgesteuerte horizontale Ausbreitung grosser suburbaner Flächen, die sich unregelmässig und patchworkartig in den umgebenden ländlichen Raum ausdehnen. Typisch sind weitläufige Bebauungsmuster mit einer über-

Leere/Verdichtung: Fotografie und Repräsentation urbaner Räume

Nicoletta Leonardi

wiegend einseitigen Flächennutzung. Das bedeutet, dass die Gebiete, in denen Menschen leben, arbeiten, einkaufen und ihre Freizeit verbringen, durch offene Räume und Infrastrukturen wie Strassen oder Autobahnkreuze voneinander getrennt sind. Leere Flächen sind eine der auffälligsten Folgeerscheinungen der wuchernden Städte. Häufig wird Suburbanisierung auf einen schrankenlosen Kapitalismus zurückgeführt, zu dessen negativen Auswirkungen auf den natürlichen ländlichen Raum und die Lebensqualität der Bewohner erhöhter Energieverbrauch, schwindende Agrarflächen, zunehmender Ausstoss von Treibhausgasen, Luftverschmutzung und Lärmbelastung zählen.

Zum ersten Mal in der Menschheitsgeschichte lebt heute mehr als die Hälfte der Weltbevölkerung in Ballungszentren, und der Anteil wächst weiterhin rapide an. Auch wenn Muster und Merkmale sich unterscheiden, die horizontale Ausdehnung der Städte lässt sich nicht nur in den «gewachsenen» urbanen Räumen Nord- und Südamerikas, Europas und Australasiens, sondern auch in Afrika und Asien feststellen. Ein typisches Beispiel für explosionsartiges städtisches Wachstum ist die Stadt Shanghai, wo Saisonarbeiter aus ländlichen Gebieten ein Fünftel der Bevölkerung ausmachen. Das urbane Wachstum ist hier Teil eines heftigen allgemeinen Wandels und die Auswirkungen der Theorie auf die Praxis lassen sich perfekt beobachten.[2]

Im Gegensatz zur Zersiedelung *(urban sprawl)* basiert die kompakte Stadt auf einem verdichteten Wohnungsbau, einer vielseitigen Flächennutzung und einem effizienten öffentlichen Verkehrsnetz auch für Fussgänger und Radfahrer. Die kompakte Stadt wird oftmals mit grünem Urbanismus und nachhaltiger Entwicklung assoziiert. Ihre Befürworter argumentieren, dass die kompakte Stadt weniger Energie verbrauche und eine geringere Luftverschmutzung aufweise. Bis zum Aufkommen moderner Verkehrssysteme waren europäische Städte traditionell dicht bebaut. Inzwischen ist die Zersiedelung aber auch in Europa ein weit verbreitetes Phänomen: 75 Prozent der Bevölkerung lebt in Ballungsräumen und über ein Viertel der Flächen Europas ist direkt von der städtischen Zersiedelung betroffen, eine Entwicklung, die sich weiterhin zuspitzen wird. Das bedeutet, dass sich der Bedarf an Flächen innerhalb und ausserhalb der Metropolen vergrössert, was in kürzester Zeit zu problematischen Veränderungen der Landschaft führt, besonders des ländlichen Raums. Als Kontrastprogramm wurde vor allem von den staatlichen und regionalen Stadtplanern Grossbritanniens und der Niederlande das Konzept der kompakten Stadt propagiert. Damit sollte die Landnahme aufgehalten und stattdessen Industriebrachen saniert und neu genutzt werden.[3]

Das Bild, das die Fotografie von urbanen Räumen vermittelt, steht in direktem Zusammenhang mit dieser Entwicklung. Verfolgt man die Geschichte des Mediums – Fotografie als rhetorisches Instrument in einem bereits etablierten ideologischen System oder als kognitives wissenschaftliches Hilfsmittel eines Architekten oder Stadtplaners –, so spiegelt es die radikalen Veränderungen wider, die sowohl das Konzept der Stadt wie auch die Theorie und Praxis der Stadtplanung seit den 1850er Jahren durchlaufen haben. Anhand einzelner relevanter Beispiele möchte ich zeigen, wie urbane Entgrenzung und Verdichtung bis heute fotografisch abgebildet worden sind; diese Beispiele reichen von den Anfängen der modernen Stadtplanung um die Mitte des 19. Jahrhunderts bis hin zur partizipativen zeitgenössischen Stadtplanung, die auf der Zusammenarbeit verschiedener Akteure und den Strategien einer aktiven Bürgerschaft beruht.

In den 1850er und 1860er Jahren wurde Baron von Haussmann beauftragt, Paris umzubauen und zu modernisieren. Er liess die alte Stadt abreissen und breite Boulevards anlegen, die bis zur Stadtgrenze verliefen. Er stellte strenge Richtlinien für die Fassaden auf und entwarf öffentliche Parkanlagen, Denkmäler, Wasserwerke und städtische Einrichtungen. Unter seiner Ägide beauftragte das Pariser Amt für Denkmalpflege Charles Marville, die engen Gassen der schwindenden mittelalterlichen Viertel vor ihrem Abriss zu fotografieren [vgl. S. 361f.]. Der Auftrag beschränkte sich aber nicht nur auf die Dokumentation der mittelalterlichen Stadt, durch die Marville schliesslich berühmt wurde. Er sollte auch das moderne Paris ablichten, das dank der kühnen Pläne Haussmanns entstand. In der von der Regierung propagierten visuellen Rhetorik im Dienst eines neuen modernen Paris sollten Bilder sowohl von Verfall und Abriss wie auch von Wiederaufbau und Modernisierung dazu beitragen, die Errungenschaften von Haussmanns grossem Projekt zu feiern.

Als zu Beginn des 20. Jahrhunderts die amerikanischen *suburbs* infolge einer verbesserten Infrastruktur und einer fortschreitenden, mit dem Traum vom Eigenheim im Grünen einhergehenden Motorisierung immer weiter ausuferten, war der Fotograf Walker Evans vor Ort, um diese Entwicklung zu dokumentieren. Seine Bilder von der unaufhaltsamen Urbanisierung der amerikanischen Landschaft – Bilder von Vorstadthäusern, Tankstellen, Bahnhöfen, Hauptstrassen, Reihen geparkter Autos, Garagen, Schrottplätzen, Strassenmüll, Geschäftsschildern, Plakatwänden, Abrisshalden – waren wertvolles historisches Recherchematerial für Architekten und Städteplaner, die die Zeichen des Urbanen der 1960er und 70er erforschten. Wie Martino Stierli gezeigt hat, spiegelte die 1972 erschienene umstrittene Publikation *Learning from Las Vegas* die veränderte Rolle der Fotografie für architektonische Recherchen und Städteplanung wider.[4] Die Autoren Roberto Venturi, Denise Scott Brown und Steven Izenour versuchten, mit ihrer Analyse der physischen Form von Las Vegas die Zeichensprache der Werbung und die am Privatauto orientierte

Ausdehnung der Stadt zu verstehen und etwas daraus zu lernen [vgl. S. 267f.]. Dazu benutzten sie Foto- und Filmkameras, aber nicht nur zur Dokumentation des städtischen Profils, sondern auch als zentrales erkenntnistheoretisches Werkzeug – als konstitutiven Bestandteil ihrer Arbeit. Nach der Krise der modernistischen Stadt als einer geordneten, formalen Einheit aus Stahl, Spiegelglas und Eisenbeton, die von «der Omnipräsenz des Architekten» zeugte, wie Robert Hughes es in Bezug auf Le Corbusier formulierte, hatten Urbanisten wie Venturi, Scott Brown und Izenour neue Möglichkeiten der Analyse und Kommunikation für sich entdeckt und einen eigenen Standpunkt bezüglich Städteplanung und Architekturdesign entwickelt. Und welches Medium hätte die Sprache der Werbung besser wiedergeben können als die Fotografie, die das Aufnehmen von Bildern im Vorbeifahren ermöglichte und so den gelebten Alltag der Bewohner expandierender Städte perfekt einfangen konnte?

In den 1980er und 90er Jahren gaben lokale, regionale und nationale Behörden mehrere fotografische Kampagnen zum Thema der urbanisierten Landschaft in Auftrag, in Verbindung mit Projekten, die sich mit der Stadtentwicklung und der Entwicklung von Infrastrukturen in Europa befassten. Im Rahmen dieser Projekte, die teilweise von Stadtplanern unterstützt wurden, kamen Fotokommissionen eher selten zum Zug. Andererseits konstituierten sich in Grossbritannien Photoworks und in Italien Linea di Confine als unabhängige Agenturen, die Fotografie für Analyse, Recherche und deren praktische Umsetzung einsetzten,[5] stets im Dialog mit Stadtplanern, Sozialarbeitern, Bürgern, Politikern und gesellschaftlich engagierten Akteuren. Für die Erörterung der Beziehung zwischen Fotografie und unterschiedlichen Stadtplanungskonzepten ist es von grösster Bedeutung, dass der Linea di Confine-Ausschuss seit seiner Gründung im Jahr 1990 Architekten und Städteplaner wie Bernardo Secchi und Stefano Munarin als Mitarbeiter gewinnen konnte. Sie stehen dem modernistischen Planungsmodell mit seiner erklärenden und berichtigenden Annäherung «von oben» kritisch gegenüber. Stattdessen bevorzugen sie eine Methodik der gesteigerten Aufmerksamkeit gegenüber eher unauffälligen Signalen aus dem Alltag, auf der Grundlage gelebter Ortskenntnis, aus verwandten und kommunikativen Kontexten. Die direkte Zusammenarbeit mit Fotografen wie Guido Guidi und William Guerrieri, um nur wenige Namen zu nennen, hat im Rahmen von Linea di Confine Arbeiten hervorgebracht, die man der neuen Kategorie von Kunst im öffentlichen Interesse oder *public art* zuordnen kann.

Die Kontroversen zwischen Befürwortern und Gegnern der Verstädterung wurden in der jüngsten Zeit von Landschaftsarchitekten und Städteplanern wie Alan Berger als müssig bezeichnet. Berger ist der Meinung, dass «die geplante, wie auch die nicht geplante horizontale Ausdehnung rund um vertikale Stadtzentren an sich weder gut noch schlecht ist, sondern schlicht eine natürliche Folge industriellen Wachstums».[6] Berger hat den Begriff *drosscape* geprägt, mit dem er die Industrie- und Geschäftsbrachen innerhalb alter und neuer Stadtregionen bezeichnet, die selten in den Richtlinien und Programmpunkten der Design-Projekte auftauchen. Heutige Prozesse industrieller Produktion und des Konsums sind die eigentliche Ursache für die Entstehung unterschiedlicher *drosscapes*: die *waste landscapes*, Landschaften voller Abfall im eigentlichen Sinne; *wasted places*, kontaminierte und verlassene Orte; und *wasteful places*, riesige Parkplätze oder Supermärkte. Mit seinem wichtigsten Recherchewerkzeug, den selbst erstellten Luftaufnahmen, zeigt Berger, wie sich im Zuge der Deindustrialisierung ständig neue *drosscapes* bilden: durch Waren- und Passagierverkehr und im Rahmen eines natürlichen Ressourcenschwunds innerhalb von alten und neuen Ballungsgebieten, alten Stadtzentren oder -kernen und einer neuen Peripherie. Um dieses Phänomen zu verstehen, darf man laut Berger nicht an «althergebrachten Unterscheidungen festhalten und Umwelt getrennt von Architektur/Planen/Entwerfen betrachten. Ebenso wenig lässt sich die Stadt losgelöst von der Vorstadt verstehen und nostalgische Gesellschaftskonzepte ohne Einbezug von aktuellen Organisationen von Bürgern, Arbeitsplätzen und sozialen Strukturen.»[7]

Der Perspektivwechsel, den Bergers Theorien und Praktiken angestossen haben, spiegelt sich auch in der Arbeit von Fotografen wider, die sich auf Vogelperspektiven dieser neu überformten Landschaften konzentrieren, um so deren Umfang und Form wie auch wiederkehrende Elemente, Unterschiede und komplexe Strukturen sichtbar zu machen. Um das Problem der Vermüllung *(waste)* – Abfall, aber auch Industriebrachen – zu verstehen genügt es nicht, die neu entstandenen *drosscapes* von oben zu fotografieren. Sie müssen abgeschritten, untersucht und mit sämtlichen Sinnen erfahren werden. Olivo Barbieri und Vik Muniz haben diese Praxis anhand von zwei Beispielen erklärt. Barbieris *Site specific* ist ein laufendes Luftaufnahme-Projekt. Seit 2003 werden weltweit ein gutes Dutzend Städte und Ballungsräume von oben gefilmt und fotografiert, um von Las Vegas bis Shanghai Phänomene zu dokumentieren, die als Folge der Globalisierung, aber auch als Charakteristika einzelner Orte immer wiederkehren. Vik Muniz' Projekt wurde zwischen 2006 und 2008 in der Jardim Gramacho durchgeführt, einer der grössten Mülldeponien der Welt in der Peripherie von Rio de Janeiro. Es macht den Stellenwert von Konsumgütern bewusst, die sich in Müll verwandelt haben. Um auf die Möglichkeiten der Wiederverwertung in einer nachhaltigen Ökonomie hinzuweisen, fertigte Muniz zusammen mit einer Gruppe selbsternannter Müllsammler aus den umgebenden Favelas riesige Kopien berühmter Bilder aus Müll an, die gleichzeitig Porträts dieser Favelabewohner waren: Kunst als partizipative Aktion.[8]

Parallel zur explosionsartigen Entwicklung globaler Boomtowns verzeichneten seit den 1990er Jahren 25 Prozent der Grossstädte weltweit einen Bevölkerungsschwund. Die Gründe dafür sind unterschiedlich, am augenfälligsten aber sind sinkende Geburtenraten und wirtschaftlicher Niedergang. Schrumpfende Städte gibt es überall, in China, Russland, Kasachstan, in Finnland, Italien, Deutschland, Belgien, Grossbritannien und den USA. Dieses zunehmende Schrumpfen der Städte ist häufig ein Nebeneffekt der Zersiedelung und spielt inzwischen, obwohl bis vor Kurzem vernachlässigt, eine wichtige Rolle in der Städteplanung.

Dieses Phänomen der schrumpfenden Städte untersuchte zwischen 2000 und 2008 eine informelle Gruppe aus Architekten und Städteplanern, Städtegeografen, Künstlern, Aktivisten, Filmemachern, Ethnologen, Anthropologen und Akademikern unterschiedlicher Provenienz unter der Leitung des deutschen Architekten Philipp Oswalt. Sie wollten dem stereotypen Bild von Schrumpfstädten als Ödland etwas entgegensetzen, indem sie das neue gesellschaftliche und kulturelle Potenzial aufzeigten, das sich aufgrund dieses Phänomens überhaupt erst entwickeln konnte.[9] Im Mittelpunkt standen schrumpfende Städte wie Detroit (USA), Manchester und Liverpool (Grossbritannien), Iwanowo (Russland), Halle und Leipzig (Deutschland). Jede dieser Städte schrumpft aus einem anderen Grund oder aus einer Reihe von Gründen und illustriert eine Variante des Phänomens: Deindustrialisierung, Postsozialismus, Suburbanisierung, Peripherisierung, Überalterung der Bevölkerung, Abwanderung. Man ging davon aus, dass das Schrumpfen der Städte ein nicht beabsichtigter Nebeneffekt ökonomischer und politischer Prozesse sei, welche die Architektur nicht kontrollieren kann. Auch liess sich das Schrumpfen durch konventionelle Stadtplanung und Stadtentwicklung nicht wirklich in den Griff bekommen, weshalb innovative Methoden der Analyse und Interpretation sowie neue Handlungsstrategien gefragt waren.

Die Gruppe gab mehrere Bücher heraus, organisierte Ausstellungen, Ideenwettbewerbe, man intervenierte und entwickelte Aktionspläne, die auf vergleichenden Analysen und einem internationalen thematischen Austausch beruhten. Dazu gehörten die Felder Vernachlässigung und Aneignung von Räumen, veränderte Alltagsgewohnheiten, Überlebensstrategien, neue Arbeitsformen, innovative Subkulturen und Kritik an bereits vorhandenen Planungskulturen. Auch Fotografen, darunter John Davies, Stan Douglas, Elena Samorodova und Vera Samorodova, Tobias Zielony, Sergey Bratkov, Bas Princen, John Ganis, Yuji Saiga, Ken Grant und Tom Wood, nahmen an diesem Gemeinschaftsprojekt teil; entweder mit bereits existierenden Arbeiten oder mit Fotografien, die sie für Ideenwettbewerbe eingereicht hatten, oder die direkt bei ihnen in Auftrag gegeben worden waren. Der Austausch, der sich aus der Begegnung mit anderen Mitgliedern der Gruppe ergab, beweist, dass Fotografie bestens geeignet ist, um städtische Räume nicht nur zu analysieren und zu verstehen, sondern auch um Interventionsmethoden zu entwickeln, die über das traditionelle Modell der Auftragsfotografie hinausgehen.

1 Einen Überblick über Theorien, Praktiken und Debatten im Bereich der Stadtplanung bietet Sophie Wolfrum, Winfried Nerdinger, Sophie Schaubeck (Hrsg.), *Multiple City: Urban Concepts 1908–2008*, Berlin 2009.

2 Das LSE Cities, ein interdisziplinäres Forschungsinstitut der London School of Economics und Political Science, untersucht mit dem Urban Age Project seit 2005 die räumliche und soziale Dynamik der Ballungsräume Istanbul, São Paulo, Johannesburg, New York City und London. Ricky Burdett und Deyan Sudjic, *Living in the Endless City: The Urban Age Project*, London 2011.

3 OPOCE (Office for Official Publications of the European Communities), EEA (European Environment Agency), *Urban Sprawl in Europe. The Ignored Challenge*, EEA Report Nr. 10, 2006.

4 Martino Stierli, *Las Vegas im Rückspiegel: Die Stadt in Theorie, Fotografie und Film*, Zürich 2010.

5 Zu Fotografie-Kommissionen und der Urbanisierung der Landschaft in Europa siehe *SubUrban Options*, Ausst.-Kat., Nederlands Foto Instituut, Rotterdam, 1998. Zu Linea di Confine siehe *Trans Emilia*, Ausst.-Kat., Fotomuseum Winterthur, Basel 2005.

6 Alan Berger, *Drosscape: Wasting Land in Urban America*, New York 2006, S. 1.

7 Ebd.

8 Olivo Barbieri hat bislang 38 Städte fotografiert, einige dieser Dokumentationen sind als Monografien erschienen. Zu Muniz' Projekt siehe den Dokumentarfilm *Waste Land* (2010), Regie: Lucy Walker, Produktionsfirma: Almega Projekte.

9 Philipp Oswalt, Tim Rieniets, *Atlas der schrumpfenden Städte/Atlas of Shrinking Cities*, Berlin 2006; P. Oswalt, *Shrinking Cities, Vol. 1: International Research*, Berlin 2005; P. Oswalt, *Shrinking Cities, Vol. 2: Intervention*, Berlin 2006.

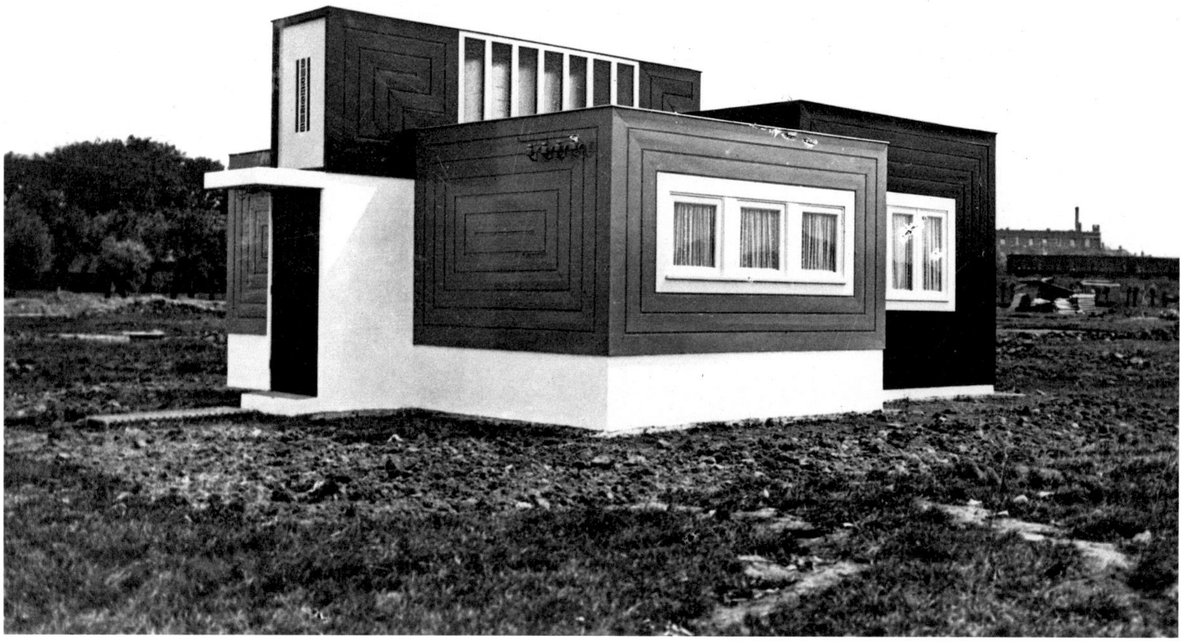

EVERT MARINUS VAN OJEN
HOLZHAUS VON J.J.P. OUD, OUD-MATHENESSE, ROTTERDAM
(WOODEN HOUSE), CA. 1923

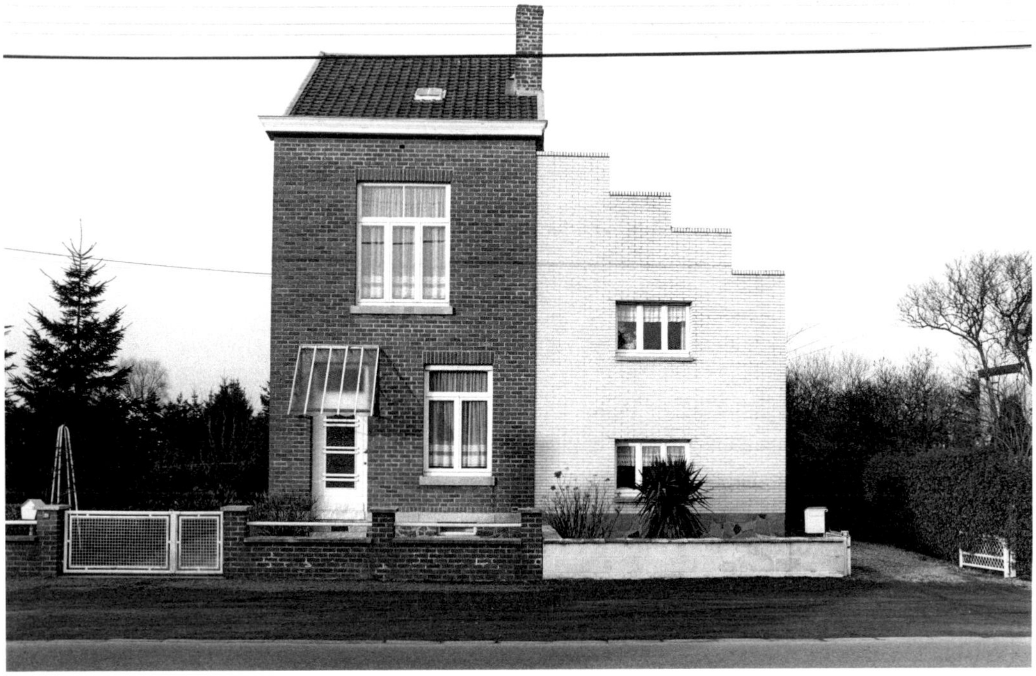

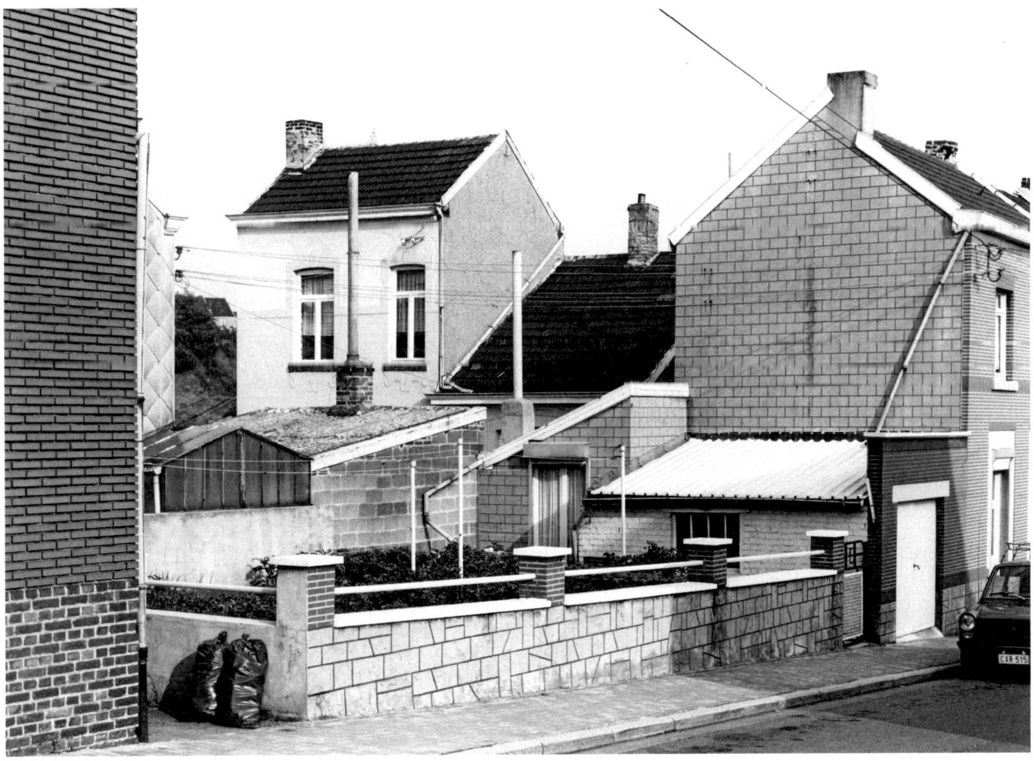

WILHELM SCHÜRMANN
VERVIERS, BELGIEN, 1976
LIÈGE, BELGIEN, 1978

«Die Architektur und die Stadtplanung in Megastädten wie Los Angeles oder São Paolo haben den öffentlichen Zugang und die öffentliche Interaktion immer weiter eingeschränkt, um die zufällige Begegnung unterschiedlicher Bevölkerungen zu vermeiden, und zu diesem Zweck eine ganze Reihe geschützter und isolierter Innenräume geschaffen. Oder man denke an die Banlieues von Paris, die zu einer Aneinanderreihung amorpher und unbestimmter Räume geworden sind, die statt Interaktion und Kommunikation die Isolation fördern. Der öffentliche Raum ist in einem Masse privatisiert worden, dass es nicht mehr sinnvoll erscheint, gesellschaftliche Organisation im Sinne einer Dialektik zwischen privatem und öffentlichem Raum, zwischen Innen und Aussen zu begreifen. Der Ort moderner liberaler Politik ist verschwunden und angesichts dessen zeichnet sich unsere postmoderne und imperiale Gesellschaft durch einen Mangel an Politischem aus.»

"The architecture and urban planning of megalopolises such as Los Angeles and São Paolo have tended to limit public access and interaction in such a way as to avoid the chance encounter of diverse populations, creating a series of protected interior and isolated spaces. Alternatively, consider how the banlieue of Paris has become a series of amorphous and indefinite spaces that promote isolation rather than any interaction or communication. Public space has been privatized to such an extent that it no longer makes sense to understand social organization in terms of a dialectic between private and public spaces, between inside and outside. The place of modern liberal politics has disappeared, and thus from this perspective our postmodern and imperial society is characterized by a deficit of the political."

MICHAEL HARDT, ANTONIO NEGRI
EMPIRE: DIE NEUE WELTORDNUNG/EMPIRE
2000

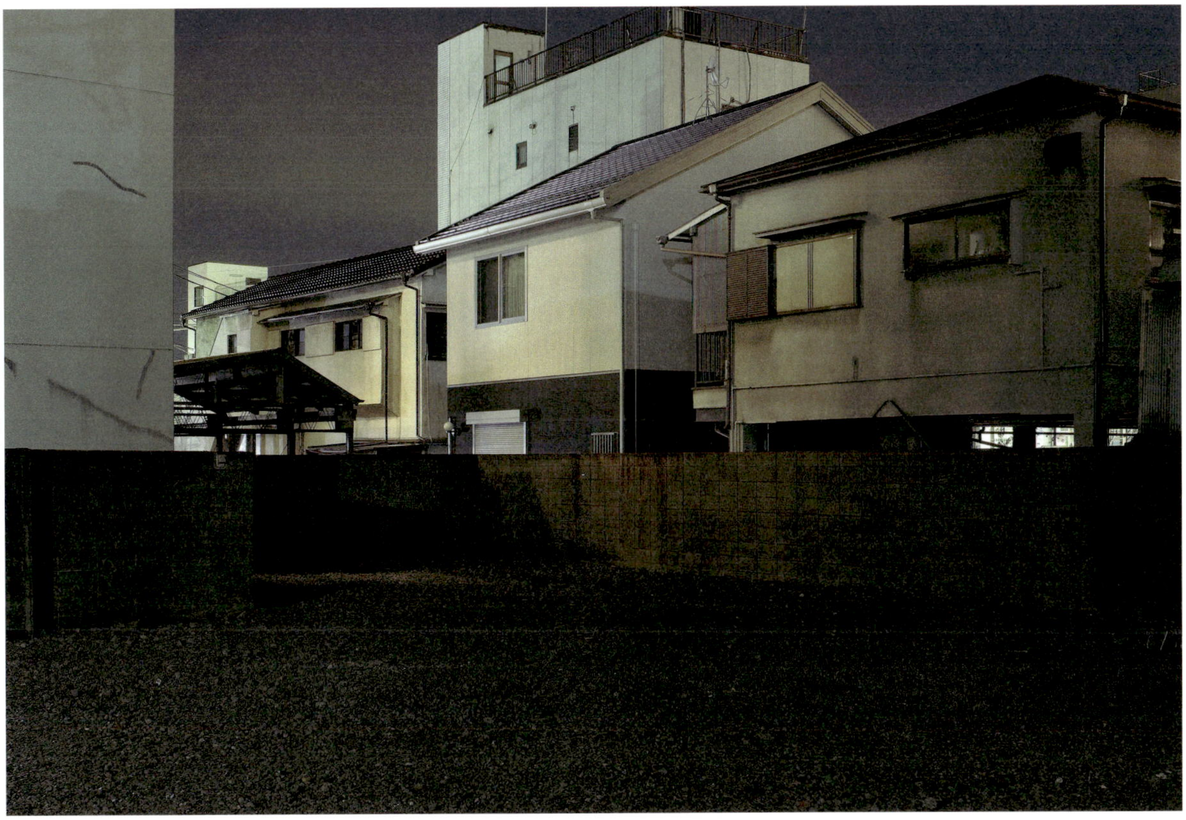

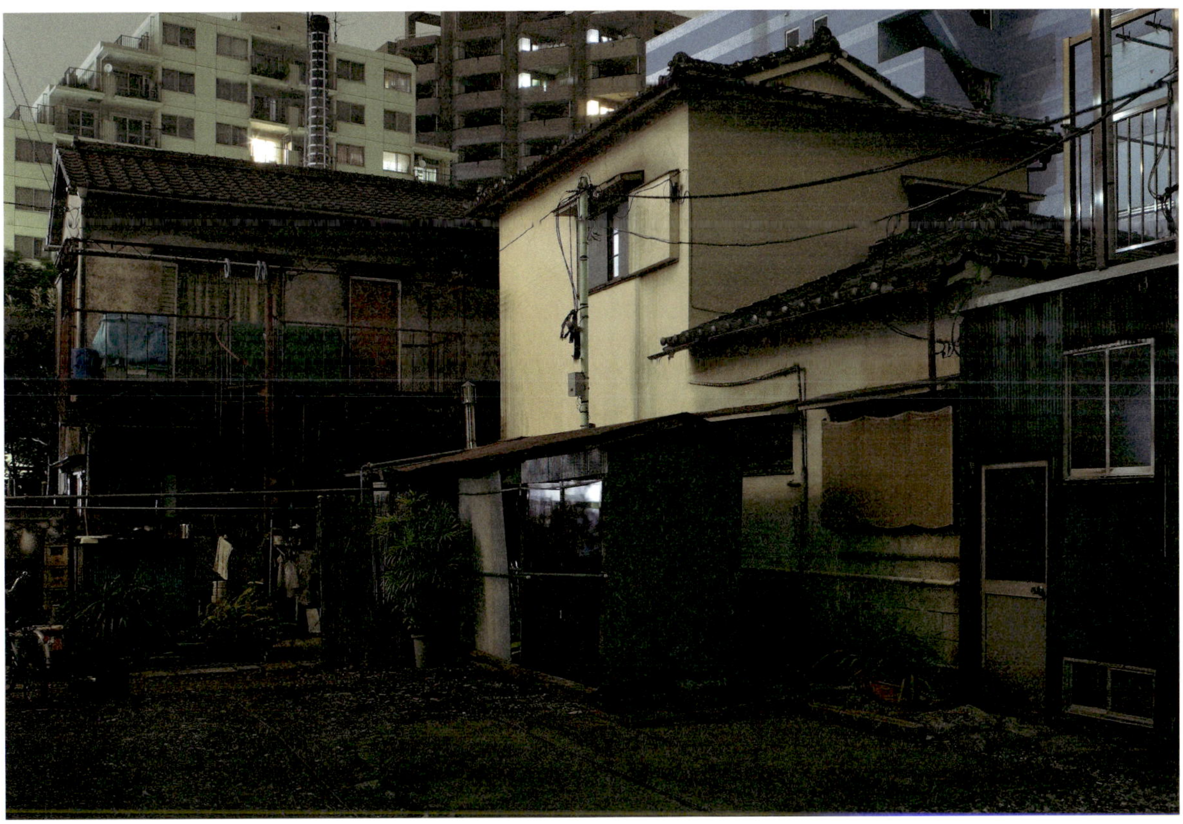

NOBUHIRO FUKUI
CRUSTAL CLUSTER #04 (KRUSTEN-CLUSTER), 2005
CRUSTAL CLUSTER #06 (KRUSTEN-CLUSTER), 2005

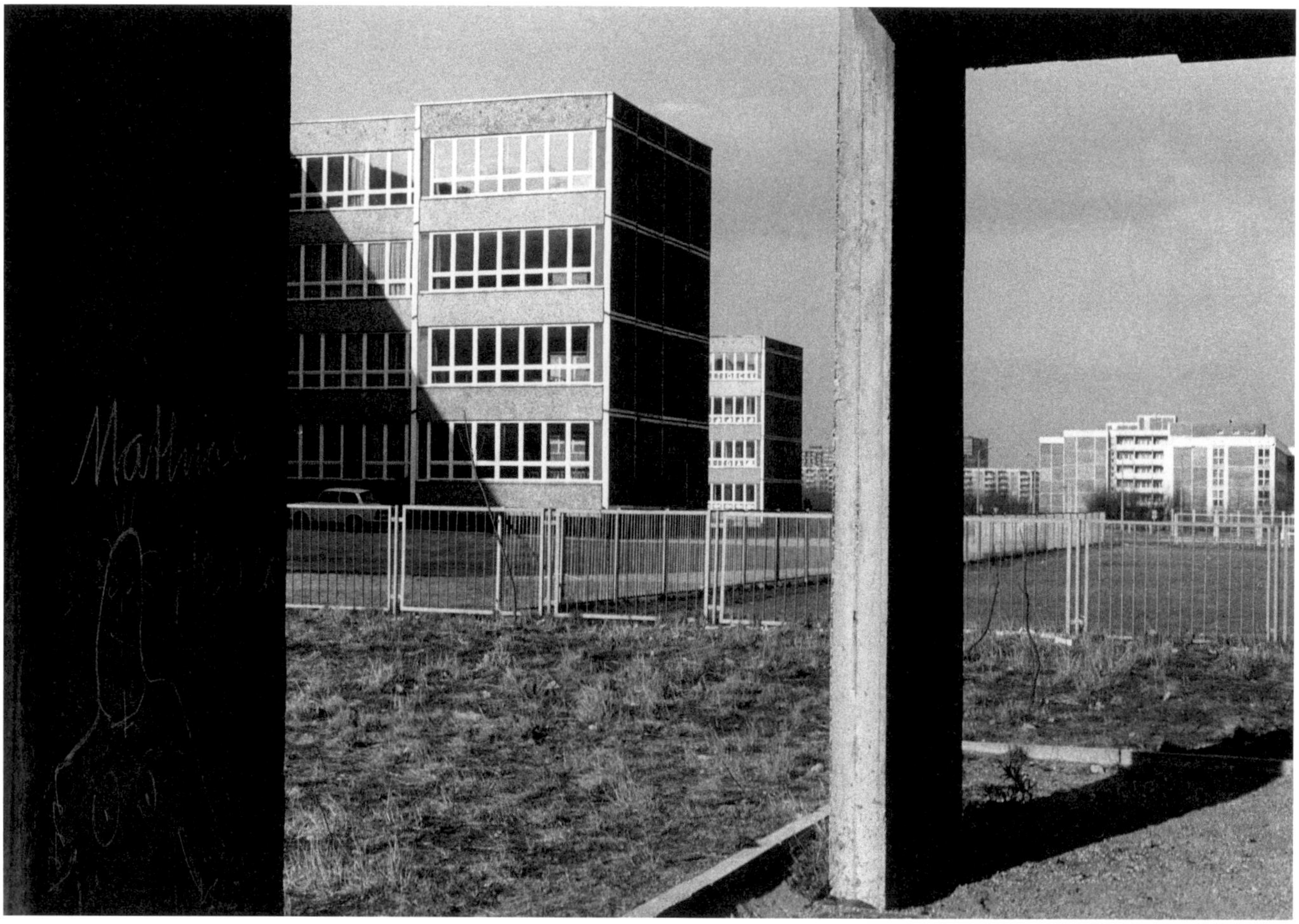

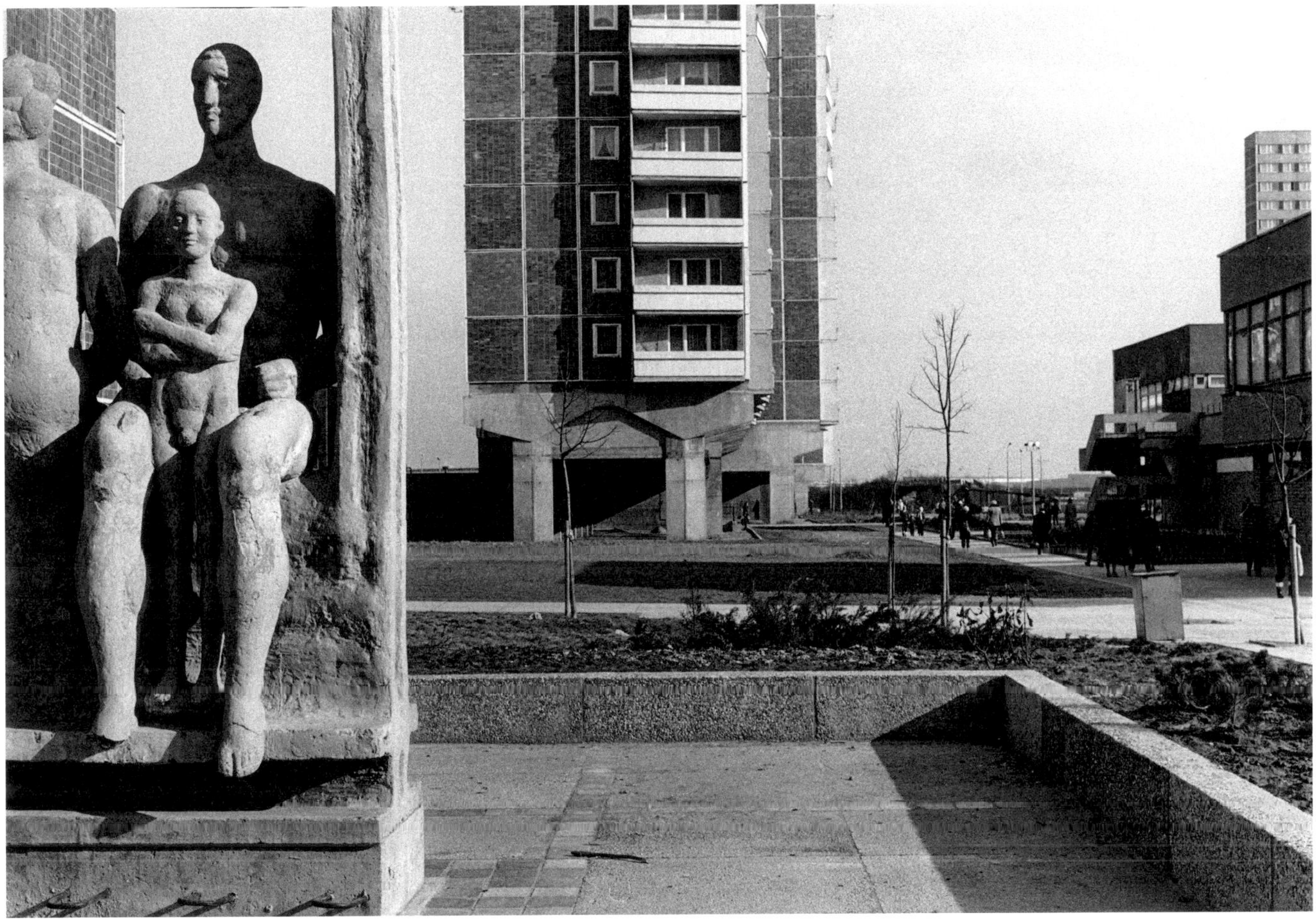

ULRICH WÜST
ROSTOCK, 1982
ROSTOCK, 1982
AUS/FROM: *STADTBILDER* (CITYSCAPES)

«Mit dem Erwerb eines Hauses in Heritage Park kauft sich der Besitzer in eine Gemeinschaft ein. Dieses Wort ist zum semantischen Rückzugsgebiet altehrwürdiger Utopien der guten Gesellschaft geworden, es steht für die verbliebenen Reste des Traums vom besseren Leben, zusammen mit besseren Nachbarn, die sich an besseren Regeln des Zusammenlebens orientieren. Es steht für eine abgespeckte Utopie, heruntergekocht auf das Format der unmittelbaren Nachbarschaft. ‹Gemeinschaft› wird, wen wundert's, zum Verkaufsargument.»

"So this is what it is all about: for the price of a house in Heritage Park you will buy your entry to a community. 'Community' these days is the last relic of the old-time utopias of the good society; it stands for whatever has been left of the dreams of a better life shared with better neighbours all following rules of cohabitation. For the utopia of harmony slimmed down, realistically, to the size of the immediate neighbourhood. No wonder 'community' is a good selling point."

ZYGMUNT BAUMAN
FLÜCHTIGE MODERNE/LIQUID MODERNITY
2000

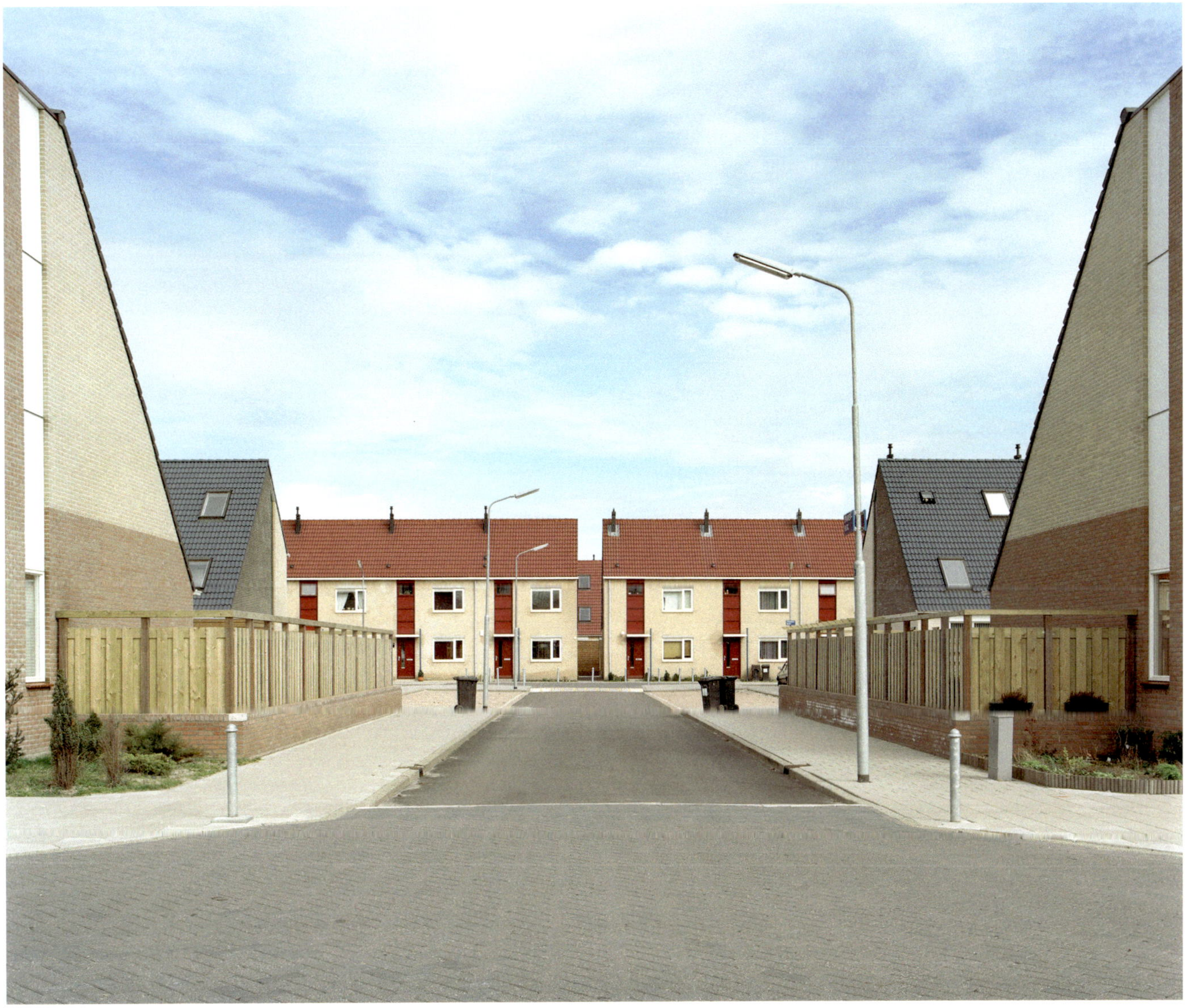

THEO BAART
TOOLENBURG, 1997
AUS/FROM: *BOUWLUST*

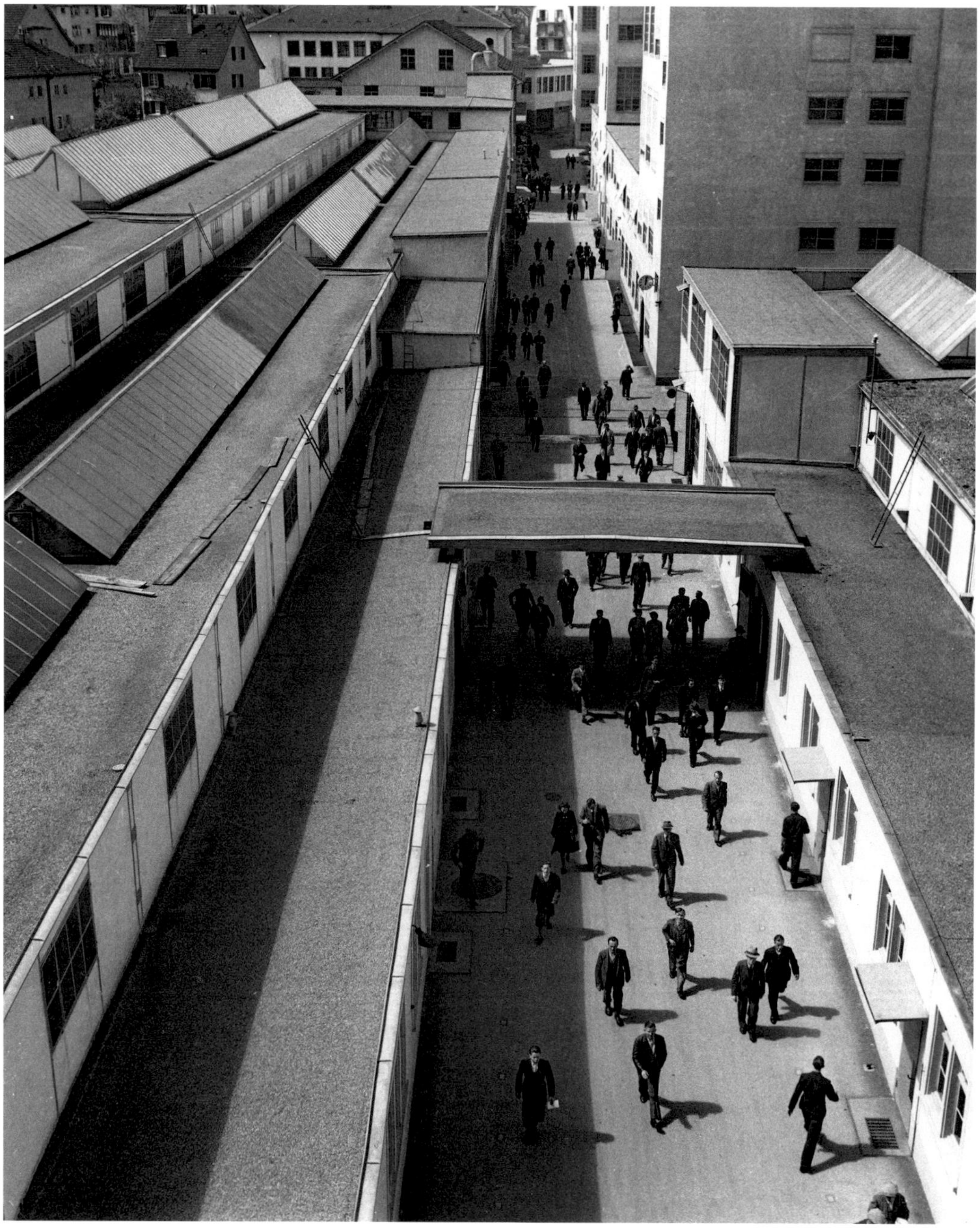

MICHAEL WOLGENSINGER
ARBEITSSCHLUSS BEI DER MASCHINENFABRIK OERLIKON BÜHRLE, ZÜRICH
(END OF WORK AT THE ENGINEERING WORKS), 1940
SWISSAIR PARKHAUS, TERMINAL B, ZÜRICH KLOTEN (SWISSAIR PARKING BLOCK), 1974

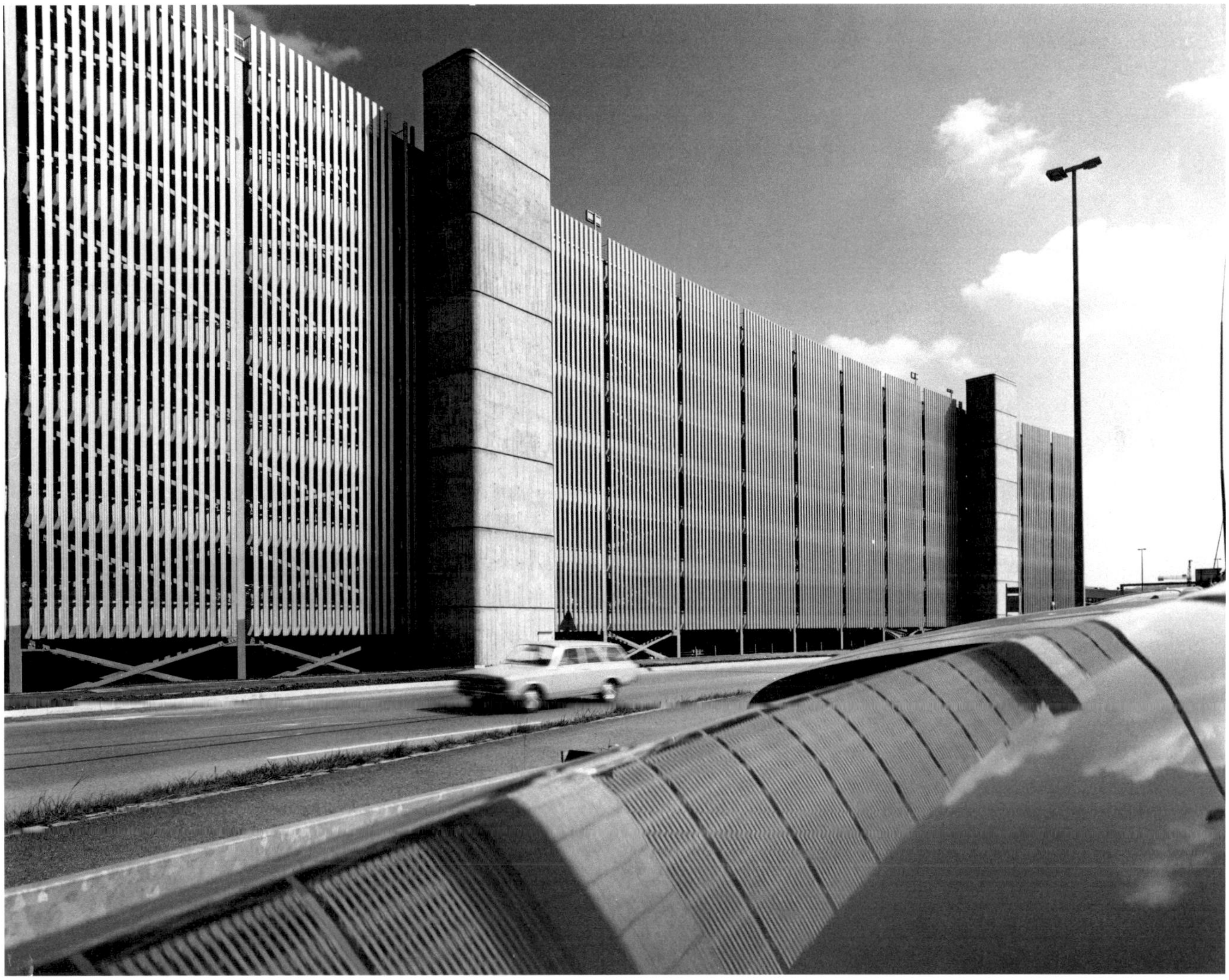

> MATTHIAS HOCH
LEIPZIG #1, 2007

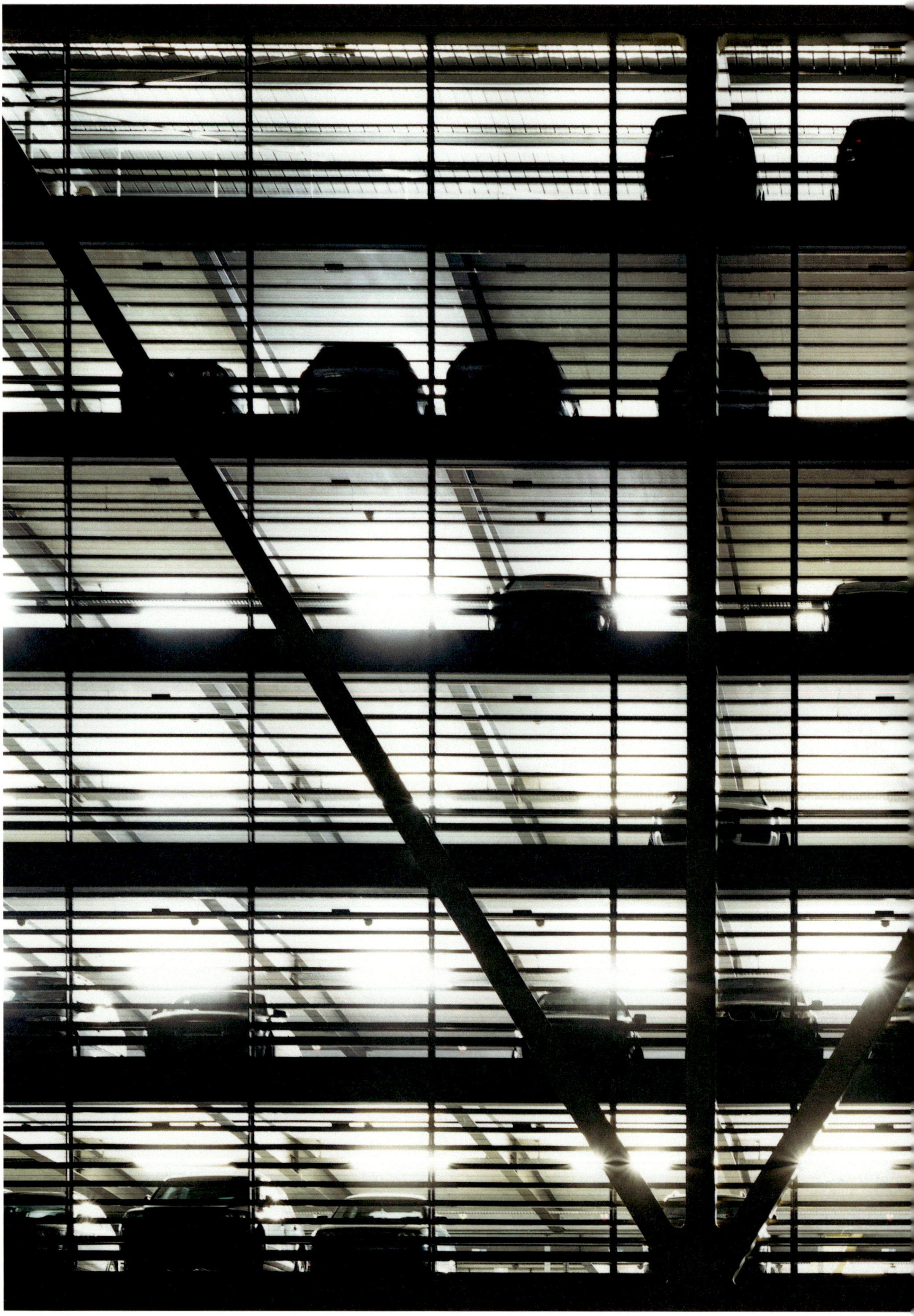

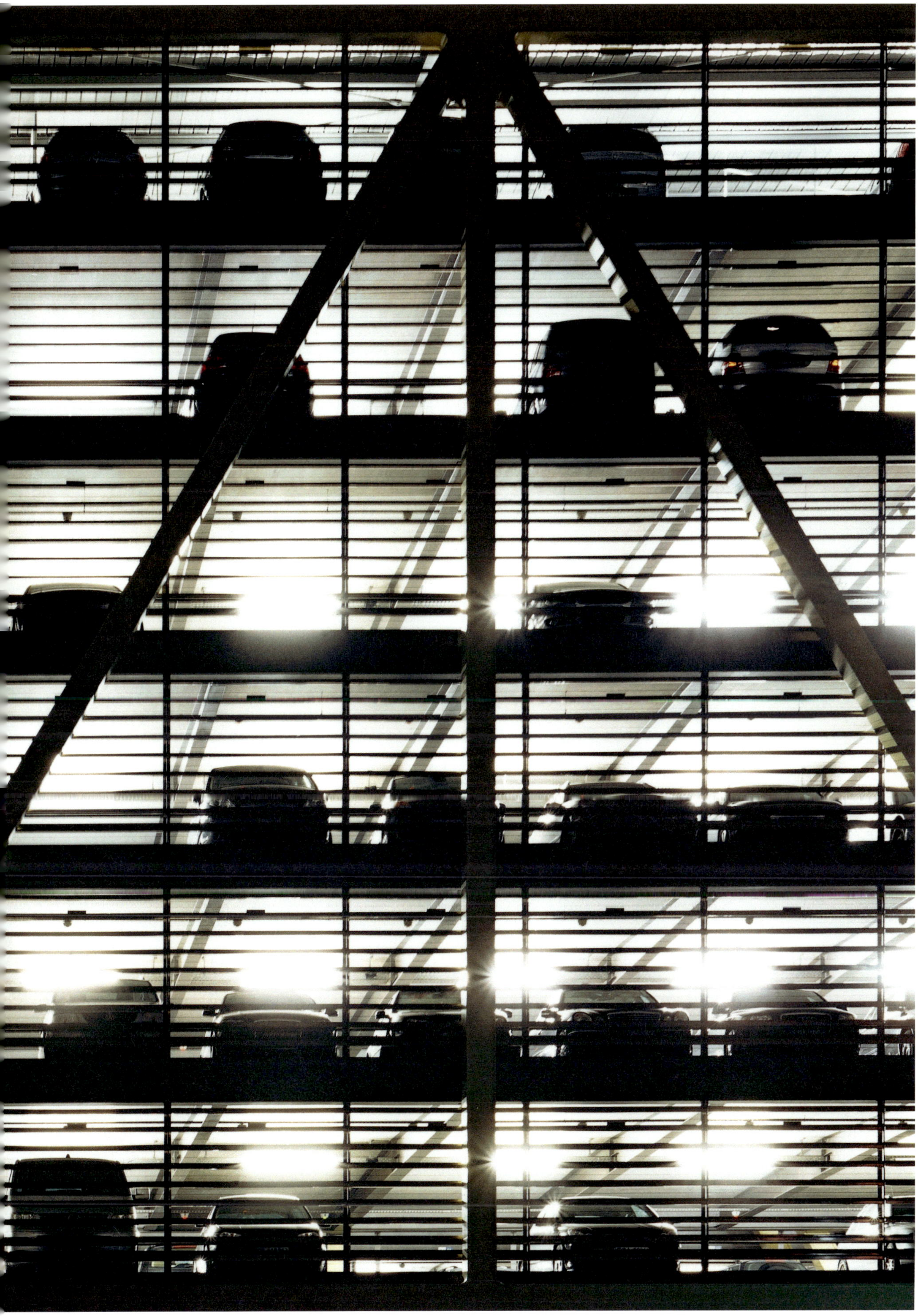

In contemporary architecture and urban planning the concepts of void and density are linked to two different models of urban development: urban sprawl and the compact city.[1] Urban sprawl is the unplanned, self-driven, horizontal expansion of large suburban developments which spread into the surrounding agricultural areas in a patchy, scattered and discontinuous form. It is characterised by low-density land-use patterns in which single use zoning is predominant. This means that the places where people live, work, shop and play

Void/Density: Photography and the Representation of Urban Spaces

Nicoletta Leonardi

are separated by open spaces, by infrastructures such as roads and motorway junctions. Sprawling cities typically have empty areas – the visible consequences of ungoverned growth. Urban sprawl is generally seen as a product of uncontrolled capitalism having a major negative impact on the natural and rural environment and on the quality of life of its inhabitants through increased consumption of energy, land and soil, increased greenhouse gas emissions and elevated air and noise pollution.

Today, for the first time in its history, more than half the world's population lives in urban areas, and this percentage is destined to increase rapidly. Though with different patterns and characteristics, the horizontal spread of the city is already observable in "mature" urban regions of the Americas, Europe and Australasia, as well as in Africa and Asia. Shanghai, where one in five of the population is a temporary migrant from one of China's rural areas, is an emblematic example of explosive urban growth. Here the expansion is taking place in a violent spasm of change, making it the perfect site for verification of the impact of theory upon practice.[2]

In contrast to urban sprawl, the compact city model is based on the promotion of high residential density, mixed land use, efficient public transportation systems, bicycling and walking. It is often associated with green urbanism and sustainable development. According to their advocates, compact cities have lower levels of energy consumption and reduced pollution levels. In Europe, cities were traditionally compact until the emergence of modern transport systems. Today, urban sprawl is a common European phenomenon: 75 percent of the population lives in urban areas and more than a quarter of the EU's territory has been directly affected by urban land use. Here, too, these percentages are set to increase. As a result, the demand for land use in and around cities is growing fast, creating rapid and conflicting changes in the landscape, often at the expense of rural areas. The model of the compact city has been so far generally used within governmental and regional policies of urban planning, especially in the UK and the Netherlands, aimed at contrasting or containing urban sprawl, reducing land take and promoting the development and re-use of brownfield sites.[3]

The image of urban spaces conveyed by photography is strongly linked to the issues illustrated above. Furthermore, if one considers the history of the medium from its origins, the ways in which photography has served the architect and the city planner as either a rhetorical tool within a predetermined ideological agenda or as a cognitive and research tool reflects the radical changes that the idea of the city and the theory and practice of urban planning have undergone between the 1850s and the present.

In the span of this short essay I will give a few significant examples in an attempt to illustrate how urban void and density have been represented through photography from the emergence of modern urban planning in the mid-19th century to contemporary models of participated urban planning based on collaboration between different actors and strategies of active citizenship.

In the 1850s and 1860s Baron Haussmann received the appointment for the remodelling and modernisation of Paris. He demolished the old city and built wide boulevards extending out towards the city limits, imposed strict regulations on building façades, designed public parks, monuments, water works and city facilities. It was under Haussmann's aegis that Paris's agency of historic works commissioned Charles Marville to photograph the narrow streets of the vanishing medieval quarters right before their demolition [cf. p. 361f.]. But Marville's assignment was not limited to the pictures of medieval Paris he is celebrated for. His job was also to record the modern Paris that was coming into being through Haussmann's majestic plan. Within the visual rhetoric of the modernisation of Paris promoted by the government, images of both decay and demolition on the one hand, and renovation and modernity on the other, had their role in celebrating the accomplishments of Haussmann's *grand projet*.

When the phenomenon of urban sprawl began to develop in the United States in the early 20th century with the growth of road systems, private car ownership and the taste for single houses with gardens on the outskirts of cities, Walker Evans was there to record it. The legacy of his pictures of the urbanisation of the American landscape – suburban houses, gas stations, railway stations, main streets, lines of parked cars, garages, scrap yards, street debris, commercial signs, advertising hoardings, urban demolition sites – was taken up by architects and planners working with the urban vernacular in the 1960s and 1970s. As recently discussed by Martino Stierli, the controversial publication of *Learning from Las Vegas* (1972), by Robert Venturi, Denise Scott Brown and Steven Izenour reflected a change in the role of photography within architectural research and urban planning.[4] In their analysis of the physical form of Las Vegas in order to understand and learn from its commercial vernacular and car-oriented urban sprawl, Venturi, Scott Brown and Izenour used photography and film not only to document urban forms, but as fundamental epistemological tools fully integrated into their work [cf. p. 267f.]. After the crisis of the modernist notion of the city as a formal ordered unit made of steel, plate glass and reinforced concrete – a city characterised by what the art critic Robert Hughes, writing about Le Corbusier, defined as the "omnipresence of the architect" – urban planning and architectural design were being reinvented by people such as Venturi, Scott Brown and Izenour, who introduced new tools of analysis and communication. And what better media for conveying the commercial vernacular than photography and film – recording the city from a moving car, thus reproducing the everyday lived experience of urban sprawl-dwellers?

During the 1980s and 90s, in conjunction with urban construction and development projects in Europe, several photographic campaigns on the theme of the urbanised landscape were commissioned by local, regional and national government agencies. Within these projects, partly boosted by urban planning, photo commissions were mostly sporadic events. By contrast, however, Photoworks in the United Kingdom and Linea di Confine in Italy were established as independent agencies where photography was and still is conceived of and practised as a tool for analysis, research and action in an ongoing collaboration between urban planners, social workers, citizens, policy makers, and social actors in general.[5] For my discussion of the relationship between photography and the changing concepts of urban planning, it is extremely significant that since its foundation in 1990, the board of Linea di Confine has included architects and urban planners such as Bernardo Secchi and Stefano Munarin. Critical of the explanatory and corrective approach "from above" typical of modernist planning, these planners privilege the methodology of active listening to the more banal signals coming from the everyday, from the lived experience of places, from relational and communicative contexts. Within the framework of Linea di Confine, the direct collaboration with photographers such as Guido Guidi and William Guerrieri, among others, has resulted in works that can be placed within the category of New Genre Public Art.

The arguments about pro- and anti-urban sprawl have recently been dismissed as obsolete by landscape architects and urban planners such as Alan Berger, who thinks that "planned or unplanned horizontalization around vertical urban centers are neither intrinsically bad nor good, but a natural result of industrial growth."[6] Berger has coined the term "drosscape", by which he means the wasted areas of defunct economic and industrial processes within old and new urbanised regions that elude the guidelines and programming elements designers inscribe into their projects. Contemporary processes of industrial production and consumption are at the base of urbanisation and the creation of what he identifies as different types of drosscape: "waste landscapes", that is places full of actual waste or trash; "wasted places", such as abandoned or contaminated sites; and "wasteful places", such as huge parking lots or retail malls. Using aerial photographs, which he takes himself as a crucial research tool, Berger demonstrates how drosscapes are continuously forming within old and new urban regions; within both old city centres or downtown cores and newer peripheral areas, as a consequence of de-industrialisation, transportation of goods and services, and the consumption of natural resources. According to Berger, in order to understand this phenomenon, it is necessary to overcome "the traditional boundaries separating environmental and architectural/planning/design issues, urban from suburban issues, and nostalgic definitions of community from actual organizations of people, workplaces, and social structures."[7]

The change of perspective brought about by Berger's theories and practices finds an echo in the work of photographers whose projects are centred on getting a general view from above in the attempt to provide evidence of the newly created landscapes below, trying to grasp their scale and shape, their recurring elements as well as their differences and complexities. Besides aerial photography, understanding waste, be it trash or abandoned sites, requires passing through and digging into the newly created drosscapes, experiencing them by looking, hearing, smelling, touching and tasting things.

Olivo Barbieri and Vik Muniz offer two examples of such practices. Barbieri's *Site specific* is an ongoing project of aerial film and photography, begun in 2003, which includes a dozen cities and metropolitan areas around the world, from Las Vegas to Shanghai, in an attempt to convey the presence of both recurring elements connected to globalisation and specific local features. Muniz's project, carried out between 2006 and 2008 in Jardim Gramacho, one of the world's largest garbage dumps surrounded by favelas on the outskirts of Rio de Janeiro, reflects the awareness of the importance of the social life of objects after they cease to be commodities and become trash. Showing the potential of recycling within a sustainable economy, and using artistic practice as a participative tool for action, he collaborated with a group of self-designated pickers of recyclable materials from the surrounding favelas, re-creating with them huge reproductions of famous works of art made out of garbage that are also portraits of the pickers themselves.[8]

Parallel with the explosion of global boomtowns, since the 1990s around 25 percent of the world's cities have been shrinking. This is due to a variety of causes and processes, the most obvious being urban population decrease and economic decline. Cities are shrinking everywhere, from China, Russia and Kazakhstan to Finland, Italy, Germany, Belgium, Britain and the United States. Often a side effect of urban sprawl, the phenomenon of urban shrinking is increasing and, though until recently neglected, it is now recognised as an important issue within urban planning and development.

Between 2000 and 2008 the phenomenon of urban shrinkage was investigated by an informal group made up of architects and urban planners, city geographers, artists, activists, filmmakers, ethnologists, anthropologists and academics of sorts, led by German architect Philipp Oswalt. Their aim was to overcome the stereotypical image of the shrinking city as wasteland by citing examples of the civic and cultural potential offered by this phenomenon.[9] The group focused its attention on the shrinking cities of Detroit (USA), Manchester and Liverpool (Britain), Ivanovo (Russia), Halle and Leipzig (Germany). Each of these cities exemplifies a different cause, or a combination of causes, and reflects a different form of shrinking: de-industrialisation, post-socialism, suburbanisation, peripherisation, demographic ageing, migration. The project was based on the assumption that, as an unintentional and unplanned side-effect of economical and political processes which architecture cannot control, urban shrinking cannot be fully understood or shaped by the conventional tools of city planning and urban development, and that innovative approaches to analysis and interpretation, as well as new possibilities for action, need to be developed.

The group produced several publications, exhibitions, contests for ideas and interventions, offering models for action based on comparative analysis and international exchange on themes such as the neglect and appropriation of spaces, changed practices in everyday lives, survival strategies, new forms of work, the development of innovative subcultures and criticism to existing planning cultures. Photographers John Davies, Stan Douglas, Elena Samorodova and Vera Samorodova, Tobias Zielony, Sergey Bratkov, Bas Princen, John

Ganis, Yuji Saiga, Ken Grant and Tom Wood, among others, participated in this collaborative project, either with pre-existing works or with photographs produced for competitions or as direct commissions. The dialogue and exchange generated by their encounters with each other's work within the group demonstrates that photography can be used as a tool for analysing and understanding urban spaces as well as for intervening in them in ways that move beyond the traditional model of photographic commission.

1 For a survey on theories, practice and debates within the field of urban planning see S. Wolfrum, W. Nerdinger, S. Schaubeck, *Multiple City: urban concepts 1908–2008*, Berlin: Jovis, 2009.

2 LSE Cities is a research and education centre at the London School of Economics which builds upon the interdisciplinary research activities carried out by its Urban Age Project. Since 2005, the UAP has produced reports on the social and spatial dynamics of the metropolitan areas of Istanbul, São Paulo, Johannesburg, New York City and London. Ricky Burdett and Deyan Sudjic (eds.), *Living in the Endless City: The Urban Age Project*, London: Phaidon Press, 2011.

3 *Urban Sprawl in Europe – The Ignored Challenge*, European Environment Agency, Report no.10/2006.

4 Martino Stierli, *Las Vegas im Rückspiegel: Die Stadt in Theorie, Fotografie und Film*, Zürich: GTA Verlag, 2010.

5 For a survey of photography commissions and the urbanisation of landscape in Europe see Frits Giersberg (ed.), *SubUrban Options*, Rotterdam: Nederlands Foto Instituut, 1998. For Linea di Confine see Thomas Seelig and Urs Stahel (eds.), *Trans Emilia*, Basel: Christoph Merian Verlag, 2006.

6 Alan Berger, *Drosscape: Wasting Land in Urban America*, New York: Princeton Architectural Press, 2006, p.1.

7 Ibid.

8 Barbieri has so far shot 38 cities, some of which have been published in monographic books. For Muniz's project see the documentary film *Waste Land*, dir. Lucy Walker, prod. Almega Projects, 2010.

9 E. Beyer, A. Hagemann, P. Oswalt, T. Rieniets (eds.), *Atlas of Shrinking Cities*, Berlin: Hatje Canz, 2006; R. Bittner, R. Fishman, P. Oswalt, K. Ronnerberger, B. Steiner (eds.), *Shrinking Cities, Volume 1: International Research*, Berlin: Hatje Canz, 2005; R. Fishman, P. Oswalt (eds.), *Shrinking Cities: Volume 2*, Berlin: Hatje Cantz, 2006.

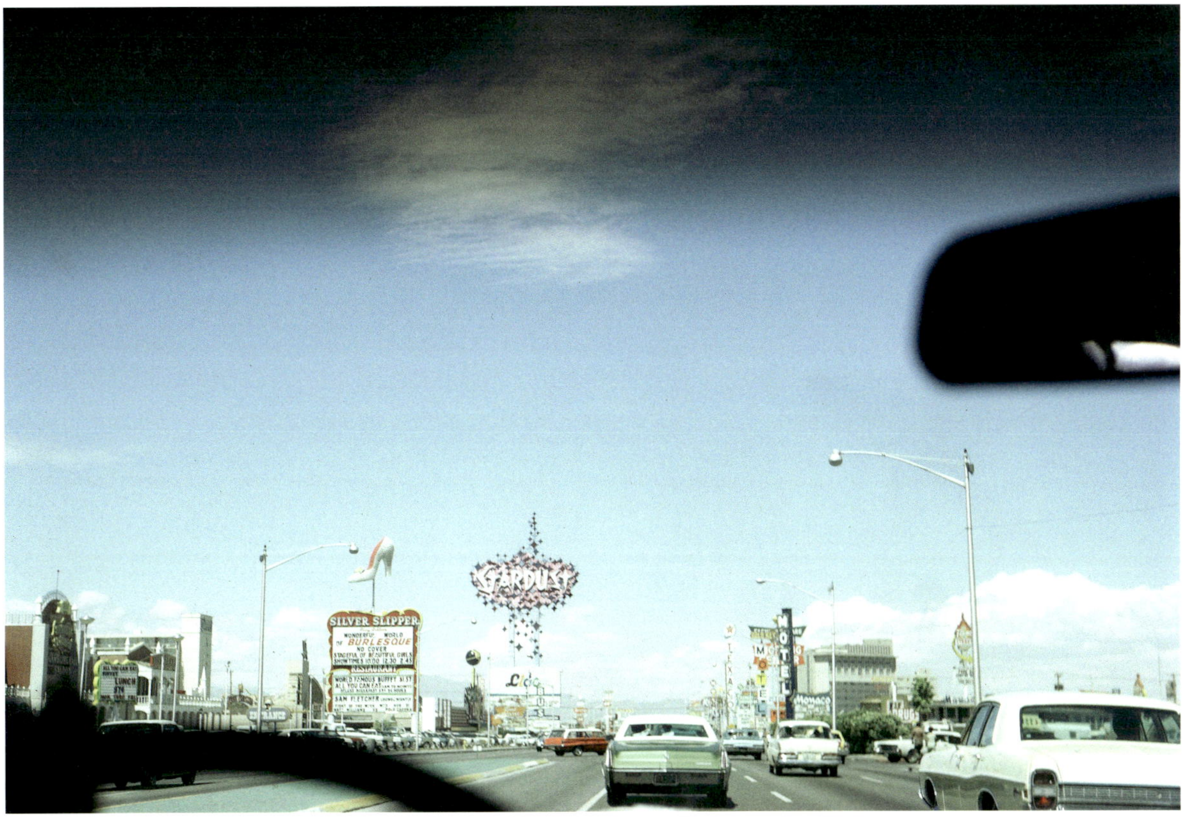

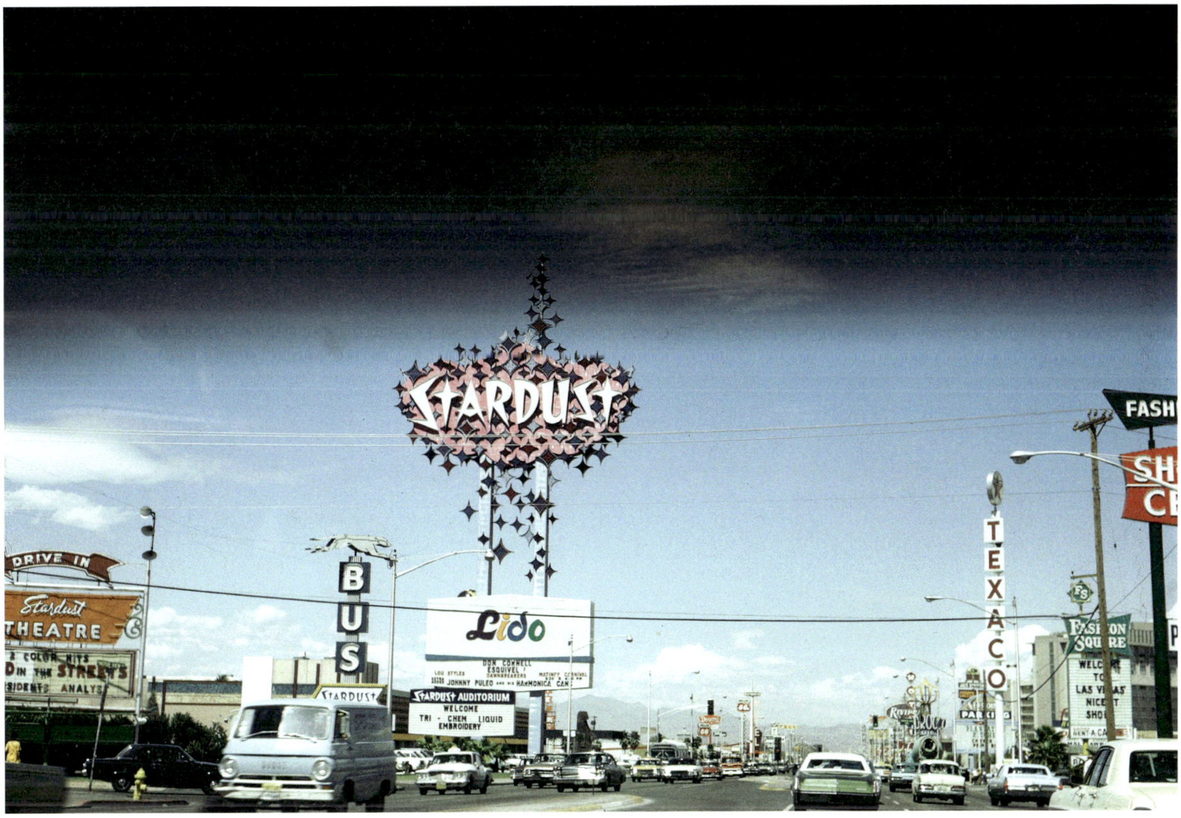

ROBERT VENTURI & DENISE SCOTT BROWN
AUS DEM BILDARCHIV LAS VEGAS STUDIO
(FROM THE LAS VEGAS STUDIO IMAGE ARCHIVE), 1968–1972

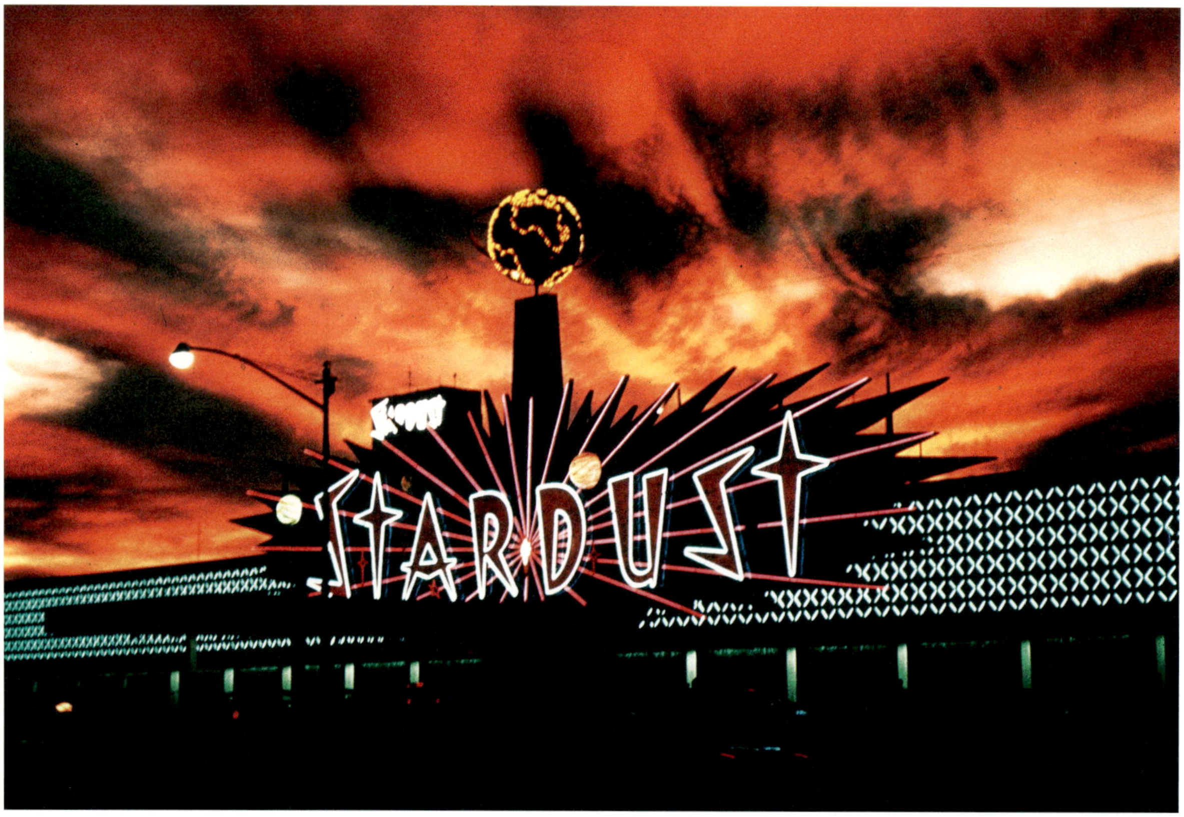
STARDUST

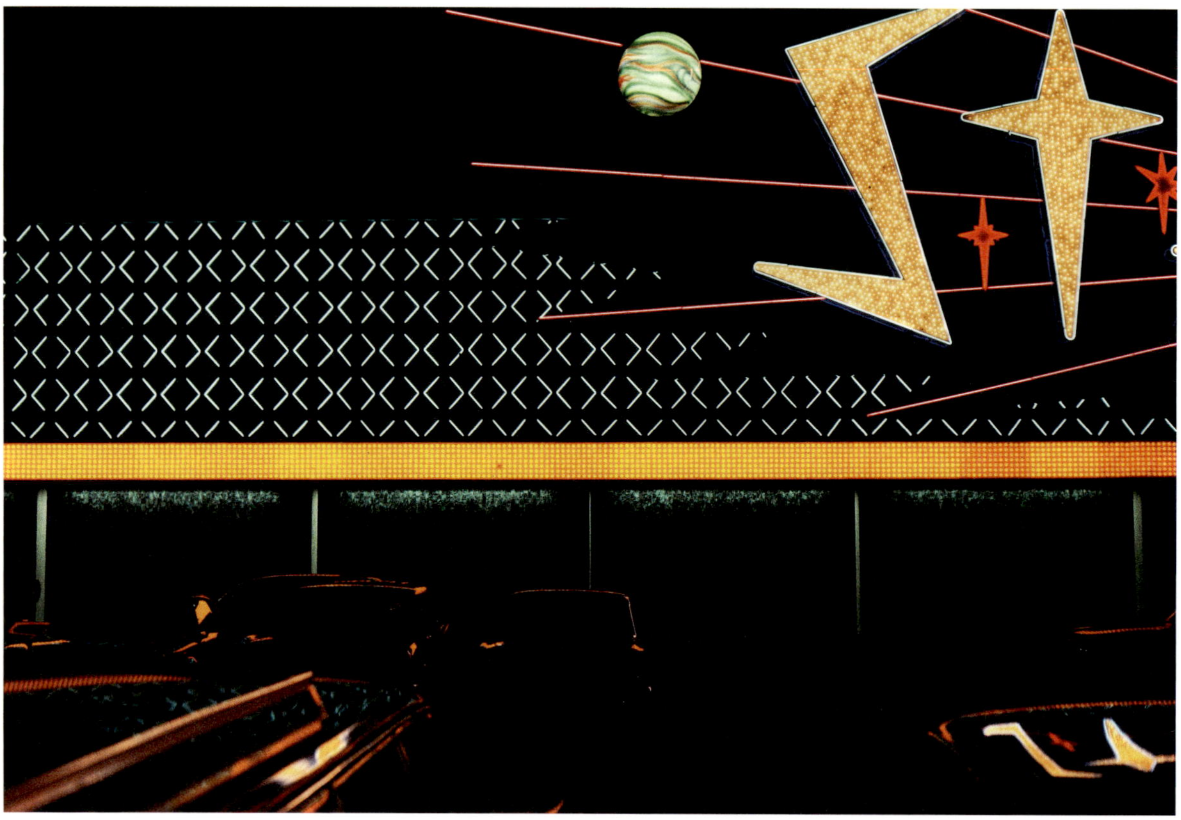

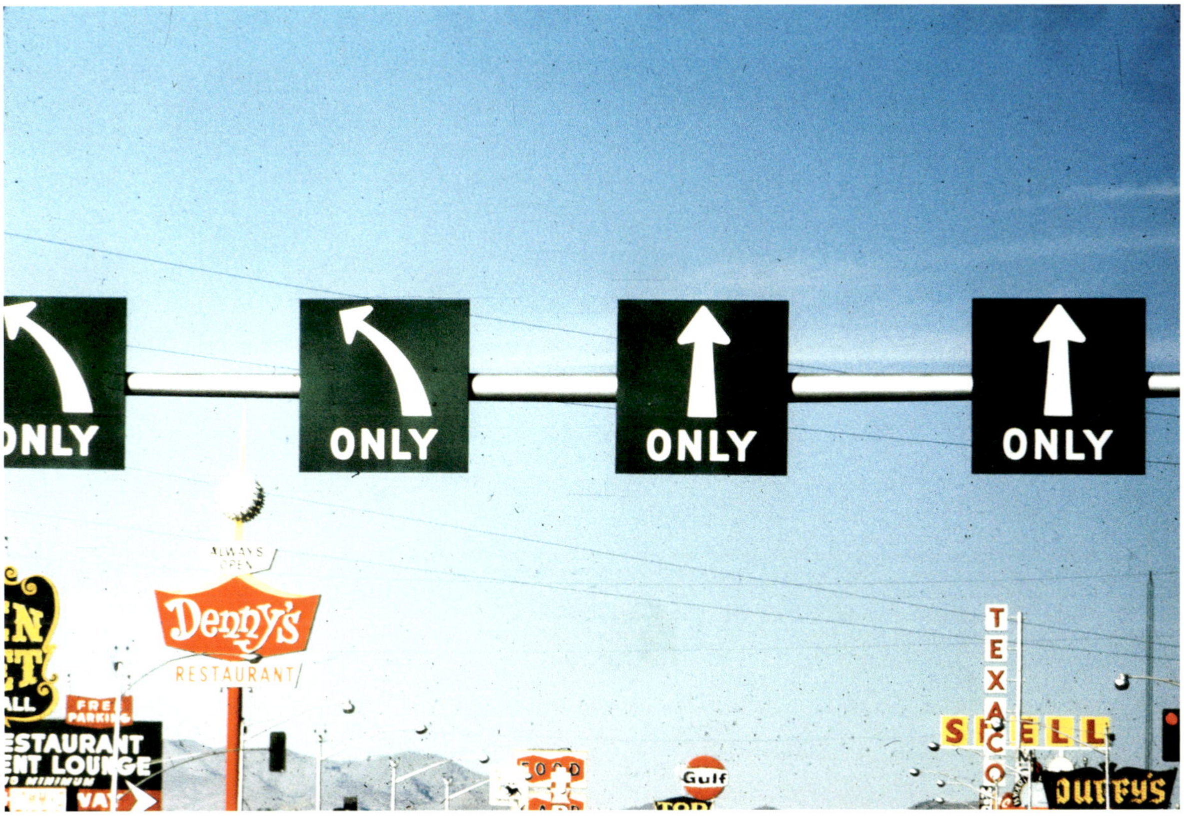

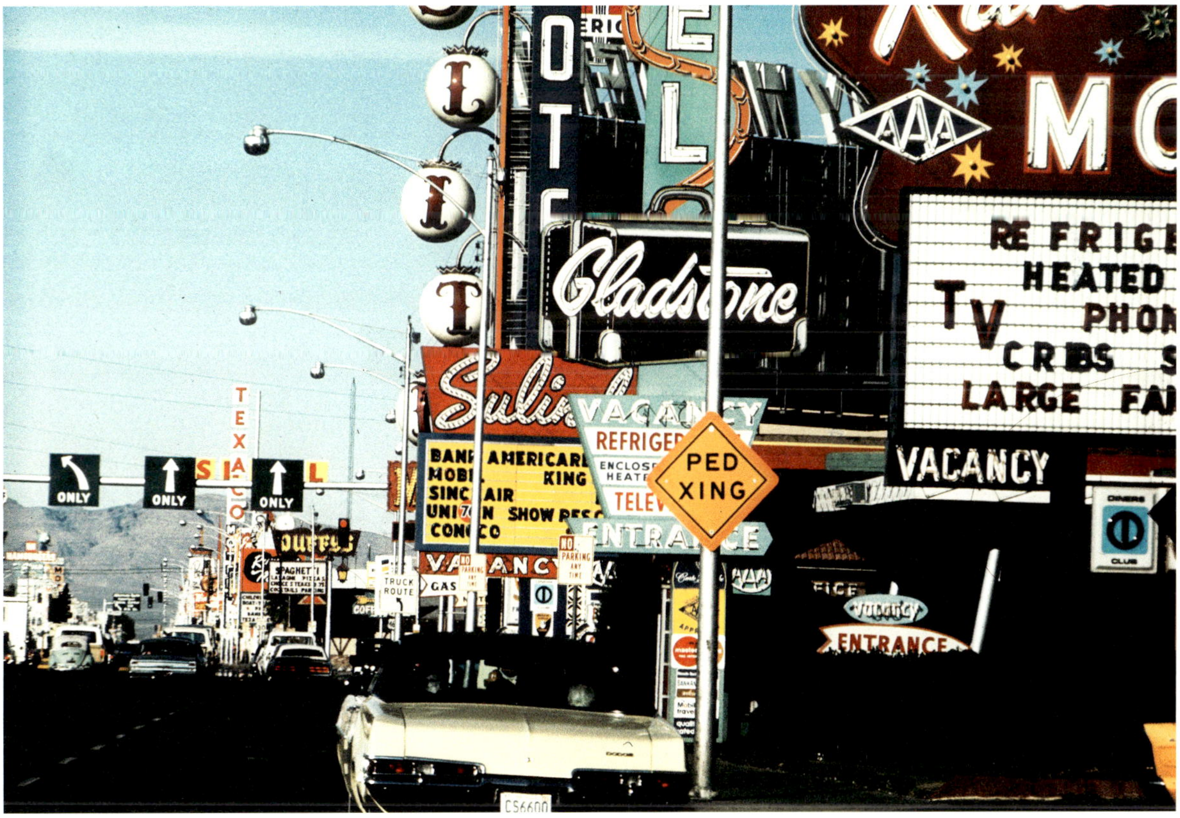

ROBERT VENTURI & DENISE SCOTT BROWN
AUS DEM BILDARCHIV LAS VEGAS STUDIO
(FROM THE LAS VEGAS STUDIO IMAGE ARCHIVE), 1968–1972

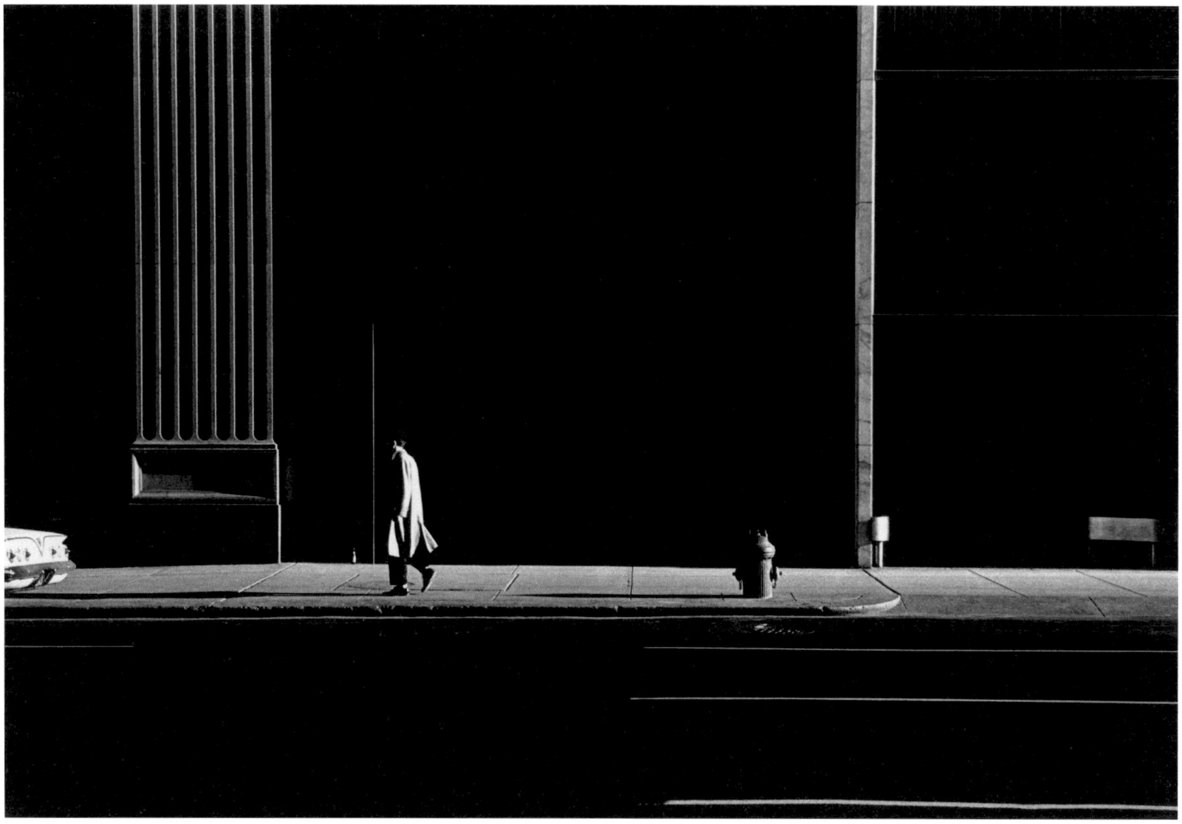

RAY K. METZKER
PHILADELPHIA, 1963

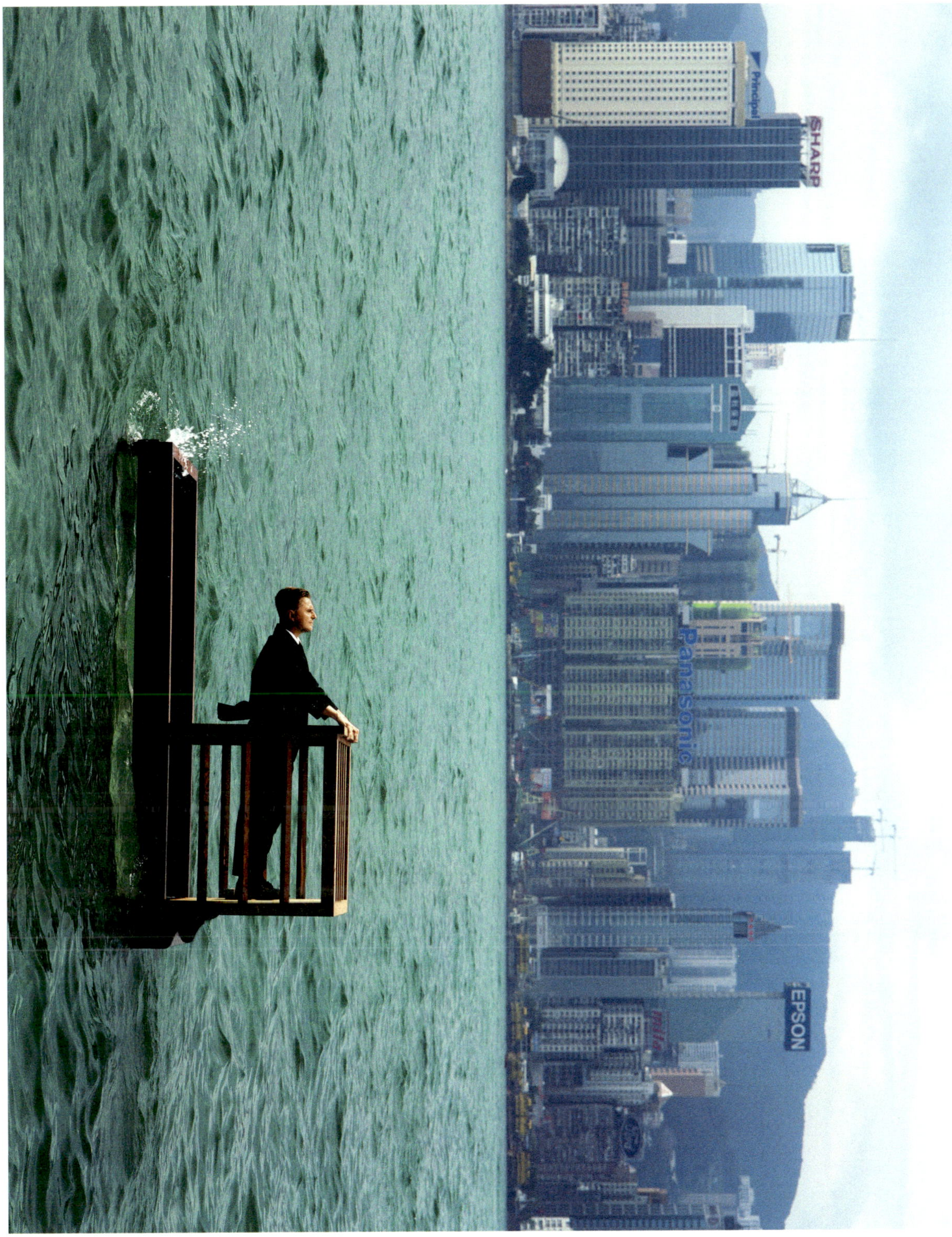

PHILIPPE RAMETTE
BALCON II, HONG KONG (BALKON/BALCONY), 2001

> NICOLAS FAURE
A9, PONT DE RIDDES SUR LE RHÔNE (VS) DÉCEMBRE 1997

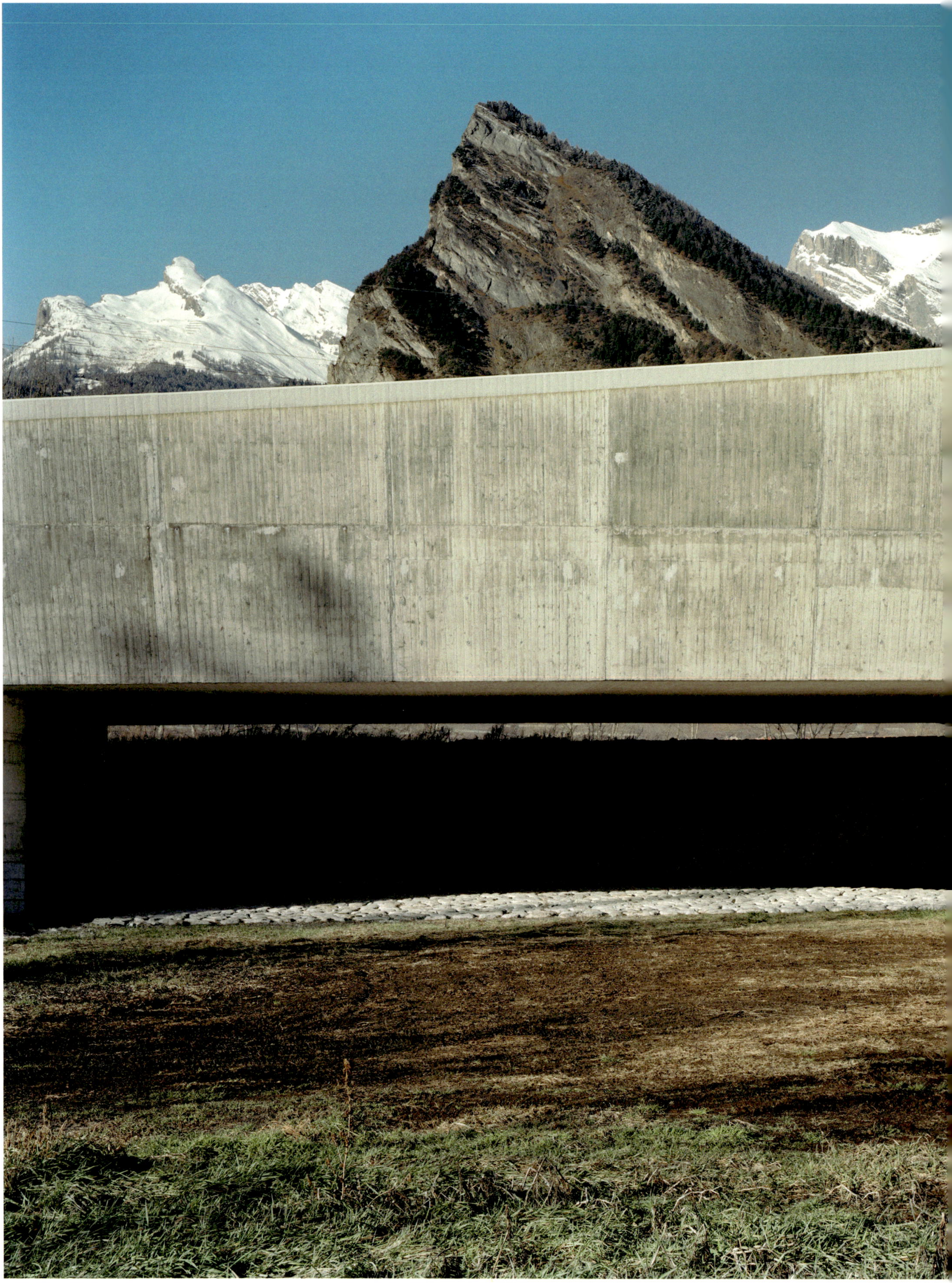

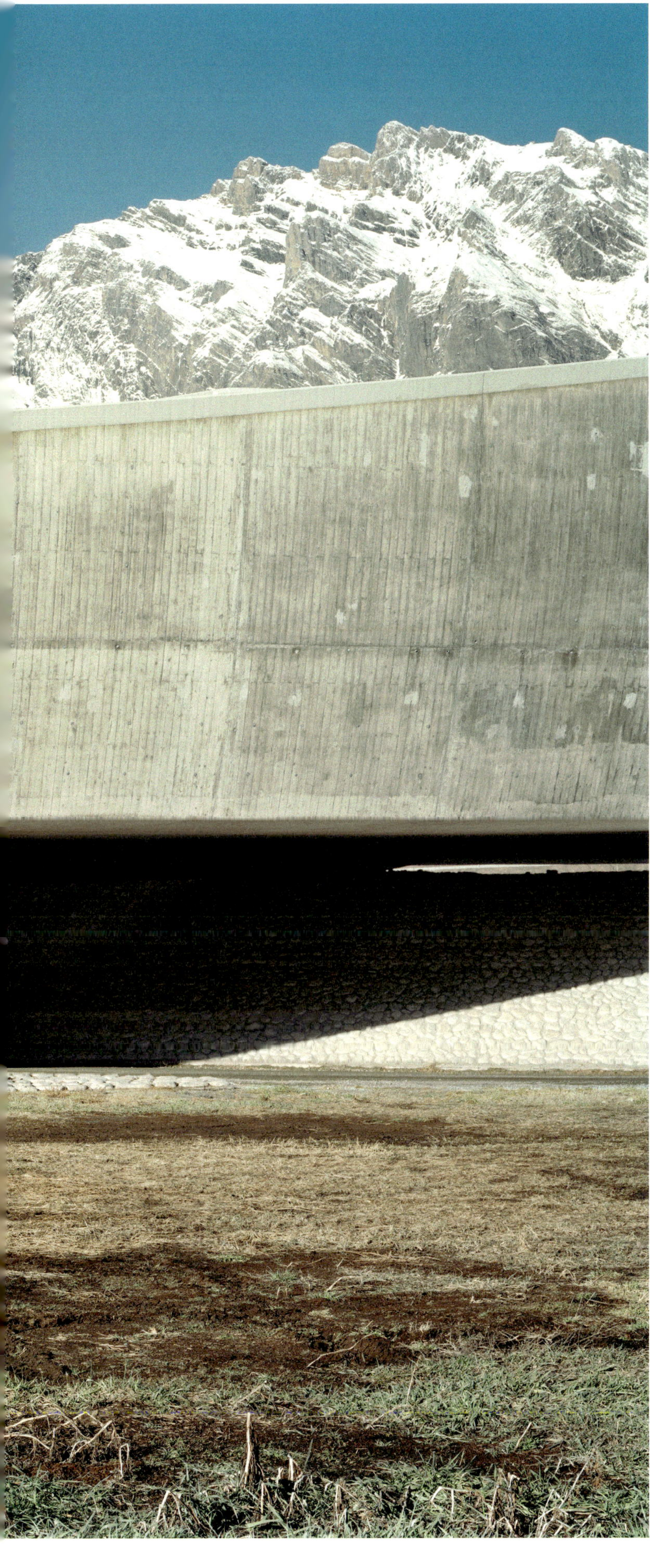

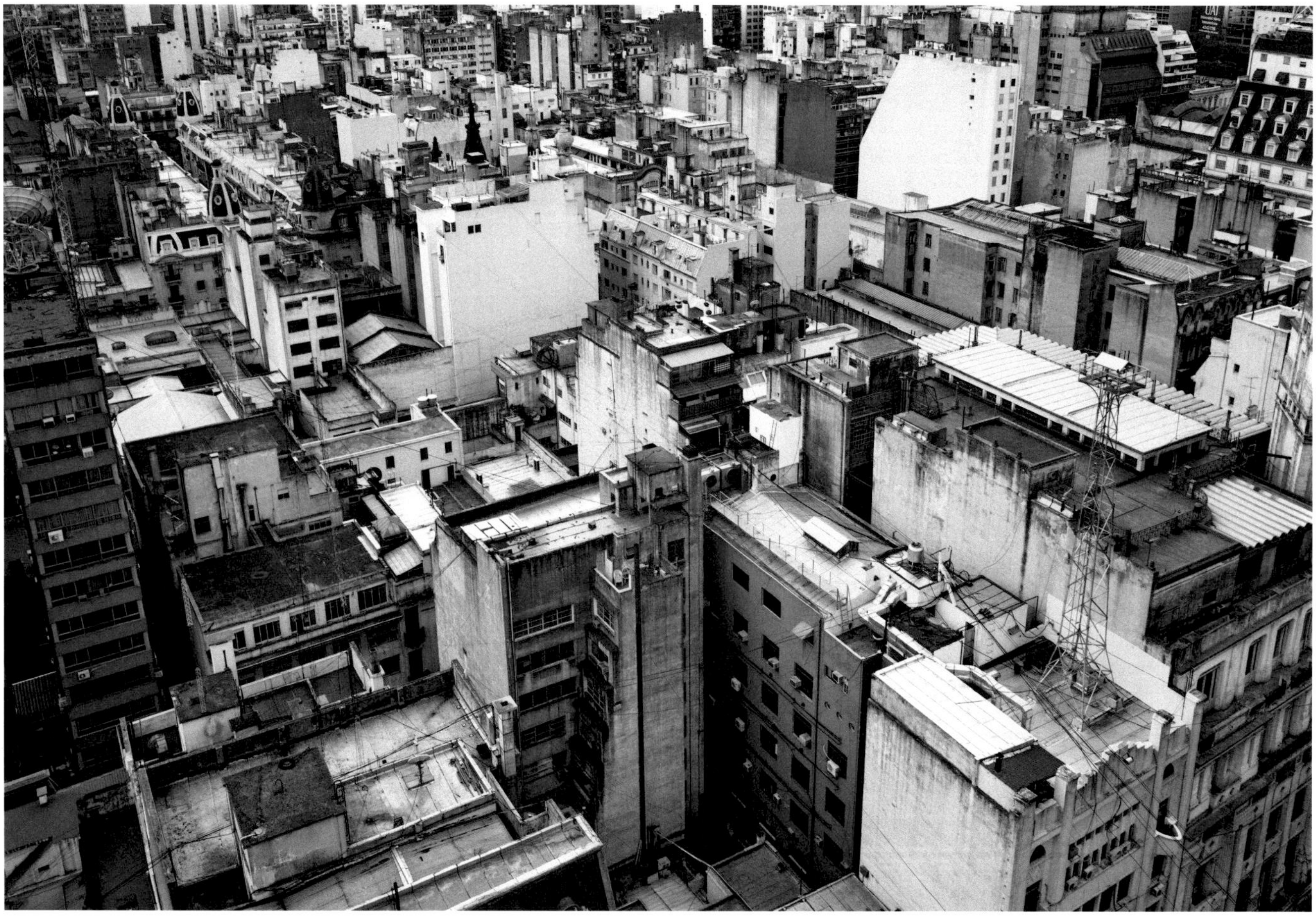

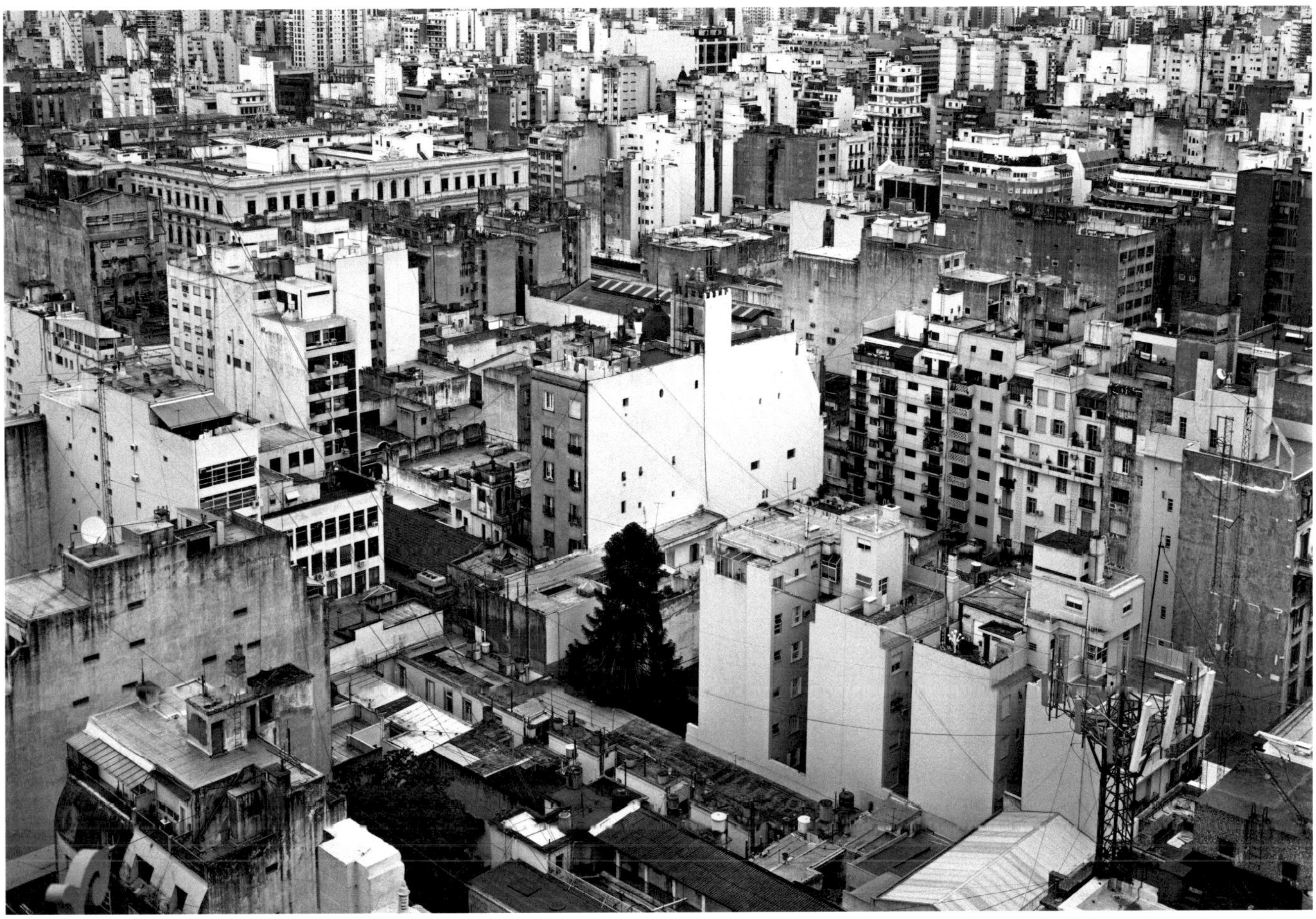

GABRIELE BASILICO
01B5-26-12, BUENOS AIRES, 2001
01B5-27-12, BUENOS AIRES, 2001
AUS/FROM: *SCATTERED CITY* (VERSTREUTE STADT)

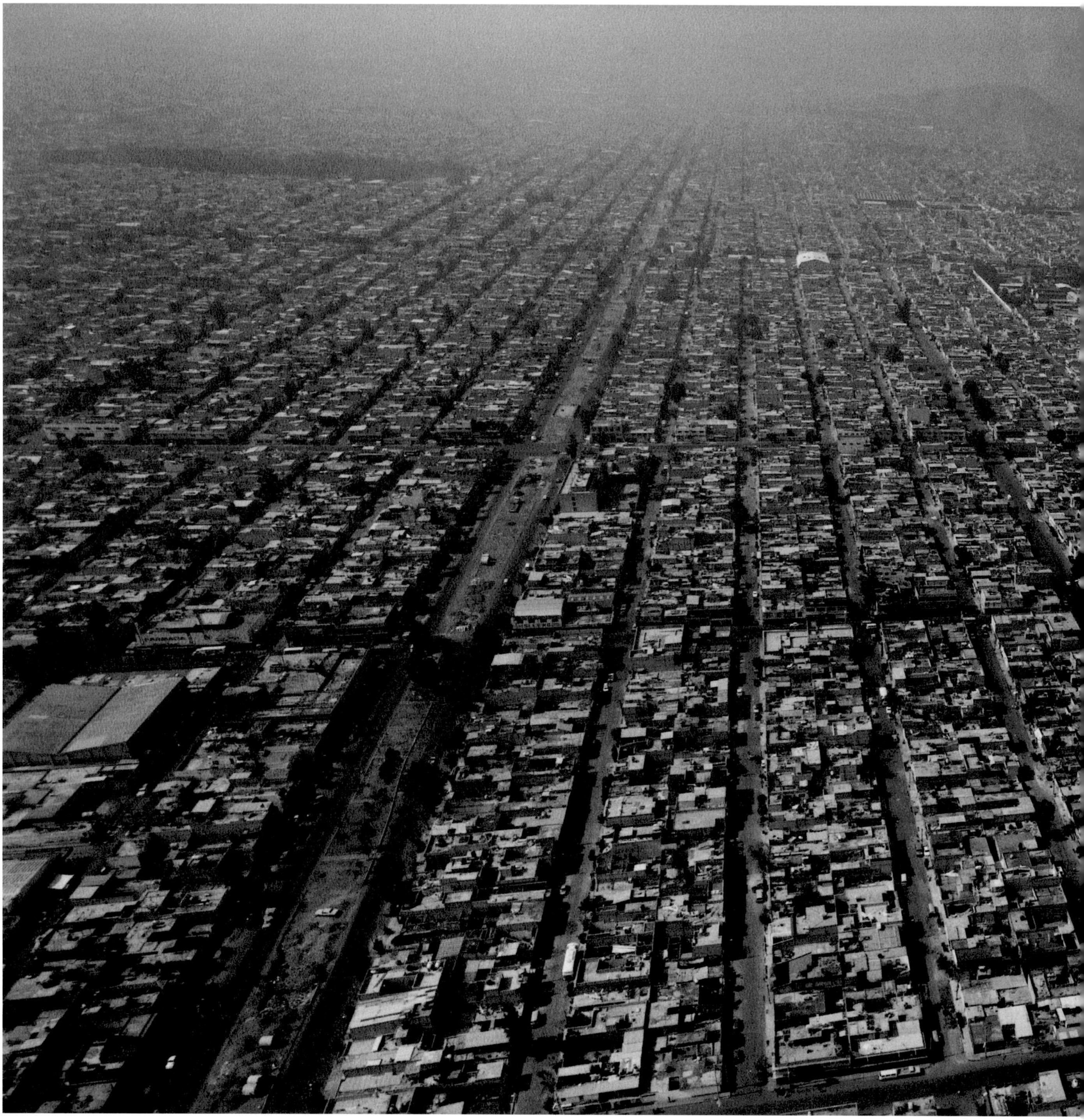

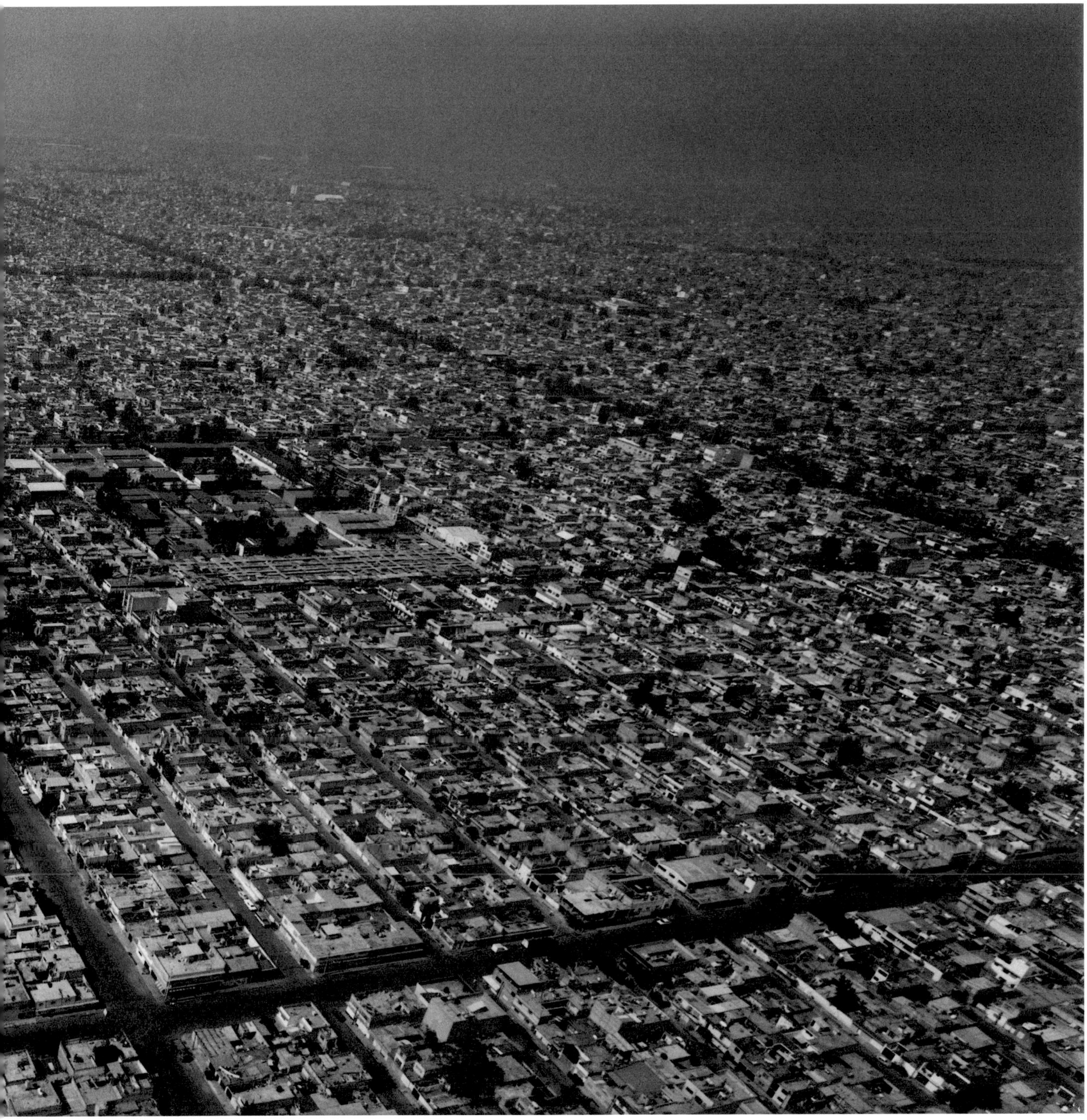

BALTHASAR BURKHARD
MEXICO CITY, 1999

WINTERTHUR

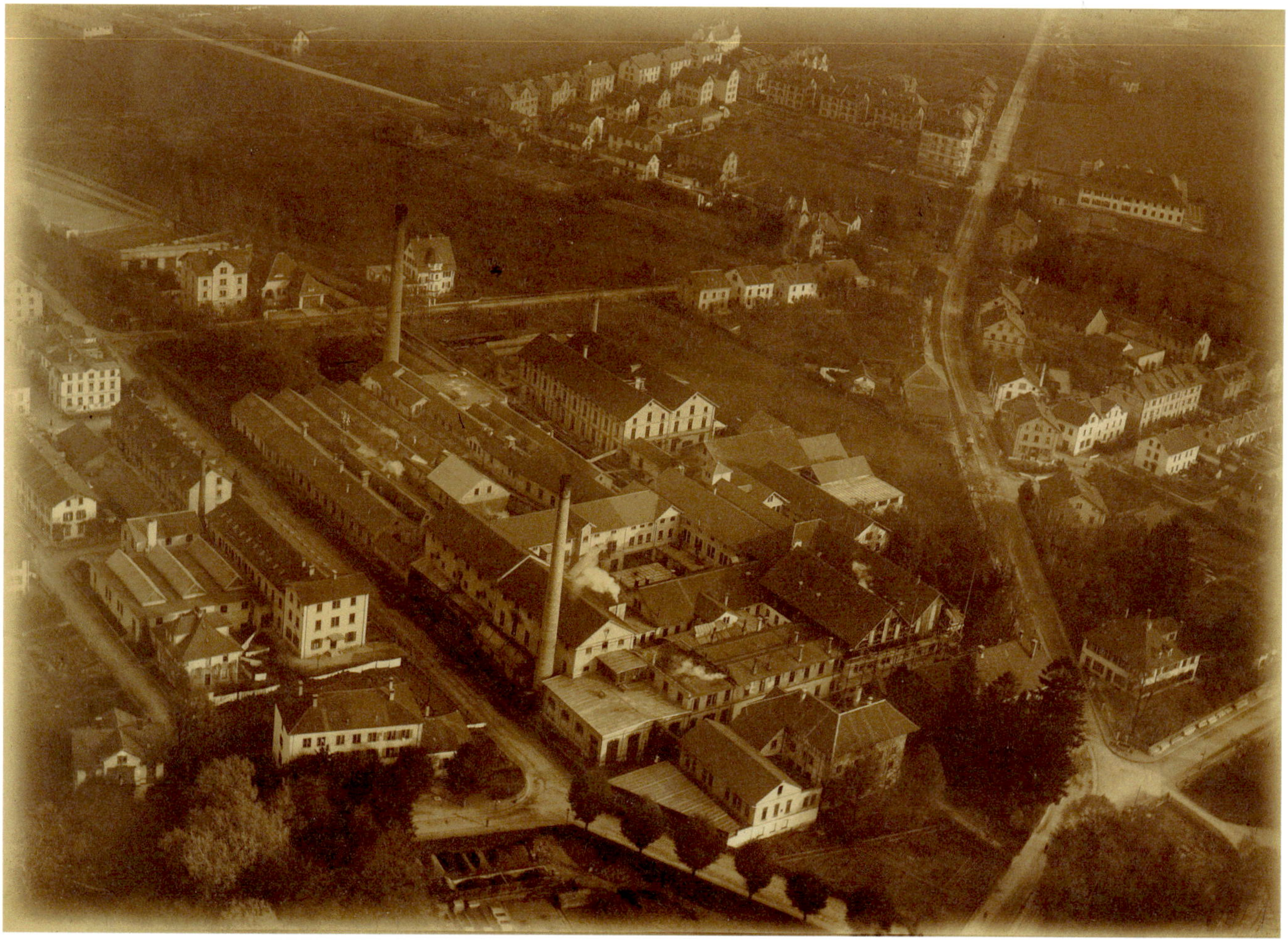

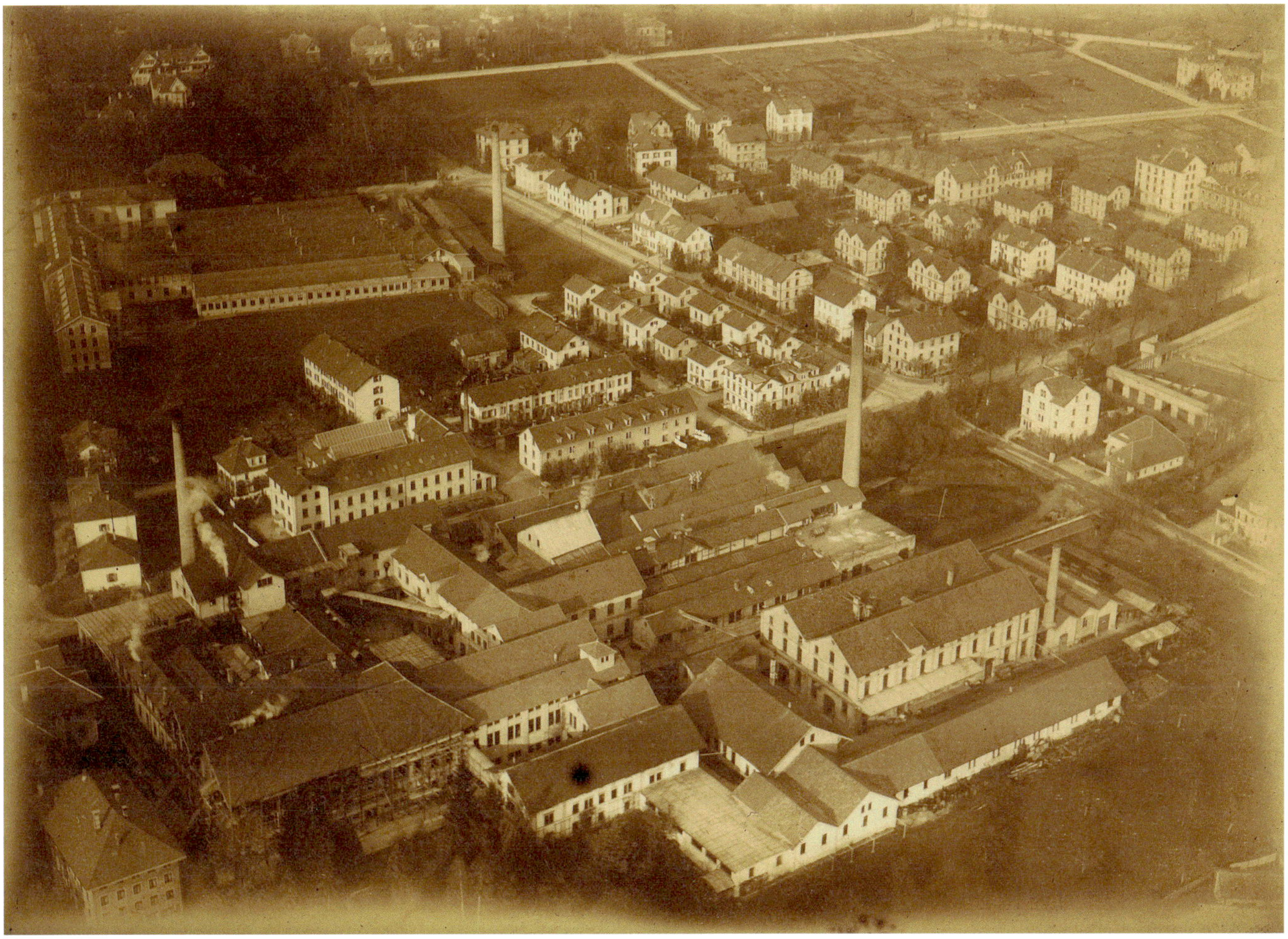

ANONYM (ANONYMOUS)
FABRIKAREAL SCHLEIFE, (FACTORY AREA SCHLEIFE), 1925

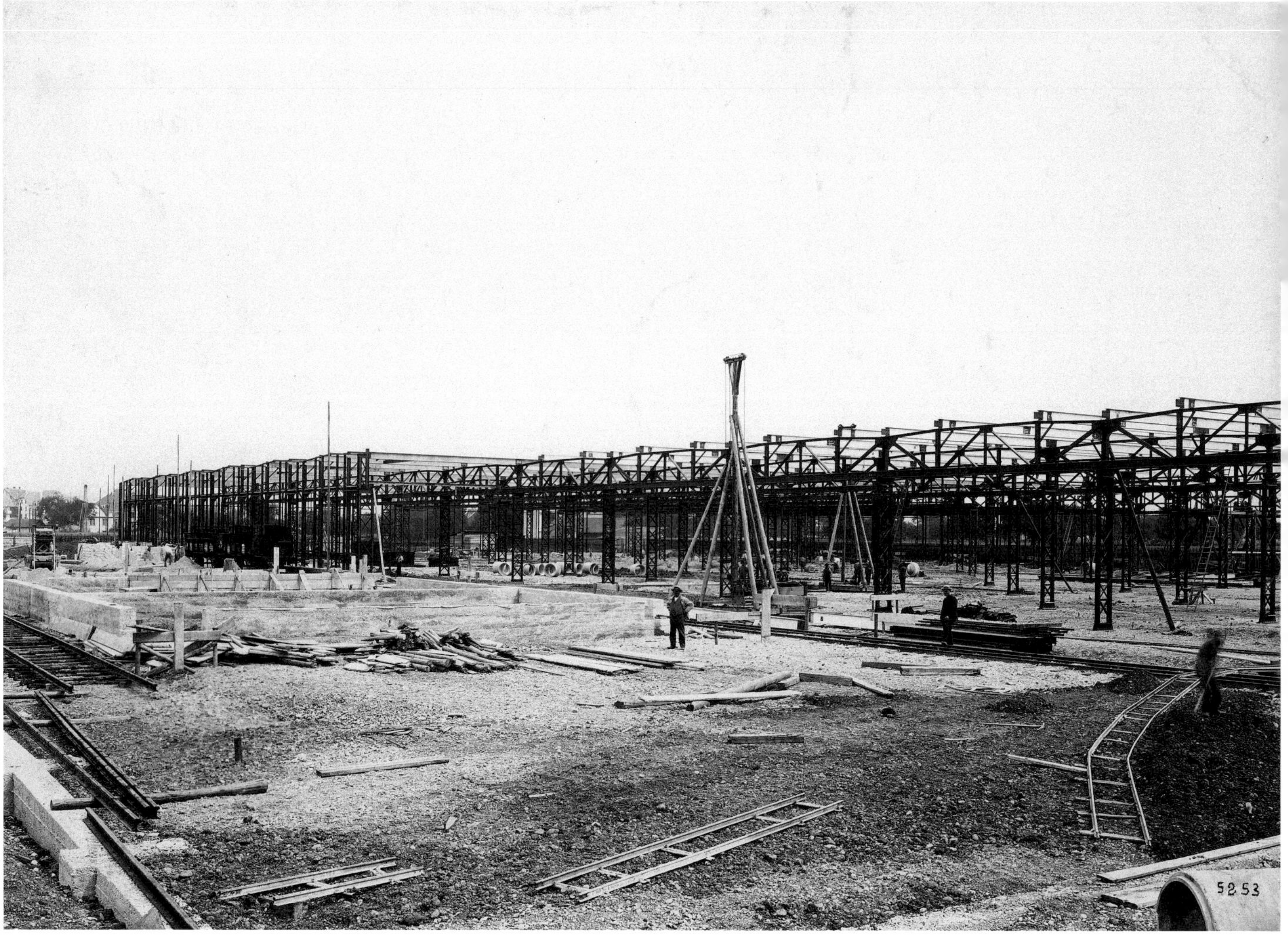
5253

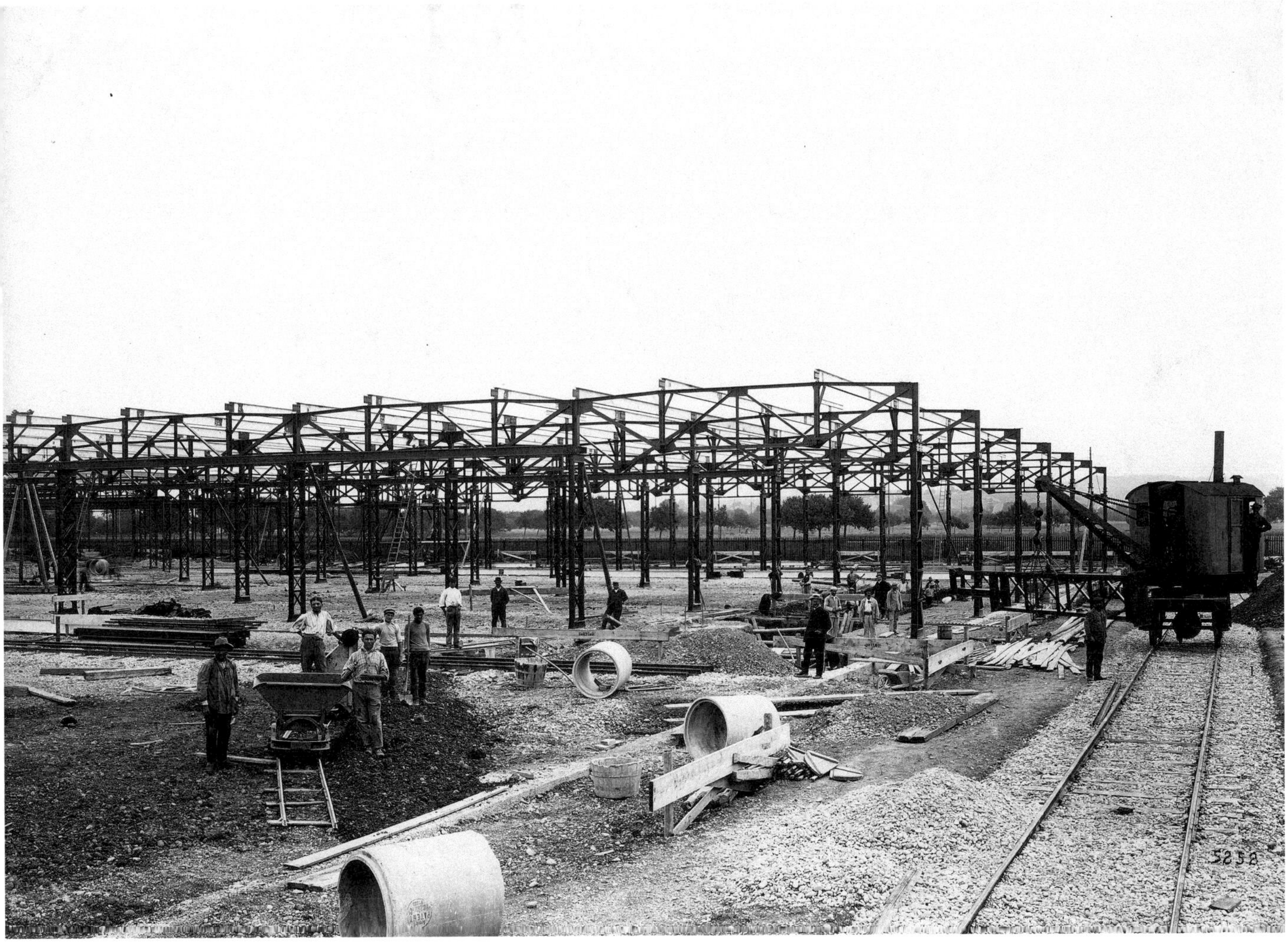

ANONYM (ANONYMOUS)
KONSTRUKTION EINER WERKHALLE
(CONSTRUCTION OF A FACTORY HALL), CA. 1910

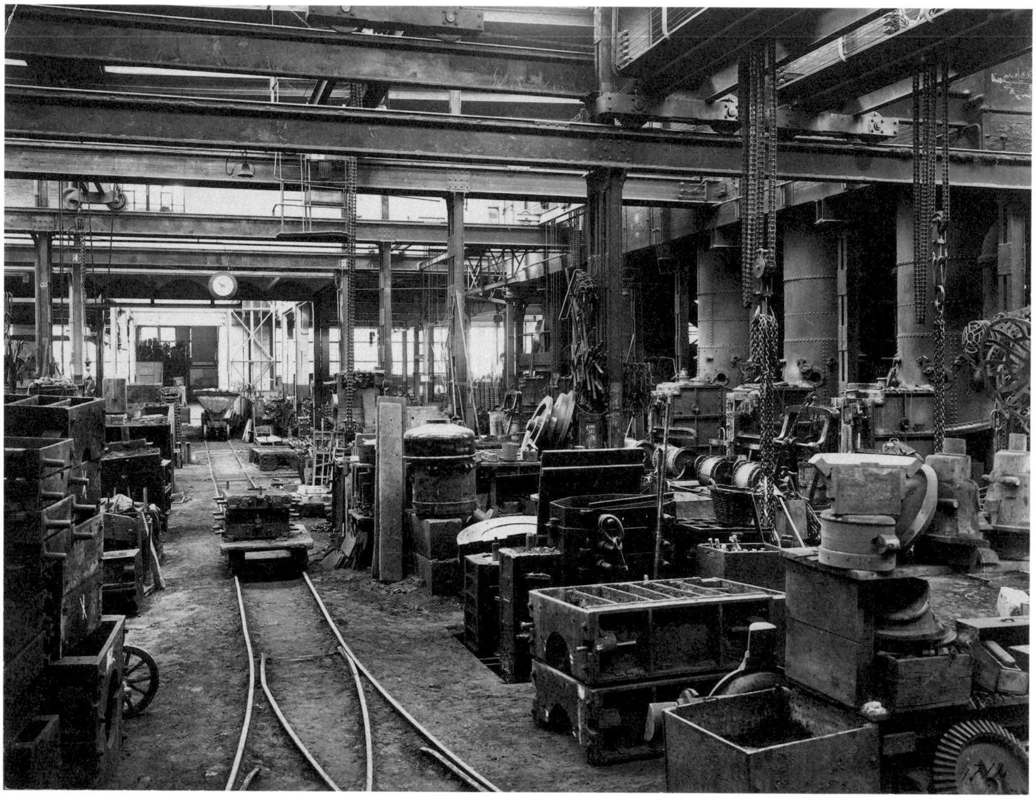

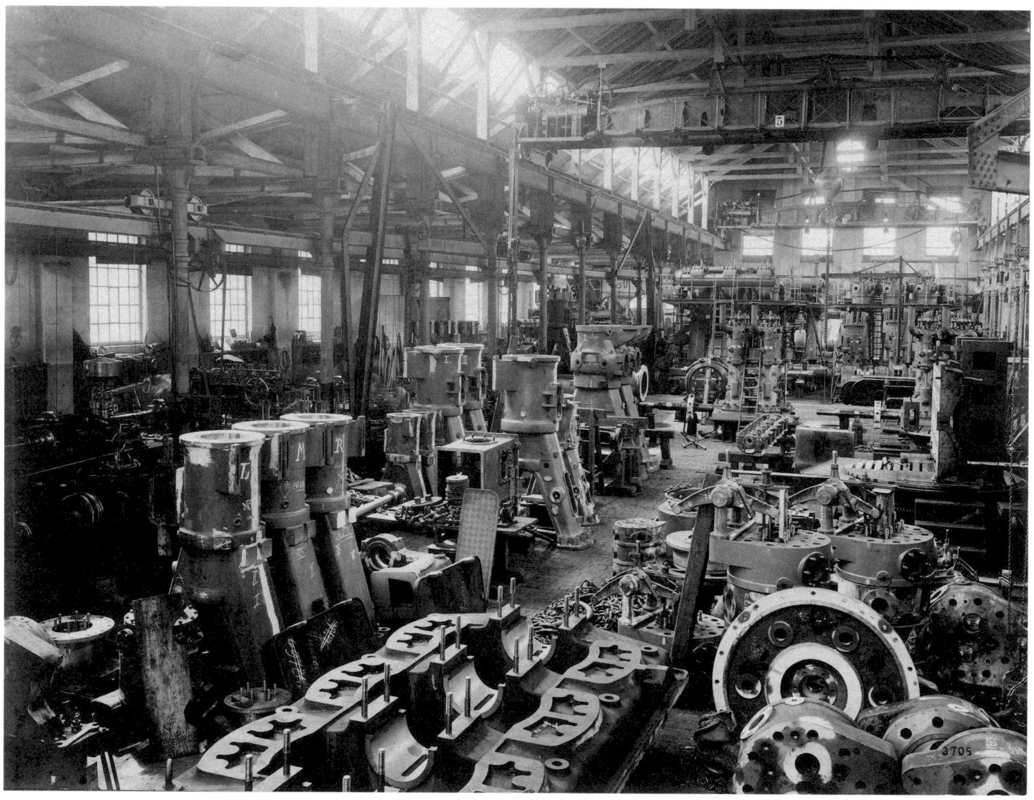

ANONYM (ANONYMOUS)
SULZER WERKHALLE (SULZER FACTORY HALL), CA. 1908
SULZER WERKHALLE (SULZER FACTORY HALL), CA. 1908

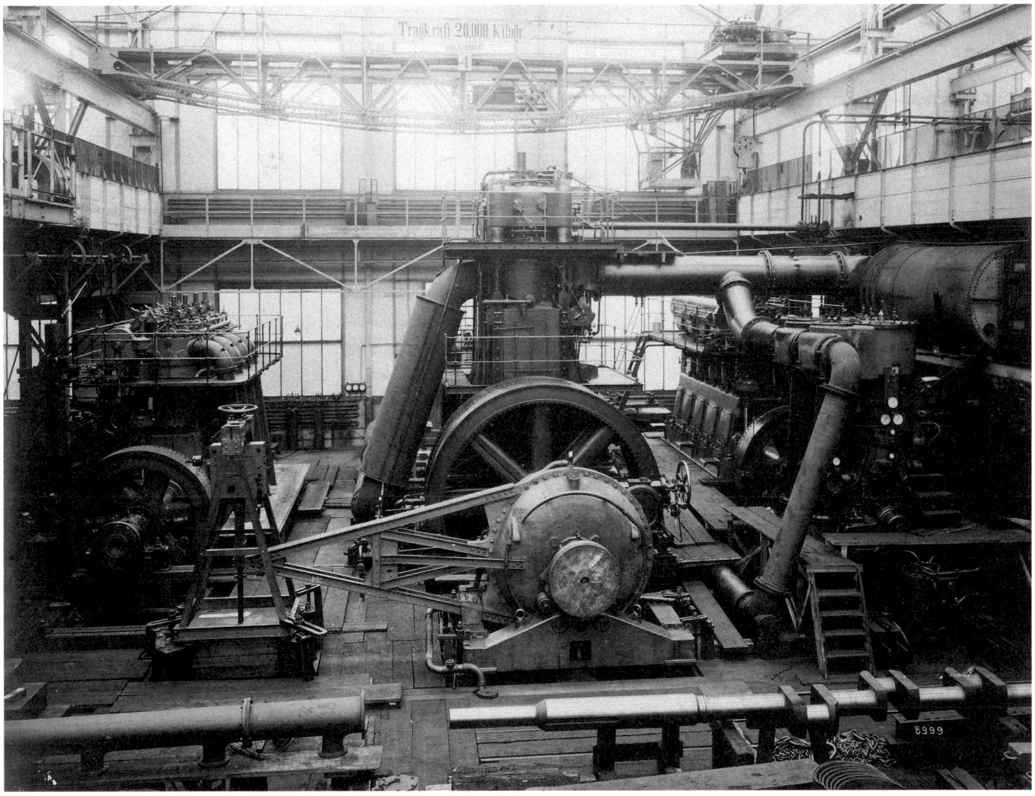

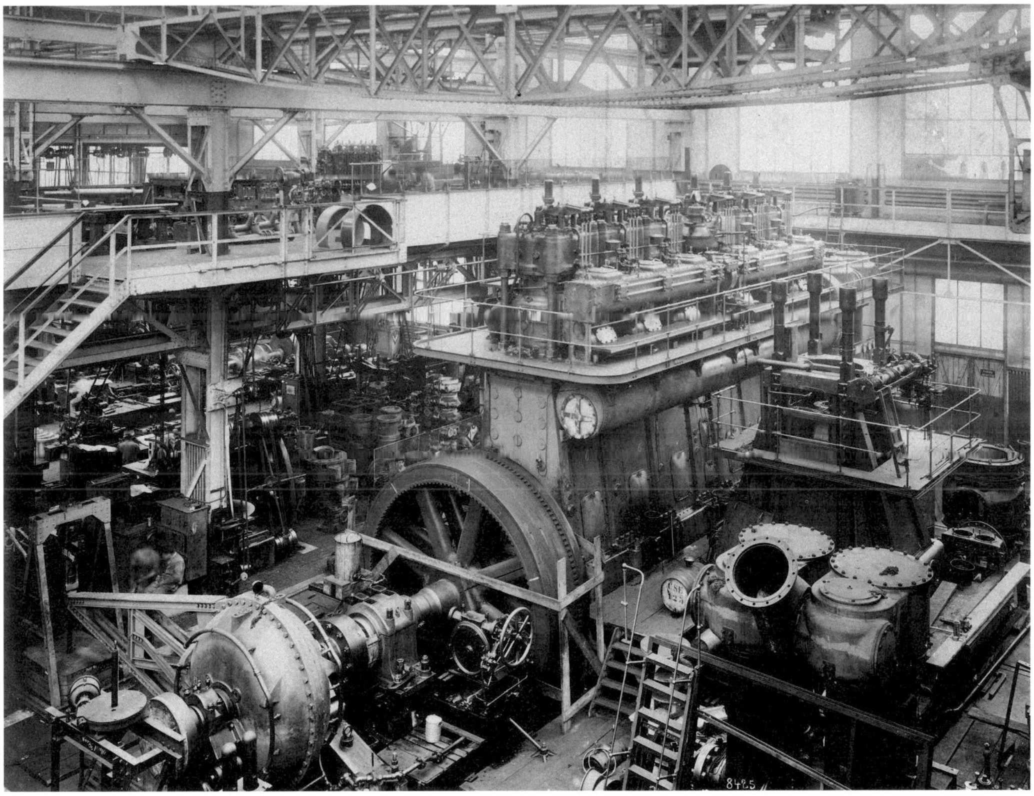

SULZER WERKHALLE (SULZER FACTORY HALL), CA. 1914
SULZER WERKHALLE (SULZER FACTORY HALL), CA. 1908

Schon ein Blick auf eine Luftaufnahme von Winterthur deutet es an: Grün ist hier reichlich vorhanden. Denn eine besondere topografische Konstellation prägt die Stadt: Auf fast allen Seiten umgeben von bewaldeten Hügeln, bildet Winterthur eine städtische Lichtung in einem grossen Forst. Das Wachstum erfolgte entlang der Täler im flachen, also günstigen Terrain. So sieht denn Winterthur aus der Luft betrachtet seltsam verzettelt aus; ein Gebilde, das sich mit langen Fangarmen in alle Himmelsrichtungen ausdehnt. Und noch

Die Gartenstadt der sieben Dörfer: Winterthurs Sprung vom 19. ins 21. Jahrhundert

Caspar Schärer

etwas fällt auf aus der Vogelschau: Mit Ausnahme der Altstadt und der ehemaligen Industriegebiete sind in Winterthur nur wenige grosse Verdichtungen auszumachen. Dafür schimmert überall zwischen den Häusern und Strassen ein grüner Fleck oder Strang hervor.

Winterthur ist eine kräftig durchgrünte Stadt und ist stolz darauf. Eschenberg, Brüelberg, Wolfensberg und Lindenberg bilden die Kulisse einer Stadt, die schon früh einen eigenen Weg einschlug. Die entscheidenden Weichenstellungen fanden Mitte des 19. Jahrhunderts statt, zur Zeit der Industrialisierung. Winterthur wie auch der ewige Rivale Zürich erlebten damals gewaltige Wachstumsschübe. Zürich versuchte, das Bevölkerungswachstum in stark verdichteten Mietshausquartieren auf dem Sihlfeld aufzufangen – in den heutigen Stadtkreisen 3, 4 und 5. Die Zürcher Blockrandstadt stiess in Winterthur auf heftige Ablehnung. Alexander Isler (1854–1932), städtischer Bauamtmann von 1897 bis 1919, bezeichnete die «schreckliche, gefängnisartige» Mietskaserne als Grundübel der (damals) zeitgenössischen Städte.[1] Sie sei verantwortlich für die Zerstörung der Familie und für den Charakterverlust der Städte. Die Baugesetzgebung müsse das Einfamilien- oder das kleine Mehrfamilienhaus fördern, forderte Isler. Der Chefbeamte war indessen keineswegs der einzige, der Licht und Luft im Bebauungsplan forderte. Der Textil- und Maschinenfabrikant Heinrich Rieter (1814–1889) propagierte bereits 1860 den Bau von «kleineren, [mit] etwas Pflanzland» ausgestatteten Häusern und lehnte «Arbeiter-Quartiere (Casernen-System)» ab.[2] In Winterthur wurde infolge dessen ein besonderes Modell in der Städtebaupraxis umgesetzt. Es handelt sich um eine Schweizer Variante der Idee von der Gartenstadt, die sich in der zweiten Hälfte des 19. Jahrhunderts von England aus in ganz Europa ausbreitete. Grundlegend für die Gartenstadtidee war eine strenge Trennung der verschiedenen «Funktionen» einer Stadt und eine relativ geringe Bebauungsdichte in den Wohngebieten. Mit dem Konzept eng verbunden war auch immer die Forderung nach einer flächendeckenden Verstaatlichung des Bodens. Die Anhänger der Gartenstadt waren überzeugt, nur so könne tatsächlich günstiger Wohnraum angeboten werden.

Es gelang in Winterthur als einer Schweizer Stadt mit vergleichsweise viel Industrie, die Gegenspieler Industrie- und Gartenstadt zu einer eigenständigen Synthese zu führen. Denn man darf nicht vergessen: Ohne die Industrie, ohne die Tausenden von Arbeitsplätzen würde es die Winterthurer Ausprägung der Gartenstadt nicht geben. Es brauchte beide Antipoden – und es brauchte das Kapital und den politischen Willen, um die niedrige Bebauungsdichte durchzusetzen. Die Industrie mit ihrem unersättlichen Hunger nach (billigen) Arbeitskräften war das Schwungrad der städtebaulichen Entwicklung. Generationen von Städteplanern und Architekten überall auf der Welt zerbrachen sich in jener Zeit den Kopf über die Unterbringung von Arbeiterfamilien. Der Fabrikarbeiter selbst konnte sein Schicksal in der Regel nicht in die Hand nehmen, da ihm schlicht der finanzielle Spielraum für Wünsche fehlte. Er war auf Gedeih und Verderb auf den Industriellen und die Stadtbehörden angewiesen, die für ihn eine Lösung finden mussten. Oft flossen in deren Überlegungen zum Wohnungsbau paternalistische Vorstellungen eines «guten und gesunden» Lebens mit ein. Die vom Land entwurzelten und von den traditionellen Werten entfremdeten Arbeiter sollten wieder zurück in den Schoss der kleinbürgerlich geordneten Welt geführt werden. Verschiedene Reformbewegungen überlagerten und beeinflussten sich dabei gegenseitig. Hinter diesen Anstrengungen steckte neben echter Sorge und Anteilnahme durchaus auch berechnendes Kalkül. Dass sich die Arbeiterfamilie bis zu einem bestimmten Grad aus dem eigenen Garten versorgen konnte, war gewiss einer schönen Geste und einer Referenz an die meist bäuerliche Herkunft der Lohnabhängigen zu verdanken, forderte aber andererseits vom Arbeiter eine Verantwortung für das grosse Ganze ein. Der Eigentümer eines Hauses – «klein, aber mein» – verfiel nicht so schnell der revolutionären Versuchung, das kapitalistische System in Frage zu stellen. Gleichzeitig konnten die Fabrikanten mit den zum Teil von ihnen (vor-)finanzierten Häusern auch wichtige und mobile Facharbeiter langfristig an den Betrieb binden.

Winterthur war schon vor der Industrialisierung eine Stadt und war es erst recht danach. Auf dem Tössfeld erreichten die Industriequartiere im Laufe der Zeit ungeahnte Grössen und waren äusserst dicht bebaut. Die «Stadtwerdung» wurde also selten bis nie in Frage gestellt, der «Stadtwille» hingegen schon. Abgesehen von einigen Strassenzügen im unmittelbaren Umkreis des Hauptbahnhofs, die bis heute ihre grossstädtische Ausstrahlung erhalten haben, tendierten die Verantwortlichen eher in Richtung eines locker bebauten Siedlungsteppichs. Die starke Prägung durch die Industrie auf der einen Seite und die «heile Welt» der Reihenhauszeilen inmitten von Pflanzgärten auf der anderen Seite hat letztlich im Fall von Winterthur zu einer Stadt mit «gespaltener Persönlichkeit» geführt. Tatsächlich schätzen die meisten der heute neu Zugezogenen die «Übersichtlichkeit» und die «grünen Oasen» mitten in der Stadt. Selbst die offizielle Homepage der Stadtverwaltung preist den «persönlichen Charakter und Charme», den sich Winterthur trotz mehr als 100'000 Einwohnern bewahrt habe. Die Eingemeindung von 1922 stellte eine weitere Etappe der «Stadtwerdung» dar, führte aber nicht zu einem prägnanteren städtischen Profil. Der jeweils eigene Charakter der eingemeindeten Dörfer wird vielmehr bis heute gepflegt. Winterthur ist zwar als Stadtgemeinde eine verwalterische Einheit, seine Bürger allerdings liessen sich eher widerwillig zu einer «Gartenstadt der sieben Dörfer» zusammenfassen.

Im Gegensatz zu den Zeiten, als Sulzer, Rieter und später die Winterthur-Versicherung den Takt vorgaben, verlaufen heute die Entwicklung der Arbeitsplätze und diejenige der Einwohnerzahl unabhängig voneinander. Die Industrie hat sich mehr oder weniger vollständig aus der Stadt verabschiedet und konnte nicht mehr gleichwertig ersetzt werden. Nach einem ersten Schock und Stillstand in den 1980er Jahren wächst Winterthur seit Ende der 1990er Jahre in hohem Tempo – allerdings nur, was die Einwohnerzahlen betrifft. Lebten 1985 noch rund 84'600 Menschen in der Stadt und 1999 nur 3000 mehr, sind seither über 22'000 neue Bewohner in die Stadt gezogen und ein Ende der Entwicklung ist vorerst nicht in Sicht. Unter Druck gerät jetzt aber zusehends das alte Gartenstadtideal, das bisher den Sprung vom 19. in das 21. Jahrhundert erstaunlich unbeschadet überstanden hat.

Mitte der 1960er Jahre bestand erstmals Gefahr für die Gartenstadt: In Erwartung eines ungebremsten Wachstums vor dem Hintergrund eines beispiellosen Wirtschaftsbooms seit dem Ende des Zweiten Weltkriegs wurde sehr viel Land eingezont und in den bereits überbauten Gebieten eine deutlich höhere Wohnungsdichte zugelassen. Städtebauliche Akzente wie die 1967 erbauten «Zindel-Hörner» in Mattenbach, die beiden markanten, nach dem ehemaligen Bauamtmann Heinrich Zindel (1901–1980) benannten Hochhäuser, wie auch die verschiedenen Überbauungen im Grüzefeld führten zwar erstmals zu einer starken Verdichtung, blieben aber Einzelfälle. Die Eingriffe in die bestehende Bausubstanz der Siedlungen hielt sich in Grenzen, bis 1987 ein revidierter Zonenplan in Kraft trat, der die Aufzonungen wieder rückgängig machte. Der Schweizerische Heimatschutz würdigte diesen Schritt 1989 mit der Verleihung des Wakker-Preises an die Stadt Winterthur. Die Gartenstadt ist seitdem definitiv in der Seele der Winterthurer verankert.

Das Ideal mag nach wie vor dasselbe sein, ebenso das niedrige und lockere Bebauungsmuster, allein die Wahrnehmung ist eine andere. Die damaligen Forderungen nach mehr Licht, Luft, Sonne und Garten hatten bei aller ideologischen Verbrämung in erster Linie praktische und wohnhygienische Grundlagen. In weniger dicht besiedelten Gebieten gab es schlicht weniger Seuchen. Bereits 1989 im Rahmen des Wakker-Preises tauchte jedoch ein neuer Begriff auf, der sich seither zu einem Leitstern der Wohnkultur entwickelt hat:

«Lebensqualität» ist heute einer der entscheidenden Faktoren, wenn es um die Bewertung von Wohnorten geht, und an Lebensqualität mangelt es in Winterthur dank der Gartenstadt nicht. Dennoch: Zur Lebensqualität gehört auch ein steigender Wohnflächenbedarf, der inzwischen bei rund fünfzig Quadratmetern pro Person angelangt ist. Die hundertjährigen Reihenhäuser können da bald nicht mehr mithalten, auch wenn das Kleinräumige mitunter als «gemütlich» geschätzt wird.

Mittel- und langfristig steht die Gartenstadt vor einer weiteren Bewährungsprobe, doch in dieser nächsten Phase der «Stadtwerdung» muss sie die Erneuerung aus sich selbst schöpfen. Ihr ungleicher Bruder, die Industrie, ist ihr abhanden gekommen. Die Koalition aus paternalistischen Fabrikanten, wohlmeinenden Lebensreformern und gutgläubigen Arbeitern ist zerbrochen und mit ihr auch der Konsens über eine ziemlich genau festgelegte Art und Weise, das Leben zu verbringen. Familien, ob als Patchwork oder konventionell, junge und alte Paare, Wohngemeinschaften in stabiler oder ständig wechselnder Besetzung und viele Alleinstehende mit individuellen Lebensentwürfen suchen sich heute entsprechende Wohnumfelder, nicht nur, aber auch in Winterthur. Der Umbau der Gartenstadt ist bereits in vollem Gange: Zahlreiche Häuser wurden seit den 1990er Jahren saniert, umgebaut und erweitert, einige wenige abgebrochen und durch Neubauten ersetzt. Dabei erweist sich das Konzept aus dem 19. Jahrhundert als erstaunlich robust und anpassungsfähig. Es sieht ganz so aus, als ob die Gartenstadt auch ohne Industrie eine Zukunft hat. Sie wird vielfältiger, vielleicht ein Stück urbaner und damit möglicherweise etwas weniger überschaubar. Grüner als in anderen Städten wird es in Winterthur allemal bleiben.

1 Winterthur – Architektur und Städtebau 1850–1920, in: *INSA Inventar der neueren Schweizer Architektur*, Sonderpublikation aus Band 10, Hrsg. Gesellschaft für Schweizerische Kunstgeschichte, Zürich 2001, S. 69.
2 Ebd., S. 46.

> ANONYM (ANONYMOUS)
SULZER WERKHALLE, CA. 1910 (SULZER FACTORY HALL)

>> ANONYM (ANONYMOUS)
EHEMALIGE SULZER WERKHALLE 180,
HEUTE ARCHITEKTURABTEILUNG DES TECHNIKUMS WINTERTHUR
(FORMER SULZER FACTORY HALL 180, TODAY ARCHITECTURAL
DEPARTMENT OF THE TECHNICAL SCHOOL), 1992

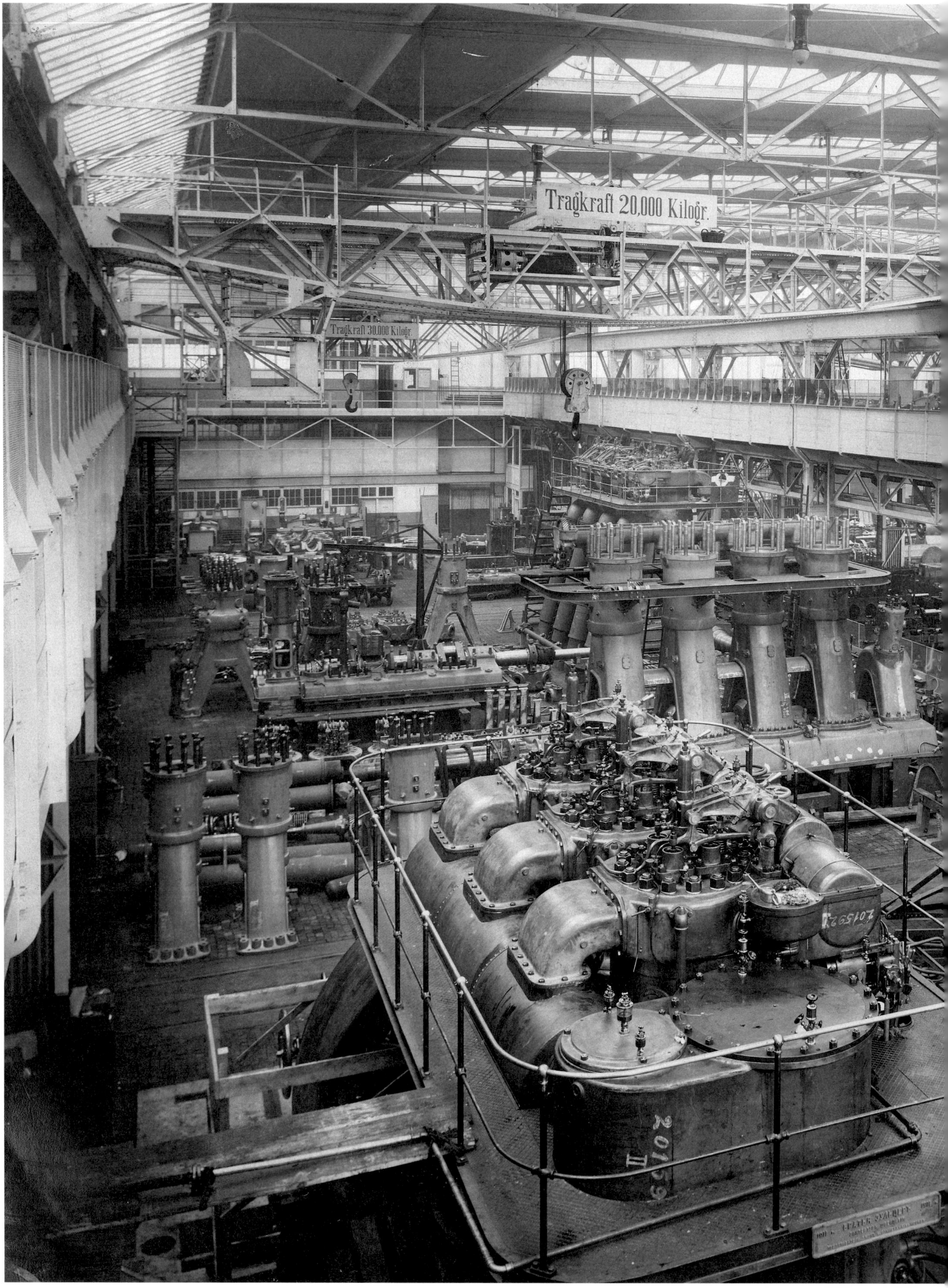
Tragkraft 20,000 Kilogr.
Tragkraft 30,000 Kilogr.

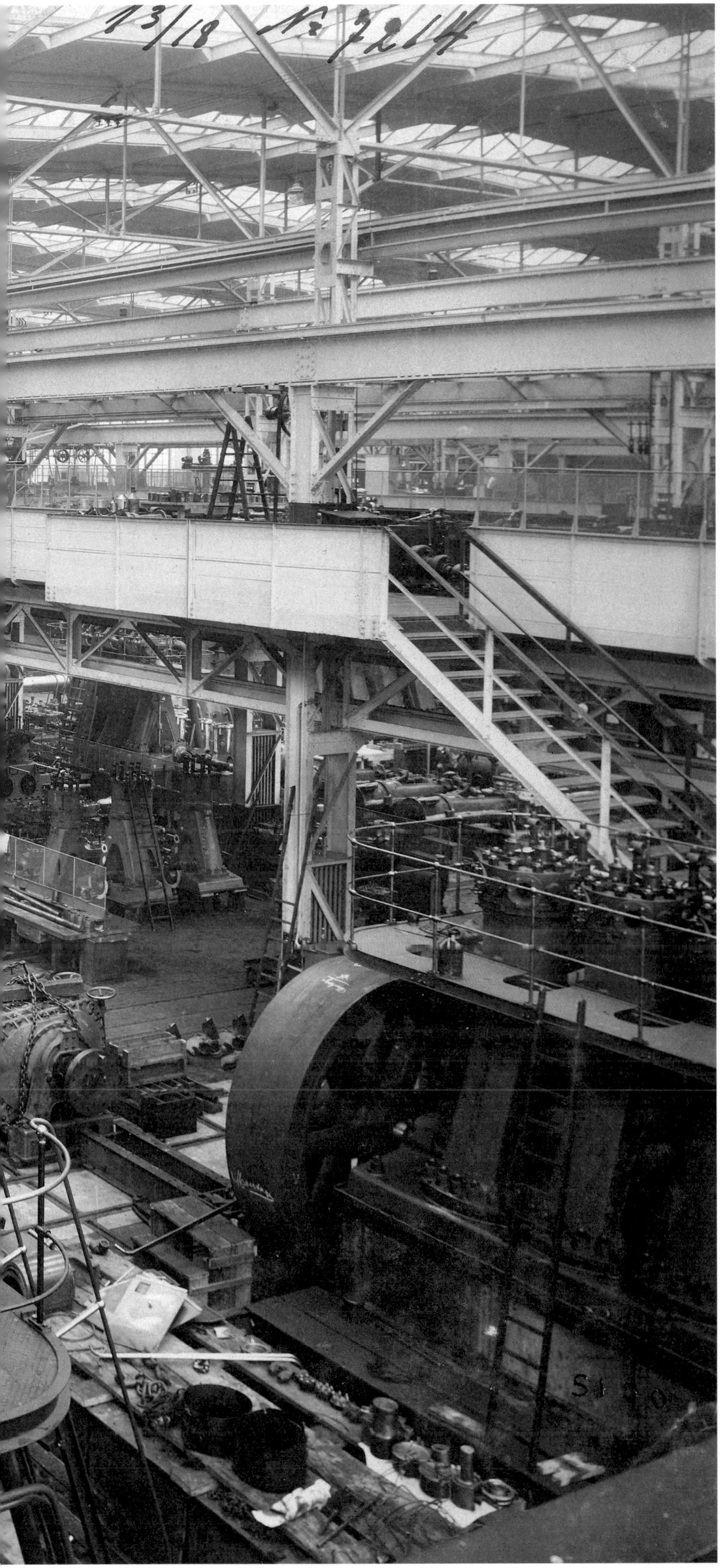
13/18 № 7214

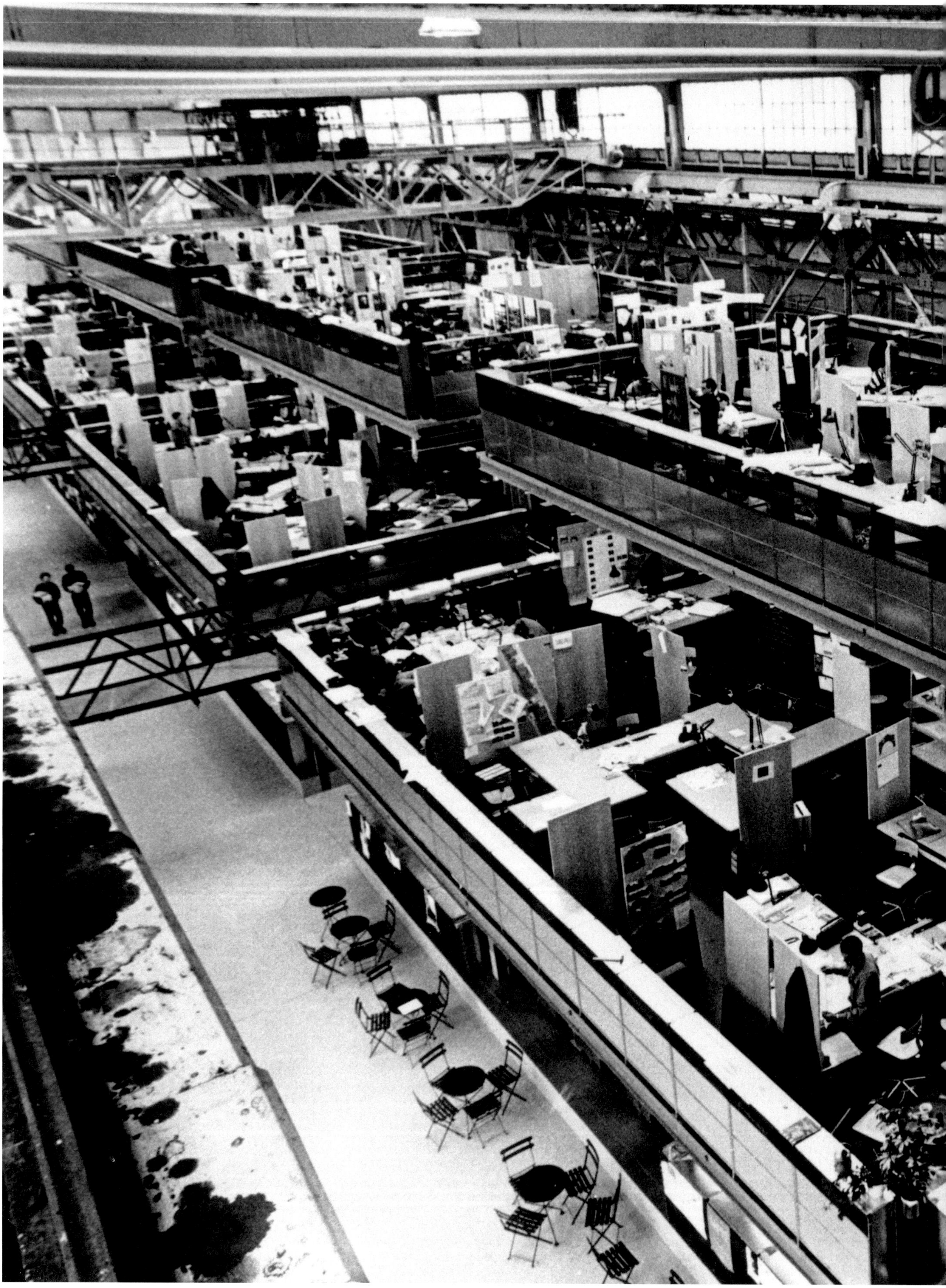

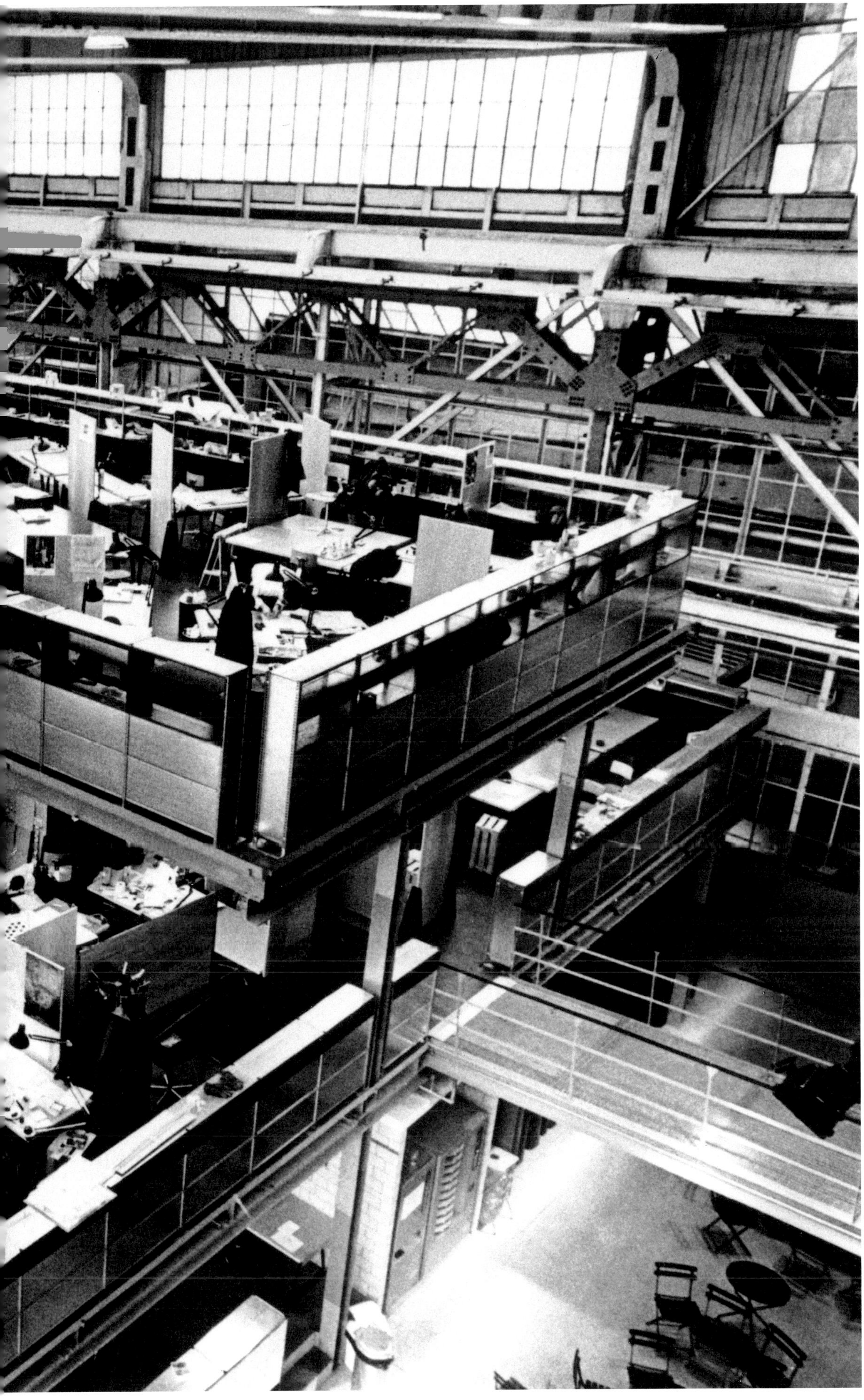

An aerial view of Winterthur instantly reveals its wealth of green spaces. The city is defined by its unique topographical situation: surrounded by wooded hillsides, it appears like an urban clearing in a large forest. The city has grown along the bottom of the valleys in those areas suited to settlement. And so, from the air, Winterthur looks like a straggling creature with long tentacles sprawling in all directions. And something else is striking from a bird's eye view: except in the historic town centre and the former industrial area, the buildings

The Garden City of Seven Villages: Winterthur's transition from the 19th century to the 21st

Caspar Schärer

are, for the most part, widely spaced. There are very few heavily developed areas; patches and strips of green can be seen throughout among the houses and streets.

Winterthur's extensive green spaces are a source of pride. Eschenberg, Brüelberg, Wolfensberg and Lindenberg form the backdrop for this city whose distinctive structure began to evolve early on. The developments of the mid-19th century, during industrialisation, were pivotal. Winterthur, like its longstanding rival, Zürich, was in the throes of rapid expansion at that time. Zürich sought to accommodate its growing population in high-density apartment blocks in the Sihlfeld area – today's districts 3, 4 and 5. This form of development on the outskirts of the city was vehemently opposed in Winterthur. Alexander Isler (1854–1932), planning director from 1897–1919, described the "terrible, prison-like" tenements as a fundamental urban problem of his day.[1] He saw them as destructive not only to family life but to the overall character of the cities. Isler called for planning regulations to promote smaller units of one-family and multiple-family homes.

He was by no means the only one calling for sunlight and fresh air. As early as 1860, textile and machine manufacturer Heinrich Rieter (1814–1889) had been propagating the construction of "smaller houses with a little land for cultivation" and rejected the "barracks system" of workers' housing.[2] As a result, a unique form of urban planning became established in Winterthur. It was a Swiss variation on the idea of the garden city that had originated in England and spread throughout Europe in the second half of the 19th century. In principle, the garden city is based on the concept of strictly separating the various urban "functions" and a relatively low-density development in residential areas. This concept was invariably closely linked with demands for state ownership of land to ensure that affordable housing could indeed be provided.

Winterthur's relatively large industrial presence compared to other Swiss cities resulted in a unique synthesis of the seemingly contradictory elements of industry and green spaces. After all, it should be borne in mind that without industry and without the thousands of jobs it involved, the Winterthur form of the garden city would not exist. Both of those contrasting factors were needed – along with the capital and the political will to implement low-density housing. Industry, with its insatiable demand for (low-cost) labour was the fulcrum of urban development. Generations of town planners and architects all over the world set to poring over the problem of how to house factory workers and their families. As a rule, the ordinary worker could not take charge of his own destiny, because he simply did not have the financial means to fulfil his wishes. He was entirely at the mercy of the industrialists and the city authorities to find some solution. Many housing concepts were imbued with paternalistic notions of a "good and wholesome" life. The workers, uprooted from rural areas and alienated from their traditional values, were to be brought into the fold of a well-ordered, petit bourgeois life. Various "reform" movements overlapped and reciprocally influenced each other. But behind all the genuine care and empathy, there was also an element of cold calculation. The idea that a working-class family should have its own vegetable garden was undoubtedly a fine gesture and a nod to the predominantly rural background of the wage slaves, but on the other hand it demanded that the worker take responsibility for the bigger picture. According to the maxim "my home is my castle", a homeowner would be less likely to question the capitalist system or succumb to revolutionary thoughts. At the same time, it meant that the important and otherwise mobile workers could be virtually indentured to the factory owners through the financial obligations imposed by the loans provided for their houses.

Winterthur was a city before the age of the industrialisation, and even more so afterwards. The industrial estates of Tössfeld grew to unprecedented dimensions over the years and were intensively developed. The idea of Winterthur being a city was never in question; the will to urbanisation, on the other hand, was very much so. Apart from a handful of streets in the immediate vicinity of the main station, which have retained their urban character to this day, the tendency was more towards a low-density, sprawling development. With the strong influence of industry on the one hand and the idyllic world of terraced housing with gardens on the other, Winterthur eventually developed into a city with something of a split personality. Most people who move to Winterthur these days appreciate its easily navigable layout and the many green spaces in the city centre. Even the city's official website lauds the "unique character and charm" that Winterthur has retained "despite" having a population of more than 100,000. The incorporation of surrounding villages in 1922 marked another important step in the "urbanisation" of Winterthur, but had no profound effect on its appearance. The distinctive character of each of the villages is still recognisable. Although Winterthur is now a single, cohesive urban community, it is one that merged somewhat unwillingly into a "garden city of seven villages".

Unlike the days when employers such as Sulzer, Rieter and, later, Winterthur-Versicherung set the tone, demographic and employment developments are no longer inextricably linked. Industry has more or less completely left the city and has not been replaced. Following the initial shock and standstill in the 1980s, Winterthur has been growing rapidly again since the late 1990s – albeit only in terms of population. Whereas the city's population was around 84,600 in 1985, increasing by just 3,000 in 1999, today more than 22,000 new residents have moved here, and there is no end in sight to this upward trend. However, the old ideal of the garden city that survived the passage of time so well from the 19th to the 21st century is now coming under pressure.

In the mid-1960s, the garden city character of Winterthur faced its first serious threat: in anticipation of rapid growth fuelled by an unprecedented post-war economic boom, large areas of land were zoned and permission was granted for greatly increased development of already built-up areas. Landmarks such as the two distinctive high-rises built in Mattenbach in 1967, and nicknamed the "Zindel Horns" after the former planning Heinrich Zindel (1901–1980), as well as various new projects in Grüzefeld, initially led to higher-density development, but in the end these remained isolated cases. Intervention in the existing architecture of the settlements was kept in check, until a revised zoning plan came into effect in 1987 repealing the earlier legislation that had granted increased development. Swiss conservationists recognised this measure in 1989 by awarding the Wakker Prize [the annual award given by the Swiss Heritage Society] to the city of Winterthur. This definitively anchored the garden city ideal in the hearts of the people of Winterthur.

While the ideal may have remained, along with the low-rise, low-density pattern of settlement, the mindset has changed. For all their ideological trappings, the original criteria of more sunlight, fresh air, open spaces and gardens had been based first and foremost on practical and sanitary concerns. There were quite simply fewer outbreaks of disease in lower-density housing. By the time the Wakker Prize was awarded in 1989, however, a new concept was already emerging that has since become a guiding light in housing: "quality of life" is now one of the most important factors in evaluating locations, and Winterthur, thanks to its garden city credentials, certainly has no shortage of that. Nevertheless, "quality of life" also brings with it an increasing demand for floorspace, with today's norm being around 50 square metres per person. The 100-year-old terraced houses will soon fall short of such standards, no matter how "cute and cosy" people may find them.

In the medium and long term, the garden city faces yet another challenge, though this next step towards urbanisation will have to be generated from within. Winterthur's seemingly incompatible "other half" – industry – has walked out on her. The relationship between paternalist factory owners, well-meaning reformers and loyal workers has broken down and, with that, any consensus about the fairly well defined parameters of what living conditions should be. There are patchwork families, nuclear families, elderly couples and newlyweds, as well as long-term or temporary flatshares, and any number of singles with different and highly individual lifestyles – all in search of suitable accommodation in Winterthur, just like anywhere else. The redevelopment of the garden city is already in full swing: many houses have been refurbished, remodelled or extended since the 1990s, while others have been demolished and replaced by new builds. Yet the 19th-century concept has proved remarkably robust and adaptable. It looks very much as though the garden city still has a future, even without industry. It is becoming more varied, perhaps a little more urban, and a little less intimate. Even so, Winterthur will certainly always be greener than other cities.

1 *Gesellschaft für Schweizerische Kunstgeschichte* (ed.), Winterthur – Architektur und Städtebau 1850–1920, INSA Inventar der neueren Schweizer Architektur, special edition, excerpted from vol. 10, Zürich: Orell Füssli Verlag 2001, p. 69

2 Ibid., p. 46

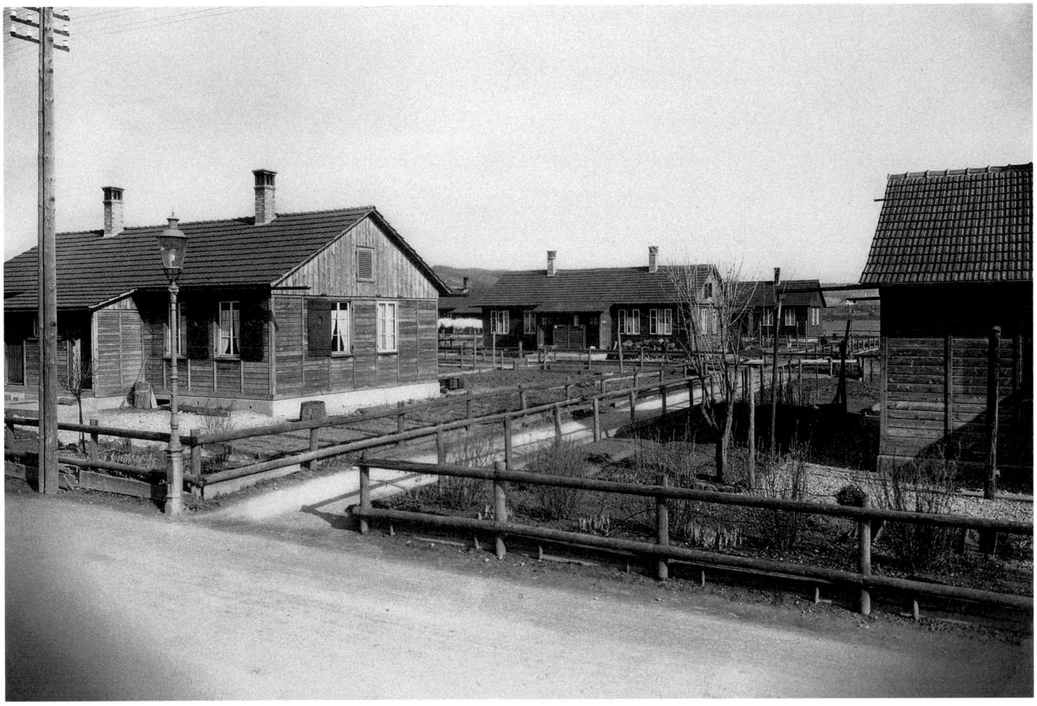

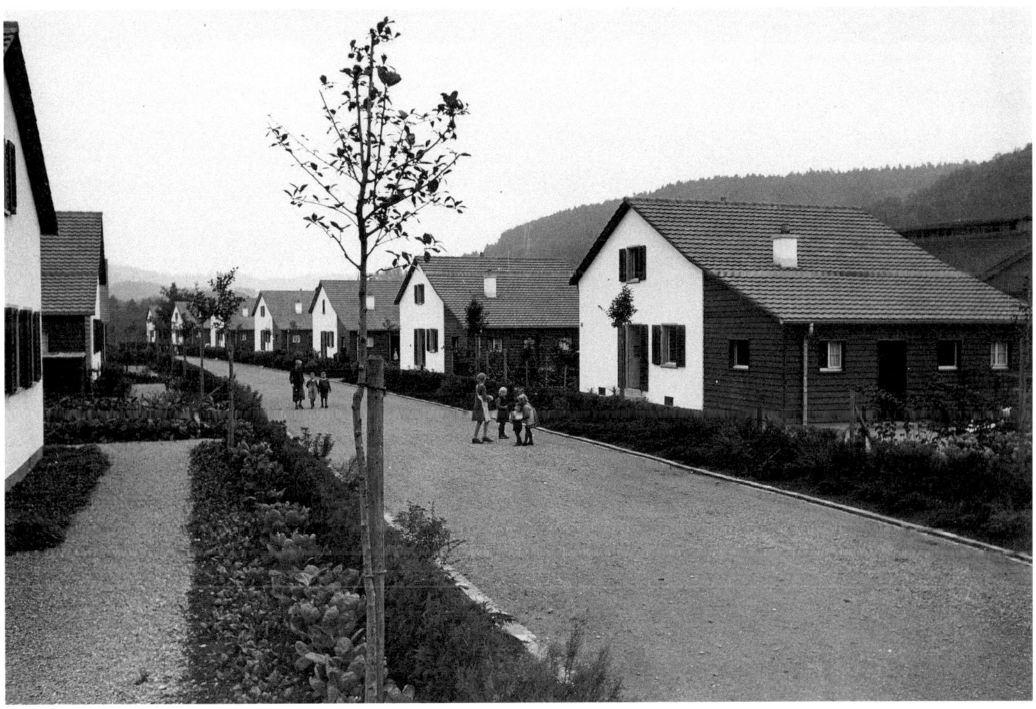

HERMANN LINCK
HOLZWOHNHÄUSER AM OBEREN DEUTWEG
(WOODEN HOUSES), 1919

MAX WEISS
ARBEITERHÄUSER, WOHNSIEDLUNG RIETER
(WORKERS' HOUSES, RIETER SETTLEMENT), TÖSS, 1943

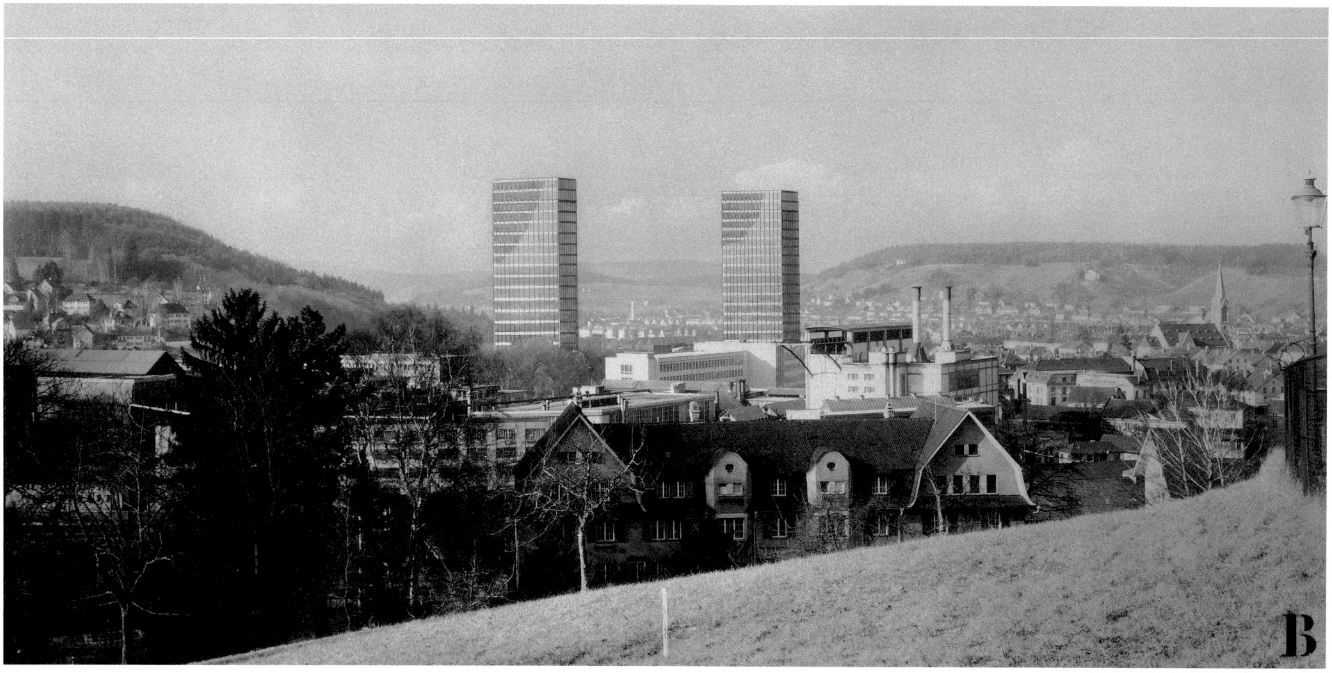
B

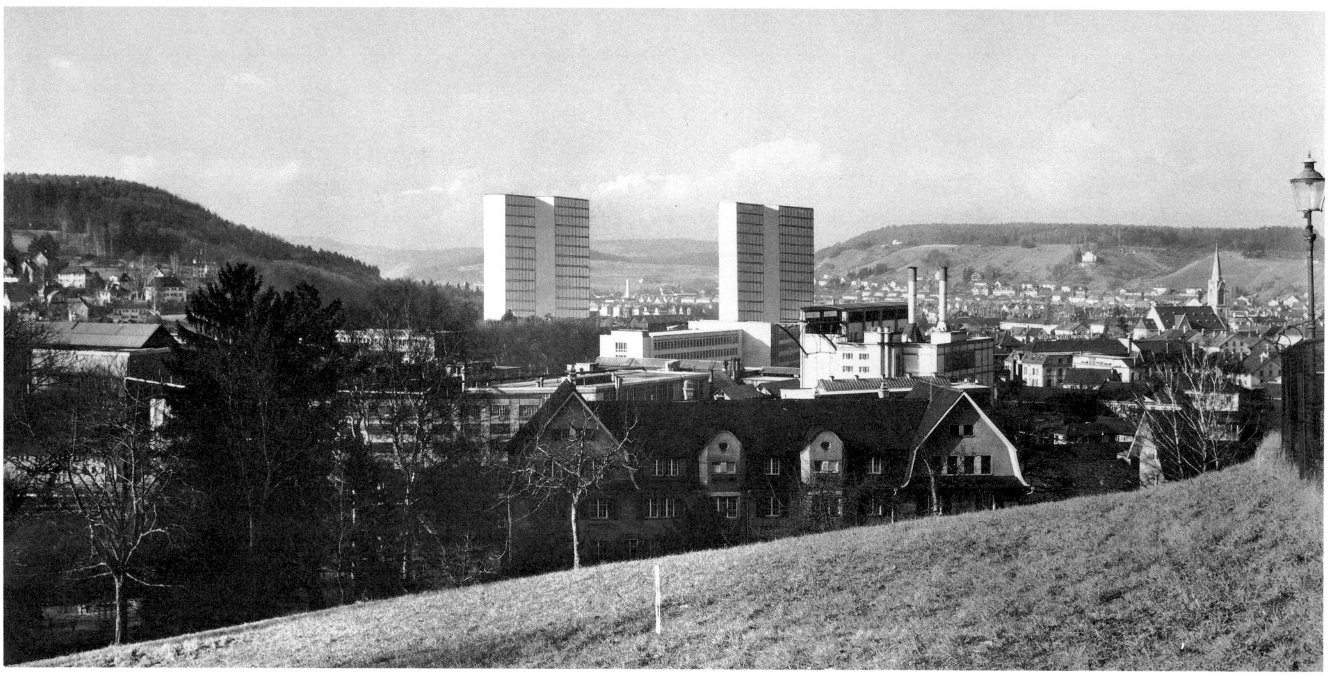

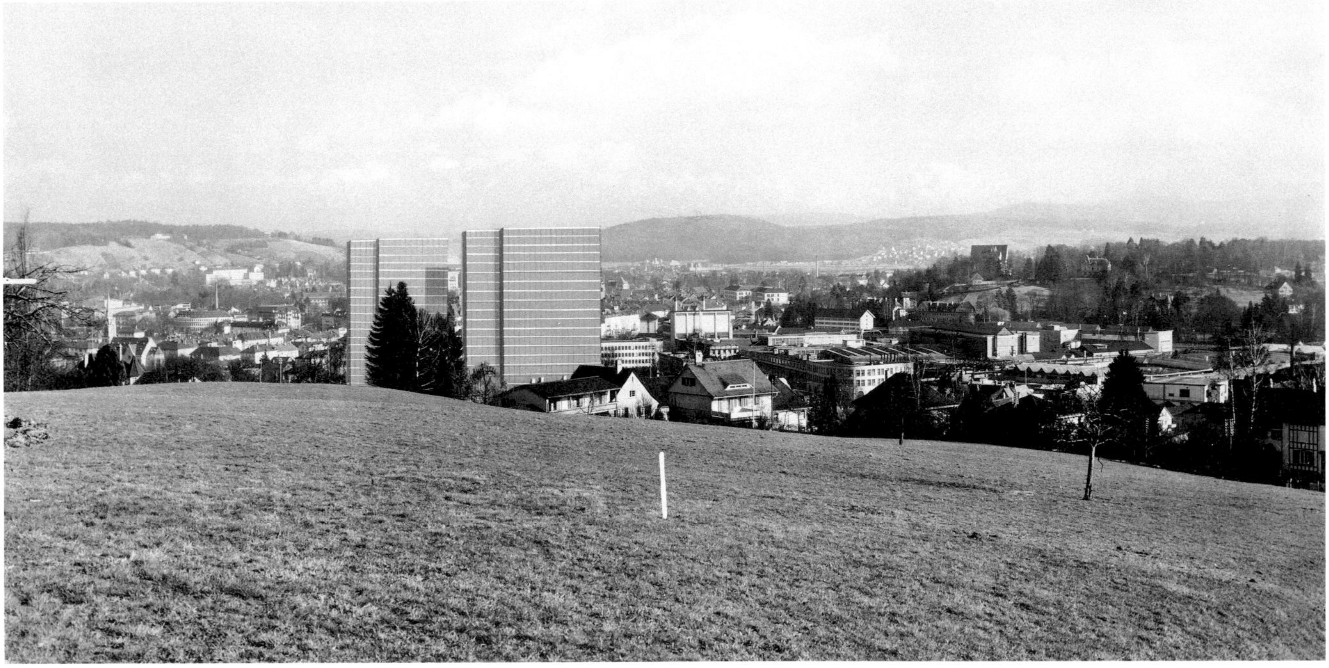

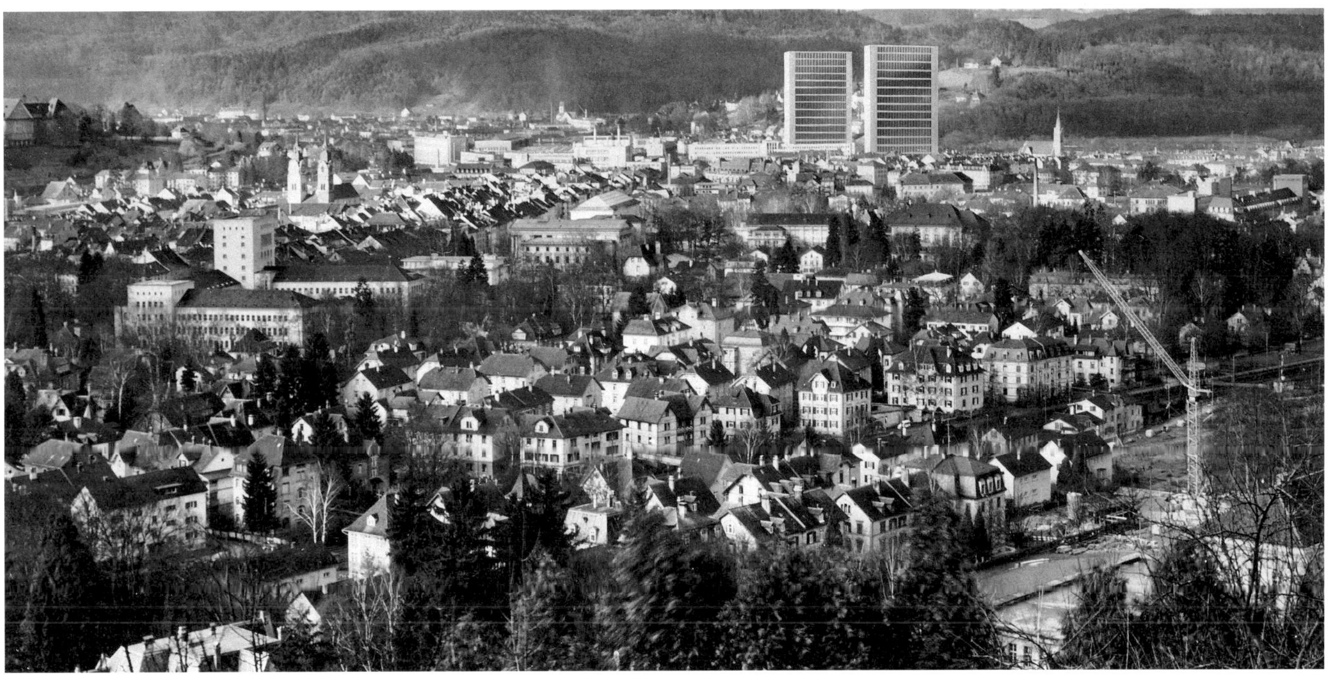

ANONYM (ANONYMOUS)
SULZER-HOCHHAUS, PROJEKTSKIZZEN SUTER & SUTER ARCHITEKTEN, BASEL
(SULZER HIGH-RISE, PROJECT SKETCHES BY SUTER & SUTER, ARCHITECTS), 1961

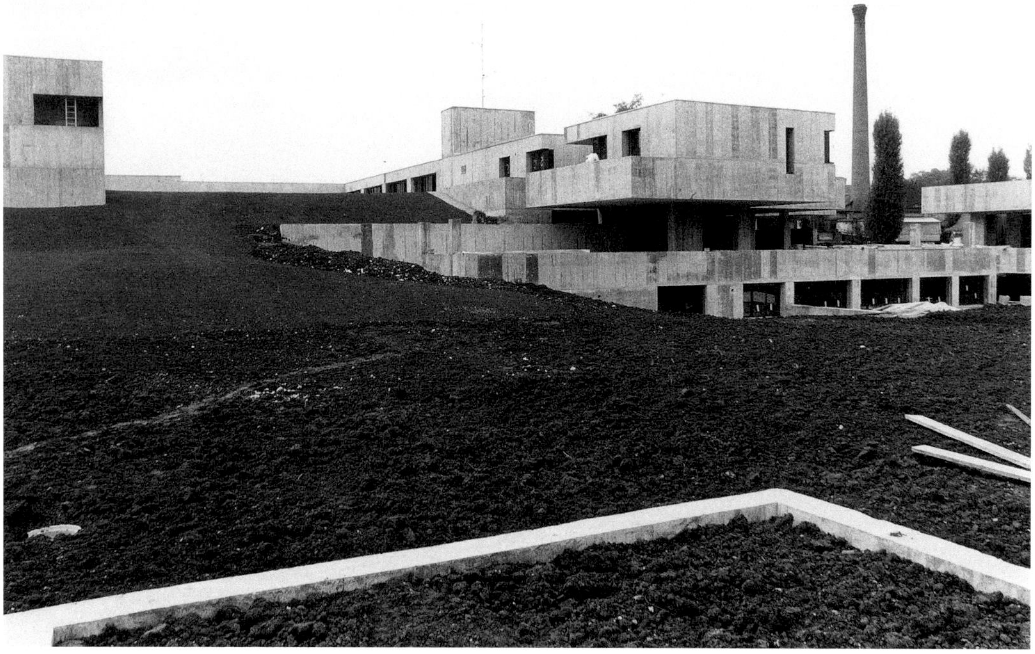

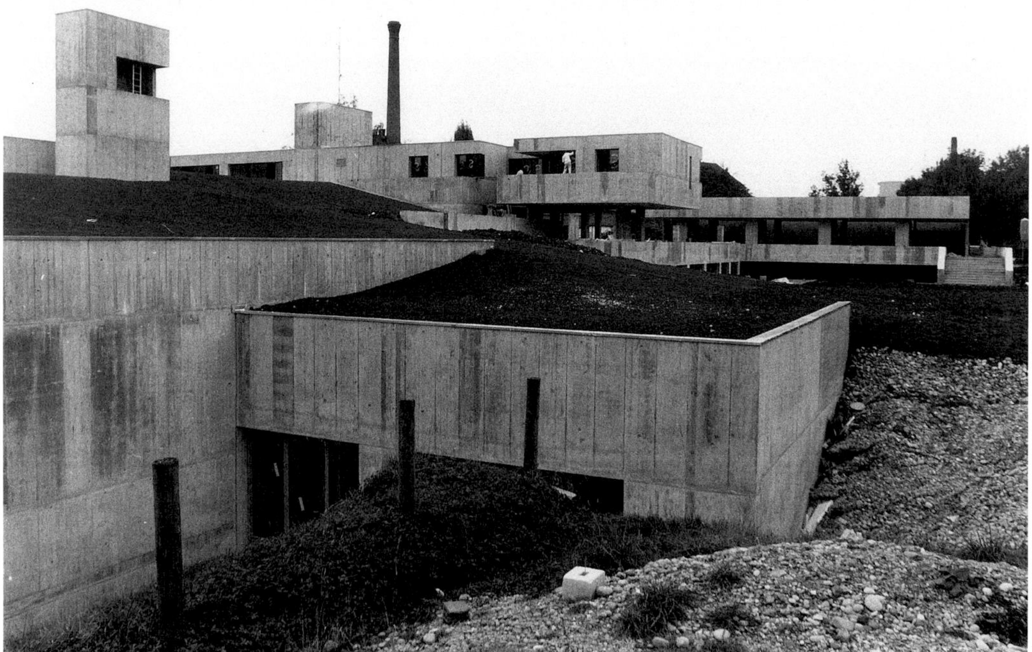

HANS HÄBERLI
HALLENBAD DEUTWEG IM BAUZUSTAND
(INDOOR SWIMMING POOL DEUTWEG IN CONSTRUCTION), 1974

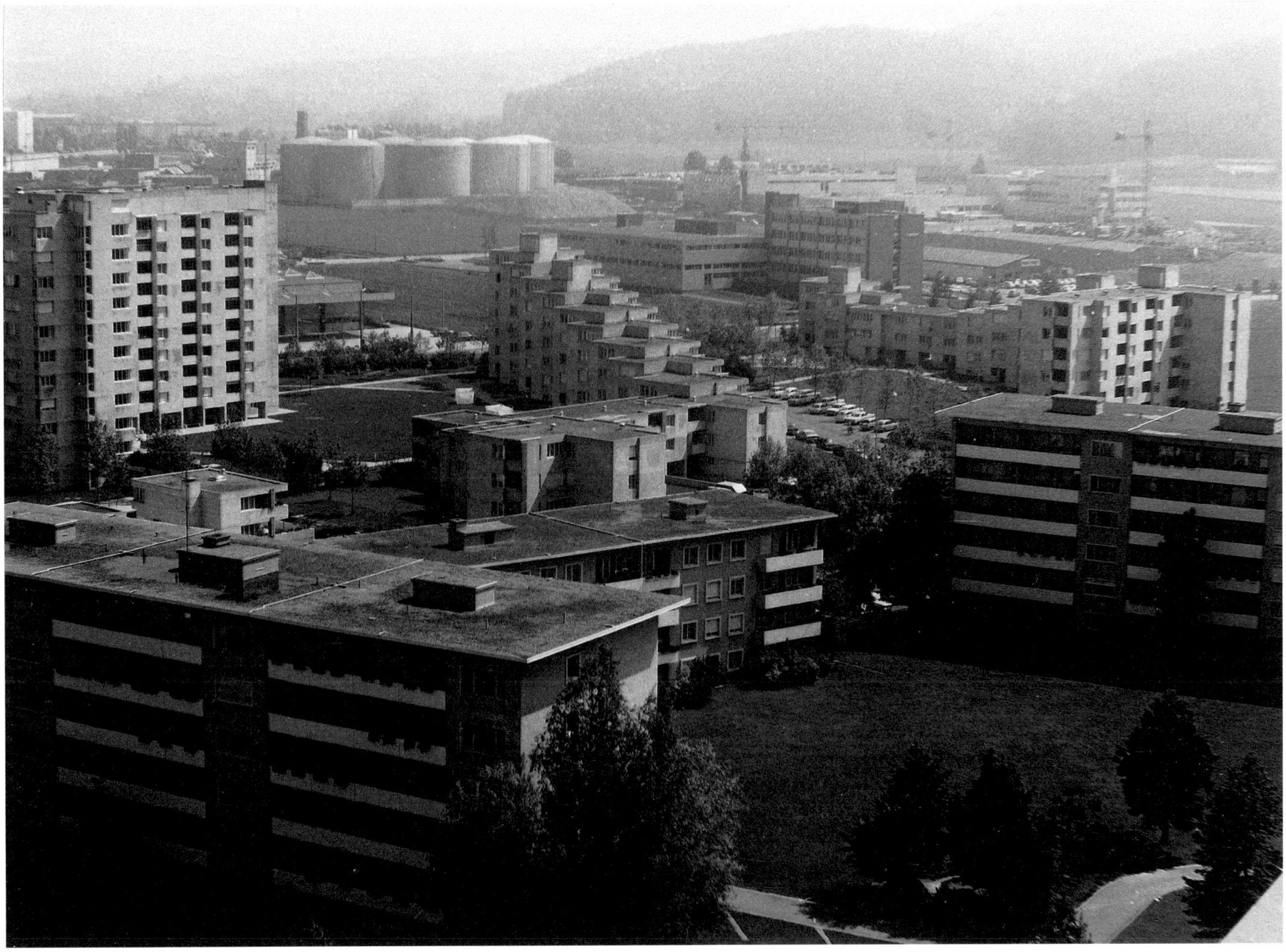

LAJOS KOTAY
BLICK VOM HOCHHAUS SCHEIDEGGSTRASSE RICHTUNG OSTEN
(VIEW TOWARDS EAST FROM THE HIGH RISE AT SCHEIDEGGSTRASSE), 1972

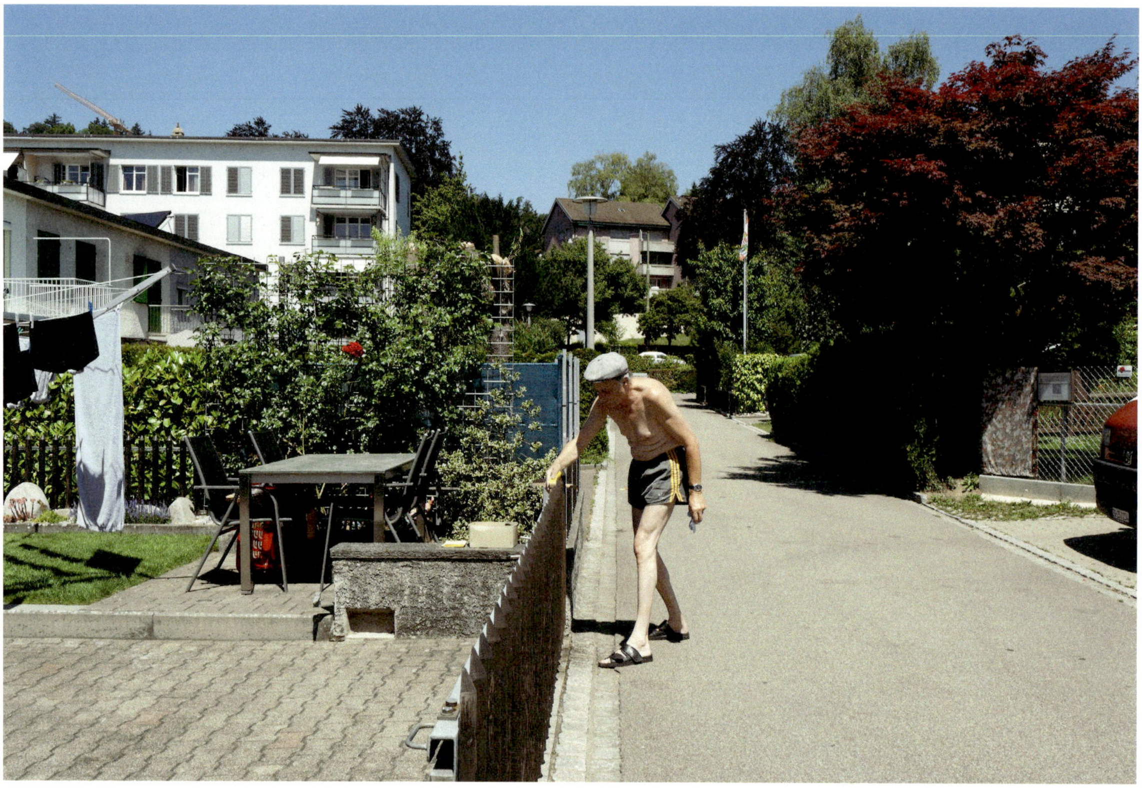

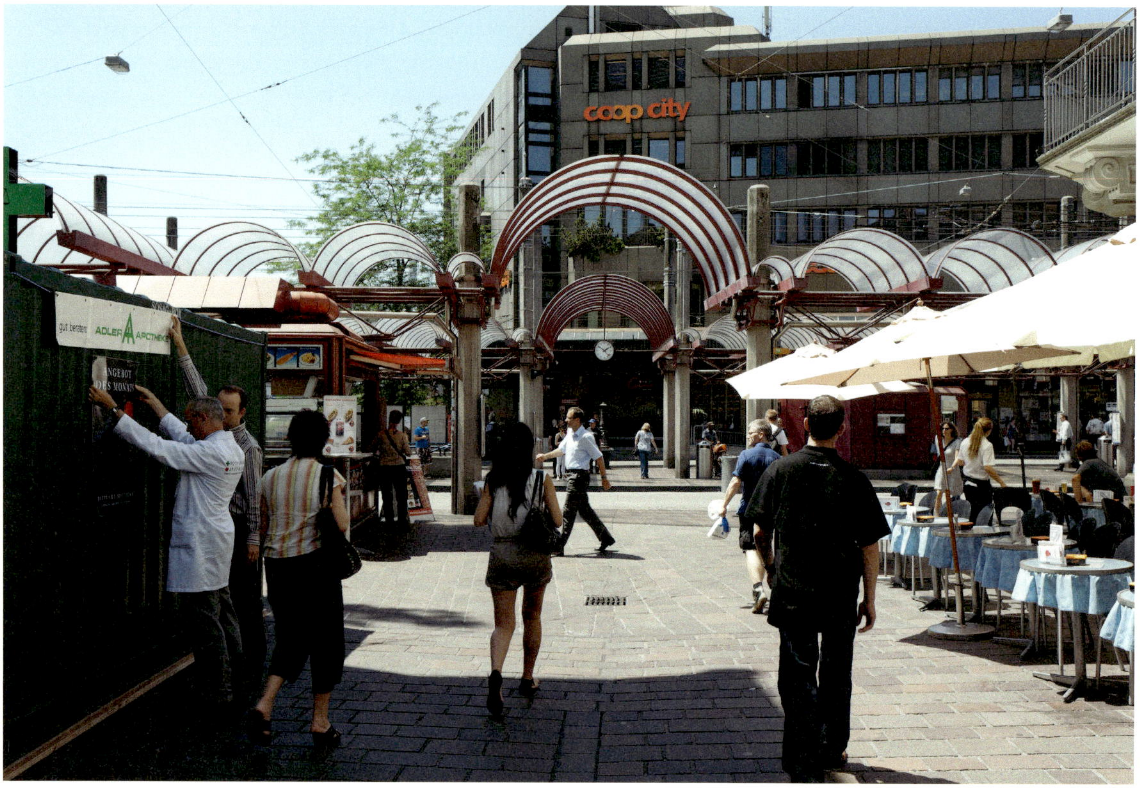
coop city
gut beraten
ADLER APOTHEKE

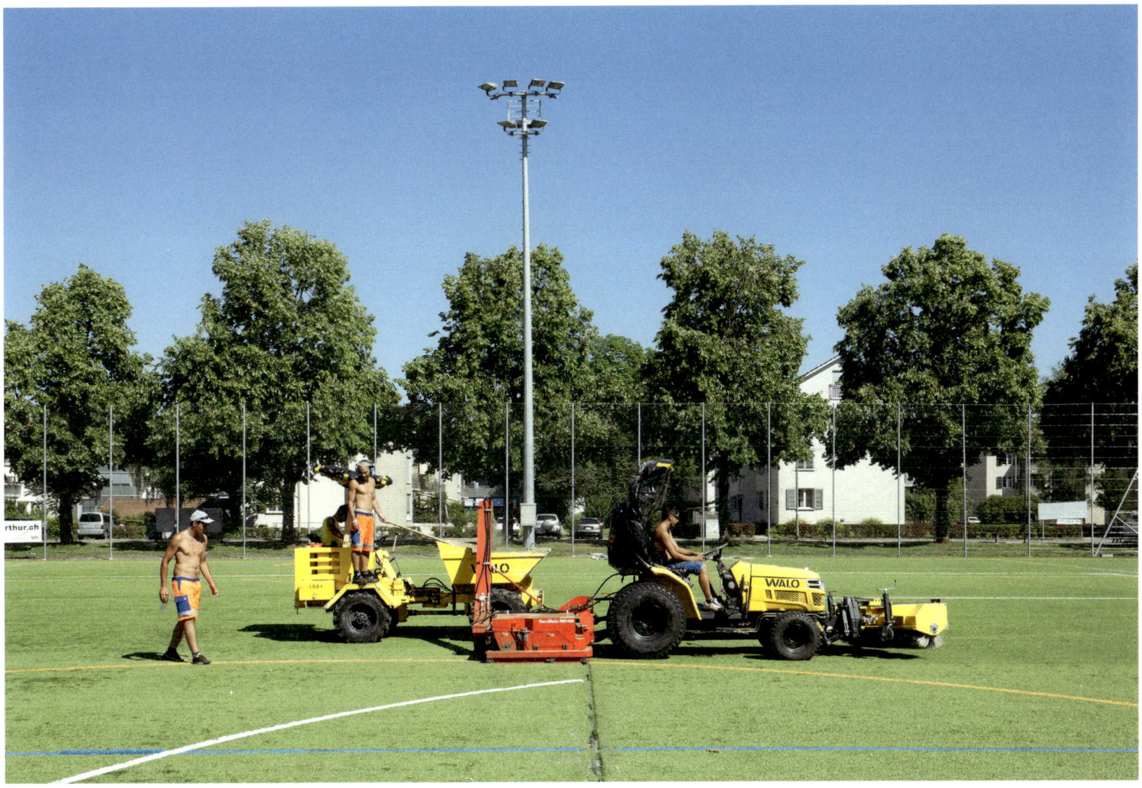

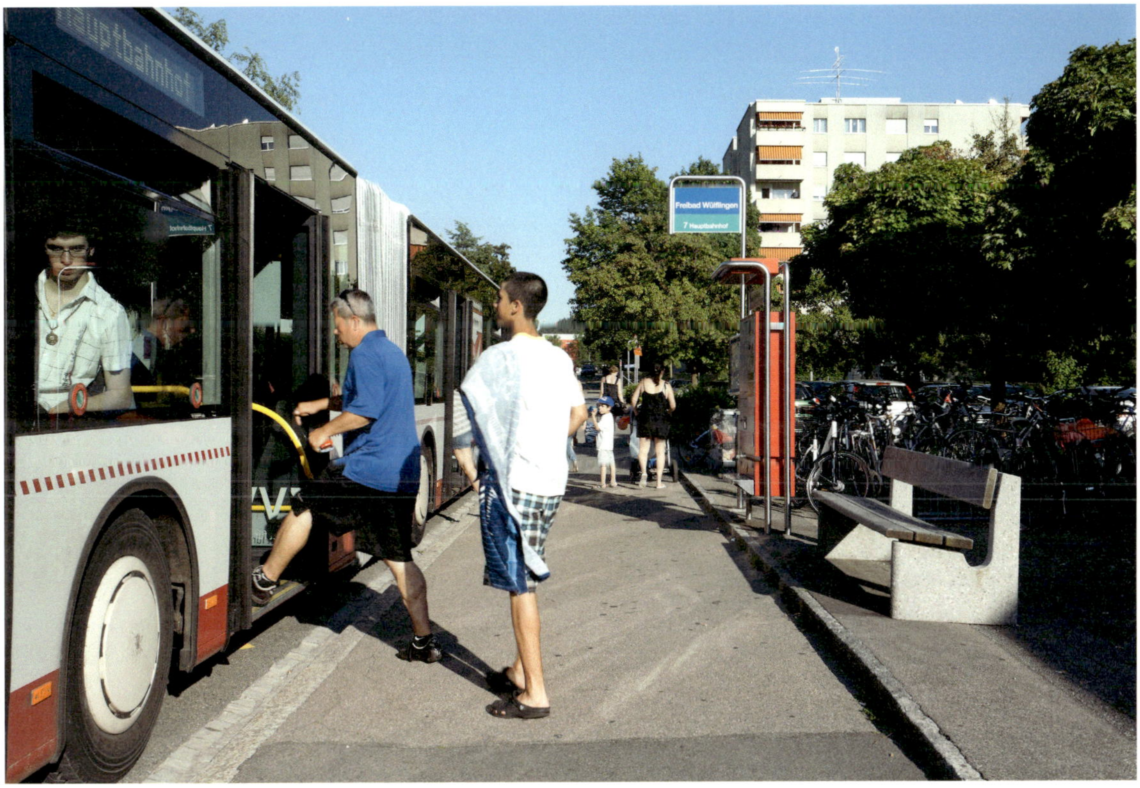

CHRISTIAN SCHWAGER
HEGI-WÜLFLINGEN VII, X, XI, XV, 2011
AUS/FROM: *DREI DIAGONALEN* (THREE DIAGONALS)

304 / 305

ZÜRICH

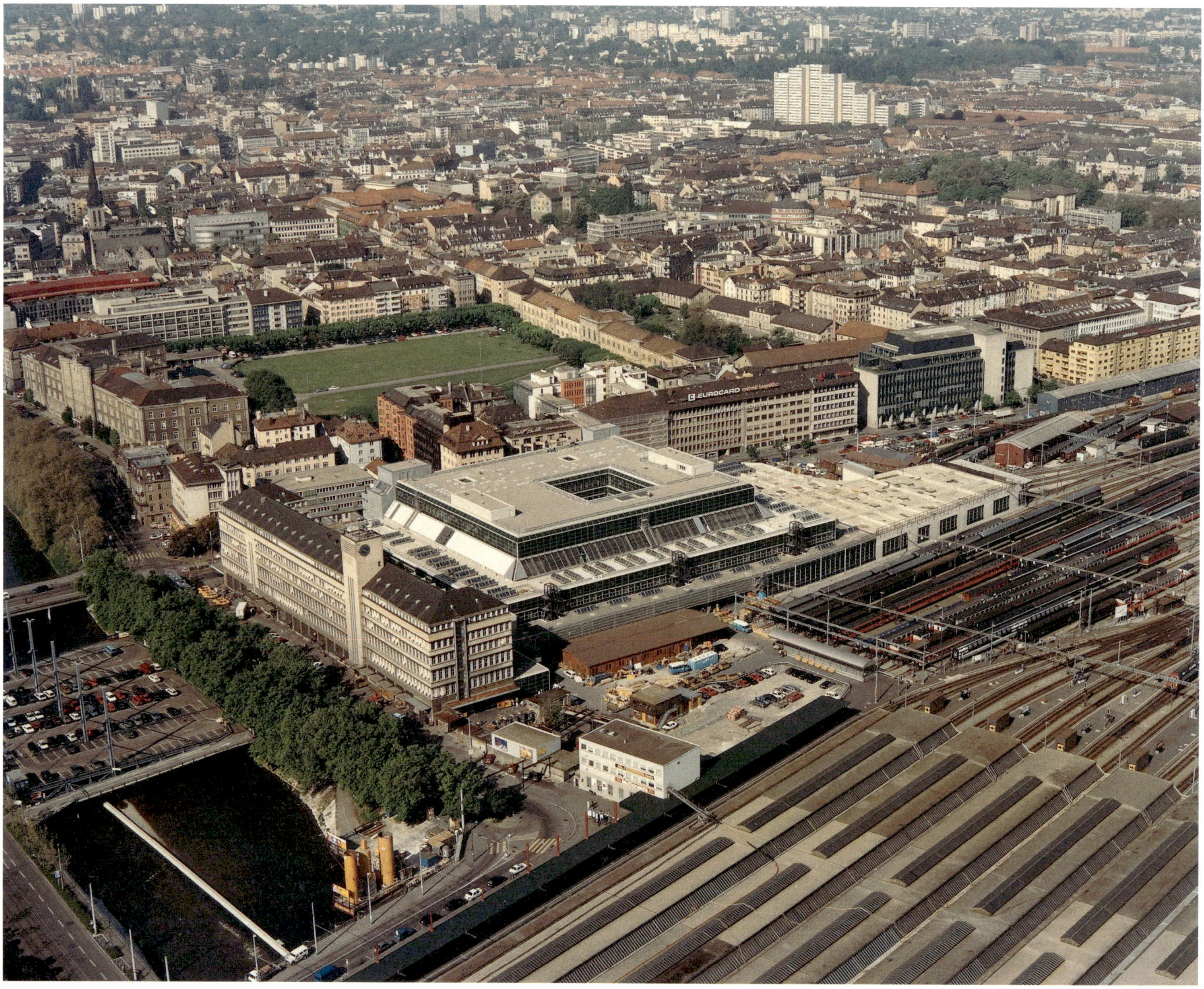
EUROCARD

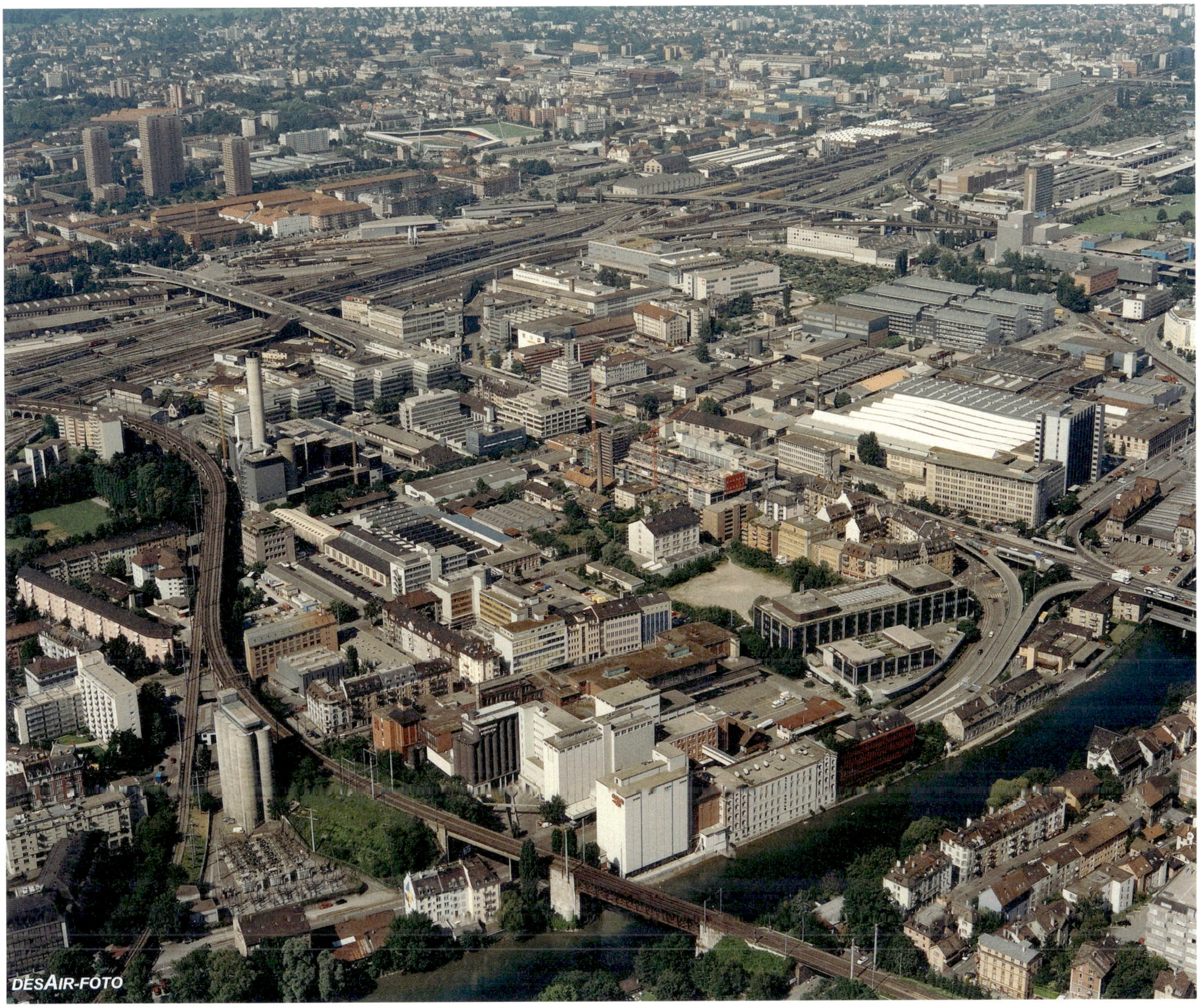

HEINZ LEUENBERGER
SIHLPOST, BAHNHOF (NEG. 51-5) (SIHL POST OFFICE, CENTRAL STATION), 19.05.1992
KREIS 5 UND INDUSTRIEQUARTIER (NEG. 256.5) (DISTRICT 5 AND INDUSTRIAL QUARTER), 20.07.1995

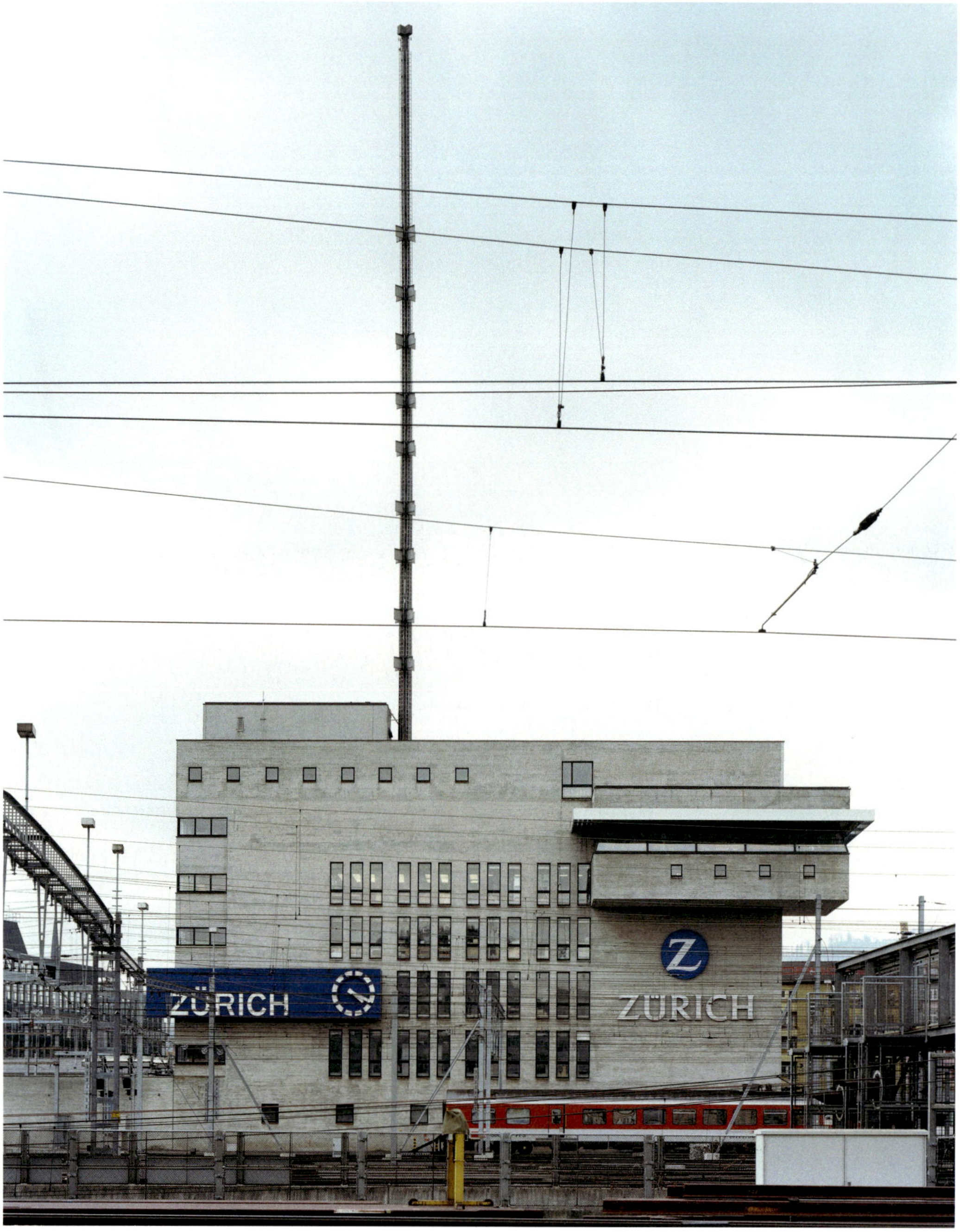

MARTIN STOLLENWERK
ZÜRICH HAUPTBAHNHOF. ZENTRALWERK 1963
(CENTRAL STATION. MAIN WORKS), 2005
AUS/FROM: *SBB BAUTEN MAX VOGT* (SBB BUILDINGS)

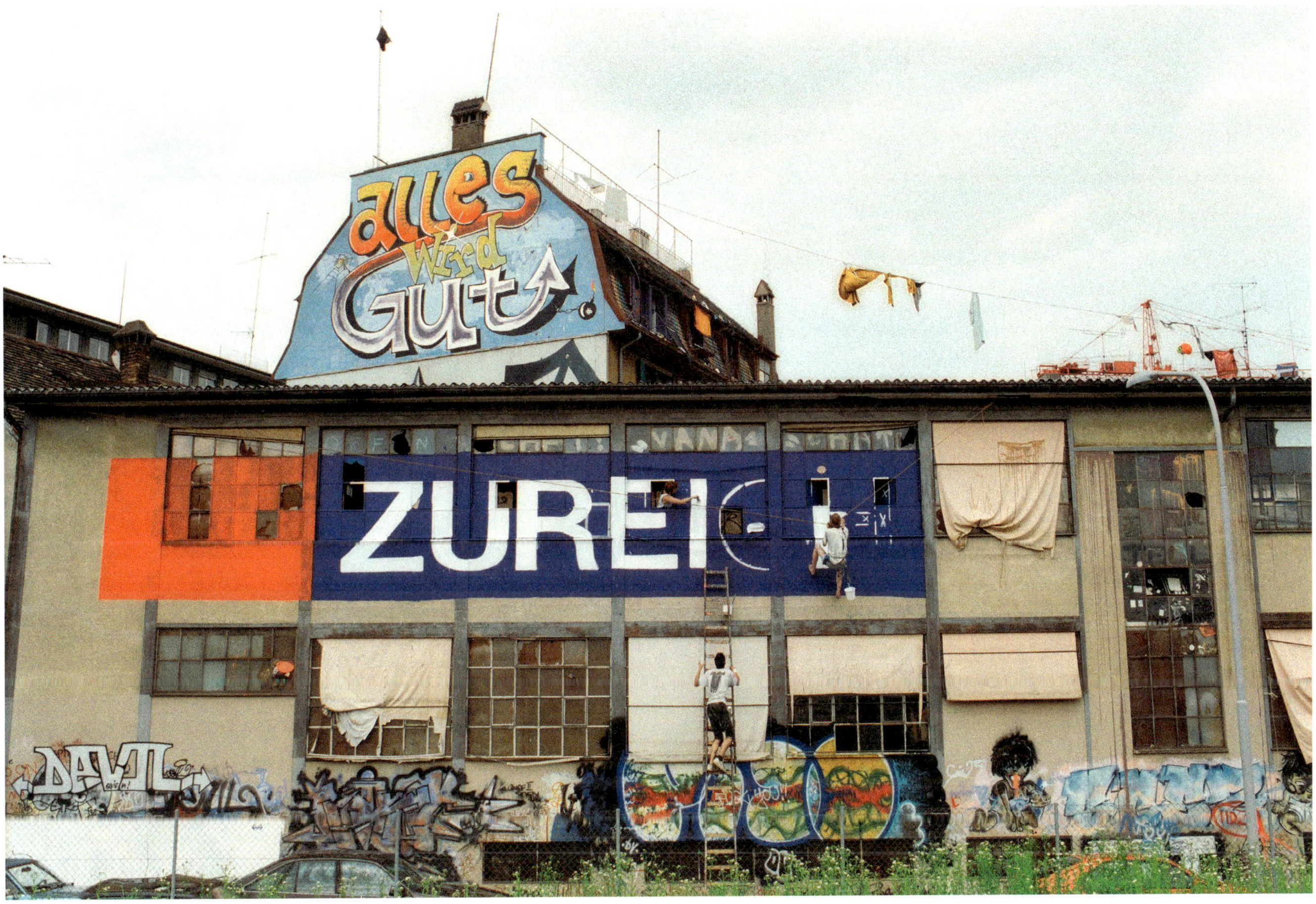

CLAUDIA REMONDINO
ZUREICH, BESETZTE WOHLGROTH-FABRIK, ZÜRICH
(OCCUPATION OF FORMER WOHLGROTH FACTORY), 1993

> OLIVIA HEUSSLER
BESETZUNG DES AREALS VOM AUTONOMEN JUGENDHAUS, ZÜRICH
(OCCUPATION OF THE AUTONOMOUS YOUTH CLUB AND SURROUNDINGS), 21. MÄRZ, 1981

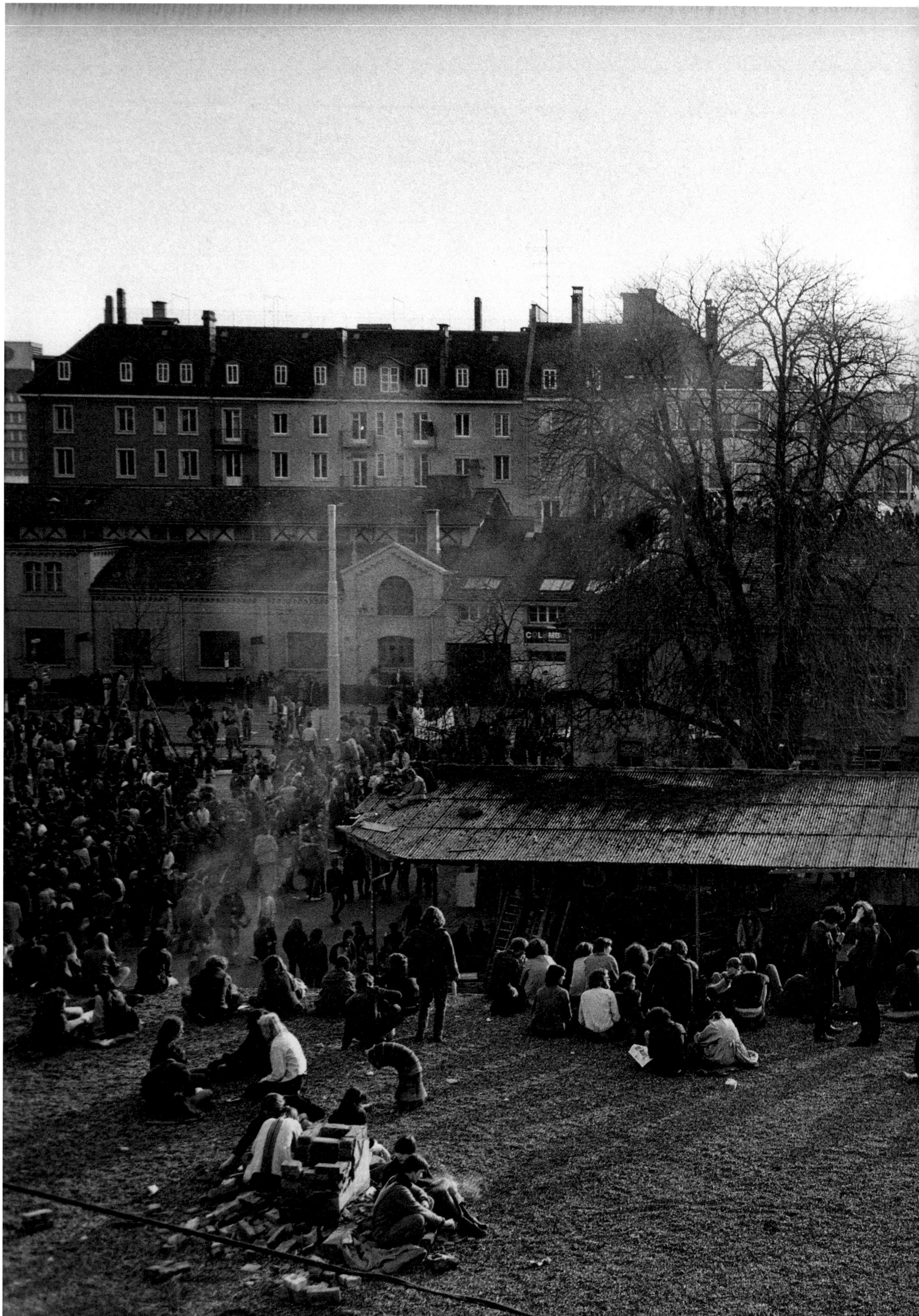

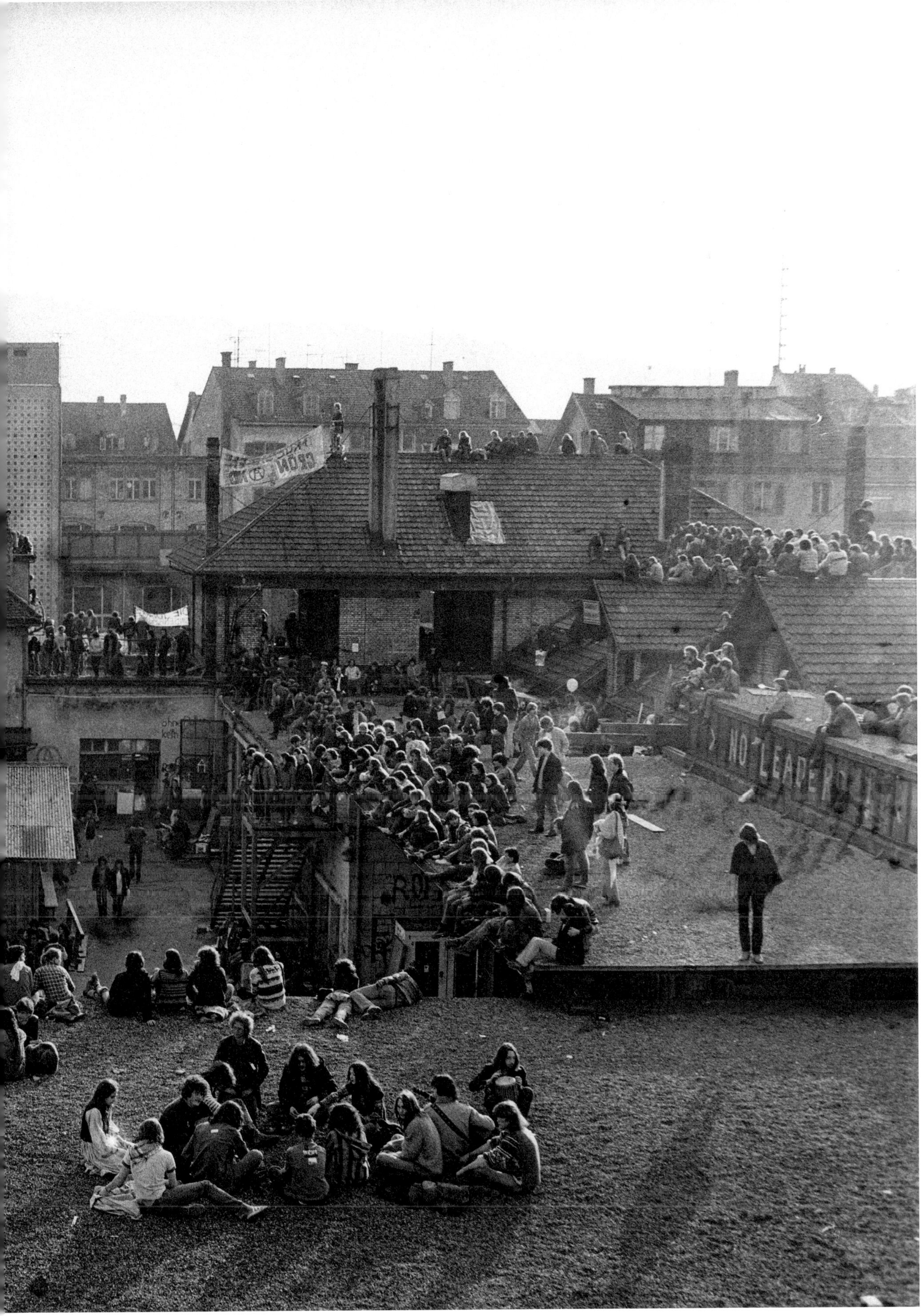
NO LEADER

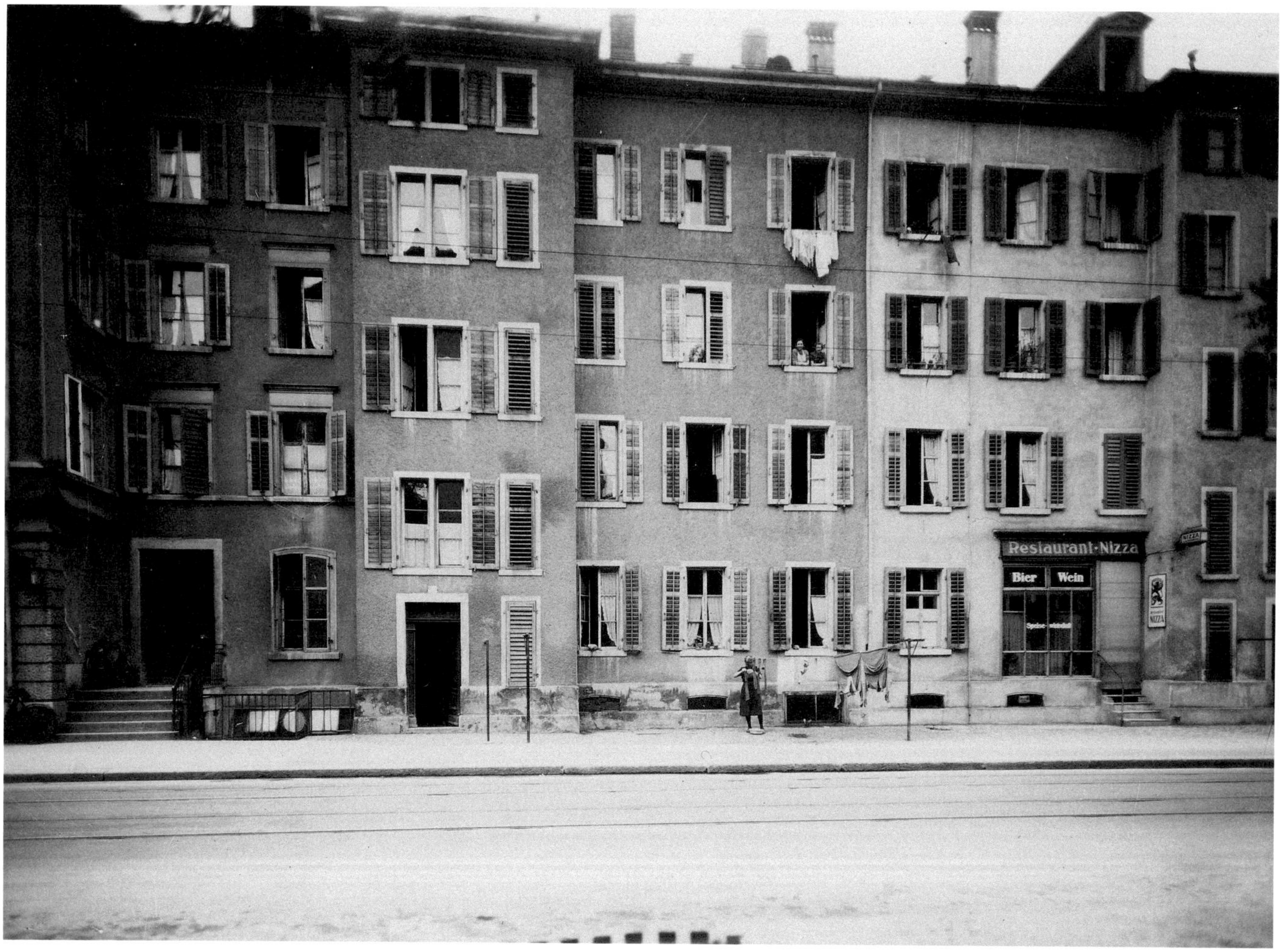

ANONYM (ANONYMOUS)
AUSSERSIHL: SCHÖNEGGSTRASSE, 1947

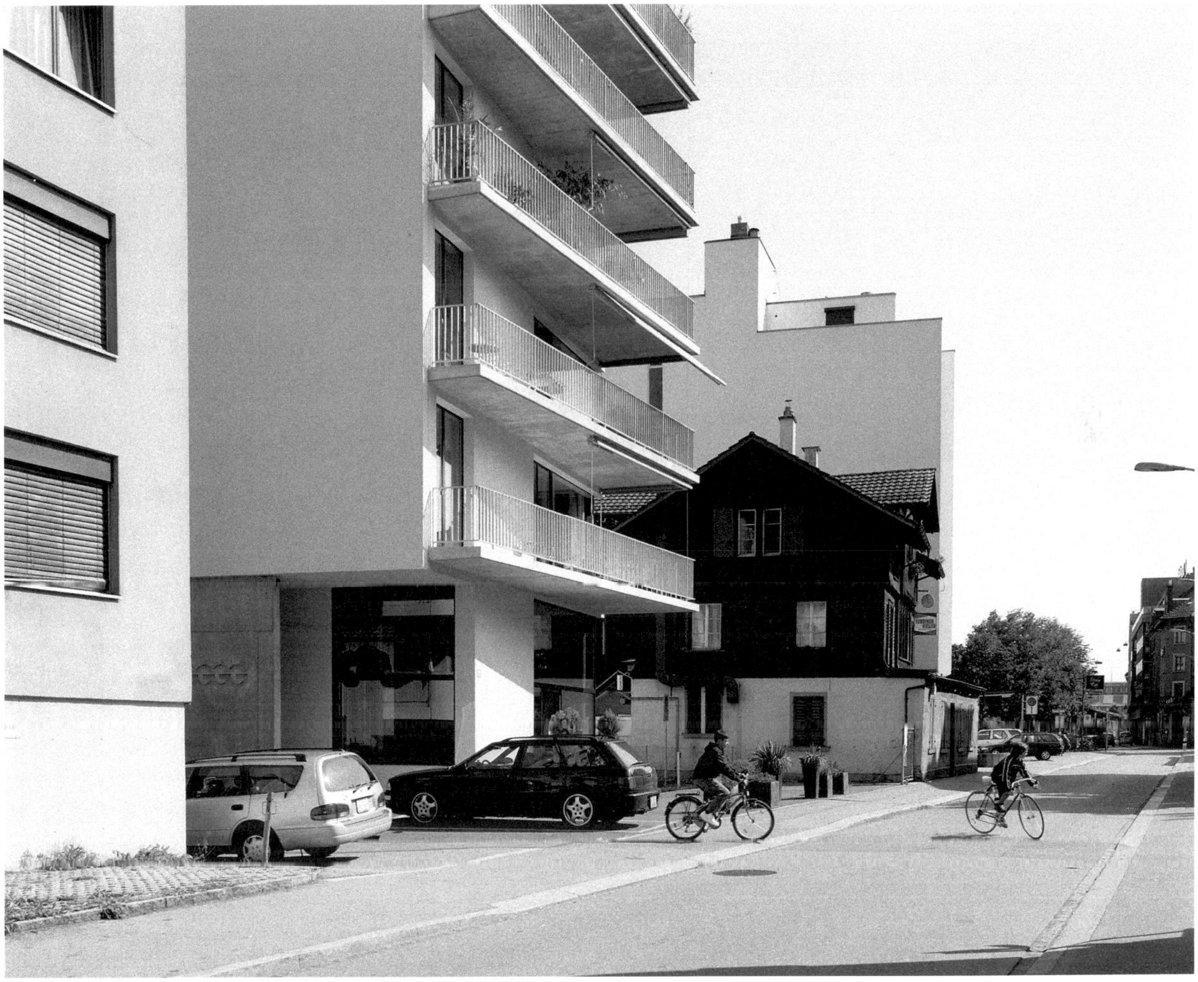

TOM HUSSEL
AUSSERSIHL: NEUFRANKENGASSE, 2008

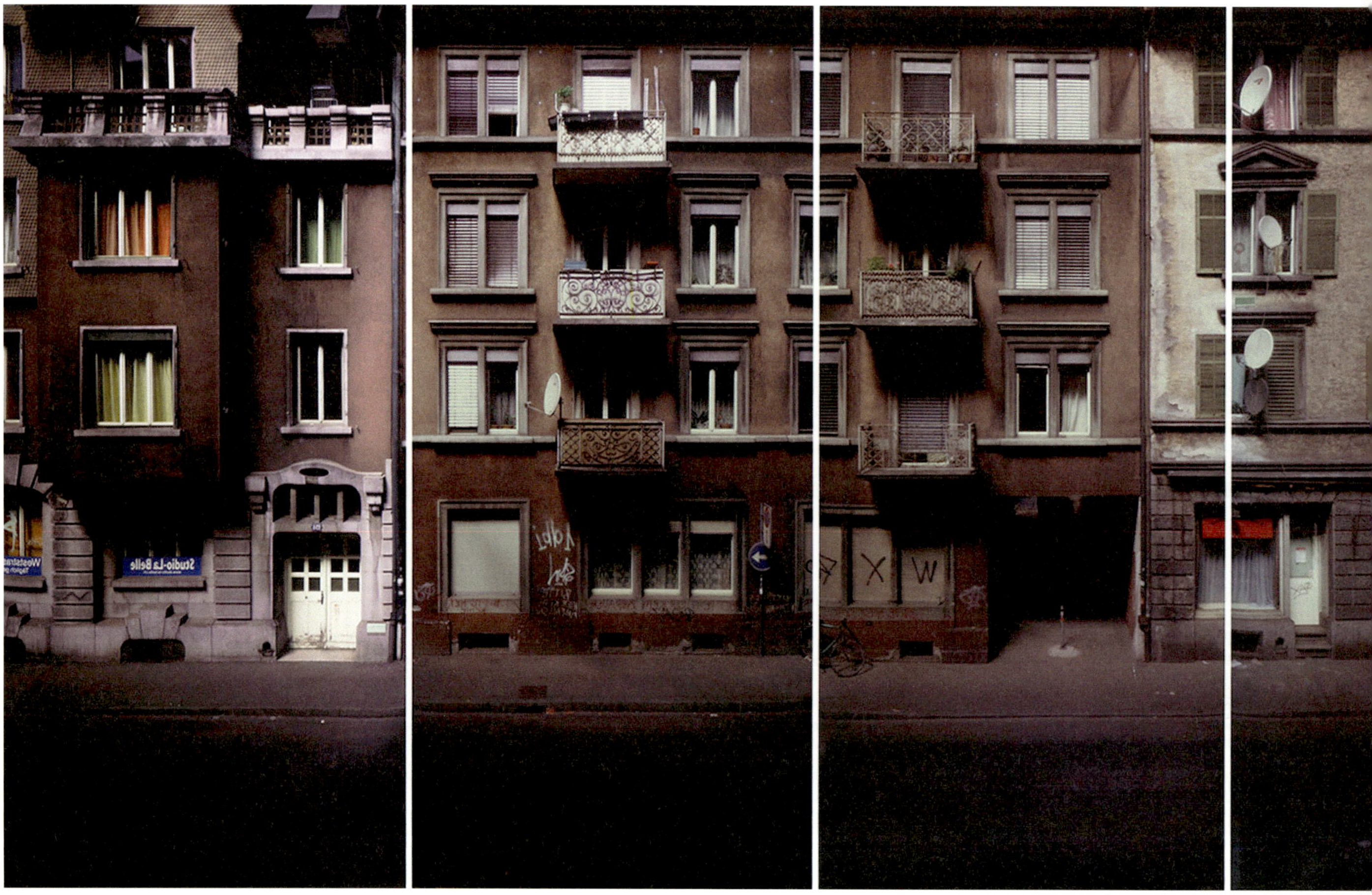
Studio-La Belle

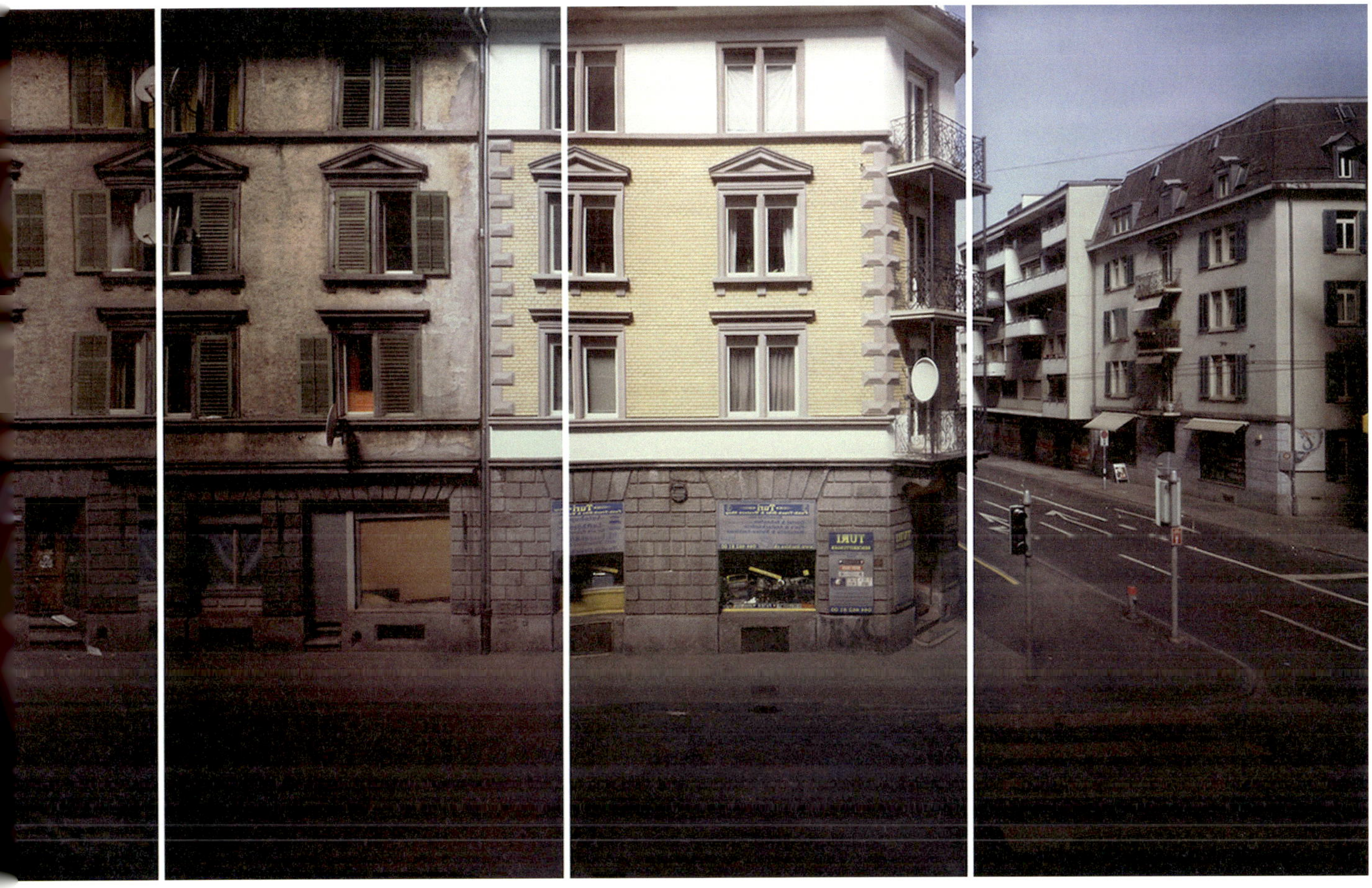

ANDREA GOOD
ZÜRICH-WESTSTRASSE, BELICHTUNGSZEIT 1 STUNDE 35 MINUTEN
(EXPOSURE TIME 1 HOUR 35 MINUTES), 2009

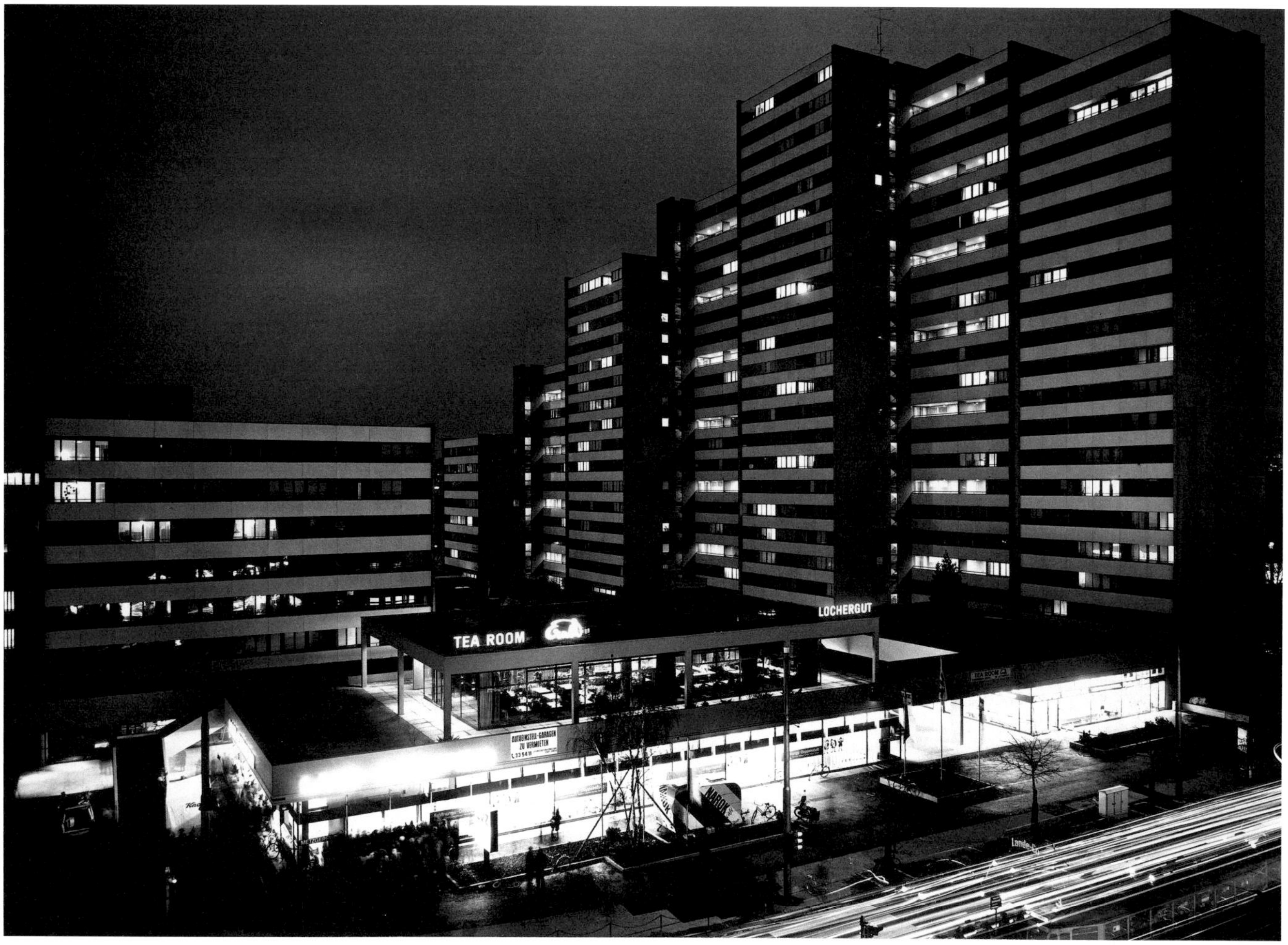

FRIEDRICH ENGESSER
LOCHERGUT ZÜRICH, CA. 1967

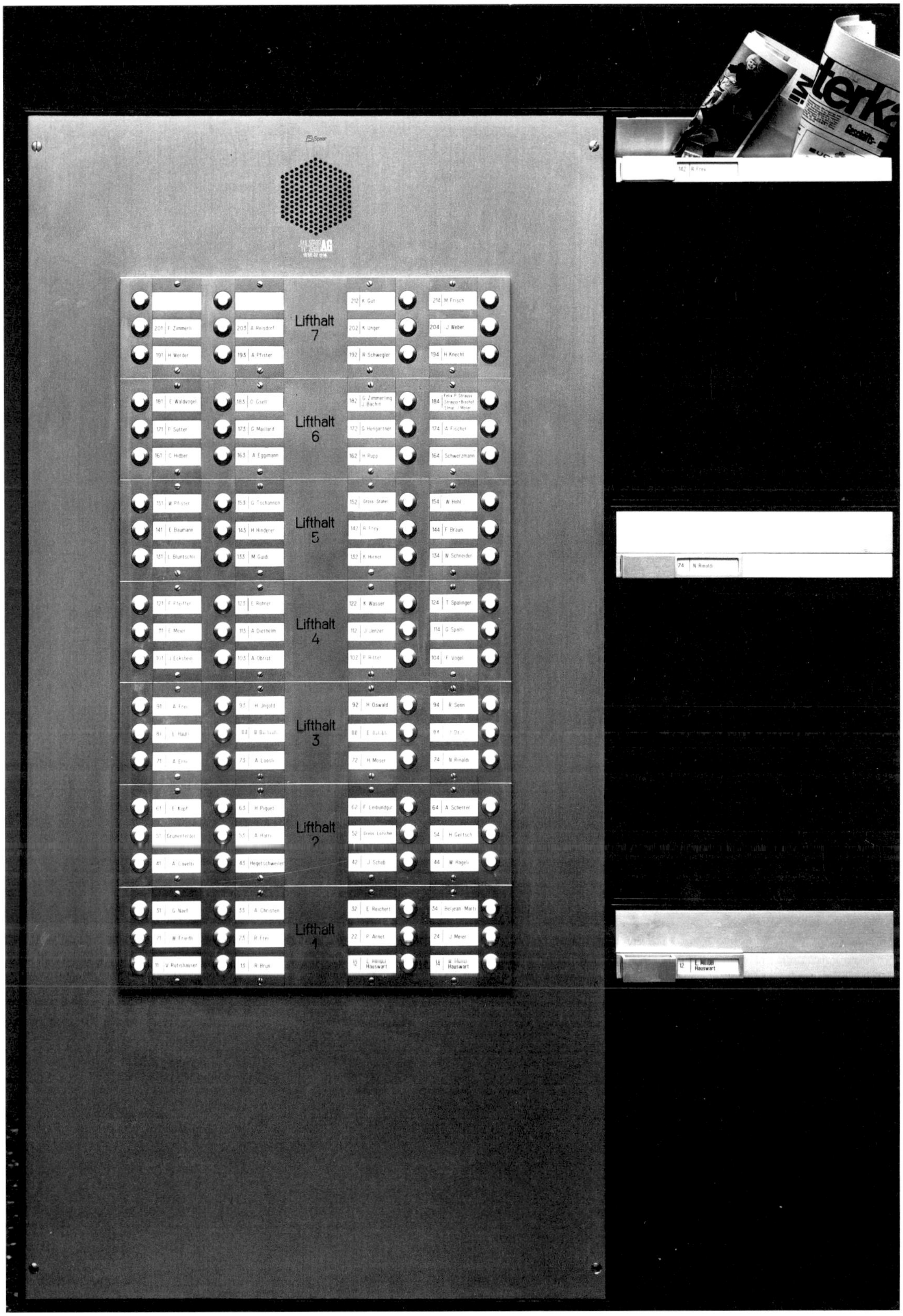

BARNABÁS BOSSHART
LOCHERGUT ZÜRICH, ABSCHLUSSARBEIT AN DER KUNSTGEWERBESCHULE
(ART SCHOOL THESIS), CA. 1967

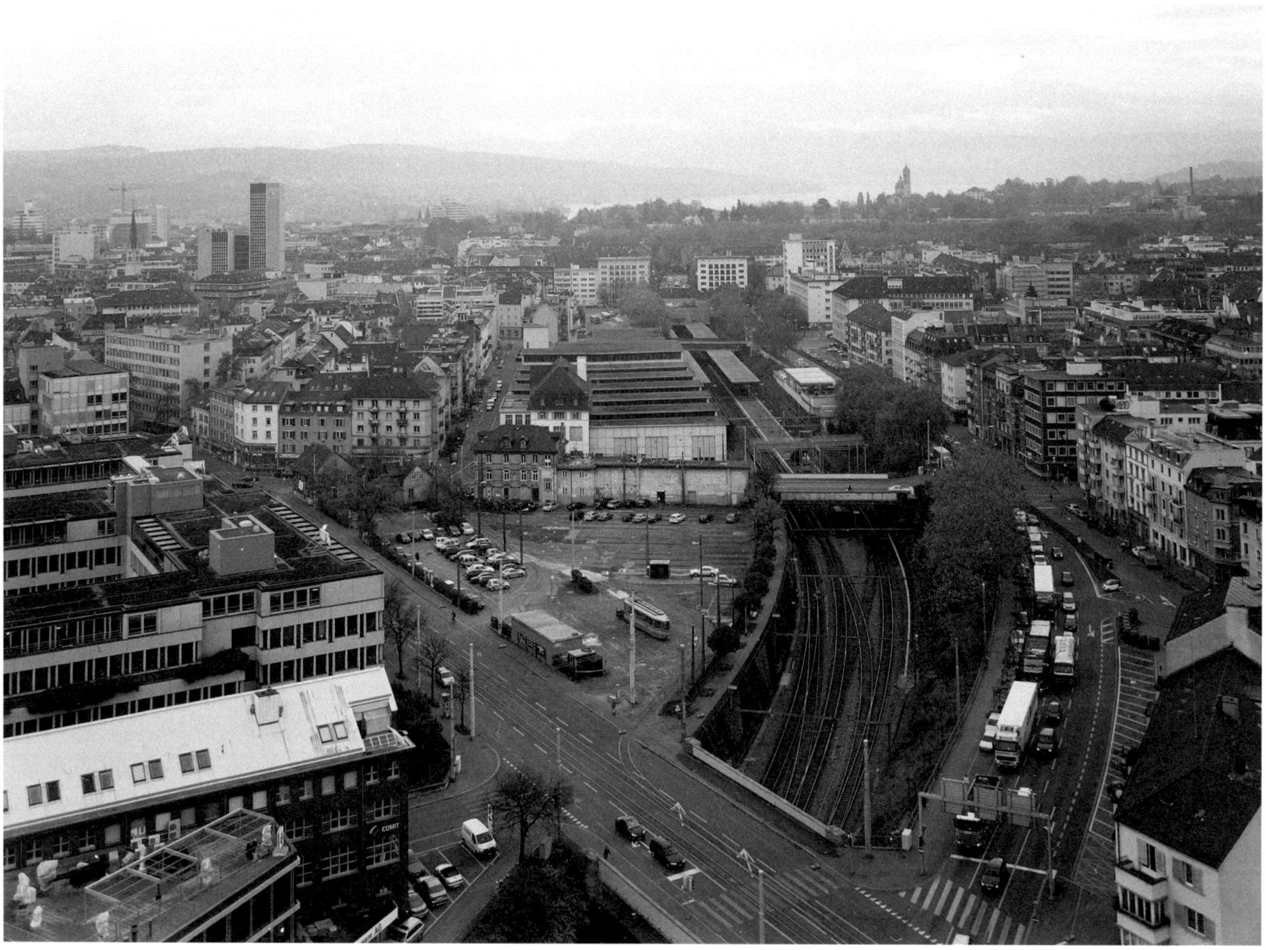

TOM HUSSEL
AUSSERSIHL: BLICK VOM LOCHERGUT AUF BADENERSTRASSE, SEEBAHNSTRASSE, KALKBREITESTRASSE, ELISABETHENSTRASSE (VIEW FROM LOCHERGUT), 2006

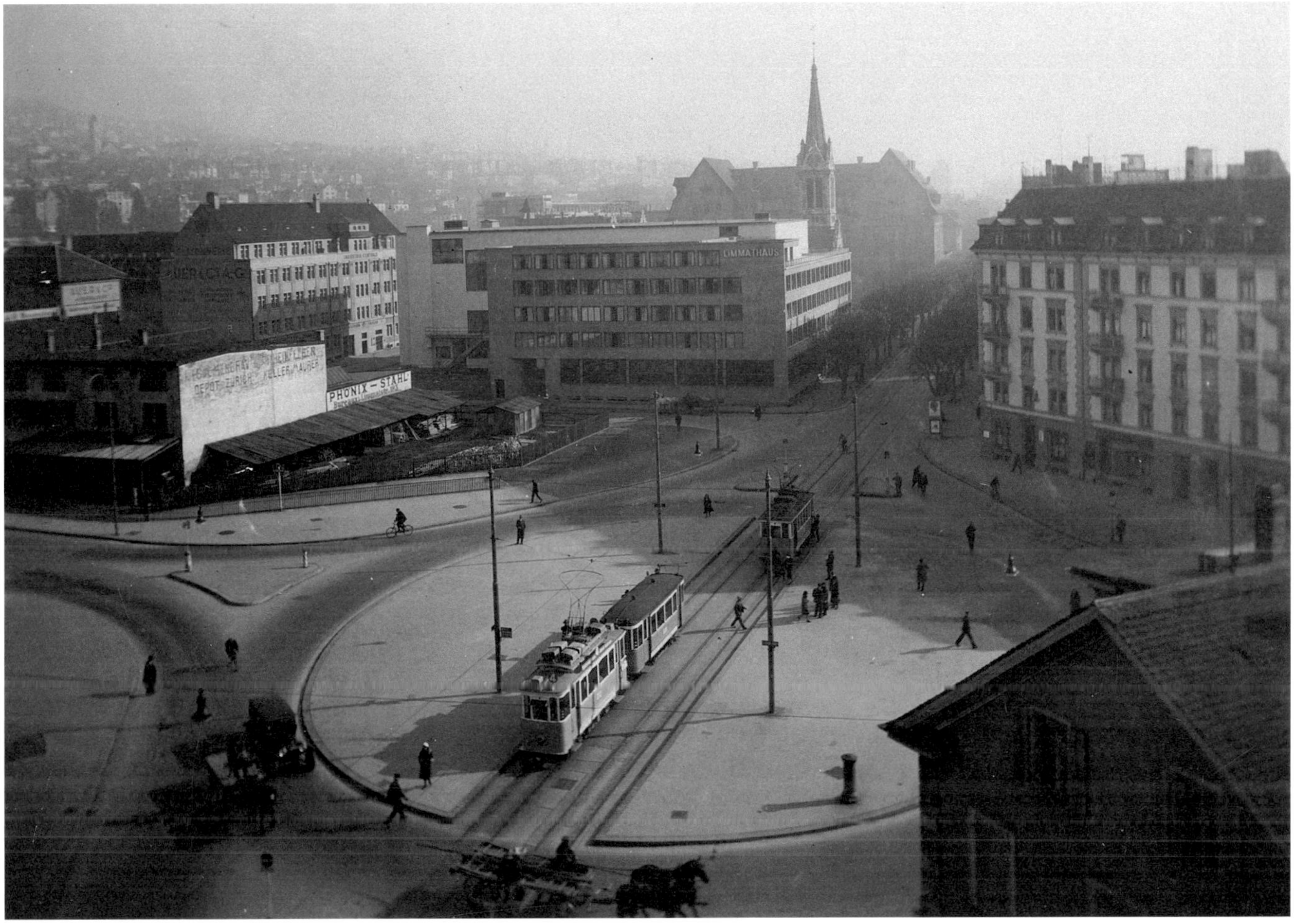

ANONYM (ANONYMOUS)
AUSSERSIHL INDUSTRIEQUARTIER: LIMMATPLATZ MIT LIMMATHAUS
(INDUSTRIAL QUARTER: LIMMATPLATZ WITH LIMMAT-HOUSE), 1932

Zürich-West, das Stadtviertel «Hinter dem Bahnhof», wie es 1987 im Fotoband *Zürich* von Michael Wolgensinger noch genannt wurde, war stets von Wandel und zahlreichen Umbrüchen bestimmt. Historische Aufnahmen zeigen, dass das zuvor weitgehend offene Land im 19. Jahrhundert in rasantem Tempo bebaut wurde: Einerseits wurde es intensiv für Industrie und für die arbeitende Bevölkerung als Wohnraum genutzt, andererseits wurde dort die notwendig gewordene Verkehrsinfrastruktur eingerichtet [vgl. S. 306–341].

Ikonen urbaner Coolness: Notizen zu Bildern aus Zürich-West

Verena Huber Nievergelt

Mit der Auslagerung vieler Industriearbeitsplätze begann in den 1980er Jahren eine kulturelle Umnutzung ehemaliger Industrie-Areale, vorerst mit nicht-kommerzieller Ausrichtung, mit der Zeit stärker kommerziell geprägt. Spätestens seit den 1990er Jahren sind Kunst- und Kulturbetriebe zu einem wichtigen Standbein geworden und Zürich-West kann heute mit vielen auch international renommierten Orten aufwarten. Damit leistete das frühere Industriequartier in den letzten Jahren einen wichtigen Beitrag zu einem neuen Image Zürichs und die Gentrifizierung des Stadtteils verstärkte sich zusehends. Zürich-West wird denn auch gerne als besonders international und urban charakterisiert. «As long as I live on Joseph Street, I don't need New York» hiess es etwas übermütig in einem Stück des Zürcher Sängers Cyrano Ende 1997. Während damals der Strassenname noch ins Englische übersetzt werden musste, tragen neue Bauten wie der Prime oder Mobimo Tower die Anglizismen bereits im Namen.

Die genannten Türme deuten es an: Im Laufe der letzten Jahre wurde der beschriebene Wandel auch architektonisch besiegelt. Das zeigen der Umbau des Areals der ehemaligen Toni-Molkerei zur Zürcher Hochschule der Künste, die Neueröffnung der Räume unter dem Eisenbahnviadukt als Ladenflächen, Gastronomie- und Unterhaltungsbetriebe oder die Errichtung des Prime Towers als höchstem Gebäude der Schweiz auf dem Gelände der ehemaligen Zahnradfabrik Maag AG, um nur einige der markantesten Beispiele zu nennen. Der Freitag-Turm, der seit 2006 das aus Frachtcontainern gebaute Verkaufslokal der international bekannten Taschenfabrikanten Gebrüder Freitag beherbergt, wirkt neben dem Prime Tower geradezu zwergenhaft, und das so genannte Gerold-Areal, auf dem der Freitag-Turm steht, ist eines der wenigen verbliebenen, noch nicht neu und einheitlich überbauten Gebiete in Zürich-West. Die Kontrastierung des rauen, heterogen zusammengesetzten Raumes des Gerold-Areals mit der glatten Fassade der dahinterliegenden Hochhäuser ist optisch ausgesprochen eindrucksvoll, wie das Aufmacherbild einer Reportage über das Gerold-Areal zeigt [Abb. A]. Es ist unklar, wie lange diese Facette von Zürich-West bestehen bleibt – das Areal ist als möglicher Standort für ein neues Kongresszentrum vorgesehen.

Neben markanten Bauten wie dem Prime Tower fällt die Verkehrsachse der Hardbrücke auf, die zum Symbol für die Veränderungen im Quartier geworden ist. Die vor Kurzem neu renovierte, ehemals als Provisorium geplante Hardbrücke führt als Transitroute quer durch Zürich-West. Inszeniert im Rahmen des städtischen «Plan Lumière» mithilfe spezieller Leuchtkörper, wirkt dieser Baukörper mit seinen Auf- und Abfahrtsrampen heute beinahe wie eine Skulptur aus *beton brut* [Abb. B] und steht für einen gewollt grossstädtischen Charakter sowie für urbane Coolness. Die Brücke ist zur Kulisse für das Nachtleben zwischen Escher-Wyss-Platz und Bahngeleisen geworden. Im Süden von Zürich funktionieren die Fahrbahnstümpfe der sogenannten Sihlhochstrasse auf ähnliche Weise als urbane Kulisse für die grossräumige Shopping-Landschaft des Einkaufszentrums Sihlcity. Die Düsternis von Autobahnunterführungen, wie man sie von Peripherien oder grösseren Städten kennt, wurde der Hardbrücke und auch der Sihlhochstrasse weitgehend ausgetrieben.

Als die Hardbrücke errichtet wurde, war der Bau harscher Kritik ausgesetzt gewesen. In den 1970er Jahren stand der architektonische Wandel in und um Zürich wie andernorts auch zunehmend im Visier von Gegnern städtebaulicher Veränderungen. Zahlreiche gewachsene Strukturen waren geopfert worden, um den Bedürfnissen des Individualverkehrs gerecht zu werden. Gerade Verkehrsachsen wie die Hardbrücke waren heftig umstritten und Abbildungen dieser Bauten standen symbolhaft für eine als fehlgeleitet empfundene Planung. In hartem Schwarz-Weiss wurden die architektonischen Neuerungen oft als unheilverkündende riesige Wesen dargestellt, welche als monumentale Betonstrukturen das Stadtgewebe überwuchern, wie eine Baustellen-Aufnahme der Hardbrücke aus dem Jahr 1972 zeigt [vgl. S. 329].

Kritische fotografische und filmische Auseinandersetzungen dieser Art fanden sich in der Presse, aber auch in der Ausstellung *Zürich plant – plant Zürich?*, die 1971 im Zürcher Kunstgewerbemuseum gezeigt wurde, oder in Fredi M. Murers international bekannt gewordener Arbeit *Grauzone* aus dem Jahr 1979. Darin spielen die neuen Strassenverbindungen für den Individualverkehr, aber auch zeitgenössische Wohnhochhäuser oder Parkhäuser eine zentrale Rolle. Diese Bauten wurden dabei meist als feindlich wirkende Betonwüste inszeniert, durch deren Einwirkung die Protagonisten gar erkranken.

Allerdings war auch in jenen Auseinandersetzungen, welche die neuen Bauwerke kritisierten, der visuelle Sog und die ästhetische Faszination von Bauprojekten wie der Hardbrücke oder der Sihlhochstrasse Thema. Ein Beispiel dafür sind etwa die fotorealistischen Darstellungen des Mappenwerks *Hier fällt ein Haus, dort steht ein Kran und ewig droht der Baggerzahn oder die Veränderung der Stadt* von Jörg Müller aus dem Jahr 1976. Auch dessen Vorgänger *Alle Jahre wieder saust der Presslufthammer nieder oder die Veränderung der Landschaft* von 1973 bezog seine Spannung aus der Parallelität von Grauen und Faszination. Das Oszillieren dieser Bilder zwischen ästhetischer Faszination und realräumlichem Grauen weist auf die spezifische ästhetische Kraft der Fotografie beziehungsweise fotorealistischen Darstellung hin, welche aus Gebäuden kompositorisch interessante Bildmotive macht.

Diese Wirkung des Mediums trat mit der zunehmenden Präsenz der Fotografie im Kunstkontext der 1990er Jahre verstärkt in den Vordergrund. Sichtbar wurde dies am Beispiel von Zürich-West im Rahmen der Gruppenausstellung *Zürich. Ein Fotoportrait*, die 1997 im Kunsthaus Zürich zu sehen war. International bekannte Fotografinnen und Fotografen präsentierten damals ihre Sicht auf die Stadt. Der Italiener Gabriele Basilico, Architektur- und Dokumentarfotograf, zeigte Zürich-West damals in schwarz-weissen, stillen Tableaus, die insbesondere die Organisation des Verkehrs als prägenden Faktor ins Zentrum stellten. Basilicos Bilder wirken mit ihren grossen Ausschnitten distanziert und verzichten auf extreme oder polarisierende Perspektiven auf die Strassenbauten. Im Kunstkontext ohne wertende Begleittexte erschienen, lenken die Arbeiten des Fotografen den Blick auf Zonen des urbanen Raumes, die im Alltag nur flüchtig wahrgenommen werden, und leiten aus diesen präzise komponierte Tafelbilder ab.

Zürich-West verändert sich weiter. Dabei zeigen aktuelle Fotografien architektonischer und städtebaulicher Kristallisationspunkte in diesem Stadtteil, dass heute oftmals Motive, die sich in den 1970er Jahren für den Protest gegen eine rasante Veränderung städtebau-

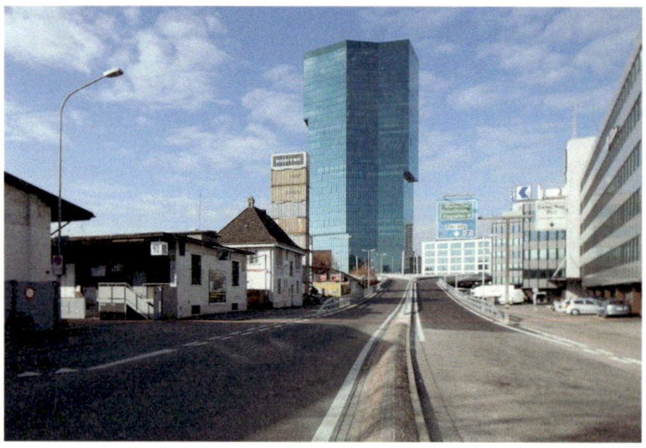

A DOMINIQUE MEIENBERG
DAS GEROLD-AREAL BEI TAG
AUS: *TAGES-ANZEIGER*, 4. 12.2011

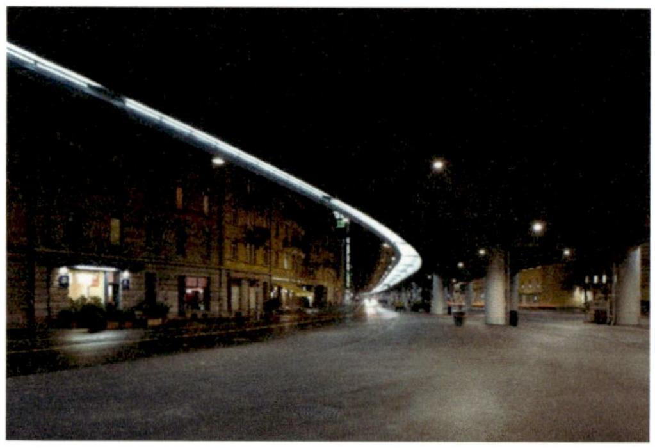

B ANONYM
PLAN LUMIÈRE HARDBRÜCKE,
STADT ZÜRICH, 2012

licher Strukturen verwenden liessen, inzwischen selbst zu ästhetisch interessanten Sujets geworden sind. Auch lässt sich bei Neubauten ein veränderter Umgang mit visuellen Aspekten feststellen. Es scheint, als ob neue Gebäude zum Teil bereits auf ihre Bildhaftigkeit hin angelegt werden und viele ältere dergestalt inszeniert werden: Sowohl der neue Prime Tower als auch die alte renovierte und illuminierte Hardbrücke sind zu Ikonen urbaner Coolness geworden. Ob sie dies bleiben werden, ist ungewiss.

Bereits als fiktive Altlast erschien der Prime Tower im Herbst 2011 anlässlich der Ausstellung und Veranstaltungsreihe *Alles muss weg!* im Zürcher Schiffbau, die den städtebaulichen Wandel thematisierte: Gemeinsam mit Bauten wie dem Grossmünster, dem Landesmuseum, dem Freitag-Turm und dem Werd-Hochhaus wurde sein Bild prominent auf Plakaten, Flugblättern und Einladungskarten platziert – mit einem dicken roten Balken diagonal durchgestrichen [Abb. C]. Welche Ikonen einem zukünftigen städtebaulichen Wandel weichen müssen, wird sich zeigen; es bleiben die immer wieder neuen Bilder davon, die im Zuge der Veränderungen entstehen werden.

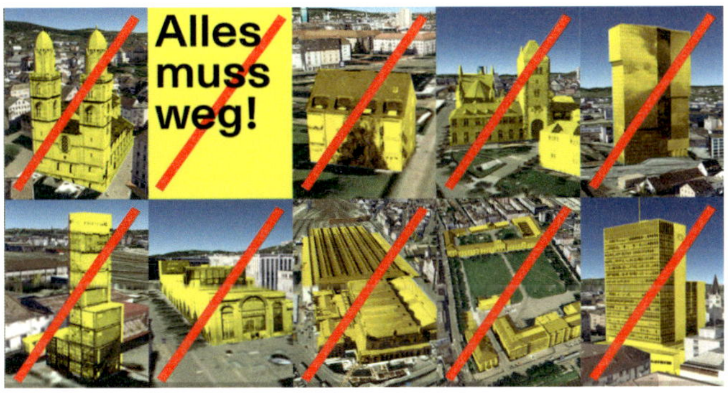

C ANONYM
PLAKAT ZUR AUSSTELLUNG *ALLES MUSS WEG!*
IM SCHAUSPIELHAUS ZÜRICH, 24.9.–2.10. 2011

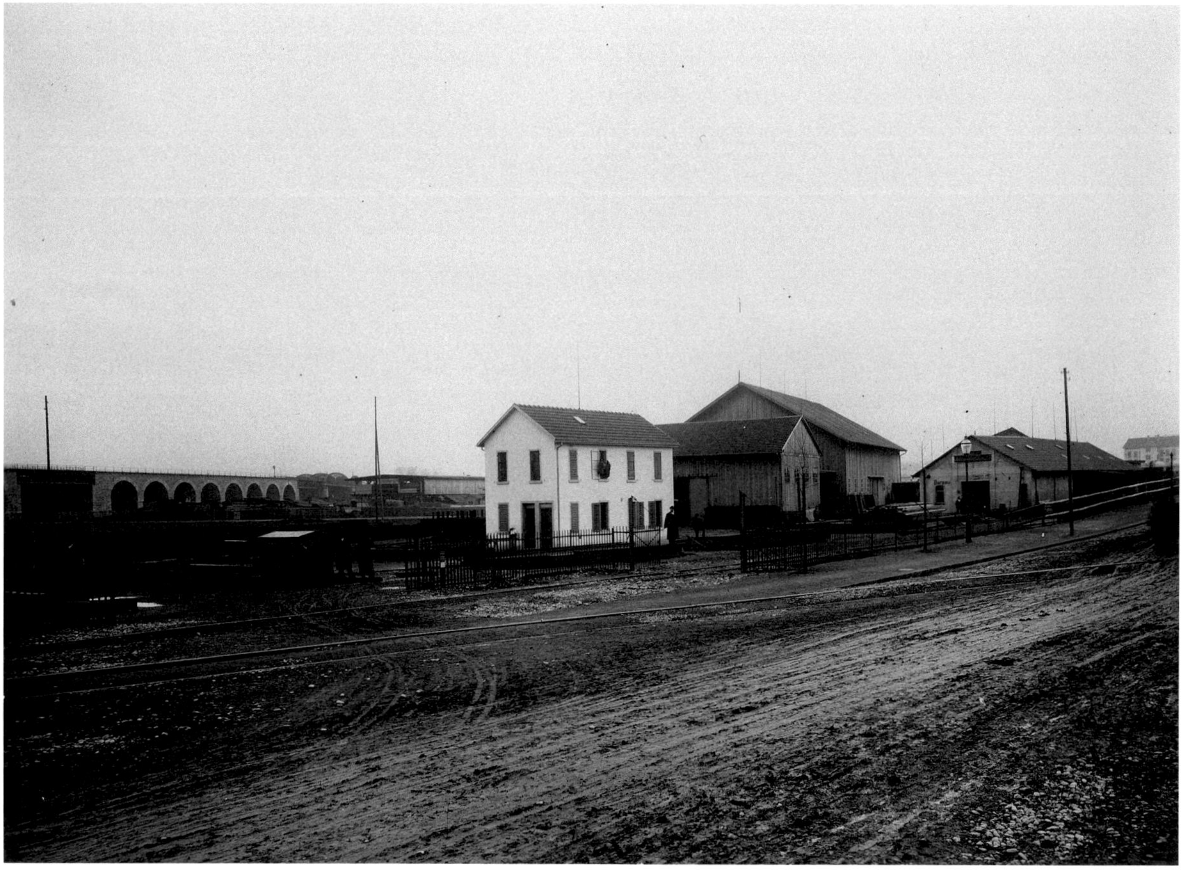

PHOTO MOSER
AUSSERSIHL: HARDSTRASSE 226, CA. 1910

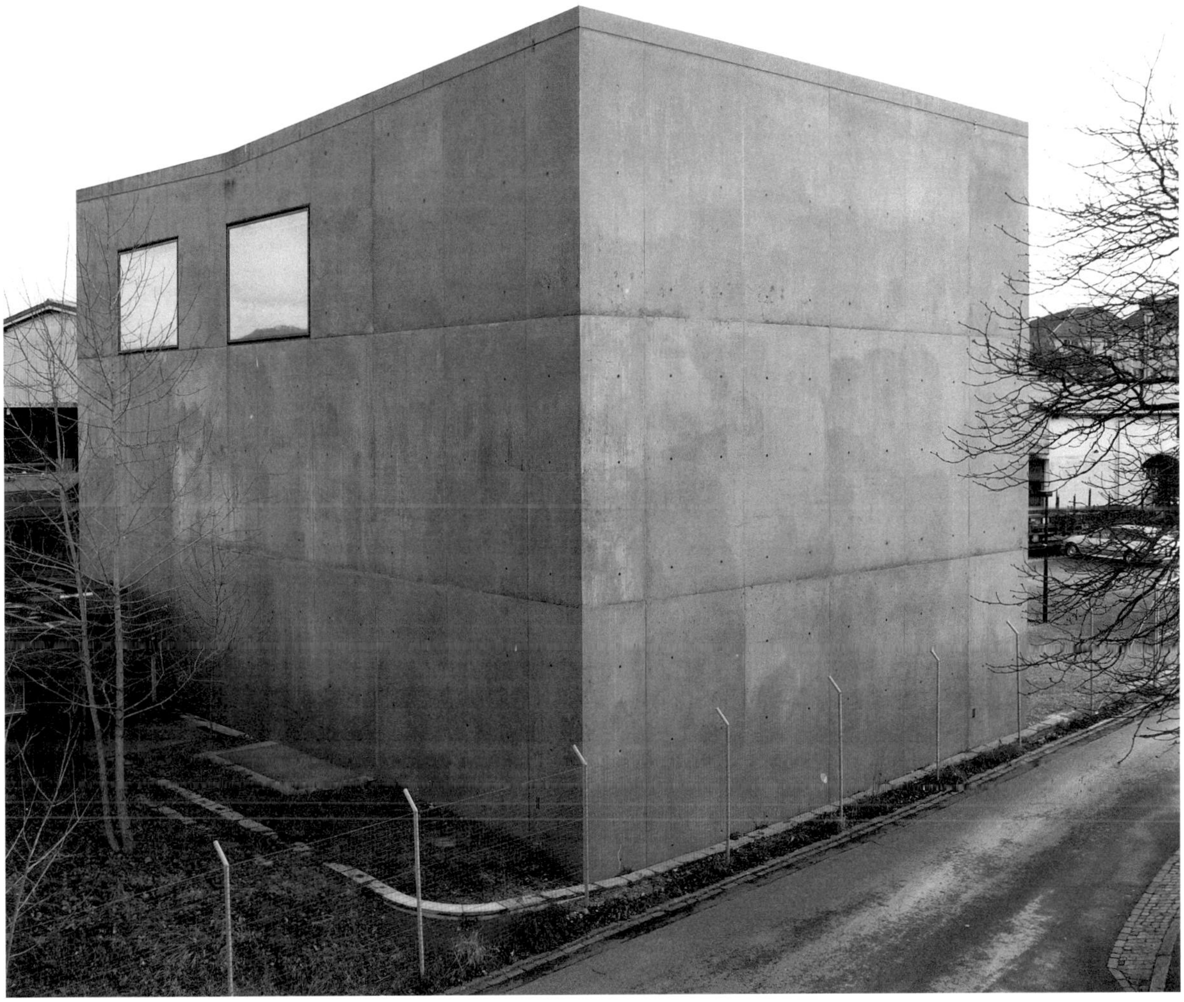

TOM HUSSEL
AUSSERSIHL: HOHLSTRASSE 358, STELLWERK (SIGNAL BOX), 2005

«Für viele der frühen ‹Gentrifizierer› war die Stadt ein Ort für Emanzipation – Emanzipation von der provinziellen Regulierung der Sexualität, der erstickenden Homogenität von Klasse und Rasse auf dem Land (das, was Marx den Idiotismus des Landlebens nannte); von der Notwendigkeit das Auto zu waschen und den Rasen zu mähen! Gleichzeitig wurden aber die öffentlichen Räume rücksichtslos privatisiert; die Arbeiter wurden aus ihren Wohnungen und Häusern geworfen, die Obdachlosen hat man aus den Parks und von den öffentlichen Plätzen vertrieben […] die ‹Gentrifizierer› wurden zu Komplizen der Ungerechtigkeit.»

"So many of the early gentrifiers saw the city as a place for emancipation – from the suburban policing of sexuality; the asphyxiating homogeneity of class and race in the country; what Marx called the 'idiocy of rural life'. From the need to wash the car and mow the lawn! But public spaces were ruthlessly privatized; working-class people were evicted from their apartments and homes; the homeless were chased away from the parks and squares.... Gentrifiers became guilty accomplices of inequality."

N+1
GENTRIFIZIEREN, GENTRIFIZIEREN/
GENTRIFY, GENTRIFY
2009

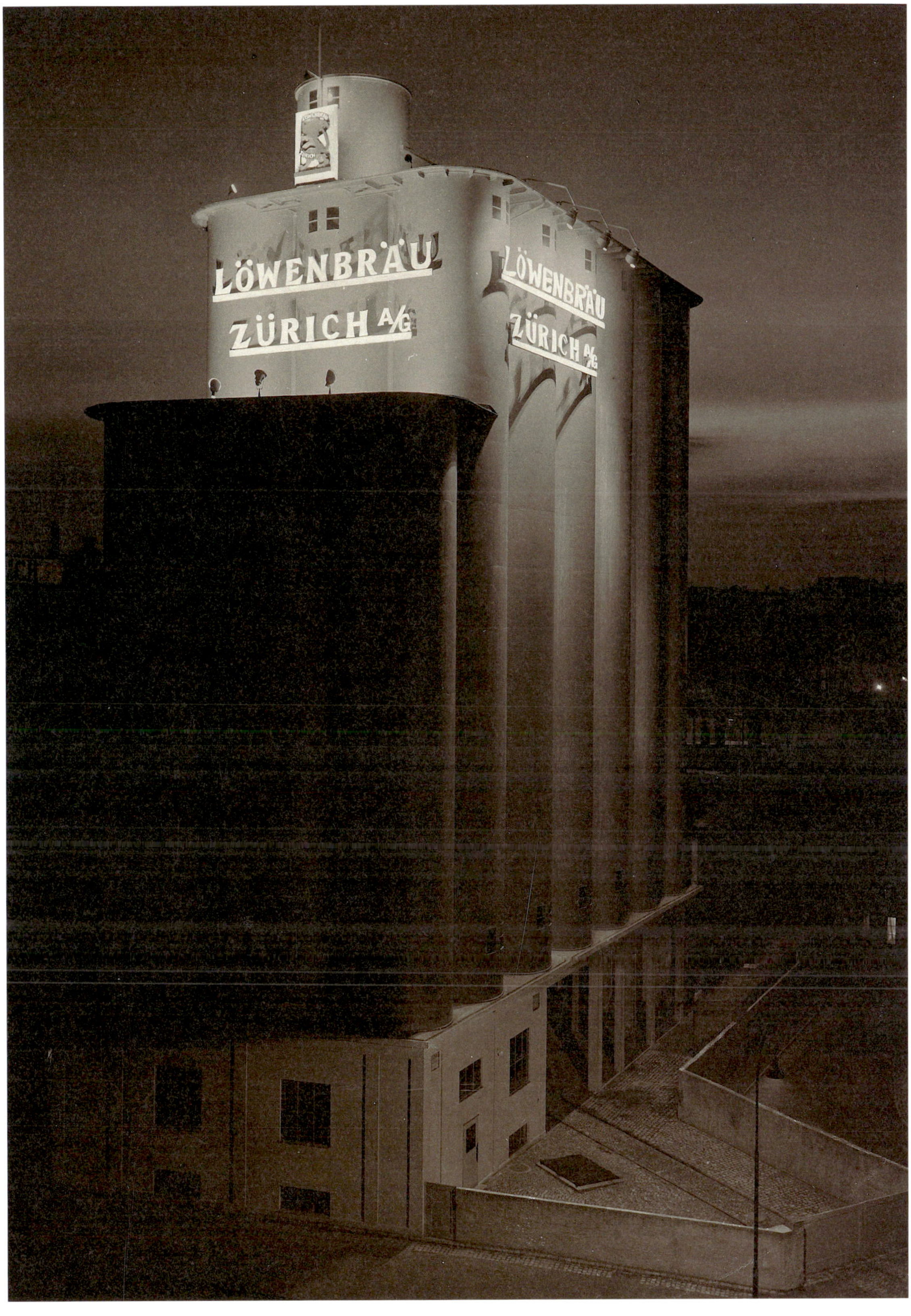

PHOTO GLOOR
AUSSERSIHL: LIMMATSTRASSE 268, NACH 1936

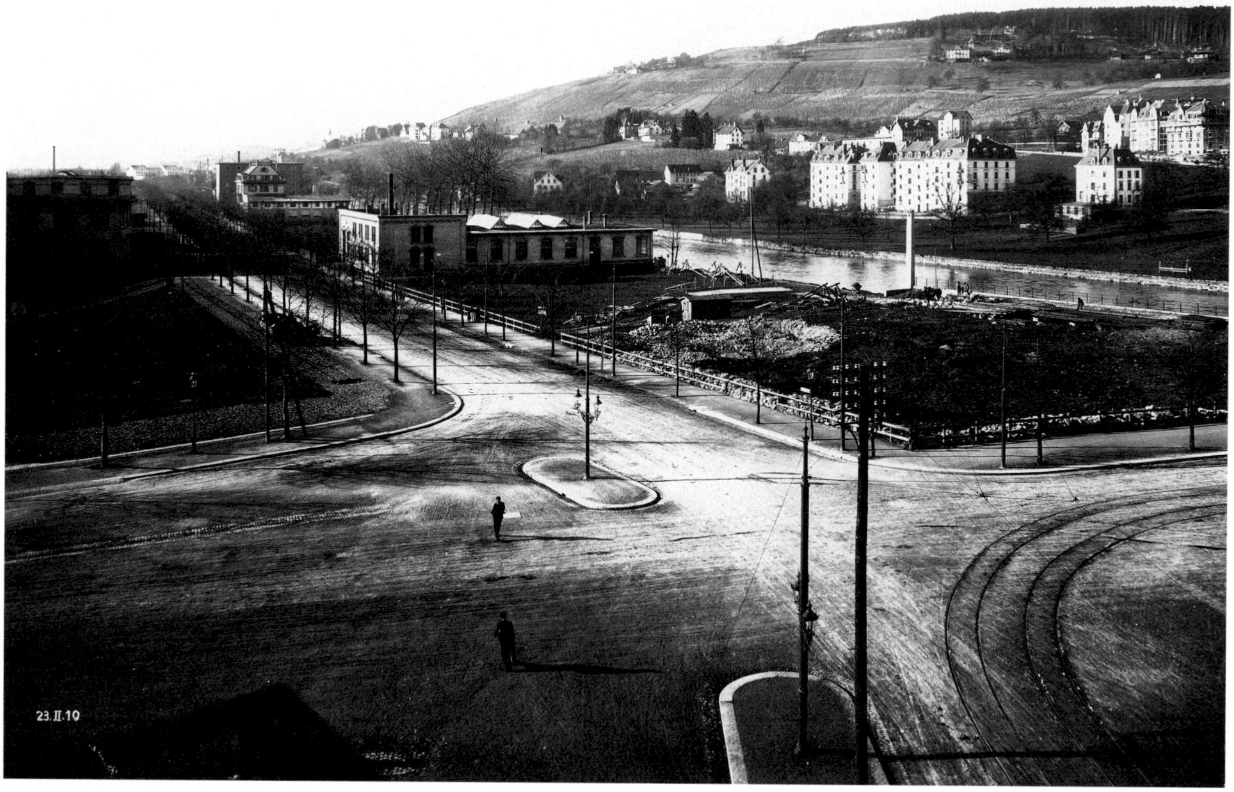

ANONYM (ANONYMOUS)
AUSSERSIHL: ESCHER WYSS-PLATZ,
HARDTURMSTRASSE, STRASSENBAHNDEPOT
(TRAMWAY DEPOT), 1910

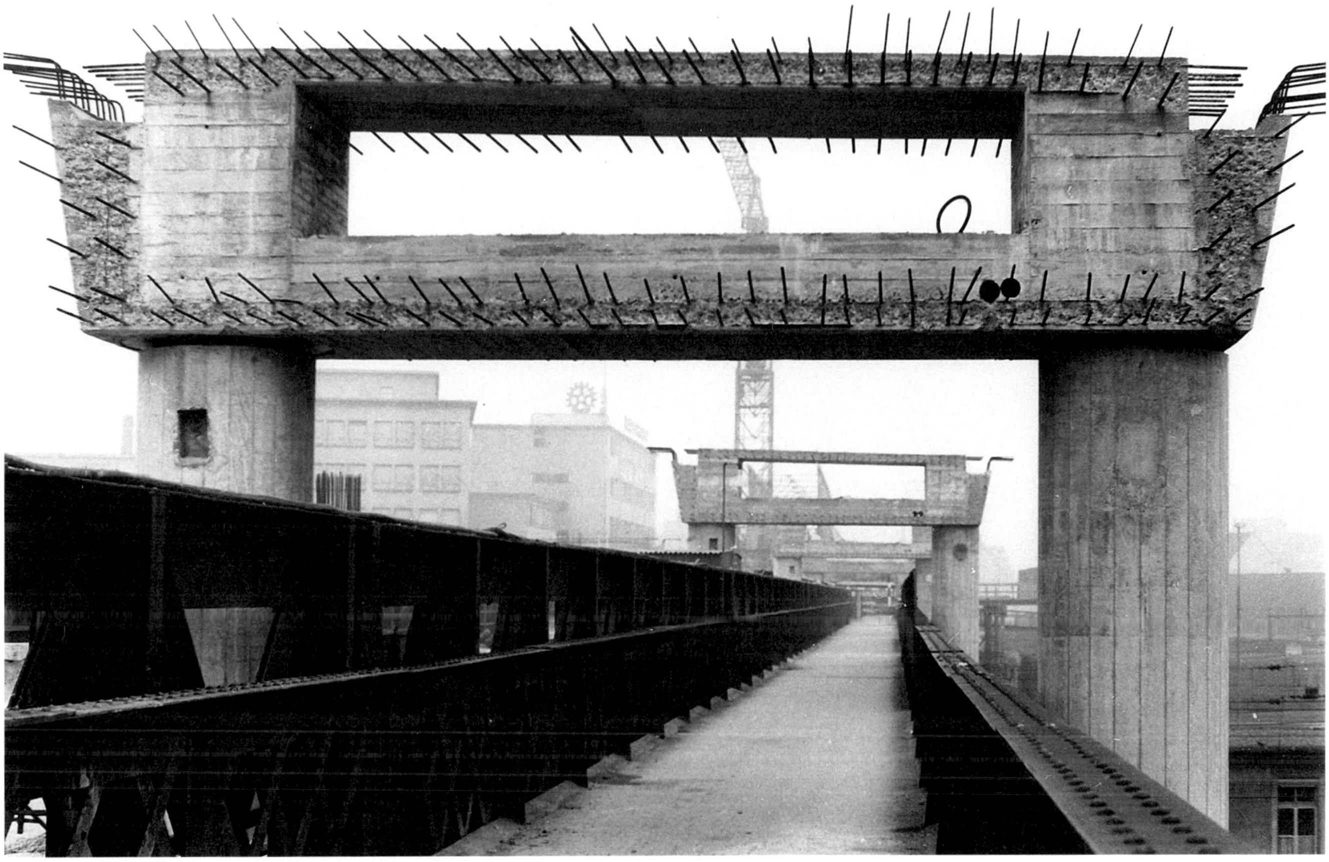

ANONYM (ANONYMOUS)
HARDBRÜCKE IM BAU
(HARDBRÜCKE IN CONSTRUCTION), 1972

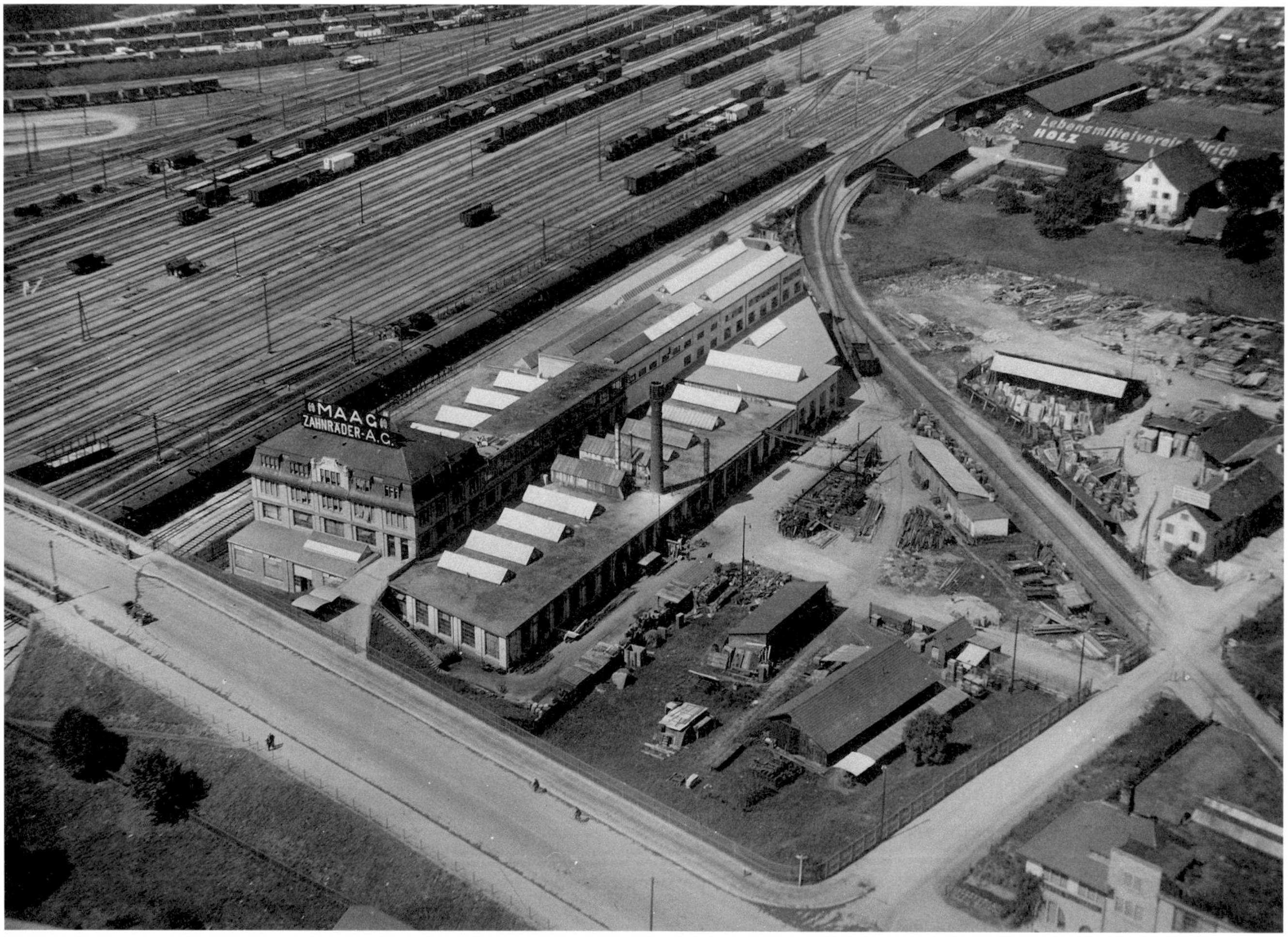

ANONYM (ANONYMOUS)
AUSSERSIHL: HARDSTRASSE 219, 1926

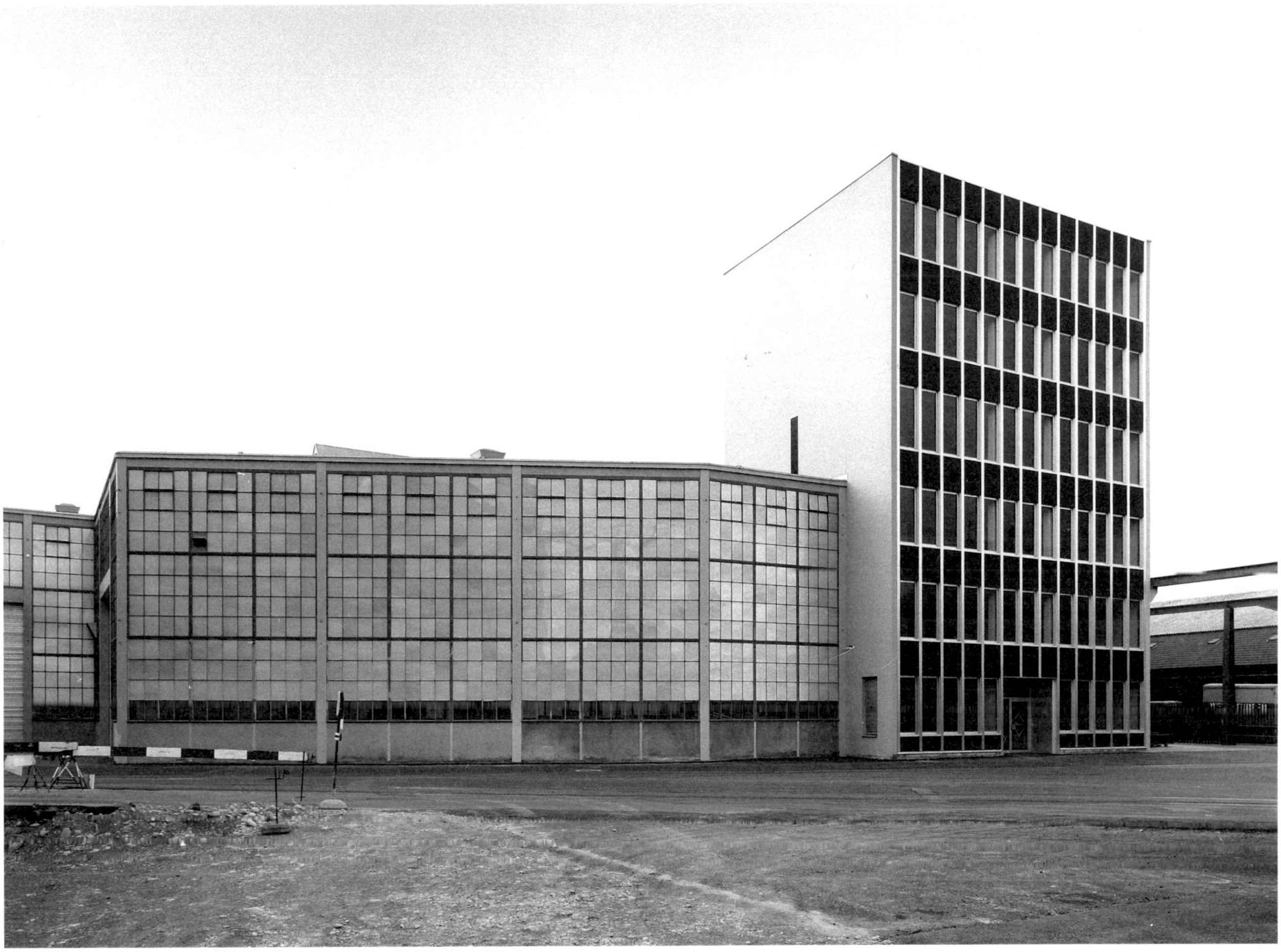

HEINRICH WOLF-BENDER
AUSSERSIHL: HARDSTRASSE 219, TURBINENSTRASSE, 1972

> HANNES HENZ
«STADT IST DA, WO'S STINKT, LAUT UND DRECKIG IST»
(FREI NACH RUDOLF MANZ)
("IT STINKS, IT'S LOUD, AND IT'S DIRTY - THAT'S A CITY"
(PARAPHRASING RUDOLF MANZ)), 2010

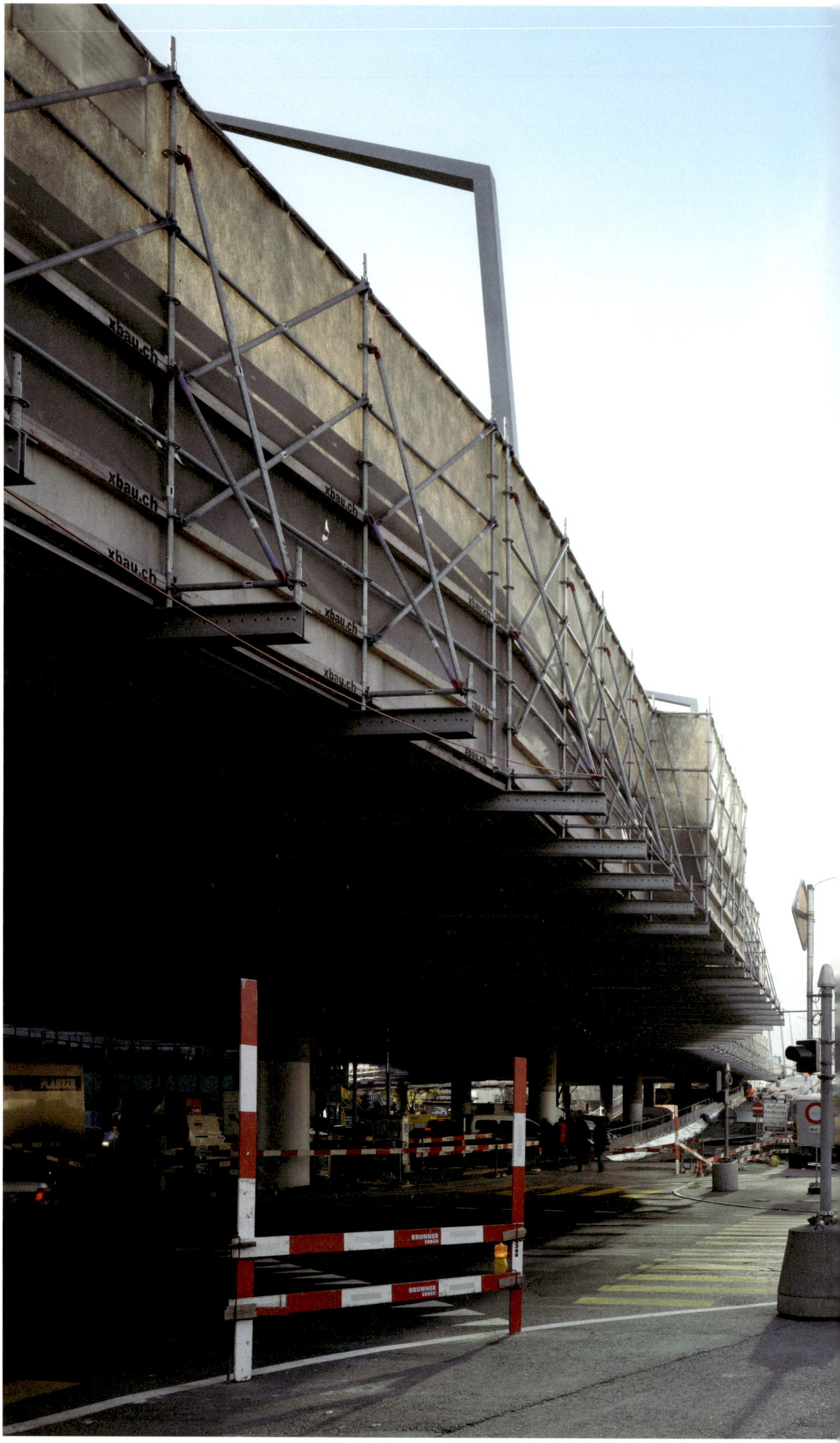
xbau.ch
xbau.ch
xbau.ch
xbau.ch
xbau.ch
BRUNNER
BRUNNER

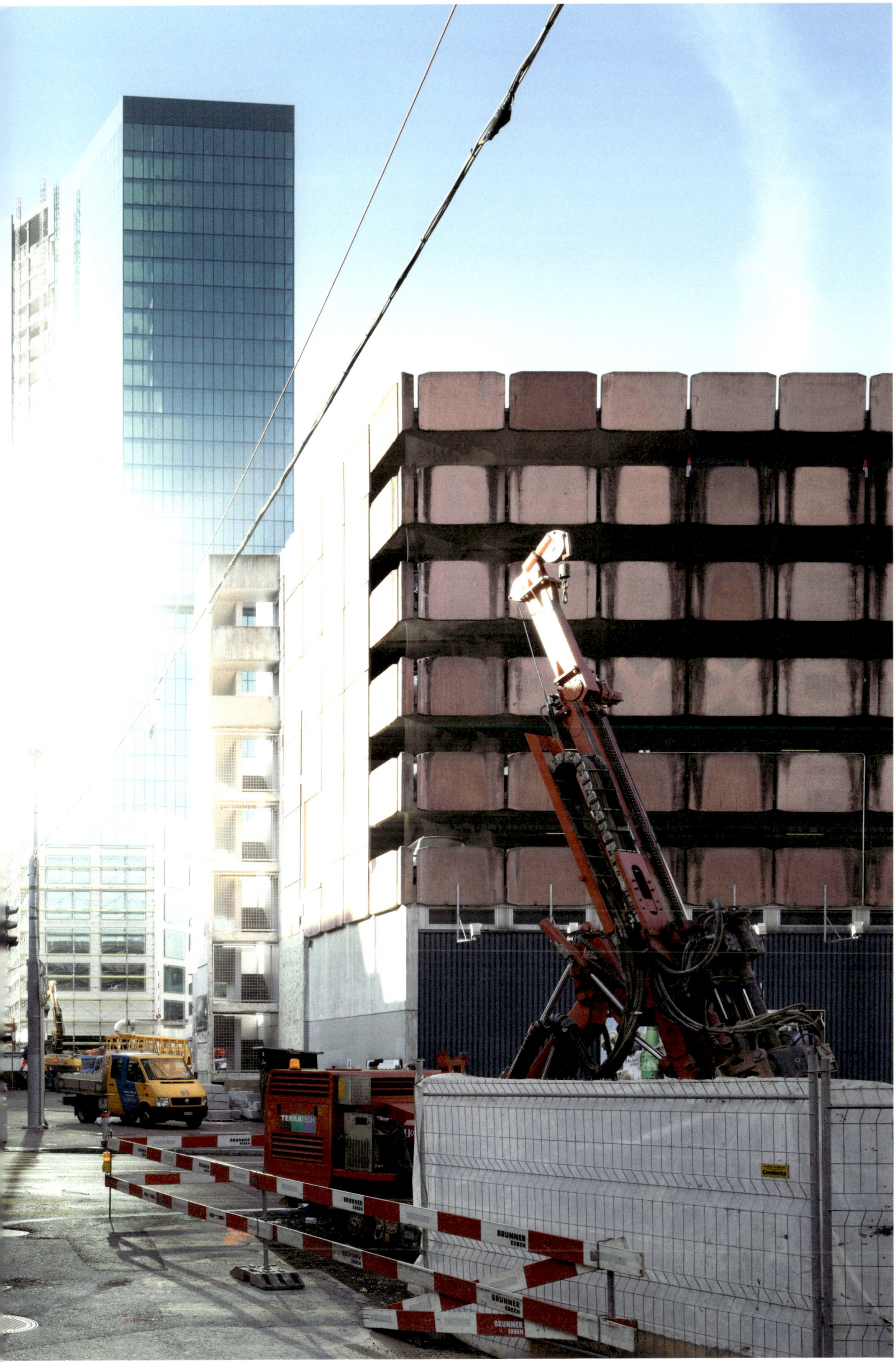
TERRATECH
BRUNNER ERBEN
BRUNNER ERBEN
BRUNNER ERBEN
Condecta

Zürich-West, the district "behind the train station", as it was described by Michael Wolgensinger in his 1987 book, *Zürich*, has been marked by continuous change and upheaval. This once-rural area was rapidly and intensively developed in the 19th century for industry, working-class housing and the transportation infrastructure, as has already been well documented [cf. pp. 306-341]. In the 1980s, as industrial jobs were increasingly outsourced, former industrial complexes were repurposed. This began with the creation of non-com-

Icons of Urban Cool: Notes on Photographs from Zürich-West

Verena Huber Nievergelt

mercial spaces, which have been joined over the years by more commercial ones. By the 1990s, the art and cultural scenes had become an important feature of Zürich-West, making it a destination on a par with other creative hubs around the globe. Over the years, as the old industrial district has been recognised as an asset for Zürich's new image, its gentrification has visibly increased. Zürich-West is often and fondly described as having an international urban vibe. "As long as I live on Joseph Street, I don't need New York," went somewhat cheekily a song by the Zürich singer Cyrano in 1997. Though the street name Josefstrasse had to be translated into English at the time, newer landmarks such as the Prime Tower or Mobimo Tower were anglicised from the outset.

The towers signal the transformation that has also taken place architecturally. Some of the more notable examples of this include the conversion of the former "Toni Molkerei" [a former milk-processing factory later turned into a night club] into the Zürich University of the Arts, the opening up of the railway arches for shops, restaurants and clubs, and the Prime Tower, the highest building in Switzerland, on the site of the former Maag gear factory. The Freitag Tower, built in 2006 from freight containers to showcase the Freitag Brothers' internationally famous bags, is a dwarf by comparison. The Gerold area, where the Freitag Tower is located, is one of the few sites in Zürich-West yet to be completely redeveloped. The contrast between its raw, heterogeneous composition and the high-rises with their slick façades gives an impressive visual effect, as can be seen on the opening spread of a feature on the complex [fig. A]. It is uncertain, however, just how long this aspect of Zürich-West will survive: the complex is currently under consideration as the site for a new convention centre.

In addition to such striking buildings as the Prime Tower, the Hardbrücke freeway bridge is also emblematic of the changes occurring in the district. Originally intended as a provisional transit route, the recently renovated Hardbrücke runs straight through Zürich-West. Theatrically illuminated by special lighting fixtures as part of the citywide "Plan Lumière" initiative, the bridge, with its entrance and exit ramps, is like a sculpture in *béton brut* [fig. B], a deliberately metropolitan gesture of urban cool. Hardbrücke now serves as the backdrop for the nightlife that has sprung up in the area between Escher-Wyss-Platz and the railway tracks. In the south of Zürich, the concrete pillars supporting the Sihlhochstrasse motorway function similarly as an urban setting for the expansive landscape of the Sihlcity shopping mall. The gloom of highway underpasses typically associated with the periphery and which are often found in other, larger cities, has been banished from the Hardbrücke and Sihlhochstrasse.

The Hardbrücke faced harsh criticism during its construction. In the 1970s opponents of urban change were critical of the new developments taking place in and around Zürich, when many established buildings were sacrificed to the demands of private transport. Thoroughfares such as the Hardbrücke were heavily disputed, and photographs presented them as a testament to misguided urban planning. Often in grainy black and white, the monumental concrete structures were seen as ominous, gargantuan creatures ravaging the urban fabric, as can be seen in an image of the construction of the Hardbrücke from the year 1972 [cf. p. 329].

Such critical photographic and filmic arguments were found not only in the press, but in the exhibition *Zürich plant – plant Zürich?* (Zürich plans – Is Zürich planning?), shown at the Zürich Kunstgewerbemuseum in 1971, and in the internationally acclaimed 1979 film by Fredi M. Murer, *Grauzone (Gray Zone)*. Here the new motorways, residential high-rises and car parks play a central role. Murer presents the new urban areas as predominantly hostile, concrete wastelands that contribute to the illness of the film's protagonists.

Yet within these visual critiques of constructions such as Hardbrücke and Sihlhochstrasse there was also a certain aesthetic fascination. Take, for instance, the photorealist images in Jörg Müller's 1976 portfolio piece, *Hier fällt ein Haus, dort steht ein Kran und ewig droht der Baggerzahn oder die Veränderung der Stadt* (here falls a building, there stands a crane, and the digger's tooth is a constant threat, or the changing city), as well as its predecessor *Alle Jahre wieder saust der Presslufthammer nieder oder die Veränderung der Landschaft* (year in, year out, the drill comes pounding, or the changing countryside), from 1973. The tension in Müller's protest images, which oscillate between aesthetic fascination and horror at the actual space, is indicative of the power of photography and its ability to transform such buildings into fascinating surfaces.

This became even more apparent in the 1990s as photography was seen more often in the context of art. For Zürich-West, this was evident in the group exhibition *Zürich. Ein Fotoportrait* (Zürich. A photo-portrait) shown at the Kunsthaus Zürich in 1997, in which a number of internationally famous photographers presented their views of the city. Gabriele Basilico, an Italian architectural and documentary photographer, showed Zürich-West in quiet black-and-white images that focused on the circulation of traffic as a defining force. His pictures seem distant, offering street views that are scenic, rather than extreme or polarising. Shown without any explanatory texts, Basilico's works directed one's eye to urban zones that are perceived only fleetingly in everyday life, but which emerged clearly from his precisely composed tableaux.

Zürich-West continues its process of transformation. Contemporary photographs of architectural and urban development reveal how buildings once criticised in the protest against rapid changes to the urban fabric are now seen as aesthetically interesting in their own right. This shift in approach to the visual aspect of buildings is apparent in their actual spatial situation. New building projects seem to be conceived with consideration to their visual impact, while older buildings are often renovated to showcase theirs. Both the new Prime Tower and the old, renovated and illuminated Hardbrücke have become icons of urban cool. Whether this will continue, only time will tell.

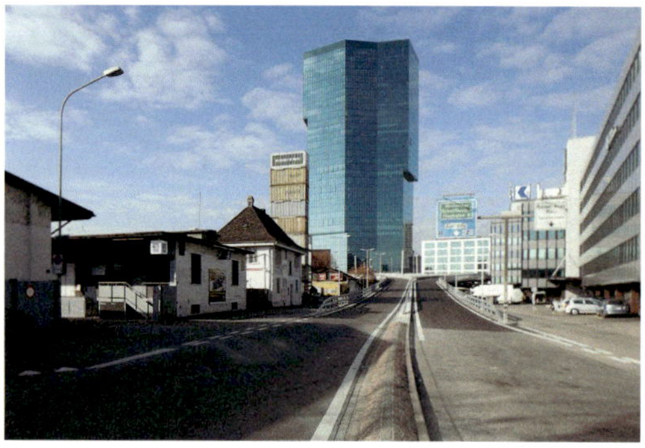

A DOMINIQUE MEIENBERG
THE GEROLD AREA BY DAY,
FROM: *TAGES-ANZEIGER*, 4. 12.2011

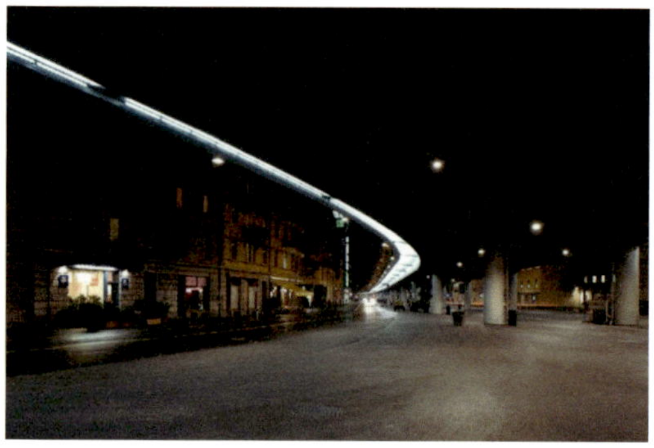

B ANONYMOUS
PLAN LUMIÈRE HARDBRÜCKE,
STADT ZÜRICH, 2012

Already in autumn 2011, the Prime Tower was shown along with the Grossmünster Church, the Swiss National Museum, the Freitag Tower and the Werd Hochhaus administration building as examples of an inherited burden and crossed out with a thick red diagonal line [fig. C]. In conjunction with an exhibition and series of events examining urban transformation at the Zürich Schiffbau titled *Alles muss weg!* (everything must go!), the buildings featured prominently on posters, leaflets and invitations. Which of them will succumb to the next wave of urban upheaval has yet to be seen; what will remain are the ever-new images of buildings that arise in the course of change.

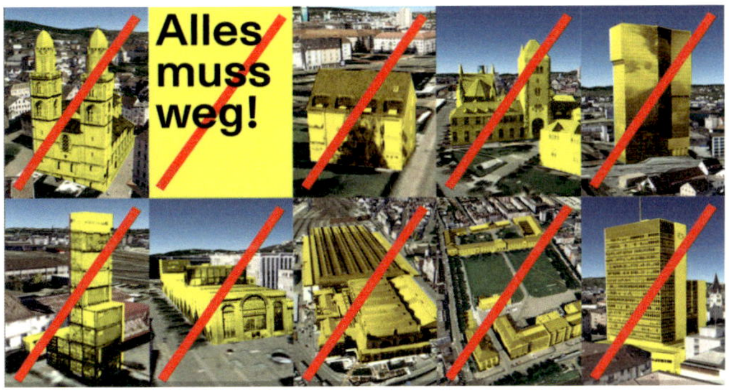

C ANONYMOUS
POSTER FOR THE EXHIBITION *EVERYTHING MUST GO!*
AT SCHAUSPIELHAUS ZÜRICH, 24.9.-2.10. 2011

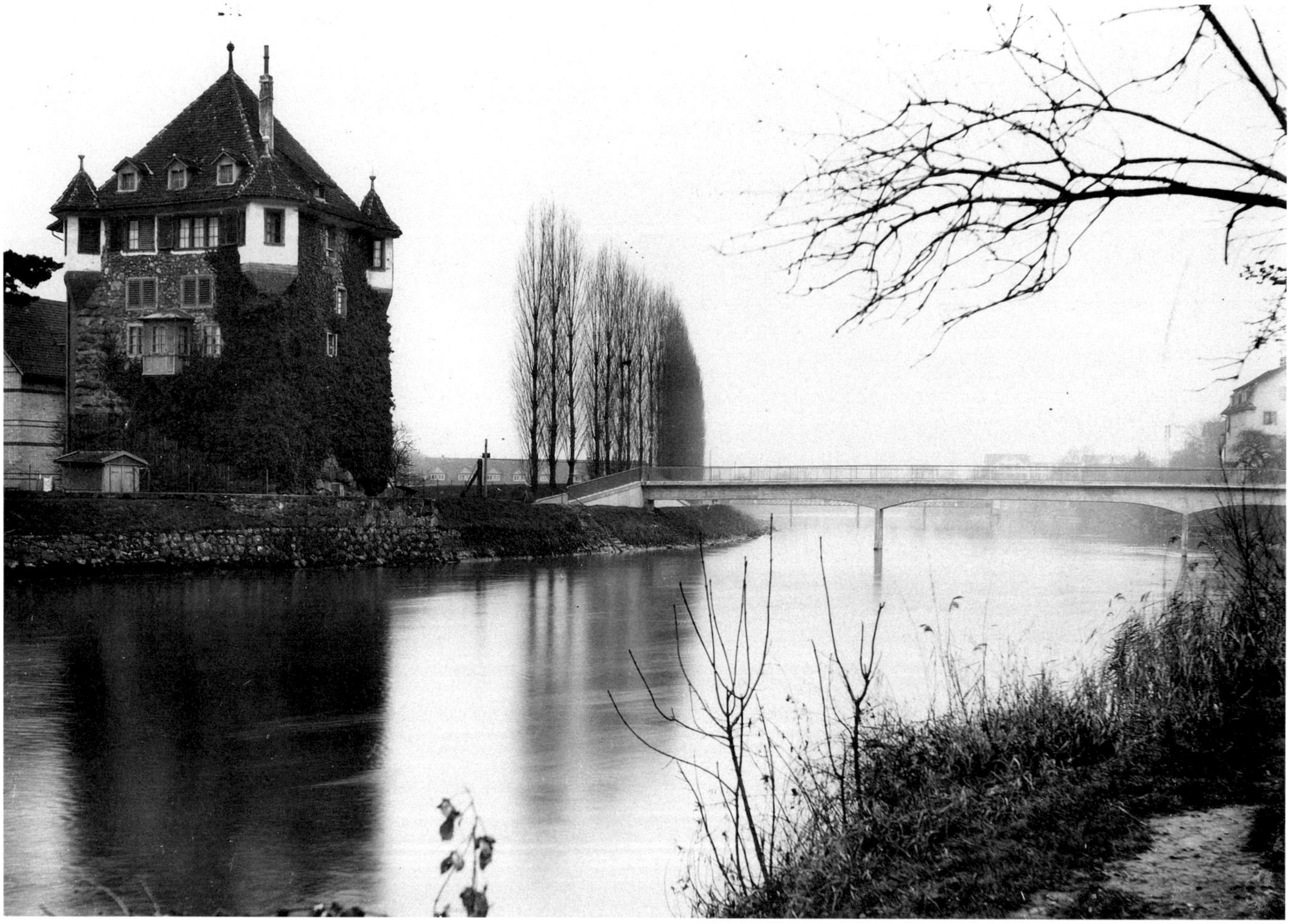

ANONYM (ANONYMOUS)
AUSSERSIHL INDUSTRIEQUARTIER: HARDTURM MIT LIMMATSTEG
(AUSSERSIHL INDUSTRIAL QUARTER; HARDTURM WITH LIMMAT FOOTBRIDGE), 1931

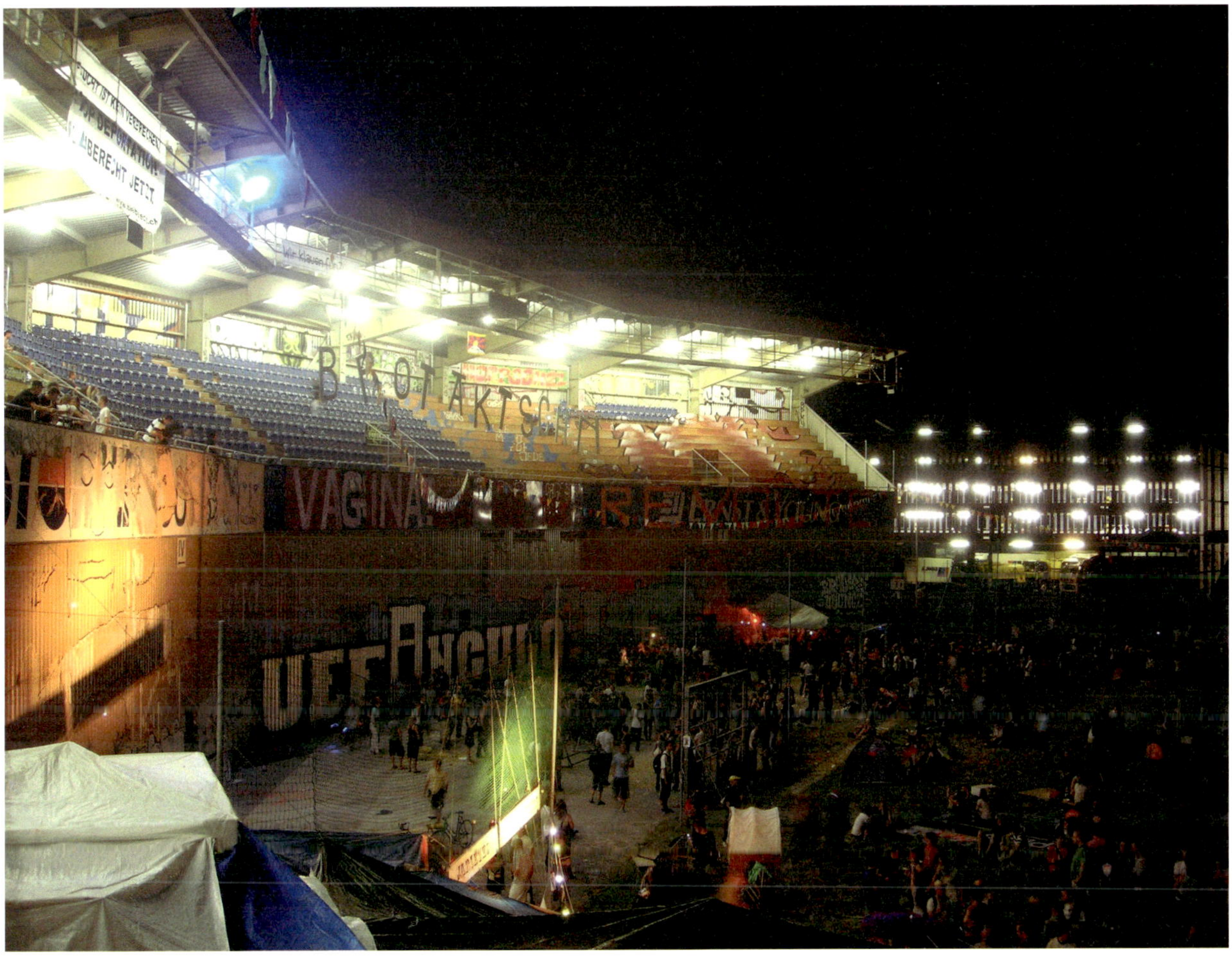

MATTHIAS SCHARRER
BROTÄKTSCHEN, HARDTURM-BESETZUNG IM JULI 2008
(BREADACTION, OCCUPATION OF HARDTURM STADIUM IN JULY 2008)

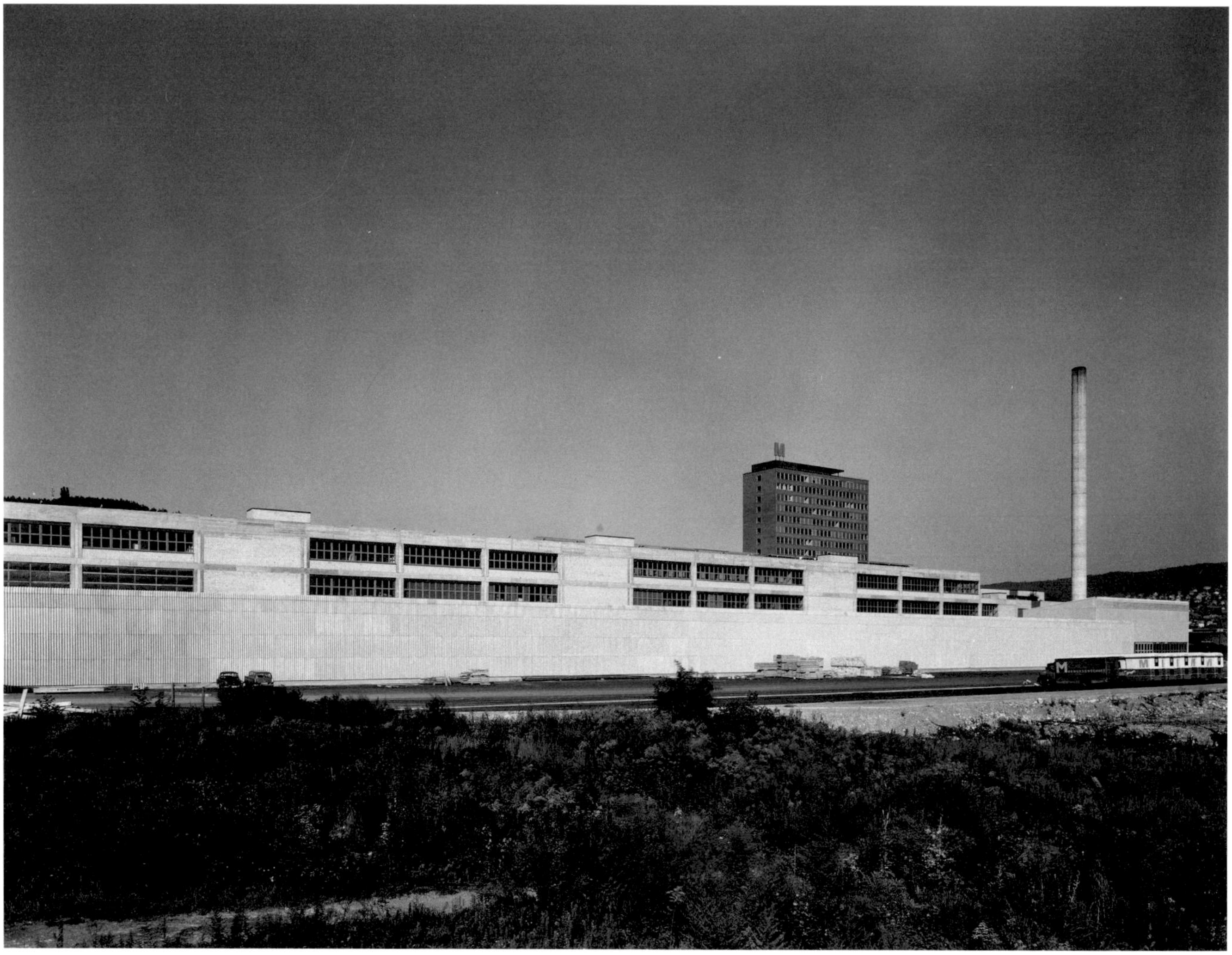

HEINRICH WOLF-BENDER
AUSSERSIHL: PFINGSTWEIDSTRASSE 101, 1964

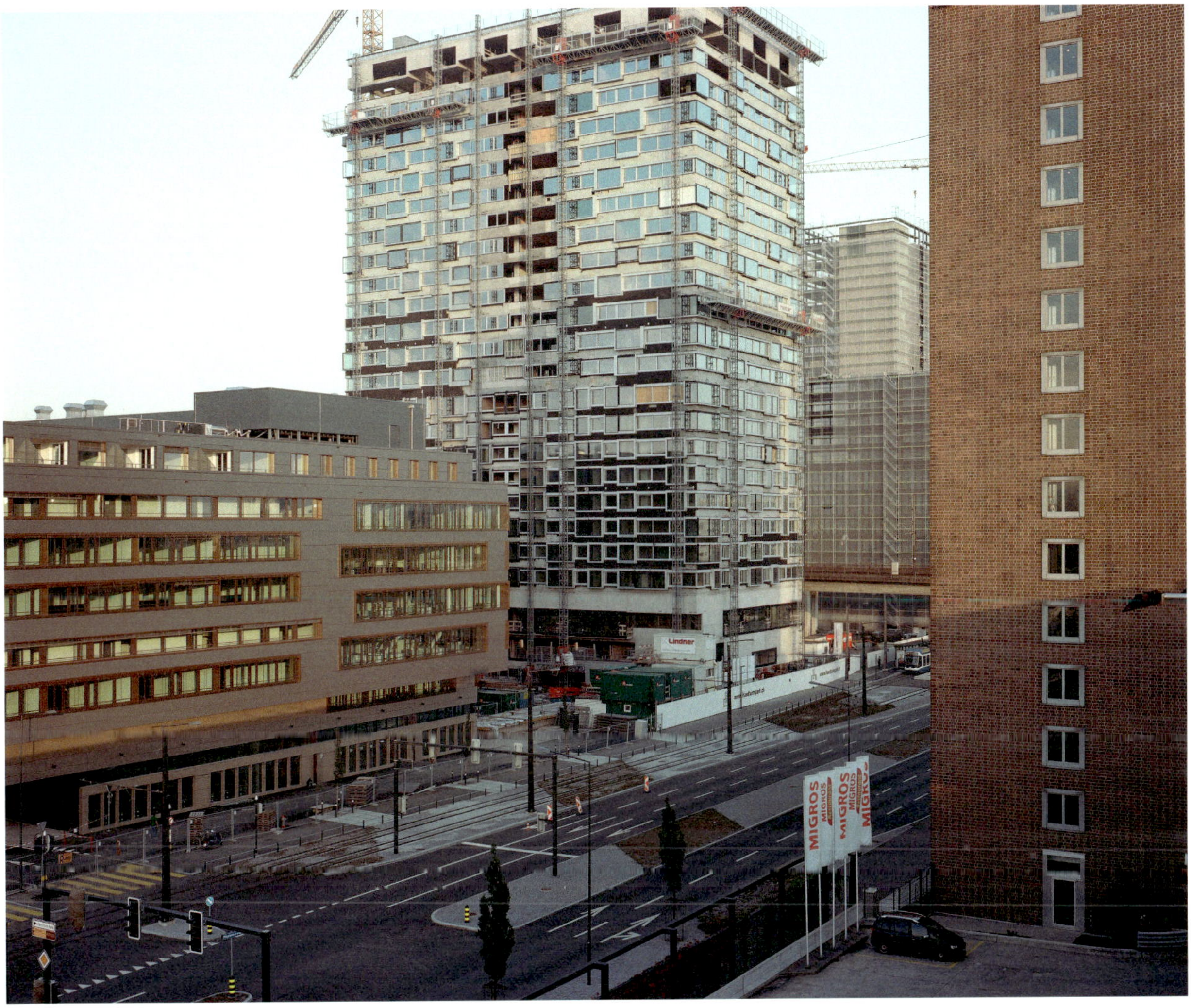

JULES SPINATSCH
PFINGSTWEIDSTRASSE 101, ZÜRICH, 2012

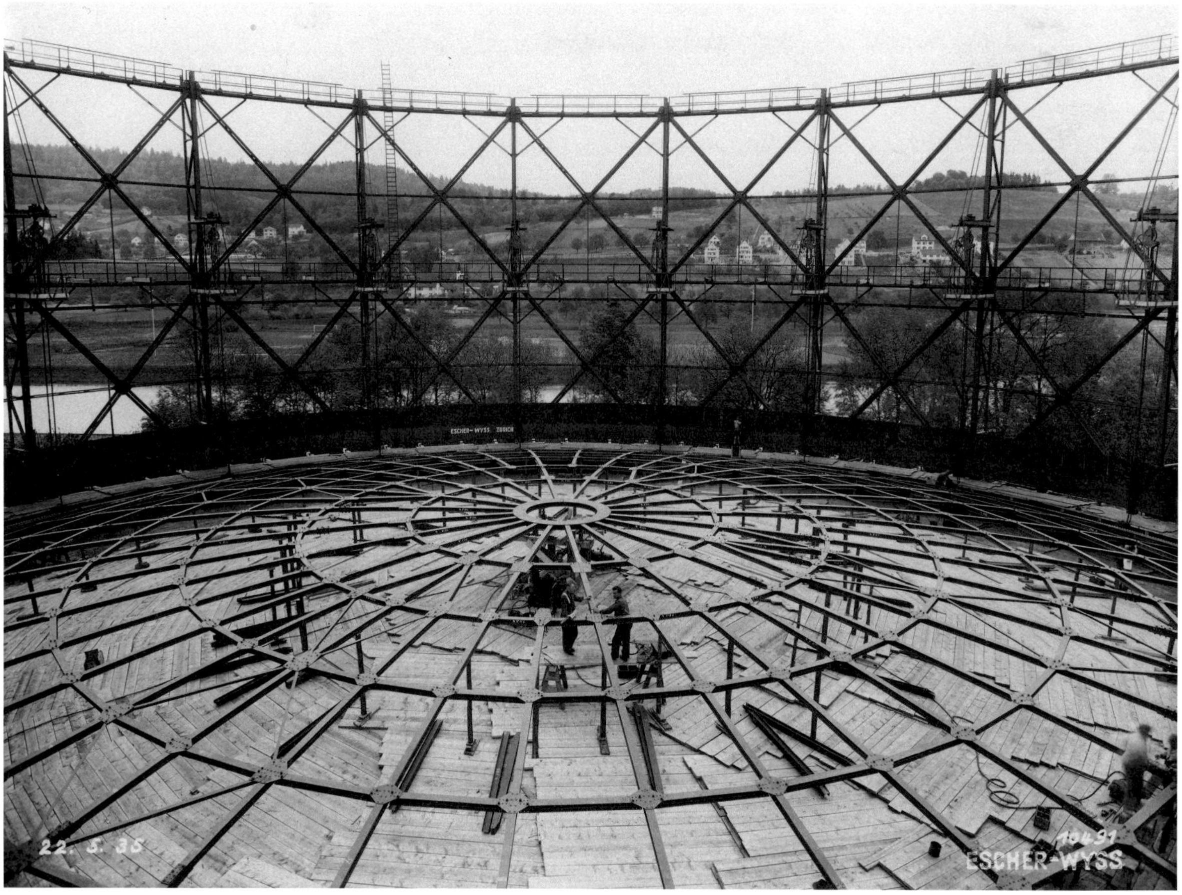

ANONYM (ANONYMOUS)
SCHLIEREN: BAU DES NEUEN GASBEHÄLTERS VON 100'000 M^3 INHALT
(CONSTRUCTION OF THE NEW GAS CONTAINER), 1936

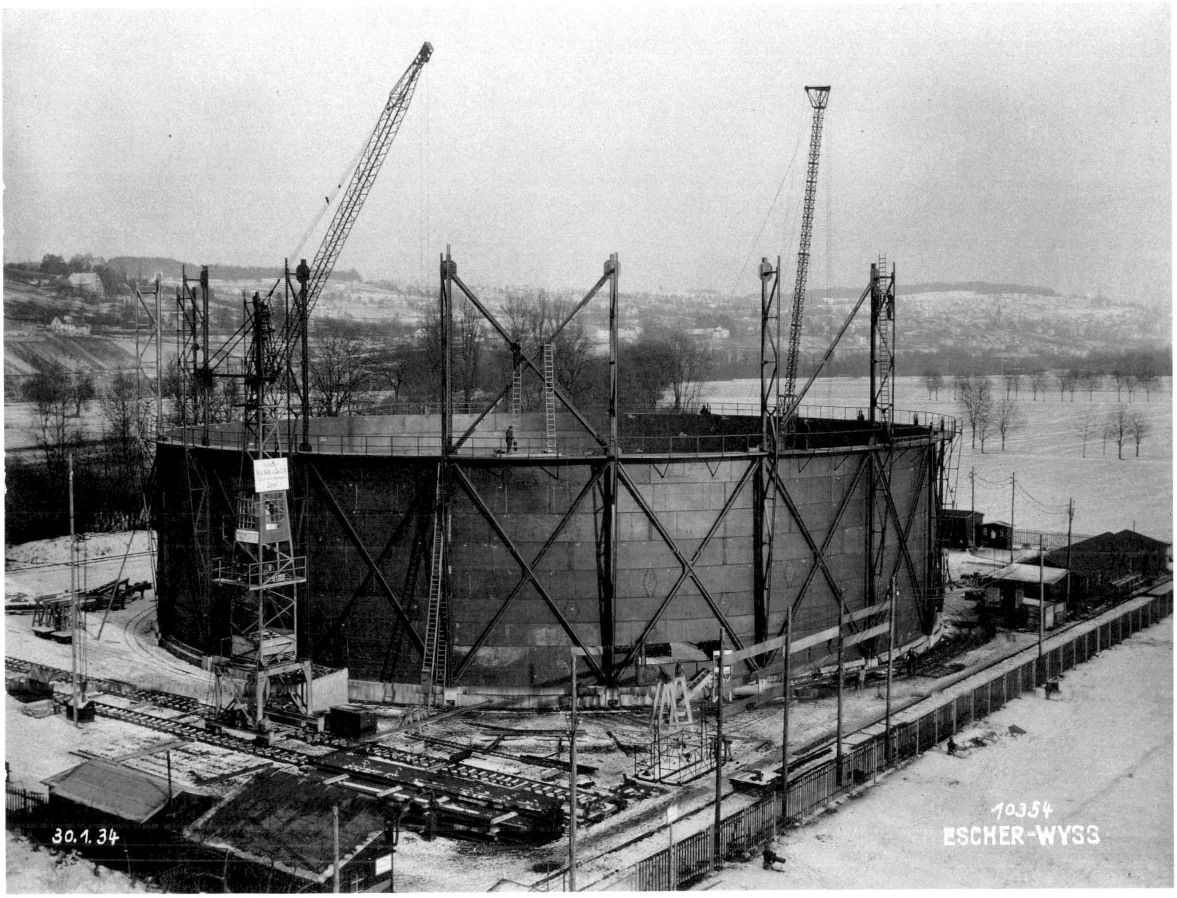

ANONYM (ANONYMOUS)
SCHLIEREN: GASWERK DER STADT ZÜRICH
(ZÜRICH'S GASWORKS), 1934

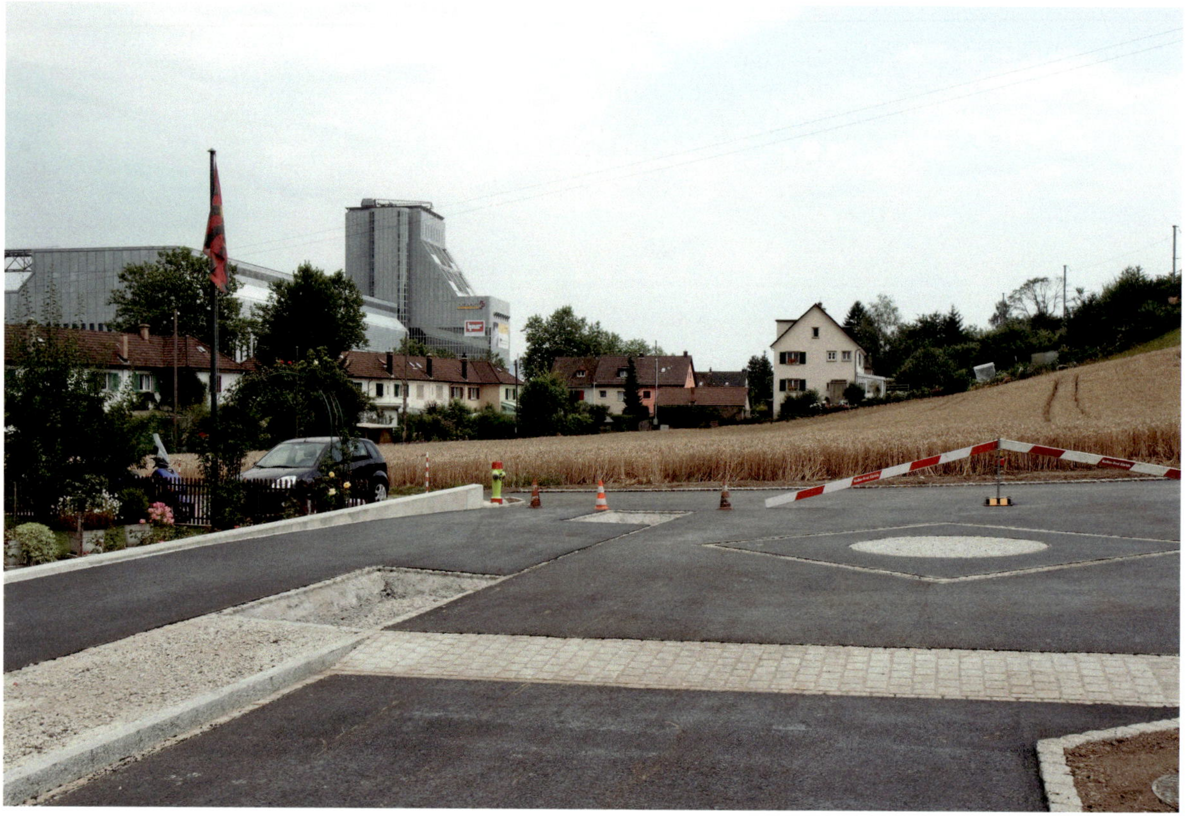

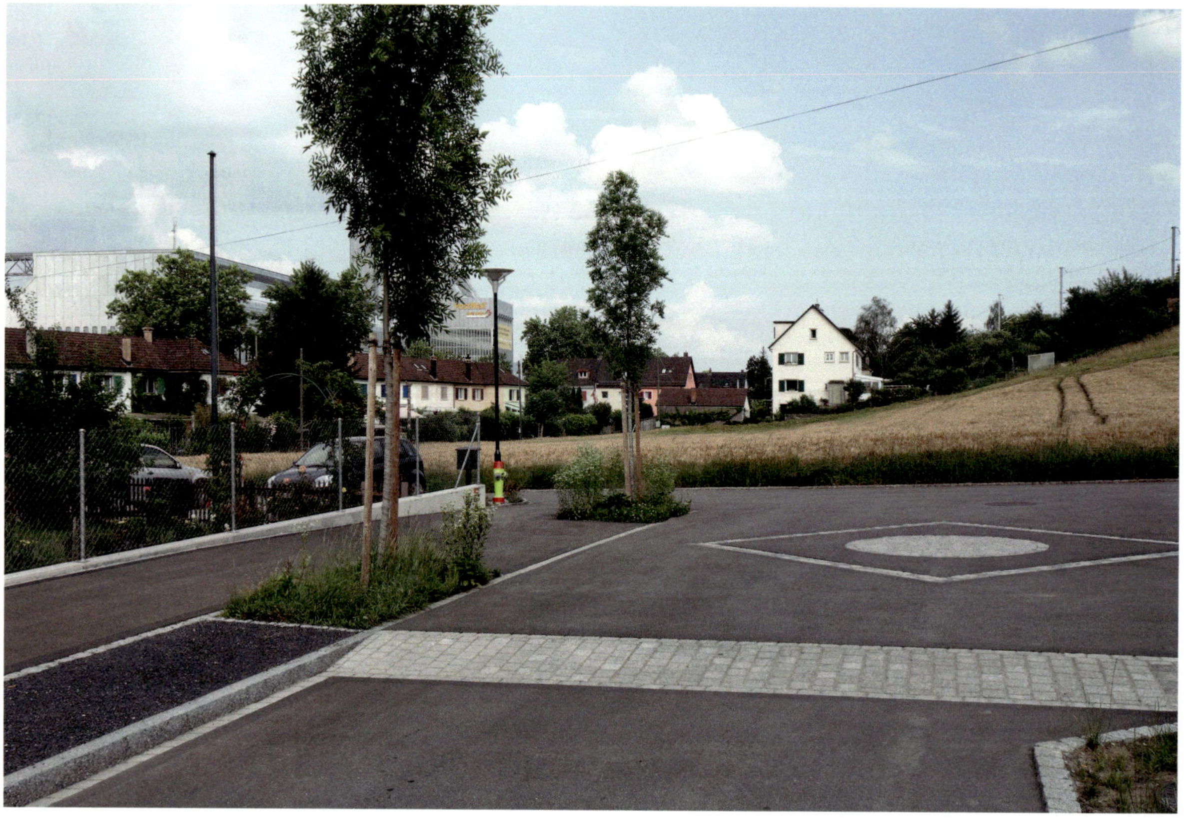

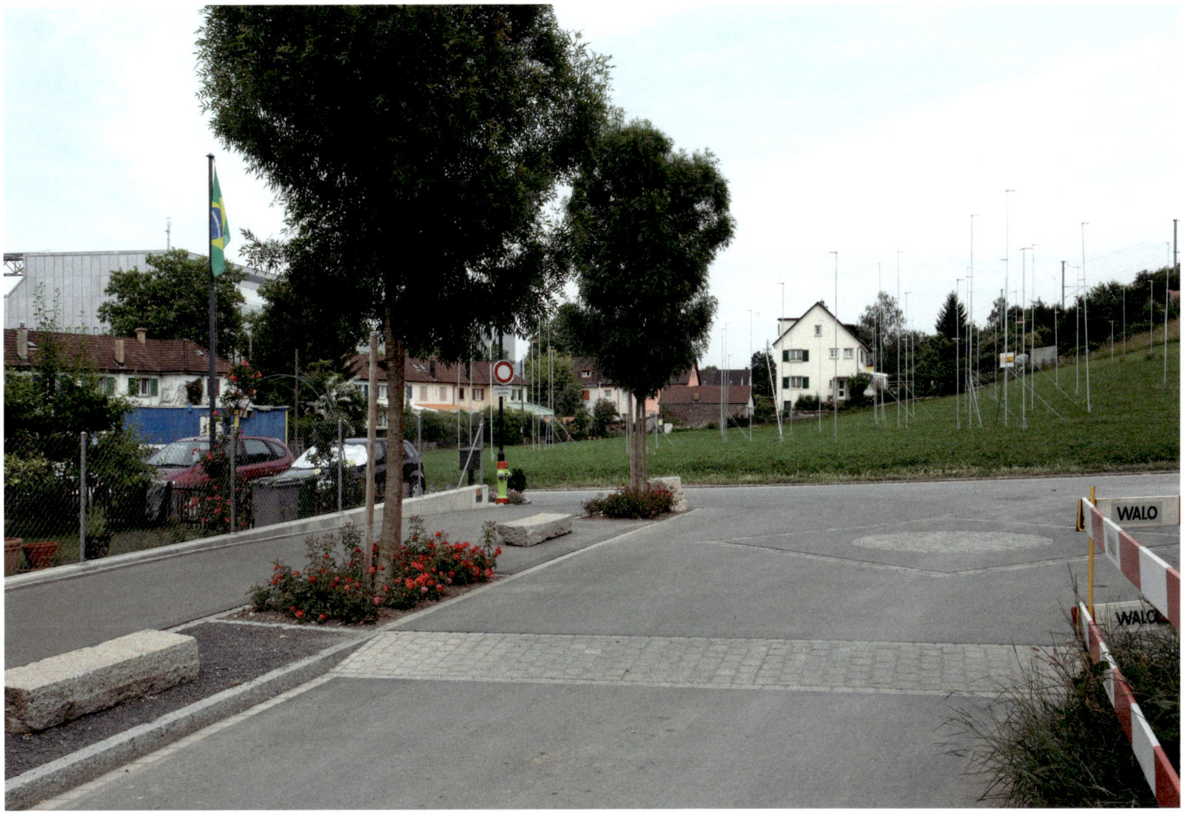

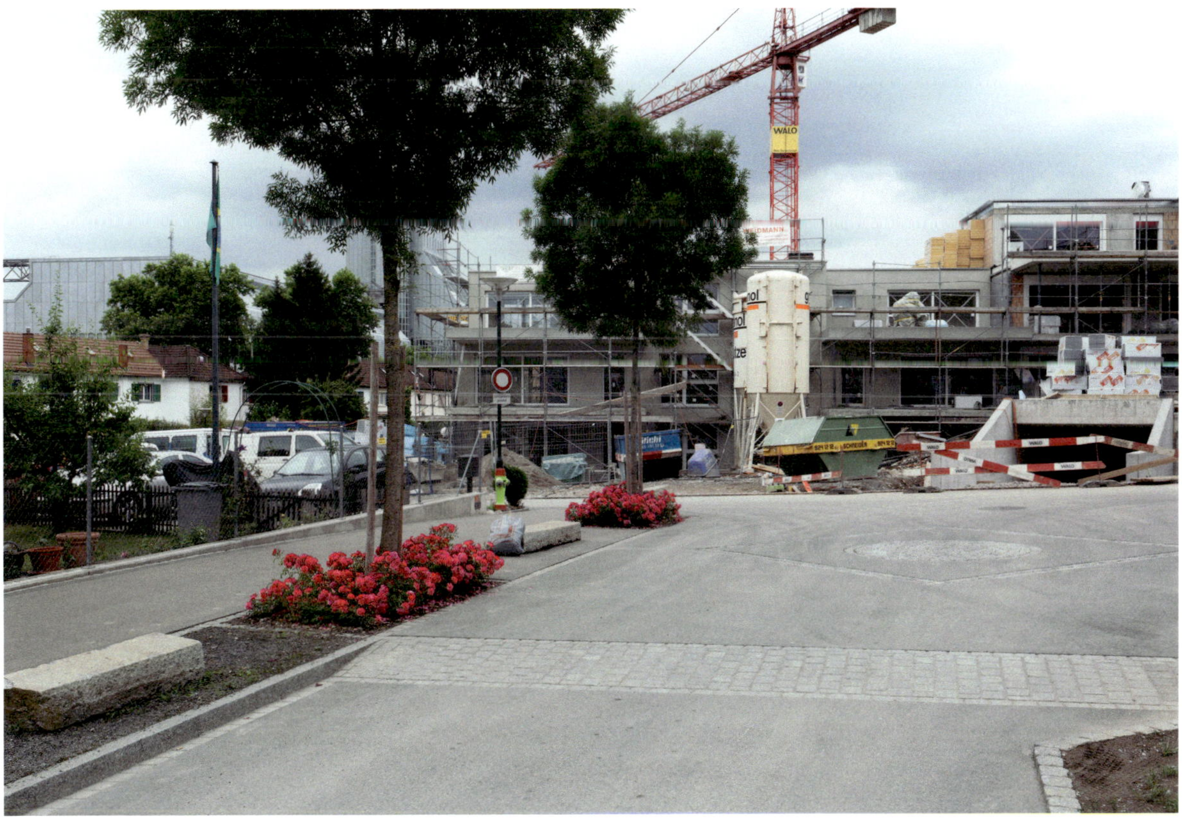

ULRICH GÖRLICH & MERET WANDELER
FOTOGRAFISCHE LANGZEITBEOBACHTUNG SCHLIEREN #21,
(LONG-TERM PHOTOGRAPHIC OBSERVATION OF SCHLIEREN), 2005, 2007, 2009, 2011

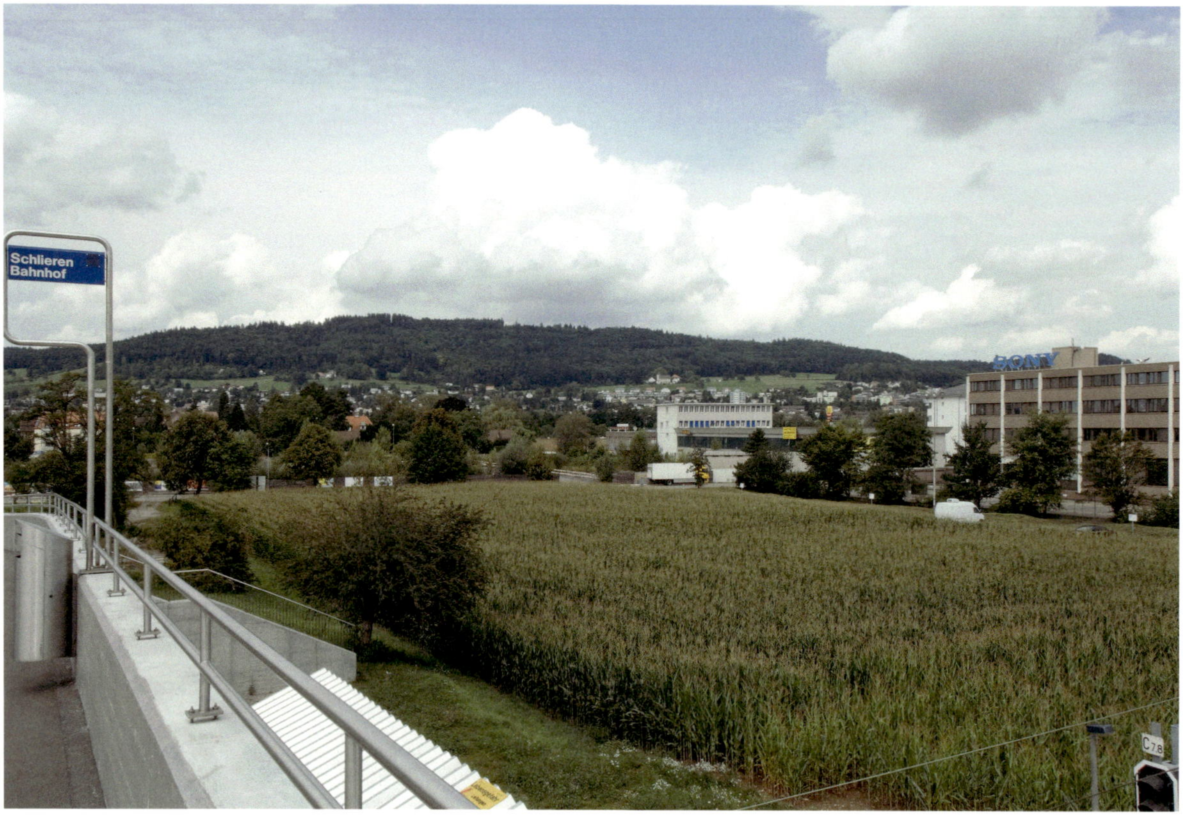
Schlieren
Bahnhof
SONY

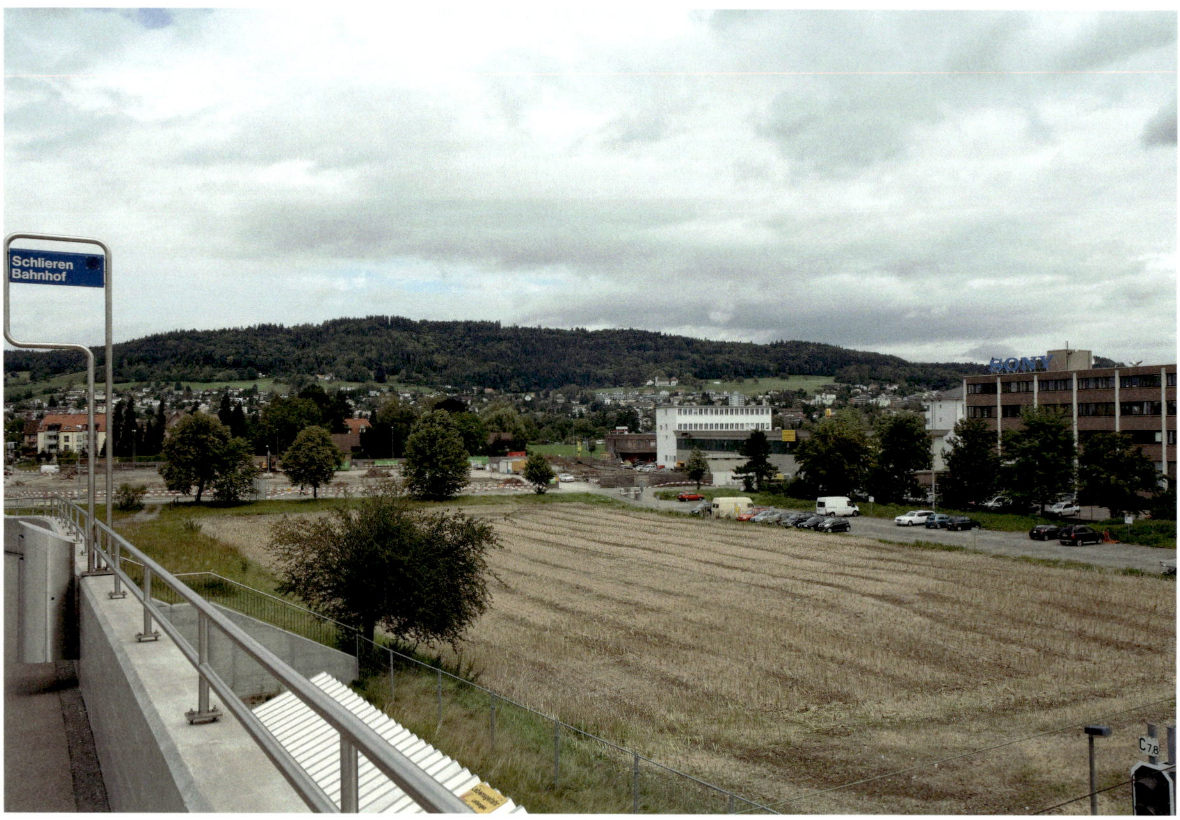
Schlieren
Bahnhof
SONY

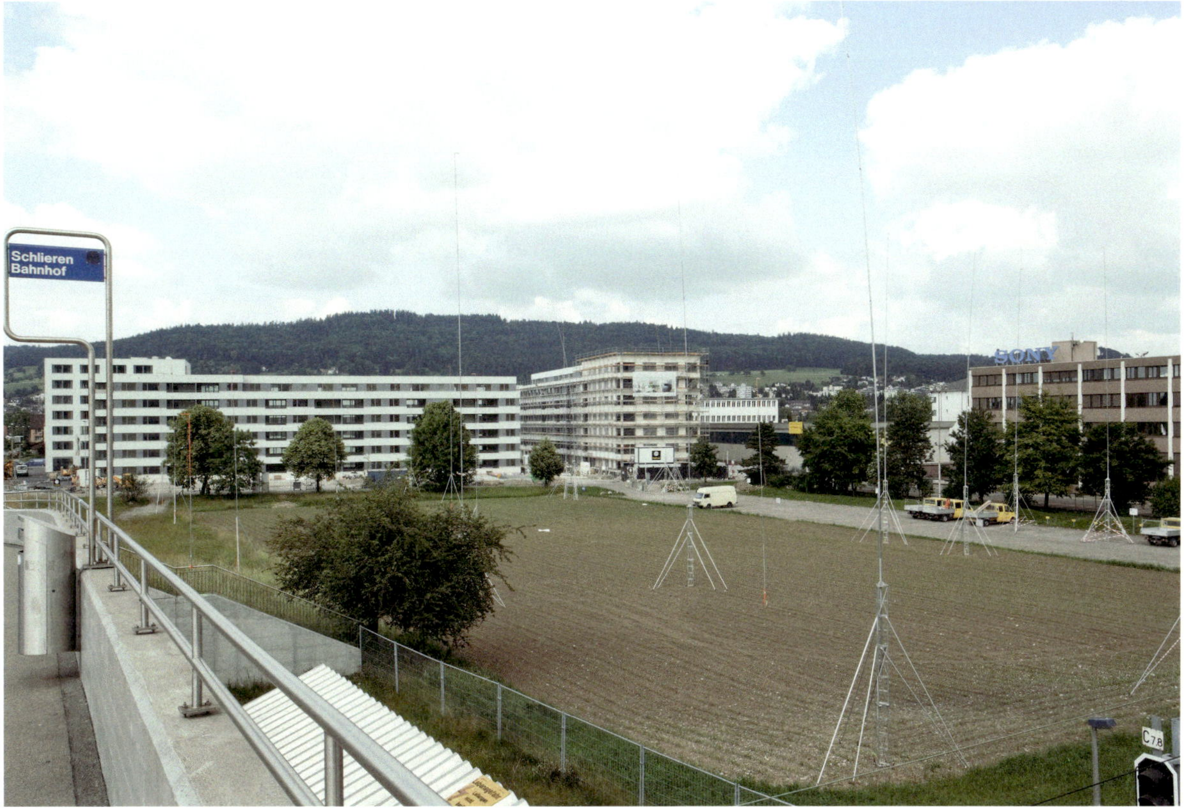

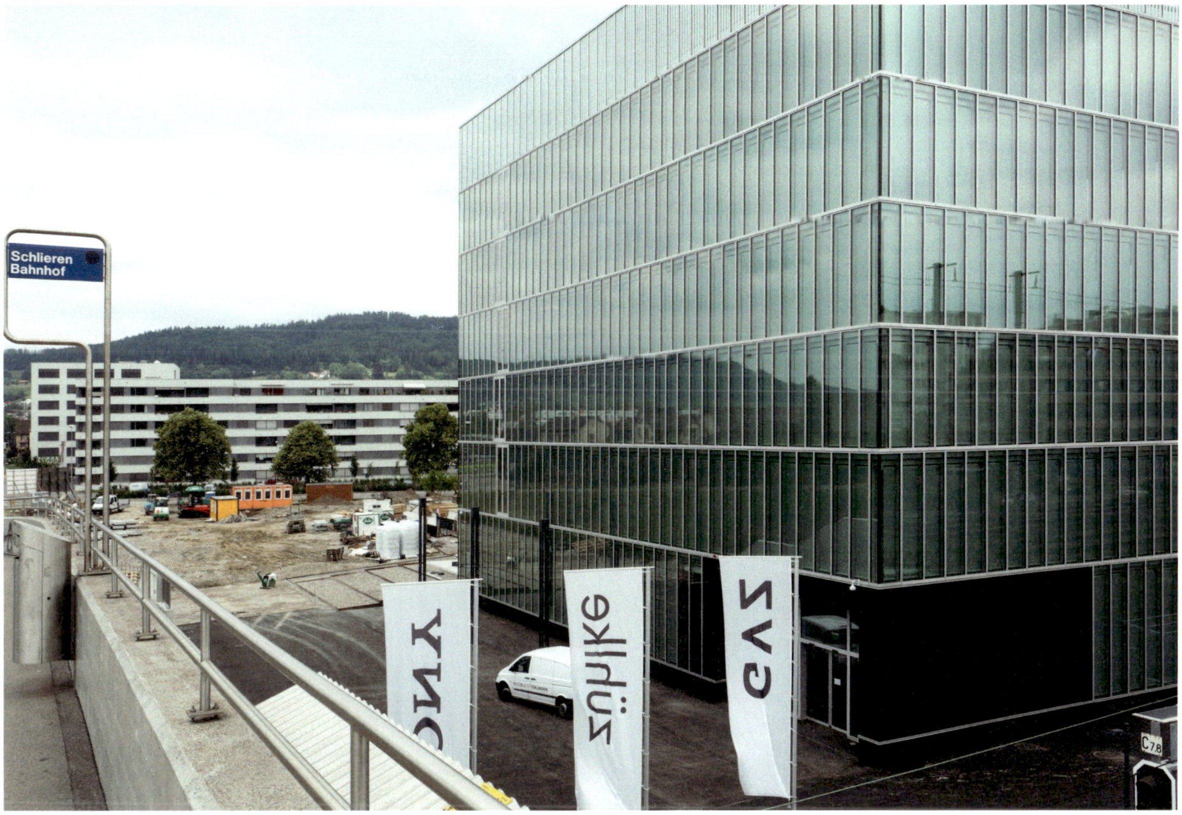

ULRICH GÖRLICH & MERET WANDELER
FOTOGRAFISCHE LANGZEITBEOBACHTUNG SCHLIEREN #121,
(LONG-TERM PHOTOGRAPHIC OBSERVATION OF SCHLIEREN), 2005, 2007, 2009, 2011

348 / 349

VENEDIG
/
VENICE

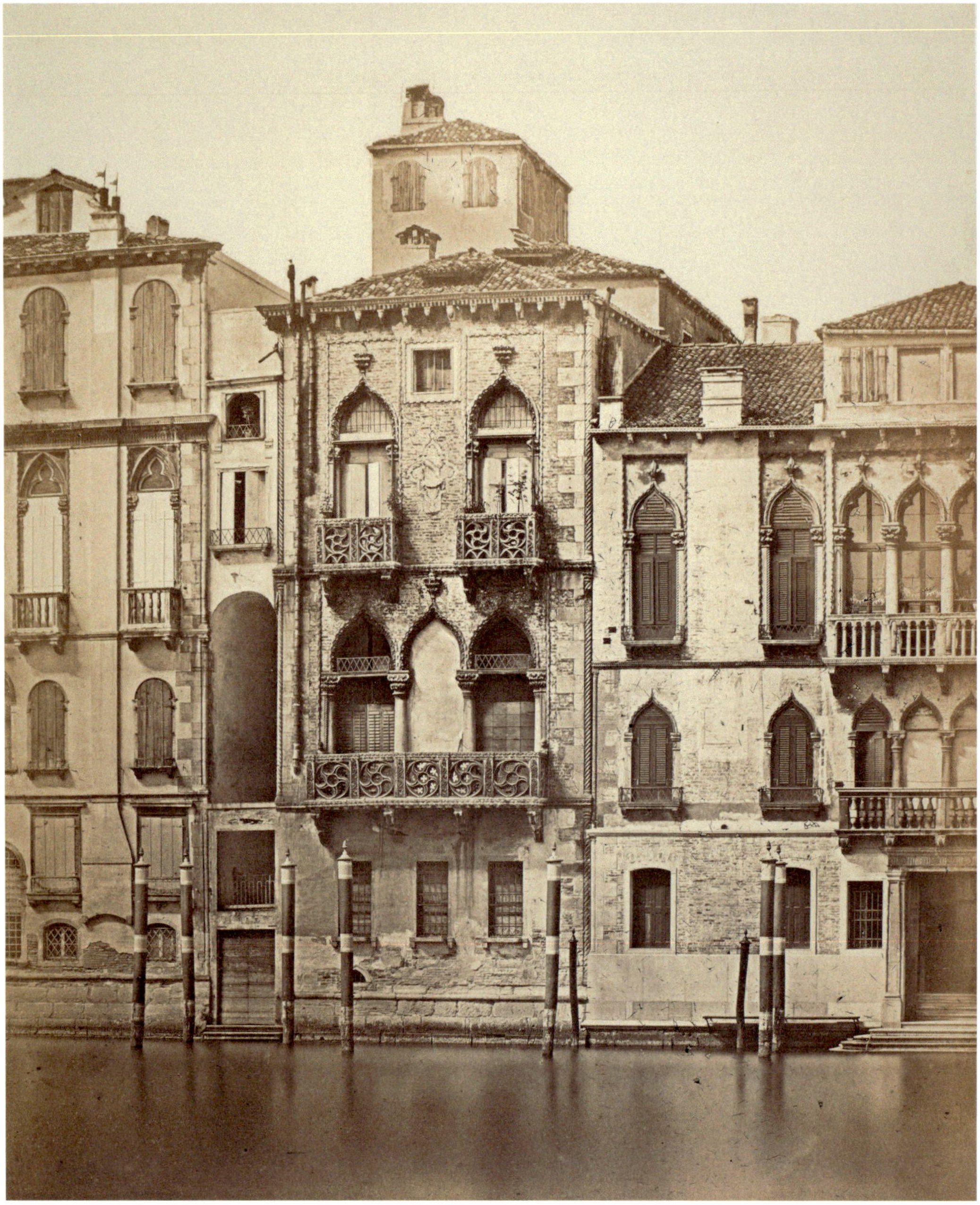

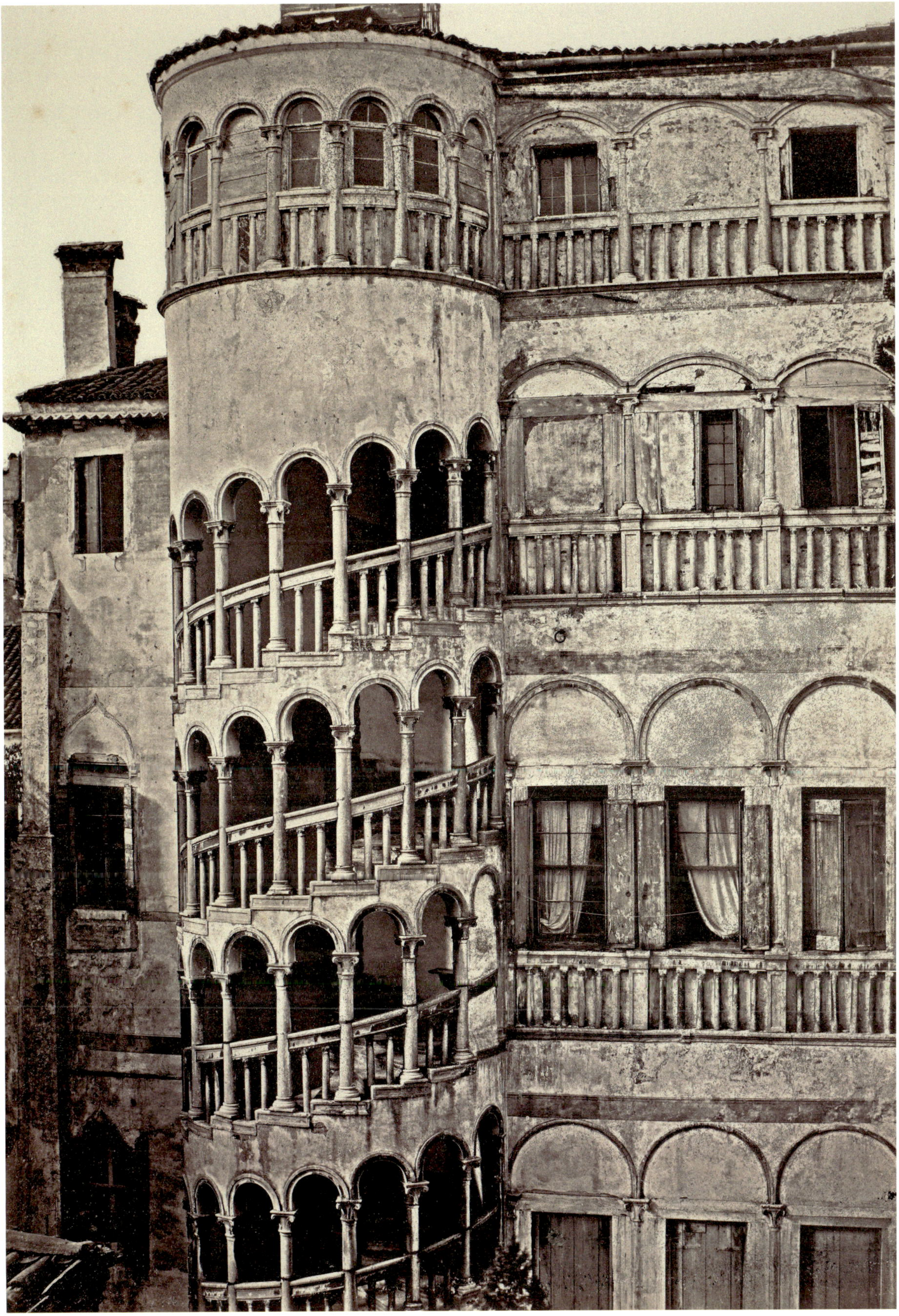

DOMENICO BRESOLIN
PALAZZO CONTARINI-FASAN, 1851–1853
SCALA DEL BOVOLO AM PALAZZO CONTARINI DEL BOVOLO, 1851–1855

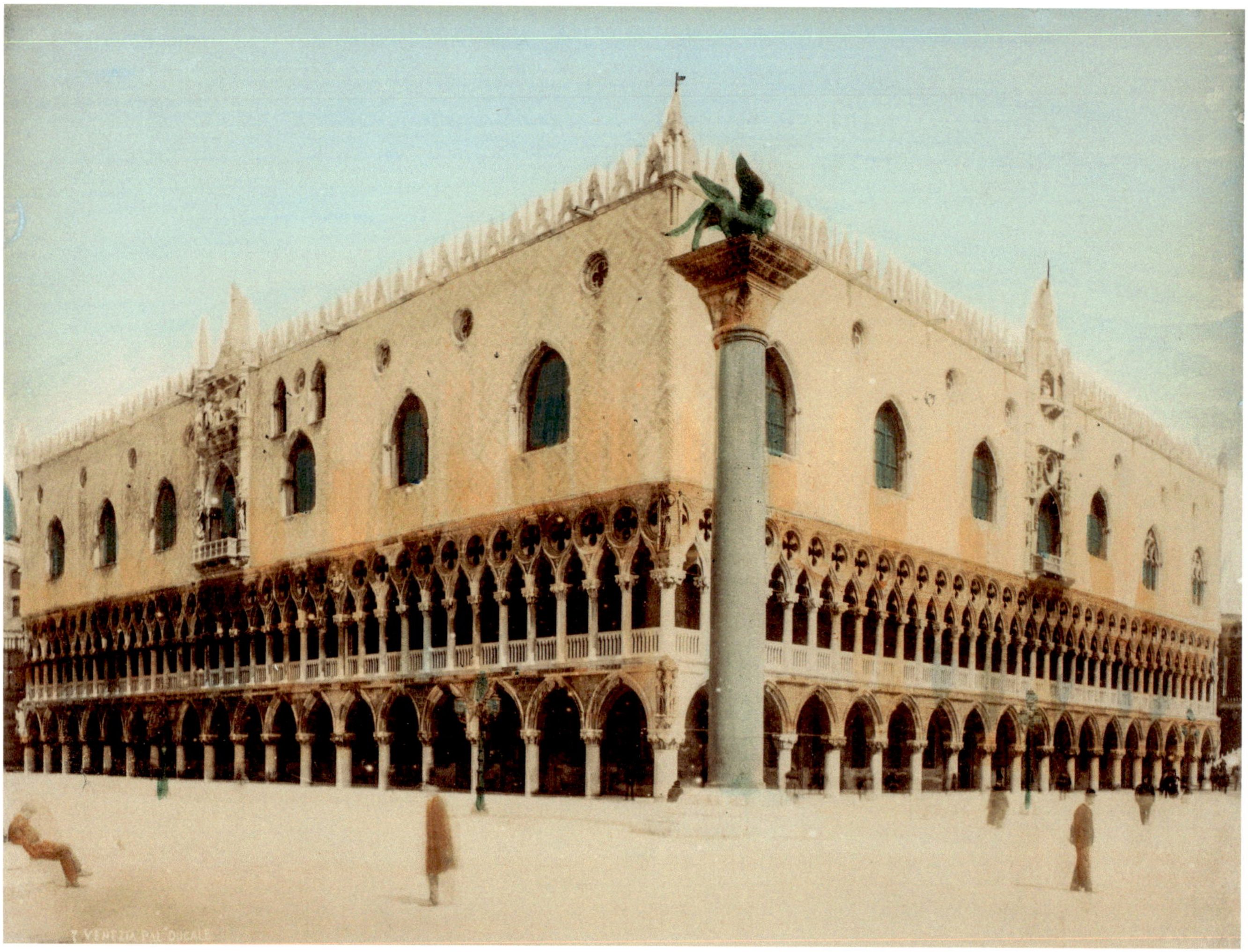

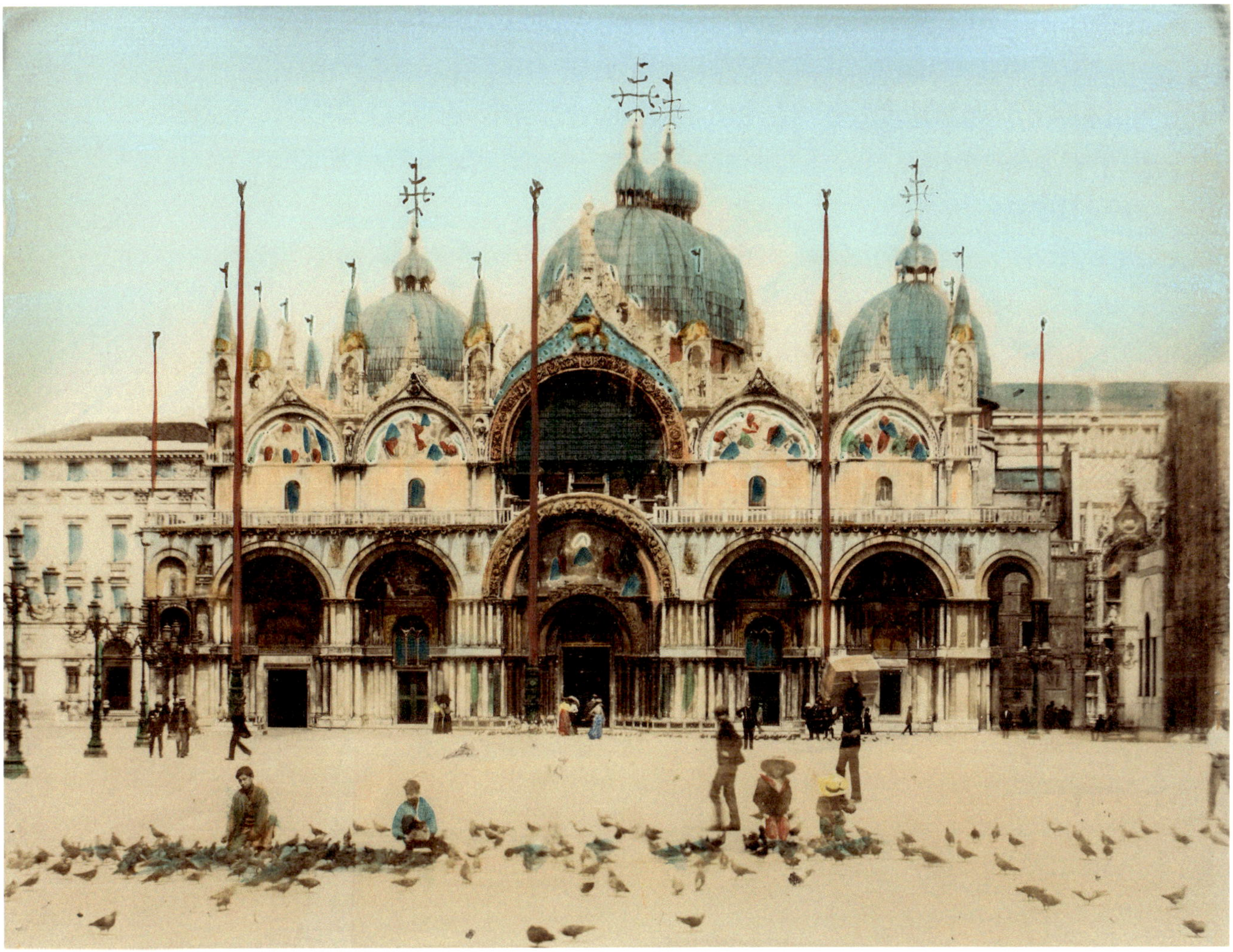

EDIZIONI BROGI (ZUGESCHRIEBEN/ATTRIBUTED TO ROBERTO SALVIATI)
DOGENPALAST (DOGE'S PALACE), CA. 1890
MARKUSKIRCHE (SAINT MARK'S BASILICA), CA. 1890

«Der Venezianer musste eine neue Art von Geschöpf werden, wie man denn auch Venedig nur mit sich selbst vergleichen kann. Der grosse, schlangenförmig gewundene Kanal weicht keiner Strasse in der Welt, dem Raum vor dem Markusplatze kann wohl nichts an die Seite gesetzt werden. Ich meine den grossen Wasserspiegel, der diesseits von dem eigentlichen Venedig im halben Mond umfasst wird. Über der Wasserfläche sieht man links die Insel St. Giorgio Maggiore, etwas weiter rechts die Giudecca und ihren Kanal, noch weiter rechts die Dogane und die Einfahrt in den Canal Grande, wo uns gleich ein paar ungeheure Marmortempel entgegenleuchten. Dies sind mit wenigen Zügen die Hauptgegenstände, die uns in die Augen fallen, wenn wir zwischen den zwei Säulen des Markusplatzes hervortreten. Die sämtlichen Aus- und Ansichten sind so oft in Kupfer gestochen, dass die Freunde davon sich gar leicht einen anschaulichen Begriff machen können.»

"...the Venetian was bound to develop into a new kind of creature, and that is why, too, Venice can only be compared to itself. The Canal Grande, winding snakelike through the town, is unlike any other street in the world, and no square can compete with the vast expanse of water in front of the Piazza San Marco, enclosed on one side by the semicircle of Venice itself. Across it to the left is the Island of San Giorgio Maggiore, to the right the Giudecca with its canal, and still further to the right the Dogana with the entrance to the Canal Grande, where stand some great gleaming marble temples. These, in brief, are the chief objects which strike the eye when one leaves the Piazza San Marco between the two columns. These views and prospects have all been engraved in copper so many times that my friends can easily form a clear idea of them."

JOHANN WOLFGANG VON GOETHE
ITALIENISCHE REISE/ITALIAN JOURNEY
1786

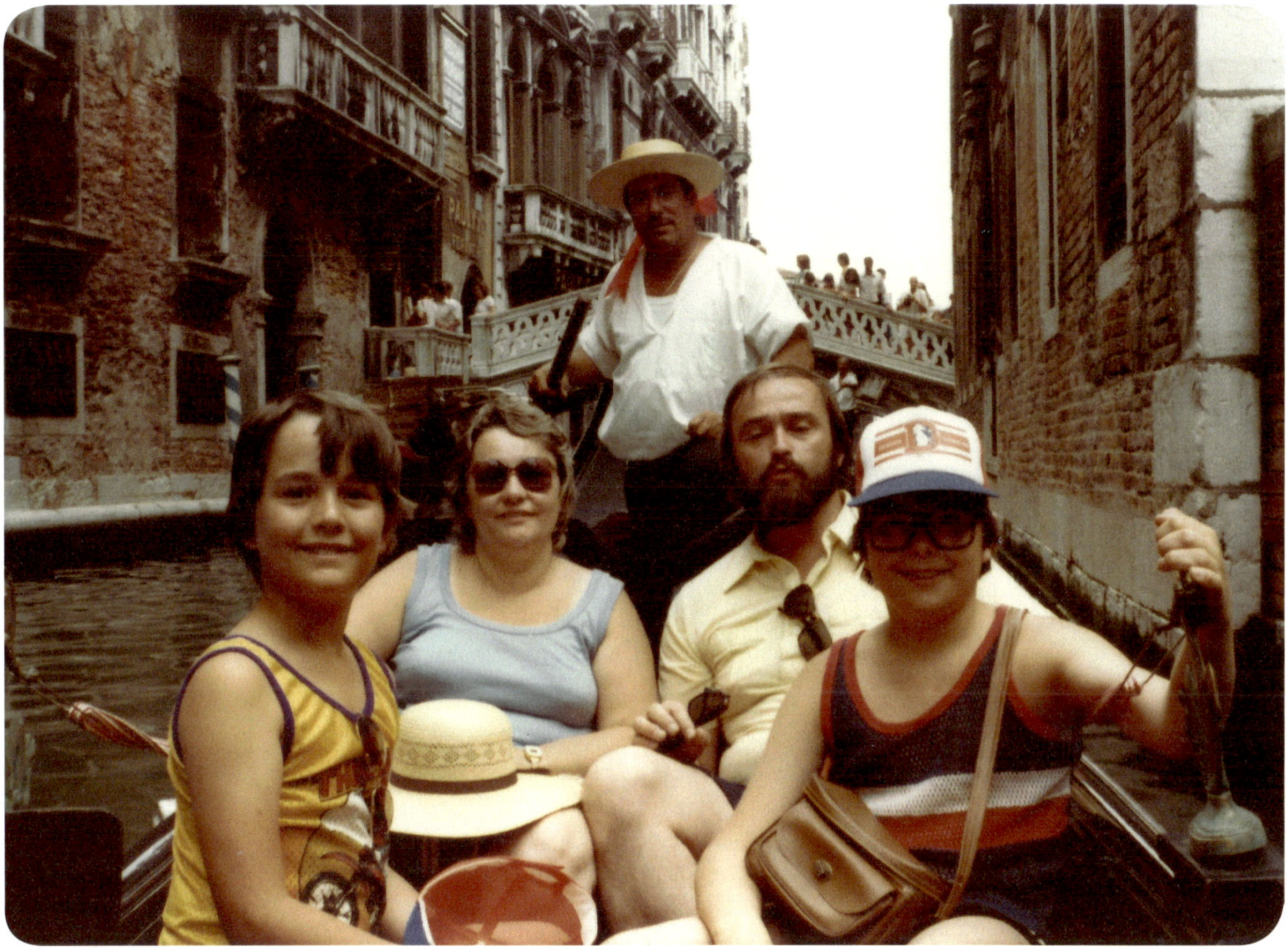

DAVE TOWNE
VENEDIGREISE (TRIP TO VENICE), 1980

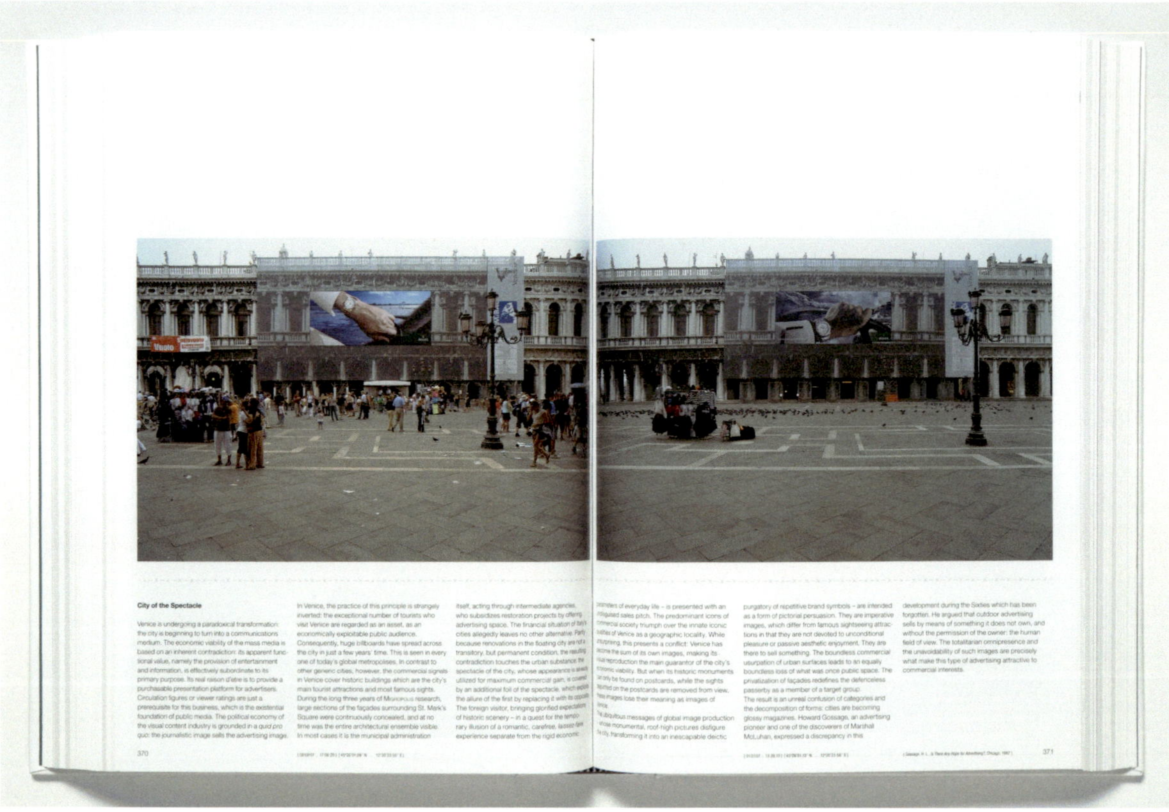
City of the Spectacle
370
371

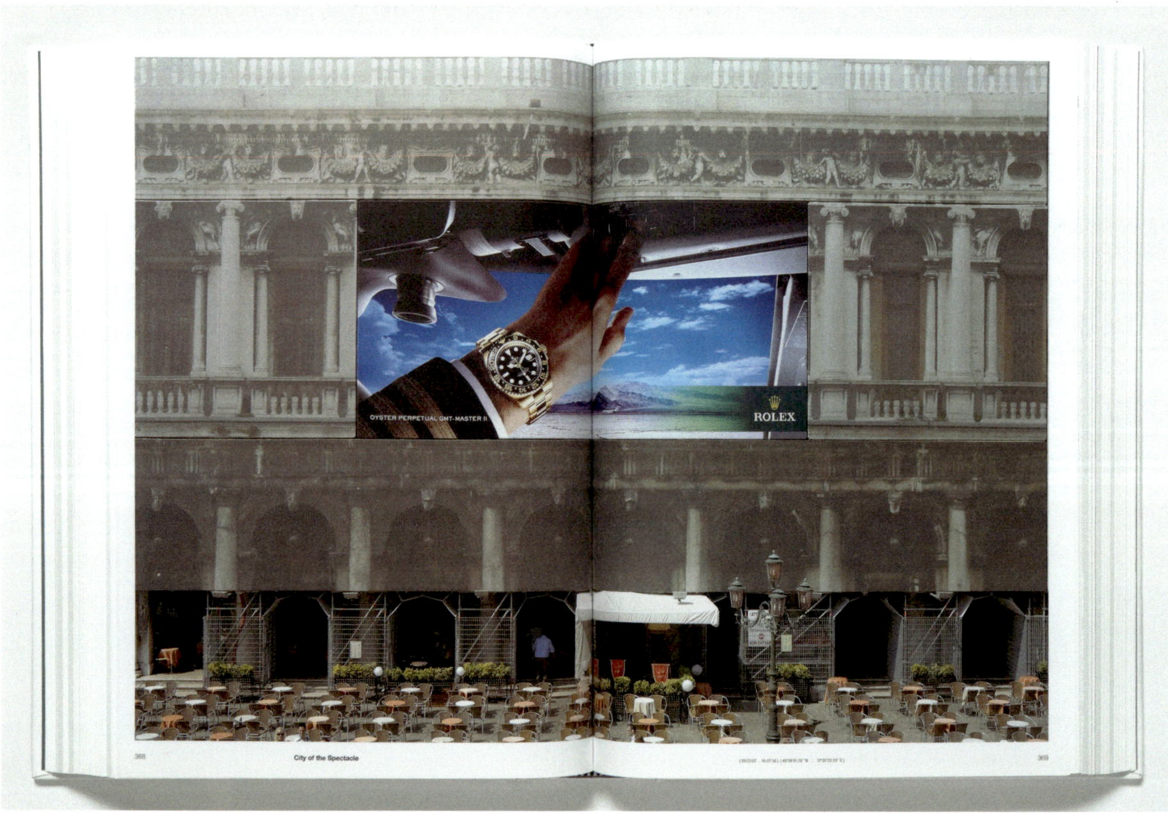
OYSTER PERPETUAL GMT-MASTER II
ROLEX
368
City of the Spectacle
369

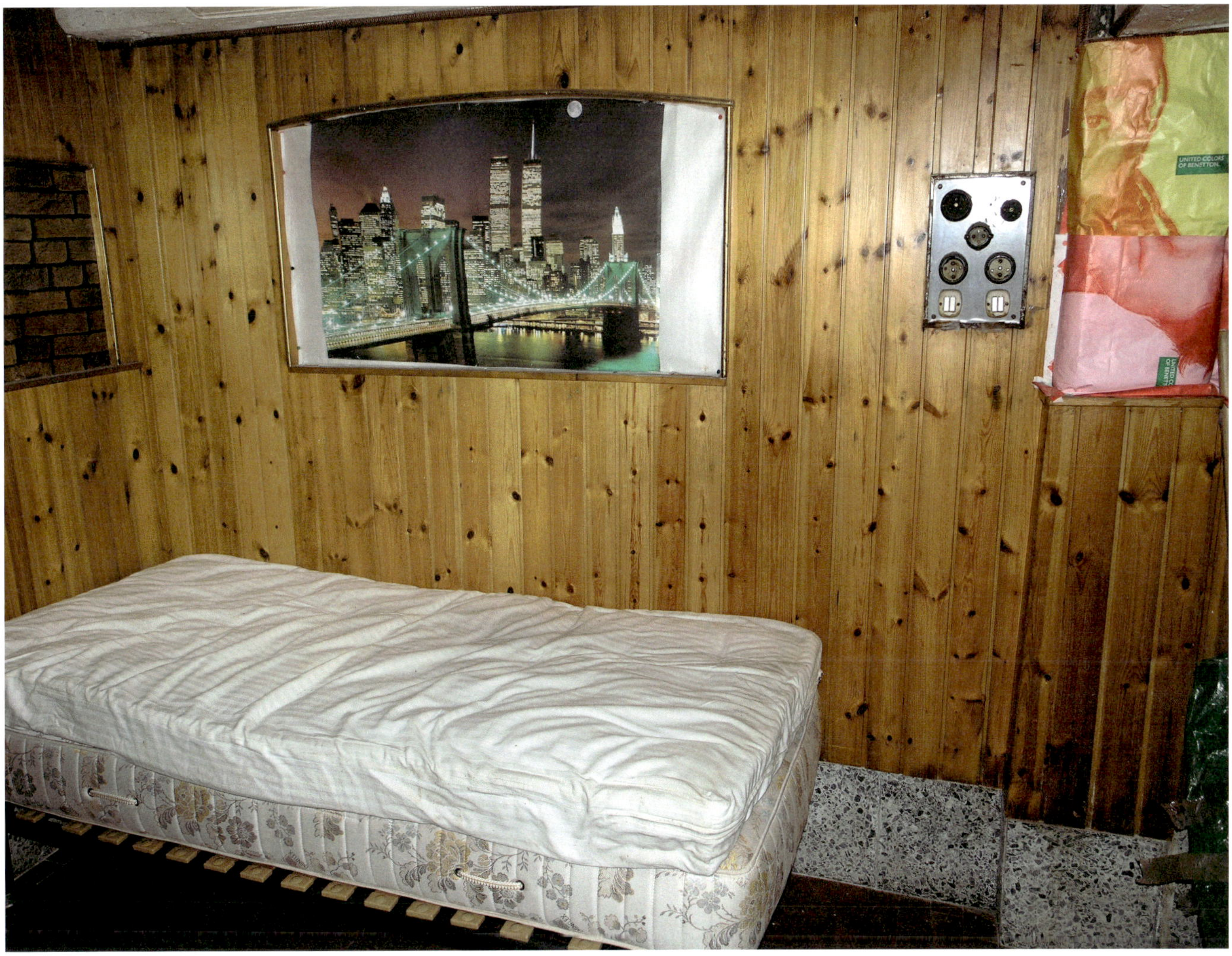

WOLFGANG SCHEPPE
AUS/FROM: *MIGROPOLIS. VENICE/ATLAS OF A GLOBAL SITUATION*
(ATLAS EINER GLOBALEN SITUATION), 2009
SEGREGATION_STREET_469, 2006

PARIS

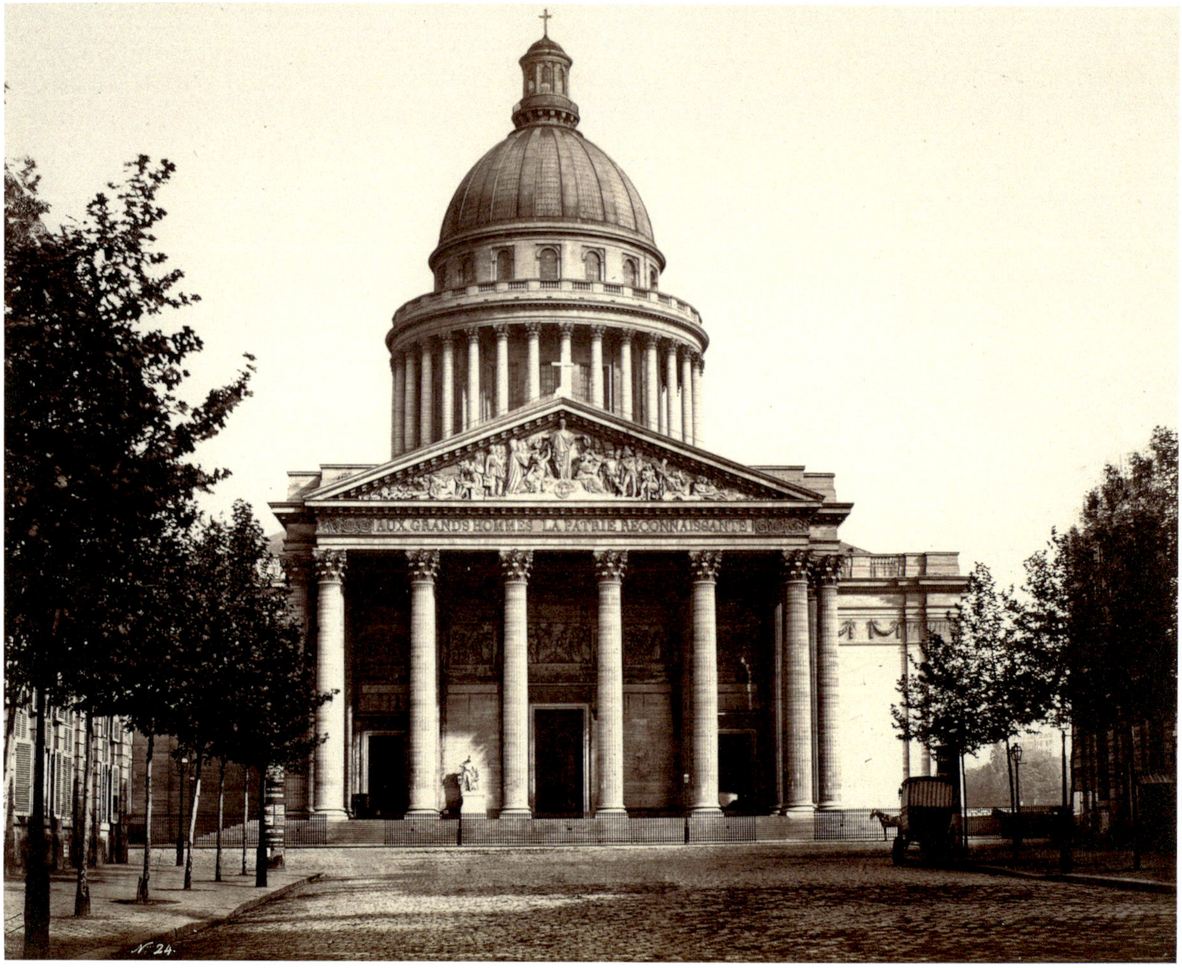

ÉDOUARD-DENIS BALDUS
INVALIDENDOM, PARIS, UM 1860

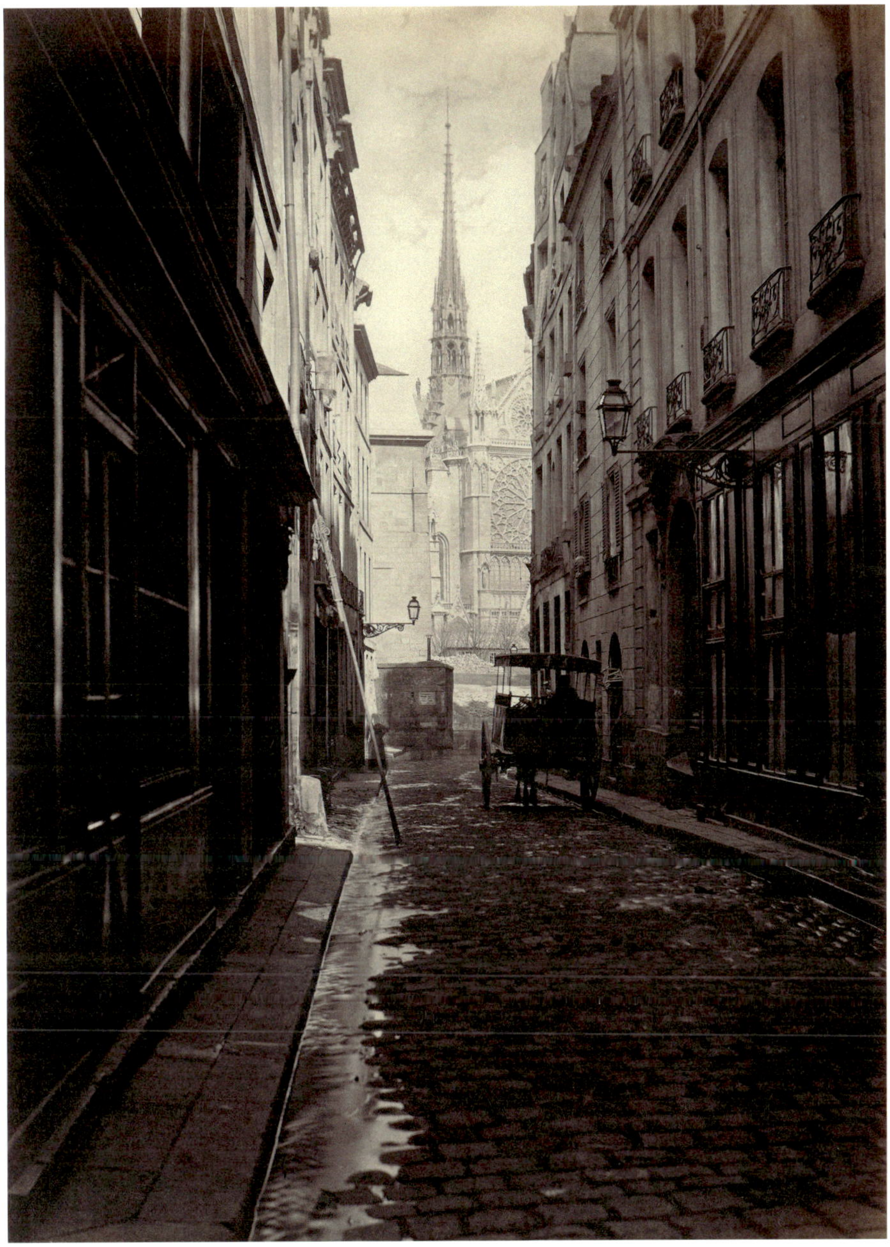

CHARLES MARVILLE
21, RUE DU FOUARRE, PARIS, 1865–1869

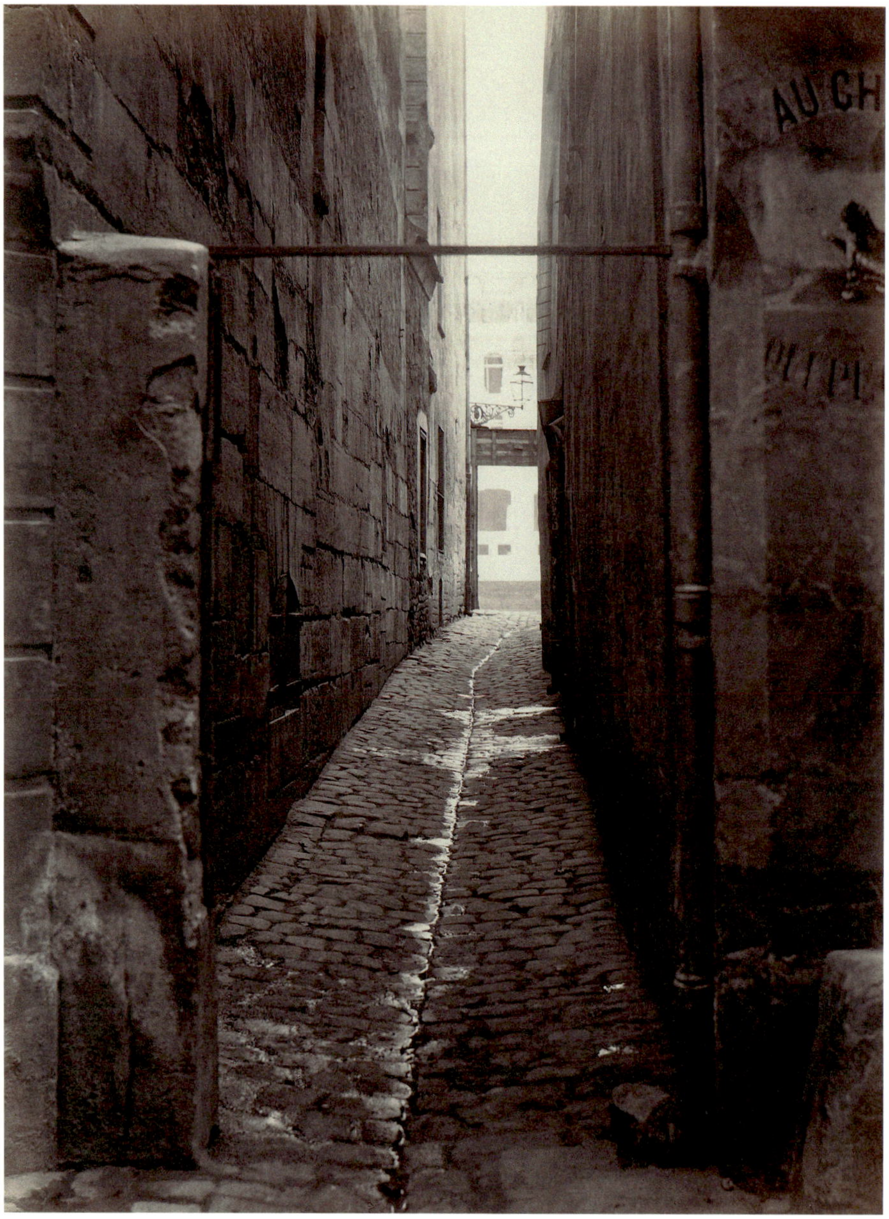

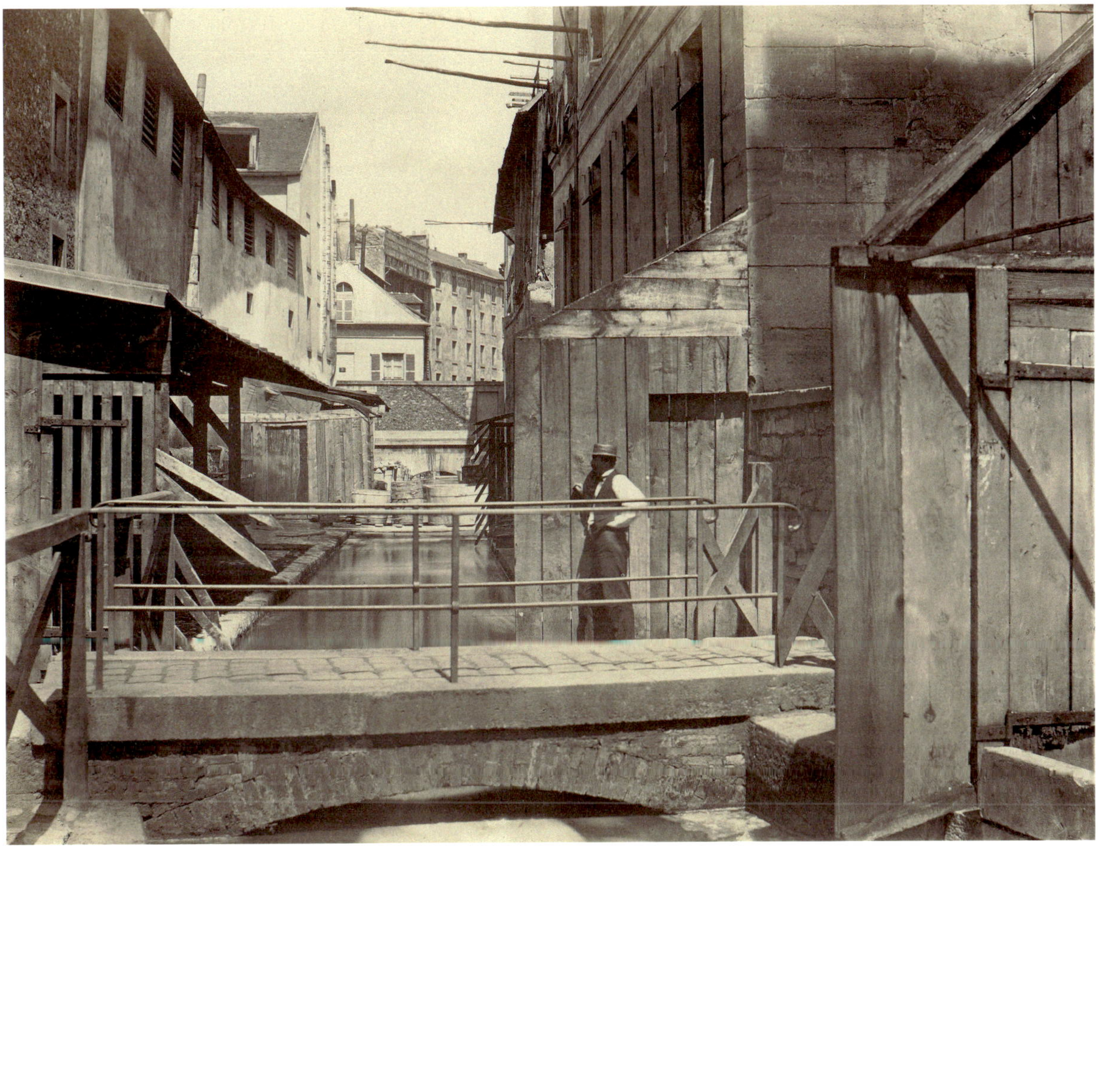

CHARLES MARVILLE
6, RUE DU CHAT-QUI-PÊCHE, PARIS, 1865–1869
24, RUE BIÈVRE, PARIS, 1865–1869

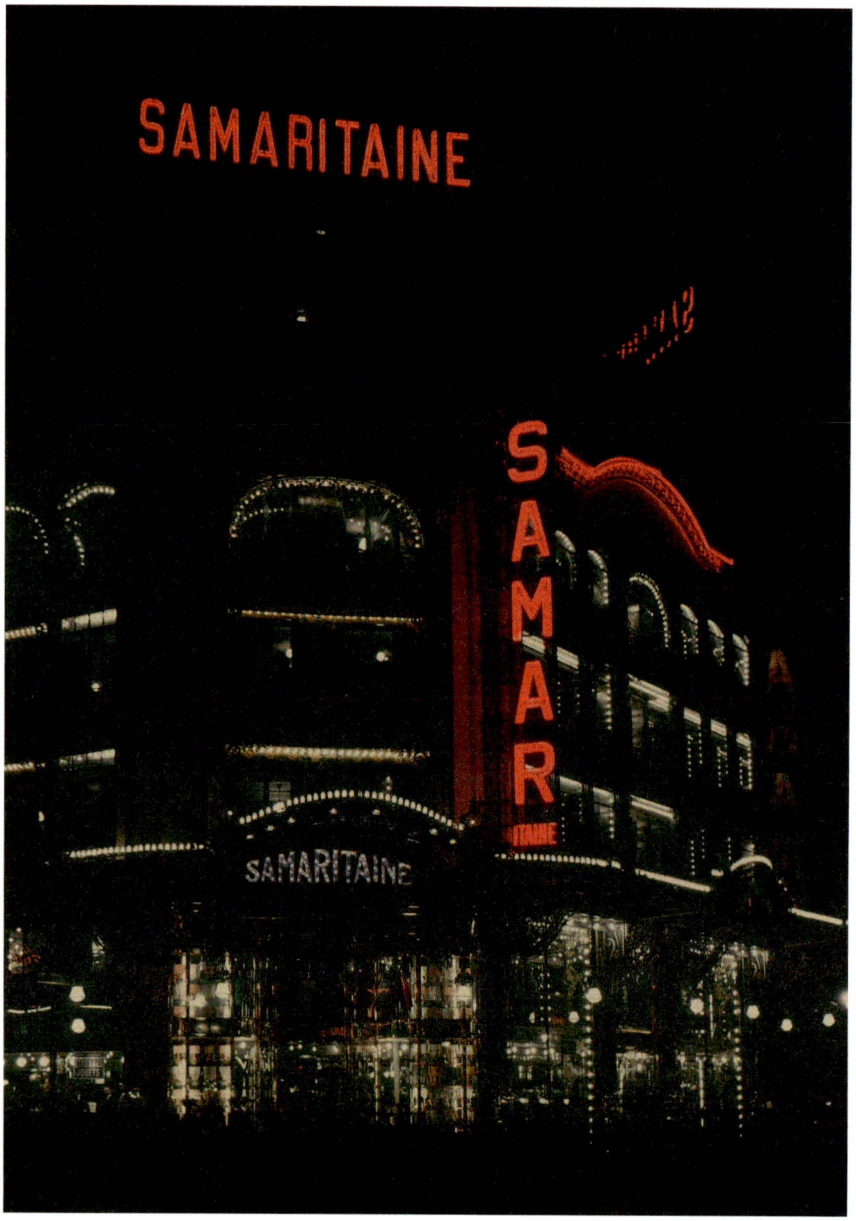
SAMARITAINE
SAMAR
SAMARITAINE

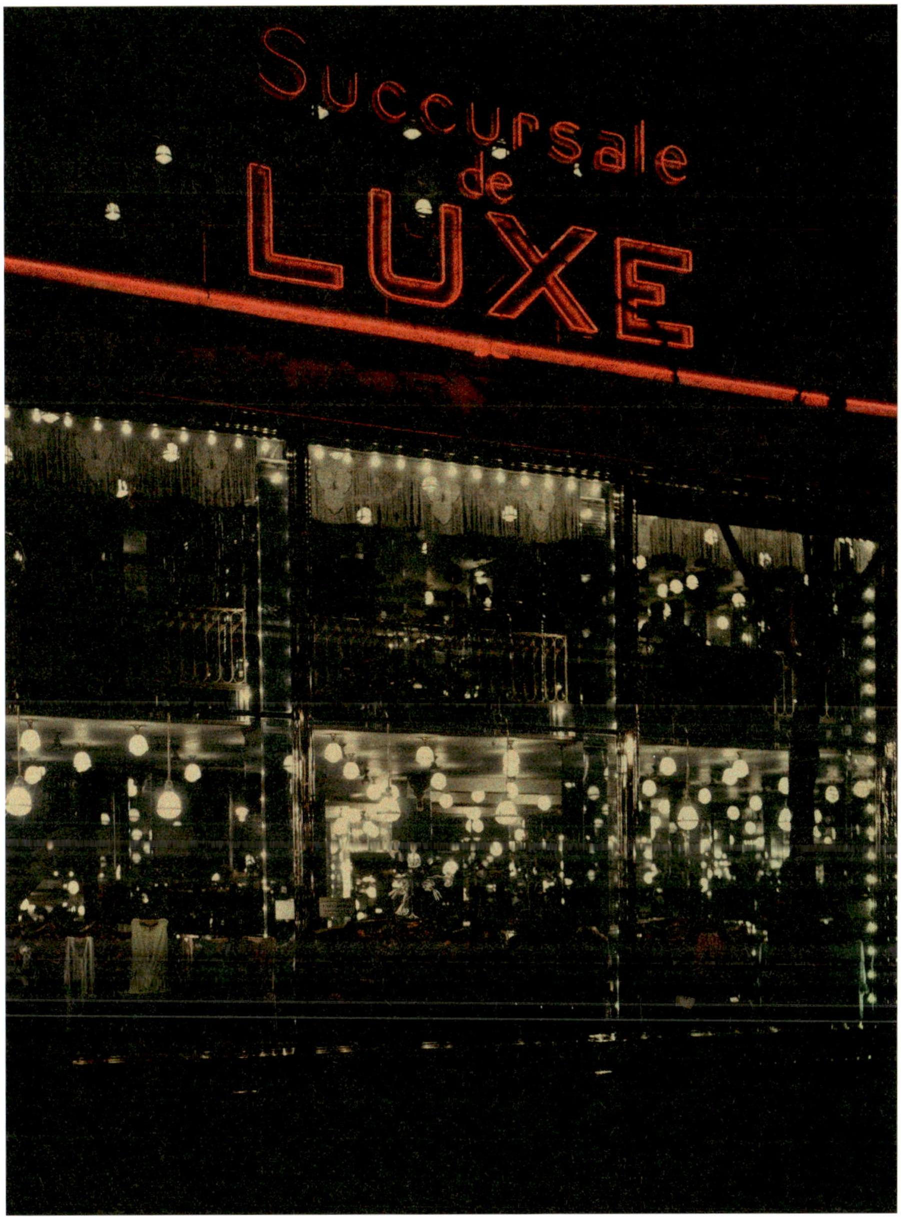

LÉON GIMPEL
N. 5472 SAMARITAINE, PARIS, 1925
N. 544 FAÇADE DE LA SUCCURSALE DE LA SAMARITAINE, PARIS
(FASSADE EINES NEBENHAUSES DER SAMARITAINE/
FAÇADE OF A BRANCH OF THE SAMARITAINE), 1925

«Liesse nicht ein passionierender Film sich aus dem Stadtplan von Paris gewinnen? Aus der Entwicklung seiner verschiedenen Gestalten in zeitlicher Abfolge? Aus der Verdichtung einer jahrhundertelangen Bewegung von Strassen, Boulevards, Passagen, Plätzen im Zeitraum einer halben Stunde? Und was anderes tut der Flaneur?»

"Couldn't an exciting film be made from the map of Paris? From the unfolding of its various aspects in temporal succession? From the compression of a centuries-long movement of streets, boulevards, arcades and squares into the space of half an hour? And does the flâneur do anything different?"

WALTER BENJAMIN
DAS PASSAGEN-WERK/THE ARCADES PROJECT
1927–1940

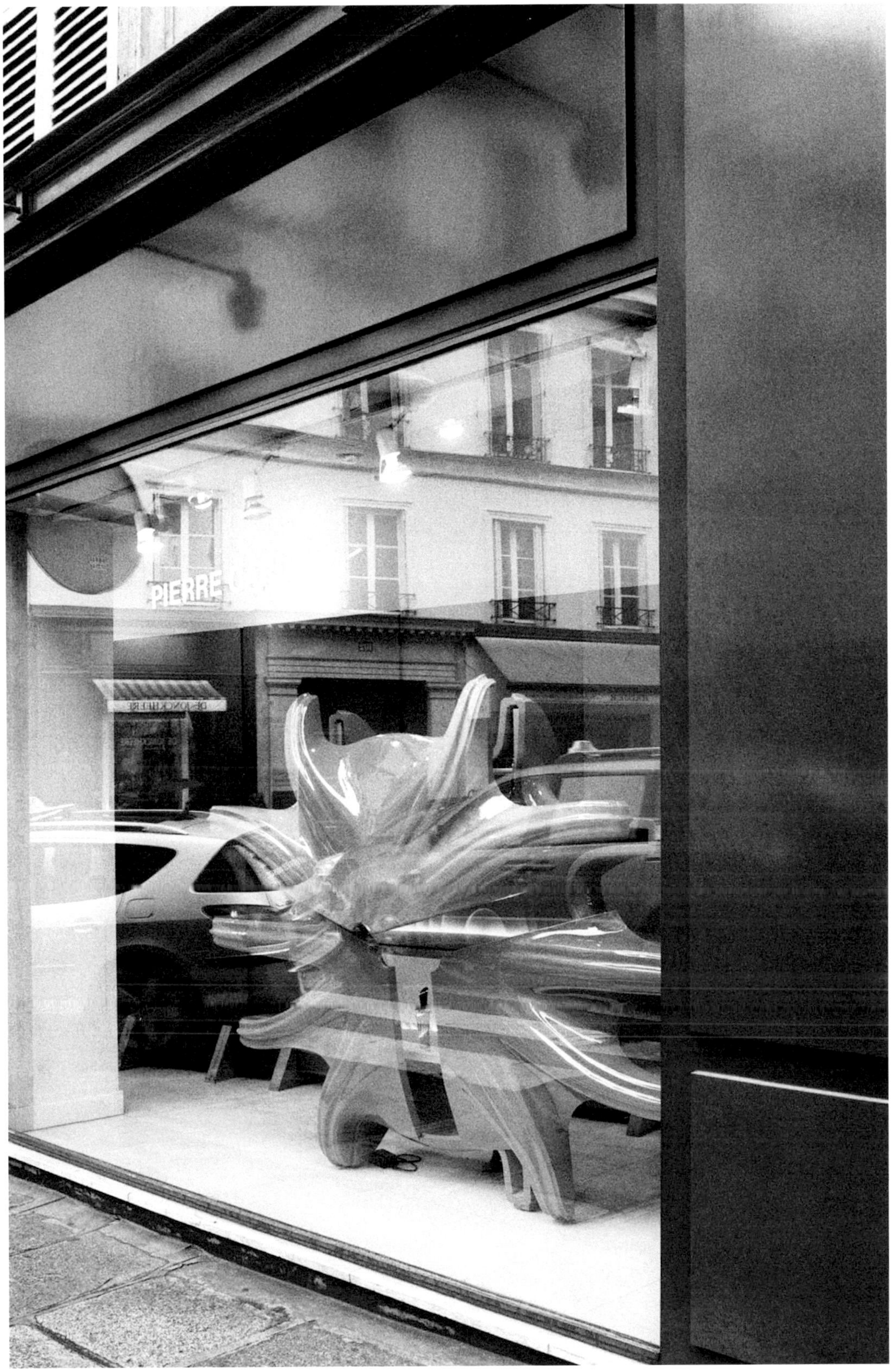

ANNETTE KISLING
LES VITRINES #10
(DIE VITRINEN/THE VITRINES), 2008

> THOMAS STRUTH
PANORAMA 1, 1979
AUS/FROM: *PARIS, BEAUGRENELLE*

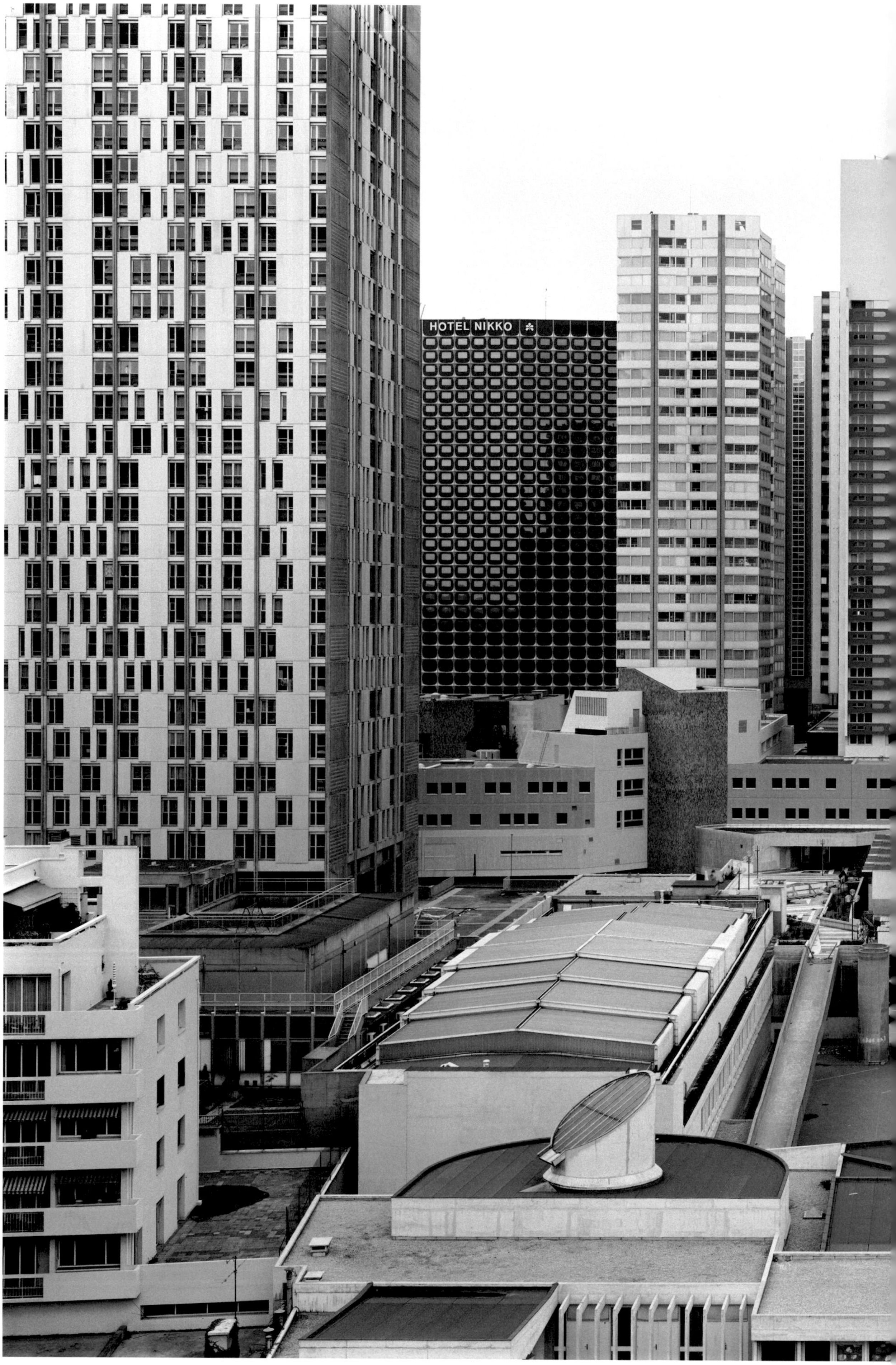
HOTEL NIKKO

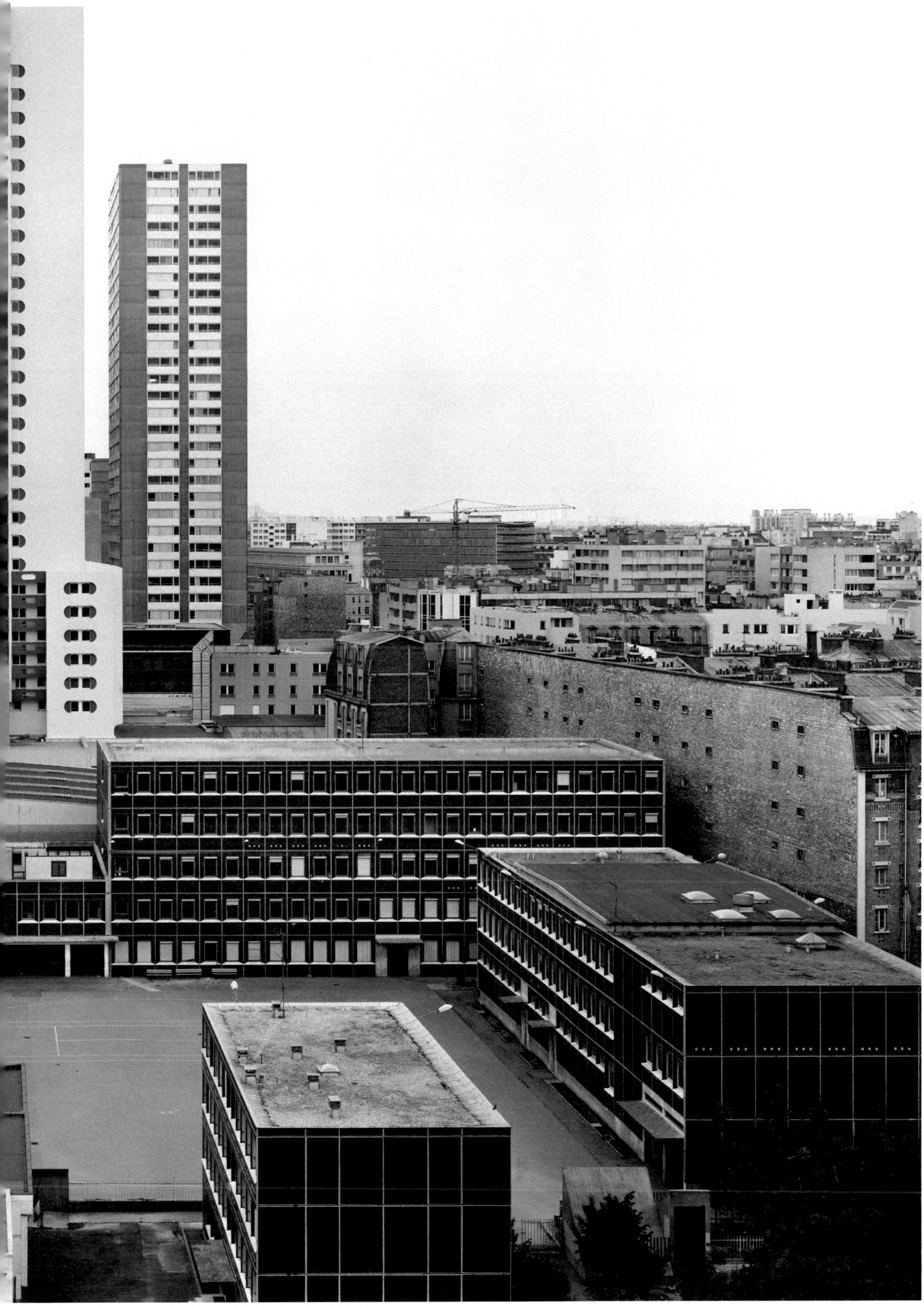

370 / 371

BERLIN

BG-AS 1436. 007967 -

Neg. Nr. B814

Neg. Nr. B815

Bildinhalt:

Gebiet (Bezirk): Mitte

Ort (Straße, ...): Unter d. Linden 67-69

Südseite

Kasten 6

17.8.49

490817 / 2,1

Archivzeichen: M U

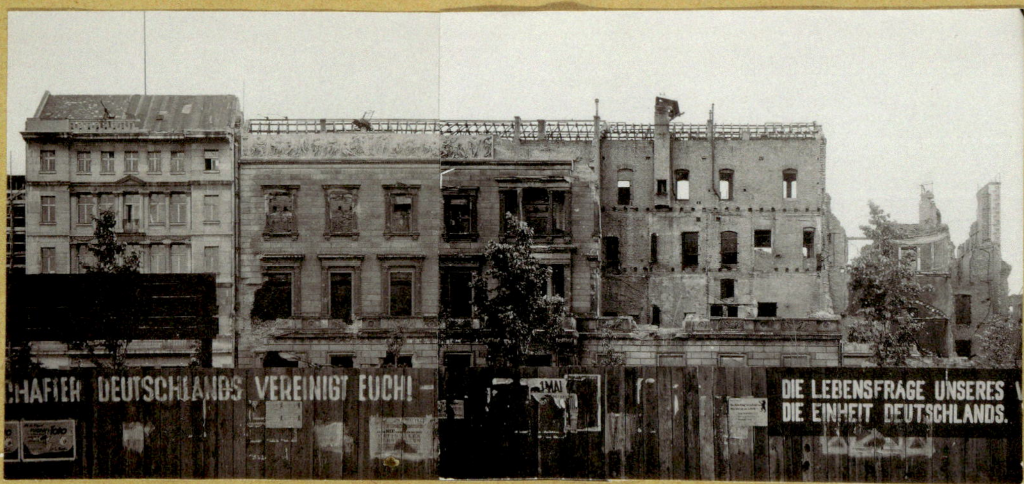

B814 B815

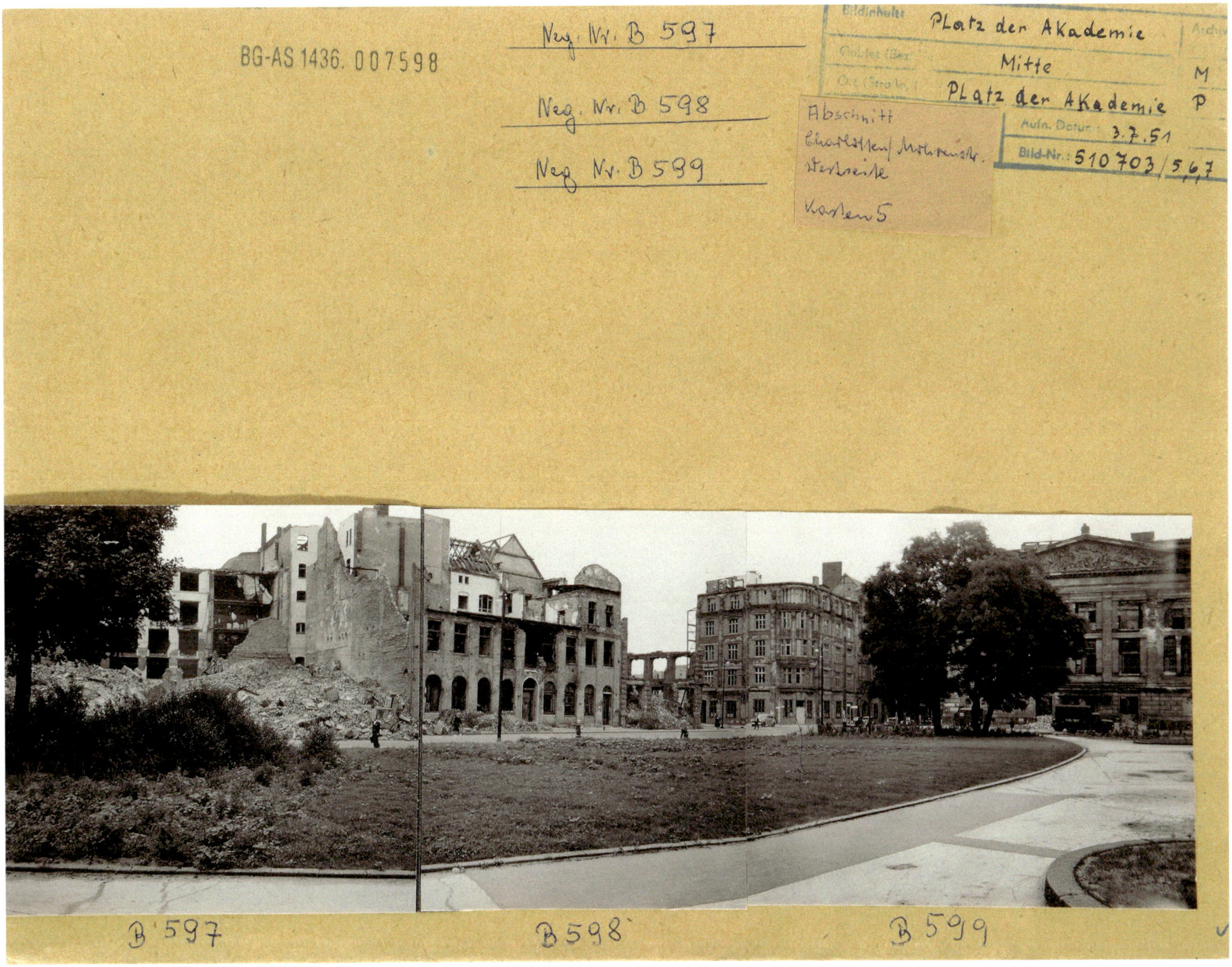

FRITZ TIEDEMANN
UNTER DEN LINDEN, SÜDSEITE, BERLIN-MITTE (SOUTHSIDE), 1949
PLATZ DER AKADEMIE, BERLIN-MITTE, 1951

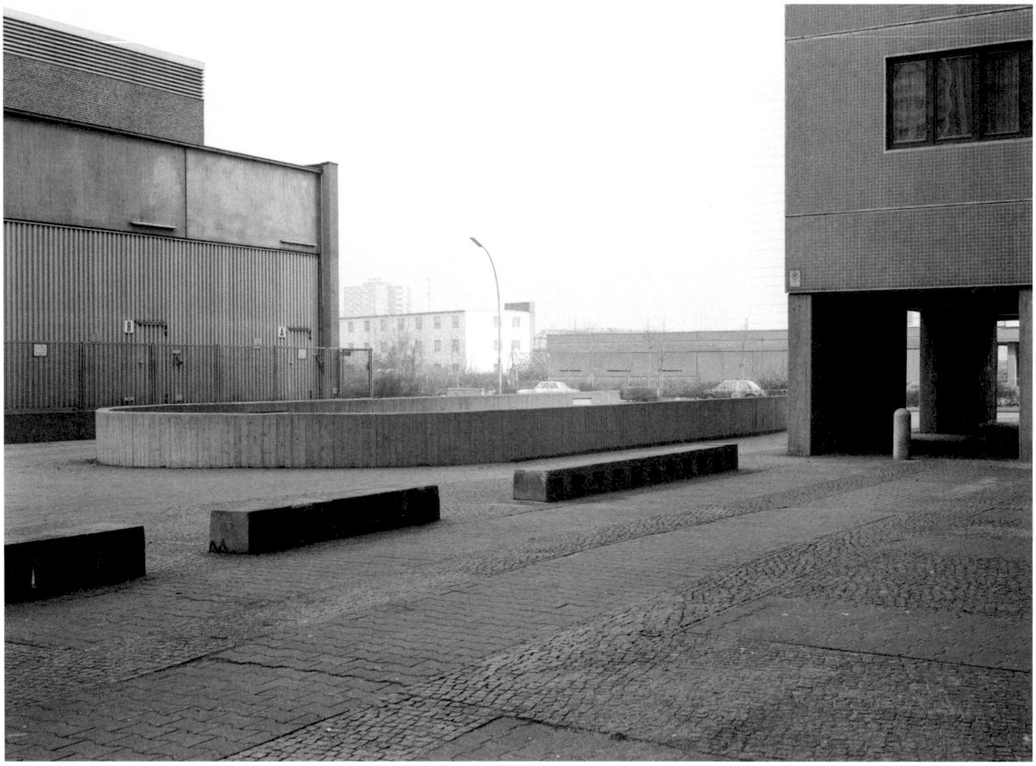

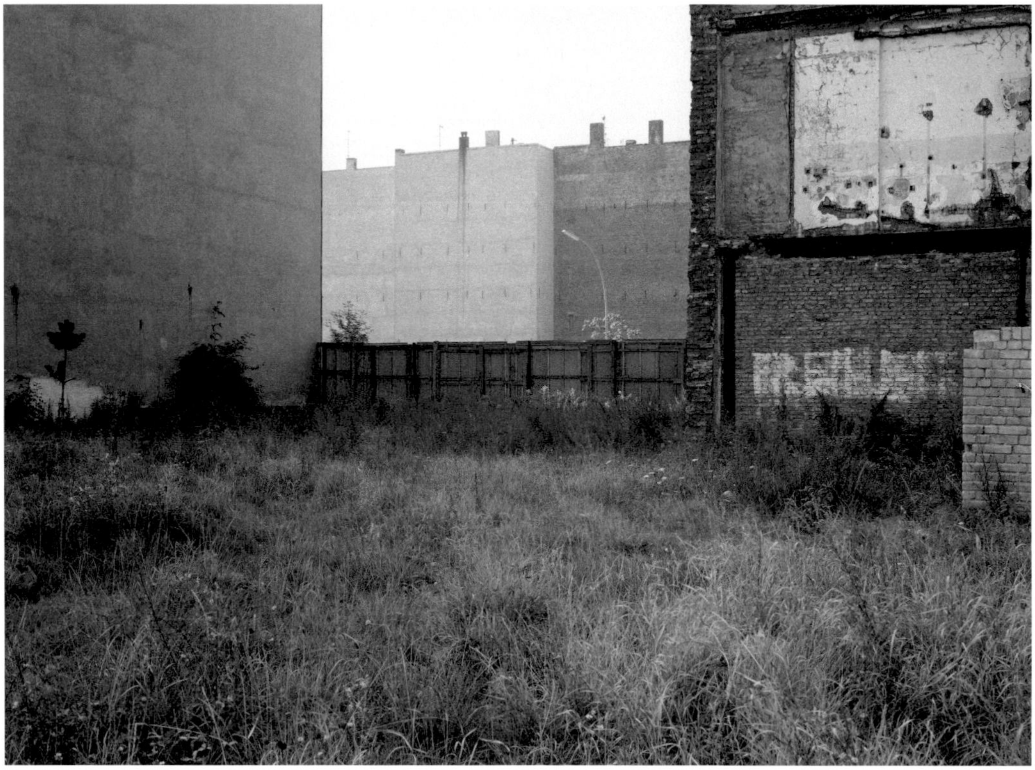

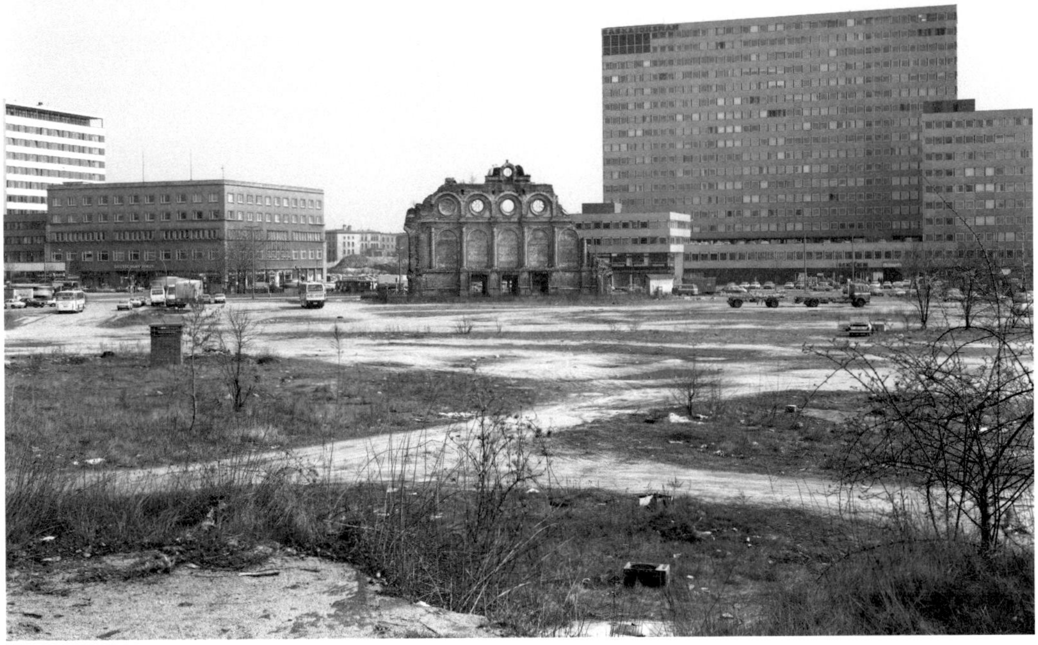

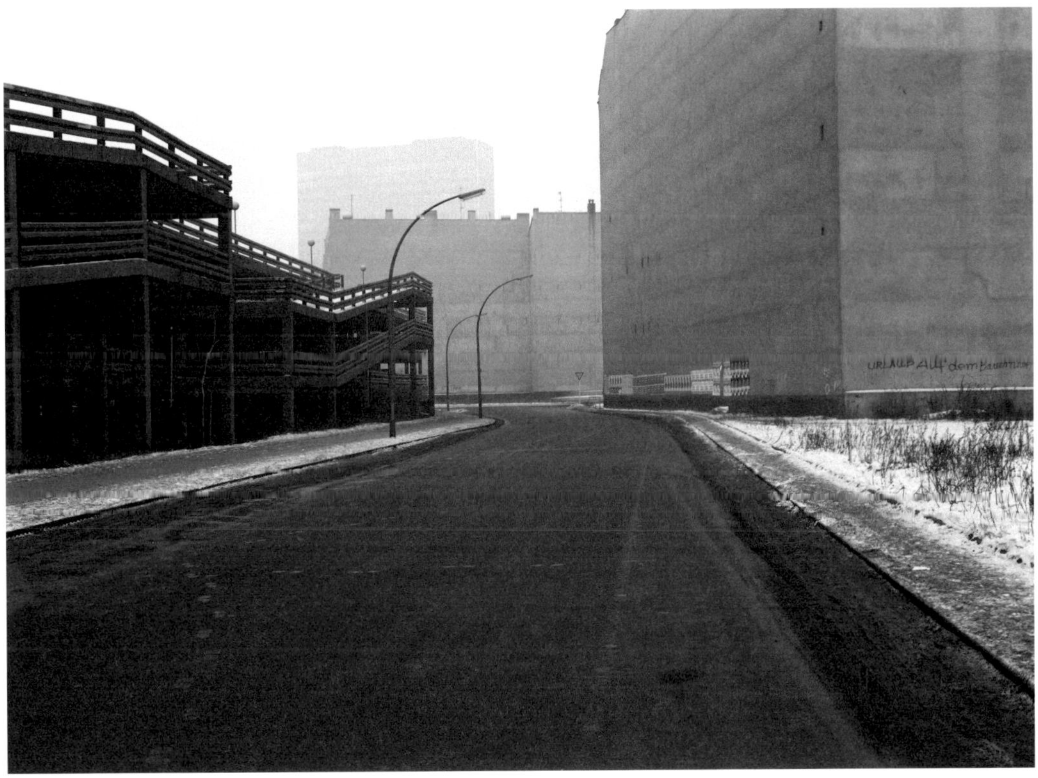

MICHAEL SCHMIDT
AUS/FROM: *BERLIN NACH 45* (BERLIN AFTER 45)

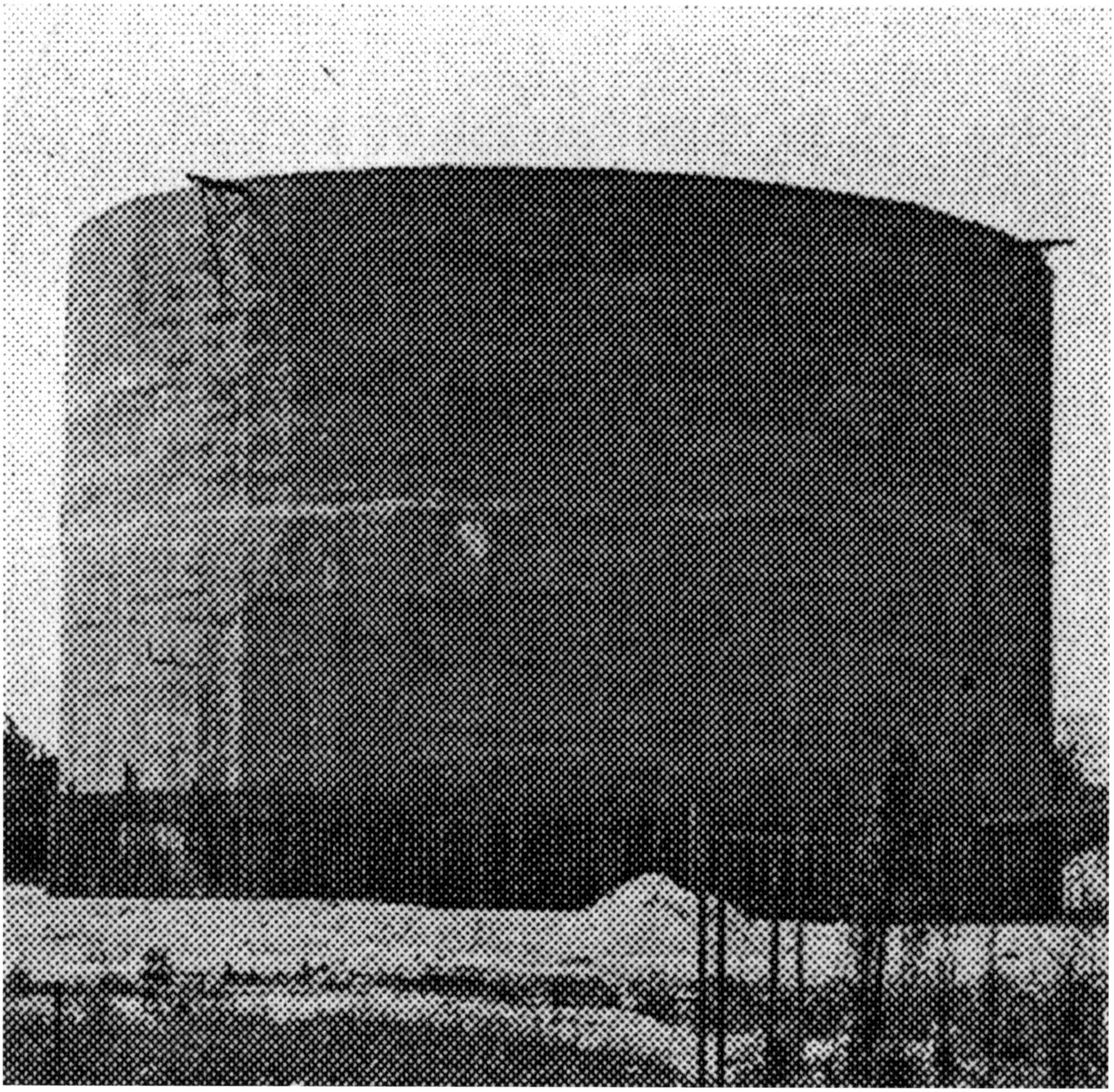

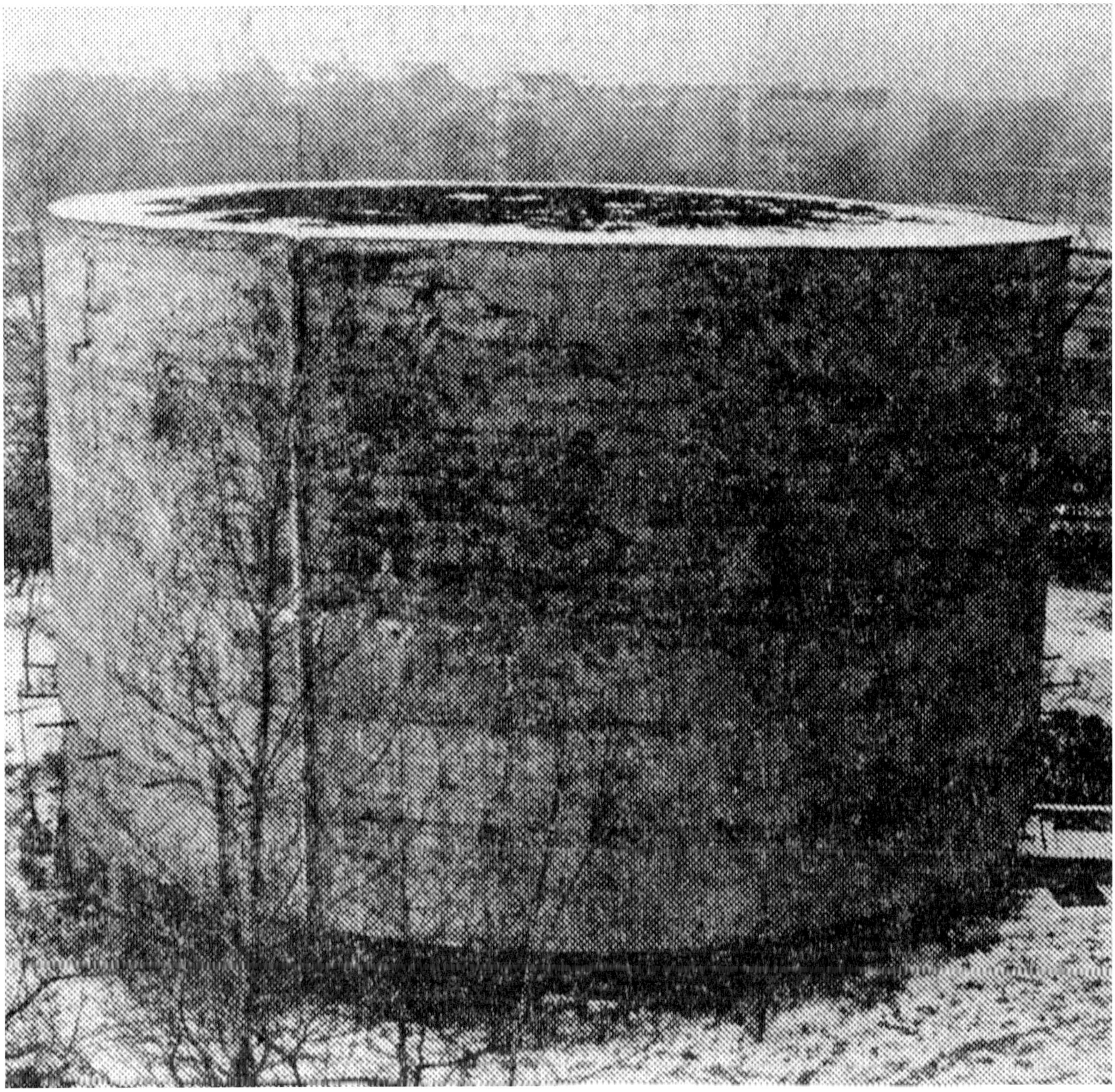

SUSANNE KRIEMANN
12650 (1941), 2011
12650 (1985), 2011

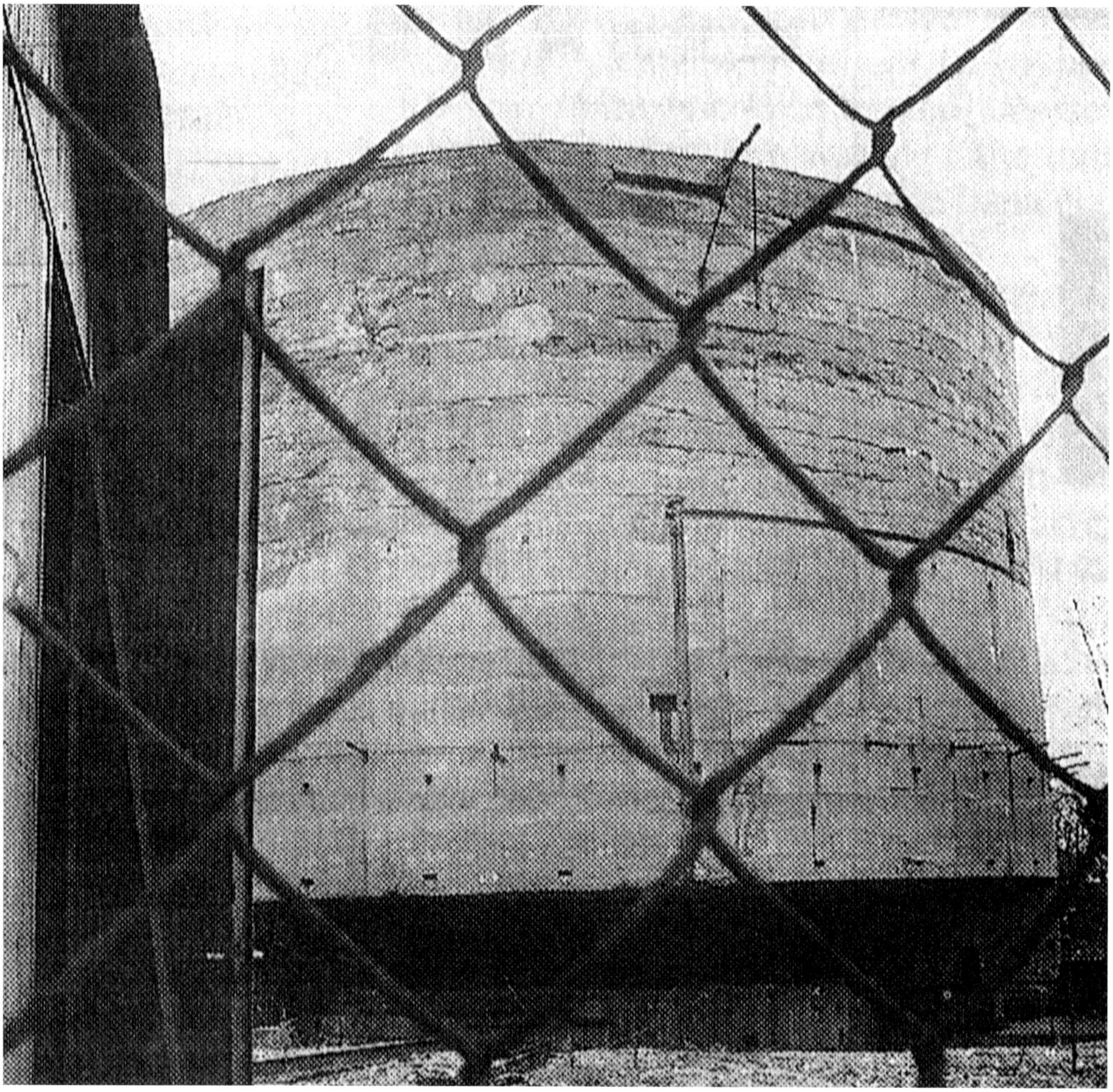

SUSANNE KRIEMANN
12650 (1996), 2011

«‹Die Wahrheit liegt offen da.› Denn es ist nicht einfach so, dass die Ideologie auch alle vermeintlich un-ideologischen Schichten des Alltagslebens durchdringt. Vielmehr macht diese Materialisierung der Ideologie als externe Materialität auch diejenigen inhärenten Antagonismen sichtbar, die eine Ideologie gar nicht explizit zugeben kann. Es ist, als ob ein ideologisches Gebilde, wenn es ‹normal funktionieren› soll, in einer Art perversen Logik seine Antagonismen extern zur Schau stellen müsste – als materielle Existenz.»

"'The truth is out there'. What we are...arguing is not simply that ideology also permeates the alleged extra-ideological strata of everyday life, but that this materialization of ideology in external materiality reveals inherent antagonisms which the explicit formulation of ideology cannot afford to acknowledge: it is as if an ideological edifice, if it is to function 'normally', must obey a kind of 'imp of perversity', and articulate its inherent antagonism in the externality of its material existence."

SLAVOJ ŽIŽEK
DIE PEST DER PHANTASMEN/
THE PLAGUE OF FANTASIES
1997

WIE LÄSST SICH STADT KONKRET ZEIGEN?

/

HOW CAN THE CITY BE SHOWN CONCRETELY?

Beton wirkt konkret und hält vor der Kamera still. Mit Erfindung der Fotografie wurden bevorzugt Architekturen abgelichtet. «Bewegte Gegenstände [lösten sich] in nichts auf», heisst es in der *Geburtsstunde der Fotografie* zur ersten erhaltenen Fotografie, Nicéphore Niépces Blick aus dem Arbeitszimmer.[1] Sollte es Bewegungen gegeben haben, so ist davon auf frühen Fotografien nicht mehr zu sehen als ein leichter Nebel. Die Modernisierung lässt im übertragenen Sinn ganze Gesellschaften verdampfen. *All That Is Solid Melts into*

Parabeton: Wie lässt sich Stadt konkret zeigen?

Jochen Becker

Air – The Experience of Modernity heisst das von Marshall Berman 1981 veröffentlichte urbanistische Buch.[2] Unter dem Titel, der das *Manifest der Kommunistischen Partei* von Karl Marx und Friedrich Engels zitiert, untersucht Berman die soziale und wirtschaftliche Modernisierung und ihre widersprüchlichen Effekte auf die kulturellen Modernen in New York, St. Petersburg und Paris: «Wer sagt, unsere Gesellschaft löse sich auf, sagt eigentlich nur, dass sie lebendig und wohlauf sei.»[3]

Das noch von Engels autorisierte, allerdings verkürzte englische Zitat lautet im Original «Alles Ständische und Stehende verdampft, alles Heilige wird entweiht, und die Menschen sind endlich gezwungen, ihre Lebensstellung, ihre gegenseitigen Beziehungen mit nüchternen Augen anzusehen.» Marx/Engels berichten von Auflösungserscheinungen einer «kreativen Zerstörung» (Schumpeter) durch die kapitalistische Revolution: Die Berufsstände – hier auch als Klassenverhältnisse verstanden – sowie alles Immobile lösen sich auf. Dies zwinge die Menschheit «endlich», die gesellschaftlichen Verhältnisse genauer zu betrachten. Es brauche «nüchterne Augen», um in taumelnden Zuständen die Verhältnisse zu erkennen: «Die ewige Unsicherheit und Bewegung zeichnet die Bourgeoisepoche vor allen anderen aus.»

Noch heute klingen ihre Betrachtungen zur entstehenden wirtschaftlichen Globalisierung, damals Imperialismus und Kolonialismus genannt, weitsichtig. «Die Entdeckung Amerikas, die Umschiffung Afrikas [...], der ostindische und chinesische Markt, die Kolonisierung von Amerika, der Austausch mit den Kolonien, die Vermehrung der Tauschmittel und der Waren überhaupt gaben [...] dem revolutionären Element in der zerfallenden feudalen Gesellschaft eine rasche Entwicklung», heisst es. Das Verdampfen – in dem die industrielle Revolution der Dampfmaschinen anklingt – ist ein umstürzlerischer Akt.

Ein neues Bild der industrialisierten Welt wird notwendig. Das macht auch der häufig zitierte Text *Der Dreigroschenprozess* deutlich, in dem Brecht 1931 schreibt: «Eine Fotografie der Kruppwerke oder der AEG ergibt beinahe nichts über diese Institute. Die eigentliche

Realität ist in das Funktionale gerutscht. [...] Es ist also tatsächlich ‹etwas aufzubauen›, etwas ‹Künstliches›, ‹Gestelltes›. Es ist also ebenso tatsächlich Kunst nötig».[4] Schon ein Jahr früher bemerkt Siegfried Kracauer in *Die Angestellten*, dass sich «hundert Berichte aus einer Fabrik [...] nicht zur Wirklichkeit der Fabrik addieren» lassen, denn: «Die Wirklichkeit ist eine Konstruktion.»[5] 1930 ist diese Schlussfolgerung ganz aussergewöhnlich. Realität ist nun etwas imaginär Geschaffenes. Das «Künstliche» und «Gestellte» wird hier nicht in «Kunst» überführt, sondern als «Konstruktion» beschrieben. Das Wesen der Dinge beruht nicht mehr auf einem festen Kern, sondern auf dem Prozess ihrer Entstehung.

Schon 1848 zeichnen Marx/Engels die Entstehung von «Megacities» durch Landflucht nach: «Die Bourgeoisie hat das Land der Herrschaft der Stadt unterworfen. Sie hat enorme Städte geschaffen, sie hat die Zahl der städtischen Bevölkerung gegenüber der ländlichen in hohem Grade vermehrt und so einen bedeutenden Teil der Bevölkerung dem Idiotismus des Landlebens entrissen.» Wenn die Bourgeoisie «die Bevölkerung agglomeriert» hat, sehen die Autoren darin einerseits einen Fortschritt. Anderseits beschreibt Engels in *Die Lage der arbeitenden Klasse in England* das Elend der Slums von Manchester.

Als Rem Koolhaas 150 Jahre nach dem *Kommunistischen Manifest* mit dem Helikopter des Präsidenten von Nigeria über Lagos hinweg fliegt, entdeckt er durch den Sucher seiner neuen Digitalkamera an einer Stelle nur Rauch, menschliches Gewimmel und Müll, «eine riesige vor sich hin schwelende städtische Müllhalde. Eine Rauchwand stieg wie ein umgekehrter Niagarafall in den Himmel. Man konnte sie sogar im Helikopter riechen. [...] Die Müllhalde ist die niedrigste Form räumlicher Organisation. Als reine Akkumulation ist sie formlos, ohne klaren Umfang und Verortung.» Sobald sich der niederländische Architekt und Stadtforscher diesem ausgekundschafteten Ort jedoch vom Boden aus nähert, erkennt er geordnete Muster von Recycling-Aktivitäten. Sein 2003 im Magazin *Wired* veröffentlichter Text zelebriert dennoch das vermeintliche Chaos als freiheitliche Struktur: «Die Müllhalde kennt keine Einschränkungen – weder die einer Auswahl, noch der Tyrannei des Stils.»[6]

Besonders irritierend war die Luftaufnahme des Geschäftszentrums von Lagos im Dokumentarfilm *Lagos/Koolhaas*, der 2002 von Bregtje van der Haak veröffentlicht und 2005 als *Lagos Wide and Close* in eine multiperspektivische DVD-Ausgabe überführt wurde. Man erkennt darauf eine Skyline, emporwachsend an einer Meeresbucht, wie man es schon tausendfach in Filmen zu New York City gesehen hat. Plötzlich schält sich das Bild einer kosmopolitischen Metropole heraus. Victoria Island und Manhattan zeigen in ihren Brücken, Hochhäusern und Stadtautobahnen eine weitaus engere Verwandtschaft, als übliche Darstellungen vermuten lassen. Die Perspektive auf New York, hundertfach gemünzt durch Kinofilme oder Reportagen mit den beiden Standardeinstellungen «Flug über das Wasser auf die Skyline zu» oder «Kamera direkt nach unten über die Dächer der Hochhäuser hinweg», wird hier auf eine afrikanische 16-Millionen-Metropole angewendet [Abb. A].[7]

Im Zuge seiner Erkundungen über die globalisierte Welt revidiert Koolhaas die eurozentrische Vorstellung von Architektur. So schildert er 1995 bei einem Vortrag in Singapur, dass bezogen auf die Zahl der Architekten und deren Honorarforderungen zwar die USA und Europa weit vor China lägen. Doch betrachte man die Zahl der produzierten Architekturen, dann liege China schon damals weit vor den westlichen Regionen. «Die chinesischen Architekten sind die wichtigsten der Welt», schliesst Koolhaas daraus und verhehlt nicht, dass zwischen Gebautem und Gestaltetem zu unterscheiden ist: «Mit Photoshop lassen sich Foto-Collagen herstellen – das ist das Herzstück von [Chinas] architektonischer und städtischer Produktion [...]. Design ist heute so simpel wie Photoshop, sogar wenn es um ganze Städte geht.»[8]

Koolhaas nennt diese Architekten Photoshop-Designer, nutzt selbst aber gerne die digitale Bildverarbeitung, um Projekte zu kommunizieren. Seine narrativen Info-Collagen, gebündelt zu fotokopierten Heftchen, fungieren als Marketing-Medium für Investoren oder Stadtpolitiker, welche meist keine Baupläne lesen können. Hier werden allerdings künftige Gebäude nicht wie beim computergestützten Werbefilm plump und fotorealistisch abgefahren, sondern als visuelle Analyse von Funktion und Kontext bildhaft erklärt. Vielleicht ist ja das Bild der aktuellen Stadt – so könnte man es im Kontext einer Ausstellung zu Fotografie und Architektur formulieren – nur mehr in Film, Bildserie oder digitaler Collage fassbar?

Als Pioniere der Info-Collage dürfen die Architekten und Stadtanalytiker Denise Scott Brown und ihr Ehemann Robert Venturi gemeinsam mit dem Designassistenten Steven Izenour gelten. Für ihre Erlebnis-Ausstellung *Signs of Life – Symbols in the American City* von 1976 stellten sie die gegenüber dem White House in Washington D.C. gelegene Renwick Gallery der National Collection of Fine Art mit Strassenzeichen, tausenden Bildern, beleuchteten Displays und mehreren Dioramen aus dem urbanen Alltag Nordamerikas voll. Venturis und Scott Browns «Idee war eine Kreuzung des Billboards, also des Bildes, das für den Blick eines fernen, flüchtigen und abgelenkten Fahrers konzipiert war, mit der flirrenden Informationsdichte einer Zeitung.»[9]

Da Architektur immer auch im Verhältnis zu Bildern, Symbolen und Kommunikation jenseits architektonischer Kontrolle steht, wurden für die Ausstellung überlebensgrosse Fotowände von Stephen Shore ausgewählt. Sie zeigen suburbane US-Wohnlandschaften, die durch Comic-Strip-Blasen zum Sprechen gebracht werden [Abb. B]. Aufgefallen war der schon 1975 an der Pionierausstellung *New Topographics* beteiligte Fotograf, weil er stoisch postindustrielle Ansichten von Siedlungen, Gewerbegebieten und Tankstellen fertigte und seine Farbbilder wie ein Amateur bei Kodak entwickeln liess. Doch hier testete er die völlig neuartige Technik des *Architectural Painting* von 3M, welches die Grundfarben computergesteuert auf den Träger «malt». Das damals ungemein kostspielige Verfahren ist heute in überarbeiteter Form von Ink-Jet-Prints, die direkt auf die Wände geklebt und nach der Veranstaltung weggeworfen werden, im Ausstellungs- und Messebetrieb allgegenwärtig.

Robert Venturi und Denise Scott Brown entwickelten ihre Bildsprache mit dem legendären Learning from Las Vegas Research Studio an der Yale University 1968 sowie beim Entwerfen der 1972 veröffentlichten und 1977 stark überarbeiteten Publikation *Learning from Las Vegas – The Forgotten Symbolism of Architectural Form*. Sie bedienten sich dabei des methodischen und darstellerischen Arsenals der zeitgenössischen Künste: bildgestützte Soziologie, Ethnografie, Architektur bzw. Urbanismus. Der Schweizer Kunsthistoriker Martino Stierli beschreibt in seinem lesenswerten Buch *Las Vegas im Rückspiegel* ihre Erkundungen als eine «Methode der Analyse und Darstellung der Stadt im Medium des

Bildes».[10] Auf der Basis von fünftausend Farbdias, dreitausend Filmmetern sowie einer Fülle von Dokumenten, Karten und Tabellen arbeiteten Venturi und Scott Brown die konzeptuelle Analyse von *strip* und *sprawl* sowie einer aus Neonlicht und Zeichen geschaffenen Architektur heraus.

Bei *Learning from Las Vegas* stand mit Ed Ruscha ein wegweisender Fotograf und Maler Pate. Seine Arbeit *Every Building on the Sunset Strip* (1966) sticht hervor, weil er auf dem über sieben Meter langen Leporello ein lückenloses Panorama der Unterhaltungsmeile von Los Angeles mit allen Fassaden auf beiden Strassenseiten dokumentiert hatte [Abb. C]. Das insgesamt sechtausend Mal gedruckte Auflagenobjekt nahm Ruscha mit einer besonderen Technik («continous motorized photos») – darin der automatisierten Fotografie von Googles Street View nicht unähnlich – auf. Er montierte eine motorisierte 35-Millimeter-Kamera auf die Ladefläche eines Pickup-Trucks und fotografierte in Schwarz-Weiss die morgens menschenleeren Fronten.

Ruschas mobilisierter Blick und die Serialität seiner Bilder betonen das Städtische als Abfolge von Häusern. Von der automobilen Stadt-Wahrnehmung wusste Peter Behrens, Architekt der von Brecht erwähnten AEG-Montagehalle, schon 1914 zu berichten: «Die einzelnen Gebäude sprechen nicht mehr für sich.»[11] Architektur löst sich im urbanen Kontext auf. Bei Ruscha werden nicht mehr Fabrikgebäude fotografiert, die Kamera wird vielmehr zu einer Bildermaschine, welche von der neuen Unterhaltungsindustrie erzählt.

«Fotografie ist keine Kunst – die Tankstelle vielleicht schon»: Ruscha erprobt mit seiner stoischen Ausdruckslosigkeit zwischen Report und Reportage noch vor Etablierung der *conceptual art* eine faktische, nüchterne und lässige Aufzeichnungsmethode. «Abwartendes Urteilen» nennen Venturi und Scott Brown dieses gegen Vorurteile gerichtete Vorgehen. Für sie ging es darum, «wissendes Sehen gleichsam durch sehendes Sehen zu ersetzen», so Stierli.[12] Und so ist es auch keine Überraschung, dass die Architekturen des Vegas-Strip zwischen Tropicana Avenue und Hotel Sahara im Buch lückenlos à la Ruscha auf zwei Doppelseiten dokumentiert sind. Schon auf dem Weg nach Las Vegas besuchte die Forschungsgruppe neben Disneyland auch das Studio von Ruscha in Los Angeles. Der methodische Transfer vom Sunset Strip auf den Strip von Las Vegas lässt sich somit als eine Art *reenactment* lesen. Das Research Studio nutzte für seine Aufnahmen eine auf der Haube des Autos befestigte Filmkamera sowie eine aus dem Fenster gehaltene Motorkamera. Eine weitere Fotosequenz, aufgenommen durch die Frontscheibe, folgt in Fahrtrichtung der Strip-Architektur [vgl. S. 267]. Wie die Motorhaube im Film gibt hier das Armaturenbrett als künstlicher Horizont inmitten einer turbulenten Stadtlandschaft dem Auge Halt. Im Unterschied zu Ruschas Arbeiten kommen sowohl in den Fotografien wie im Film der Las-Vegas-Studie die Leuchtkraft und vor allem die Farbe zum Einsatz.

Wie die Klassische Moderne von der funktionalen Schlichtheit der Industriebauten lernte, tat dies die Nachmoderne in Bezug auf die postindustrielle Unterhaltungsbranche und die autogerechte Stadt: Robert Venturi berichtet rückblickend: «In Las Vegas, das ich im Vergleich mit den Stadtansichten Roms und durch die Augen von Denise Scott Brown erfahren habe, entdeckten wir die Bedeutung und die Lebendigkeit der Einkaufsmeilen, der Zersiedelung und der Plakatwerbungen, deren Grösse dem vorbeifahrenden Auto angepasst ist und deren Symbolik eine Ikonografie unserer Zeit erklärt. Dabei lernten wir, dass die Symbol- und Massenkultur heute für Architektur und das Genie des Alltäglichen genauso wichtig, ihre kommerziellen Zeichen genauso inspirierend sind, wie die der Industrie in den Anfängen der Moderne.»[13]

Zur Ruhe kommt der mobilisierte Blick erst wieder im Inneren der Bauten, wie in der hundertminütigen Studie des künstlerischen Dokumentarfilmers Heinz Emigholz, *Parabeton. Pier Luigi Nervi und Römischer Beton*. Siebzehn Betongebäude, Tragwerkkonstruktionen und strukturierte Kuppeldächer des Bauingenieurs[14] Pier Luigi Nervi sowie Bauten der römischen Antike, im 1. Jahrhundert vor Christus mit «flüssigem Stein» erstmalig in Beton gebaut, werden hier mit grosser Ruhe vorgestellt. Durch die Montage verschiedener Einstellungen mit Normalobjektiv gibt Emigholz der Architektur ihr Volumen zurück, zeigt ausser Fassaden vor allem Innenräume und durchschreitet nur kurz die nähere Umgebung. Er arbeitet nicht *drive-by*, sondern *walk-through*.

Heinz Emigholz' filmische Präsentation des Faktischen von 2012 zeigt den Zustand der Gebäude am Tag der datierten Aufnahmen und mischt den Originalton hinzu. Der Filmemacher und sein Partner Till Beckmann setzen die Gebäude Schnitt um Schnitt zusammen, indem sie schwenklose Einstellungen montieren, welche bewegten Fotografien gleichen. Die Konstruktion der «komponierten Oberflächen» im Sinne Kracauers ist für das Raumerleben auf grosser Leinwand mit mehrkanaliger Tonanlage hin konzipiert: «Kameraarbeit ist so gesehen eine architektonische Tätigkeit.»[15]

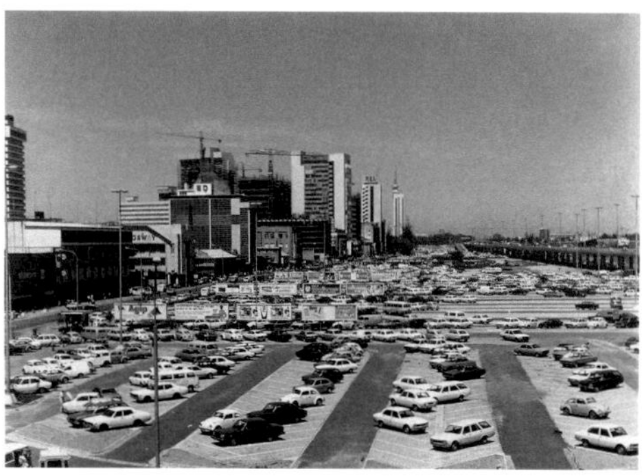

A J.D. OKHAI OJEIKERE
LAGOS MARINA DRIVE, 1973

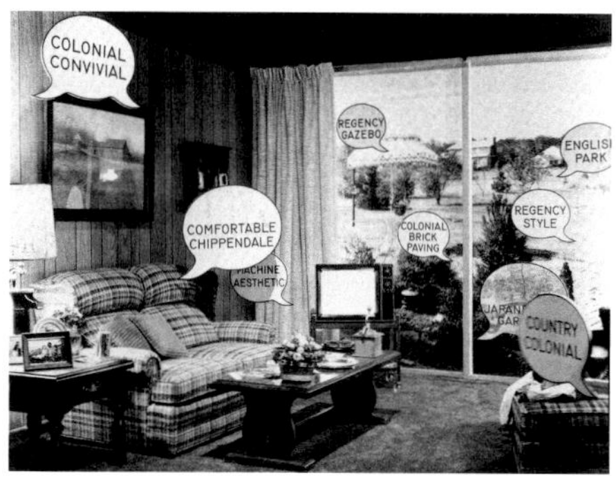

B STEPHEN SHORE
AUS DER AUSSTELLUNG *SIGNS OF LIFE: SYMBOLS IN THE AMERICAN CITY* (LEBENSZEICHEN: SYMBOLE IN DER AMERIKANISCHEN STADT) VON STEVEN IZENOUR, DENISE SCOTT BROWN, VENTURI AND RAUCH, 1976

1 *Die Geburtsstunde der Fotografie - Meilensteine der Gernsheim-Collection*, Ausst.-Kat., Reiss-Engelhorn-Museen, Heidelberg 2013, S. 98.

2 Ausser einem Gemälde von der Südspitze Manhattans auf dem Einband, dessen Autorenschaft oder Titel nicht ausgewiesen wurde, ist dem Buch kein Bild beigefügt.

3 Marshall Berman, *All That Is Solid Melts into Air - The Experience of Modernity*, New York 1981, S. 95.

4 Bertold Brecht, Der Dreigroschenprozess, in: *Grosse kommentierte Berliner und Frankfurter Ausgabe* Bd. 21, Hrsg. Jan Knopf u. a., Frankfurt a. M. 1988, S. 469.

5 Siegfried Kracauer, Die Angestellten, in: *Schriften Bd. 1*, Hrsg. Inka Mülder-Bach und Ingrid Belke, Frankfurt a. M. und Berlin 2006, S. 216.

6 Rem Koolhaas, Wasteland - Dump Space: Freedom From Order, *Wired*, Ausgabe 11, 2003, www.wired.com/wired/archive/11.06/dump_spc.html, 16. Januar 2013.

7 Verwiesen sei hier nur auf die urbanen Settings der Nollywood-Filmproduktion in Nigeria sowie die wiederentdeckten Stadtporträts von J.D. Okhai Ojeikere, welche längst alternative Stadtbilder geprägt haben.

8 Rem Koolhaas, Stefano Boeri, Sanford Kwinter u.a., *Mutations*, Lakewood/NJ 2000, S. 320.

9 Siehe Olivier Lugon, Avant la «forme tableau» - Le grand format photographique dans l'exposition «Signs of Life» (1976), http://etudesphotographiques.revues.org/index3039.html, 16. Januar 2013.

10 Martino Stierli, *Las Vegas im Rückspiegel: Die Stadt in Theorie, fotografie und Film*, Zürich 2010, S. 17.

11 Zitiert nach Stierli, siehe Fn. 10, S. 36.

12 Ebd., S. 36.

13 Robert Venturi, Dankesrede bei der Entgegennahme des *Pritzker Architecture Prize* 1991, in: Robert Venturi, *Iconography and Electronics Upon a Generic Architecture: a view from the drafting room*, Cambridge/Mass. 1996, S.97-103, hier S. 101.

14 «Architekt» war für ihn ein Schimpfwort.

15 Emigholz im Presseheft zum Film *Parabeton*.

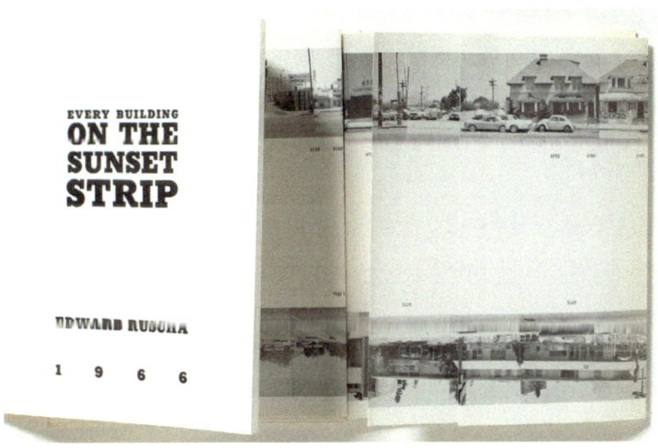

C ED RUSCHA
EVERY BUILDING ON THE SUNSET STRIP
(JEDES GEBÄUDE AUF DEM SUNSET STRIP), 1966

Concrete is both literally and figuratively cemented, above all in the sense that it remains immobile in front of the camera. In *The Birth of Photography*[1] there is a description of the first known photograph, Joseph Nicéphore Niépce's heliograph of the view from his window, reminding us that moving objects dissolved into nothingness. If there was any movement at all in those earliest images, it became nothing but a foggy blur. Modernisation metaphorically dissolved whole societies: *All That Is Solid Melts into Air – The Experience of*

Parabeton: How Can the City be Shown Concretely?

Jochen Becker

Modernity.[2] This 1981 book on urbanism by Marshall Berman, which takes its title from the *Communist Manifesto* by Karl Marx and Friedrich Engels, explores the social and economic impact of modernisation and its contradictory effects on cultural modernism in cities as far afield as New York, St Petersburg and Paris: "To say our society is falling apart is only to say that it is alive and well."[3]

Though the title of Berman's book is based on a translation authorised by Engels himself[4] – "All that is solid melts into air, all that is holy is profaned, and man is at last compelled to face with sober senses his real conditions of life, and his relations with his kind" – the original might actually be more literally rendered as: "All things immobile and standing evaporate, all that is sacred is desecrated, and people are at last compelled to look at their social conditions, their mutual relationships, through objective eyes." Marx/Engels report on aspects of dissolution through capitalist revolution, described by Joseph Schumpeter as "creative destruction": the estates and classes and all things immobile fall apart. This compels people "at last" to look more closely at the prevailing social conditions. "Objective eyes" (or "sober senses") are required in order to recognise these conditions for what they are: "everlasting uncertainty and agitation distinguish the bourgeois epoch from all earlier ones".

Even today, their observations on emergent economic globalisation, at the time referred to as Imperialism and Colonialism, appear far-sighted. "The discovery of America, the rounding of the Cape, opened up fresh ground for the rising bourgeoisie. The East-Indian and Chinese markets, the colonisation of America, trade with the colonies, the increase in the means of exchange and in commodities generally, gave to commerce, to navigation, to industry, an impulse never before known, and thereby, to the revolutionary element in the tottering feudal society, a rapid development," we are told. This process of evaporation – echoing the steam engines of the industrial age – is in itself a revolutionary act.

A new vision of the industrialised world is needed here. As Bertolt Brecht says: "The situation is complicated by the fact that less than ever does the mere reflection of reality reveal anything about reality. A photograph of the Krupp works or the AEG tells us next to nothing about these institutions. Actual reality has slipped into the functional. The reification of human relations – the factory, say – means that they are no longer explicit. So something must in fact be *built up*, something artificial, posed."[5] Art, according to Brecht, is actually necessary. Siegfried Kracauer, too, in *Die Angestellten* [The Salaried Masses], posits that "a hundred reports from one factory ... do not add up to the reality of the factory", concluding that "reality is a construction".[6] In 1930, such a notion of reality as a creation of the imagination was quite extraordinary. Artifice and composition are not transposed to the realms of art, but described instead as a "construction". In essence, this is not about the nature of things, but about the process by which they are created.

As early as 1848, Marx/Engels were already describing the emergence of "megacities" as a result of rural exodus: "The bourgeoisie has subjected the country to the rule of the towns. It has created enormous cities, has greatly increased the urban population as compared with the rural, and has thus rescued a considerable part of the population from the idiocy of rural life." In doing so, according to Marx/Engels, the bourgeoisie "has agglomerated population" in a way that can be seen, on the one hand, as progress. On the other hand, Engels describes the downside of this, by way of example of the slums of Manchester, in *The Condition of the Working Class in England*.

Rem Koolhaas, flying over Lagos in a Nigerian presidential helicopter 150 years after the *Communist Manifesto* was written, spots an area of smoke, teeming human masses and garbage through the lens of his digital camera: "We discovered a huge urban dump. It was smouldering. Like a reverse Niagara, a wall of smoke rose to the sky. From the helicopter you could smell it... The dump is the lowest form of spatial organization. Pure accumulation, it is formless, has an uncertain perimeter and location." Nearing the site once he is on the ground, however, the Dutch architect and urbanist discerns an orderly pattern of recycling activities. His 2003 essay, published in *Wired* magazine, celebrates this seeming chaos as a free-range structure: "The dump is free from constraints, from selection, from the tyranny of style."[7]

Particularly irritating, however, was the aerial view of the business centre of Lagos in the documentary film *Lagos/Koolhaas*, released in 2002 by Bregtje van der Haak and subsequently published as a multi-perspectival DVD edition in 2005 under the title *Lagos Wide and Close*. Here we see a skyline rising by an ocean bay, redolent of countless filmic portrayals of New York City. Suddenly, the image of a cosmopolitan metropolis springs to mind: the bridges, high-rises and highways of Victoria Island and Manhattan appear to have far more in common than conventional portrayals suggest. The familiar image of New York conveyed in umpteen feature films and documentaries through the standard view "flying over the water towards the skyline" or "camera directed downwards across the roofs of the skyscrapers" is applied here to a 16-million-strong African metropolis [fig. A].[8]

In his explorations of a globalised world, Koolhaas revises Eurocentric notions of architecture. In a 1995 lecture in Singapore, for instance, he pointed out that although the USA and Europe led the field in terms of the number of architects and the amount they were paid, China was actually far ahead of the west in terms of architecture actually produced.

"Chinese architects are the most important in the world," was the conclusion Koolhaas drew from this, while taking care to note that a difference should be made between what is built and how it is designed: "Photoshop allows us to make collages of photographs – [and] this is the essence of [China's] architectural and urban production.... Design today becomes as easy as Photoshop, even on the scale of a city."[9]

Koolhaas describes these architects as Photoshop-designers, even though he himself also likes to use digital processing to communicate his projects. His narrative info-collages, bundled into photocopied notebooks, act as a marketing medium for investors or city officials unable to decipher construction plans properly. However, instead of showing future buildings in a direct, photorealistic way in the style of a computer-generated advertising clip, they provide an explanatory visual analysis of function and context. Perhaps the image of today's city – as it might be formulated in the context of an exhibition on photography and architecture – can only be captured in a film, photographic series or digital collage?

Architects and urban analysts Denise Scott Brown and her husband Robert Venturi, together with their design assistant Steven Izenour, may be regarded as pioneers of "info-collage". For their iconic 1976 exhibition *Signs of Life – Symbols in the American City* they filled the Renwick Gallery of the National Collection of Fine Art, opposite the White House in Washington D.C., with street signs, images, backlit displays and dioramas representing the everyday urban life of North America. "The idea was to cross the model of the billboard, this image made for distant, fugitive, distracted perception of the driver, with that of the newspaper, which is a density swarming with information."[10]

Architecture is invariably a question of images, symbols and communication beyond the control of architects themselves. In 1976, Stephen Shore was commissioned to create the life-size photomurals of US life, enlivened by comic-strip speech bubbles [fig. B]. Shore had come to attention in the 1975 *New Topographics* exhibition with his stoic post-industrial views of settlements, industrial zones and gas stations, which he had sent in to be developed by Kodak, just like any average amateur. For the 1976 exhibition, however, he tried out the brand new and innovative technique of 3M Architectural Painting, in which the primary colours were applied to the carrier by computer. This process, which was hugely expensive at the time, is now frequently encountered in modified form as inkjet prints pasted directly onto walls and discarded after the event, and is widely used in both the art world and in commercial situations such as trade fairs.

Robert Venturi and Denise Scott Brown developed their visual syntax at the legendary Learning from Las Vegas Research Studio at Yale University in 1968 and in creating their book *Learning from Las Vegas – The Forgotten Symbolism of Architectural Form*, first published in 1972 and republished in considerably modified form in 1977. They applied the entire arsenal of contemporary art, both in terms of methodology and visual approach, from sociology and ethnography to architecture and urbanism. In his fascinating book, *Las Vegas im Rückspiegel*, the Swiss art historian Martino Stierli describes their work as "a method of analysing and portraying the urban environment through the medium of the image."[11] Using 5,000 colour slides, 3,000 metres of film footage and a wealth of documents, maps and charts, Venturi and Scott Brown developed their conceptual analysis of *strip* and *sprawl* as well as an architecture based on neon lighting and signs.

One of the seminal influences in *Learning from Las Vegas* was the groundbreaking photographer and painter Ed Ruscha. His work *Every Building on the Sunset Strip* (1966) stands out in particular: a seven-metre-long leporello showing an uninterrupted panorama of this famous Los Angeles entertainment district, and including all the façades on both sides of the street [fig. C]. Ruscha had created the image – which was printed in an edition of 6,000 – using a special technique of "continuous motorized photos", not unlike the automated photography deployed by Google Street View: he mounted a motorised 35mm camera on the loading area of a pick-up truck and took black-and-white photographs of the deserted street in the early morning.

Ruscha's mobilised view and the seriality of his images underline the nature of urban space as a sequence of buildings. This mobile, or rather automobile perception of the city had already been recognised in 1914 by Peter Behrens, the German architect who designed the AEG factory building in Berlin mentioned by Brecht: "individual buildings no longer speak for themselves"[12]. Architecture dissolves in the urban context. In Ruscha's work, it is no longer a case of photographing factory buildings; the camera itself becomes the "image-machine" that tells of the entertainment industry.

"The photograph isn't art – the gas station might be." Ruscha's stoical expressionlessness, somewhere between report and reportage, probed a factual, sober and casual form of documentation before the advent of Conceptual Art. It was an approach that Venturi und Scott Brown described as "withholding judgement" and one that Stierli explains as a means of replacing cognitive seeing with purely visual seeing.[13] It should therefore come as no surprise to find that the architectures of the Vegas strip between Tropicana Avenue and the Hotel Sahara are documented in full, à la Ruscha, on two double-page spreads in their book. On their way to Las Vegas, Venturi and Scott Brown even made a detour not only to Disneyland but also to Ruscha's Los Angeles studio. The transposition from the Sunset Strip in Los Angeles to the Strip in Las Vegas can thus be read as a kind of re-enactment lesson. For their shots, the Research Studio used a film camera mounted on the bonnet of the car and a motorised camera held out of the window. Another photographic sequence, shot through the windscreen [cf. p. 267], followed the architecture of the Strip in the direction of travel. Like the bonnet of the car in cinema, the dashboard forms an artificial horizon on which the gaze can rest in the midst of a turbulent urban landscape. In contrast to Ruscha's works, luminosity and, above all, colour, play a role in both the photographs and the film of the Las Vegas study.

Just as classical modernism adopted the functional simplicity of industrial buildings, so too did post-modernism adopt the aesthetics of the entertainment industry and the motorised city. As Robert Venturi stated in retrospect: "Las Vegas, which I learned from via the perspective of Rome and through the eyes of Denise Scott Brown, where we could discover the validity and appreciate the vitality of the commercial strip and of urban sprawl, of the commercial sign whose scale accommodates to the moving car and whose symbolism illuminates an iconography of our time. And where we thereby could acknowledge the elements of symbol and mass culture as vital to architecture, and the genius of the everyday, and the commercial vernacular as inspirational as was the industrial vernacular in the early days of Modernism."[14]

The mobilised gaze comes to rest only in the interiors of buildings, as in the 100-minute study by documentary filmmaker Heinz Emigholz, *Parabeton: Pier Luigi Nervi und Römischer Beton* (2012). Seventeen concrete buildings, loadbearing structures and domed roofs designed by structural engineer Pier Luigi Nervi[15], and ancient Roman buildings in which the "liquid stone" of concrete was first used in the first century B.C., are presented with great tranquillity. In a montage of various angles, using a normal lens, Emigholz restores volume to architecture, showing not only façades but above all interiors and strolling briefly through the surrounding area. He does not apply a *drive-by* approach, but a *walk-through* one.

The film presents the buildings as they were on the day of shooting, adds the original sound, and dates the individual sequences. Emigholz and his partner Till Beckmann put the buildings together cut by cut, montaging shots without panning, like a sequence of still photographs in motion. The construction of these compositionally "constitutive surfaces", to use a term by Kracauer, is designed to create a sense of space on the big screen with a multi-channel soundtrack. "In that sense, cinematography is an architectural operation."[16]

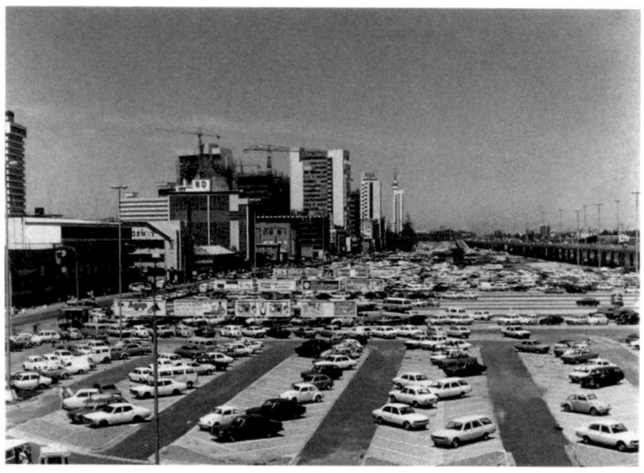

A J.D. OKHAI OJEIKERE
LAGOS MARINA DRIVE, 1973

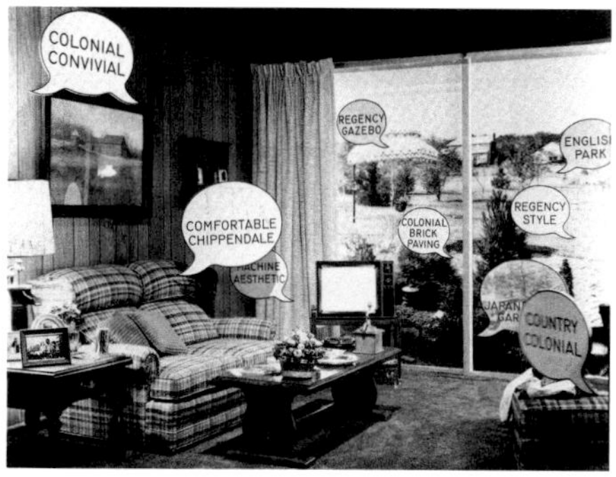

B STEPHEN SHORE
FROM THE EXHIBITION *SIGNS OF LIFE: SYMBOLS IN THE AMERICAN CITY* BY STEVEN IZENOUR, DENISE SCOTT BROWN, VENTURI AND RAUCH, 1976

1 Claude W. Sui in: Alfried Wieczorek, Claude W. Sui (eds.), *Die Geburtsstunde der Fotografie – Meilensteine der Gernsheim-Collection*, Heidelberg/Berlin: Kehrer 2012, p. 98.

2 The book contains no illustrations. The only image is an uncredited painting of Lower Manhattan on the cover.

3 Marshall Berman, *All That Is Solid Melts into Air – The Experience of Modernity*, New York: Penguin Books 1981, p. 95.

4 Karl Marx and Frederick Engels, *The Communist Manifesto*, transl. 1888, London/New York: Verso 1998.

5 Bertold Brecht, cited in Walter Benjamin, "Little History of Photography" [1931] in Walter Benjamin, *Selected Writings*, vol. 2, Michael W. Jennings et al. (eds.), Cambridge/Mass. and London: Harvard UP (Belknap) 1999, p. 526.

6 Siegfried Kracauer, *The Salaried Masses. Duty and Distraction in Weimar Germany*, transl. Quentin Hoare, London and New York: Verso 1998, p.32.

7 Rem Koolhaas, "Wasteland – Dump Space: Freedom From Order", *Wired*, issue 11, 2003, www.wired.com/wired/archive/11.06/dump_spc.html (retrieved on 16 January 2013)

8 Attention should be drawn here to the urban settings of the Nollywood film productions in Nigeria and to the rediscovery of the urban portraits by J. D. Okhai Ojeikere, which have long shaped alternative urban images.

9 Rem Koolhaas et al., *Mutations*, Lakewood/NJ: Actar 2000, p. 320.

10 Cf. Olivier Lugon, "Avant la 'forme tableau' – Le grand format photographique dans l'exposition *Signs of Life*" (1976), http://etudesphotographiques.revues.org/index3039.html (retrieved 16 January 2013; our translation).

11 Martino Stierli, *Las Vegas im Rückspiegel. Die Stadt in Theorie, Fotografie und Film*, Zürich: gta 2010, p. 17.

12 Cit. in Stierli, cf. Fn. 11, p. 36.

13 Ibid., p. 36.

14 Robert Venturi's Response at the Pritzker Prize Award Ceremony at the Palacio de Iturbide, Mexico City, May 16, 1991, in Robert Venturi, *Iconography and Electronics upon a Generic Architecture: A View from the Drafting Room*, Cambridge/Mass. 1996, pp.97–103 (this quote p. 101).

15 "Architect" was a dirty word to him.

16 Heinz Emigholz, statement on the making of the film *Parabeton* (2012).

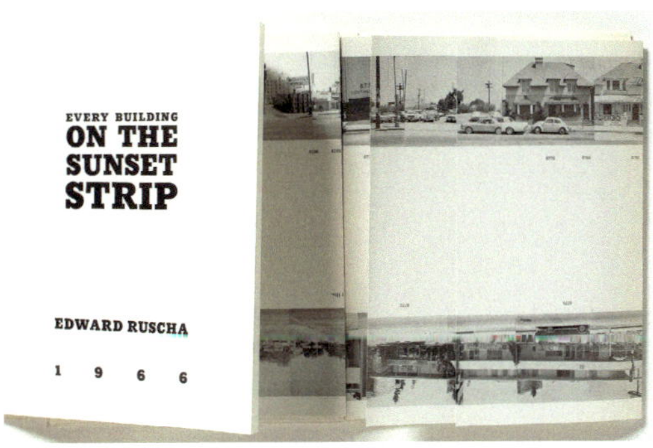

C ED RUSCHA
EVERY BUILDING ON THE SUNSET STRIP, 1966

NEW YORK CITY

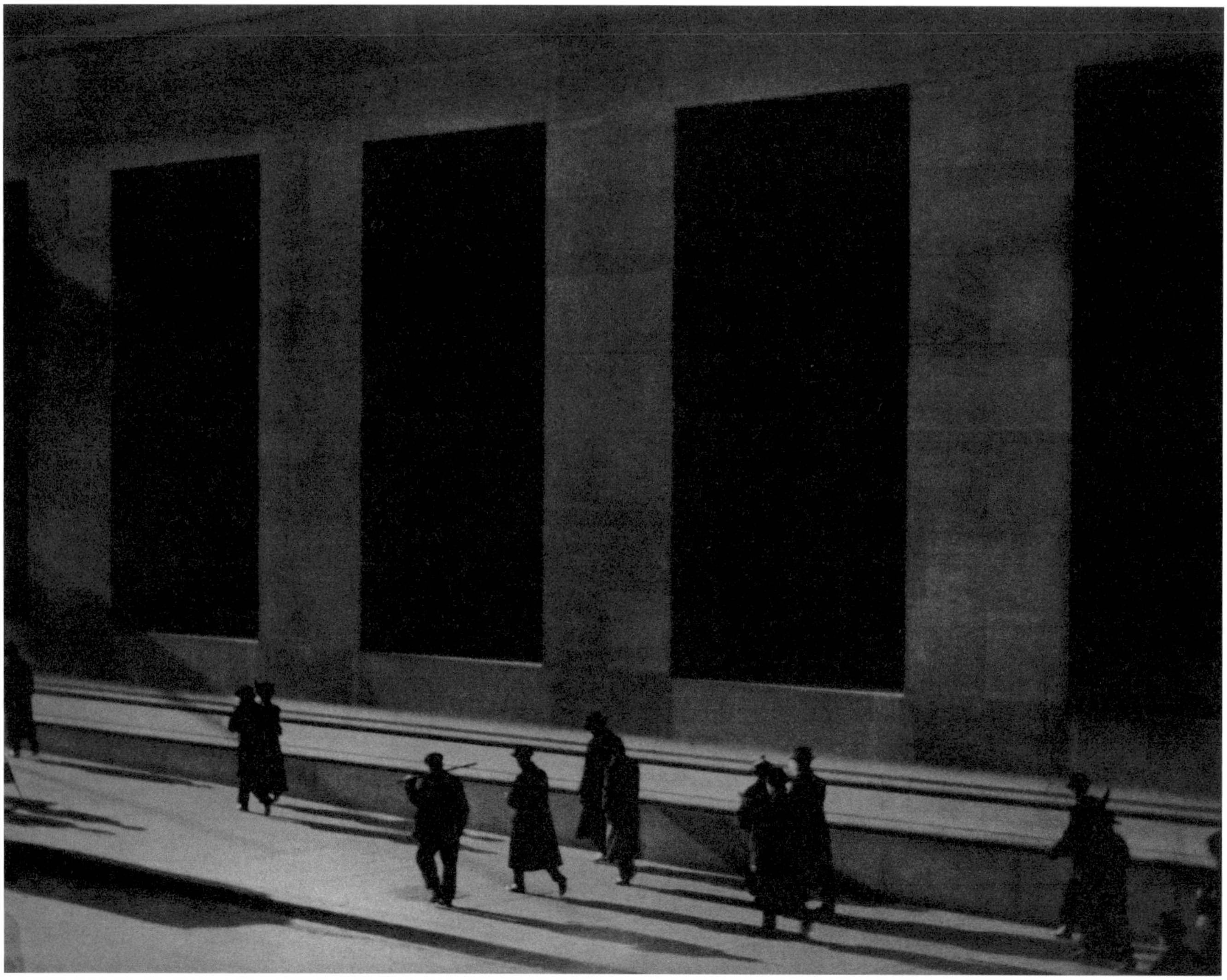

PAUL STRAND
WALL STREET, NEW YORK, 1915

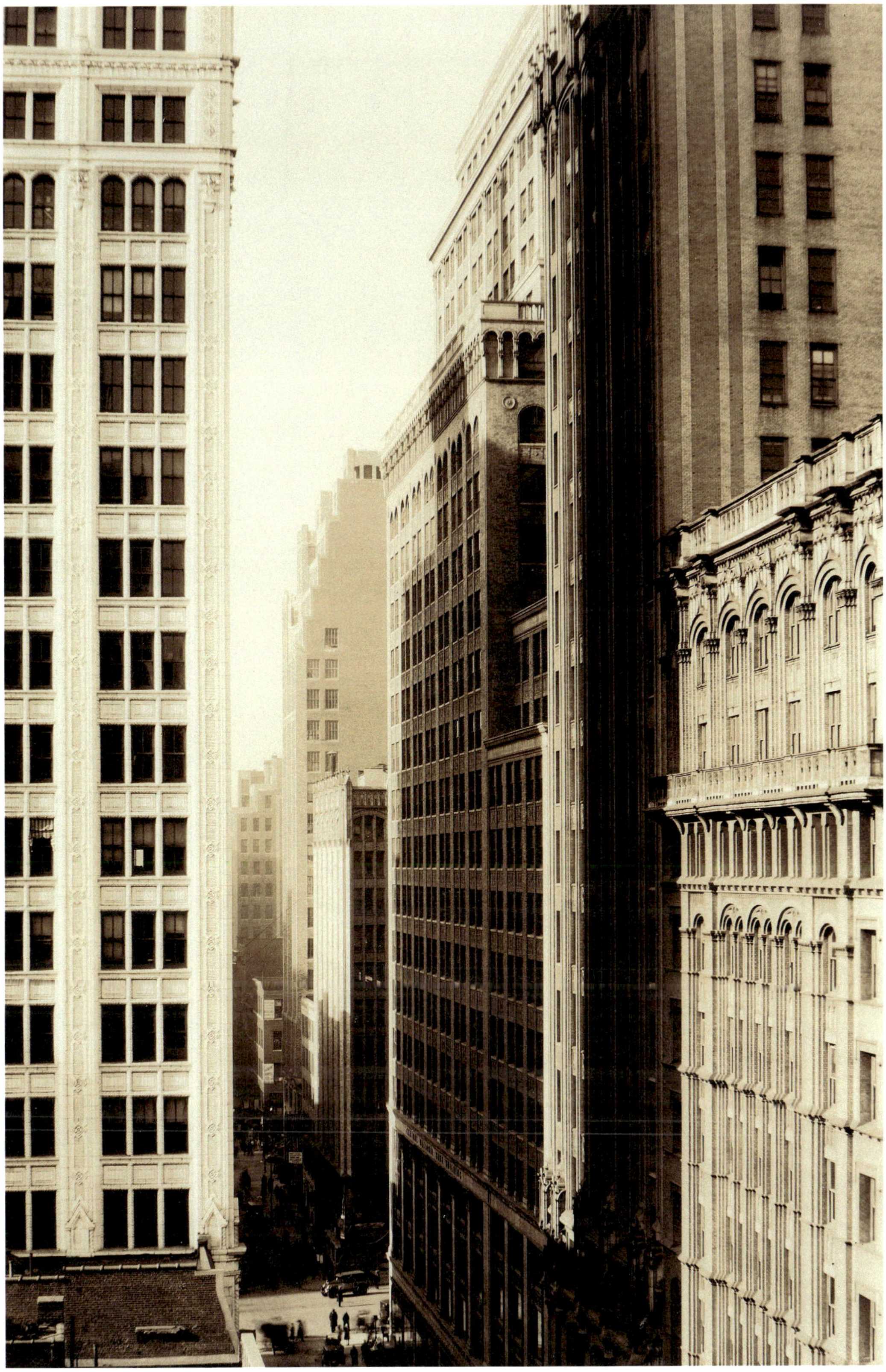

CHARLES SHEELER
40TH STREET LOOKING TOWARD BROADWAY, NEW YORK CITY
(BLICK VON DER 40TH STREET IN RICHTUNG BROADWAY), CA. 1920

«Eine Nation sollte sich nicht mit ihrer Architektur, sondern mit ihren abstrakten Gedanken und Erkenntnissen ein Denkmal setzen.»

“But it should not be by their architecture but by their abstract thoughts that a nation should seek to commemorate itself.”

HENRY DAVID THOREAU
TAGEBUCH/JOURNAL
1852

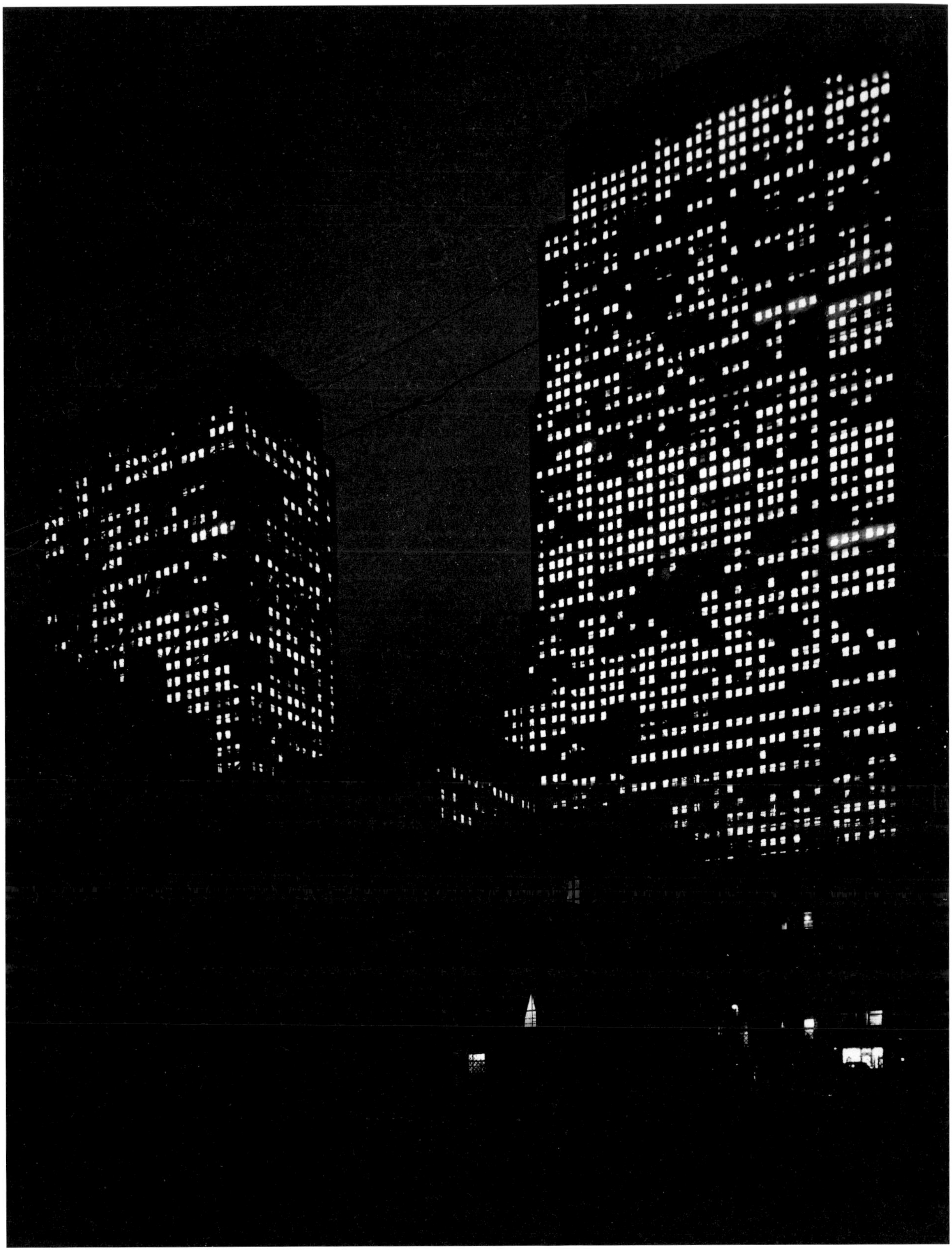

JOSEF BREITENBACH
NEW YORK BEI NACHT, RADIO CITY
(NEW YORK BY NIGHT), 1942

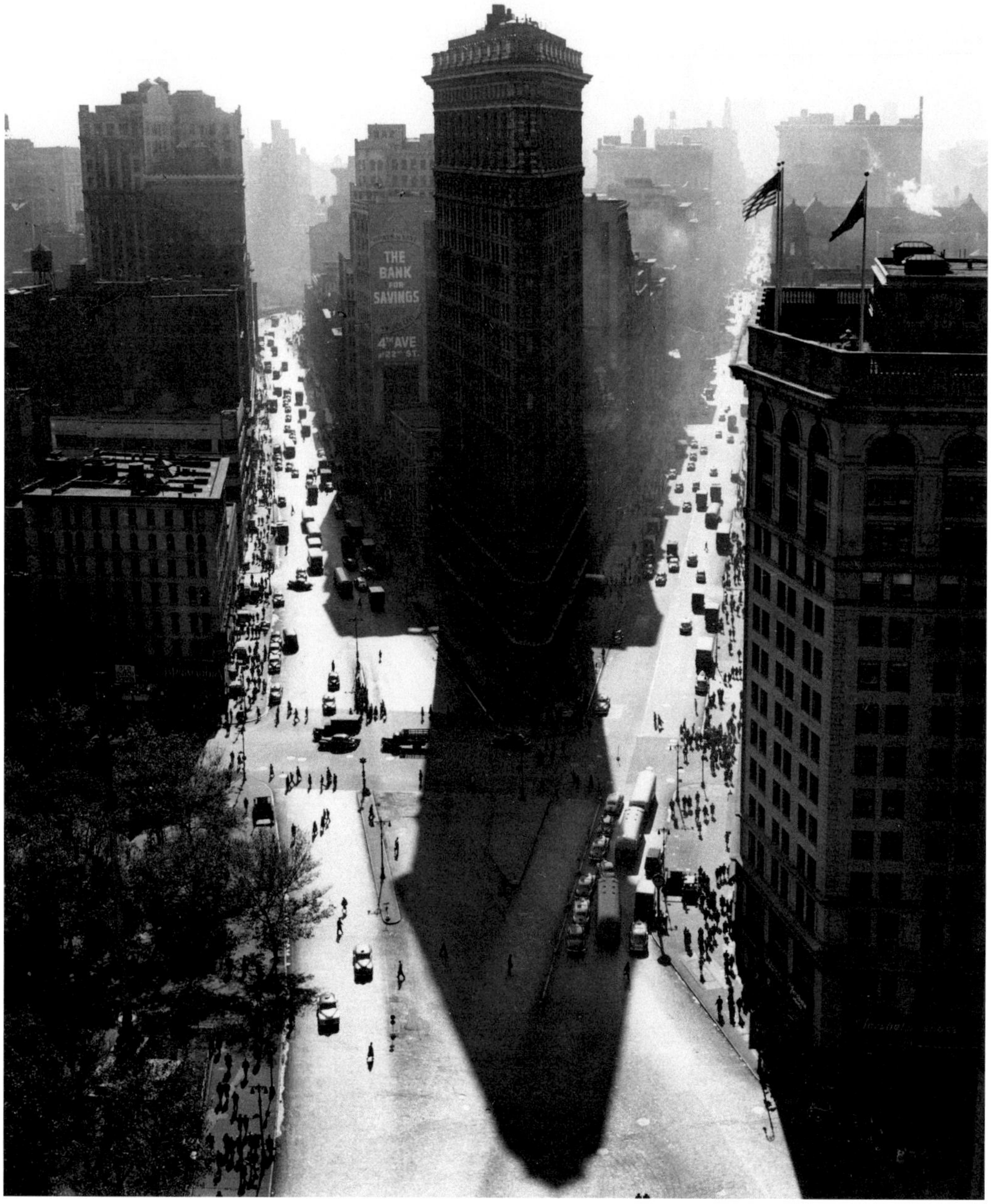
THE
BANK
FOR
SAVINGS
4TH AVE
22ND ST

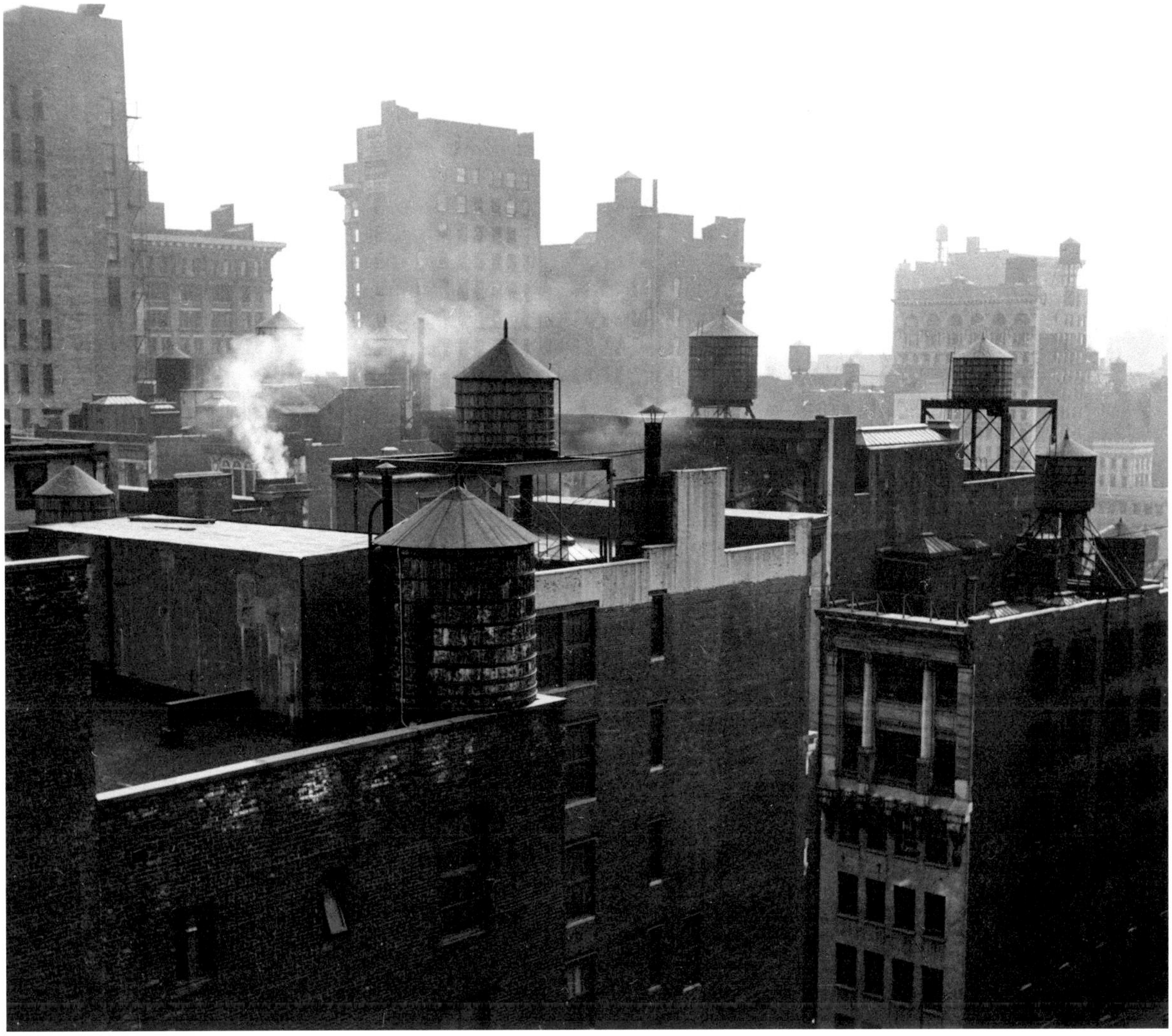

RUDY BURCKHARDT
FLAT IRON BUILDING, NEW YORK, 1948
CHELSEASCAPE 3, NEW YORK, 1947

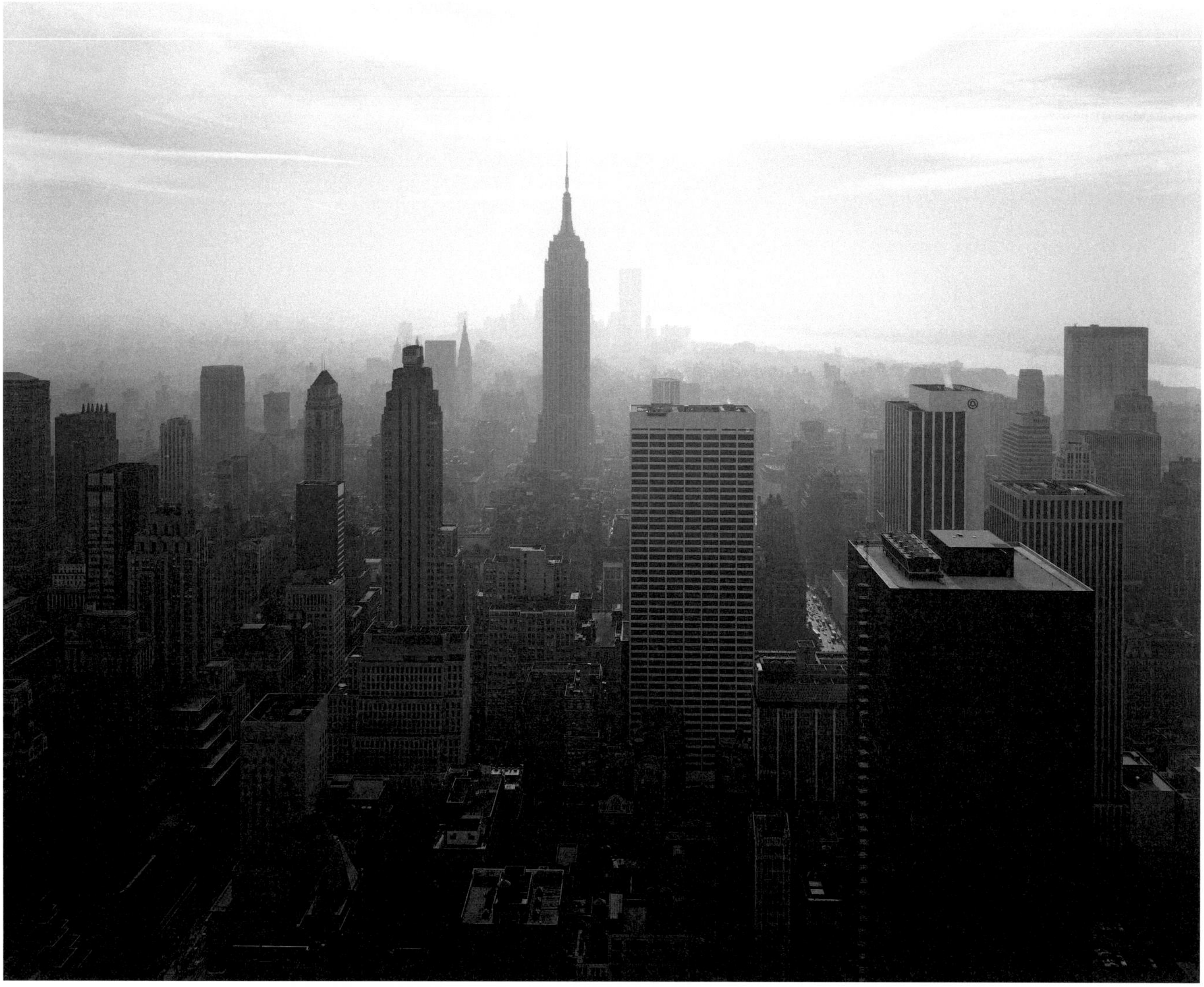

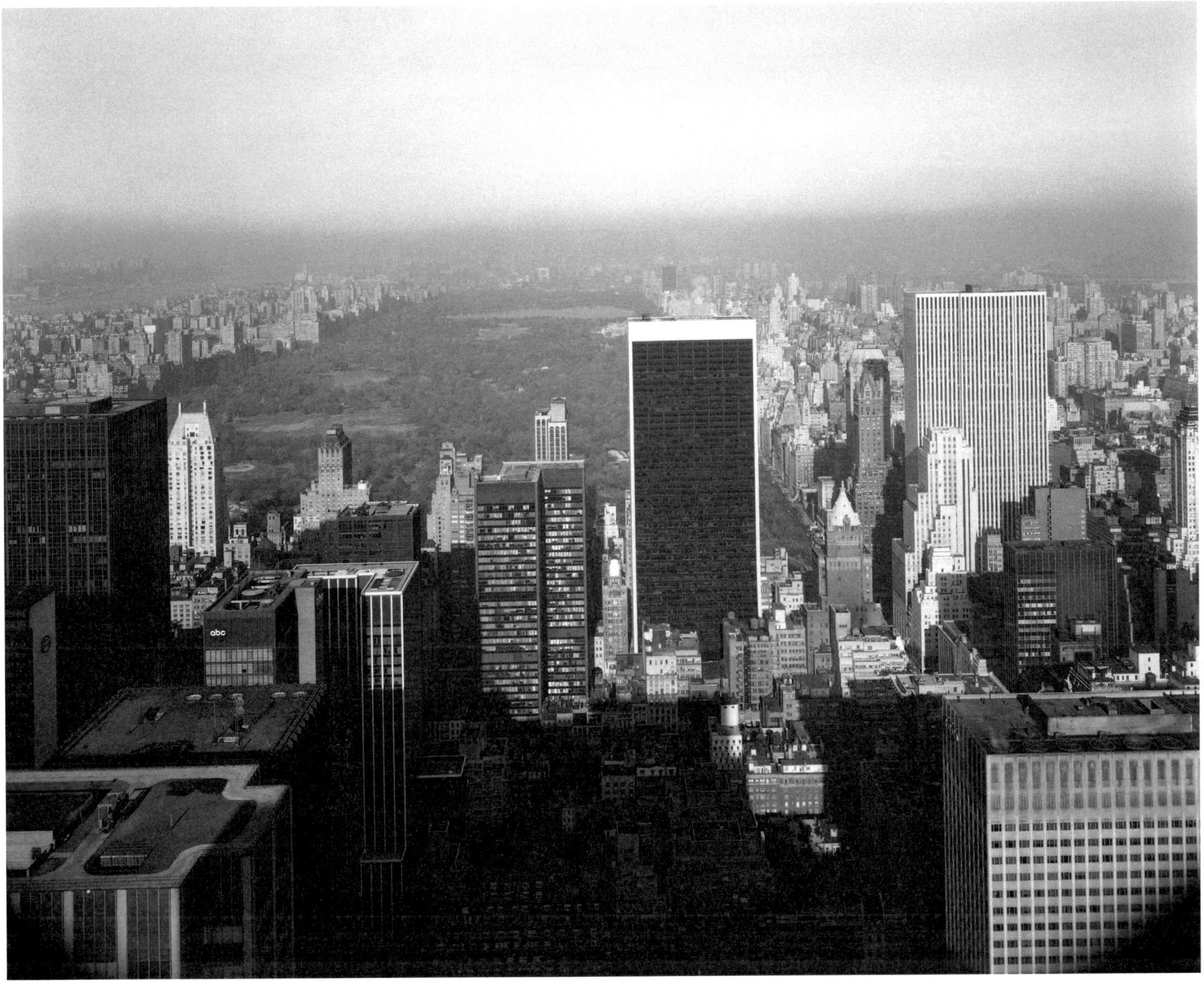

NICHOLAS NIXON
VIEW OF MIDTOWN FROM 48TH STREET, NEW YORK
(BLICK VON DER 48TH STREET AUF MIDTOWN), 1975
NORTH VIEW FROM 48TH STREET, NEW YORK
(BLICK RICHTUNG NORDEN VON DER 48TH STREET), 1975

KALKUTTA
/
CALCUTTA

Wie würde ein Blinder über das Fotografieren von Kalkuttas Architektur schreiben? Als ich mich an meinen Arbeitstisch setzte, um diesen Artikel zu schreiben, schloss ich instinktiv die Augen und hörte der Stadt zu.

Das grösste Problem für einen Autor ist die Gleichzeitigkeit der Hintergrundgeräusche – die vielen Dinge, die sich alle im selben Moment ereignen. Schreiben hingegen ist linear, es sei denn, man heisst Virginia Woolf. Und die Fotografie? Kann sie vielleicht die

Kalkutta Chaosmos

Aveek Sen

sich ständig verschiebenden Geräuschgebilde festhalten? Kürzlich besuchte ich eine Ausstellung blinder und beinahe blinder Fotografen und stellte beim Betreten der Galerie fest, dass diese sehbehinderten jungen Frauen und Männer mit ihren Kameras ihren Ausgangspunkt dort hatten, wo viele Fotografen ohne Sehbehinderung seit Jahrzehnten versuchen hinzukommen – an einem nicht mehr vom Auge dominierten Ort, einem Punkt, an dem das Sehen zur Vision wird. Wenn ein Sehbehinderter zum Beispiel ein Treppenhaus fotografiert – eines der beliebtesten Motive in der Schau –, so beschreibt er die innere, aber trotzdem sehr körperliche Erfahrung eines allmählichen Abstiegs ins Ungewisse, während wir einfach nur die Stufen einer Treppe hinuntergehen. In diesen Bildern wird Architektur weniger dokumentiert als erfahren.

Schliesslich bin ich von meinem Schreibtisch aufgestanden und von meinem Arbeitszimmer im Erdgeschoss auf die angrenzende lange Veranda getreten. Ein Ort, der sowohl draussen wie drinnen ist, und von wo man auf einen kleinen Garten blickt, den unser L-förmiges, in den 1930er Jahren erbautes Haus von der Strasse abschirmt. Dort stand ich dann wieder mit geschlossenen Augen und lauschte. Wie würde wohl John Cages *4'33"* in Kalkutta klingen?

Es war noch früh am Morgen. Ein paar hungrige Kühe stritten lautstark um eine tote Ratte, die sie im Gras entdeckt hatten. Der Lärm bildete einen grobmaschigen Geräuschvorhang, durch den der zarte Gesang eines Rotkehlchens und das einsame Gurren einer Taube drangen. Dieser friedliche Vogel-Chor wiederum war eingebettet in das Surren und Pulsieren der Wasserpumpen, die in den umgebenden Häusern in Betrieb genommen wurden. Noch deutlicher und näher war das rhythmische Geräusch von Stein gegen Stein zu vernehmen, das beim Mörsern der Gewürze aus den Küchen drang. Etwas weiter weg, auf der Strasse, wo der Schuster und der Bartscherer auf dem Trottoir an der Hauswand sassen, hörte man das Schnippschnapp der Schere beim Haareschneiden, das Einhämmern von Nägeln in eine Schuhsohle, die auf einem metallenen Leisten lag. Neben ihnen wuschen die Männer im Süsswarengeschäft – es stammt aus derselben Zeit wie unser Haus – ihre riesigen Töpfe aus, während einer von ihnen im Hinterhof ein Bad nahm, zitternd und keuchend vor Kälte und voll grimmiger Inbrunst den Schleim aus Hals und Lungen spuckend. Im Laden mit seinen Vitrinen voller Süssigkeiten spielte ein Radio bengalische Filmmusik aus den 1950er Jahren. Das Handy meines Vaters fing in seinem Schlafzimmer an zu klingeln – mit dem Klingelton «Für Elise». Und über all diesen kleinen Geräuschen schwebte der Lärm einer rasch wachsenden Grossstadt – alte Gebäude, die abgerissen wurden, pausenloses Bohren und Schweissen und sich ewig drehende Zementmischer, Lastwagen, die Schotter auskippten, unverständliche Laute von fremden Bauarbeitern, die sich mit den Kricket- und Werbesendungen aus den Fernsehern vermischten. Ein Schlüsselmacher spielte mit seinem Schlüsselbund, ein Matratzenklopfer schwang sein Werkzeug. Mit den Schulkindern wurden die Verkehrsgeräusche auf der Strasse lauter: topmoderne Hupen, ächzende alte Schulbusse, bimmelnde Rikschaglöckchen, fluchende Taxifahrer. Und aus einer schon unwirklichen Ferne das andauernde Klagen und Stöhnen von Zügen, das grossen, weit geöffneten Fenstern innerhalb der sich überlagernden Geräuschkulissen glich. Es suggerierte einen anderen Ort, ausserhalb der Stadt, von dem bei Tagesanbruch Millionen von Menschen in die Stadt strömten, um deren riesiges Herz zum Schlagen zu bringen. Unter ihnen war auch die Frau, die jetzt in meiner Küche die Gewürze mahlte und dieses Stein-gegen-Stein-Geräusch erzeugte, das sich gegen das Quietschen und Hämmern und Bohren behauptete, während die Uhr auf unserer Veranda zehn schlug und der Morgen allmählich zur Besinnung kam.

«Gegen» ist die Präposition, auf die es hier ankommt; sie suggeriert Kontrast und Konflikt, aber auch unmittelbare Nähe. Und deshalb schien mir diese morgendliche Symphonie die beste Annäherung an diesen «Chaosmos» – die Wortschöpfung stammt von Kandinsky – der Architektur Kalkuttas und ihrer Einladung oder Herausforderung an die Fotografie. Ich denke an meinen Schweizer Freund und wie sehr ihn bei seinem ersten Besuch die unterschiedlichen architektonischen Schichten Kalkuttas beeindruckten. «Architektur vor Architektur» nannte er es – Altes vor Neuem, Einheimisches vor Kolonialem, Kleines vor Grossem, Armes vor Reichem, Inoffizielles vor Offiziellem, Illegales vor Legalem. Die «Front» ist also keine Fassade, die etwas verbirgt oder verkündet, sondern ein improvisierter oder zufälliger Zusatz, der verwirrt, verfälscht oder verkompliziert. Mit der Hierarchie von «Hinten» und «Vorne» geht eine vertikale Hierarchie von «Oben» und «Unten» einher. So wie eine Gondel das beste Fahrzeug ist, um den unsichtbaren Morast zu entdecken, auf dem Venedig steht oder in den es versinkt, ist die Strassenbahn – uralt und ruckelnd – der beste Fototrolley, um mit der Chitpur Road im älteren Norden Kalkuttas das zu tun, was Ed Ruscha Mitte der 1960er Jahre mit dem Sunset Strip getan hat.

Fährt man diese Strasse entlang, nimmt das Auge auf beiden Seiten eine endlose Reihe von kleinen Geschäften wahr, die ähnlich wie Kontaktstreifen eine lineare, aber ganz selbstverständlich chaotische Sequenz bilden – Uhrmacher, Schneider, Mechaniker, Eisenwarenhändler, Drucker von Buskarten und Wahlplakaten, Antiquare, Betreiber von Telefonzellen und Kopiergeräten, Mehlhersteller mit ihren Getreidemühlen. Jeder Laden ist eine kleine, zur Strasse hin offene Box, die von einer einzigen nackten, von der Decke baumelnden Glühbirne erhellt wird. Die Mechaniker und Drucker sind schwarz vor Dreck und Maschinenöl, während die Mehlhersteller ständig mit Mehl bedeckt sind. Man sieht also im Vorbeifahren einen eigenartig fotografisch wirkenden Wechsel von schwarzen und weissen Gestalten. Steigt man aus der Strassenbahn und betrachtet die Läden von der gegenüberliegenden Strassenseite aus, entdeckt man, dass sich hinter und über ihnen eine Reihe imposanter Häuser erhebt, die im 19. Jahrhundert von einheimischen *compradors* erbaut worden waren. Inzwischen ist jedes dieser Häuser ein Bienenstock mit vielen wabenartigen Mietwohnungen, die scheinbar auf den unter und vor ihnen wimmelnden Existenzen ruhen, doch ohne diese wahrzunehmen. Die kleine Box eines Strassenladens ist häufig in einen oberen und unteren Bereich unterteilt, jeder ein Triumph menschlichen Erfindungsreichtums und minimalistischer Genügsamkeit. In der oberen Hälfte befindet sich ein winziger Laden, während die untere als Wohnraum genutzt wird. Innerhalb desselben Rahmens oder Rasters geht also ein nicht aufzuhaltender Verfall mit einem peinlich sauberen und strengen Funktionalismus einher.

Für jemanden, dessen Auge an strenge Bauhaus-Quadrate oder die strikten Typologien der Bechers und deren Schule (und die gesellschaftlichen, wirtschaftlichen, politischen und kulturellen Systeme, die sie voraussetzen) gewöhnt ist, können die lebendigen Kontaktbögen Kalkuttas zwar zum Fotografieren einladen (wobei die Stadt bereits ein Labyrinth fotografischer Klischees ist). Doch gleichzeitig eröffnen sie uns auch eine irritierende Perspektive auf die «Prinzipien» zeitgenössischer Fotografie, wie wir sie betrachten, organisieren, kuratieren und schliesslich als Kunst ausstellen. Und sie könnten das Verhältnis dieser Ordnung zum Chaos des Lebens und zum Wahnsinn der Wirklichkeit formulieren helfen.

Dayanita Singhs – meist nachts oder in der Dämmerung aufgenommenen – Schwarz-Weiss-Fotografien von *pandals*, die im Herbst aufgebaut werden, während zu Ehren der Göttin Durga Feiern *(pujas)* stattfinden, akzentuieren für mich die Rätsel von Kalkuttas architektonischem Nebeneinander am schönsten [Abb. A,B,C]. *Pandals* sind temporäre Festzelte aus Bambus, Sperrholz, Stoff und Gips, die innerhalb von zwei Wochen entstehen und wieder verschwinden. Sie beherbergen kunstvolle Durga-Statuen und deren Entourage, die am Ende der *puja* feierlich im Fluss versenkt werden. Diese in jedem Stadtviertel, jedem grösseren Wohnkomplex, an jeder Strassenecke und auf jedem freien Platz hochgezogenen *pandals* sind also immer auch Monumente der Vergänglichkeit und des schönen Scheins, die sich nicht nur aus unterschiedlichen architektonischen Stilen und Epochen zusammensetzen, sondern sich auch geschickt eingesetzter Lichteffekte bedienen. Zwischen den Häusern, Gebäuden, Parks und Denkmälern der Stadt emporgeschossen und dann wieder verschwunden, werden diese *pandals* zu Elementen einer architektonischen Fiktion, die die bekannteren und dauerhafteren Strukturen der Stadt nachahmt und gleichzeitig verspottet und damit auch merkwürdig geisterhaft erscheinen lässt.

Singhs Fotografien lösen die *pandals* heraus aus den von Menschen wimmelnden Welten karnevalistischen Treibens und religiöser Hingabe, die sie gewöhnlich umgeben. Stattdessen verleiht die Fotografin ihnen eine Aura trostlosen Glanzes, die die neutrale Frontalität der Bechers oder die klinische Grausamkeit eines Thomas Demand und seiner orginalgetreu aus Pappe nachgebauten Interieurs in eine völlig neue, nach innen gerichtete Sprache übersetzt. Der strahlende Schein ihrer Substanzlosigkeit lässt alles um sie herum immateriell und geisterhaft erscheinen – das Unwirkliche neben dem Hyperrealen –, doch man traut weder dem einen noch dem anderen. So beschwören die *pandals* eine Art architektonisches *Memento mori*, das den Betrachter darüber nachdenken lässt, inwieweit Fotografie Illusion oder sogar Fiktion und inwieweit sie Herrin über die Wirklichkeit ist.

In Singhs «Fotofiktion» *House of Love* sind die *pandals* von Kalkutta – zusammen mit Bildern von echten Häusern, Industriebauten und Porträtaufnahmen von Händlern in ihren kleinen Läden an der Chitpur Road – Teil zweier unterschiedlicher Erzählungen. Die eine heisst *Mistaken* nach einem Gedicht von Vikram Seth über zwei Menschen, die sich magisch anziehen, da beide den anderen mit einer dritten Person verwechseln. Die Geschichte beginnt mit einem Bild des Taj Mahal ohne weitere Angaben. Schaut man genauer hin, fällt einem auf, dass mit dem Setting, dem Massstab und den Proportionen des Gebäudes etwas nicht zu stimmen scheint, und wenn wir weiterblättern, verstärken die folgenden Bauten diesen Eindruck, vor allem gegenüber der starren Theatralik der Dioramen. Was Kalkutta mit den *pandals* verbindet, wird nirgendwo im Buch erklärt, nur die Namen der Originalgebäude, die sie kopieren, werden gelegentlich erwähnt. Diejenigen, die die Bauten oder die *pandals* nicht kennen, müssen also mit ihrer Verunsicherung und ihren Zweifeln leben. Das hat zur Folge, dass die Fotografien und die dazugehörigen Geschichten weniger die Gebäude selbst als diese Verunsicherung thematisieren. Die gewöhnlich mit dieser Art von Schwarz-Weiss-Fotografie verbundene «dokumentarische» Funktion wird sozusagen auf den Kopf gestellt, was die Arbeit in den vieldeutigen Bereich der Fiktion rückt. Der einzige Hinweis, den die Autorin gibt, ist ein Gedicht über die Ironie menschlichen Irrens. Fotografie und Architektur, die gewöhnlich eine enge Verbindung mit der Realität eingehen, müssen sich damit abfinden, dass sie im Kampf mit den Fallstricken einer verräterischen Fiktion «erblinden», den Boden unter den Füssen verlieren und von den literarischen Gefühlsstrukturen für immer verwandelt werden.

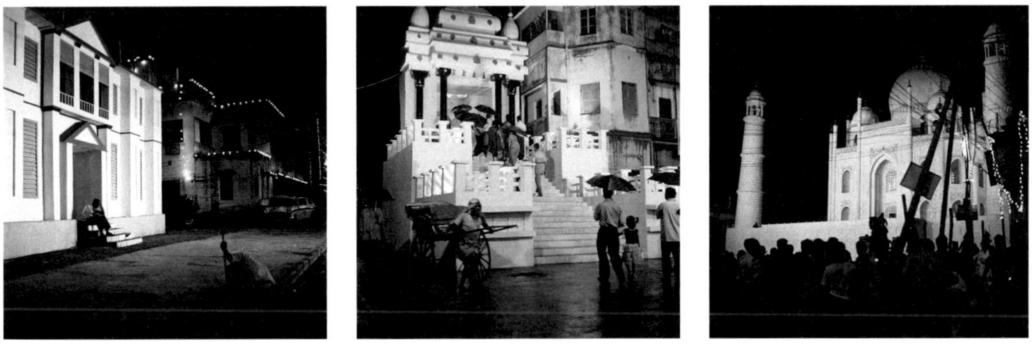

A, B, C
DAYANITA SINGH
AUS: *MISTAKEN/HOUSE OF LOVE* (VERWECHSELT/HAUS DER LIEBE), 2011

How would the blind write about photographing Calcutta's architecture? Sitting down to write this piece, I found myself shutting my eyes and listening to the city.

The most difficult thing for a writer is that ambient sound is synchronic – different things happen at the same time. But writing is linear, unless one is Virginia Woolf. And photography – can it capture shifting structures of sound? The other day, I went to an exhibition of photography by the blind and almost-blind and, entering the gallery, I realised that these

Calcutta Chaosmos

Aveek Sen

visually impaired young men and women with cameras had started from a place that many sighted photographers aspire to after decades of work – a place of freedom from the eye, when sight becomes vision. So, a blind person's photograph of a staircase – a favourite subject in the show – is about the inward, yet physical experience of a graded descent into the unknown, down something as familiar to us as a flight of steps. Architecture is apprehended, rather than documented, in these photographs.

So I stepped out of my ground-floor study, where I started writing this piece, on to the long veranda in front. It is a space that is both inside and outside, looking out on to a small garden, secreted from the street by our L-shaped house, built in the 1930s. Standing there, I shut my eyes and listened again. What would *4′ 33″* sound like in Calcutta?

It was morning. A flock of hungry crows was clamouring for a dead rat on the grass. They formed a gritty curtain of sound, through which came the fineness of a robin's song and a lone dove crooning. But this avian pastoral was held within the whirring and pulsing of water-pumps coming to life in the houses all around. If birds and pumps were the backdrop, sharper and closer was the rhythmic stone-against-stone of spices being ground in the kitchen, and a little further away, just outside, where the cobbler and the barber sit on the pavement against the wall, was the snip-snip of hair being cut and the hammering of nails into a sole on a metal last. The men in the sweet shop next door, built around the same time as our house, were washing their huge cooking pans, while one of them was bathing in the courtyard, shivering and panting in the cold, and clearing his throat and lungs of phlegm with grim relish. In their front room, with vitrines full of sweets, a radio was playing Bengali film songs from the Fifties. My father's cell-phone started ringing in his bedroom; the ringtone was *Für Elise*. And towering above these little noises were the great noises of a "developing" city – old buildings being clobbered down, endless drilling and welding, cement-mixers turning, trucks unloading stone chips, the alien speech of migrant builders mingling with cricket and commercials on TV. A key-maker passed by jangling his ring of keys, then a mattress-beater twanging his cotton-fluffer. Traffic noises were building up on the street as the schoolchildren began to arrive: state-of-the-art horns, the rumble of old school buses, the bells of the rickshaws, taxis cursing one another. And beyond all this, in some unreal distance, the continual wailing and sighing of the trains, like large, open windows in these overlapping walls of sound. They made one imagine an elsewhere, outside the city, from where, at the crack of dawn, millions travel every day to get its mighty heart beating. One of them was the woman in my kitchen grinding spices, making her sound of stone against stone, against the twittering and hammering and drilling, as the clock in our veranda struck ten, and the morning came to consciousness.

The preposition *against* is key; it suggests contrast and conflict as well as adjacency. And that is why the morning's symphony seemed the best way into the "chaosmos" – Kandinsky's word – of Calcutta's architecture and its invitation, or challenge, to photography. My Swiss friend recalls to me how, on his first visit to Calcutta, he was struck by the layers in its architecture. "Architecture in front of architecture," he called it – the old in front of the new, the vernacular in front of the colonial, the small in front of the big, the poor in front of the rich, the unofficial in front of the official, the illegal in front of the legal. So, the "front" is not a façade that hides or proclaims, but an improvised or accidental accretion that confuses, counterfeits or complicates. The hierarchy of "back" and "front" is counterpointed by a vertical hierarchy of "above" and "below". So, just as gondolas are the best way to discover the hidden rot on which Venice stands or sinks, the trams – ancient and lumbering – are the best shooting trolley for doing with Chitpur Road in the older north of Calcutta what Ed Ruscha did in Los Angeles with the Sunset Strip in the mid-Sixties.

As you ride along this road, your eyes take in – like a row of prints on a contact sheet, in a linear sequence yet naturally chaotic – an endless series of little shops on either side: watch-repairers, tailors, mechanics, hardware retailers, printers of bus tickets and political posters, sellers of old books, owners of telephone booths and photocopiers, flour-makers with their wheat-grinding machines. Each shop is a small box-like room opening on to the street, lit by a single electric bulb hanging low from the ceiling. The mechanics and printers are blackened with machine oil and grime, and the wheat-grinders perpetually covered with flour. So what you see as you ride past is a bizarrely photographic alternation of black men and white men. Then, if you get off the tram and look at the shops from the other side of the street, you will realise that behind and above them is a row of grand 19th-century houses built by native compradors, each a hive of rented apartments now, resting on the little lives below and in front, yet seemingly oblivious of them. Within the box of a shop, there are often two vertical layers, each a feat of minimalism and resourcefulness. In the upper half is a tiny shop, while the lower half is a living space. So, unwieldy decay coexists with the tightest and tidiest functionalism inside the same frame or grid.

For an eye accustomed to, say, the rigour of the Bauhaus grid, or the austere typologies of the Bechers and their school (and the social, economic, political and cultural systems they presuppose), Calcutta's living contact-sheets could not only be an invitation to photography (the city is already a labyrinth of photographic clichés), but they could also provide another, more unsettling, perspective to the way we look at, organise, curate, and display as art, the "order" of contemporary photography, and formulate its relationship with the disorderliness of life and the madness of the real.

The riddles of adjacency in Calcutta's architecture come alive most brilliantly, for me, in Dayanita Singh's black-and-white photographs – mostly taken at night or in the half-light of dusk – of the *pandals* built in the city during the annual worship (or *puja*) of the goddess Durga in autumn [fig. A, B, C]. Pandals are temporary pavilions – built and unbuilt within a fortnight or so – usually made of bamboo, ply, cloth and plaster. In them are housed the elaborately crafted idols of Durga and her entourage, all ritually immersed in the river at the end of the puja. So the pandals that come up in every neighbourhood, street-corner, open field or housing complex are each a monument to impermanence and illusion, created not only by the fabrication of different styles and periods of architecture, but also by the manipulation of different kinds of artificial light. Rising up, and then disappearing, among the city's normal homes, buildings, parks and statues, they become pieces of architectural fiction, at once doubling and mocking, and thus rendering ghostly and strange, the city's more familiar and enduring structures.

Singh's photographs remove the pandals from the teeming world of devotion and carnival in which they normally stand. She invests them, instead, with an aura of luminous desolation, which translates into quite another inward language – the deadpan frontality of the Bechers or the clinical sinisterness of Thomas Demand's life-size paper-and-cardboard interiors. Because of the pandals' spotless and glowing lack of substance, everything around them begins to appear fragile and spectral by contrast – the unreal next to the hyperreal, neither trusted fully by the eye. What the pandals conjure up is a sort of architectural memento mori, which makes the viewer reflect as much on how photography colludes with illusion, or even fiction, as on its mastery over the real.

In Singh's book of "photo-fiction", *House of Love*, the Calcutta pandals – interspersed with photographs of real houses, industrial buildings, portraits of men in their little shops on Chitpur Road, dioramas and installation art – are part of two different stories. One of them is called "Mistaken", after a poem by Vikram Seth about two people mysteriously attracted to each other because each had mistaken the other to be somebody else. The story begins with an uncaptioned image of the Taj Mahal. But on closer inspection, something about the setting, scale and proportions of the building seems not quite right, and as we turn the pages, the buildings that follow produce the same sort of doubt, especially when seen next to the frozen theatricality of the dioramas. The context of Calcutta and the pandals is nowhere explained in the book, and only the names of the original buildings they are copies of are given below a few of them. So the feelings of uncertainty and doubt remain unresolved for those who happen to know nothing of the buildings or the pandals. As a result the photographs, and the stories they are part of, become more about these feelings of confusion than about the identities of place, turning on its head the "documentary" function associated with this kind of black-and-white photography, and pushing the work towards the ambiguities of fiction. The only clue provided by the author is a poem about the ironies of human error. Photography and architecture, used to being wedded to the real, have to let the ground shift from beneath their feet as they confront the treacheries of fiction and allow themselves to be transformed by its structures of feeling.

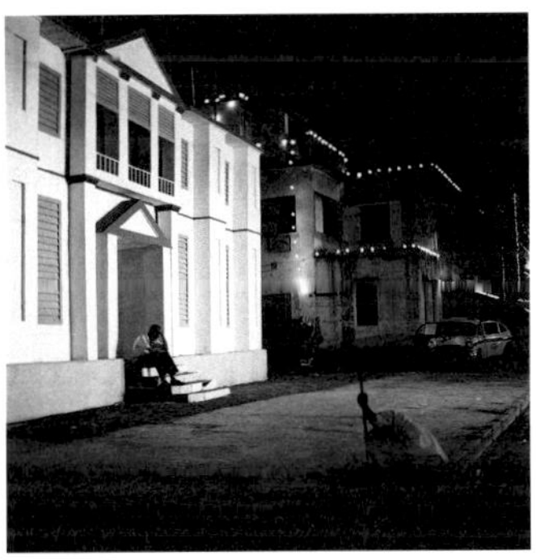
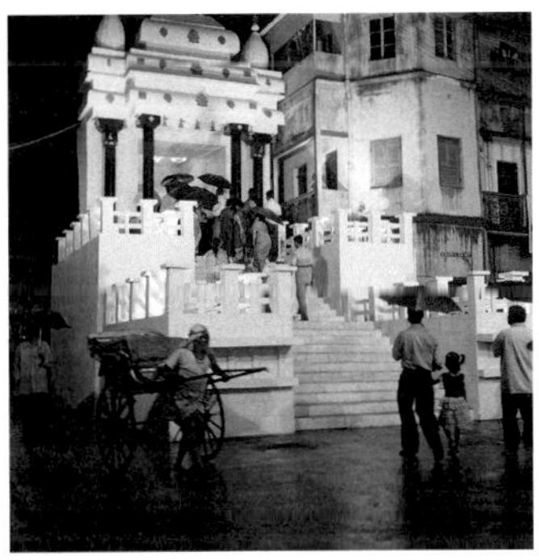
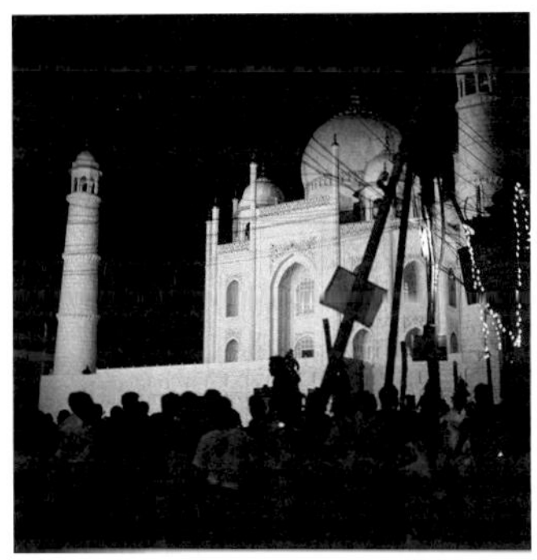

A, B, C
DAYANITA SINGH
FROM: *MISTAKEN/HOUSE OF LOVE*, 2011

414 / 415

CHANDIGARH

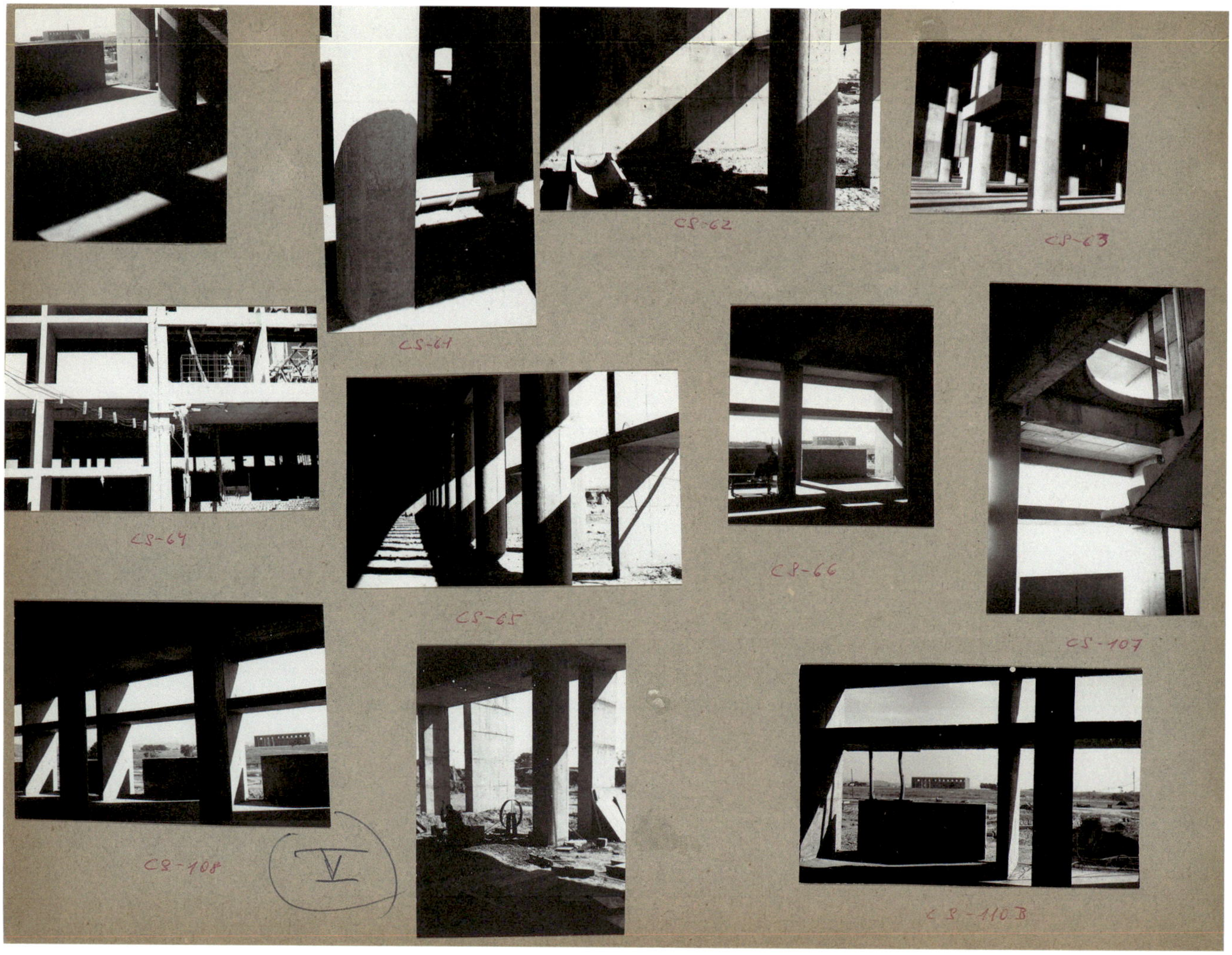
CS-62
CS-63
CS-61
CS-64
CS-65
CS-66
CS-107
CS-108
V
CS-110 B

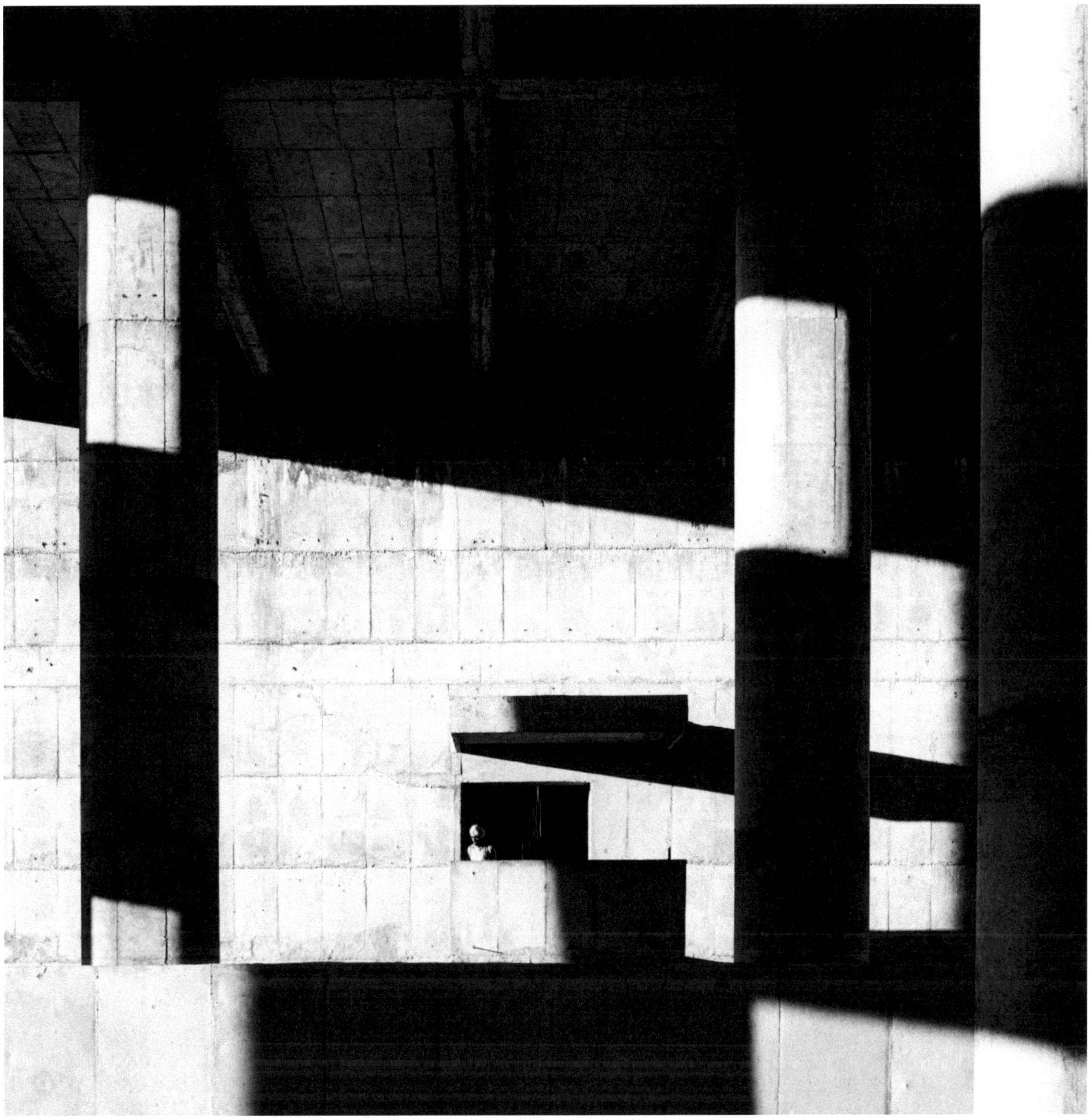

LUCIEN HERVÉ
LA HAUTE COUR DE CHANDIGARH
(HOHER GERICHTSHOF/HIGH COURT), 1955
FAÇADE OF THE SECRETARIAT BUILDING, CHANDIGARH
(FASSADE DES SEKRETARIATSGEBÄUDES), 1961

**«Ein grosses Zeitalter ist angebrochen.
Ein neuer Geist ist in der Welt.
Es gibt eine Fülle von Werken des neuen Geistes; man begegnet ihnen vor allem in der industriellen Produktion.
Die Architektur erstickt am alten Zopf.
‹Stile› sind Lüge.
Der Stil ist eine Wesens-Einheit, die alle Werke einer Epoche durchdringt und aus einer fest umrissenen Geisteshaltung hervorgeht.
Unsere Zeit prägt täglich ihren Stil.
Leider sind unsere Augen noch nicht fähig, ihn zu erkennen.»**

"A great epoch has begun.
There exists a new spirit.
There exists a mass of work conceived in the new spirit; it is to be met with particularly in industrial production.
Architecture is stifled by custom.
The 'styles' are a lie.
Style is a unity of principle animating all the work of an epoch, the result of a state of mind which has its own special character.
Our own epoch is determining, day by day, its own style.
Our eyes, unhappily, are unable yet to discern it."

LE CORBUSIER
AUSBLICK AUF EINE ARCHITEKTUR/
TOWARDS A NEW ARCHITECTURE: GUIDING PRINCIPLES
1923

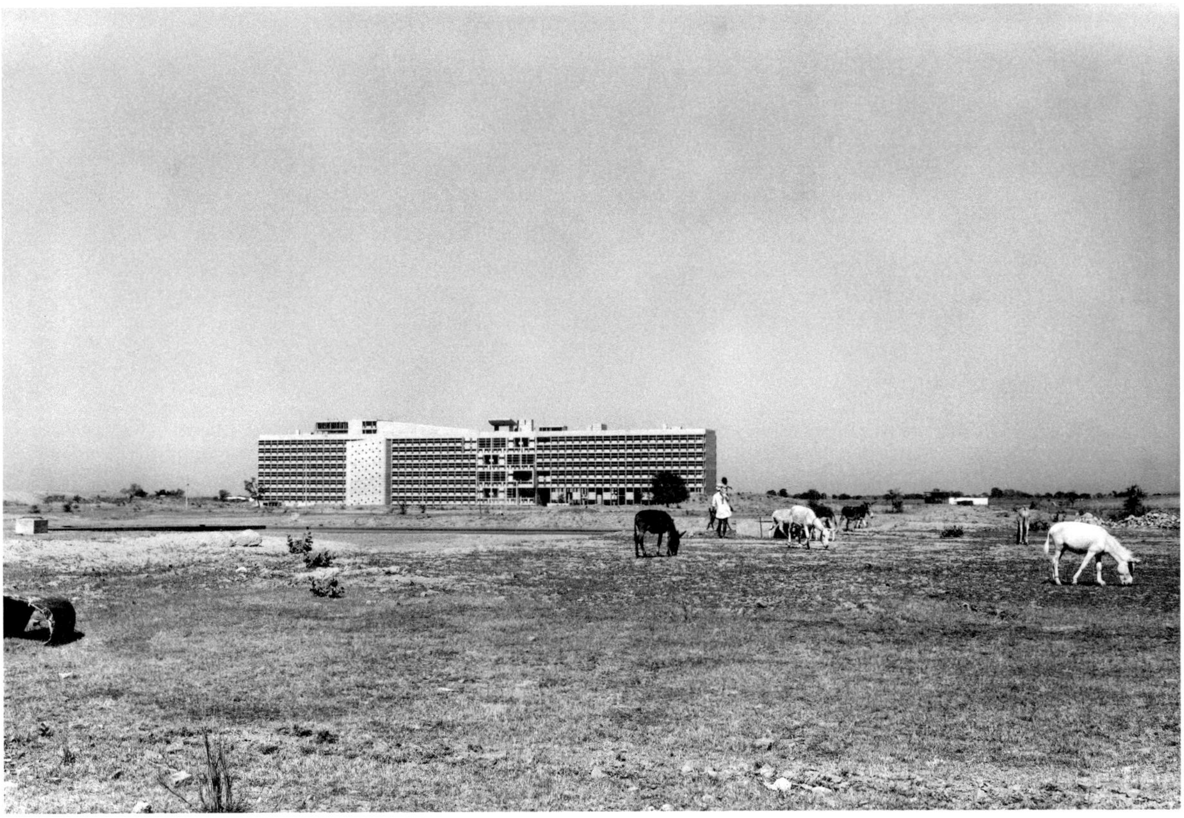

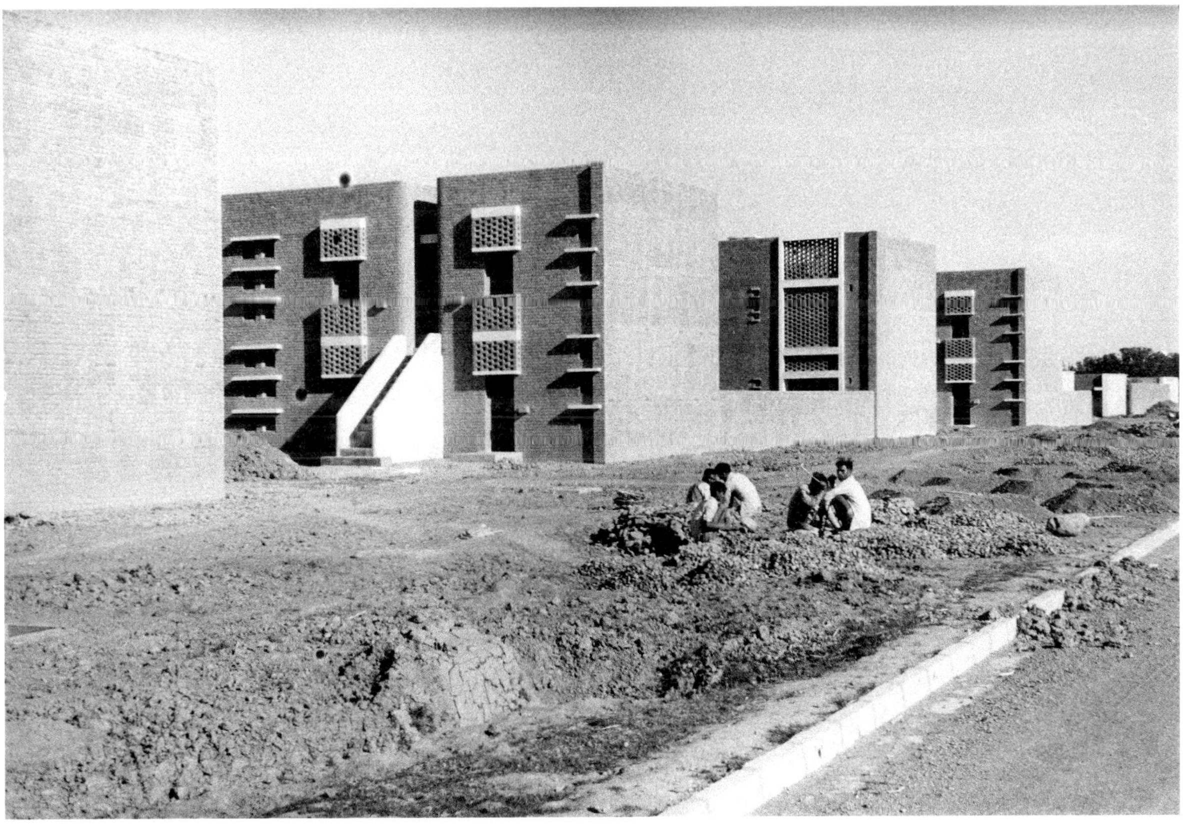

MARTIN HÜRLIMANN
SEKRETARIAT, CHANDIGARH (SECRETARIAT BUILDING), 1958
WOHNKOMPLEX, CHANDIGARH (APARTMENT COMPLEX), 1958

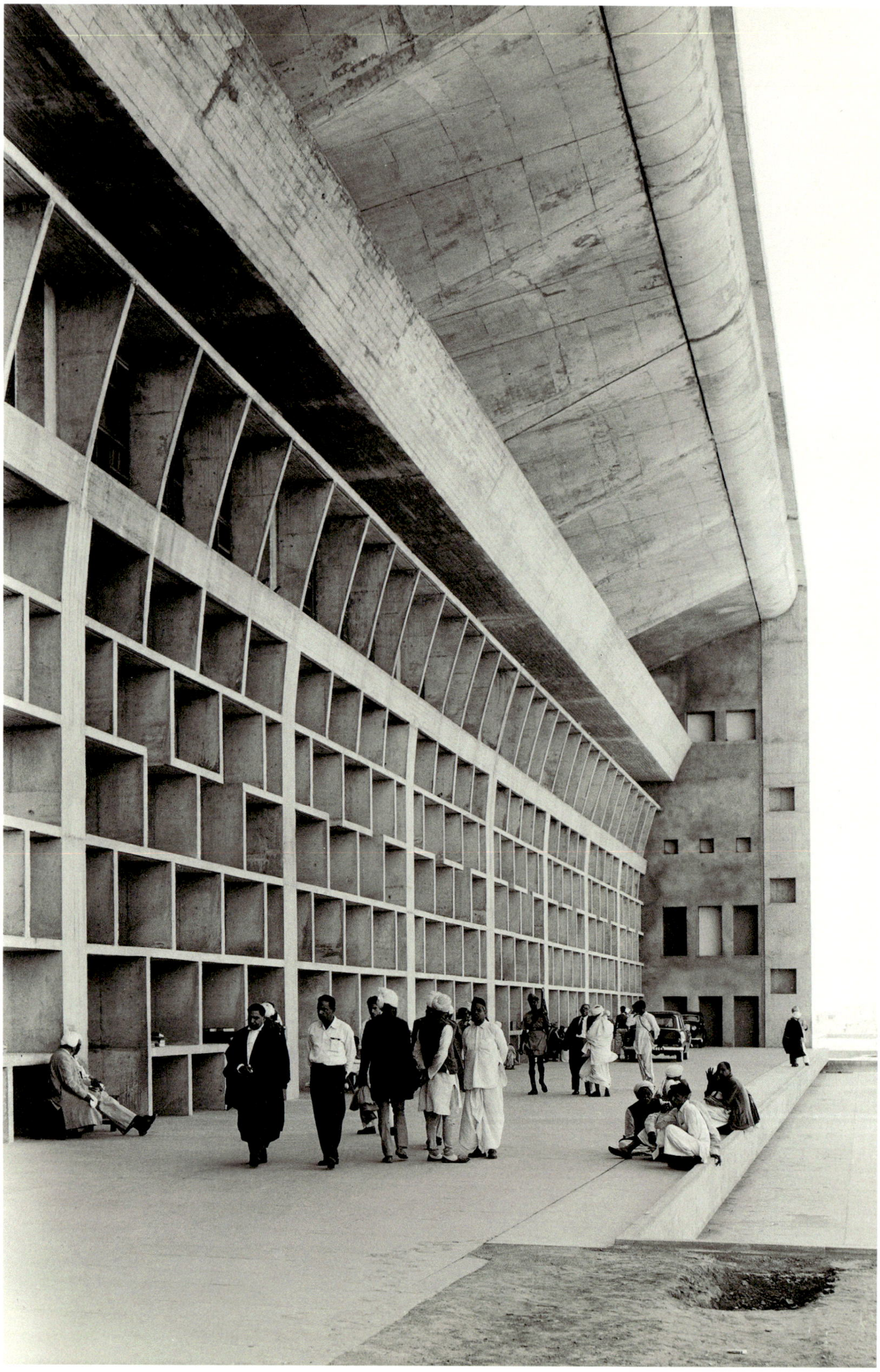

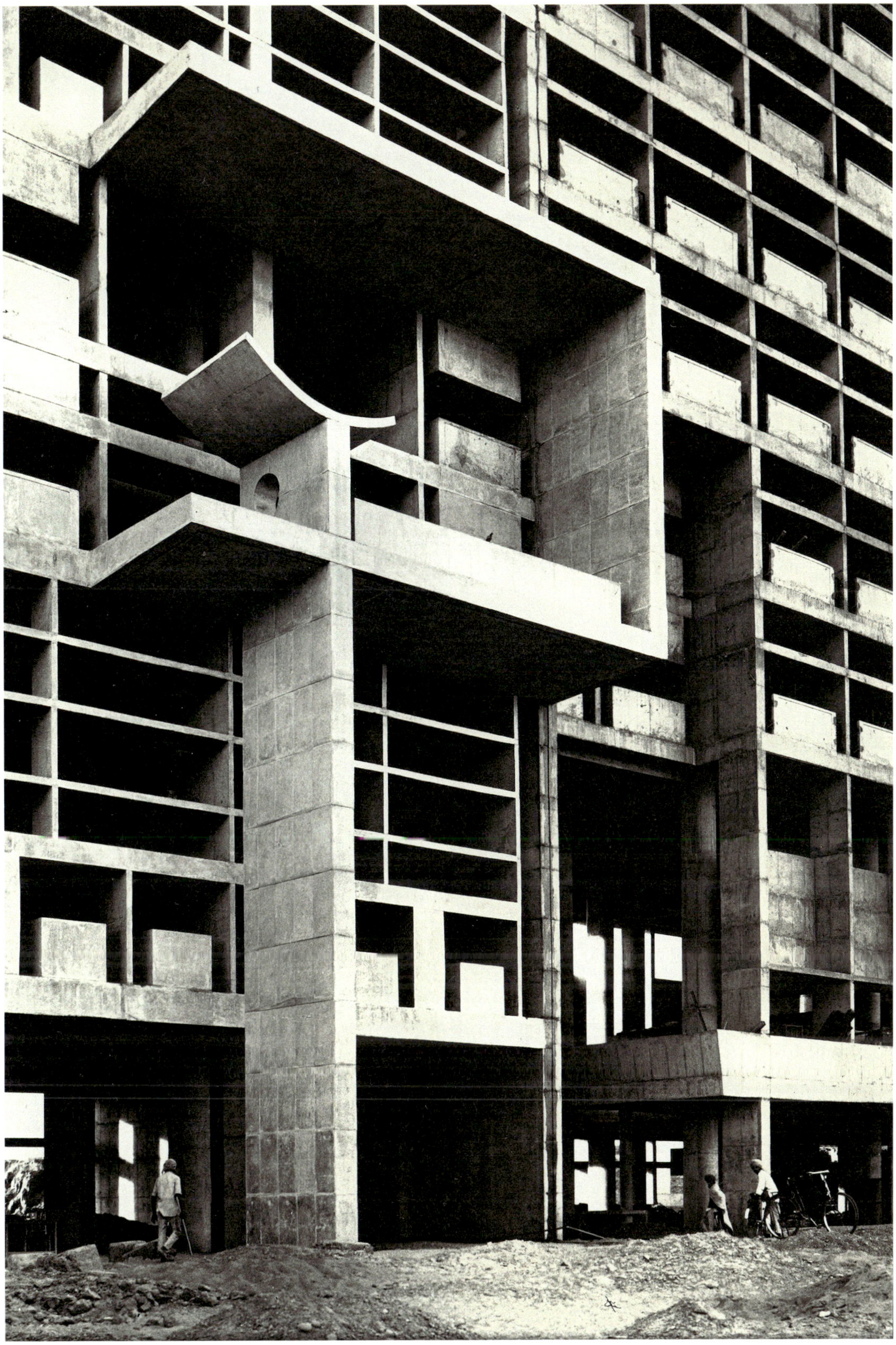

MARTIN HÜRLIMANN
JUSTIZPALAST, CHANDIGARH (PALACE OF JUSTICE), 1958

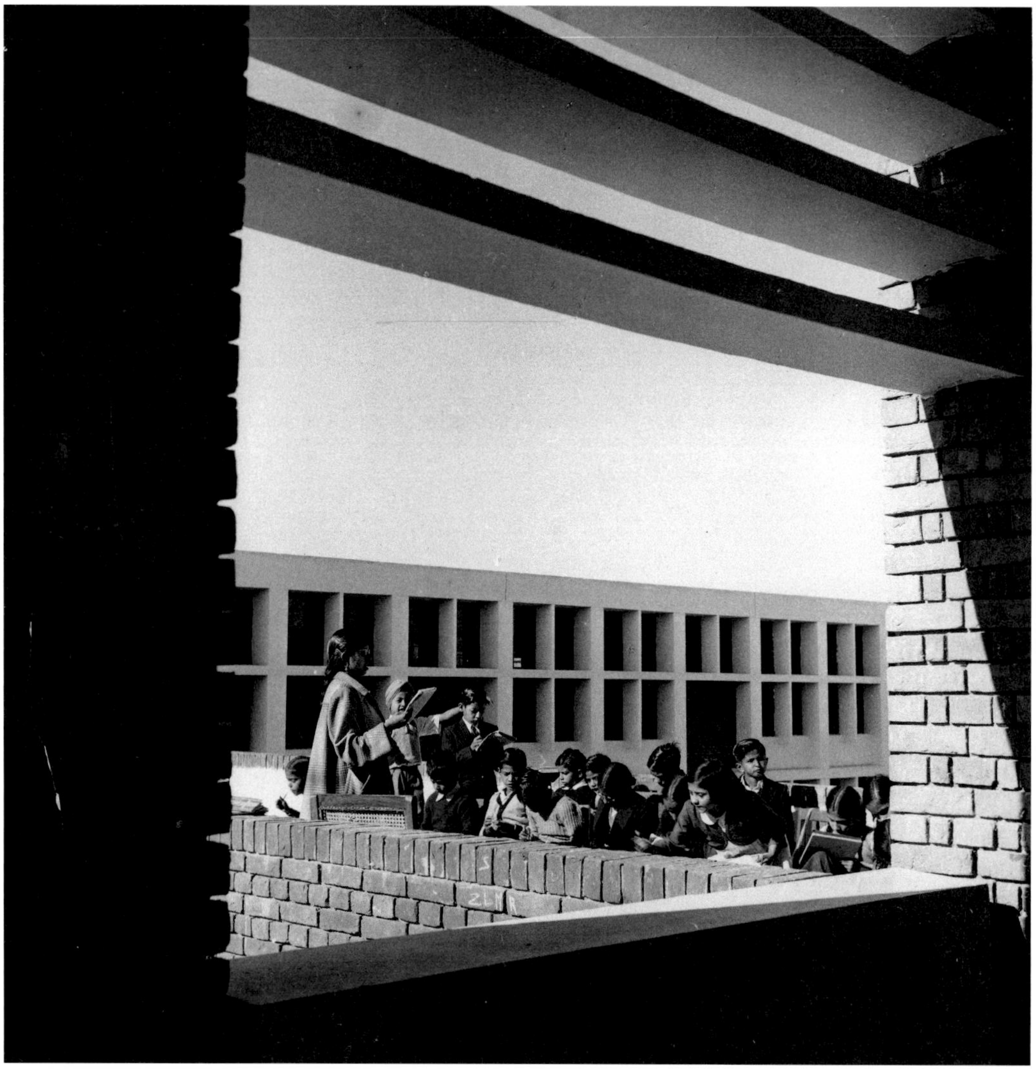

ERNST SCHEIDEGGER
JUNIOR SECONDARY SCHOOL III; SEKTOR 16, CHANDIGARH, 1956

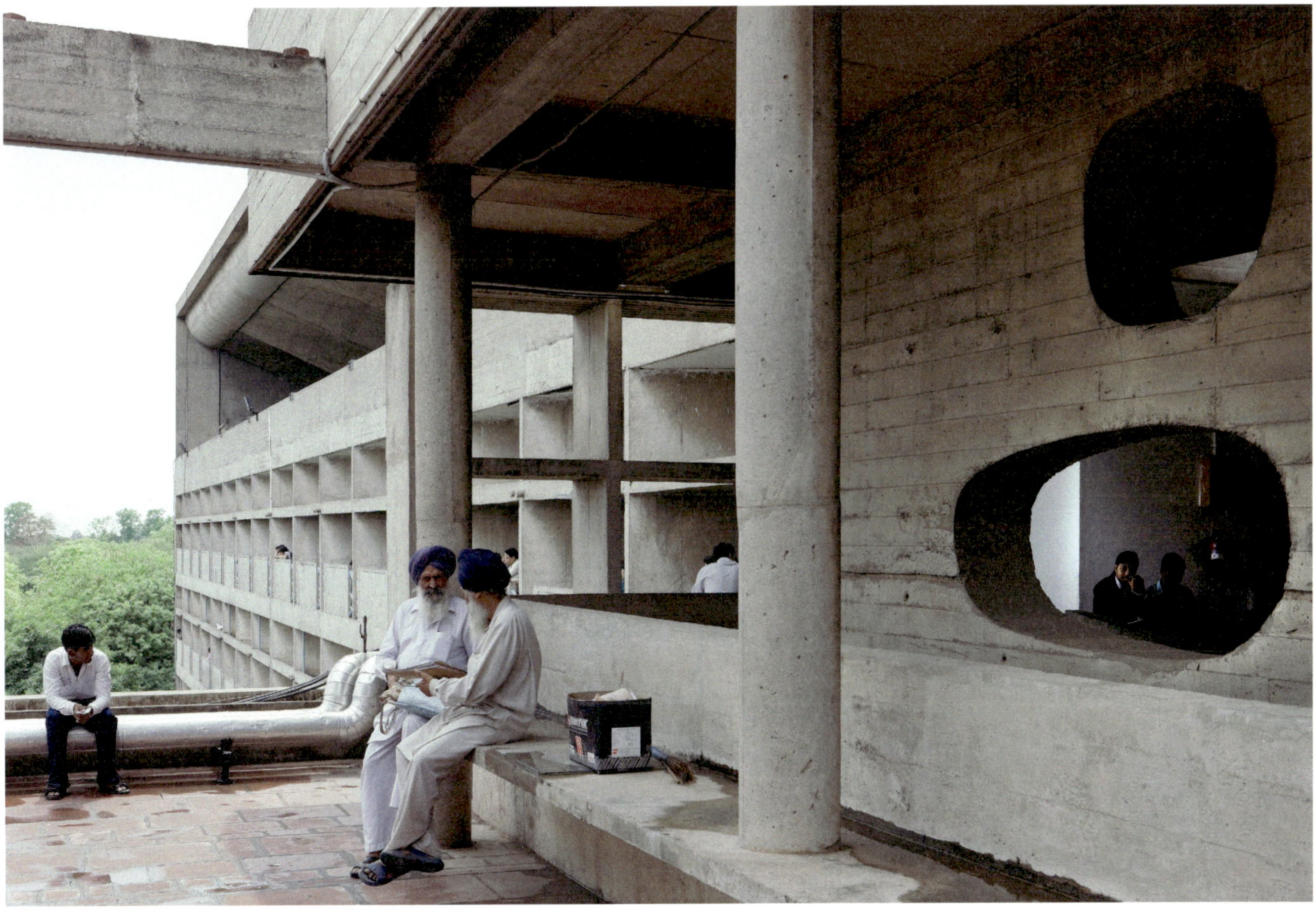

IWAN BAAN
CONVERSATIONS, PALACE OF JUSTICE – LE CORBUSIER
(GESPRÄCHE, JUSTIZPALAST), 2010
AUS/FROM: *LIVING WITH MODERNITY* (MIT DER MODERNE LEBEN)

> IWAN BAAN
MORNING ROUTINE, ASSEMBLY BUILDING – LE CORBUSIER,
CHANDIGARH (MORGENRITUALE, VERSAMMLUNGSGEBÄUDE), 2010,
AUS/FROM: *LIVING WITH MODERNITY* (MIT DER MODERNE LEBEN)

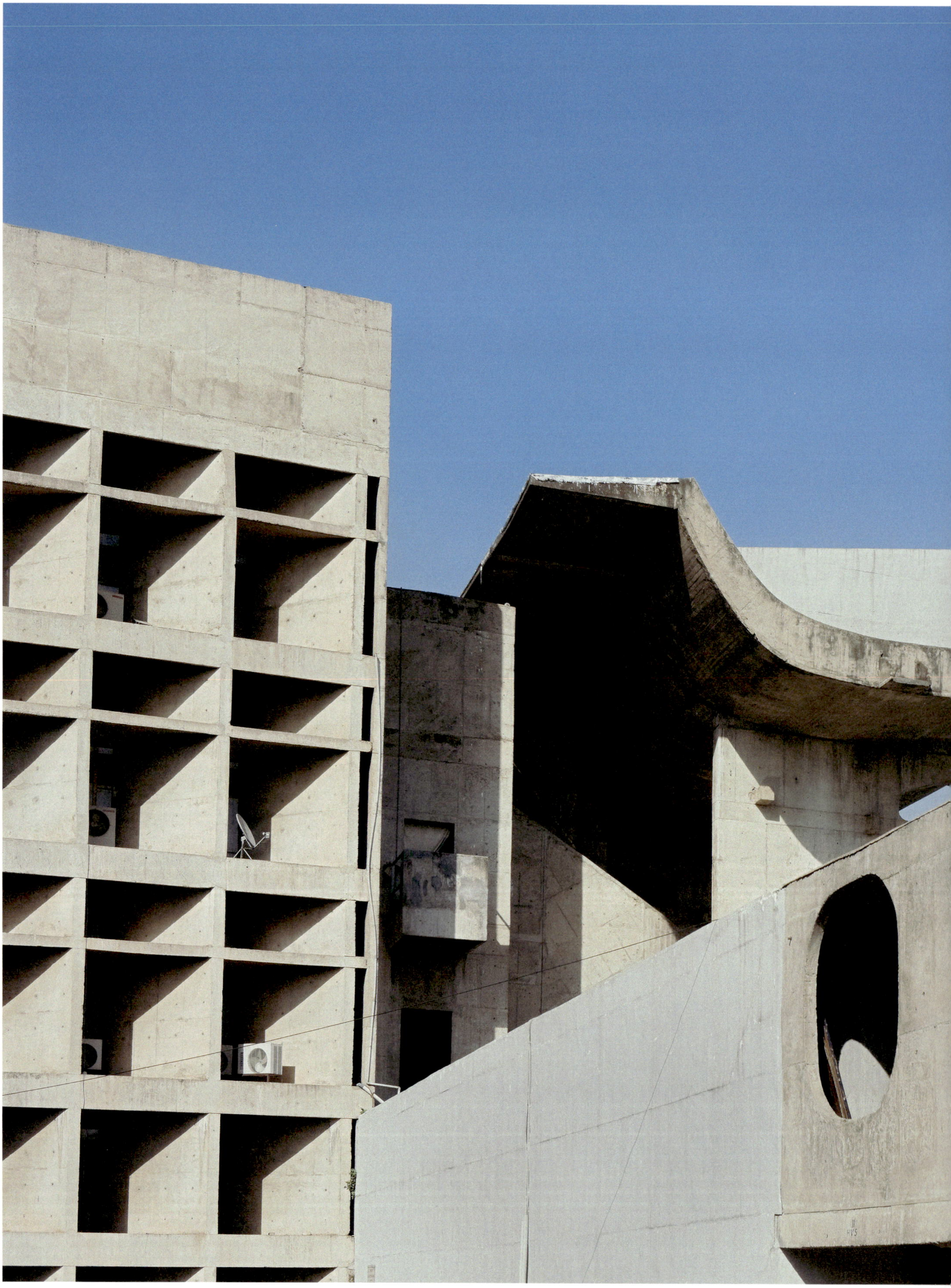

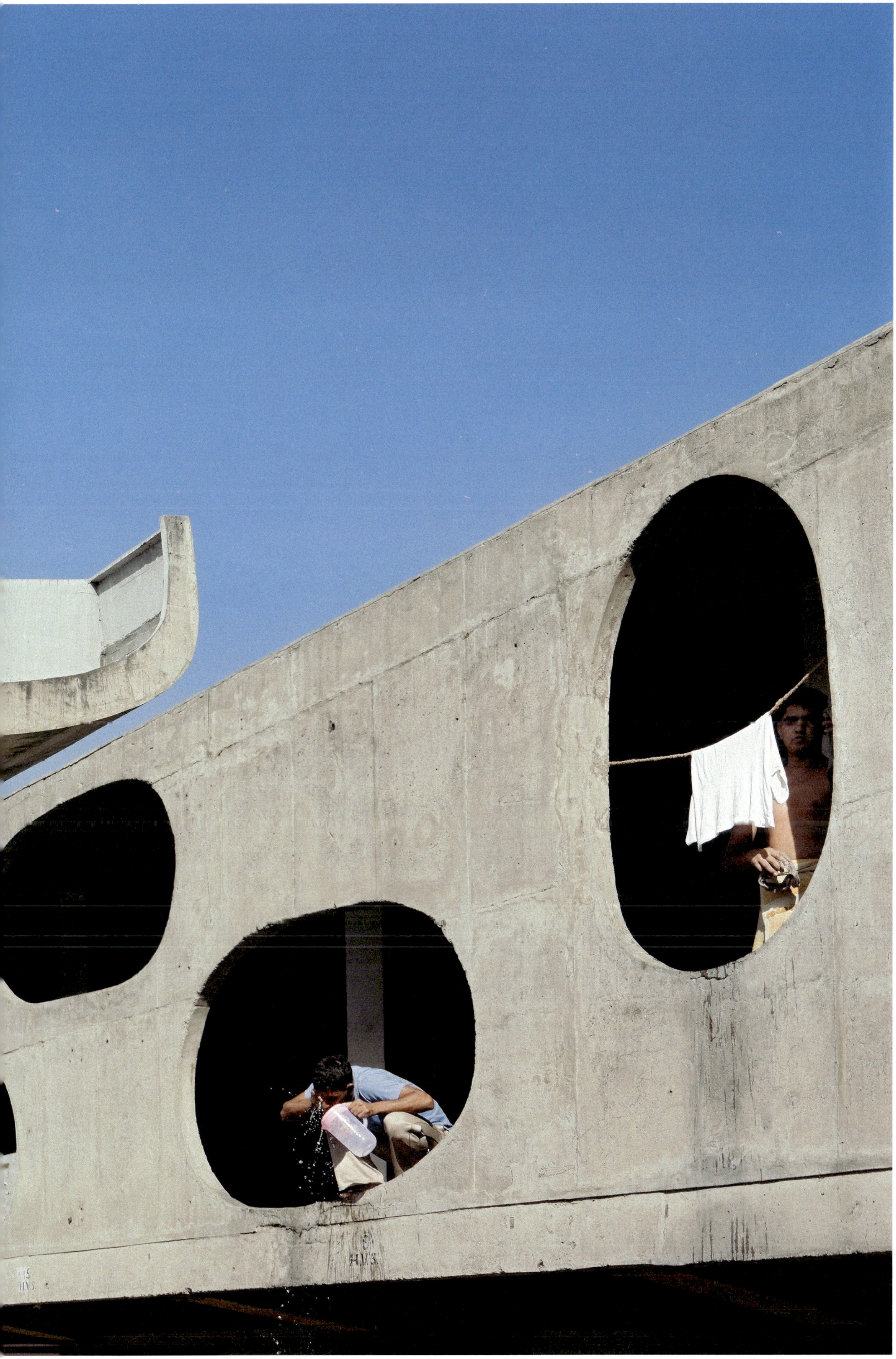

426 / 427

APPENDIX

BILDNACHWEISE/IMAGE CREDITS

GEORG AERNI
Llanos de Balanegra I & II (die Ebenen von Balanegra/the plains of Balanegra), 2012
Aus/from: *El jardín de los cíclopes* (der Garten der Zyklopen/the garden of the cyclops)
Inkjet-Prints, je 114 x 150 cm
Courtesy der Künstler
180, 181

JOSEPH ALBERT
Schlafzimmer Schloss Neuschwanstein (bedchamber, Neuschwanstein castle), 1898
Lichtdruck, 27.4 x 22.8 cm
Münchner Stadtmuseum, Sammlung Fotografie
124
Arbeitszimmer im Schloss Linderhof (study at Linderhof castle), 1898
Albumin-Abzug, 28.3 x 23.6 cm
Münchner Stadtmuseum, Sammlung Fotografie
125
Wintergarten mit indischem Zelt, Münchner Residenz des König Ludwig II (winter garden with Indian tent, residence of King Ludwig II in Munich), ca. 1870
Albumin-Abzug, 42.3 x 57.7 cm
Münchner Stadtmuseum, Sammlung Fotografie
174

FRATELLI ALINARI
Die Paradiestür am Baptisterium in Florenz von Lorenzo Ghiberti (gates of paradise, Florence baptistery), vor 1902
Pigmentdruck auf Bronzegrund, 56.7 x 40.2 cm
Albertina, Wien. Dauerleihgabe der Höheren Graphischen Bundes-Lehr- und Versuchsanstalt, Wien
62

LARA ALMARCEGUI
Opening an empty lot to the public, Brussels (eine Brache der Öffentlichkeit zugänglich machen), 2000
Aus/from: *Opening the empty lots to the public. Amsterdam, Brussels, Alcorcón 2000–2002*
Inkjet-Print, 70 x 90 cm
Courtesy Ellen de Bruijne Projects, Amsterdam
33

JULES ANDRIEU
Ruines de la Commune de Paris. Hôtel des finances du Mont-Thabor (Ruinen der Pariser Kommune. Finanzverwaltung/ruins of the Paris Commune. Financial administration), 1871
Inkjet-Print, 29.3 x 37.4 cm
Musée Carnavalet, Histoire de Paris
112
Ruines de la Commune de Paris. Palais des Tuileries (Ruinen der Pariser Kommune. Tuilerien-Palast/ruins of the Paris Commune. Palace of the Tuileries), 1871
Inkjet-Print, 37.5 x 29.4 cm
Musée Carnavalet, Histoire de Paris
113

THOMAS ANNAN
Close, No. 18 Saltmarket, Glasgow, 1868–1871
Carbon-Abzug, 28.5 x 22.9 cm
Sammlung Thomas Walther
18
Close, No. 61 Saltmarket, Glasgow, 1868–1871
Carbon-Abzug, 25.9 x 20.1 cm
Sammlung Thomas Walther
19

ANONYM (ANONYMOUS)
Menschengruppe auf einer Tribüne der Arena des Forts van der Capelle an Sumatras Westküste (group of people on a tribune, arena of Fort van der Capelle on Sumatra's West coast), 1895
Inkjet-Print, 21 x 27.3 cm
Tropenmuseum, Amsterdam
54

ANONYM (ANONYMOUS)
Lovell Health House von Richard J. Neutra, Bauphase mit Gerüst, Los Angeles (construction phase with scaffolding), 1927–1929
Silbergelatine-Abzug, 20.6 x 25.4 cm
Architekturmuseum der Technischen Universität München
60

ANONYM (ANONYMOUS)
Bau der Wettsteinbrücke, Basel (constructing Wettsteinbrücke), 1878
Albumin-Abzug, 24.4 x 55.5 cm
Schweizerische Landesbibliothek, Graphische Sammlung, Bern
90

ANONYM (ANONYMOUS)
Wladimir Tatlin und seine Assistenten I.A. Meerzon und T.M. Shapiro bauen das 1. Modell für das Denkmal der 3. Internationalen, Petrograd, UdSSR (heute Sankt Petersburg, Russland) (Vladimir Tatlin and his assistants I.A. Meerzon and T.M. Shapiro constructing the first model for the monument to the Third International, Petrograd, Soviet Union (now Saint Petersburg, Russia)), 1920
Silbergelatine-Abzug, 29.1 x 18.2 cm
Canadian Centre for Architecture, Montréal
94

ANONYM (ANONYMOUS)
Das Melnikov-Haus im Bau, mit Architekt Konstantin Melnikov und seiner Frau, Moskau (Melnikov residence under construction showing the architect Konstantin Melnikov and his wife), 1927–1929
Silbergelatine-Abzug, 17.3 x 11.5 cm
Canadian Centre for Architecture, Montréal
96

ANONYM (ANONYMOUS)
Appell der politischen Leiter auf dem Zeppelinfeld (role call of political leaders on the Zeppelin field), 1936
Silbergelatine-Abzug, 9 x 14 cm
Dokumentationszentrum Nürnberg
128

ANONYM (ANONYMOUS)
Modell eines Fabrikgebäudes von Alfred Roth, Wangen an der Aare (model of a factory building), 1928
Silbergelatine-Abzug, 9 x 12 cm
École polytechnique fédérale de Lausanne, archives de la construction moderne, fonds Alberto Sartoris
150

ANONYM (ANONYMOUS)
Fabrikareal Schleife (factory area Schleife), 1925
Neuabzüge von Glasplatte, je 13 x 18 cm
Winterthurer Bibliotheken, Studienbibliothek
280, 281

ANONYM (ANONYMOUS)
Konstruktion einer Werkhalle (construction of a factory hall), ca. 1910
Silbergelatine-Abzüge, 20.5 x 57.2 cm
Sulzer Archiv, Winterthur
282, 283
Sulzer Werkhalle (Sulzer factory hall), ca. 1908
Silbergelatine-Abzug, 21.7 x 28.6 cm
Sulzer Archiv, Winterthur
284
Sulzer Werkhalle (Sulzer factory hall), ca. 1908
Silbergelatine-Abzug, 22.3 x 28.3 cm
Sulzer Archiv, Winterthur
284
Sulzer Werkhalle (Sulzer factory hall), ca. 1914
Silbergelatine-Abzug, 21.9 x 28.3 cm
Sulzer Archiv, Winterthur
285
Sulzer Werkhalle (Sulzer factory hall), ca. 1908
Silbergelatine-Abzug, 22.5 x 28.5 cm
Sulzer Archiv, Winterthur
285
Sulzer Werkhalle (Sulzer factory hall), ca. 1910
Silbergelatine-Abzug, 22 x 28.5 cm
Sulzer Archiv, Winterthur
290

ANONYM (ANONYMOUS)
Ehemalige Sulzer Werkhalle 180, heute Architekturabteilung des Technikums Winterthur (former Sulzer factory hall 180, today architectural department of the technical school), 1992
Inkjet-Print, 35 x 42 cm
Winterthurer Bibliotheken, Studienbibliothek
292

ANONYM (ANONYMOUS)
Sulzer-Hochhaus, Projektskizzen Suter & Suter Architekten, Basel (Sulzer high-rise, project sketches by Suter & Suter, architects), 1961
Silbergelatine-Abzüge, je 24.8 x 50 cm
Winterthurer Bibliotheken, Studienbibliothek
298, 299

ANONYM (ANONYMOUS)
Aussersihl: Schöneggstrasse, 1947
Silbergelatine-Abzug, 12 x 16.7 cm
Baugeschichtliches Archiv der Stadt Zürich
312

ANONYM (ANONYMOUS)
Aussersihl Industriequartier: Limmatplatz mit Limmathaus (industrial quarter: Limmatplatz with Limmat-house), 1932
Silbergelatine-Abzug, 9.6 x 14 cm
Baugeschichtliches Archiv der Stadt Zürich
319

ANONYM (ANONYMOUS)
Aussersihl: Escher Wyss-Platz, Hardturmstrasse, Strassenbahndepot (tramway depot), 1910
Silbergelatine-Abzug, 17.3 x 22.7 cm
Baugeschichtliches Archiv der Stadt Zürich
328

ANONYM (ANONYMOUS)
Hardbrücke im Bau (Hardbrücke in construction), 1972
Silbergelatine-Abzug, 8.8 x 12.6 cm
Baugeschichtliches Archiv der Stadt Zürich
329

ANONYM (ANONYMOUS)
Aussersihl: Hardstrasse 219, 1926
Silbergelatine-Abzug, 12 x 17.5 cm
Baugeschichtliches Archiv der Stadt Zürich
330

ANONYM (ANONYMOUS)
Aussersihl Industriequartier: Hardturm mit Limmatsteg (Aussersihl industrial quarter: Hardturm with Limmat footbridge), 1931
Silbergelatine-Abzug, 11.5 x 16.3 cm
Baugeschichtliches Archiv der Stadt Zürich
338

ANONYM (ANONYMOUS)
Schlieren: Bau des neuen Gasbehälters von 100'000 m³ Inhalt (construction of the new gas container), 1936
Silbergelatine-Abzug, 17 x 23 cm
Baugeschichtliches Archiv der Stadt Zürich/ Stadtarchiv Zürich
342

ANONYM (ANONYMOUS)
Schlieren: Gaswerk der Stadt Zürich (Zürich's gasworks), 1934
Silbergelatine-Abzug, 17 x 23 cm
Baugeschichtliches Archiv der Stadt Zürich/ Stadtarchiv Zürich
343

ATLANTIC PHOTO-CO. BERLIN
Walter Gropius: Bauhaus Dessau, Blick auf das Werkstattgebäude (view of workshop building), 1926
Silbergelatine-Abzug, 11.8 x 15.5 cm
gta Archiv/ETH Zürich, Nachlass Giedion
74

LALA AUFSBERG
Lichtdom (light dome), 1937
Späterer Silbergelatine-Abzug, 24 x 18 cm
Stadtarchiv Nürnberg
129

IWAN BAAN
Conversations, Palace of Justice - Le Corbusier (Gespräche, Justizpalast), 2010
Aus/from: *Living with Modernity* (mit der Moderne leben)
C-Print, 80 x 120 cm
Courtesy der Künstler
423
Morning Routine, Assembly Building - Le Corbusier, Chandigarh (Morgenrituale, Versammlungsgebäude), 2010
Aus/from: *Living with Modernity* (mit der Moderne leben)
C-Print, 80 x 120 cm
Courtesy der Künstler
424

THEO BAART
Toolenburg, 1997
Aus/from: *Bouwlust*
C-Print, 33 x 40 cm
Courtesy der Künstler
257

ÉDOUARD-DENIS BALDUS
Invalidendom, Paris, um 1860
Albumin-Abzug, 22 x 27.8 cm
Sammlung Dietmar Siegert, München
360

LEWIS BALTZ
#4, 1971
Aus/from: *The Tract Houses* (die Reihenhäuser)
Silbergelatine-Abzug, 14 x 21 cm
Whitney Museum of American Art, New York Purchase, with funds from the Wilfred P. and Rose J. Cohen Purchase Fund, the John I.H. Baur Purchase Fund, the Grace Belt Endowed Purchase Fund and the Photography Committee
209

GABRIELE BASILICO
01B5-26-12, Buenos Aires, 2001
Aus/from: *Scattered City* (verstreute Stadt)
Silbergelatine-Abzug, 40 x 60 cm
Courtesy der Künstler
274
01B5-27-12, Buenos Aires, 2001
Aus/from: *Scattered City* (verstreute Stadt)
Silbergelatine-Abzug, 40 x 60 cm
Courtesy der Künstler
275

MAX BAUR
Albert Speer: Reichskanzlei, Berlin (Reich Chancellery), 1939
Silbergelatine-Abzug, 16.5 x 23.7 cm
Architekturmuseum der Technischen Universität München
127

BERND & HILLA BECHER
Gasbehälter Zeche Concordia, Oberhausen (gas container), 1969
Silbergelatine-Abzüge, montiert auf Karton, gesamt 92 x 71 cm
Sammlung Migros Museum für Gegenwartskunst, Zürich
61
Bergarbeiterhäuser (miners' homes), ca. 1962
Silbergelatine-Abzüge, montiert auf Karton, gesamt 40 x 29.5 cm
Architekturmuseum der Technischen Universität München
207

BENI BISCHOF
Castles - Added New Protection V (Schlösser - zusätzlicher neuer Schutz), 2009
Inkjet-Print, 128 x 90 cm
Courtesy der Künstler
159

BISSON FRÈRES
Kathedrale, Portal der Heiligen, Nordfrankreich, Rheims (cathedral, portal of the saints), 1857
Albumin-Abzug, 65 x 49.8 cm
Sammlung Thomas Walther
122

LAURENCE BONVIN
Blikkiesdorp, Cape Town, South Africa, 2009
Inkjet-Prints, je 40 x 50 cm
Courtesy die Künstlerin
104, 105

F. A. BOSSARD
Arbeiter beim Bau der Wettsteinbrücke in Basel (workers at the construction site of Wettsteinbrücke), ca. 1877
Albumin-Abzug, 16.5 x 20.3 cm
Schweizerisches Nationalmuseum, Zürich
92
Arbeiter beim Bau der Wettsteinbrücke in Basel (workers at the construction site of Wettsteinbrücke), ca. 1877
Albumin-Abzug, 16.5 x 20.4 cm
Schweizerisches Nationalmuseum, Zürich
93

BARNABÁS BOSSHART
Lochergut Zürich, Abschlussarbeit an der Kunstgewerbeschule (art school thesis), ca. 1967
Silbergelatine-Abzug, 29 x 21 cm
Baugeschichtliches Archiv der Stadt Zürich
317

JOSEF BREITENBACH
New York bei Nacht, Radio City (New York by night), 1942
Silbergelatine-Abzug, 35.3 x 28 cm
Sammlung Dietmar Siegert, München
399

DOMENICO BRESOLIN
Palazzo Contarini-Fasan, 1851–1853
Albuminiertes Salzpapier, 32.8 x 27.2
Sammlung Dietmar Siegert, München
350
Scala del Bovolo am Palazzo Contarini del Bovolo, 1851–1855
Albumin-Abzug, 34.9 x 25.7 cm
Sammlung Dietmar Siegert, München
351

JOACHIM BROHM
Steinhaus von Günther Domenig in Steindorf, Österreich (stone house), 1991
C-Prints, je 21 x 28 cm
Courtesy der Künstler
214, 215

RUDY BURCKHARDT
Flat Iron Building, New York, 1948
Silbergelatine-Abzug, 23.6 x 19.6 cm
Fotostiftung Schweiz, Winterthur
400
Chelseascape 3, New York, 1947
Silbergelatine-Abzug, 22.7 x 27 cm
Fotostiftung Schweiz, Winterthur
401

BALTHASAR BURKHARD
Mexico City, 1999
Silbergelatine-Abzug, 135 x 270 cm
Kunsthaus Zürich, Fotosammlung
276

VINCENZO CASTELLA
Brownsville, Tennessee, 1976
Silbergelatine-Abzüge, je 13.9 x 20.7 cm
Collection Philip & Rosella Rolla, Bruzella
210
Hollandale, Mississippi, 1976
Silbergelatine-Abzüge, je 9.4 x 14.2 cm
Collection Philip & Rosella Rolla, Bruzella
211

CLAUDE-JOSEPH CHARNAY
Chichén Itzá, Mexiko, 1857–1863
Albumin-Abzug, 35 x 44.7 cm
Sammlung Thomas Walther
111

LYNNE COHEN
Showroom, 1985
Aus/from: *Occupied Territory* (besetztes Gebiet)
Silbergelatine-Abzug, 110.5 x 128.5 cm
Kunsthaus Zürich, Fotosammlung
224
Model Living Room (Musterwohnzimmer), 1978
Aus/from: *Occupied Territory* (besetztes Gebiet)
Silbergelatine-Abzug, 110.5 x 128.5 cm
Kunsthaus Zürich, Fotosammlung
225

DIMITRIOS CONSTANTINE
Das Erechtheion, Akropolis, Athen, ca. 1868
Albumin-Abzug, 28.3 x 38.3 cm
Sammlung Thomas Walther
17

GREGORY CREWDSON
Untitled (26) (ohne Titel), 2009
Aus/from: *Sanctuary* (Heiligtum)
Inkjet-Print, 72.4 x 89.5 cm
Courtesy Gagosian Gallery, New York
167

HANS DANUSER
IV 4, IV 5, 1998
Aus/from: *Peter Zumthor – Therme Vals*
Silbergelatine-Abzüge, je 40 x 50 cm
Courtesy der Künstler
68, 69

ANDRÉ DINO
Jacques Tati: *Mon Oncle* (mein Onkel/my uncle), 1958
Filmstills, Silbergelatine-Abzüge, handkoloriert, je 23.3 x 29.5 cm
Sammlung des Österreichischen Filmmuseums, Wien
168, 169

WILLIE DOHERTY
Strategy: Sever/Isolate (Strategie: abtrennen/isolieren), 1989
Silbergelatine-Abzüge, je 122 x 183 cm
Courtesy der Künstler und Galerie Peter Kilchmann, Zürich
142, 143

ROBERT DUCHESNAY
Buckminster Fuller's Geodesic Dome, Expo '67, Montréal (Buckminster Fullers geodätischer Dom), 1967
Silbergelatine-Abzug, 27.8 x 26 cm
Canadian Centre for Architecture, Montréal, gift of Robert Duchesnay
30

FRANZ DUSCHEK
Männer mit Wasserkübeln vor einer notdürftig erbauten Hütte, Rumänien (men with buckets of water in front of a makeshift hut), ca. 1878
Albumin-Abzug, 19.2 x 25.3 cm
Albertina, Wien, Dauerleihgabe der Höheren Graphischen Bundes-Lehr- und Versuchsanstalt, Wien
240

EDIZIONI BROGI
(zugeschrieben/attributed to Roberto Salviati)
Dogenpalast (Doge's Palace), ca. 1890
Albumin-Abzug, koloriert, 19.2 x 26.1 cm
Münchner Stadtmuseum, Sammlung Fotografie
352
Markuskirche (Saint Mark's basilica), ca. 1890
Albumin-Abzug, koloriert, 19.5 x 26 cm
Münchner Stadtmuseum, Sammlung Fotografie
353

FRIEDRICH ENGESSER
Lochergut Zürich, ca. 1967
Silbergelatine-Abzug, 21 x 29 cm
Baugeschichtliches Archiv der Stadt Zürich
316

WALKER EVANS
Chrysler Building under construction, New York (Chrysler Building im Bau), 1929
Silbergelatine-Abzug, 16.8 x 8.3 cm
Canadian Centre for Architecture, Montréal
95

PATRICK FAIGENBAUM
Familie Frescobaldi, Florenz (Frescobaldi family), 1985
Silbergelatine-Abzug, 39.3 x 39.5 cm
Niedersächsische Sparkassenstiftung, Hannover
226
Familie Niccolini, Florenz (Niccolini family), 1985
Silbergelatine-Abzug, 39.5 x 40.8 cm
Niedersächsische Sparkassenstiftung, Hannover
227

NICOLAS FAURE
A9, Pont de Riddes sur le Rhône (VS) Décembre 1997
C-Print, 95 x 120 cm
Fotostiftung Schweiz, Winterthur
272

KRISTEN SCHJELLERUP FEILBERG
Battak Village near Lake Tobah (das Dorf Battak beim Tobah-See), ca. 1870
Aus/from: *Views from Deli and the Battak country* (Ansichten von Deli und der Battack-Region)
Inkjet-Print, 21.9 x 59 cm
Tropenmuseum, Amsterdam
238

GÜNTHER FÖRG
Villa Wittgenstein V, 1987
Dye-Transfer Print, 60.7 x 50.8 cm
Sammlung Deutsche Bank
223

FRANCIS FRITH
The Pyramids of Dahshoor. East
(die Pyramiden von Dahschur. Osten), 1858
Albumin-Abzug, 37.3 x 48 cm
Sammlung Thomas Walther
108

NOBUHIRO FUKUI
Crustal Cluster #04 (Krusten-Cluster), 2005
Crustal Cluster #06 (Krusten-Cluster), 2005
C-Prints, je 42 x 59.4 cm
Courtesy Tomio Koyama Gallery, Tokyo
253

ALEXANDER GARDNER
Massachusetts Street of Lawrence, Kansas, ca. 1860
Albumin-Abzug, 32.8 x 46.8 cm
Sammlung Thomas Walther
241

SIGFRIED GIEDION
Eiffelturm, 3. Etage (Eiffel Tower, 3rd floor), 1925–1928
Silbergelatine-Abzug, 48.5 x 31.3 cm
gta Archiv/ETH Zürich, Nachlass Giedion
59

Walter Gropius: Bauhaus Dessau im Bau (Bauhaus Dessau under construction), 1926
Silbergelatine-Abzug, 14.1 x 9.1 cm
gta Archiv/ETH Zürich, Nachlass Giedion
97
Le Corbusier: Villa Savoye, Hauptterrasse und Rampe (main patio and ramp), 1930
Silbergelatine-Abzug, 14.8 x 9.6 cm
gta Archiv/ETH Zürich, Nachlass Giedion
101

LÉON GIMPEL
N. 5472 Samaritaine, Paris, 1925
Autochrome, 12 x 9 cm
Société Française de Photographie, Paris
364
N. 544 Façade de la succursale de la Samaritaine, Paris (Fassade eines Nebenhauses der Samaritaine/façade of a branch of the Samaritaine), 1925
Autochrome, 12 x 9 cm
Société Française de Photographie, Paris
365

ULRICH GÖRLICH & MERET WANDELER
Fotografische Langzeitbeobachtung (long-term photographic observation of Schlieren), 2005/2007/2009/2011
Werkform variabel
Courtesy die Künstler
344–347

DAVID GOLDBLATT
Dutch Reformed Church, Completed in 1984, Quelerina, Johannesburg, Transvaal (dänische reformierte Kirche, fertiggestellt 1984), 3 November 1986
Dutch Reformed Church, Completed in 1976, Stellenberg, Durbanville, Cape (dänische reformierte Kirche, fertiggestellt 1976), 11 Januray 1992
Aus/from: *The Structure of Things Then* (die Struktur der Dinge damals)
Inkjet-Prints, je 48.5 x 38.5 cm
Courtesy Goodman Gallery, Cape Town/Johannesburg
130, 131

ANDREA GOOD
Zürich-Weststrasse, Belichtungszeit 1 Stunde 35 Minuten (exposure time 1 hour 35 minutes), 2009
Ilfochrome, gesamt 270 x 889 cm
Courtesy Semina Rerum, Zürich
314

DAN GRAHAM & ROBIN HURST
Private "Public" Space: The Corporate Atrium Garden (privater «öffentlicher» Raum: Der Firmen-Atriumgarten), 1987
Text- und Bildmontagen, C-Prints und Silbergelatine-Abzüge auf Kartons, je 101.6 x 76.2 cm
Sammlung Generali Foundation, Wien
175–177

PETER GRANSER
The City Center (Das Stadtzentrum), 2010
Aus/from: *Heaven in Clouds* (Himmel in Wolken)
C-Prints, gesamt 90 x 250 cm
Courtesy der Künstler
102, 103

MARIUS GRAVOT
Le Corbusier: Villa Savoye kurz vor der Fertigstellung (Villa Savoye nearing completion), 1930
Silbergelatine-Abzug, 11.5 x 17.3 cm
gta Archiv/ETH Zürich, Nachlass Giedion
100
Le Corbusier: Villa Savoye kurz vor der Fertigstellung (Villa Savoye nearing completion), 1930
Silbergelatine-Abzug, 11.9 x 17 cm
gta Archiv/ETH Zürich, Nachlass Giedion
100

BEATE GÜTSCHOW
S#31, 2009
Inkjet-Print, 142 x 122 cm
Courtesy Katz Contemporary, Zürich
157

GUIDO GUIDI
#1176 01 29 1997 3:30PM Looking Southeast (Richtung Südosten), 1997
#1175 01 29 1997 3:35PM Looking Southeast (Richtung Südosten), 1997
#15851 02 07 2006 Looking East (Richtung Osten), 2006
#15860 02 07 2006 Looking East (Richtung Osten), 2006
Aus/from: *Carlo Scarpa's Tomba Brion*
C-Prints, je 19.5 x 24.5 cm
Courtesy der Künstler
82, 83

F.C. GUNDLACH
Op Art-Badeanzug von Sinz, Vouliagmeni/Griechenland (Op Art bathing suit by Sinz), 1966
Silbergelatine-Abzug, 50 x 50 cm
Courtesy F.C. Gundlach, Hamburg
29

ANDREAS GURSKY
Hong Kong Shanghai Bank, 1994
C-Print, 220 x 170 cm
Kunsthaus Zürich, Vereinigung Zürcher Kunstfreunde, Gruppe Junge Kunst
123

HANS HÄBERLI
Hallenbad Deutweg im Bauzustand (indoor swimming pool Deutweg in construction), 1974
Silbergelatine-Abzüge, je 10.1 x 14.5 cm
Winterthurer Bibliotheken, Studienbibliothek
300

HEINRICH HEIDERSBERGER
Landtag Hannover, Foyer (state parliament Hanover, lobby), 1962
Landtag Hannover, Bar (state parliament Hanover, bar), 1962
Silbergelatine-Abzüge, 18 x 23.3 cm, 17 x 23.3 cm
Institut Heidersberger, Wolfsburg
132, 133

FLORENCE HENRI
Fenêtre (Fenster/window), 1928/29
Silbergelatine-Abzug, 34 x 26.7 cm
Museum Folkwang Essen
71

HANNES HENZ
«Stadt ist da, wo's stinkt, laut und dreckig ist» (frei nach Rudolf Manz) ("it stinks, it's loud, and it's dirty – that's a city" (paraphrasing Rudolf Manz)), 2010
Aus/from: *Umgesetzte Entwicklungsgebiete in der Stadt Zürich, Tec21 Nr.48, 2010* (realised development areas)
Inkjet-Print, 40 x 50 cm
Courtesy der Künstler
332

LUCIEN HERVÉ
Le Corbusier: La Haute Cour de Chandigarh (Hoher Gerichtshof/High Court), 1955
Silbergelatine-Abzüge, montiert auf Karton, 24 x 32 cm
Courtesy Galerie Camera Obscura, Paris
416
Le Corbusier: Façade of the Secretariat Building, Chandigarh (Fassade des Sekretariatsgebäudes), 1961
Silbergelatine-Abzug, 25.5 x 25.4 cm
Canadian Centre for Architecture, Montréal
417

OLIVIA HEUSSLER
Besetzung des Areals vom Autonomen Jugendhaus, Zürich (occupation of the autonomous youth club and surroundings), 21.03.1981
Silbergelatine-Abzug, 15.7 x 23.3 cm
Courtesy die Künstlerin
310

MATTHIAS HOCH
Leipzig #1, 2007
C-Print, 176 x 250 cm
Staatliche Kunstsammlungen Dresden, Kunstfonds Förderankauf der Kulturstiftung des Freistaates Sachsen
260

CANDIDA HÖFER
Zoologischer Garten Rotterdam II (zoological gardens), 1994
C-Print, 50 x 73 cm
Graphische Sammlung der ETH, Zürich
178
Zoologischer Garten London III (zoological gardens), 1994
C-Print, 50 x 66 cm
Graphische Sammlung der ETH, Zürich
179

HEINRICH HOFFMANN
Modell vom Haus der Deutschen Kunst, München (model of the Haus der Deutschen Kunst), 1933
Silbergelatine-Abzug, 11.5 x 22.5 cm
Architekturmuseum der Technischen Universität München
152

MARTIN HÜRLIMANN
Le Corbusier: Sekretariat, Chandigarh (secretariat building), 1958
Silbergelatine-Abzug, 15.7 x 23.5 cm
Fotostiftung Schweiz, Winterthur
419
Wohnkomplex, Chandigarh (apartment complex), 1958
Silbergelatine-Abzug, 15.9 x 23.5 cm
Fotostiftung Schweiz, Winterthur
419
Le Corbusier: Justizpalast, Chandigarh (palace of justice), 1958
Silbergelatine-Abzug, 23.4 x 15.7 cm
Fotostiftung Schweiz, Winterthur
420
Le Corbusier: Justizpalast, Chandigarh (palace of justice), 1958
Silbergelatine-Abzug, 22.8 x 15.7 cm
Fotostiftung Schweiz, Winterthur
421

TOM HUSSEL
Aussersihl: Neufrankengasse, 2008
Inkjet-Print, 17 x 21.5 cm
Baugeschichtliches Archiv der Stadt Zürich
313
Aussersihl: Blick vom Lochergut auf Badenerstrasse, Seebahnstrasse, Kalkbreitestrasse, Elisabethenstrasse (view from Lochergut), 2006
Inkjet-Print, 17 x 23.5 cm
Baugeschichtliches Archiv der Stadt Zürich
318
Gigon/Guyer: Stellwerk, Aussersihl: Hohlstrasse 358 (signal box), 2005
Silbergelatine-Abzug, 17 x 17.7 cm
Baugeschichtliches Archiv der Stadt Zürich
325

YASUHIRO ISHIMOTO
The New Palace and Lawn Seen from the Middle Shoin, Katsura Palace, Japan (der neue Palast mit Wiese vom Mittleren Shoin im Katsura Palast aus gesehen), 1953
Silbergelatine-Abzug, 16.6 x 23.7 cm
Canadian Centre for Architecture, Montréal
28

JÓN KALDAL
Sigurður Guðmundsson: Wohnhaus von Haukur Thors, Reykjavík (residence of Haukur Thors), 1935
Silbergelatine-Abzug, 15 x 22 cm
École polytechnique fédérale de Lausanne, archives de la construction moderne, fonds Alberto Sartoris
206

YITZHAK KALTER
The Appenzeller Building, 96 Allenby Street, Tel Aviv (das Appenzeller Gebäude), 1934
Silbergelatine-Abzug, 16.9 x 20 cm
Collection Philip & Rosella Rolla, Bruzella
26
Modern commercial building, Tel Aviv (modernes Geschäftshaus), 1935
Silbergelatine-Abzug, 15 x 23 cm
Collection Philip & Rosella Rolla, Bruzella
27

ANNETTE KISLING
les vitrines #10 (die Vitrinen/the vitrines), 2008
Inkjet-Print, 30 x 20 cm
Courtesy Galerie Kamm, Berlin
367

LAJOS KOTAY
Blick vom Hochhaus Scheideggstrasse Richtung Osten (view towards east from the high rise at Scheideggstrasse), 1972
Silbergelatine-Abzug, 12.8 x 17.5 cm
Winterthurer Bibliotheken, Studienbibliothek
301

SUSANNE KRIEMANN
12650 (1941/1959/1985/1996/2000), 2011
Silbergelatine-Abzüge, je 42.5 x 35 cm
Courtesy RaebervonStenglin, Zürich & Wilfried Lentz, Rotterdam
376–378

LUISA LAMBRI
Untitled (Barragan House, #04, #20)(ohne Titel), 2005
Laserchrome Prints, 75.3 x 84; 86 x 96 cm
Huis Marseille, Han Nefkens H+F Collection, Amsterdam
84, 85

HEINZ LEUENBERGER
Sihlpost, Bahnhof (Neg. 51-5) (Sihl post office, central station), 19.05.1992
Kreis 5 und Industriequartier (Neg. 256.5) (district 5 and industrial quarter), 20.07.1995
C-Prints, je 20 x 25 cm
Baugeschichtliches Archiv der Stadt Zürich/ Desair Wermatswil
306, 307

SOL LEWITT
Brick Wall (Backsteinwand), 1977
Silbergelatine-Abzüge, 51 x 66.3 cm
Glenstone
70

HERMANN LINCK
Holzwohnhäuser am Oberen Deutweg (wooden houses), 1919
Silbergelatine-Abzug, 14.5 x 21.7 cm
Winterthurer Bibliotheken, Studienbibliothek
297

ARMIN LINKE
Homat Shemu'el, Har Homa Settlement, Bethlehem, West Bank (Har Homa Siedlung), 2007
C-Print, 50 x 60 cm
Courtesy Klosterfelde, Berlin
34
Oshodi market, Lagos, Nigeria (Oshodi-Markt), 2000
C-Print, 50 x 60 cm
Courtesy Klosterfelde, Berlin
34
Kosturnica Memorial, monument to local victims of WWII, Prilep, Republic of Macedonia (Kosturnica-Gedenkstätte, Denkmal für die ortsansässigen Opfer des 2. Weltkriegs), 2009
C-Print, 50 x 60 cm
Courtesy Klosterfelde, Berlin
35
Ertan Dam, downstream side, Panzihua (Sichuan), China (Ertan Damm, stromabwärts gelegen), 1998
C-Print, 50 x 60 cm
Courtesy Klosterfelde, Berlin
35

EL LISSITZKY
Titelentwurf *Amerika. Neues Bauen in der Welt 2* von Richard J. Neutra (draft for a cover *USA. New building in the world 2* by Richard J. Neutra), 1929–1930
Silbergelatine-Abzug, 26 x 19.5 cm
Sammlung Thomas Walther
22
Titelentwurf *Russland. Neues Bauen in der Welt 1* von El Lissitzky (draft for a cover *Russia. New building in the world 1* by El Lissitzky), 1929–1930
Silbergelatine-Abzug, 26.8 x 19.8 cm
Sammlung Thomas Walther
23

FELIX H. MAN
Mussolini in seinem Arbeitszimmer, Palazzo Venezia, Rom (Mussolini in his study), 1931
Späterer Silbergelatine-Abzug, 29.3 x 39.5 cm
Museum Folkwang Essen
126

CHARLES MARVILLE
21, Rue du Fouarre, Paris, 1865–1869
Albumin-Abzug, 36.2 x 26.5 cm
Sammlung Thomas Walther
361
6, Rue du Chat-qui-Pêche, Paris, 1865–1869
Albumin-Abzug, 39.9 x 27.1 cm
Sammlung Thomas Walther
362
24, Rue Bièvre, Paris, 1865–1869
Albumin-Abzug, 27.4 x 36.6 cm
Sammlung Thomas Walther
363

GORDON MATTA-CLARK
Humphrey Street Splitting (Spaltung an der Humphrey Street), 1974
Silbergelatine-Abzug, 25 x 20.5 cm
Neue Galerie, Graz
32

RAY K. METZKER
Philadelphia, 1963
Silbergelatine-Abzug, 20.3 x 25.4 cm
Albertina, Wien
270

RANDA MIRZA
Designing A New Art Of Living
(eine neue Lebenskunst gestalten), 2011
Aus/from: *Beirutopia*
Inkjet-Print, 73 x 110 cm
Courtesy Galerie Tanit, München/Beirut
160

RYUJI MIYAMOTO
Kobe, After The Earthquake: Nagata-Ku
(nach dem Erdbeben), 1995
Silbergelatine-Abzug, 40 x 50.7 cm
Museum Folkwang Essen
115

LUCIA MOHOLY
Walter Gropius: Bauhaus von Osten, Dessau
(Bauhaus from the east), 1926
Silbergelatine-Abzug, 6.6 x 10.2 cm
Architekturmuseum der Technischen Universität München
24
Walter Gropius: Werkstattflügel, Dessau
(workshop wing), 1926
Silbergelatine-Abzug, 8 x 5.7 cm
Architekturmuseum der Technischen Universität München
25

MORIZ NÄHR
Stiegenhaus im Haus Stonborough-Wittgenstein
(staircase), 1928
Silbergelatine-Abzug, 13.8 x 8.9 cm
Albertina, Wien
222

NEURDEIN FRÈRES
Panorama der Palastbauten am Invalidenplatz, Paris
(panorama of the palaces at Place des Invalides), 1900
Albumin-Abzug, 21.4 x 55.4 cm
Albertina, Wien. Dauerleihgabe der Höheren Graphischen Bundes-Lehr- und Versuchsanstalt, Wien
172

WALTER NIEDERMAYR
Bildraum S 131 (image space), 2006
C-Prints, 131 x 211 cm
Collection Etienne Mengus, Courtesy Galleria Suzy Shammah, Milano
86, 87

NICHOLAS NIXON
View of Midtown from 48th Street, New York
(Blick von der 48th Street auf Midtown), 1975
North View from 48th Street, New York (Blick Richtung Norden von der 48th Street), 1975
Silbergelatine-Abzüge, je 44 x 55 cm
Courtesy Galerie Eric Dupont, Paris & Fraenkel Gallery, San Francisco
402, 403

NILS NOVA
Gegenüberstellung der Erinnerung
(Opposition of Memory), 2006
Installationsansicht Coalmine Fotogalerie im Volkart Haus, Winterthur
Courtesy der Künstler
184

ERNEST PALMER
David Butler: Just Imagine (stell dir mal vor), 1930
Filmstill, Silbergelatine-Abzug, 24.3 x 18.7 cm
Sammlung Christoph Schifferli, Zürich
165

ANDERS PETERSEN
The prison wall, Österåker
(die Gefängnismauer), 1982
Silbergelatine-Abzug, 18 x 27.5 cm
Courtesy der Künstler
232

PHILIP PHILLIPS
The Forth Bridge Illustrated
(die Forth Bridge illustriert), 1890
Album mit Silbergelatine-Abzügen, 42.4 x 57.5 cm
Sammlung Thomas Walther
56

PHOTOGLOB ZÜRICH
Le Caire. Les tombeaux des Mameluks (Kairo. Mamelukengräber/Cairo. Mamluk tombs), 1895
Photochrom, 20.9 x 27 cm
Fotostiftung Schweiz, Winterthur
20
Le Caire. Rue du quartier arabe (Kairo. Strasse im arabischen Quartier/Cairo. Street in the Arab quarter), 1895
Photochrom, 26.9 x 20.9 cm
Fotostiftung Schweiz, Winterthur
21

PHOTO GLOOR
Aussersihl: Limmatstrasse 268, nach 1936
Silbergelatine-Abzug, 22 x 16 cm
Baugeschichtliches Archiv der Stadt Zürich
327

PHOTO MOSER
Aussersihl: Hardstrasse 226, ca. 1910
Silbergelatine-Abzug, 11.5 x 16.3 cm
Baugeschichtliches Archiv der Stadt Zürich
324

PHILIPPE RAMETTE
Balcon II, Hong Kong (Balkon/balcony), 2001
C-Print, 150 x 120 cm
Collection Maison Européenne de la Photographie, Paris
271

DIRK REINARTZ
Ravensbrück, Erschiessungsgang
(execution aisle), 1993
Stutthof, Gaskammer (gas chamber), 1993
Aus/from: *totenstill 1987–1993* (deathly still)
Silbergelatine-Abzüge, je 25.5 x 16.5 cm
Courtesy Galerie m Bochum
134, 135

CLAUDIA REMONDINO
ZUREICH, besetzte Wohlgroth-Fabrik, Zürich
(ZUREICH, occupation of former Wohlgroth factory), 1993
Inkjet-Print, 30 x 40 cm
Courtesy die Künstlerin
309

ALBERT RENGER-PATZSCH
Bergmannshäuser in Essen, Stoppenberg
(miners' homes), 1929
Aus/from: *Ruhrgebiet – Landschaften*
(Ruhr area – landscapes)
Silbergelatine-Abzug, 27.3 x 37.6 cm
Sammlung Thomas Walther
242
Häuser in Essen-Seegeroth (houses), ca. 1929
Aus/from: *Ruhrgebiet – Landschaften*
(Ruhr area – landscapes)
Silbergelatine-Abzug, 37.3 x 27.3 cm
Sammlung Thomas Walther
243

PAUL RONALD
Federico Fellini: *Le tentazioni del Dottor Antonio*
(die Versuchungen des Doktor Antonio/
the temptations of doctor Antonio), 1962
Aus/from: *Boccaccio '70*
Filmstill, Silbergelatine-Abzug, 17.6 x 23.3 cm
Sammlung Christoph Schifferli, Zürich
166

ROTOR
Office for Metropolitan Architecture,
Papier- und Druckkartuschen-Lager, Rotterdam
(paper and print cartridge storeroom), 2012
Illustration
Courtesy Rotor, Brussels, & OMA, Rotterdam
36, 37

THOMAS RUFF
d.p.b. 03, 1999
C-Print, 29 x 21.5 cm
Privatsammlung, Schweiz
154
d.p.b. 04, 1999
C-Print, 29 x 21.5 cm
Privatsammlung, Schweiz
155

PHILIPP SCHÄRER
Bildbau #1 (image building), 2007
Inkjet-Print, 84.1 x 59.4 cm
Courtesy der Künstler
156

MATTHIAS SCHARRER
Brotäktschen, Hardturm-Besetzung (breadaction, occupation of Hardturm stadium), Juli 2008
Inkjet-Print, 40 x 50 cm
Courtesy der Künstler
339

ERNST SCHEIDEGGER
Pierre Jeanneret: Junior Secondary School III; Sektor 16, Chandigarh, 1956
Silbergelatine-Abzug, 18.2 x 18.2 cm
gta Archiv/ETH Zürich, Nachlass Girsberger
422

WOLFGANG SCHEPPE
Migropolis. Venice/Atlas of a Global Situation (Atlas einer globalen Situation), 2009
Offsetpublikation, 24.5 x 17.5 cm
Courtesy Arsenale Institute for Politics of Representation, Venice
356
Segregation_Street_469, 2006
Aus/from: *Migropolis*
Inkjet-Print, 150 x 200 cm
Courtesy Arsenale Institute for Politics of Representation, Venice
357

MICHAEL SCHMIDT
Ohne Titel (untitled), 1980
Aus/from: *Berlin nach 45* (Berlin after 45)
Silbergelatine-Abzüge, je 16.3 x 22.4 cm
Museum Folkwang Essen
374, 375

ARNE SCHMITT
Wenn Gesinnung Form wird
(when attitude becomes form), 2011
Offsetpublikation, 24 x 17 cm
Courtesy der Künstler
136, 137

KARL HUGO SCHMÖLZ
Bernhard Pfau: Haus der Glasindustrie, Ausstellungsraum, Düsseldorf (house of the glass industry, exhibition room), 1951
Silbergelatine-Abzug, 19.5 x 15 cm
Architekturmuseum der Technischen Universität München
75

WILHELM SCHÜRMANN
Verviers, Belgien, 1976
Silbergelatine-Abzug, 20.6 x 29.9 cm
Münchner Stadtmuseum, Sammlung Fotografie
251
Liège, Belgien, 1978
Silbergelatine-Abzug, 21.1 x 29.9 cm
Münchner Stadtmuseum, Sammlung Fotografie
251

CHRISTIAN SCHWAGER
Hegi-Wülflingen VII, X, XI, XV, 2011
Aus/from: *Drei Diagonalen* (three diagonals)
Inkjet-Prints, je 30 x 45 cm
Schweizerischer Städteverband, Bern
302, 303

BRUNO SERRALONGUE
Abri #2, Calais, décembre 2006 (notdürftige Unterkunft/shelter), 2006
Ilfochrome, 126 x 159 cm
Courtesy Air de Paris, Paris & Galerie Francesca Pia, Zürich
216

CHARLES SHEELER
40th Street looking toward Broadway, New York City (Blick von der 40th Street in Richtung Broadway), ca. 1920
Silbergelatine-Abzug, 24.1 x 16.2 cm
Canadian Centre for Architecture, Montréal
397

JULIUS SHULMAN
Case Study House 21 von Pierre Koenig, 1959
Aus/from: *Arts & Architecture,* Vol. 76 No. 2, February 1959
Offsetpublikaton, 32.5 x 24.5 cm
Fotomuseum Winterthur, Fotobibliothek
212, 213

JULES SPINATSCH
Pfingstweidstrasse 101, Zürich, 2012
Inkjet-Print, 40 x 50 cm
Courtesy der Künstler
341

OTTO STEINERT
Skizzen aus Paris 1 (sketches from Paris), 1948/49
Silbergelatine-Abzug, 29.1 x 17.2 cm
Münchner Stadtmuseum, Sammlung Fotografie
99

MARTIN STOLLENWERK
Zürich Hauptbahnhof. Zentralwerk 1963 (central station. Main works), 2005
Aus/from: *SBB Bauten Max Vogt* (SBB buildings)
Inkjet-Print, 76 x 62 cm
Fotostiftung Schweiz, Winterthur
308

EZRA STOLLER
Eero Saarinen: General Motors Technical Center, Styling Auditorium, Warren, Michigan, USA, 1956
Silbergelatine-Abzug, 20.5 x 25.5 cm
Architekturmuseum der Technischen Universität München
138
Eero Saarinen: General Motors Technical Center, Watertower, Warren, Michigan, USA (Wasserturm), 1956
Silbergelatine-Abzug, 25.5 x 20.5 cm
Architekturmuseum der Technischen Universität München
139

PAUL STRAND
Wall Street, New York, 1915
Fotogravur, 25.7 x 32.2 cm
Aperture Foundation Inc., Paul Strand Archive, New York
396

AAGE STRÜWING
Rødovre Rådhus von Arne Jacobsen, 1955
Silbergelatine-Abzug, 23.7 x 17 cm
École polytechnique fédérale de Lausanne, archives de la construction moderne, fonds Alberto Sartoris
73

THOMAS STRUTH
Panorama 1, 1979
Aus/from: *Paris, Beaugrenelle*
Silbergelatine-Abzug, 44 x 56 cm
Museum Folkwang Essen
368

STUDIO CHEVOJON
Palais de Machines, Exposition Universelle, Paris (Maschinenhalle, Weltausstellung/machine hall, Paris International Exhibition), 1889
Silbergelatine-Abzug, 33.5 x 43.4 cm
gta Archiv/ETH Zürich, Nachlass Giedion
55

MICHAEL SUBOTZKY & PATRICK WATERHOUSE
Cleaning the Core (Kernreinigung), 2008
Aus/from: *Ponte City, Johannesburg*
C-Print, 126 x 147.6 cm
Courtesy die Künstler & Goodman Gallery, Cape Town/Johannesburg
234

HIROSHI SUGIMOTO
Seagram Building, New York City, 1997
Silbergelatine-Abzug, 58.4 x 47 cm
Canadian Centre for Architecture, Montréal, gift of Kurt W. Forster in honour of the 10th anniversary of the CCA
145

SUPERSTUDIO
(A. Natalini, C. Toraldo di Francia, R. Magris, G. P. Frassinelli, A. Magris, A. Poli (1970–72))
New New York (Neues New York), 1969
Aus/from: *The Continuous Monument* (das fortlaufende Monument)
Siebdruck, 70.3 x 100 cm
Neue Galerie, Graz, Schenkung der Künstler
31
Love, 1972 (Liebe)
Aus/from: *The Fundamental Acts* (die fundamentalen Taten)
Siebdruck, 70.3 x 100 cm
Neue Galerie, Graz, Schenkung der Künstler
31

WILLIAM HENRY FOX TALBOT
The Bridge of Sighs, St. John's College, Cambridge, 1845
Salzpapier-Abzug, Calotypie, 16.4 x 20.6 cm
Museum Folkwang Essen
16

FRITZ TIEDEMANN
Unter den Linden, Südseite, Berlin-Mitte (southside), 1949
Platz der Akademie, Berlin-Mitte, 1951
Silbergelatine-Abzüge, montiert auf Umschlägen, je 18.5 x 24.5 cm
Berlinische Galerie, Landesmuseum für Moderne Kunst, Fotografie und Architektur, Berlin
372, 373

JERRY TORRENS
Anschlag auf das World Trade Center (attack on the World Trade Center), 11. September 2001
Inkjet-Print, 42 x 35 cm
Keystone/AP
116

DAVE TOWNE
Venedigreise (trip to Venice), 1980
Inkjet-Print, 20 x 30 cm
Courtesy Jeffrey Thowne, Colorado Springs
355

JAKOB TUGGENER
Fassade, Maschinenfabrik Oerlikon (façade, engineering works), 1936
Silbergelatine-Abzug, 30 x 21 cm
Jakob Tuggener Stiftung, Fotostiftung Schweiz, Winterthur
63

AD VAN DENDEREN
Nach dem Anschlag eines Selbstmordattentäters der Hamas auf eine Spielhalle, Rishon Lezion, Israel (The aftermath of a Hamas suicide bomb attack on a gambling-hall), 2002
C-Print, 60 x 90 cm
Sammlung Fotomuseum Winterthur, erworben mit Mitteln des Prins Bernhard Cultuurfonds
118

EVERT MARINUS VAN OJEN
Holzhaus von J.J.P. Oud, Oud-Mathenesse, Rotterdam (wooden house), ca. 1923
Silbergelatine-Abzug, 17.9 x 24.1 cm
Architekturmuseum der Technischen Universität München
250

ROBERT VENTURI & DENISE SCOTT BROWN
Aus dem Bildarchiv Las Vegas Studio (from the Las Vegas Studio image archive), 1968–1972
Diaschau
Courtesy Museum im Bellpark Kriens
267–269

PAUL VIRILIO
Karola, 1993
Aus/from: *Bunkerarchäologie* (bunker archeology)
Silbergelatine-Abzüge, montiert auf Karton, 70 x 100 cm
Neue Galerie, Graz
141

VKHUTEMAS SCHOOL
Construction of Frontal Surface Based on Vertical, Horizontal and Inclined Combination of Two or More Rhythmical Rows (Konstruktion einer Fassade basierend auf einer vertikalen, horizontalen und schrägen Kombination von zwei oder mehreren rhythmischen Reihen), 1920–1926
Silbergelatine-Abzug, 6.6 x 11.8 cm
Canadian Centre for Architecture, Montréal, gift of Howard Schickler and David Lafaille
148
Organization of Inner Space (Einrichtung des Innenraums), 1920–1926
Silbergelatine-Abzug, 6.7 x 5.4 cm
Canadian Centre for Architecture, Montréal, gift of Howard Schickler and David Lafaille
149

BERNARD VOÏTA
Ohne Titel (untitled), 1994
Silbergelatine-Abzug, 22.5 x 25.5 cm
Sammlung Fotomuseum Winterthur, Schenkung Bernard Voïta und Galerie Bob van Orsouw, Zürich
151

ETIENNE BERTRAND WEILL
Wohnhaus von André Bloc, Fassadenansicht bei Nacht, Meudon (residence of André Bloc, view of façade by night), 1949
Silbergelatine-Abzug, 18 x 24.3 cm
Architekturmuseum der Technischen Universität München
80
Wohnhaus von André Bloc, Aussenansicht, Meudon (residence of André Bloc, exterior view), 1949
Silbergelatine-Abzug, 23.5 x 17.5 cm
Architekturmuseum der Technischen Universität München
81

MAX WEISS
Arbeiterhäuser, Wohnsiedlung Rieter, Töss (workers' houses, Rieter settlement), 1943
Silbergelatine-Abzug, 11.5 x 17.5 cm
Kantonale Denkmalpflege Zürich, Fotoarchiv
297

MICHAEL WESELY
Kanadische Botschaft, Leipziger Platz, Berlin (5.2.2003–28.4.2005) (Canadian Embassy)
C-Print, 125 x 175 cm
Courtesy Galerie Fahnemann, Berlin
106

BEAT WIDMER
Blur Building von Diller & Scofidio an der Expo.02, Schweiz (Blur Building by Diller & Scofidio at Expo.02), 2002
Inkjet-Print, 40 x 50 cm
Courtesy der Künstler
182

JOST WILDBOLZ
Bally: Der Schritt zur Mode (the step towards fashion), 1978
Offsetdrucke, je 127 x 90 cm
Museum für Gestaltung, Zürich, Plakatsammlung Franz Xaver Jaggy
170

ANITA WITEK
Ohne Titel (untitled), 2012
Aus/from: *Best of... 3006*
C-Print, 105 x 180 cm
Courtesy Galerie Raum mit Licht, Wien
162

HEINRICH WOLF-BENDER
Aussersihl: Hardstrasse 219, Turbinenstrasse, 1972
Silbergelatine-Abzug, 17.2 x 23.8 cm
Baugeschichtliches Archiv der Stadt Zürich
331
Aussersihl: Pfingstweidstrasse 101, 1964
Silbergelatine-Abzug, 17 x 22.5 cm
Baugeschichtliches Archiv der Stadt Zürich
340

MICHAEL WOLGENSINGER
Arbeitsschluss bei der Maschinenfabrik Oerlikon Bührle, Zürich (end of work at the engineering works), 1940
Silbergelatine-Abzug, 24 x 19.8 cm
Fotostiftung Schweiz, Winterthur
258
Swissair Parkhaus, Terminal B, Zürich Kloten (Swissair parking block), 1974
Silbergelatine-Abzug, 23.3 x 30.2 cm
Fotostiftung Schweiz, Winterthur
259

ULRICH WÜST
Rostock, 1982
Aus/from: *Stadtbilder* (cityscapes)
Silbergelatine-Abzug, 21.5 x 31.4 cm
VNG Sammlung, Leipzig
254
Rostock, 1982
Aus/from: *Stadtbilder* (cityscapes)
Silbergelatine-Abzug, 21.5 x 32.1 cm
VNG Sammlung, Leipzig
255

XINHUA
NHK World: Tsunami caused by the earthquake in Sendai, Japan (vom Erdbeben in Sendai ausgelöster Tsunami), March 11, 2011
Inkjet-Print, 42 x 35 cm
Keystone
117

TOBIAS ZIELONY
Le Vele di Scampia, 2009
Blu Ray-Fotoanimation, 8.57 Min.
Courtesy Koch Oberhuber Wolff, Berlin
235

TEXTNACHWEISE/TEXT CREDITS

Roland Barthes, *Der Eiffelturm*, deutsch von Helmut Scheffel, München 1970, S. 27.
Roland Barthes, «The Eiffel Tower», in *A Barthes Reader*, Susan Sontag (ed.), New York: Hill and Wang 1983, pp. 237–238.
58

Jean Baudrillard & Jean Nouvel, *Einzigartige Objekte. Architektur und Philosophie*, aus dem Französischen von Eva Werth, Wien 2004, S. 76/77.
Jean Baudrillard & Jean Nouvel, *The Singular Objects of Architecture*, transl. by Robert Bononno, Minneapolis: University of Minnesota Press 2005, pp. 47/48.
164

Zygmunt Bauman, *Flüchtige Moderne*, aus dem Englischen von Reinhard Kreissl, Frankfurt a. M. 2003, S.111
Zygmunt Bauman, *Liquid Modernity*, Malden: Polity Press 2000, p. 92.
256

Walter Benjamin, *Das Kunstwerk im Zeitalter seiner technischen Reproduzierbarkeit*, Frankfurt a. M. 1963, S. 40.
Walter Benjamin, *The Work of Art in the Age of Mechanical Reproduction*. http://www.marxists.org/reference/subject/philosophy/works/ge/benjamin.htm (retrieved January 20, 2013).
98

Walter Benjamin, *Das Passagen-Werk*, Erster Band, Hrsg. Rolf Tiedemann, Frankfurt a. M. 1983, S. 135.
Walter Benjamin, *The Arcades Project*, transl. by Howard Eiland and Kevin McLaughlin, Cambridge/Mass. and London: MIT 1999, p. 83.
366

Sigmund Freud, Eine Schwierigkeit der Psychoanalyse, in: *Gesammelte Werke aus den Jahren 1917–1920*, Bd. XII, Hrsg. Anna Freud, Frankfurt a. M. 1999, S. 11.
Sigmund Freud, «A Difficulty in the Path of Psycho-Analysis», in *Standard Edition*, vol. XVII, James Strachey and Anna Freud (eds.), London: The Hogarth Press 1955, p. 141.
208

Emiliano Gandolfi, «The Image and its Double», in *Spectacular City – Photographing the Future*, Emiliano Gandolfi (ed.), Rotterdam: NAi Publishers/Netherlands Architecture Institute 2006, p. 7.
114

Johann Wolfgang von Goethe, *Italienische Reise*, http://www.textlog.de/6791.html, 20. Januar 2013.
Johann Wolfgang von Goethe, *Italian Journey*, transl. by W. H. Auden and Elizabeth Mayer, London: Penguin Classics 1970, pp. 77/78.
354

Rainald Goetz, *Johann Holtrop*, Frankfurt a. M., 2012, S. 11
144

Michael Hardt & Antonio Negri, *Empire*, Cambridge/Mass. and London: Harvard UP 2001, p. 188.
Michael Hardt & Antonio Negri, *Empire: Die Neue Weltordnung*, aus dem Englischen von Thomas Atzert und Andreas Wirthensohn, Frankfurt/New York 2003, p. 200.
252

Siegfried Kracauer, Sehenswürdigkeiten, in: *Berliner Nebeneinander. Ausgewählte Feuilletons 1930–33*, Hrsg. Andreas Volk, Zürich 1993, S. 279.
140

Christian Kracht, *Ich werde hier sein im Sonnenschein und im Schatten*, Köln 2008, S. 26.
110

Le Corbusier, Ausblick auf eine Architektur, in: *Architekturtheorie im 20. Jahrhundert. Eine kritische Anthologie*, Hrsg. Ákos Moravánszky, Wien/New York, Ullstein, Berlin-Frankfurt am Main-Wien 2003, S. 65.
Le Corbusier, *Towards a New Architecture*, transl. by Frederick Etchells, Mineola: Dover Publications 1986, p. 3.
418

[Die Herausgeber/the editors], «Gentrify, Gentrify», in: *n+1* magazine, number 8, Fall 2009, p. 9.
326

Rolf Sachsse, Wenn Raumbilder zu Bildräumen werden. Anmerkungen zur fotografischen Bildproduktion von Architektinnen und Architekten, in: *RaumbilderBildräume. Architekten fotografieren*, Hrsg. Rolf Sachsse, Berlin/München, 2009, S. 5.
158

Paul Scheerbart, *Glasarchitektur*, Hamburg 2011, S. 25.
72

Henry David Thoreau, *Journal Vol. 5*, 1852–1853, Patrick F. O'Connell (ed.), Princeton: Princeton UP 1997, p. 154.
398

Slavoj Žižek, *The Plague of Fantasies*, London/New York: Verso 1997, p. 4.
379

Falls keine offizielle Übersetzung angegeben ist, stammt die Übersetzung von uns. Einige der offiziellen Übersetzungen wurden angepasst./If there is no official translation listed the translation is ours. Some of the official translations were slightly adjusted.

AUTORENBIOGRAFIEN

JOCHEN BECKER arbeitet als Autor, Dozent und Kurator in Berlin. Er ist Mitbegründer von metroZones | Center for Urban Affairs (www.metroZones.info) und Herausgeber von *BIGNES? – Grösse zählt, Image/Politik, Städtisches Handeln.*

JOHANNES BINOTTO ist Kulturwissenschaftler und Assistent am Englischen Seminar der Universität Zürich. Daneben arbeitet er als freier Autor mit den Schwerpunkten Film und Psychoanalyse. Seine Dissertation trägt den Titel *Tat/Ort: Das Unheimliche und sein Raum in der Kultur.*

MERET ERNST ist Kunsthistorikerin und leitet seit 2003 die Redaktion für Kultur und Design bei der Zeitschrift *Hochparterre.* Sie unterrichtet Designtheorie an Fachhochschulen und ist seit 2010 Vizepräsidentin der Swiss Design Association SDA.

ANNETTE GIGON ist Architektin und leitet seit 1989 gemeinsam mit Mike Guyer das Büro Gigon/Guyer. Zu ihren Bauten zählen der Prime Tower in Zürich und das Kirchner Museum Davos. Seit 2012 ist sie Professorin für Architektur und Konstruktion an der ETH Zürich

VERENA HUBER NIEVERGELT ist als Dozentin und Autorin im Bereich Kunst- und Fotografiegeschichte tätig. 2011 promovierte sie zum Thema «Von Agglomerationen und Autobahnen. Fotografische Diskurse zur veränderten Siedlungslandschaft der Schweiz zwischen 1960 und 1991».

MICHAEL JAKOB arbeitet als Professor für Theorie und Geschichte der Landschaft an der hepia, Genf, und als Professor für Vergleichende Literaturwissenschaft an der Universität Grenoble 3. Er ist Herausgeber der Buchreihen *di monte in monte* (Tarara', Verbania) und *Paysages* (Infolio).

NICOLETTA LEONARDI ist Professorin für Kunst- und Fotografiegeschichte an der Kunsthochschule von Neapel und Gründungsmitglied der Non-Profit-Organisation a.titolo, die öffentliche Kunstprojekte in Auftrag gibt.

ARMIN LINKE lebt in Mailand und Berlin. Er arbeitet als Künstler mit den Medien Film und Fotografie und lehrt als Professor an der HfG Karlsruhe. Seine Multimedia-Installation über zeitgenössische Alpenlandschaften wurde an der 9. Architekturbiennale in Venedig ausgezeichnet.

LORENZO ROCHA ist Architekt. Er lebt und arbeitet in Mexiko und interessiert sich für experimentelle Aspekte von Räumen. Seit 2005 leitet er das Kunstmagazin *[ESPACIO].*

CASPAR SCHÄRER ist Architekt und Journalist. Seit 2008 arbeitet er als Redaktor bei der Architekturzeitschrift *werk, bauen + wohnen.* Er lebt und arbeitet in Zürich und ist Mitherausgeber von *Grösser als Zürich. Ein kleines Psychogramm des Zürcher Stadtquartiers Aussersihl.*

AVEEK SEN arbeitet als Redaktor beim *Telegraph* in Kalkutta. 2009 wurde er für seine Texte zur Fotografie vom International Center of Photography in New York mit dem Infinity Award ausgezeichnet.

URS STAHEL ist Direktor und Kurator des Fotomuseum Winterthur, das er 1993 mitgegründet hat. Ausserdem ist er als Autor, Berater und Dozent tätig.

AUTHORS' BIOGRAPHIES

JOCHEN BECKER works as a writer, lecturer and curator in Berlin. He is co-founder of metroZones | Center for Urban Affairs (www.metroZones.info) and editor of *BIGNES? – Size Does Matter, Image/Politik, Städtisches Handeln.*

JOHANNES BINOTTO is a cultural scientist and assistant at the English Department at the University of Zürich. He is also a freelance writer with a focus on film and psychoanalysis. His dissertation was titled *Tat/Ort: Das Unheimliche und sein Raum in der Kultur (Crime/Scene: The Uncanny and its Space in Culture).*

MERET ERNST is an art historian and Culture and Design Editor for the magazine *Hochparterre* since 2003. She lectures on design theory at various institutions of higher learning and since 2010 has served as Vice President of the Swiss Design Association SDA.

ANNETTE GIGON is an architect and together with Mike Guyer has run the architectural studio Gigon/Guyer since 1989. Their buildings include the Prime Tower in Zürich and the Kirchner Museum Davos. Since 2012 she has served as Professor of Architecture and Construction at ETH Zürich

VERENA HUBER NIEVERGELT is an art historian, guest lecturer and author. She completed her PhD in 2011 with her dissertation *On Agglomerations and Motorways. Photographic discourses on the Transformed Settlement Landscape in Switzerland between 1960 and 1991* (in German).

MICHAEL JAKOB is Professor for Theory and Landscape History at hepia – University of Applied Sciences, Geneva and professor for Comparative Literature at Stendhal University, Grenoble III. He is editor of the book series *di monte in monte* (Tarara', Verbania) and *Paysages* (Infolio).

NICOLETTA LEONARDI is Professor for Art and History of Photography at the Academy of Fine Arts in Naples. She is a founding member of the non-profit-organisation a.titolo, which commissions public art projects.

ARMIN LINKE lives in Milan and Berlin. He is an artist working with film and photography and a professor at the HfG Karlsruhe. His multimedia Installation about the contemporary Alpine landscape was awarded at the 9th Architecture Venice Biennale.

LORENZO ROCHA is an architect. He lives and works in Mexico and is interested in the experimental aspects of space. Since 2005 he has directed the art magazine *[ESPACIO].*

CASPAR SCHARER is an architect and journalist; he has served as editor for the architectural magazine *werk, bauen + wohnen* since 2008. He lives and works in Zürich and co-published the book *Bigger than Zürich. A Small Psychograph of the Zürich District Aussersihl* (in German).

AVEEK SEN is an editor for *Telegraph* in Calcutta. In 2009 he was presented by the International Center of Photography in New York with the Infinity Award for his writings on photography.

URS STAHEL is the director and curator of Fotomuseum Winterthur, which he co-founded in 1993. He is also a writer, consultant and guest lecturer.

DANK/ACKNOWLEDGEMENTS

Ausstellung und Publikation wären ohne das Mitwirken vieler Helferinnen und Helfer nicht realisierbar gewesen. Unser besonderer Dank geht an alle Künstler und Künstlerinnen, die Leihgeber der Ausstellung sowie an die Autoren und Autorinnen des Buches./This exhibition and publication would not have been possible without the collaboration of many people. Special thanks go to all the artists, institutions, and the private persons who lent works to the exhibition.

Neben den im Werkverzeichnis aufgeführten Leihgebern oder ihren Nachlassverwaltern danken wir auch all jenen, die bei der Bereitstellung von Copyrights und der Vermittlung von Bildvorlagen behilflich waren./In addition to those institutions, collections, and artists - or the executors of their estates - already credited, special thanks go to all who helped for the preparation of copyrights and procurement of images.

Für wertvolle Hinweise, Ratschläge und andere Unterstützung geht unser namentlicher Dank an/ We would like to thank the following people for their valuable advice and help:

Lena Amuat
Andres Betschart
Els Barents
Corinne Beutler
Tobia Bezzola
Susanne Bieri
Roland Böhmer
Vida Burkhard
Anna Caruso
Susan Charlas
James Crump
Louise Désy
Ulrich Domröse
Justine Durrett
Florian Ebner
Ingeborg Eggink
Hermann Eppler
Susanne Figner
Roland Fischer-Briand
Kirk Finkel
Marco Francioli
Esther Fuchs
Martin Gasser
Regula Geiser
Alfred Gerber
Frits Gierstberg
Victor Gisler
Isabelle Godineau
Nicole Graf
Philip Grütter
Christoph Guye
Heike Hartmann
Sabine Hartmann
Pascal Hoël
Günther Holler-Schuster
Reinhard Horn
Friedhelm Hütte
Julia Jachs
Jann Jenatsch
Rudolf Kicken
Thilo König
Aurelia Kreienbühl
Anke Kugelmann
Andrea Kunz
Antoine Laurent
Luce Lebart
Erika Löffler
Stephan Mäder
Lesley Martin
Bruno Maurer
Dana Miller
Gaby Mizes
Walter Moser
Frank-Heinrich Müller
Karl Nähr
Joëlle Neuenschwander Feihl
Annette Otterbach
Radha Pancham
Peter Peer
Stephan Petermann
Simone Philippi
Ulrich Pohlmann
Andries Pool
Caroline Provaas
Nina Rappaport
Françoise Reynaud
Bernd Rodrian
Christina Ruf
Sue Scanlon
Rosa Schamal
Rudolf Scheutle
Anja Schmidt
Ulrike Schneider
Gion Schneller
Frank Schütz
Atli Magnus Seelow
Hilar Stadler
Ricabeth Steiger
Karin Steins
Martino Stierli
Loes van Harrevelt
Kai van Hasselt
Lander Van Neygen
Heinrich von Berenberg
Silke Wagler
Feline Wagner
Adam Weinberg
Judith Welter
Thomas Weski
Sarah Wiesendanger
Thomas Zander

IMPRESSUM/IMPRINT

Diese Publikation erscheint anlässlich der Ausstellung *Concrete – Fotografie und Architektur* im Fotomuseum Winterthur (2. März bis 20. Mai 2013)
This publication accompanies the exhibition *Concrete – Photography and Architecture* at Fotomuseum Winterthur (March 2 till May 20, 2013)

AUSSTELLUNG/EXHIBITION
Kurator/Curator: Thomas Seelig
Architektur-Berater/Architectural advisor: Caspar Schärer
Ausstellungsorganisation/Organisation of exhibition: Therese Seeholzer
Aufbau/Installation: Herbert Weber (Head/Leitung), Andrea Hadem (Registrar), Ueli Alder, Brigitt Arnet, Daniel Epprecht, Karin Furrer, Oliver Gubser, Michael Lio, Bene Redmann, Roland Rüegg, Matthias Schilliger, Miriam Stutz, Gabi Vogt, Andrea Züllig, Thomas Züllig

FOTOMUSEUM WINTERTHUR
Direktor/Director: Urs Stahel
Sammlungskurator und Kurator/Curator of Collections and Curator: Thomas Seelig
Ausstellungsorganisation/Organisation of exhibitions: Therese Seeholzer
Fundraising, Sponsoring: Eléonore Gruffel Sauter
Wissenschaftliche Mitarbeit/Research assistant: Daniela Janser
Presse, Sekretariat /Press, museum secretary: Martina Egli
Buchhaltung und Anzeigen/Accounting, advertisements: Daniela Schwendimann
Leitung Kasse und Museumsshop/Head of reception and museum shop: Andrea Steiner-Widmer
Art Handling, Registrar: Herbert Weber, Andrea Hadem
Haustechnik/Technical engineer: Oliver Gubser
Bibliothek/Library: Matthias Gabi
Praktikantin/Intern: Eva Kurz, Sabrina Mandanici, Johanna Saxen, Corinna Unterkofler
Kunstvermittlung und Führungen/Art education, guided tours: Anina Gruhn, Petra Köhle, Natalie Madani, Teresa Gruber, Astrid Näff

KATALOG/CATALOGUE
Herausgeber/Editors: Daniela Janser/Thomas Seelig/Urs Stahel
Deutsches Lektorat und Korrektorat/German editing and proofreading: Bettina Reichmuth, Daniela Janser
Englisches Lektorat und Korrektorat/English editing and proofreading: Liz Jobey, Daniela Janser
Übersetzungen Englisch – Deutsch/Translations English – German: Leonhard Unglaub, Uta Goridis
Übersetzungen Deutsch – Englisch/Translation German – English: Ishbel Flett, Alisa Anh Kotmair

Gestaltung/Design: Moiré: Marc Kappeler, Markus Reichenbach, Ruth Amstutz, Dominik Huber, Zürich

Lithografie, Druck und Bindung/Lithography, printed and bound by: DZA Druckerei zu Altenburg GmbH

Schrift/Typeface: Atlas Grotesk
Papier/Printed on: Tatami White, 135 g

Fotomuseum Winterthur
Grüzenstrasse 44+45, CH-8400 Winterthur (Zürich)
www.fotomuseum.ch

Verlag Scheidegger & Spiess AG
Niederdorfstrasse 54, CH-8001 Zürich
www.scheidegger-spiess.ch

ISBN 978-3-85881-369-5